普通高等教育“十三五”系列教材

大学物理
学习导引与能力训练

第 3 版

武文远　龚艳春　吴王杰
王　晓　吴成国　王　黎　编著

机械工业出版社

本书基于《理工科类大学物理课程教学基本要求》及《军队院校大学物理课程教学大纲》，结合作者长期教学研究和实践经验编写而成。全书分六篇，共26章，覆盖了大学物理课程的主要内容。每章包括知识网络、学习指导、问题辨析、例题剖析、能力训练五个模块，将物理知识学习、学习方法指导和思维能力训练融为一体，注重知识体系的构建、概念规律的诠释、思维方法的训练和应用能力的培养。本书在每章都配备了问题、例题和能力训练题，还设计了力学、热学、静电学、磁学及电磁感应、振动和波动、波动光学、近代物理七套单元综合测试题，试题内容丰富，涵盖了大学物理课程的主要知识点。

本书并不限于某一本确定的教材，是一本独立的大学物理课程教学参考书，适用于学习大学物理课程不同层次的高等学校理工科学生，也可供高等学校从事物理教学的教师参考。

图书在版编目（CIP）数据

大学物理学习导引与能力训练/武文远等编著．—3版．—北京：机械工业出版社，2019.1（2023.1重印）
普通高等教育“十三五”系列教材
ISBN 978-7-111-61601-6

Ⅰ．①大…　Ⅱ．①武…　Ⅲ．①物理学-高等学校-教学参考资料　Ⅳ．①O4

中国版本图书馆CIP数据核字（2018）第283419号

机械工业出版社（北京市百万庄大街22号　邮政编码100037）
策划编辑：李永联　责任编辑：李永联　任正一
封面设计：马精明　责任校对：刘丽华　李锦莉
责任印制：任维东
北京圣夫亚美印刷有限公司印刷
2023年1月第3版·第5次印刷
169mm×239mm·27.5印张·609千字
标准书号：ISBN 978-7-111-61601-6
定价：55.00元

电话服务
客服电话：010-88361066
010-88379833
010-68326294

网络服务
机　工　官　网：www.cmpbook.com
机　工　官　博：weibo.com/cmp1952
金　书　网：www.golden-book.com
机工教育服务网：www.cmpedu.com

前　言

大学物理是理工科学生的一门重要基础理论课程。多年的教学实践表明，学生在学习过程中普遍存在困难。为了帮助学生更好地掌握物理学的基本概念、基本规律和基本方法，提高他们分析问题和解决问题的能力，我们在《大学物理学习导引与能力训练》(第2版）的基础上，根据《理工科类大学物理课程教学基本要求》和《军队院校大学物理课程教学大纲》，结合长期教学研究和实践经验编写了本书。本书分六篇，共26章，内容覆盖了《军队院校大学物理课程教学大纲》的全部知识点和《理工科类大学物理课程教学基本要求》中的A类知识点，并包含了若干B类知识点。本书每章包括知识网络、学习指导、问题辨析、例题剖析、能力训练五个模块。

知识网络　用图表的形式给出每章的知识结构以及各物理量和物理规律之间的相互关系，旨在帮助学生分清层次、把握脉络，形成系统的知识体系。

学习指导　以知识点的形式梳理每章的基本概念和基本规律，剖析概念，突破难点，诠释规律，以精练、简洁的方式向学生呈现教师课堂授课内容，既可作为学生的读书笔记，也可作为教师的授课提纲。

问题辨析　精选学生学习中容易混淆、不易理解的难点问题，给以简洁并具有启发性的辨别分析，加深学生对物理学基本概念和基本规律的理解，促使知识的迁移与转化，培养学生分析问题的能力。

例题剖析　在总结每章题型及解题思路的基础上，精选若干个具有代表性、技巧性与综合性的典型例题，在“题”与“解”之间给出分析，点出解题依据、关键步骤和方法，旨在帮助学生理清分析思路、领悟解题方法，以一题代一类，达到举一反三、触类旁通的目的。

能力训练　根据每章的特点，精选能力训练题，对基础知识、重点难点、知识应用进行针对性的巩固训练。能力训练题分选择题、填空题、计算题、证明题等类型，对选择题和填空题给出答案，对计算题及证明题给出简要解答过程。

本书还设计了力学、热学、静电学、磁学及电磁感应、振动和波动、波动光学、近代物理七个单元综合测试，旨在帮助学生巩固知识，提高综合应用知识的能力。

全书共精选835个题目，其中问题辨析题124个，选择题240个，填空题233个，计算与证明题238个，并对其中的129个计算题以例题剖析的形式给出了详细分析与解答，对124个问题辨析题进行了简洁的辨别分析。本书各章都配备了问题、例题、能力训练题及综合测试题，试题内容丰富，涵盖了大学物理课程的主要知识点。

本书在第2版的基础上，调整了部分典型例题和能力训练题，各章都新增了“问题辨析”模块。修订工作的分工如下：吴王杰编写第1~5章的问题辨析题；王晓、王黎修订第9~14章的典型例题和能力训练题；吴成国修订第6~8章及第15、16章的典型例题及能力训练题；龚艳春修订第17~19章的典型例题及能力训练题，并编写第17~19章的问题辨析题；武文远修订全书的“学习指导”并编写其余各章的“问题辨析”题。全书由武文远、龚艳春统稿和定稿。

在本书的编写过程中，陆军工程大学的大学物理课程组的老师们为本书的编写提出了许多有益的建议，机械工业出版社为本书的编写与出版给予了许多指导和帮助，在此一并表示感谢！编者在编写中参考了国内外多部大学物理学教材和教学参考书，在此向所有给予启迪、提供素材的作者们表示谢意！

限于编者的水平，本书中的错误和不妥之处在所难免，恳请读者不吝赐教。

编　者

2018年12月

目　　录

第1篇 力　　学

第 1 章　质点运动学

1.1　知识网络

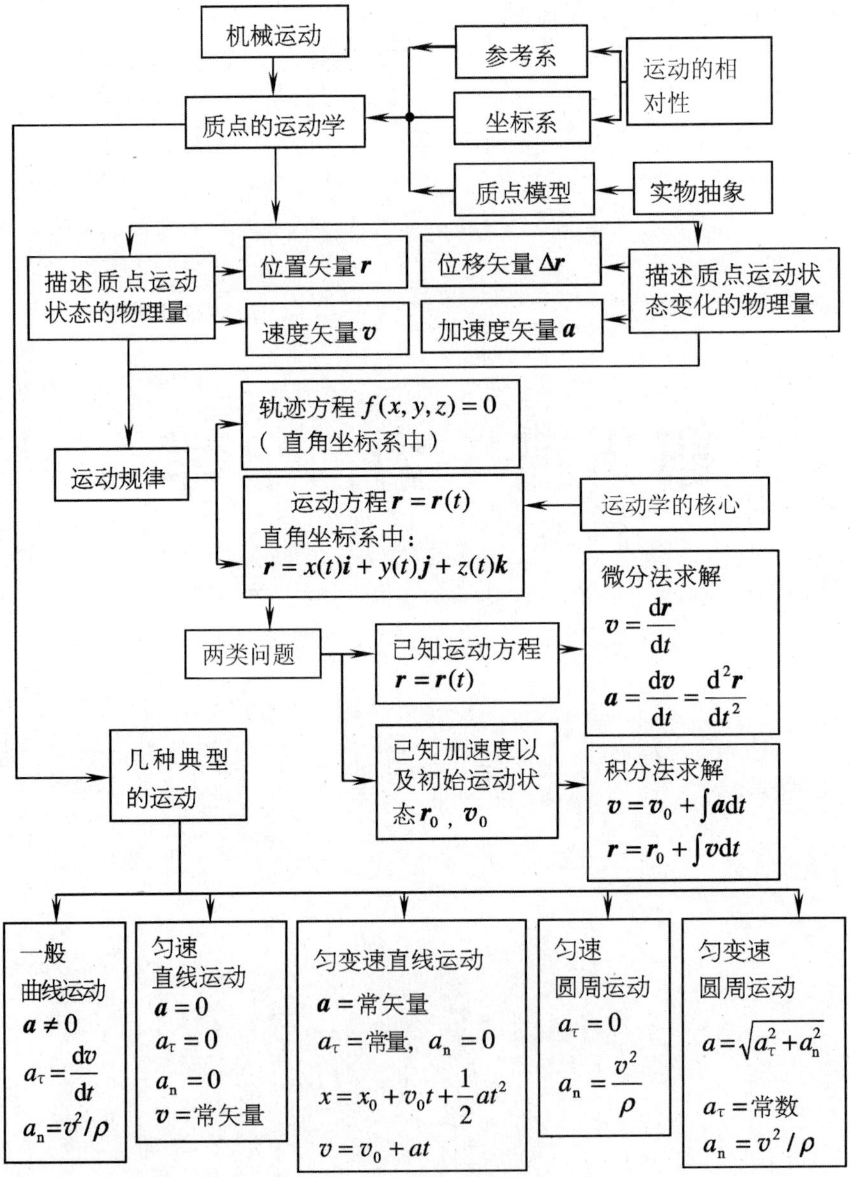

1.2　学习指导

1.2.1　质点　参考系

1. 质点

在力学问题中，如果物体的大小和形状可以忽略不计，则可以把物体当成一个具有质量的点来处理，此时称该点为质点。

（1）质点是一个理想模型，其运动只有位置的变化，而没有形状的变化。

（2）质点是一个相对的概念，一个物体能否被视为质点，并非单纯看它的大小，而是看它的大小和形状在所研究的问题中是否起关键作用。例如，在研究地球绕太阳公转时，可视其为质点；而在研究地球和分子的自转时，无论其大或小，都不能视为质点。

（3）在多数情况下，物体的大小和形状不能忽略，这时可以把物体无限地分割成许多微元，每个微元可以视为质点，整个物体可被看成是由无限多个质点组成的。因此，任何物体都可以被看成是质点的集合。所以，质点的运动规律是讨论复杂系统运动规律的基础。

力学是研究物体机械运动的学科，按内容可分为运动学与动力学。运动学研究的是如何描述物体的运动。

2. 参考系

物理学中把选作标准的参考物体或物体系称为参考系。

（1）在运动学中，参考系的选取具有任意性，一般视讨论问题的方便而定。参考系的选择不同，对同一问题的描述也就不同。例如，当人乘坐电梯上楼时，以电梯为参考系时，人是静止的；以地面为参考系时，人是竖直上升的。运动是绝对的，但对运动的描述是相对的。

（2）坐标系是参考系的数学抽象。要解决一个力学问题，首先要建立坐标系，建立了坐标系，才能对物体的运动进行定量的描述。大学物理中常用的坐标系有直角坐标系、平面极坐标系、自然坐标系等。

1.2.2　描述质点运动的基本物理量

1. 位置矢量

位置矢量是描述质点空间位置的物理量，它是由坐标原点指向质点所在处的有向线段。位置矢量简称位矢。

在直角坐标系中

$$\boldsymbol{r} = x\boldsymbol{i} + y\boldsymbol{j} + z\boldsymbol{k} \tag{1-1}$$

位置矢量具有以下特征：

①矢量性：$\boldsymbol{r}$ 是矢量，有大小和方向。

②瞬时性：质点在运动时，不同时刻其位矢 $\boldsymbol{r}$ 不同。

③相对性：位矢 $\boldsymbol{r}$ 依赖于坐标系的选取。

2. 位移

位移是描述质点空间位置变化的物理量，它是从初位置指向末位置的有向线段，它等于质点在 Δt 时间内位置矢量的增量，即

$$\Delta \boldsymbol{r} = \boldsymbol{r}_2 - \boldsymbol{r}_1 \tag{1-2}$$

（1）在直角坐标系中

$$\Delta \boldsymbol{r} = (x_2 - x_1)\boldsymbol{i} + (y_2 - y_1)\boldsymbol{j} + (z_2 - z_1)\boldsymbol{k} = \Delta x\boldsymbol{i} + \Delta y\boldsymbol{j} + \Delta z\boldsymbol{k} \tag{1-3}$$

（2）位移与参考系的选择有关。例如，人坐在运动的车厢中，选择车厢作为参考系，其位移为零；若选地面为参考系，则位移就不等于零。

（3）位移 $\Delta \boldsymbol{r}$ 和路程 Δs 的区别

$\Delta \boldsymbol{r}$ 是矢量，仅与始、末位矢 $\boldsymbol{r}_1$、$\boldsymbol{r}_2$ 有关，而与中间过程无关；Δs 是标量，与过程有关，它是质点运动轨迹的长度，如图 1-1 所示。

通常 $|\Delta \boldsymbol{r}| \neq \Delta s$，但在直线直进运动时，则有 $|\Delta \boldsymbol{r}| = \Delta s$，或在 $\Delta t \to 0$ 时，有 $|\mathrm{d}\boldsymbol{r}| = \mathrm{d}s$。

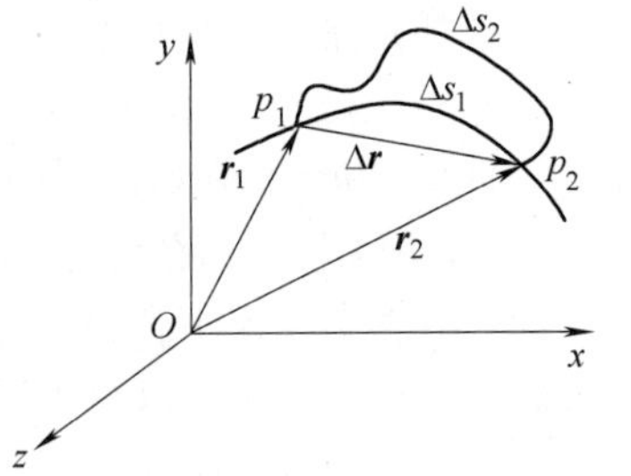

图 1-1 位移与路程

（4）$|\Delta \boldsymbol{r}|$ 与 Δr 的区别

一般来说，$|\Delta \boldsymbol{r}| \neq \Delta r$。$|\Delta \boldsymbol{r}| = |\boldsymbol{r}_2 - \boldsymbol{r}_1|$，是位移矢量的大小；$\Delta r = |\boldsymbol{r}_2| - |\boldsymbol{r}_1|$，是位矢大小的增量，即质点位置沿径向的变化量。

3. 速度

速度是描述质点的空间位置随时间变化快慢的物理量，是矢量，用 $\boldsymbol{v}$ 表示。

（1）平均速度 若 Δt 时间内质点的位移为 $\Delta \boldsymbol{r}$，则这段时间内质点运动的平均速度为

$$\bar{\boldsymbol{v}} = \frac{\Delta \boldsymbol{r}}{\Delta t} \tag{1-4}$$

①在直角坐标系中

$$\bar{\boldsymbol{v}} = \frac{\Delta \boldsymbol{r}}{\Delta t} = \frac{\Delta x}{\Delta t}\boldsymbol{i} + \frac{\Delta y}{\Delta t}\boldsymbol{j} + \frac{\Delta z}{\Delta t}\boldsymbol{k} = \bar{v}_x\boldsymbol{i} + \bar{v}_y\boldsymbol{j} + \bar{v}_z\boldsymbol{k} \tag{1-5}$$

平均速度的大小
$$|\bar{\boldsymbol{v}}| = \sqrt{\bar{v}_x^2 + \bar{v}_y^2 + \bar{v}_z^2} \tag{1-6}$$

平均速度的方向与 $\Delta \boldsymbol{r}$ 的方向相同。

②平均速率

$$\bar{v} = \frac{\Delta s}{\Delta t} \tag{1-7}$$

平均速率是质点运动的路程与所经历的时间的比值。平均速度的大小 $|\bar{\boldsymbol{v}}| = \left|\frac{\Delta \boldsymbol{r}}{\Delta t}\right|$，因为在一般情况下，$|\Delta \boldsymbol{r}| \neq \Delta s$，所以平均速率并不是平均速度的大小。例如，人沿半

径为 r 的圆形跑道跑了 1 周，用时 Δt，则其平均速度为零，而平均速率为$\bar{v}=\dfrac{2\pi r}{\Delta t}$。

（2）速度　平均速度只能用来粗略地描述质点空间位置变化的快慢。为了精确描述质点在时刻 t 的运动情况，需用瞬时速度（简称速度），即

$$\boldsymbol{v}=\frac{\mathrm{d}\boldsymbol{r}}{\mathrm{d}t} \tag{1-8}$$

①在直角坐标系中

$$\boldsymbol{v}=\frac{\mathrm{d}\boldsymbol{r}}{\mathrm{d}t}=\frac{\mathrm{d}x}{\mathrm{d}t}\boldsymbol{i}+\frac{\mathrm{d}y}{\mathrm{d}t}\boldsymbol{j}+\frac{\mathrm{d}z}{\mathrm{d}t}\boldsymbol{k}=v_x\boldsymbol{i}+v_y\boldsymbol{j}+v_z\boldsymbol{k} \tag{1-9}$$

速度的大小
$$v=|\boldsymbol{v}|=\sqrt{v_x^2+v_y^2+v_z^2} \tag{1-10}$$

速度的方向为 $\Delta t\to 0$ 时，$\Delta\boldsymbol{r}$ 的极限方向。其方向是沿轨道上质点所在位置的切线，并指向质点前进的一方。

②速度的大小称为速率。

$$v=|\boldsymbol{v}|=\left|\frac{\mathrm{d}\boldsymbol{r}}{\mathrm{d}t}\right|$$

因 $\Delta t\to 0$ 时，$|\mathrm{d}\boldsymbol{r}|=\mathrm{d}s$，因此也有 $v=\left|\dfrac{\mathrm{d}\boldsymbol{r}}{\mathrm{d}t}\right|=\dfrac{\mathrm{d}s}{\mathrm{d}t}$

③速度与速率的区别：速度不仅表明质点运动的快慢，还表明质点运动的方向，它是矢量。而速率仅表明质点运动的快慢，是标量。

④$\left|\dfrac{\mathrm{d}\boldsymbol{r}}{\mathrm{d}t}\right|$与$\dfrac{\mathrm{d}r}{\mathrm{d}t}$的区别：通常$\left|\dfrac{\mathrm{d}\boldsymbol{r}}{\mathrm{d}t}\right|\neq\dfrac{\mathrm{d}r}{\mathrm{d}t}$，$v=|\boldsymbol{v}|=\left|\dfrac{\mathrm{d}\boldsymbol{r}}{\mathrm{d}t}\right|$表示的是质点运动的速率，而$\dfrac{\mathrm{d}r}{\mathrm{d}t}$表示的是位矢的大小对时间的变化率。

⑤平均速度与速度的区别：平均速度是对一段时间而言的，而速度是对某个时刻而言的。

4. 加速度

加速度是描述质点的运动速度随时间变化快慢的物理量，是矢量，用 $\boldsymbol{a}$ 表示。

（1）平均加速度　若 Δt 时间内，质点运动速度的变化为 $\Delta\boldsymbol{v}$，则平均加速度为

$$\bar{\boldsymbol{a}}=\frac{\Delta\boldsymbol{v}}{\Delta t} \tag{1-11}$$

平均加速度的大小为$\bar{a}=\left|\dfrac{\Delta\boldsymbol{v}}{\Delta t}\right|\neq\dfrac{\Delta v}{\Delta t}$。

平均加速度的方向为与 $\Delta\boldsymbol{v}$ 的方向相同。

（2）瞬时加速度　平均加速度只能粗略地描述质点的运动速度在一段时间内变化的快慢。为了精确地描述质点在时刻 t 速度变化的快慢情况，需用瞬时加速度（简称加速度）。

$$\boldsymbol{a}=\frac{\mathrm{d}\boldsymbol{v}}{\mathrm{d}t}=\frac{\mathrm{d}^2\boldsymbol{r}}{\mathrm{d}t^2} \tag{1-12}$$

在直角坐标系中

$$\boldsymbol{a}=\frac{\mathrm{d}\boldsymbol{v}}{\mathrm{d}t}=\frac{\mathrm{d}v_x}{\mathrm{d}t}\boldsymbol{i}+\frac{\mathrm{d}v_y}{\mathrm{d}t}\boldsymbol{j}+\frac{\mathrm{d}v_z}{\mathrm{d}t}\boldsymbol{k}=\frac{\mathrm{d}^2x}{\mathrm{d}t^2}\boldsymbol{i}+\frac{\mathrm{d}^2y}{\mathrm{d}t^2}\boldsymbol{j}+\frac{\mathrm{d}^2z}{\mathrm{d}t^2}\boldsymbol{k} \tag{1-13}$$

加速度的大小为

$$a=|\boldsymbol{a}|=\sqrt{a_x^2+a_y^2+a_z^2} \tag{1-14}$$

加速度的方向为 $\Delta t \to 0$ 时，$\Delta \boldsymbol{v}$ 的极限方向。

加速度与速度一样具有矢量性、瞬时性、相对性三个特征。

①加速度与速度变化的关系：由于加速度是速度对时间的变化率，所以不论是速度的大小发生变化还是方向发生变化，都有加速度。$\boldsymbol{a}$ 与 $\Delta \boldsymbol{v}$ 有关，而与 $\boldsymbol{v}$ 本身无关。无论速度多么大，只要速度的大小和方向都不发生变化，加速度总等于零；反之，无论速度多么小（甚至是零），只要速度的大小或方向或两者一起发生变化，就一定有加速度。

②加速度的方向：加速度 $\boldsymbol{a}$ 的方向是当 $\Delta t \to 0$ 时，$\Delta \boldsymbol{v}$ 的极限方向。在曲线运动中，一般 $\Delta \boldsymbol{v}$ 的方向与 $\boldsymbol{v}$ 的方向不一致。$\boldsymbol{a}$ 的方向总是指向曲线凹的一侧。

③从速度与加速度之间的夹角的大小可以定性判断速度大小的变化：当 $\boldsymbol{a}$ 与 $\boldsymbol{v}$ 成锐角时，速率增大；当 $\boldsymbol{a}$ 与 $\boldsymbol{v}$ 成钝角时，速率减小；当 $\boldsymbol{a}$ 与 $\boldsymbol{v}$ 垂直时，速率不变。在直线运动中，$\boldsymbol{a}$ 与 $\boldsymbol{v}$ 都只有两种可能的方向，当 $\boldsymbol{a}$ 与 $\boldsymbol{v}$ 方向相同时，速率增大；当 $\boldsymbol{a}$ 与 $\boldsymbol{v}$ 方向相反时，速率减小。

④$\boldsymbol{a}$ 等于常矢量的运动称为匀变速运动，不一定是直线运动。例如，在无阻力的抛体运动中，$\boldsymbol{a}=\boldsymbol{g}$，方向垂直向下。当初速沿竖直方向时，质点做直线运动；当初速沿水平方向时，质点做平抛运动；当初速沿其他任意方向时，质点做斜抛运动。

由于质点在某时刻的运动状态是由该时刻质点的所在位置、运动的快慢以及运动的方向确定的，所以在质点运动学中，位置矢量 $\boldsymbol{r}$ 和速度 $\boldsymbol{v}$ 是描述质点运动状态的物理量，而位移 $\Delta \boldsymbol{r}$ 和加速度 $\boldsymbol{a}$ 则是反映质点运动状态变化的物理量。

1.2.3 运动方程

1. 运动方程

质点的位矢随时间变化的函数关系 $\boldsymbol{r}=\boldsymbol{r}(t)$ 称为质点的运动方程。在直角坐标系中，运动方程的分量式为

$$x=x(t),\ y=y(t),\ z=z(t) \tag{1-15}$$

式（1-15）也称为质点的轨迹参数方程。

在平面直角坐标系中，从运动方程分量式 $x=x(t)$ 和 $y=y(t)$ 中消除时间 t，即可得到轨迹方程。

运动方程包含了质点运动的全部信息。如果能确定运动方程，则有

$$\boldsymbol{v}=\frac{\mathrm{d}\boldsymbol{r}}{\mathrm{d}t},\ \boldsymbol{a}=\frac{\mathrm{d}\boldsymbol{v}}{\mathrm{d}t}=\frac{\mathrm{d}^2\boldsymbol{r}}{\mathrm{d}t^2}$$

所以，找出各种具体运动所遵循的运动方程是运动学的重要任务之一。

2. 运动学的两类问题

质点运动学问题一般可以归结为两类。

（1）微分问题　已知运动方程，求速度和加速度。因求解方法用微分方法，故称此类问题为微分问题。

$$\boldsymbol{r}=\boldsymbol{r}(t)\xrightarrow{\text{微分}}v=\frac{\mathrm{d}\boldsymbol{r}}{\mathrm{d}t}\xrightarrow{\text{微分}}\boldsymbol{a}=\frac{\mathrm{d}v}{\mathrm{d}t}$$

（2）积分问题　已知加速度和初始条件，求速度和运动方程。因求解方法用积分方法，故称此类问题为积分问题。

$$\boldsymbol{a}=\frac{\mathrm{d}v}{\mathrm{d}t}\Rightarrow\mathrm{d}v=\boldsymbol{a}\mathrm{d}t\xrightarrow{\text{积分}}v=v_0+\int_0^t\boldsymbol{a}\mathrm{d}t\xrightarrow{\text{积分}}\boldsymbol{r}=\boldsymbol{r}_0+\int_0^t v\,\mathrm{d}t$$

求解的思路是，利用速度和加速度的定义，通过分离变量，然后求积分，并由初始条件，将积分变为定积分，从而求得质点的速度和位置。加速度的表示通常有以下三种形式，现以一维运动为例讨论如下：

①$a=a(t)\quad a(t)=\frac{\mathrm{d}v}{\mathrm{d}t}\Rightarrow\mathrm{d}v=a(t)\mathrm{d}t\Rightarrow\int_{v_0}^{v}\mathrm{d}v=\int_0^t a(t)\mathrm{d}t$

②$a=a(v)\quad a(v)=\frac{\mathrm{d}v}{\mathrm{d}t}\Rightarrow\mathrm{d}t=\frac{\mathrm{d}v}{a(v)}\Rightarrow\int_0^t\mathrm{d}t=\int_{v_0}^{v}\frac{\mathrm{d}v}{a(v)}$

③$a=a(x)\quad a(x)=\frac{\mathrm{d}v}{\mathrm{d}t}=\frac{\mathrm{d}v}{\mathrm{d}x}\cdot\frac{\mathrm{d}x}{\mathrm{d}t}=v\frac{\mathrm{d}v}{\mathrm{d}x}\Rightarrow a(x)\mathrm{d}x=v\mathrm{d}v\Rightarrow\int_{x_0}^{x}a(x)\mathrm{d}x=\int_{v_0}^{v}v\mathrm{d}v$

1.2.4　圆周运动

1. 圆周运动的加速度

（1）切向加速度 a_τ 反映速度大小的变化。

大小：
$$a_\tau=\frac{\mathrm{d}v}{\mathrm{d}t}\tag{1-16}$$

方向：沿轨道的切线方向

（2）法向加速度 a_n 反映速度方向的变化。

大小：
$$a_\mathrm{n}=\frac{v^2}{R}\tag{1-17}$$

方向：垂直于v 且指向圆心

（3）总加速度 $\boldsymbol{a}=a_\mathrm{n}\boldsymbol{e}_\mathrm{n}+a_\tau\boldsymbol{e}_\tau$。

大小：
$$a=\sqrt{a_\mathrm{n}^2+a_\tau^2}=\sqrt{\left(\frac{v^2}{R}\right)^2+\left(\frac{\mathrm{d}v}{\mathrm{d}t}\right)^2}\tag{1-18}$$

方向：
$$\tan\varphi=\frac{a_\mathrm{n}}{a_\tau}\quad(\varphi\text{ 为 }\boldsymbol{a}\text{ 与 }\boldsymbol{e}_\tau\text{ 之间的夹角})\tag{1-19}$$

2. 圆周运动的角量描述

（1）角位置 θ，角位移 $\Delta\theta=\theta_2-\theta_1$

一般规定质点沿逆时针方向转动时，$\Delta\theta>0$；沿顺时针方向转动时，$\Delta\theta<0$。

（2）角速度

$$\omega=\frac{\mathrm{d}\theta}{\mathrm{d}t} \tag{1-20}$$

$\omega>0$，沿逆时针方向；$\omega<0$，沿顺时针方向。

（3）角加速度

$$\alpha=\frac{\mathrm{d}\omega}{\mathrm{d}t}=\frac{\mathrm{d}^2\theta}{\mathrm{d}t^2} \tag{1-21}$$

3. 圆周运动的角量与线量之间的关系

$$s=r\theta,\mathrm{d}s=r\mathrm{d}\theta \tag{1-22}$$

$$v=r\omega \text{ 或 } \omega=\frac{v}{r} \tag{1-23}$$

$$a_\tau=r\alpha,\ a_n=r\omega^2 \tag{1-24}$$

1.2.5　一般曲线运动

当把圆周运动的切向加速度和法向加速度中的圆半径 r 换成曲率半径 ρ，圆心换成曲率中心时，所描述的就是质点的一般曲线运动。

若 $a_\tau=a_n=0$，速度大小和方向都不变，则质点做匀速直线运动；

若 $a_\tau\neq0$，$a_n=0$，速度大小变化，轨道不弯曲，则质点做变速直线运动；

若 $a_\tau=0$，$a_n\neq0$ 且为常量，速度大小不变，轨道弯曲成圆，则质点做匀速率圆周运动；

若 $a_\tau\neq0$，$a_n\neq0$，速度大小和方向都变，轨道弯曲，则质点做一般曲线运动。

可见，根据 a_n 是否为零可判断质点是否做曲线运动。$a_n\equiv0$，质点做直线运动；$a_n\neq0$，质点做曲线运动。

1.2.6　相对运动

假设参考系 S′相对于参考系 S 以速度$\boldsymbol{v}_0$运动。一般将 S 系称为基本参考系（或绝对参考系），将 S′系称为运动参考系。相应地，物体在 S 系中的运动速度$\boldsymbol{v}$ 称为绝对速度，在 S′系中的运动速度$\boldsymbol{v}'$称为相对速度，而将$\boldsymbol{v}_0$称为牵连速度。

考虑运动参考系做平动的情况，如图 1-2 所示。分别在 S 系和 S′系中描述同一个质量为 m 的质点的运动，两个参考系中位移的关系为

$$\Delta\boldsymbol{r}=\Delta\boldsymbol{r}_0+\Delta\boldsymbol{r}' \tag{1-25}$$

即质点相对基本参考系的位移等于质点相对运动参考系的位移与运动参考系相对基本参考系的位移的矢量和。

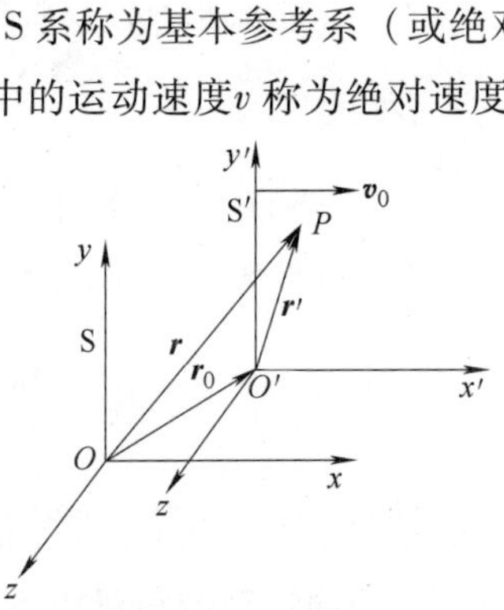

图 1-2　相对运动

两个参考系中速度的关系为

$$v = v_0 + v' \tag{1-26}$$

即绝对速度等于牵连速度与相对速度的矢量和。

两个参考系中加速度的关系为

$$\boldsymbol{a} = \boldsymbol{a}_0 + \boldsymbol{a}' \tag{1-27}$$

即绝对加速度等于牵连加速度与相对加速度的矢量和。

必须注意，以上变换关系属于伽利略变换，基于时间、空间是独立的，并与运动无关的经典时空观。

1.3　问题辨析

问题1　微分表达式 $\mathrm{d}\boldsymbol{r}$、$\mathrm{d}r$、$|\mathrm{d}\boldsymbol{r}|$、$\mathrm{d}|\boldsymbol{r}|$、$\mathrm{d}s$，它们分别表示什么意义？

辨析　微分表示一个无限小元过程中某个物理量的变化。要理解微分表达式 $\mathrm{d}\boldsymbol{r}$、$\mathrm{d}r$、$|\mathrm{d}\boldsymbol{r}|$、$\mathrm{d}|\boldsymbol{r}|$、$\mathrm{d}s$ 的物理意义，首先要理解 $\boldsymbol{r}$，r，s 的意义。$\boldsymbol{r}$ 是位置矢量（位矢）；r 是位矢矢径的长度，是标量；s 是路程，是标量。

因此，$\mathrm{d}\boldsymbol{r}$ 表示位矢在时间 $\mathrm{d}t$ 内的微小变化，是元过程中的位移，是矢量；$\mathrm{d}r$ 是位矢长度在时间 $\mathrm{d}t$ 内的微小变化，是长度的变化，它是标量；$\mathrm{d}s$ 是路程的微小变化，是标量。

$|\boldsymbol{r}|$是位矢矢量 $\boldsymbol{r}$ 的模，一个矢量的模就是矢量的大小，因此$|\mathrm{d}\boldsymbol{r}|$就是位移 $\mathrm{d}\boldsymbol{r}$ 的长度，在极限情形下它就是路程的微小变化，即$|\mathrm{d}\boldsymbol{r}| = \mathrm{d}s$。$\mathrm{d}|\boldsymbol{r}|$就是$|\boldsymbol{r}|$的微元，$|\boldsymbol{r}| = r$，因此 $\mathrm{d}|\boldsymbol{r}| = \mathrm{d}r$，是位矢长度的微小变化。

问题2　表达式$\dfrac{\mathrm{d}\boldsymbol{r}}{\mathrm{d}t}$、$\dfrac{\mathrm{d}r}{\mathrm{d}t}$、$\dfrac{\mathrm{d}|\boldsymbol{r}|}{\mathrm{d}t}$、$\dfrac{\mathrm{d}s}{\mathrm{d}t}$、$\sqrt{\left(\dfrac{\mathrm{d}x}{\mathrm{d}t}\right)^2 + \left(\dfrac{\mathrm{d}y}{\mathrm{d}t}\right)^2}$，它们分别表示什么意义？

辨析　根据问题1的分析，$\dfrac{\mathrm{d}\boldsymbol{r}}{\mathrm{d}t}$表示速度$\boldsymbol{v}$，是矢量；$\dfrac{\mathrm{d}r}{\mathrm{d}t}$表示位矢长度的时间变化率，是标量，注意它不是速率；$\dfrac{\mathrm{d}|\boldsymbol{r}|}{\mathrm{d}t}$就是$\dfrac{\mathrm{d}r}{\mathrm{d}t}$；$\dfrac{\mathrm{d}s}{\mathrm{d}t}$是路程对时间的变化率，也就是速度的大小(速率)；$\dfrac{\mathrm{d}x}{\mathrm{d}t} = v_x$，$\dfrac{\mathrm{d}y}{\mathrm{d}t} = v_y$，$\sqrt{\left(\dfrac{\mathrm{d}x}{\mathrm{d}t}\right)^2 + \left(\dfrac{\mathrm{d}y}{\mathrm{d}t}\right)^2}$是二维质点运动的速率。

问题3　质点做半径为 R 的变速圆周运动，v 表示任一时刻质点的速率，那么以下各个表达式的意义分别是什么？(1) $\dfrac{\mathrm{d}v}{\mathrm{d}t}$；(2) $\dfrac{v^2}{R}$；(3) $\dfrac{\mathrm{d}v}{\mathrm{d}t} + \dfrac{v^2}{R}$；(4) $\sqrt{\left(\dfrac{\mathrm{d}v}{\mathrm{d}t}\right)^2 + \dfrac{v^4}{R^2}}$。

辨析　圆周运动的加速度是矢量，$\boldsymbol{a} = \dfrac{\mathrm{d}v}{\mathrm{d}t}\boldsymbol{e}_\tau + \dfrac{v^2}{R}\boldsymbol{e}_\mathrm{n}$

(1) $\dfrac{\mathrm{d}v}{\mathrm{d}t}$是切向加速度分量，表示速率对时间的变化率。

(2) $\dfrac{v^2}{R}$是法向加速度分量。

（3）$\frac{\mathrm{d}v}{\mathrm{d}t}+\frac{v^2}{R}$是一个错误的表达式，加速度两个分量的代数和没有意义。

（4）$a=\sqrt{a_\tau^2+a_\mathrm{n}^2}=\sqrt{\left(\frac{\mathrm{d}v}{\mathrm{d}t}\right)^2+\frac{v^4}{R^2}}$，因此$\sqrt{\left(\frac{\mathrm{d}v}{\mathrm{d}t}\right)^2+\frac{v^4}{R^2}}$表示加速度的大小。

问题4 下列情况是否可能？举例说明。（1）当物体速度为零时，加速度不为零。（2）物体的加速度的大小随时间增加，而速度的大小随时间减小。（3）物体的速度恒定，而速率在不断变化。（4）物体具有恒定的加速度，但速度的大小和方向可以不断变化。（5）物体做圆周运动，但加速度不指向圆心。

辨析 （1）可能。如竖直上抛运动的物体上升到最高点的瞬间。

（2）可能。如加速度的方向与速度的方向相反的直线运动。

（3）不可能。因为速度恒定包含速度的大小（速率）恒定和速度的方向恒定两个方面。

（4）可能。如抛体运动。

（5）可能。如变速率圆周运动。

问题5 分析下列问题：（1）匀速圆周运动的速度和加速度是否都恒定不变？（2）当物体抛射角为 θ_0 的斜抛运动时，在轨道上任一点的法向加速度和切向加速度的大小和方向如何？轨道上哪一点的物体法向加速度值最大？轨道上哪些点的物体切向加速度值最大？（3）在什么情况下物体会有切向加速度？在什么情况下物体会有法向加速度？

辨析 （1）在直角坐标系中，匀速圆周运动的速度和加速度都要改变，而在自然坐标系中，匀速圆周运动的速度和加速度却是恒定不变的。

（2）设物体在斜抛运动轨道上任一点的速度方向与水平线之间的夹角为 θ，则法向加速度的大小为 $a_\mathrm{n}=g\cos\theta$，方向与该点速度的方向垂直，指向曲线的凹侧；切向加速度的大小为 $a_\tau=g\sin\theta$，上升过程中的方向与该点速度的方向相反，下落过程中的方向与该点速度的方向相同。当物体在轨道的最高点时，物体的法向加速度 $a_\mathrm{n}=g$ 为最大。在抛出点和落地点，物体切向加速度值为 $a_\tau=g\sin\theta_0$，为最大。

（3）当物体速度的大小变化时，就会有切向加速度；当物体速度的方向变化时，就会有法向加速度。在直线运动中，仅有切向加速度。凡是曲线运动都有法向加速度。在匀速曲线运动中，仅有法向加速度；在变速曲线运动中，不仅有法向加速度，还有切向加速度。

问题6 速度合成与速度变换的意义分别是什么？

辨析 速度合成和速度变换是两个不同的概念。速度合成是指在同一参考系中一个质点的速度和它的各个坐标分量上的分速度之间的关系，在任何参考系中（包括高速运动的参考系），它都可以表示为矢量合成的关系，例如$\boldsymbol{v}=v_x\boldsymbol{i}+v_y\boldsymbol{j}$。速度变换是指在两个不同参考系中观察一个运动物体运动的速度之间的关系，在低速运动条件下遵从伽利略速度变换式$\boldsymbol{v}=\boldsymbol{v}_0+\boldsymbol{v}'$。但在相对运动速度接近光速时，速度变换式的形式就不再是上式。

1.4　例题剖析

1.4.1　基本思路

本章是学习大学物理学的开始，尽管这一章的基本概念在高中阶段大都已经学习过，但是对数学的要求应达到高等数学的层次。数学在研究物理问题中具有重要作用，要学会用数学语言来表达物理的概念和规律，矢量和微积分的基本运算不仅是大学物理与高中物理的一个重要区别，而且是深入理解物理概念、规律和物体运动的必备的数学工具。

质点运动学问题一般可分为如下两类：第一类是已知质点的运动方程求速度和加速度，采用的数学方法一般是求导；第二类是已知加速度、初速度和初始位置求质点的运动方程，采用的数学方法一般是积分。

在求解具体问题时要根据需要选择合适的参考系，进行定量描述时还必须固定于参考系建立合适的坐标系。本章计算主要涉及以下内容：

（1）根据定义求描述质点运动的几个物理量。

（2）已知运动方程求速度、加速度。

（3）已知加速度或速度，并给出初始条件，求运动方程。

（4）抛体运动和圆周运动问题。

在计算中应注意矢量的正确使用，关于变量问题，应严格按定义求解，不可对公式生搬硬套。另外还要注意的是，质点的运动既可以用运动方程来描述，也可以用图示法形象直观地描述，应熟悉用图示法表示质点运动的位置时间图（x-t 图）、速度时间图（v-t 图）、加速度时间图（a-t 图）等。

1.4.2　典型例题

例 1-1　一质点在 x，y 平面内运动，运动方程为

$$x = 3t + 5,\ y = \frac{1}{2}t^2 + 3t - 4$$

式中，t 以 s 计，x，y 以 m 计。

（1）以时间 t 为变量，写出质点位矢的表达式，并写出质点的轨迹方程。

（2）写出 $t = 1\text{s}$ 和 $t = 2\text{s}$ 时的位矢，并写出这 1s 内质点的位移及平均速度。

（3）写出该质点的速度表达式，并计算 $t = 4\text{s}$ 时质点的速度。

（4）写出该质点的加速度表达式，并计算 $t = 4\text{s}$ 时质点的加速度。

分析　本题已知质点的运动方程求其他基本物理量，是运动学的第一类问题。求解时可先写出位矢的表达式，采用求导的方法求速度、加速度的表达式，然后求出某一时刻的速度、加速度；也可直接对运动方程的分量式 $x = x(t)$，$y = y(t)$ 求导，得到速度、加速度的分量式。采用对矢量求导的方法往往比较简洁。

求位移、平均速度等物理量时，要按照定义求解，并注意矢量的正确表达。如果质点做直线运动（一维问题），位矢、位移、速度、加速度均只有两个方向，一般可用“+”“-”号表示其方向，这时矢量可用标量代替。

解 （1）质点的位矢为

$$\boldsymbol{r}=x\boldsymbol{i}+y\boldsymbol{j}=(3t+5)\boldsymbol{i}+\left(\frac{1}{2}t^2+3t-4\right)\boldsymbol{j}$$

从 $x=3t+5$，$y=\frac{1}{2}t^2+3t-4$ 中消去时间 t 得质点的轨迹方程为

$$x^2+8x-18y-137=0$$

（2）当 $t_1=1\text{s}$ 时，位矢为

$$\boldsymbol{r}_1=\left[(3\times1+5)\boldsymbol{i}+\left(\frac{1}{2}\times1^2+3\times1-4\right)\boldsymbol{j}\right]\text{m}=(8\boldsymbol{i}-0.5\boldsymbol{j})\text{m}$$

当 $t_2=2\text{s}$ 时，位矢为

$$\boldsymbol{r}_2=\left[(3\times2+5)\boldsymbol{i}+\left(\frac{1}{2}\times2^2+3\times2-4\right)\boldsymbol{j}\right]\text{m}=(11\boldsymbol{i}+4\boldsymbol{j})\text{m}$$

$\Delta t=t_2-t_1=1\text{s}$ 内的位移为

$$\Delta\boldsymbol{r}=\boldsymbol{r}_2-\boldsymbol{r}_1=\Delta x\boldsymbol{i}+\Delta y\boldsymbol{j}=\{(11-8)\boldsymbol{i}+[4-(-0.5)]\boldsymbol{j}\}\text{m}=(3\boldsymbol{i}+4.5\boldsymbol{j})\text{m}$$

这段时间内的平均速度为

$$\bar{v}=\frac{\Delta\boldsymbol{r}}{\Delta t}=\frac{\Delta x}{\Delta t}\boldsymbol{i}+\frac{\Delta y}{\Delta t}\boldsymbol{j}=(3\boldsymbol{i}+4.5\boldsymbol{j})\text{m}\cdot\text{s}^{-1}$$

（3）质点的速度为

$$v=v_x\boldsymbol{i}+v_y\boldsymbol{j}=\frac{\text{d}x}{\text{d}t}\boldsymbol{i}+\frac{\text{d}y}{\text{d}t}\boldsymbol{j}$$

由题中所给条件可求得 $v_x=\frac{\text{d}x}{\text{d}t}=3\text{m/s}$，$v_y=\frac{\text{d}y}{\text{d}t}=(t+3)\text{m/s}$

所以 $$v=v_x\boldsymbol{i}+v_y\boldsymbol{j}=[3\boldsymbol{i}+(t+3)\boldsymbol{j}]\text{m/s}$$

当 $t=4\text{s}$ 时，质点的速度为$v_4=[3\boldsymbol{i}+(4+3)\boldsymbol{j}]\text{m/s}=(3\boldsymbol{i}+7\boldsymbol{j})\text{m/s}$

（4）质点的加速度为

$$\boldsymbol{a}=a_x\boldsymbol{i}+a_y\boldsymbol{j}=\frac{\text{d}v_x}{\text{d}t}\boldsymbol{i}+\frac{\text{d}v_y}{\text{d}t}\boldsymbol{j}$$

由于 $$a_x=\frac{\text{d}v_x}{\text{d}t}=0,\ a_y=\frac{\text{d}v_y}{\text{d}t}=1\text{m/s}^2$$

所以 $$\boldsymbol{a}=1\boldsymbol{j}\text{m/s}^2$$

上式表明，质点做匀加速度运动，其大小为 $a=|\boldsymbol{a}|=1\text{m/s}^2$，$\boldsymbol{a}$ 的方向与 Oy 轴正向同向。

例 1-2 如图 1-3 所示，定滑轮 C 离地高度 $H=10\text{m}$，滑轮半径忽略不计，一根不可伸长的绳子跨过滑轮，一端 B 挂有重物，另一端 A 被人拉着沿水平方向匀速运动，其

速率 $v_0=1\text{m/s}$，A 端离地面的高度保持为 $h=1.5\text{m}$。运动开始时，重物放在地面 B_0 处，此时绳在铅垂位置且刚好绷紧，求（1）重物上升的运动学方程；（2）重物在 t 时刻的速率和加速度。

分析　要求物体的运动方程，首先应该建立合适的坐标系，由于重物沿竖直方向运动，A 端沿水平方向运动，所以以初始位置 B_0 为原点，水平方向为 Ox 轴，竖直方向为 Oy 轴建立平面直角坐标系较为合适。

另外，这是一个具有约束条件的运动学问题。已知 A 端的运动情况，要求重物的运动方程，由于运动过程中绳长保持不变，A 端、重物通过绳彼此约束，可先确定任意时刻 A 的位置坐标，再通过约束关系求重物的运动方程，由重物的运动方程通过求导即可得到重物的速度、加速度。

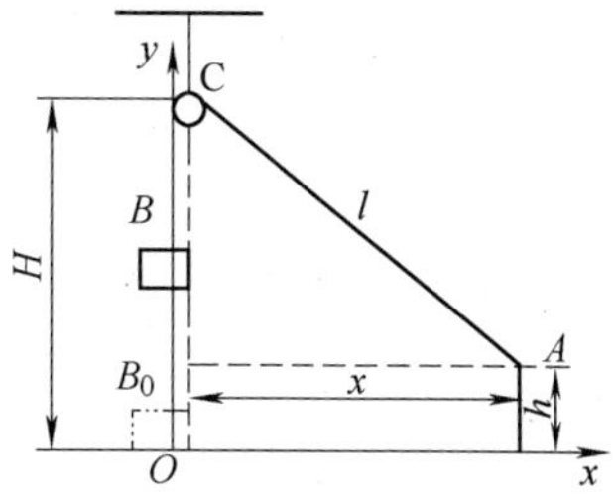

图 1-3　例 1-2 图

解　（1）建立如图 1-3 所示直角坐标系，由题意，运动开始时，绳在铅垂位置且刚好绷紧，此时重物位于原点处，而绳 A 端的位置坐标 $x_0=0$，且 A 端和重物的运动通过绳彼此约束。

假设初始时刻，滑轮左边的绳长为 l_0，则 $l_0=H-h$；若时刻 t，重物的位置坐标为 y，由题意，此时 A 的位置坐标为 $x=x_0+v_0t=v_0t$，则右边的绳长为

$$l=\sqrt{l_0^2+x^2}=\sqrt{(H-h)^2+v_0^2t^2}$$

又因为运动过程中绳长不变，应有 $H+l_0=l+(H-y)$

由此可得　$$y=l-l_0=\sqrt{(H-h)^2+(v_0t)^2}-(H-h)$$

代入数据 $H=10\text{m}$，$h=1.5\text{m}$，解得重物上升过程中的运动方程为

$$y=\sqrt{72.25+t^2}-8.5\quad(y\leqslant H=10\text{m})$$

（2）对运动方程求时间的一阶导数得重物的速度为

$$v=\frac{\mathrm{d}y}{\mathrm{d}t}=\frac{\mathrm{d}}{\mathrm{d}t}(\sqrt{72.25+t^2}-8.5)=\frac{t}{\sqrt{72.25+t^2}}$$

对速度求时间的一阶导数得重物的加速度为

$$a=\frac{\mathrm{d}v}{\mathrm{d}t}=\frac{72.25}{(72.25+t^2)^{\frac{3}{2}}}$$

例 1-3　一质点由静止开始做直线运动，初始加速度为 a_0，以后加速度均匀增加，每经过时间 τ（秒）增加 a_0，求经过时间 t（秒）后质点运动的速度和位移。

分析　本题是运动学的第二类问题，即根据加速度求速度和位移等物理量。由题意可知质点运动的加速度是时间的函数，由定义可知 $\mathrm{d}v=a\mathrm{d}t$，又已知初始时刻质点静止，通过积分即可求得任意时刻质点的运动速度。要求一段时间内质点的位移，可通过积分先求质点的运动方程，而位移就等于末时刻的位矢减去初时刻的位矢，题中未给出质点的初始位置，可自行假设，位移的最后结果与初始位置无关。由于质点做直线运动，这里矢量可用标量代替，若涉及数字计算，通过最后结果的正负即可判断求得的物理量的

方向。

解 由题意可知，加速度与时间的关系为

$$a = a_0 + \frac{a_0}{\tau}t$$

质点做直线运动，由定义 $a = \frac{\mathrm{d}v}{\mathrm{d}t}$，得 $\mathrm{d}v = a\mathrm{d}t$，

对上式两边积分，得

$$v - v_0 = \int_0^t a\mathrm{d}t = \int_0^t \left(a_0 + \frac{a_0}{\tau}t\right)\mathrm{d}t = a_0 t + \frac{a_0}{2\tau}t^2$$

又已知 $t=0$ 时，$v_0=0$，代入上式得

$$v = a_0 t + \frac{a_0}{2\tau}t^2$$

若质点沿 Ox 轴运动，由定义 $v = \frac{\mathrm{d}x}{\mathrm{d}t}$，得

$$\mathrm{d}x = v\mathrm{d}t$$

假设质点的初始位置为 $x = x_0$，对上式两边积分，得

$$x - x_0 = \int_0^t v\mathrm{d}t = \int_0^t \left(a_0 t + \frac{a_0}{2\tau}t^2\right)\mathrm{d}t = \frac{1}{2}a_0 t^2 + \frac{a_0}{6\tau}t^3$$

则经过 t（秒）后质点的位移为

$$\Delta x = x - x_0 = \frac{1}{2}a_0 t^2 + \frac{a_0}{6\tau}t^3$$

例 1-4 一质点做一维运动，加速度与位置的关系为 $a = -kx$，k 为正常数。已知 $t=0$ 时质点瞬时静止于 $x = x_0$ 处。试求质点的运动规律。

分析 本题仍然是运动学的第二类问题，但是加速度不是时间的函数，而是位置坐标 x 的函数。显然不能直接对 a 求时间 t 的积分，一般在解这类问题时需要进行适当的变量变换。

$$a = \frac{\mathrm{d}v}{\mathrm{d}t} = \frac{\mathrm{d}v}{\mathrm{d}x}\cdot\frac{\mathrm{d}x}{\mathrm{d}t} = v\frac{\mathrm{d}v}{\mathrm{d}x}$$

这种变换方式在解题过程中非常有用，基本原则是使积分变元与被积函数中的自变量一致。

解 根据题设，有 $a = \frac{\mathrm{d}v}{\mathrm{d}t} = \frac{\mathrm{d}v}{\mathrm{d}x}\cdot\frac{\mathrm{d}x}{\mathrm{d}t} = v\frac{\mathrm{d}v}{\mathrm{d}x} = -kx$

即
$$v\mathrm{d}v = -kx\mathrm{d}x$$

已知 $x = x_0$ 时，$v=0$，对其两边积分得

$$v^2 = k(x_0^2 - x^2)$$

即
$$v = \pm\sqrt{k(x_0^2 - x^2)} = \frac{\mathrm{d}x}{\mathrm{d}t}$$

整理得
$$\frac{\mathrm{d}x}{\sqrt{(x_0^2-x^2)}}=\pm\sqrt{k}\mathrm{d}t$$

对上式两边积分并考虑初始条件 $t=0$，$x=x_0$，得

$$x=x_0\cos\sqrt{k}t$$

可见，质点的空间位置按时间的余弦函数规律在 $x=0$ 附近往复变化，这种运动形式称为简谐运动。

例 1-5　质点运动方程为 $x=2t$，$y=t^2$（SI），则在 $t=1\mathrm{s}$ 时质点的加速度 $\boldsymbol{a}=$ ________ $\mathrm{m/s^2}$，$t=1\mathrm{s}$ 时质点的切向加速度 $a_\tau=$ ________ $\mathrm{m/s^2}$。

分析　根据质点运动方程对时间分别求一阶和二阶导数，得到速度矢量和加速度矢量，这是前面的例题所述的运动学第一类问题。但是本题是曲线运动（抛体运动），求质点的切向加速度，需要理解切向加速度的概念和计算方法。根据定义它是速率对时间的变化率，因此，一般先要求出速率与时间的函数关系式。由于切向加速度就是加速度在切向即速度方向的投影，因此还可以先分别求出加速度和速度矢量，再把加速度投影到速度方向得到切向加速度。

解　对分量形式的运动学方程分别求时间的一阶和二阶导数，得到速度矢量 $\boldsymbol{v}=2\boldsymbol{i}+2t\boldsymbol{j}$，加速度矢量 $\boldsymbol{a}=2\boldsymbol{j}$。因此，本题中质点在 x 轴方向做匀速率运动，在 y 轴方向做匀加速度运动。$t=1\mathrm{s}$ 时质点的加速度 $\boldsymbol{a}=2\boldsymbol{j}\mathrm{m/s^2}$，沿 y 轴正方向。

根据速度矢量 $\boldsymbol{v}=2\boldsymbol{i}+2t\boldsymbol{j}$，得到速率 $v=\sqrt{4+4t^2}$，因此切向加速度为

$$a_\tau=\frac{\mathrm{d}v}{\mathrm{d}t}=\frac{\mathrm{d}(\sqrt{4+4t^2})}{\mathrm{d}t}=\frac{2t}{\sqrt{1+t^2}}$$

将 $t=1\mathrm{s}$ 代入上式得到切向加速度 $a_\tau=1.41\mathrm{m/s^2}$。

下面用另一种方法求切向加速度，即把加速度投影到速度方向得到切向加速度。因为 $t=1\mathrm{s}$ 时质点的速度矢量为 $\boldsymbol{v}=(2\boldsymbol{i}+2\boldsymbol{j})\mathrm{m/s}$，显然，速度方向即切向与 x 轴成 $45°$。将沿 y 轴正方向加速度 $\boldsymbol{a}=2\boldsymbol{j}\mathrm{m/s^2}$ 投影到 $t=1\mathrm{s}$ 时的速度方向，就得到 $t=1\mathrm{s}$ 时质点的切向加速度 $a_\tau=2\cos45°=1.41\mathrm{m/s^2}$。

例 1-6　将任意多个质点从某一点以同样大小的速率 v_0，在同一竖直面内沿不同方向同时抛出，试证明在任一时刻这些质点分散处在某一圆周上。

分析　这是斜抛问题，质点的运动轨迹为抛物线，首先应该建立合适的坐标系。在忽略空气阻力的情况下，质点只在竖直方向有重力加速度 $\boldsymbol{g}$，因此，质点必在 $\boldsymbol{g}$ 与 $\boldsymbol{v}_0$ 决定的竖直面内运动。根据运动的合成与分解原理，质点的运动可以看成是水平方向的匀速直线运动与竖直方向的匀加速直线运动合成的，这类问题一般以抛出点为原点，以水平方向为 Ox 轴，以竖直方向为 Oy 轴建立平面直角坐标系较为合适。

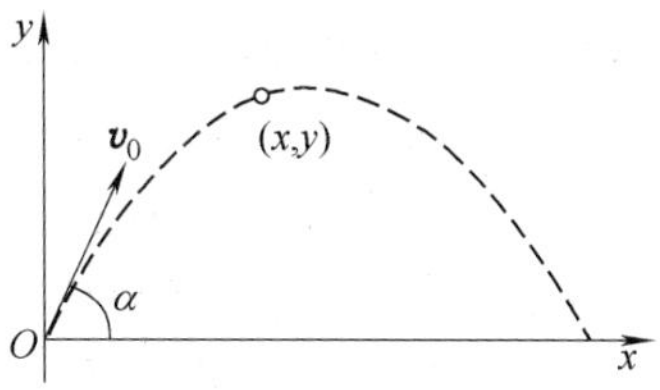

图 1-4　例 1-6 图

但是，本题不是求质点的运动轨迹，而是求符合某种初始条件的抛体运动的特别性质。

证明　如图 1-4 所示，设在竖直面 xOy 平面内，

从原点 O 以初速度v_0 将质点抛出，v_0 与 x 轴成任意角 α，则在任意时刻质点的位置为

$$x = v_0 t\cos\alpha \tag{1}$$

$$y = v_0 t\sin\alpha - \frac{1}{2}gt^2 \tag{2}$$

从式（2）得到

$$y + \frac{1}{2}gt^2 = v_0 t\sin\alpha \tag{3}$$

将式（1）和式（2）两边分别平方后再相加，得到

$$x^2 + \left(y + \frac{1}{2}gt^2\right)^2 = (v_0 t)^2$$

这是一个圆的轨迹方程，圆心坐标是$\left(0,\ -\frac{1}{2}gt^2\right)$，半径为 $v_0 t$。

例 1-7 一质点做半径为 R 的圆周运动，质点所经过的弧长与时间的关系为 $s = bt + \frac{1}{2}ct^2$，其中 b，c 为常量，且 $Rc > b^2$。求切向加速度与法向加速度大小相等之前所经历的时间。

分析 本题是圆周运动问题，要特别注意的是，一般的变速率圆周运动不仅有法向加速度，还有切向加速度，而求切向加速度一般需要知道速率 v 与时间 t 的函数关系。题中给出了路程 s 与时间 t 的关系，需要先根据 $v = \frac{\mathrm{d}s}{\mathrm{d}t}$求出速率，再根据定义求出法向加速度和切向加速度。

解 根据定义，质点运动的速率 $v = \frac{\mathrm{d}s}{\mathrm{d}t} = b + ct$

切向加速度大小 $a_\tau = \frac{\mathrm{d}v}{\mathrm{d}t} = c$，法向加速度大小 $a_n = \frac{v^2}{R} = \frac{(b+ct)^2}{R}$。当它们相等时

$$c = \frac{(b+ct)^2}{R} \qquad c^2t^2 + 2bct + b^2 - cR = 0$$

解上述方程得到

$$t = \frac{-b \pm \sqrt{cR}}{c}$$

因 $t > 0$，故得到所经历的时间 $t = \sqrt{\frac{R}{c}} - \frac{b}{c}$。

例 1-8 如图 1-5 所示，当火车静止时，乘客发现雨滴下落的方向偏向车头，偏角为 30°，当火车以 35m/s 的速率沿水平直路行驶时，发现雨滴下落的方向偏向车尾，偏角为 45°。假设雨滴相对于地面的速度保持不变，试计算雨滴相对地面的速度大小。

图 1-5 例 1-8 图

分析 这是相对运动问题，首先应该确定描述运动的两个参考系，一个是静止参考系，另一个是平动参考系。雨滴相对于静止参考系（地面）的绝对速度v 等于平动参考系（火车）

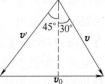

相对静止参考系的牵连速度$\boldsymbol{v}_0$与雨滴相对平动参考系的相对速度$\boldsymbol{v}'$的矢量和。

解　选地面为静止参考系 S，火车为平动参考系 S′。已知雨滴对地面的速度即绝对速度$\boldsymbol{v}$的方向偏前 30°，火车行驶时，雨滴对火车的相对速度$\boldsymbol{v}'$偏后 45°，火车速度就是牵连速度$\boldsymbol{v}_0$，其大小为 $v_0 = 35\text{m/s}$，方向水平向前（右），如图 1-5 所示。

根据速度的相对性

$$\boldsymbol{v} = \boldsymbol{v}_0 + \boldsymbol{v}'$$

由图可知

$$v\sin30° + v'\sin45° = v_0$$
$$v\cos30° = v'\cos45°$$

由以上两式解出

$$v = \frac{v_0}{\sin30° + \sin45°\dfrac{\cos30°}{\cos45°}} = 25.6\text{m/s}$$

1.5　能力训练

一、选择题

1. 若物体在做空间运动，其位置矢量为 $\boldsymbol{r}(t)$，则在任意时刻，(　　)。

A. $\dfrac{\mathrm{d}\boldsymbol{r}}{\mathrm{d}t}$表示物体的速度，$\dfrac{\mathrm{d}^2 r}{\mathrm{d}t^2}$表示物体的加速度

B. $\left|\dfrac{\mathrm{d}\boldsymbol{r}}{\mathrm{d}t}\right|$表示物体的速度，$\left|\dfrac{\mathrm{d}^2\boldsymbol{r}}{\mathrm{d}t^2}\right|$表示物体的加速度

C. $\dfrac{\mathrm{d}r}{\mathrm{d}t}$表示物体的速度，$\dfrac{\mathrm{d}^2\boldsymbol{r}}{\mathrm{d}t^2}$表示物体的加速度

D. $\dfrac{\mathrm{d}\boldsymbol{r}}{\mathrm{d}t}$表示物体的速度，$\dfrac{\mathrm{d}^2\boldsymbol{r}}{\mathrm{d}t^2}$表示物体的加速度

2. 某沿直线运动的质点，其速度大小与时间成反比，则其加速度的大小与速度大小的关系是(　　)。

A. 与速度大小成正比　　B. 与速度大小的二次方成正比

C. 与速度大小成反比　　D. 与速度大小的二次方成反比

3. 一小球沿斜面向上运动，其运动方程为 $x = 5 + 4t - t^2$(SI)，则小球运动到达最高点的时刻是（　　）。

A. $t = 4\text{s}$　　B. $t = 2\text{s}$　　C. $t = 8\text{s}$　　D. $t = 5\text{s}$

4. 质点沿半径为 R 的圆周做匀速率圆周运动，每 T(秒）转一圈，在 $2T$ 时间间隔中，其平均速度大小与平均速率分别为(　　)。

A. $\dfrac{2\pi R}{T}$，$\dfrac{2\pi R}{T}$　　B. 0，0　　C. 0，$\dfrac{2\pi R}{T}$　　D. $\dfrac{2\pi R}{T}$，0

5. 一质点沿圆周运动，其速率随时间成正比增大，a_τ 为切向加速度的大小，a_n 为法向加速度的大小，加速度矢量 $\boldsymbol{a}$ 与速度矢量 $\boldsymbol{v}$ 间的夹角为 φ（见图 1-6）。在质点运动过程中（　　）。

A. a_τ 增大，a_n 增大，φ 不变

B. a_τ 不变，a_n 增大，φ 增大

C. a_τ 不变，a_n 不变，φ 不变

D. a_τ 增大，a_n 不变，φ 减小

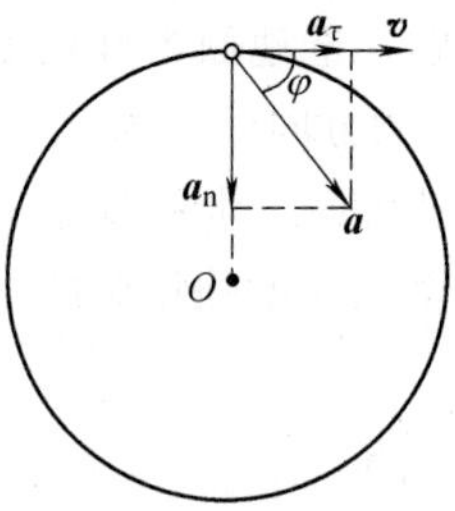

图 1-6　选择题 5 图

6. 质点做半径为 R 的变速圆周运动时的加速度大小为（v 表示任一时刻质点的速率）（　　）。

A. $\dfrac{dv}{dt}$　　B. $\dfrac{v^2}{R}$　　C. $\dfrac{dv}{dt}+\dfrac{v^2}{R}$　　D. $\sqrt{\left(\dfrac{dv}{dt}\right)^2+\dfrac{v^4}{R^2}}$

7. 在相对地面静止的坐标系内，A，B 两艘船都以 2m/s 的速率匀速行驶，A 船沿 x 轴负方向，B 船沿 y 轴正方向。现在 A 船上设置与静止坐标系方向相同的坐标系（x、y 方向单位矢用 $\boldsymbol{i}$，$\boldsymbol{j}$ 表示），那么在 A 船上的坐标系中，B 船的速度（以 m/s 为单位）为（　　）。

A. $2\boldsymbol{i}+2\boldsymbol{j}$　　B. $2\boldsymbol{i}-2\boldsymbol{j}$　　C. $-2\boldsymbol{i}+2\boldsymbol{j}$　　D. $-2\boldsymbol{i}-2\boldsymbol{j}$

8. 某人骑自行车以速率 v 向西行驶，今有风以相同速率从北偏东 30°方向吹来，试问人感到风从哪个方向吹来？（　　）。

A. 北偏东 30°　　B. 南偏东 30°　　C. 北偏西 30°　　D. 西偏南 30°

二、填空题

1. 一质点沿 x 轴运动，其加速度 $a=ct^2$（其中 c 为常量）。当 $t=0$ 时，质点位于 x_0 处，且速度为 v_0，则在任意时刻 t，质点的速度 $v=$____________，质点的运动学方程 $x=$____________。

2. 一质点沿直线运动，其运动学方程为 $x=6t-t^2$(SI)，则在 t 由 0 ~ 4s 的时间间隔内，质点的位移大小为____________，在 t 由 0 ~ 4s 的时间间隔内质点走过的路程为____________。

3. 某质点做圆周运动，在国际单位制中其角运动方程 $\theta=\pi t+\pi t^2$，则质点的角加速度 $\alpha=$____________ rad/s²。

4. 一质点沿半径为 0.1m 的圆周运动，其速率随时间变化的关系为 $v=3+\dfrac{1}{2}t^2$，其中 v 的单位为米每秒（m/s），t 的单位为秒（s），则 t 时刻质点的切向加速度为 $a_\tau=$____________ m/s²，角加速度 $\alpha=$____________ rad/s²。

5. 轮船在水上以相对于水的速度 v_1 航行，水流速度为 v_2，一人相对于甲板以速度 v_3 行走。如果人相对于岸静止，则 v_1，v_2 和 v_3 的关系是____________。

三、计算题

1. 一小轿车做直线运动，刹车时速度为 v_0，刹车后其加速度与速度成正比而反向，即 $a=-kv$，k 为已知的大于零的常量。试求：(1) 刹车后轿车的速度与时间的函数关

系；(2) 刹车后轿车最多能行多远？

2. 一质点沿半径为 R 的圆周运动，其角坐标的运动方程为 $\theta = at^3$（a 为常数），(1) 求质点的速度和加速度；(2) t 为何值时，该质点的切向加速度等于法向加速度？

3. 一敞顶电梯以恒定速率 $v = 10\text{m/s}$ 上升。当电梯离地面 $h = 10\text{m}$ 时，一小孩竖直向上抛出一球，球相对于电梯初速率 $v_0 = 20\text{m/s}$。试问：(1) 从地面算起，球能达到的最大高度为多大？(2) 抛出后经过多长时间再回到电梯上？

参考答案

一、选择题

1. D　2. B　3. B　4. C　5. B　6. D　7. A　8. C

二、填空题

1. $v = v_0 + \frac{c}{3}t^3$, $x = x_0 + v_0 t + \frac{c}{12}t^4$; 2. 8m, 10m; 3. 2π; 4. $t, 10t$;

5. $v_1 + v_2 + v_3 = 0$。

三、计算题

1. **解**　(1) 已知加速度 $\frac{\mathrm{d}v}{\mathrm{d}t} = -kv$，得 $\frac{\mathrm{d}v}{v} = -k\mathrm{d}t$。对上式两边积分 $\int_{v_0}^{v}\frac{\mathrm{d}v}{v} = -k\int_0^t \mathrm{d}t$ 得到 $\ln\frac{v}{v_0} = -kt$，即 $v = v_0 \mathrm{e}^{-kt}$。

(2) 刹车后轿车最多能行驶的距离是指轿车从刹车到速度为零时（停下）所走的路程。根据 $v = v_0\mathrm{e}^{-kt}$，当 $t = \infty$ 时 $v = 0$。根据初始条件对上式两边积分，得

$$\int_0^x \mathrm{d}x = \int_0^{\infty} v_0 \mathrm{e}^{-kt}\mathrm{d}t, \text{故 } x = \frac{v_0}{k}。$$

2. **解**　(1) 由题意，有 $v = R\frac{\mathrm{d}\theta}{\mathrm{d}t} = 3Rat^2$。切向加速度为 $a_\tau = \frac{\mathrm{d}v}{\mathrm{d}t} = R\frac{\mathrm{d}^2\theta}{\mathrm{d}t^2} = 6Rat$；法向加速度为 $a_n = \frac{v^2}{R} = 9Ra^2t^4$；质点加速度的大小为 $a = \sqrt{a_\tau^2 + a_n^2} = 3Rat\sqrt{9a^2t^6 + 4}$；其方向与切向的夹角为 α，有 $\tan\alpha = a_n / a_\tau = \frac{3}{2}at^3$。

(2) 由 $a_n = a_\tau$，可得当 $t = \sqrt[3]{2/(3a)}$ 时，质点的切向加速度等于法向加速度。

3. **解**　(1) 球相对地面的初速度 $v' = v + v_0 = 10\text{m/s} + 20\text{m/s} = 30\text{m/s}$；

抛出后上升高度 $h = \frac{v'^2}{2g} = 45.9\text{m}$；离地面高度 $H = (45.9 + 10)\text{m} = 55.9\text{m}$。

(2) 球回到电梯上时，电梯上升高度 = 球上升高度，因此由 $vt = (v + v_0)t - \frac{1}{2}gt^2$ 可解出球抛出再回到电梯上所需的时间 $t = \frac{2v_0}{g} = 4.08\text{s}$。

第 2 章　牛顿运动定律

2.1　知识网络

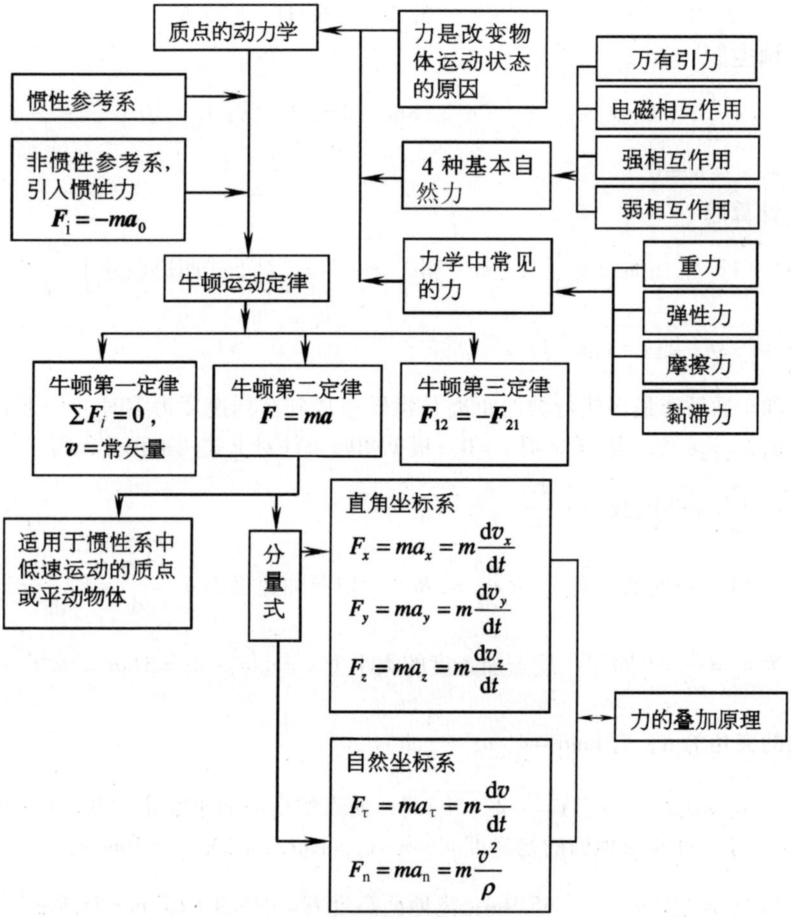

2.2　学习指导

2.2.1　牛顿运动定律

1. 牛顿第一定律

牛顿第一定律：任何物体都要保持静止或匀速直线运动状态，直到外力迫使它改变运动状态为止。牛顿第一定律也称为惯性定律。

数学表示形式：$\boldsymbol{F}=0$ 时，$v=$ 恒矢量。

(1) 牛顿第一定律阐明了惯性和力的概念。

惯性是物体保持静止或匀速直线运动状态不变的属性。惯性是物体固有的属性，它和物体是否受力并无关系；惯性运动必须在没有外力作用（或外力平衡）的条件下才能实现。惯性是物体维持运动状态的原因。

力是物体之间的相互作用。在没有外力作用的情况下，物体的运动状态保持不变，而受到外力时，受力物体的运动状态则会发生变化，因此说，力是物体运动状态变化的原因。

(2) 惯性系：牛顿第一定律在其中成立的参考系称为惯性系。

①判断一个参考系是否可以看做惯性系的主要依据是实验。如果在某个参考系中，当一个物体不受外力时，物体保持惯性运动，则那个参考系就可以视为惯性系。例如，银河系中许多恒星相距很远，可以把它们看做不受外力作用的物体，所以太阳及其行星所组成的参考系是较为精确的惯性系。一般研究地面上小型物体较小范围内的运动时，地面参考系可近似认为是惯性系。

②相对于一惯性系静止或作匀速直线运动的一切参考系都是惯性系。

2. 牛顿第二定律

牛顿第二定律：物体受外力作用时，它所获得的加速度 $\boldsymbol{a}$ 的大小与合外力的大小成正比，与物体的质量成反比；加速度 $\boldsymbol{a}$ 的方向与合外力 $\boldsymbol{F}$ 的方向相同。

数学表示形式

$$\boldsymbol{F}=m\boldsymbol{a} \tag{2-1}$$

(1) 牛顿第二定律定量地反映了物体受力与作用效果之间的关系，即确立了力、质量和加速度之间的关系，是研究质点动力学问题的核心，也称为质点的动力学方程。

(2) 牛顿第二定律中质量的物理意义：质量是物体惯性大小的量度。

(3) 牛顿第二定律中的对应性、矢量性与瞬时性。

在 $\boldsymbol{F}=m\boldsymbol{a}$ 中，$\boldsymbol{a}$ 表示瞬时加速度，$\boldsymbol{F}$ 表示瞬时力，它们同时存在，同时改变，同时消失，有着瞬时对应的关系。一旦作用在物体上的外力撤去，物体的加速度立即消失，但这并不意味着物体立即停止运动，按照牛顿第一定律，物体将做匀速直线运动。物体有无运动，表现在有无速度，而运动状态是否发生改变，取决于有无加速度。

(4) 牛顿第二定律的适用范围：惯性系中低速（$v \ll c$）运动的质点或平动物体。

（5）牛顿第二定律在坐标系中的表示形式如下：

在直角坐标系中

$$F_x = ma_x = m\frac{d^2x}{dt^2}, F_y = ma_y = m\frac{d^2y}{dt^2}, F_z = ma_z = m\frac{d^2z}{dt^2} \tag{2-2}$$

在自然坐标系中

$$F_n = ma_n = m\frac{v^2}{\rho} \quad F_\tau = ma_\tau = m\frac{dv}{dt} \tag{2-3}$$

3. 牛顿第三定律

牛顿第三定律：当一个物体以力 $\boldsymbol{F}_{12}$作用在另一个物体上时，另一个物体同时以力 $\boldsymbol{F}_{21}$作用在这一物体上，$\boldsymbol{F}_{12}$与 $\boldsymbol{F}_{21}$称为一对作用与反作用力，两者在一条直线上，大小相等，方向相反。

数学表示形式

$$\boldsymbol{F}_{12} = -\boldsymbol{F}_{21} \tag{2-4}$$

（1）作用力和反作用力的性质必定相同。

（2）作用力和反作用力没有主从、先后之分，总是同时产生、同时消失。

（3）作用力和反作用力分别作用在两个不同的物体上，不是平衡力。

（4）牛顿第三定律是物体之间相互作用所遵循的普遍定律。

2.2.2 非惯性系与惯性力

1. 非惯性系

牛顿运动定律在其中不成立的参考系称为非惯性系。

相对于惯性系做加速运动的参考系必定是非惯性系。例如，太阳参考系是比较理想的惯性系；地球由于公转和自转，相对太阳参考系有加速度，因此地球不是严格的惯性系。

非惯性系中物体所受合外力 $\boldsymbol{F}$ 与物体加速度 $\boldsymbol{a}$ 之间不满足 $\boldsymbol{F} = m\boldsymbol{a}$ 的关系，因此在应用牛顿运动定律分析物体的动力学问题时，必须首先确定所选的描述物体运动的参考系是否为惯性参考系。

2. 惯性力

在非惯性系中引入惯性力，牛顿运动定律在形式上仍然成立，其形式为

$$\boldsymbol{F} + \boldsymbol{F}_i = m\boldsymbol{a}' \tag{2-5}$$

利用式（2-5）处理非惯性系中质点的动力学问题与用 $\boldsymbol{F} = m\boldsymbol{a}$ 处理惯性系中质点的动力学问题在方法上类似。

（1）$\boldsymbol{a}'$是物体在所选择的非惯性系中运动的加速度。

（2）$\boldsymbol{F}$ 是施加在物体上的真实作用力，遵循牛顿第三定律。

（3）$\boldsymbol{F}_i = -m\boldsymbol{a}_0$，称为惯性力，其中 $\boldsymbol{a}_0$ 是非惯性系相对于惯性系的运动加速度。惯性力不是物体之间真实的相互作用力，只是为了使牛顿运动定律在形式上仍然成立而在非惯性系中引入的虚拟力，不存在施力物体，没有反作用力，不遵循牛顿第三定律。

2.3 问题辨析

问题1　为什么两个物体之间的摩擦力与两物体的接触面积无关?

辨析　在宏观的意义上，摩擦力是互相接触的物体具有相对运动或相对运动倾向时接触面上出现的阻碍相对运动的发生和进行的力。在微观的意义上，摩擦力主要是互相接触的物体接触面两侧分子之间的吸引力，本质上是电磁力。

由库仑摩擦实验定律可得滑动摩擦力大小的近似公式：$F=\mu F_N$，即干摩擦（固体与固体之间的摩擦）的最大静摩擦力和滑动摩擦力，一般和互相接触的两物体的表观接触面积无关。注意，这是物体之间的表观接触面积。

分子吸引力与接触面上相互吸引的分子对的数目成正比，而后者又与这些分子排布成的实际面积成正比，因此，分子吸引力与实际接触面积成正比，以分子吸引力为主要成分的摩擦力也就与实际接触面积成线性关系，这一关系已被实验所证实。而研究结果又表明：两者的实际接触面积只与正压力的大小、材料的性质和表面的粗糙程度有关。

当正压力相同时，改变物体间的表面接触面积，例如，将平面上的长方体从竖放改变成平放，并不改变实际接触面积，摩擦力保持不变。因此在一般情况下，摩擦力跟物体的表面接触面积无关。

问题2　牛顿第一定律（惯性定律）可以归结为合外力为零时的牛顿第二定律的一个特例，因此它不是一个独立的定律。这种理解是否正确？惯性定律是否可由实验加以验证?

辨析　牛顿第一定律是在实验事实的基础上加以外延而抽象出来的。牛顿第一定律中引入了物体惯性的概念，物体企图保持原有运动状态的性质，称为惯性；又引入了力的概念，力是物体之间的相互作用。惯性定律除了描述不受外力的自由运动外，还要通过这种自由运动去确定运动定律在其中生效的参考系即惯性参考系。牛顿第一定律（惯性定律）是以动力学为出发点的，不首先确定惯性系就无法正确地表示其他定律。因此，惯性定律应该被看作是一个独立的定律。

牛顿第一定律是理想化抽象思维的产物，是不能直接用实验严格地验证的。惯性定律作为力学的第一条定律，本身存在“循环论证”或“逻辑循环”的问题。它的正确性不能由这门学科的一般方法得到这证明，而是要通过它的大量推论是否同实践经验相符而得到验证的。

问题3　惯性质量与引力质量的含义各是什么？为什么说两者是等价的?

辨析　从概念上讲，这两个质量是本质上不同的物理量，一个反映物体的惯性大小，是运动惯性大小的量度；另一个反映物体产生和接受引力的能力，是物体间相互作用“能力”大小的量度。具体来说，惯性质量 m 联系于动力学方程 $F=ma$，引力质量 m'联系于万有引力定律 $F=G\dfrac{m_1'm_2'}{r^2}$，因此引力质量 m'与惯性质量 m 是不同的。

惯性质量（m）和引力质量（m'）的等同性或等效性：如果这两个质量之比对一

切物体都相同，那么在实际运用中我们就可以把它们当成同一个量来对待。所有实验结果（例如伽利略的自由落体实验）都表明，所有物质的引力质量都精确地等于惯性质量。

问题 4 一条质量不能忽略、长度不变的绳子拉着一个物体做加速运动，绳子上的张力是否处处相同？

辨析 一条质量不能忽略的绳子拉着一个物体做加速运动，绳子上的张力并不是处处相同的。我们可以这样来分析，绳子拉着一个物体做加速运动，绳子上的各个部分也同样做加速运动，如果我们在绳子上选取一小段作为研究对象，那么这一小段绳子一定也在做加速运动，因而它受到了不为零的合力作用。假如绳子在水平面上运动，那么这个合力就是这一小段绳子两端上的张力之差。这就表明：这一小段绳子两端上的张力不相等，即张力在绳子上不是均匀分布的。

如果绳子的质量可以忽略，即这一小段绳子的质量 $\Delta m=0$，那么它受到的合力 $F=\Delta m\cdot a=0$，即绳中的张力在绳子做加速运动时也处处相等。

如果绳子做匀速直线运动，即加速度 $a=0$，显然即便绳子的质量不能忽略，绳中的张力也是处处相等的。

2.4 例题剖析

2.4.1 基本思路

本章重点和难点就是应用牛顿运动定律求解质点（或做平动的物体）的动力学问题。其基本方法如下：

（1）认物体：根据问题确定一个物体作为研究对象；如果问题涉及几个物体，就要一个一个地将其作为对象进行分析，并标示出每个物体的质量。

（2）看运动：分析所认定的研究对象的运动状态，包括运动轨迹、速度、加速度、初始运动状态等；如果问题涉及几个物体时，还要确定出它们运动之间的关系。

（3）查受力：对每一个研究对象独立地进行受力分析，并画出受力图。

（4）建坐标：牛顿运动定律是矢量公式，必须根据需要建立合适的坐标系，将位矢、速度、加速度、力等矢量分解成各个坐标轴上的分量。

（5）列方程：根据牛顿第二定律列出物体在各坐标方向上的分量方程。

（6）求结果：对方程进行求解，并对求出的结果进行适当的分析；求解时应尽量进行代数运算，最后代入数字计算，并注意各物理量单位的正确使用。

2.4.2 典型例题

例 2-1 如图 2-1 所示，质量为 $m=0.50\text{kg}$ 的小球挂在倾角 $\theta=30°$的光滑斜面上。

（1）当斜面以加速度 $a=2.0\text{m/s}^2$ 沿图中所示方向运动时，绳中的张力及小球对斜面的正压力各是多大？

（2）当斜面的加速度至少是多大时，小球将脱离斜面？

分析　题中，小球通过绳的约束与斜面一起运动，小球的质量已知，因此以小球为研究对象较为合适，要求小球对斜面的正压力 $\boldsymbol{F}'_N$，可先求出斜面对小球的正压力（支持力）$\boldsymbol{F}_N$，根据牛顿第三定律即得 $\boldsymbol{F}'_N$。

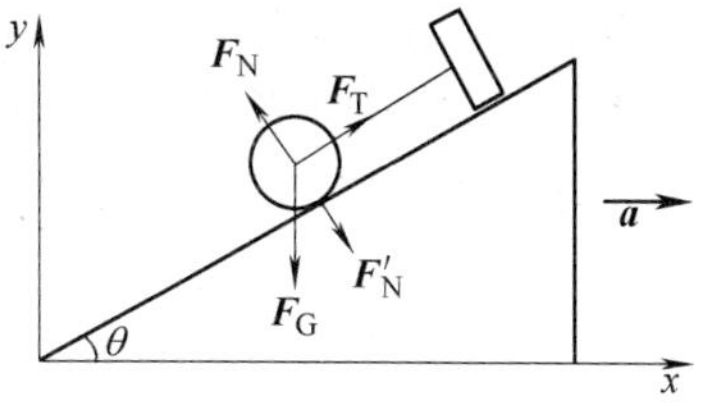

图 2-1　例 2-1 图

本题的关键是按牛顿第二定律列出所认定的研究对象的动力学方程。首先应细致地分析小球的受力情况，并画图表示；牛顿定律的适用范围是惯性系，因此列方程前应确定所选定的参考系是惯性系，没有特别说明一般可认为题中斜面的加速度是对惯性系而言的，在该惯性系中小球与斜面一起运动，具有加速度 $\boldsymbol{a}$，小球所受合力为 $\boldsymbol{F}=m\boldsymbol{a}$；由于牛顿定律是矢量公式，列方程前还应建立合适的坐标系，本题小球随斜面一起沿水平方向运动，加速度已知，因此以水平方向为 Ox 轴，以竖直方向为 Oy 轴建立平面直角坐标系较为合适。在该坐标系中，将小球的受力及加速度分别投影到 Ox 轴和 Oy 轴方向上，应有 $F_x=ma_x$，$F_y=ma_y$；在列方程时，应注意等式左边是力的形式，右边是物体的运动加速度。此外应养成不管是已知量还是未知量，均用代数符号表示的习惯。

小球脱离斜面，意味着小球与斜面不再相互接触，应有 $\boldsymbol{F}_N=0$，据此可求出斜面运动加速度的临界值。

本题也可以将斜面作为参考系，由于斜面参考系是非惯性系，要想形式上应用牛顿第二定律对小球列方程求解，必须引入惯性力 $\boldsymbol{F}_i=-m\boldsymbol{a}$，并在受力图上明确地画出（应注意 $\boldsymbol{F}_i$ 与斜面加速度 $\boldsymbol{a}$ 的方向相反）。

解　方法一：在惯性系中求解。

（1）以小球为研究对象，受力分析如图 2-1 所示。小球受重力 $\boldsymbol{F}_G=m\boldsymbol{g}$，方向竖直向下；绳的拉力为 $\boldsymbol{F}_T$，沿斜面方向；斜面的正压力为 $\boldsymbol{F}_N$，垂直于斜面并指向小球。依题意，小球与斜面一起沿水平方向运动，加速度为 $\boldsymbol{a}$。

建立直角坐标系，根据牛顿第二定律，对小球有

x 方向
$$F_T\cos\theta-F_N\sin\theta=ma$$

y 方向
$$F_T\sin\theta+F_N\cos\theta-mg=0$$

联立解此二式，可得

$$F_T=m(a\cos\theta+g\sin\theta)=0.5\times(2\times\cos30^\circ+9.8\times\sin30^\circ)\text{N}=3.32\text{N}$$
$$F_N=m(g\cos\theta-a\sin\theta)=0.5\times(9.8\times\cos30^\circ-2\times\sin30^\circ)\text{N}=3.75\text{N}$$

由牛顿第三定律，小球对斜面的正压力

$$F'_N=F_N=3.75\text{N}$$

（2）小球刚要脱离斜面时 $F_N=0$，则牛顿第二定律方程为

$$F_T\cos\theta=ma$$
$$F_T\sin\theta-mg=0$$

由此二式可解得

$$a=\frac{g}{\tan\theta}=\frac{9.8}{\tan30^\circ}\text{m/s}^2=17.0\text{m/s}^2$$

方法二：在斜面参考系中求解。

小球相对于斜面静止，而斜面相对于地面作加速度运动，因此，若以斜面作为参考系，就是非惯性系，在这个非惯性系中，对小球需引入惯性力 $\boldsymbol{F}_i=-m\boldsymbol{a}$。小球受力分析如图 2-2 所示。依题意小球在斜面参考系中的加速度 $\boldsymbol{a}'=0$，根据牛顿第二定律，对小球有

x 方向　　$F_T\cos\theta-F_N\sin\theta-ma=0$

y 方向　　$F_T\sin\theta-F_N\cos\theta-mg=0$

求解结果与方法一相同。

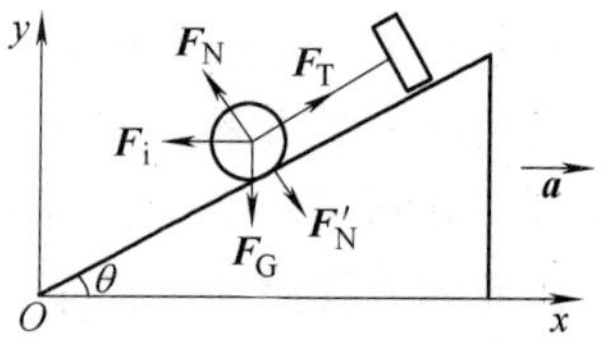

图 2-2　例 2-1 解法二受力分析

例 2-2　如图 2-3 所示，A 为定滑轮，B 动滑轮，三个物体的质量分别为 $m_1=200\text{g}$，$m_2=100\text{g}$，$m_3=50\text{g}$。(1) 求每个物体的加速度；(2) 求两根绳中的张力 $\boldsymbol{F}_{T1}$ 和 $\boldsymbol{F}_{T2}$。假定滑轮和绳的质量以及绳的伸长和摩擦力均可忽略。

分析　本题是相互牵连的多体的运动问题。要求计算每个物体的加速度，按牛顿运动定律解题，由于略去绳和滑轮的质量、绳的伸长、摩擦力等因素，应以 m_1，m_2，m_3 为研究对象分别分析其运动与受力情况，还要分析物体运动之间的关系。根据题意，m_1 对地运动，具有加速度 $\boldsymbol{a}_1$，m_2 和 m_3 相对 B 运动，而 B 又随 m_1 运动，根据 $\boldsymbol{F}=m\boldsymbol{a}$ 分别对三个物体列方程时，应注意加速度 $\boldsymbol{a}_1$，$\boldsymbol{a}_2$ 和 $\boldsymbol{a}_3$ 都是对同一参考系即地面参考系而言的，如图 2-4 所示。

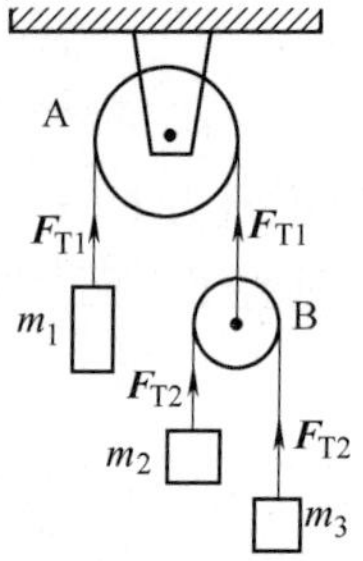

图 2-3　例 2-2 图

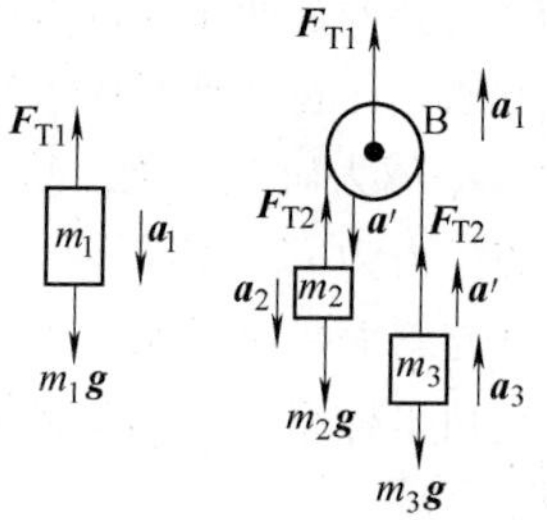

图 2-4　例 2-2 运动与受力分析图

需要注意的是，题中 $\boldsymbol{a}_1$，$\boldsymbol{a}_2$，$\boldsymbol{a}_3$ 的方向是向上还是向下，在解题之初并不能确定，物理量用代数符号表示时，符号本身包含正负号，可先假定 $\boldsymbol{a}_1$，$\boldsymbol{a}_2$，$\boldsymbol{a}_3$ 的方向，若计算结果是正值，表明其方向与假定的一致，若计算结果是负值，则表明其方向与假定的相反，在解题过程中应注意养成上述的思维习惯。

解　(1) 对地面参考系，设三个物体的加速度分别为 $\boldsymbol{a}_1$，$\boldsymbol{a}_2$ 和 $\boldsymbol{a}_3$，它们的方向以及物体所受的力如图 2-4 所示。以 $\boldsymbol{a}'$表示 m_2 对于滑轮 B 的加速度，则

$$a_2=a'-a_1,a_3=a'+a_1$$

以向下为正方向，对 m_1，m_2 分别列出牛顿第二定律方程

$$m_1g - F_{T1} = m_1a_1$$

$$m_2g - F_{T2} = m_2a_2 = m_2(a' - a_1)$$

以向上为正方向，对 m_3 列出牛顿第二定律方程

$$F_{T2} - m_3g = m_3a_3 = m_3(a' + a_1)$$

又由于滑轮 B 的质量可忽略，可得

$$F_{T1} = 2F_{T2}$$

联立解上列四个方程，可得

$$a_1 = \frac{m_1(m_2+m_3) - 4m_2m_3}{m_1(m_2+m_3) + 4m_2m_3}g = \frac{0.2\times(0.1+0.05) - 4\times0.1\times0.05}{0.2\times(0.1+0.05) + 4\times0.1\times0.05}\times 9.8\text{m/s}^2$$
$$= 1.96\text{m/s}^2$$

$$a' = \frac{2m_1(m_2 - m_3)}{m_1(m_2+m_3) + 4m_2m_3}g = \frac{2\times0.2\times(0.1-0.05)}{0.2\times(0.1+0.05)+4\times0.1\times0.05}\times 9.8\text{m/s}^2$$
$$= 3.92\text{m/s}^2$$

由此进一步可得

$$a_2 = a' - a_1 = (3.92 - 1.96)\text{m/s}^2 = 1.96\text{m/s}^2$$

$$a_3 = a' + a_1 = (3.92 + 1.96)\text{m/s}^2 = 5.88\text{m/s}^2$$

由于 a_1，a_2 和 a_3 都是正值，所以它们的方向就是图中所设的方向。

(2)
$$F_{T1} = m_1(g - a_1) = 0.2\times(9.8 - 1.96)\text{N} = 1.57\text{N}$$

$$F_{T2} = m_2(g - a_2) = 0.1\times(9.8 - 1.96)\text{N} = 0.78\text{N}$$

例 2-3　如图 2-5 所示，光滑的水平桌面上放置一固定的圆环带，半径为 R，一物体贴着环带内侧运动，物体与环带间的动摩擦因数为 μ。假设物体在某一时刻经 A 点时速率为 v_0，求此后 t 时刻物体的速率以及从 A 点开始所经过的路程。

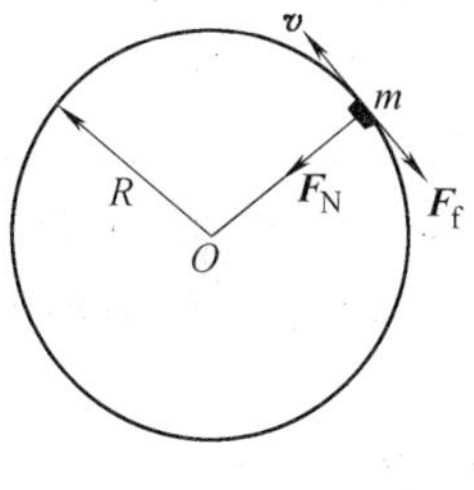

图 2-5　例 2-3 图

分析　这是已知轨迹，求质点的运动问题，一般采用自然坐标系。在自然坐标系中运用牛顿运动定律时，应将物体所受的力及运动量分解到物体所在位置处的切向和法向上去。

本题已知初速率，要求质点任意时刻的速率，根据质点运动学的知识，可由加速度通过积分法求解，而速率与切向加速度的关系为 $a_\tau = \dfrac{\mathrm{d}v}{\mathrm{d}t}$（应注意不要与矢量式 $\boldsymbol{a} = \dfrac{\mathrm{d}\boldsymbol{v}}{\mathrm{d}t}$ 相混淆）。按题意，由于物体贴着轨道运动，应受到轨道施予的沿轨道法向、指向物体的正压力 $\boldsymbol{F}_N$，由于存在摩擦，还受到与物体运动方向相反的、沿轨道切向的摩擦力 $\boldsymbol{F}_f$。根据牛顿定律 $F_\tau = ma_\tau$，即可得 a_τ。根据路程与速率的关系 $v = \dfrac{\mathrm{d}s}{\mathrm{d}t}$（要注意与矢量式 $\boldsymbol{v} = \dfrac{\mathrm{d}\boldsymbol{r}}{\mathrm{d}t}$ 相区别），通过积分即可得 t 时间内质点经过的路程。

另外，要注意物体在光滑的水平桌面上运动，重力不影响它的运动。切忌不看清题意就望图生义，考虑重力以及影响。相反地，如果物体在竖直平面内运动，就必须考虑

重力。

解　在任一位置处，物体受力分析如图 2-5 所示。

在法向上有
$$F_N = m\frac{v^2}{R}$$

在切向上有
$$-F_f = m\frac{dv}{dt}$$

而
$$F_f = \mu F_N$$

由此三式可得
$$\frac{dv}{dt} = -\mu\frac{v^2}{R}$$

整理可得
$$\frac{dv}{v^2} = -\frac{\mu}{R}dt$$

考虑到 $t=0$ 时，$v=v_0$，上式两边积分得

$$\int_{v_0}^{v}\frac{dv}{v^2} = \int_0^t -\frac{\mu}{R}dt \qquad v = \frac{v_0 R}{R + v_0\mu t}$$

在 t 时间内物体经过的路程为

$$s = \int_0^t v dt = v_0 R\int_0^t \frac{dt}{R + v_0\mu t} = \frac{R}{\mu}\ln\left(1 + \frac{v_0\mu t}{R}\right)$$

例 2-4　如图 2-6 所示，质量分别为 m_1 和 m_2 的两只球，用弹簧连在一起，且以长为 l_1 的线拴在轴 O 上，m_1 与 m_2 均以角速度 ω 绕轴在光滑水平面上做匀速圆周运动。当两球之间的距离为 l_2 时，将线烧断。试求线被烧断的瞬间两球的加速度 a_1 和 a_2（弹簧和线的质量忽略不计）。

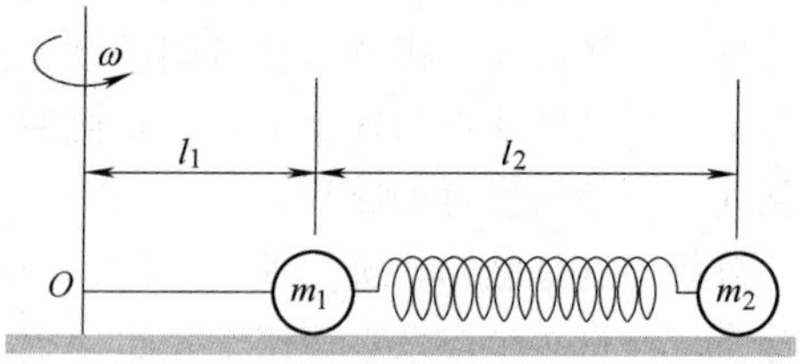

图 2-6　例 2-4 图

分析　质量分别为 m_1 和 m_2 的两只球，用轻弹簧连在一起，弹簧作用在这两只球上的弹性力大小相等，方向相反。对 m_2 而言，向左的弹性力提供它作匀速圆周运动的向心力。对 m_1 而言，向左的线上张力和向右的弹簧弹性力的合力提供它作匀速圆周运动的向心力。

在线被烧断的瞬间，m_2 受力没有改变，但是作用在 m_1 上的线的张力消失，只有弹簧的弹性力。根据牛顿第二定律，就可以求出线烧断瞬间两只球的加速度。

解　线未烧断时，弹簧对第二只球有弹性力，这个力大小等于它作匀速圆周运动的向心力

$$F = m_2\omega^2(l_1 + l_2)$$

线烧断瞬间，第一只球上仅受弹簧的弹性力作用，因此，根据牛顿第二定律有

$$F = m_1 a_1$$

对第二只球，烧断瞬间也受到有大小相等的弹性力，根据牛顿第二定律有

$$F = m_2 a_2$$

解得

$$a_1 = \frac{m_2\omega^2(l_1 + l_2)}{m_1}$$

$$a_2 = \omega^2(l_1 + l_2)$$

2.5　能力训练

一、选择题

1. 如图2-7所示，一质量为m'的光滑斜面静置于光滑水平面上，将一质量为m的光滑物体轻放于斜面上，此后斜面将(　　)。

A. 保持静止　　B. 向右做匀加速运动

C. 向右做变加速运动　　D. 向右做匀速运动

2. 如图2-8所示，质量相等的两物体A，B分别固定在轻弹簧两端，竖直静置在光滑水平支持面上，若把支持面迅速抽走，则在抽走的瞬间，A，B的加速度大小分别为(　　)。

A. $a_A=0$，$a_B=g$　　B. $a_A=g$，$a_B=0$

C. $a_A=2g$，$a_B=0$　　D. $a_A=0$，$a_B=2g$

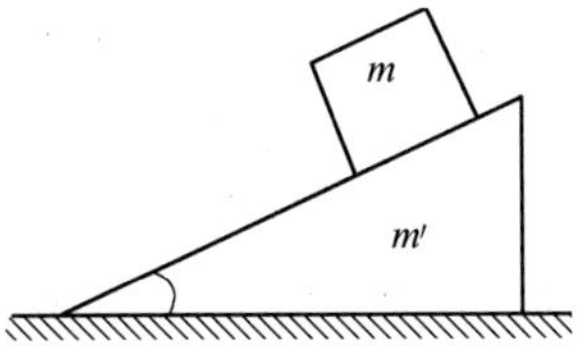

图2-7　选择题1图

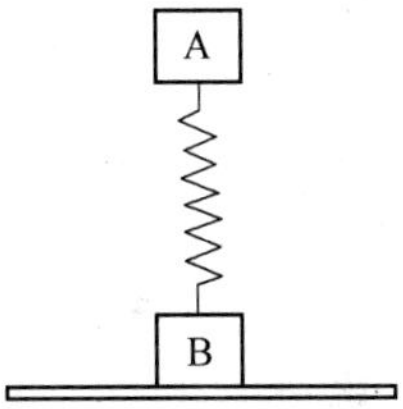

图2-8　选择题2图

3. 如图2-9所示，一只质量为m的猴，原来抓住一根用绳吊在天花板上的质量为$m_{杆}$的直杆，悬线突然断开，小猴则沿杆子竖直向上爬以保持它离地面的高度不变，此时直杆下落的加速度为（　　）。

A. g　　B. $\frac{m}{m_{杆}}g$　　C. $\frac{m_{杆}+m}{m_{杆}}g$

D. $\frac{m_{杆}+m}{m_{杆}-m}g$　　E. $\frac{m_{杆}-m}{m_{杆}}g$

4. 如图2-10所示，假设物体沿着竖直面上圆弧形轨道下滑，轨道是光滑的，在从A至C的下滑过程中，下面哪个说法是正确的？(　　)。

A. 它的加速度大小不变，方向永远指向圆心

B. 它的速率均匀增加

C. 它的合外力大小变化，方向永远指向圆心

D. 它的合外力大小不变

E. 轨道支持力的大小不断增加

5. 如图 2-11 所示，一个圆锥摆摆线的长度为 l，摆线与竖直方向的夹角恒为 θ，则摆锤转动的周期为(　　)。

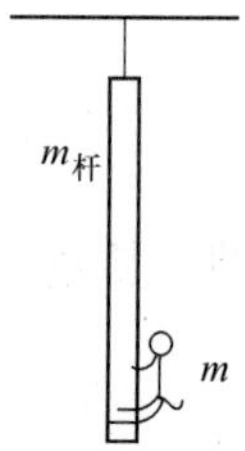

图 2-9　选择题 3 图

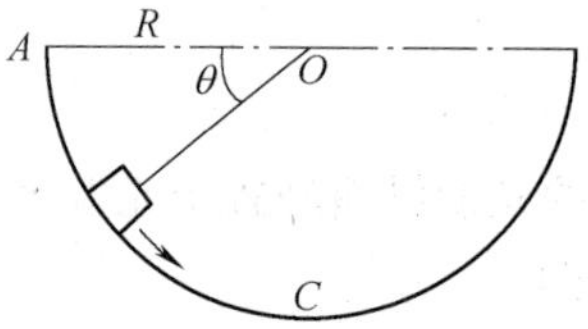

图 2-10　选择题 4 图

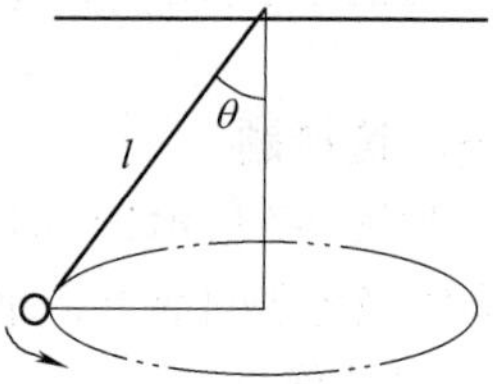

图 2-11　选择题 5 图

A. $2\pi\sqrt{\dfrac{l\cos\theta}{g}}$　　B. $\dfrac{1}{2\pi}\sqrt{\dfrac{l\cos\theta}{g}}$

C. $2\pi\sqrt{\dfrac{g}{l\cos\theta}}$　　D. $2\pi\sqrt{\dfrac{l\sin\theta}{g}}$

二、填空题

1. 如图 2-12 所示，沿水平方向的外力 F 将物体 A 压在竖直墙上，由于物体与墙之间有摩擦力，此时物体保持静止，并设其所受静摩擦力为 f，若外力增至 $2F$，则此时物体所受静摩擦力为____________。

2. 如图 2-13 所示，质量 $m=40\text{kg}$ 的箱子放在卡车的车厢底板上，已知箱子与底板之间的静摩擦因数为 $\mu_s=0.40$，动摩擦因数为 $\mu=0.25$，试分别写出在下列情况下，作用在箱子上的摩擦力的大小和方向。

(1) 卡车以 $a=2\text{m/s}^2$ 的加速度行驶，摩擦力大小 $F_f=$____________，方向____________。

(2) 卡车以 $a=-5\text{m/s}^2$ 的加速度急刹车，摩擦力大小 $F_f=$____________，方向____________。

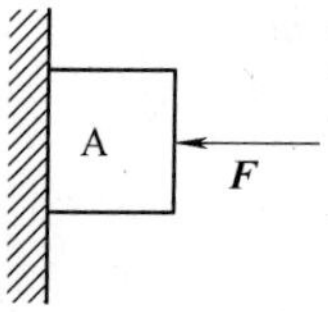

图 2-12　填空题 1 图

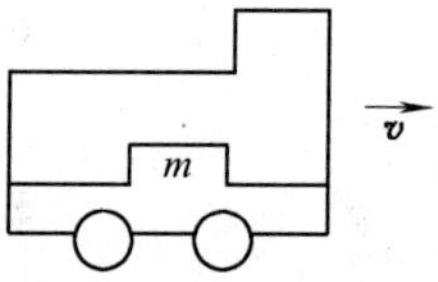

图 2-13　填空题 2 图

3. 一质量为 m 的小球固定在一质量不计、长为 l 的轻杆一端，并绕通过杆另一端的水平固定轴在竖直平面内旋转。若小球恰好能通过最高点做圆周运动，则在该圆周的

最高点处小球的速度 $v=$____________；如果将轻杆换成等长的轻绳，则为使小球能恰好在竖直平面内做圆周运动，小球在圆周最高点处的速度 $v=$____________。

三、计算题

1. 如图 2-14 所示，质量为 $m=2\text{kg}$ 的物体 A 放在倾角 $\alpha=30°$的斜面上，斜面与物体 A 之间的摩擦因数 $\mu=0.2$。现以水平力 $F=19.6\text{N}$ 的力作用在 A 上，求物体 A 的加速度的大小。

2. 水平转台上放置一质量 $m_0=2\text{kg}$ 的物块，物块与转台间的静摩擦因数 $\mu_s=0.2$，一条光滑的绳子一端系在物块上，另一端则由转台中心处的小孔穿下并悬一质量 $m=0.8\text{kg}$ 的物块。转台以角速度 $\omega=4\pi\text{rad/s}$ 绕竖直中心轴转动，求转台上面的物块与转台相对静止时，物块转动半径的最大值 r_{max} 和最小值 r_{min}。

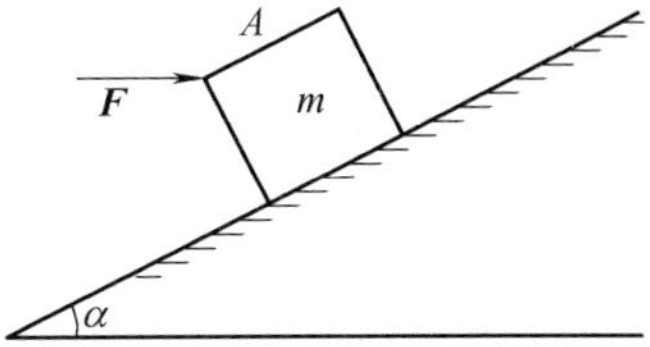

图 2-14　计算题 1

参 考 答 案

一、选择题

1. B　2. D　3. C　4. E　5. A

二、填空题

1. f; 2. 80N，与车行方向相同，98N，与车行方向相反；3. 0，$\sqrt{gl}$。

三、计算题

1. **解**　受力分析如图 2-15 所示，沿斜面方向建立坐标系 Ox。将各个力分解到 Ox 轴上，写出牛顿第二定律方程。

$$F\cos\alpha - mg\sin\alpha - F_f = ma$$

$$F_N - F\sin\alpha - mg\cos\alpha = 0$$

$$f=\mu N$$

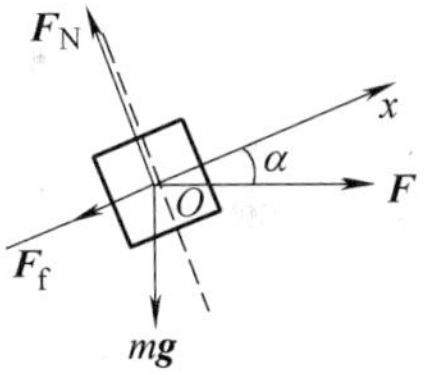

图 2-15　计算题 1 解题用图

联立解以上三个方程，得到

$$a=\frac{F\cos\alpha - mg\sin\alpha - \mu(F\sin\alpha + mg\cos\alpha)}{m}$$

$$=\left[\frac{19.6\cos30° - 2\times9.8\sin30° - 0.2(19.6\sin30° + 2\times9.8\cos30°)}{2}\right]\text{m/s}^2 = 0.91\text{m/s}^2$$

2. **解**　质量为 m_0的物块做圆周运动的向心力，由它与平台间的摩擦力 F_f 和质量为 m 的物块对它的拉力 F 的合力提供。当 m_0 物块有离心趋势时，F_f 和 F 的方向相同，而当 m_0 物块有向心运动趋势时，二者的方向相反。因质量为 m_0 的物块相对于转台静止，故有 $F+F_{f\,max}=m'r_{max}\omega^2$，$F-F_{f\,max}=m'r_{min}\omega^2$

质量为 m 的物块对 m_0 物块的拉力就是 mg，即 $F=mg$

而最大静摩擦力为 $F_{f\,max}=\mu_s m'g$

联立解以上四个方程得到

$$r_{\max}=\frac{mg+\mu_s m' m_0 g}{m_0\omega^2}=\frac{0.8\times9.8+0.2\times2\times9.8}{2\times(4\pi)^2}\text{m}=0.0372\text{m}=3.72\text{cm}$$

$$r_{\min}=\frac{mg-\mu_s m_0 g}{m_0\omega^2}=\frac{0.8\times9.8-0.2\times2\times9.8}{2\times(4\pi)^2}\text{m}=0.0124\text{m}=1.24\text{cm}$$

第3章　动量与角动量

3.1　知识网络

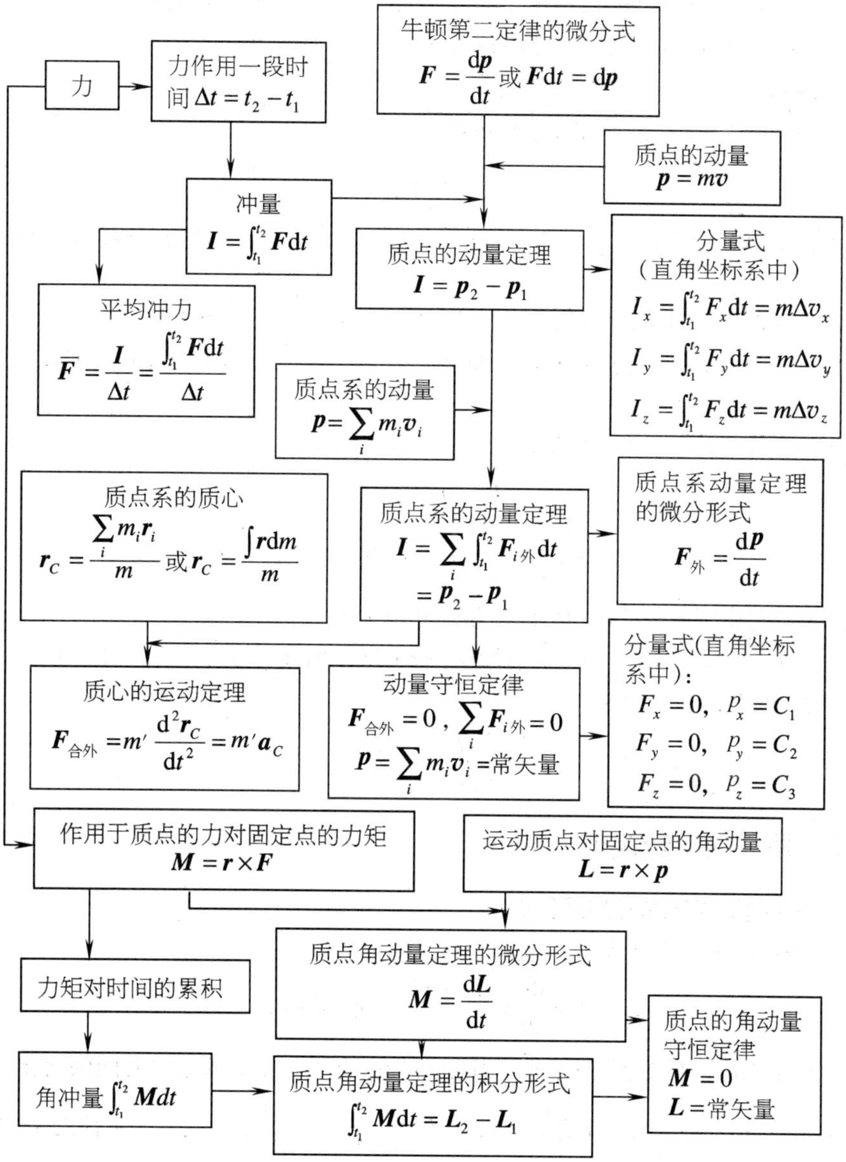

3.2 学习指导

3.2.1 动量和冲量

1. 动量

$$\boldsymbol{p}=m\boldsymbol{v} \tag{3-1}$$

（1）动量是物体机械运动的量度，它是描述质点运动状态的物理量。

（2）动量具有矢量性、瞬时性和相对性。

2. 冲量

冲量是反映力对时间的累积效应的物理量。

$$\boldsymbol{I}=\int_{t_1}^{t_2}\boldsymbol{F}\mathrm{d}t \tag{3-2}$$

（1）冲量是过程量，是力作用于质点的累积效应。力与时刻相对应，冲量与时间相对应。

（2）当 $\boldsymbol{F}$ 为恒力时，$\boldsymbol{I}=\boldsymbol{F}\Delta t$ 恒力冲量的方向与力的方向相同。

变力冲量 $\boldsymbol{I}$ 的方向是各元冲量矢量和的方向，一般不与某一定时刻的力的方向相同。

（3）冲量是矢量，在直角坐标中

$$\boldsymbol{I}=I_x\boldsymbol{i}+I_y\boldsymbol{j}+I_z\boldsymbol{k} \tag{3-3}$$

式中，

$$I_x=\int_{t_1}^{t_2}F_x\mathrm{d}t \quad I_y=\int_{t_1}^{t_2}F_y\mathrm{d}t \quad I_z=\int_{t_1}^{t_2}F_z\mathrm{d}t \tag{3-4}$$

（4）一对作用力和反作用力的冲量之和恒为零。

（5）在一些情况下，作用力的变化比较复杂，如冲击力等，这时可引入作用时间 $t_1\sim t_2$ 内的平均力，其表示为

$$\overline{\boldsymbol{F}}=\frac{\overline{\boldsymbol{I}}}{t_2-t_1}=\int_{t_1}^{t_2}\frac{\boldsymbol{F}(t)\mathrm{d}t}{t_2-t_1} \tag{3-5}$$

3.2.2 质点的动量定理

1. 牛顿第二定律的微分形式

牛顿第二定律的微分形式

$$\boldsymbol{F}=\frac{\mathrm{d}\boldsymbol{p}}{\mathrm{d}t}=\frac{\mathrm{d}(m\boldsymbol{v})}{\mathrm{d}t} \quad 或 \quad \mathrm{d}\boldsymbol{p}=\boldsymbol{F}\mathrm{d}t \tag{3-6}$$

牛顿第二定律的微分形式表明，质点所受的合力等于其动量对时间的变化率。$\boldsymbol{F}=m\boldsymbol{a}$ 只是其在 m 为常量时的推论，因此，$\boldsymbol{F}=\frac{\mathrm{d}(m\boldsymbol{v})}{\mathrm{d}t}=\frac{\mathrm{d}\boldsymbol{p}}{\mathrm{d}t}$是牛顿第二定律的基本的普遍形式，不仅能够处理质量恒定的问题，而且也能解决变质量问题。

2. 质点的动量定理

$$\boldsymbol{I} = \int_{t_1}^{t_2} \boldsymbol{F}\mathrm{d}t = \boldsymbol{p}_2 - \boldsymbol{p}_1 \tag{3-7}$$

质点的动量定理：合力的冲量等于相同时间内质点动量的增量。

（1）动量定理给出了冲量与动量增量之间的关系。在一个运动过程中，力 $\boldsymbol{F}$ 的大小和方向可以随时间变化，但力 $\boldsymbol{F}$ 对时间的积分，即冲量，总与物体运动过程的始末状态的动量增量相等，与运动过程中变化的细节无关。因此，用动量定理解决力学问题时，可借助始末状态的动量而避开中间的细微过程，这对解决打击、爆炸等碰撞问题极为方便。

（2）不同大小的力可以产生同样大小的动量改变，但是力大需要的时间短些，力小需要的时间长些。因此，只要冲量一样，就能产生同样的动量增量。无论是恒力还是变力，其冲量的方向总是与动量增量的方向相同。

（3）$\mathrm{d}\boldsymbol{p} = \boldsymbol{F}\mathrm{d}t$ 可以理解为 $\mathrm{d}t$ 时间内力 $\boldsymbol{F}$ 使物体的动量改变了 $\mathrm{d}\boldsymbol{p}$，因此 $\mathrm{d}\boldsymbol{p} = \boldsymbol{F}\mathrm{d}t$ 也称为质点动量定理的微分形式。

（4）直角坐标系中动量定理的分量式

$$\begin{cases} I_x = \int_{t_1}^{t_2} F_x \mathrm{d}t = p_{2x} - p_{1x} = mv_{2x} - mv_{1x} \\ I_y = \int_{t_1}^{t_2} F_y \mathrm{d}t = p_{2y} - p_{1y} = mv_{2y} - mv_{1y} \\ I_z = \int_{t_1}^{t_2} F_z \mathrm{d}t = p_{2z} - p_{1z} = mv_{2z} - mv_{1z} \end{cases} \tag{3-8}$$

（5）动量的变化与合力的冲量相对应，计算单个分力的冲量必须按定义求解。

（6）动量定理仅对惯性系成立，式中各量是对同一物体、同一坐标系而言的。

（7）平均冲力

$$\overline{\boldsymbol{F}} = \frac{1}{\Delta t}\int_{t_1}^{t_2} \boldsymbol{F}\mathrm{d}t = \frac{\Delta \boldsymbol{p}}{\Delta t} = \frac{\boldsymbol{p}_2 - \boldsymbol{p}_1}{t_2 - t_1} \tag{3-9}$$

3.2.3　质点系动量定理与动量守恒定律

1. 质点系的动量定理

（1）质点系的动量　由若干相互作用的质点组成的系统称为质点系。质点系的动量定义为质点系中所有质点动量的矢量和，即 $\boldsymbol{p} = \sum_i \boldsymbol{p}_i$，$\boldsymbol{p}_i$ 是质点系中第 i 个质点的动量。

（2）质点系的动量定理。质点系中的各个质点受到的来自质点系外部的作用力，称为外力；质点系内各物体之间的相互作用力，称为内力。第 i 个质点受到的作用力可表示成

$$\boldsymbol{F}_i = \boldsymbol{F}_{i外} + \boldsymbol{F}_{i内}$$

对质点系中的每一质点有

$$\int_{t_1}^{t_2} \boldsymbol{F}_i \mathrm{d}t = \boldsymbol{p}_{i2} - \boldsymbol{p}_{i1} = m_i v_{i2} - m_i v_{i1}$$

对整个系统有

$$\sum_i \int_{t_1}^{t_2} \boldsymbol{F}_i \mathrm{d}t = \sum_i m_i v_{i2} - \sum_i m_i v_{i1} = \boldsymbol{p}_2 - \boldsymbol{p}_1$$

质点系内部任意一对作用与反作用力都有相同的作用时间，一对作用力与反作用力的冲量大小相等、方向相反，彼此抵消，即 $\int_{t_1}^{t_2} \left(\sum_i \boldsymbol{F}_{i内} \right) \mathrm{d}t = 0$

因此有

$$\sum_i \int_{t_1}^{t_2} \boldsymbol{F}_{i外} \mathrm{d}t = \boldsymbol{p}_2 - \boldsymbol{p}_1$$

即

$$\boldsymbol{I} = \Delta \boldsymbol{p} = \boldsymbol{p}_2 - \boldsymbol{p}_1 \tag{3-10}$$

作用于质点系所有外力的冲量和，等于质点系总动量在同一时间的增量。这就是质点系的动量定理。

①质点系的内力可改变系统内部的动量分布，即可改变系统内单个质点的动量，但不改变系统的总动量。

②应用质点系的动量定理时，应注意始末状态的动量必须都是对同一系统而言的，而且各速度必须都是相对于同一坐标系的。

③质点系的动量定理只适用于惯性系。

2. 动量守恒定律

由牛顿第二定律，可得出质点系动量定理的微分形式

$$\sum_i \boldsymbol{F}_{i外} = \frac{\mathrm{d}}{\mathrm{d}t} \left(\sum_i m_i v_i \right)$$

$$当 \sum_i \boldsymbol{F}_{i外} = 0 时， \quad \sum_i m_i v_i = 常矢量 \tag{3-11}$$

即如果系统所受到的外力之和为零，则系统的总动量保持不变。这就是质点系的动量守恒定律。

（1）“动量保持不变”是指系统的总动量每一时刻都不变。不能仅看始末两个状态动量相等，就认为整个过程动量守恒。例如，质点做匀速圆周运动一周后回到原来状态时，始末状态动量相等，但就整个过程而言，动量不守恒。

（2）动量守恒的条件 $\sum_i \boldsymbol{F}_{i外} = 0$，而不是 $\int_{t_1}^{t_2} \left(\sum_i \boldsymbol{F}_{i外} \right) \mathrm{d}t = 0$。$\int_{t_1}^{t_2} \left(\sum_i \boldsymbol{F}_{i外} \right) \mathrm{d}t = 0$ 是指合外力的冲量为零，冲量为零只能说明系统始末两个状态动量相等。因此，只有合外力时时刻刻为零，即 $\sum_i \boldsymbol{F}_{i外} = 0$ 时刻都成立，才能保证系统的动量在整个过程中保持不变。

（3）动量守恒是对某一系统而言的，它与系统的划分密切相关，因此在应用动量守恒定律时必须明确所考察的系统。

（4）对于碰撞、爆炸等过程，虽外力不为零，但过程极为短暂且内力远大于外力，

仍可近似认为动量守恒。

（5）当系统的合外力不为零时，系统的总动量不守恒。但如果合外力在某个方向上的分力为零时，则在该方向上系统的总动量的分量仍是守恒的。动量守恒的分量形式为

$$\begin{cases}\sum F_x = 0 \text{ 时}, \sum p_x = \text{常量} \\ \sum F_y = 0 \text{ 时}, \sum p_y = \text{常量} \\ \sum F_z = 0 \text{ 时}, \sum p_z = \text{常量}\end{cases} \tag{3-12}$$

注意，守恒式中各速度均是对同一惯性系而言的。

（6）实践证明，动量守恒定律不仅适用于宏观物体的运动过程，也适用于分子、原子、原子核等微观粒子的相互作用过程；不仅适用于低速运动物体的运动过程，也适用于高速运动物体的运动过程。动量守恒定律比牛顿运动定律具有更大的普遍性，是自然界的普适定律。

3.2.4　质心与质心运动定理

1. 质心

由 n 个质点组成的质点系的质心为

$$\boldsymbol{r}_C = \left(\sum_i m_i \boldsymbol{r}_i\right)/m \tag{3-13}$$

式中 m_i 和 $\boldsymbol{r}_i$ 代表质点系中第 i 个质点的质量和位矢，$m = \sum_i m_i$ 为质点系的总质量。

在直角坐标系中，质心的位置为

$$x_C = \left(\sum_i m_i x_i\right)/m,\ y_C = \left(\sum_i m_i y_i\right)/m,\ z_C = \left(\sum_i m_i z_i\right)/m \tag{3-14}$$

对于质量连续分布的物体，可看成是由无限多质元组成的质点系，则

$$\boldsymbol{r}_C = \int \boldsymbol{r} \mathrm{d}m / m \tag{3-15}$$

应该注意，$\boldsymbol{r}$ 是质元 $\mathrm{d}m$ 的位矢，在直角坐标系中，有

$$x_C = \left(\int x \mathrm{d}m\right)/m,\ y_C = \left(\int y \mathrm{d}m\right)/m, z_C = \left(\int z \mathrm{d}m\right)/m \tag{3-16}$$

（1）在不同的坐标系中，质心的位矢不同，但相对于质点系的位置总是一定的。

（2）只考虑物体的平动时，作用于物体（质点系）的外力可看成是作用于质心的。

2. 质心运动定理

由牛顿运动定律，作用于质点系的合外力等于质点系总动量的时间变化率，即

$$\boldsymbol{F}_{\text{外}} = \sum_i \boldsymbol{F}_{i\text{外}} = \frac{\mathrm{d}}{\mathrm{d}t}\left(\sum_i m_i v_i\right) = \frac{\mathrm{d}^2}{\mathrm{d}t^2}\left(\sum_i m_i \boldsymbol{r}_i\right)$$

根据质心的定义，有 $\sum_i m_i \boldsymbol{r}_i = m\boldsymbol{r}_C$，因此

$$\boldsymbol{F}_{外} = \sum_i \boldsymbol{F}_{i外} = m\frac{\mathrm{d}^2\boldsymbol{r}_C}{\mathrm{d}t^2} = m\boldsymbol{a}_C \tag{3-17}$$

质心的运动定理：系统的总质量和质心加速度的乘积等于质点系所受外力的矢量和。

可见，只考虑质点系（物体）的平动时，质点系可看成质点，其质量就是质点系的总质量，其位置就是质心的位置，其动量 $\boldsymbol{p} = m\boldsymbol{v}_C = \sum_i m_i\boldsymbol{v}_i$，就是质点系的总动量。

3.2.5 质点的角动量定理和角动量守恒定律

1. 力矩

假设作用于质点的合力为 $\boldsymbol{F}$，力 $\boldsymbol{F}$ 的作用点即质点所在位置相对于 O 点的位矢为 $\boldsymbol{r}$，定义力 $\boldsymbol{F}$ 相对于 O 点的力矩为

$$\boldsymbol{M} = \boldsymbol{r} \times \boldsymbol{F} \tag{3-18}$$

力矩的大小为 $M = Fr\sin\alpha = Fd$，其中 α 为 $\boldsymbol{r}$ 与 $\boldsymbol{F}$ 之间的夹角；d 为力臂。

力矩的方向由右手螺旋定则确定，即伸开右手，四指由 $\boldsymbol{r}$ 经过小于 180°角转向 $\boldsymbol{F}$，则拇指的指向即为 $\boldsymbol{M}$ 的方向。

力矩不仅与力的大小有关，而且与力的方向和作用点的相对位置有关。相同的力，若作用点不同，产生的力矩也不同。

2. 质点的角动量（动量矩）

设质点的质量为 m，速度为$\boldsymbol{v}$，质点相对 O 点的位矢为 $\boldsymbol{r}$，则定义质点对 O 点的角动量为

$$\boldsymbol{L} = \boldsymbol{r} \times m\boldsymbol{v} = \boldsymbol{r} \times \boldsymbol{p} \tag{3-19}$$

角动量的大小 $L = rmv\sin\theta$；角动量的方向由右手螺旋法则确定。

对比力矩 $\boldsymbol{M} = \boldsymbol{r} \times \boldsymbol{F}$，也可把 $\boldsymbol{L} = \boldsymbol{r} \times \boldsymbol{p}$ 称为动量矩。

（1）角动量和参考点 O 的选取有关，在运用质点的角动量时，必须指明是对哪一点而言的。

（2）若质点绕 O 点做圆周运动，$\theta = \pi/2$，$L = mvr = mr^2\omega$；若质点做直线运动，$L = mvr\sin\theta = mvd$。

（3）动量和角动量的对比。动量和角动量都是矢量，又都是质点运动状态的函数。但二者又有区别，动量是速度的函数，而角动量除了与运动速度有关外，还与质点对定点的矢径有关。

3. 质点的角动量定理

由于$\dfrac{\mathrm{d}\boldsymbol{r}}{\mathrm{d}t} \times \boldsymbol{v} = \boldsymbol{v} \times \boldsymbol{v} = 0$，根据牛顿运动定律，质点角动量的时间变化率为

$$\frac{\mathrm{d}\boldsymbol{L}}{\mathrm{d}t} = \frac{\mathrm{d}(\boldsymbol{r} \times \boldsymbol{p})}{\mathrm{d}t} = \frac{\mathrm{d}\boldsymbol{r}}{\mathrm{d}t} \times \boldsymbol{p} + \boldsymbol{r} \times \frac{\mathrm{d}\boldsymbol{p}}{\mathrm{d}t} = \frac{\mathrm{d}\boldsymbol{r}}{\mathrm{d}t} \times m\boldsymbol{v} + \boldsymbol{r} \times \frac{\mathrm{d}\boldsymbol{p}}{\mathrm{d}t} = \boldsymbol{r} \times \frac{\mathrm{d}\boldsymbol{p}}{\mathrm{d}t} = \boldsymbol{M}$$

故有

$$\boldsymbol{M} = \frac{\mathrm{d}\boldsymbol{L}}{\mathrm{d}t} \tag{3-20}$$

积分后有

$$\int_{t_1}^{t_2} \boldsymbol{M} \mathrm{d}t = \boldsymbol{L}_2 - \boldsymbol{L}_1 \tag{3-21}$$

式中，$\int_{t_1}^{t_2} \boldsymbol{M} \mathrm{d}t$ 称为力矩 $\boldsymbol{M}$ 在 $t_1 \sim t_2$ 时间内的冲量矩。

质点的角动量定理：质点所受到的冲量矩等于质点在相同时间内角动量的增量。

必须注意，$\boldsymbol{M}$，$\boldsymbol{L}$ 都是对同一点而言的。

4. 质点的角动量守恒定律

当质点所受外力对给定点的力矩为零时，质点对该点的角动量守恒，即

$$\text{当 } \boldsymbol{M} = \boldsymbol{r} \times \boldsymbol{F} = 0 \text{ 时}, \boldsymbol{L} = \boldsymbol{r} \times m\boldsymbol{v} = \text{常矢量} \tag{3-22}$$

（1）守恒的条件是对某定点的合力矩始终为零。力矩为零，既可能是力为零，也可能是力臂为零，即力的作用线过定点，还有可能是 $\boldsymbol{F} /\!/ \boldsymbol{r}$。若质点所受作用力的作用线始终通过给定的点，则称该力为有心力，而给定点称为力心。所以质点在有心力的作用下，相对于力心其角动量守恒。

（2）一旦满足角动量守恒条件，则有角动量守恒的结论。例如，匀速直线运动的质点，由于所受到的合力为零，从而导致合力矩为零，对线外任意点角动量都守恒；而匀速圆周运动的质点所受到的合力指向圆心，故对其圆心来说，合力矩等于零，角动量守恒，但变速圆周运动的质点，对其圆心的角动量不守恒。

3.3 问题辨析

问题1　质点的动量守恒和角动量守恒的条件各是什么？质点的动量和角动量能否同时守恒？

辨析　质点的动量守恒条件是：质点系所受到的合力为零；角动量守恒条件是：质点在运动过程中所受到的合力对某参考点的合力矩为零。

动量和角动量是两个从不同角度描述物体运动的物理量，动量守恒定律和角动量守恒定律是两个彼此独立的基本定律，它们的守恒条件不同。对于一个系统来说，当系统的合外力为零时，其合外力矩不一定为零；反之，当系统的合外力矩为零时，其合外力也不一定为零。

要使质点的动量和角动量同时守恒，唯一的情况就是质点所受的合力为零。例如，如图3-1所示，当质点做匀速直线运动时，它的动量 $\boldsymbol{p} = m\boldsymbol{v}$ 是不变量，对直线外任一点的角动量 $\boldsymbol{L} = \boldsymbol{r}' \times m\boldsymbol{v}$，其方向垂直纸面向里，大小 $L = mvr'\sin\theta = mvr$，角动量也是不变量。这时动量和角动量都守恒。

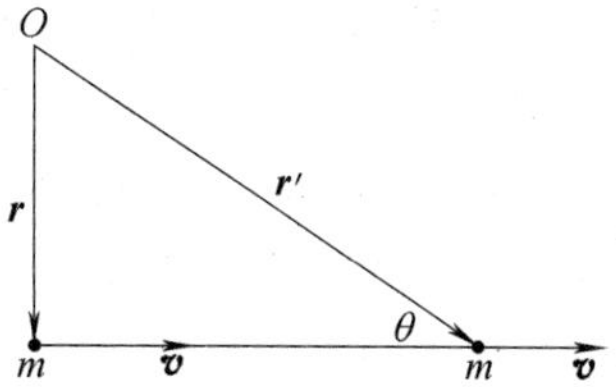

图3-1　问题1图

问题2　两个踩在轮滑上的人从静止开始，来回地扔一个球。在扔了几次之后（忽略摩擦力），分析以下问题。

（1）两个人的运动情况怎样？

（2）由球作为媒介引起的相互作用是排斥的还是吸

引的？

（3）如果我们拍下运动过程，并把影片倒过来放映，相互作用是排斥的还是吸引的？

（4）两个人总动量是否守恒？

辨析 （1）让我们假设 A 和 B 两个人从静止开始。当 A 扔球的时候，总动量（A + 球）是守恒的，因此他会后退，朝着离开 B 的方向运动。

当 B 抓住球时，由于总动量（B + 球）守恒，他也离开 A 向后运动。当他把球再扔给 A 时，同样由于总动量（B + 球）守恒，他会后退，以更快的速度朝着离开 A 的方向运动。

A 然后抓住朝他飞来的球，通过与球的碰撞得到更多的动量。通过扔球，A 获得了更多的动量。如此下去，净效果就是 A 和 B 都在加速离开对方。

（2）因为这个运动使得两个相互作用的人加速离开对方，因此这种相互作用是排斥的。

（3）如果把记录这一事件的影片倒放，我们将看到 A 和 B 朝着对方运动。然而，当他们靠得越来越近的时候，他们就会越来越慢下来，这意味着他们的加速度仍然指离对方，因此，相互作用仍然是排斥的。

（4）球带着动量在两个轮滑者之间来回地运动，因此它们的动量不可能守恒。但是球与这两个人的动量之和是守恒的，且为 0。

问题 3 如图 3-2 所示，物体 m 放在斜面 m' 上。如果把 m 与 m' 看成一个系统，试问下面几种情况下，系统的水平方向分动量是否守恒？

（1）m 与 m' 之间无摩擦，而 m' 与地面之间有摩擦；

（2）m 与 m' 之间有摩擦，而 m' 与地面之间无摩擦；

（3）m 与 m' 之间及 m' 与地面之间都没有摩擦；

（4）m 与 m' 之间及 m' 与地面之间都有摩擦。

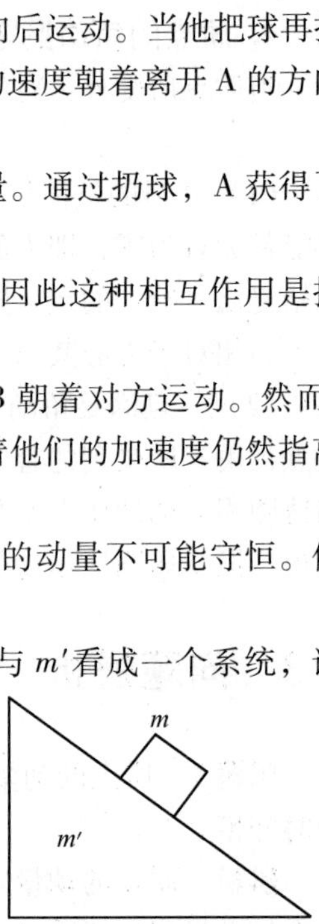

图 3-2 问题 3 图

辨析 如果把 m 与 m' 看成一个系统，那么系统所受的外力有：物体与斜面的重力、地面对斜面的支持力以及地面与斜面之间的摩擦力。而物体与斜面之间的摩擦力以及相互作用的支持力都是系统的内力。系统的水平方向分动量守恒的条件是：系统在水平方向的合外力为零。据此，可对以上几种情况进行分析。

（1）当 m' 与地面之间有摩擦时，系统水平方向的合外力不为零，故水平方向的分动量不守恒。

（2）当 m' 与地面之间无摩擦时，系统水平方向的分动量守恒。

（3）如同（2），系统水平方向的分动量守恒。

（4）如同（1），系统水平方向的分动量不守恒。

问题 4 体重、身高相同的甲乙两人，分别用双手握住跨过无摩擦轻滑轮的绳子各一端。他们从同一高度由初速为零向上爬，经过一段时间后，甲相对绳子的速率是乙相对绳子速率的两倍。那么他们到达顶点所需要的时间是否相同？

辨析 将两人和滑轮作为一个系统，先分析系统中的力。两个人受到的外力是他们的重力，还有一个外力是滑轮受到通过固定点的约束力。内力是绳子中的张力，轻滑轮的质量不计，因此滑轮两边绳中的张力大小相等。

再来看这些力关于滑轮固定点的力矩。两个人的重力相同，因此它们对滑轮固定点的力矩的代数和为零，滑轮约束力通过固定点，因而力矩也为零。而内力矩成对抵消。因此系统关于滑轮固定点的角动量守恒。设滑轮半径为 R，两个人的质量均为 m，他们相对于地面的速度分别为 v_1 和 v_2，根据系统的角动量守恒有 $mv_1R - mv_2R = 0$，因此 $v_1 = v_2$。因此两个人在同一高度向上爬，由于相对于地面的速度相同，爬升同样的高度，用时一定也相同，因此他们同时到达顶点。

本题还可以对每个人进行隔离体分析，利用质点的动量定理来研究。如上受力分析，每个人所受外力为向下的重力 $m\boldsymbol{g}$ 和向上的绳中张力 $\boldsymbol{F}$，因此 $F - mg = ma$。这意味着两个人有相同的相对地面的加速度。初始时刻两个人由初速为零向上爬，因此爬上同样的高度用时也相同。

3.4　例题剖析

3.4.1　基本思路

本章的重点如下：

（1）理解动量与角动量两个基本的物理概念，掌握变力的冲量的计算方法。

（2）运用动量定理与动量守恒定律解决质点以及质点系的动力学问题，其好处是不必追究运动过程力作用的细节。

运用动量守恒定律解题的一般步骤是：

（1）按问题的要求和计算难易程度，选定系统，分析要研究的过程。

（2）对系统进行受力分析（注意区分内力与外力），并根据动量守恒条件，判断系统是否动量守恒，或系统在哪个方向上动量守恒。

（3）确定系统在研究过程中的初动量和末动量，应注意各动量中的速度是相对同一惯性系而言的。

（4）建立坐标系，列出动量守恒方程（应注意方程个数与未知数个数相同），求解，必要时进行讨论。

应用其他定理、定律解题的步骤与上述步骤是类似的。

3.4.2　典型例题

例 3-1　一个质量 $m = 50\text{g}$，以速率 $v = 20\text{m/s}$ 做匀速圆周运动的小球，在 1/4 周期内向心力加给它的冲量是多大？

分析　由题意可知，小球做匀速率圆周运动，向心力的大小不变，但其方向随时间变化，因此向心力是变力，计算变力的冲量，可以根据定义求解，此法涉及矢量的积分计算，较为繁琐；本题若用动量定理求解，不必考虑运动过程中力的作用细节，将更为简便。应该注意动量定理中的力是指作用于质点的合力，合力的冲量使物体产生动量的增量。应用动量定理解题的关键是确定运动过程始末状态的动量，因为动量是矢量，动量的增量也是矢量，列方程时必须建立合适的坐标系。

解　方法一： 用冲量的定义求解。

以圆心为原点，建立如图 3-3 所示直角坐标系，假设小球从图中 A 点出发经历 1/4 周期运动到 B 点，任意 t 时刻处于角位置 θ 处，向心力为 $\boldsymbol{F}_n = m\dfrac{v^2}{R}\boldsymbol{e}_n$，其 x 分量

$$F_{nx} = -m\frac{v^2}{R}\cos\theta$$

式中，$\theta = \omega t = \dfrac{v}{R}t$，由此得到 $\mathrm{d}t = \dfrac{R}{v}\mathrm{d}\theta$

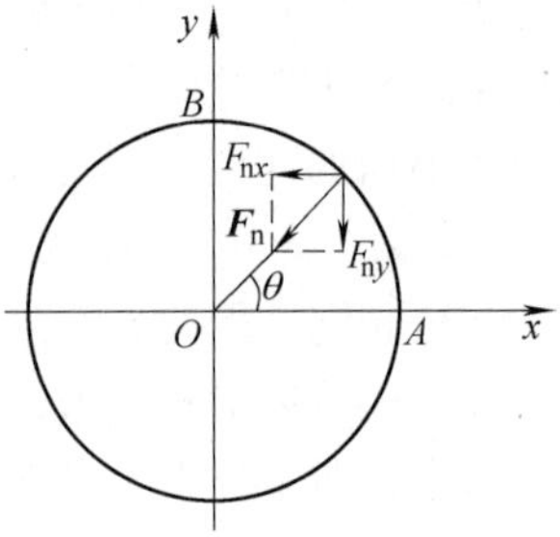

图 3-3　例 3-1 图

在 1/4 周期内，x 方向的冲量为

$$I_x = \int_0^{T/4} F_{nx}\mathrm{d}t = \int_0^{\frac{\pi}{2}}\left(-m\frac{v^2}{R}\cos\theta\right)\frac{R}{v}\mathrm{d}\theta = \int_0^{\frac{\pi}{2}}(-mv\cos\theta)\,\mathrm{d}\theta = -mv$$

向心力在 y 方向的分量为 $F_{ny} = -m\dfrac{v^2}{R}\sin\theta$，1/4 周期内，$y$ 方向的冲量为

$$I_y = \int_0^{T/4} F_{ny}\mathrm{d}t = \int_0^{\frac{\pi}{2}}\left(-m\frac{v^2}{R}\sin\theta\right)\frac{R}{v}\mathrm{d}\theta = \int_0^{\frac{\pi}{2}}(-mv\sin\theta)\,\mathrm{d}\theta = -mv$$

把 1/4 周期内向心力给予小球的上述冲量写成矢量式

$$\boldsymbol{I} = I_x\boldsymbol{i} + I_y\boldsymbol{j} = (-mv)\boldsymbol{i} + (-mv)\boldsymbol{j}$$

冲量的大小为

$$I = \sqrt{I_x^2 + I_y^2} = \sqrt{2}mv$$

方法二： 根据动量定理求解。

小球做匀速圆周运动，其所受合力就是向心力。在如图 3-3 所示的直角坐标系中，小球在 A 点的动量为 $\boldsymbol{p}_1 = mv\boldsymbol{j}$，沿 y 轴正向；经历 1/4 周期运动到 B 点时，其动量为 $\boldsymbol{p}_2 = -mv\boldsymbol{i}$，沿 x 轴负向，根据质点的动量定理，该运动过程中，向心力给予小球的冲量为

$$\boldsymbol{I} = \boldsymbol{p}_2 - \boldsymbol{p}_1 = -mv\boldsymbol{i} - mv\boldsymbol{j}$$

冲量的大小为 $I = \sqrt{I_x^2 + I_y^2} = \sqrt{(mv)^2 + (mv)^2} = \sqrt{2}mv$

两种方法比较可见，用动量定理求解不必考虑力的作用细节，因此简便得多。

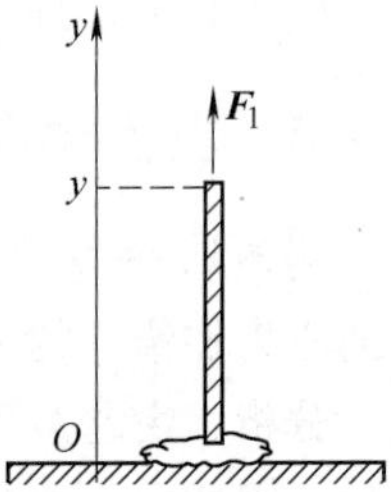

图 3-4　例 3-2 图

例 3-2　如图 3-4 所示，有一条单位长度质量为 λ 的匀质细绳，开始时盘绕在光滑的水平桌面上（所占的体积可以忽略不计）。试求：（1）若以一恒定加速度 $\boldsymbol{a}$ 竖直向上提绳，当提起 y 高度时，作用在绳端的力为多少？（2）若以一恒定速度 v 竖直向上

提绳时，当提起 y 高度时，作用在绳端上的力又为多少？

分析　解本题首先要明确研究对象。可以把已经提起部分作为研究对象，也可以把整个绳子作为研究对象。这是处理这类问题的关键。

若以提起部分为研究对象，物体以相同的加速度做整体运动，因此可看成质点，可以运用牛顿运动定律求解。但应该注意，由于提起部分的质量 $m=\lambda y$ 是变化的，所以牛顿运动定律的形式必须采用 $\boldsymbol{F}=\frac{\mathrm{d}\boldsymbol{p}}{\mathrm{d}t}=\frac{\mathrm{d}(m\boldsymbol{v})}{\mathrm{d}t}$，而不能写成 $\boldsymbol{F}=m\boldsymbol{a}=m\frac{\mathrm{d}\boldsymbol{v}}{\mathrm{d}t}$（这是 m 不变时牛顿定律的推论）。由于细绳所占体积可忽略不计，不必考虑桌上部分与提起部分的相互作用力，物体仅受向上的拉力 $\boldsymbol{F}_1$ 及向下的重力 $\boldsymbol{G}=\lambda y\boldsymbol{g}$ 作用。题中要求 F_1 与 y 之间的关系，具体求解时，还应对加速度 a 进行适当的变形，即$a=\frac{\mathrm{d}v}{\mathrm{d}t}=\frac{\mathrm{d}v}{\mathrm{d}y}\cdot\frac{\mathrm{d}y}{\mathrm{d}t}=v\frac{\mathrm{d}v}{\mathrm{d}y}$。

本题也可以柔软细绳整体作为研究对象，其总质量保持不变。由于桌面部分与提起部分运动情况不一样，这时必须将细绳作为质点系，运用质点系的动量定理求解，其好处是只需考虑作用于系统的合外力，不必分析各部分之间相互作用的内力，本题内力可不计，但有些情况内力会很复杂。

将柔软细绳整体作为质点系进行研究时，也可采用质心运动定理。当提起高度为 y 时，求出细绳的质心位置为 y_C，由质心运动定理 $\sum_i F_i = m\frac{\mathrm{d}^2y_C}{\mathrm{d}t^2}$ 求解也很方便。

解　方法一： 用牛顿运动定律求解。

（1）以桌面为原点，建立如图3-4所示坐标轴 Oy，以提起的高度为 y 的细绳为研究对象，其质量为 $m=\lambda y$，假设其速度为 v，根据牛顿运动定律有

$$F_1-\lambda yg=\frac{\mathrm{d}(\lambda yv)}{\mathrm{d}t}=\lambda\frac{\mathrm{d}y}{\mathrm{d}t}v+\lambda y\frac{\mathrm{d}v}{\mathrm{d}t}=\lambda v^2+\lambda ya$$

所以

$$F_1=\lambda yg+\lambda v^2+\lambda ya \tag{1}$$

又因为

$$a=\frac{\mathrm{d}v}{\mathrm{d}t}=\frac{\mathrm{d}v}{\mathrm{d}y}\cdot\frac{\mathrm{d}y}{\mathrm{d}t}=v\frac{\mathrm{d}v}{\mathrm{d}y}$$

当 a 为恒量时，由 $y=0$ 时 $v=0$ 得

$$v^2=2ay \tag{2}$$

联立式（1）、式（2）有

$$F_1=\lambda yg+2\lambda ya+\lambda ya=\lambda(g+3a)y \tag{3}$$

（2）当 v 为恒量时，$a=0$，代入式（1）得

$$F_1=\lambda gy+\lambda v^2$$

方法二： 用质点系的动量定理求解。

以整个细绳为研究对象，系统的总质量不变。在图示坐标系中，当提起高度为 y 时，假设提起部分的速度为 v，其动量为 $p_1=\lambda yv$；桌面部分保持不动，其动量为 $p_2=0$，因此系统总动量为

$$p=p_1+p_2=p_1=\lambda yv$$

桌面部分的重力与桌面施予细绳的支持力相抵消，因此系统所受合外力 F 为

$$F = F_1 - \lambda y g$$

根据质点系的动量定理

$$F = F_1 - \lambda y g = \frac{\mathrm{d}p}{\mathrm{d}t} = \frac{\mathrm{d}(\lambda y v)}{\mathrm{d}t}$$

以下求解步骤与方法一相同。

方法三： 应用质心运动定理求解。

以整个细绳为研究系统。假设绳总长度为 l，总质量为 m，在图示坐标系中，当提起高度为 y 时，提起部分的质量为 $m_1 = \lambda y$，质心为 $y_1 = \frac{1}{2}y$；桌面部分质量为 $m_2 = \lambda(l-y)$，质心位置 $y_2 = 0$，因此系统的质心为

$$y_C = \frac{m_1 y_1 + m_2 y_2}{m_1 + m_2} = \frac{\lambda y^2}{2m}$$

根据质心运动定理

$$F = F_1 - \lambda y g = m\frac{\mathrm{d}^2 y_C}{\mathrm{d}t^2} = m\frac{\mathrm{d}^2}{\mathrm{d}t^2}\left(\frac{\lambda y^2}{2m}\right) = \frac{\mathrm{d}(\lambda y v)}{\mathrm{d}t}$$

以下求解步骤与方法一相同。

例 3-3 如图 3-5 所示，质量为 m' 的人手里拿着一个质量为 m 的物体，此人用与水平方向成 α 角的速度 v_0 向前跳去。当他达到最高点时，他将物体相对于人为 u 的水平速度向后抛出，他跳跃的距离增加了多少？（假设人与物体均可视为质点。）

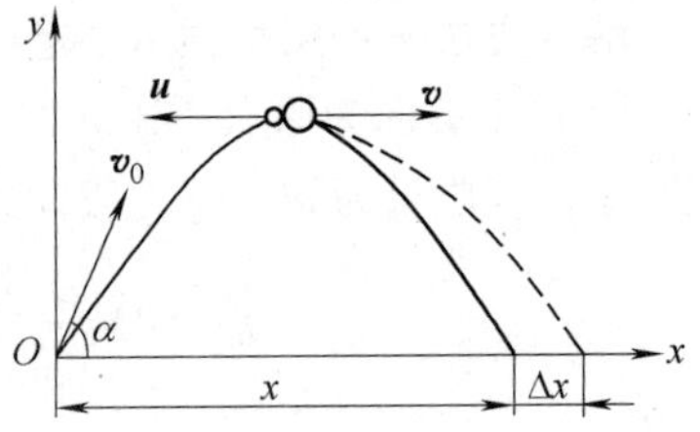

图 3-5 例 3-3 图

分析 人跳跃的距离是由其水平速度分量及落地的时间决定的。人在最高点沿水平方向抛出物体时，由于人与物体之间相互作用力的冲量，引起人水平方向动量变化，从而引起其跳跃距离增加，但落地时间不变，因此计算抛出物体后人在水平方向的速度增量 Δv 是解题的关键。若以人为研究对象，由于人与物体间的相互作用力不能确定，求解较为困难。一般选择人与物体作为研究系统，由于系统在水平方向不受外力作用，系统在水平方向上动量守恒，据此可容易地得到 Δv。但是在应用动量守恒定律时必须注意，涉及的运动速度必须都是对同一惯性系而言的。这里显然以地面为参考系，因此人与物体的速度必须都是对地的形式，题中给出了物体相对于人的运动速度，由相对运动关系即可求得物体对地的速度。

解 取如图 3-5 所示坐标系。以人与物体为研究系统，当人跳跃到最高点处，在向左抛物的过程中，系统在水平方向上动量守恒。

假设抛出物体后，人相对地的水平速度分量为 v，依题意物体对地的水平速度分量为 $v-u$，因此

$$(m + m')v_0\cos\alpha = m'v + m(v-u)$$

由此可得

$$v=v_0\cos\alpha+\frac{m}{m'+m}u$$

人的水平速度分量，即水平速度的增量为

$$\Delta v=v-v_0\cos\alpha=\frac{m}{m'+m}u$$

人的落地时间不变，等于人从地面到最高点的运动时间，即

$$t=\frac{v_0\sin\alpha}{g}$$

所以，抛出物体后人跳跃增加的距离为

$$\Delta x=(\Delta v)t=\frac{m}{m'+m}u\cdot\frac{v_0\sin\alpha}{g}=\frac{mv_0\sin\alpha}{(m'+m)g}u$$

例 3-4　如图 3-6 所示，一个有 1/4 圆弧滑槽的大物体其质量为 m'，停在光滑的水平面上，另一质量为 m 的物体自圆弧顶点由静止下滑。求当小物体滑到底时，大物体 m' 在水平面上移动的距离 s'。

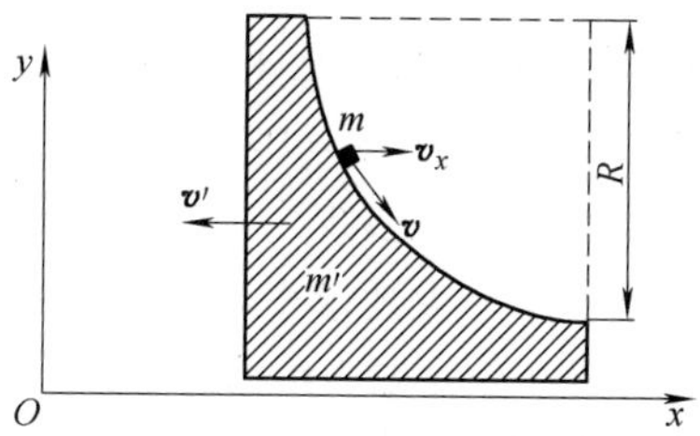

图 3-6　例 3-4 图

分析　m' 之所以会在水平面上移动，是因为 m 在下滑过程中，与 m' 之间存在相互作用力。本题求 m' 在水平面上移动的距离 s'，若以 m' 为研究对象，需要分析 m' 在水平方向上的受力情况，还需要知道 m 滑到底所持续的时间，而这又取决于 m 在竖直方向上的受力情况，由于 m 与 m' 之间的接触情况（是否存在摩擦，摩擦因数的大小等）未知，因此不能分析 m 与 m' 之间的相互作用力。在解这类问题时，应该尽量避免以上直线式的思维方式。若以 m 与 m' 为研究系统，m 下滑过程中，系统在水平方向上所受合外力为零，因此系统在水平方向上动量守恒，任一时刻 $mv_x+(-m'v')=0$，在整个下落过程中应有 $m\int_0^t v_x\mathrm{d}t=m'\int_0^t v'\mathrm{d}t$；而这个等式左右两边的积分分别表示下滑过程中 m 和 m' 在水平方向上移动的距离。由题意，m 滑到底时在水平方向上相对 m' 移动距离为 R，由相对运动关系 $s=R-s'$，由此即可解得 s'。

解　建立如图 3-6 所示的坐标系，取 m 和 m' 为研究系统。在 m 下滑过程中，系统在水平方向上所受合外力为零，因此，系统在水平方向上动量守恒。由于系统初动量为零，如果以 v 和 v' 分别表示下滑过程中任一时刻 m 和 m' 的速度，则

$$0=mv_x+(-m'v')$$

因此对任一时刻

$$mv_x=m'v'$$

就整个的下落时间 t 对此式积分，有

$$m\int_0^t v_x \mathrm{d}t = m'\int_0^t v'\mathrm{d}t$$

以 s 和 s' 分别表示下滑过程中 m 和 m' 在水平方向上移动的距离，则

$$s = \int_0^t v_x \mathrm{d}t,\ s' = \int_0^t v'\mathrm{d}t$$

因而有

$$ms = m's' \tag{1}$$

又因为 m 滑到底时在水平方向上相对 m' 移动距离 R，由位移的相对性有

$$s = R - s' \tag{2}$$

联立式（1）、式（2）即可解得 $s' = \dfrac{m}{m+m'}R$

例 3-5 如图 3-7 所示，平板中央开一小孔，质量为 $m = 50\text{g}$ 的小球用细线系住，细线穿过小孔后，挂一质量为 $m_1 = 200\text{g}$ 的重物，小球做匀速圆周运动，当半径 $r_1 = 2.48\text{cm}$ 时，重物达到平衡。今在 m_1 的下方再挂一质量为 $m_2 = 100\text{g}$ 的另一重物，问小球做匀速圆周运动的半径 r_2 又是多少？

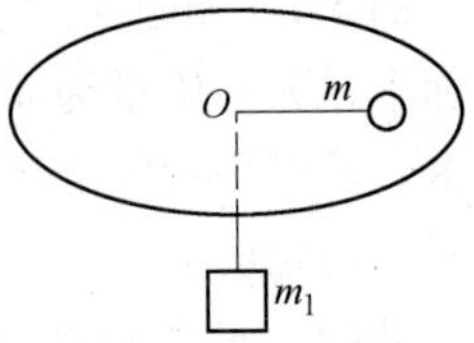

图 3-7 例 3-5 图

分析 本题要求小球做匀速圆周运动的半径，可以小球为研究对象，根据题中给出的各种关系列出包含待求未知数的方程组，必须注意要能求解，未知数的个数应与方程组的个数相同。

小球受到细线拉力 F_T 的作用，绕 O 点做匀速圆周运动时，根据牛顿运动定律，应有 $F_T = m\dfrac{v^2}{r}$；重物受到向下的重力及细线向上的拉力作用，受力平衡，应有 $F_T = mg$，因此 $m_1 g = m\dfrac{v_1^2}{r_1}$，$(m_1+m_2)g = m\dfrac{v_2^2}{r_2}$。

上面两个方程中有三个未知数，因此还需要找到一个方程。注意到在整个运动过程中小球受力始终过 O 点，因此对 O 点而言，小球的角动量守恒。由于做圆周运动时小球的矢径与小球的速度垂直，因此，当 $r = r_1$ 时，$L_1 = mv_1r_1$；$r = r_2$ 时，$L_2 = mv_2r_2$，且 $L_1 = L_2$，三个方程联立即可解出 r_2。

解 假设细线中的张力为 F_T，并以 v_1、v_2 分别表示 $r = r_1$ 及 $r = r_2$ 时小球做匀速圆周运动的速度，根据牛顿第二定律，挂重物 m_1 并达到平衡时，有

$$F_T = m_1 g = m\frac{v_1^2}{r_1} \tag{1}$$

挂重物 $m_1 + m_2$ 并达到平衡时，有

$$F_T = (m_1+m_2)g = m\frac{v_2^2}{r_2} \tag{2}$$

小球所受力始终通过小孔，因此对小孔而言，在运动半径由 r_1 变为 r_2 的过程中，小球角动量守恒。由于做圆周运动时，小球的矢径与小球的速度垂直，因此当 $r=r_1$ 时，$L_1=mv_1r_1$；$r=r_2$ 时，$L_2=mv_2r_2$，故

$$mv_1r_1=mv_2r_2 \tag{3}$$

联立式（1）、式（2）、式（3）解得

$$r_2=\sqrt[3]{\frac{m_1}{m_1+m_2}}r_1=\left(\sqrt[3]{\frac{0.2}{0.2+0.1}}\times 2.48\right)\text{cm}=2.17\text{cm}$$

3.5　能力训练

一、选择题

1. 一水平恒力 F 推一静止在水平面上的物体，作用时间为 Δt，物体始终处于静止状态，则在 Δt 时间内恒力 F 对物体的冲量和该物体所受合力的冲量大小分别为（　　）。

A. 0，0　　B. $F\Delta t$，0　　C. $F\Delta t$，$F\Delta t$　　D. 0，$F\Delta t$

2. 质量分别为 m_A 和 m_B（$m_A>m_B$）、速度分别为 v_A 和 v_B（$v_A>v_B$）的两质点 A 和 B，受到相同的冲量作用，则（　　）。

A. A 的动量增量的绝对值比 B 的小

B. A 的动量增量的绝对值比 B 的大

C. A，B 的动量增量相等

D. A，B 的速度增量相等

3. 如图3-8所示，一质量为 m 的滑块，由静止开始沿着1/4圆弧形光滑的木槽滑下。设木槽的质量也是 m，槽的圆半径为 R，放在光滑水平地面上，则滑块离开槽时的速度是（　　）。

A. $\sqrt{2Rg}$　　B. $2\sqrt{Rg}$

C. $\sqrt{Rg}$　　D. $\frac{1}{2}\sqrt{Rg}$

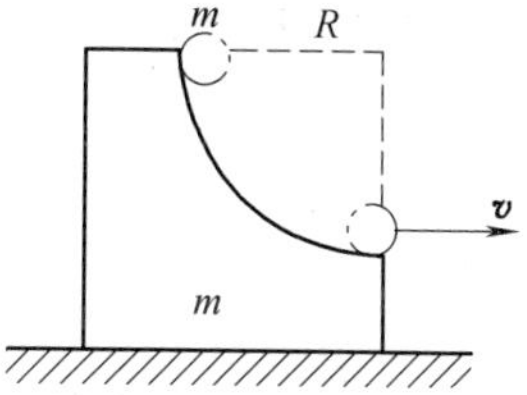

图3-8　选择题3图

4. 在水平冰面上以一定速度向东行驶的炮车，向东南（斜向上）方向发射一炮弹，对于炮车和炮弹这一系统，在此过程中（忽略冰面摩擦力及空气阻力）（　　）。

A. 总动量守恒

B. 总动量在炮身前进的方向上的分量守恒，其他方向动量不守恒

C. 总动量在水平面上任意方向的分量守恒，竖直方向分量不守恒

D. 总动量在任何方向的分量均不守恒

5. 动能为 E_k 的 A 物体与静止的 B 物体碰撞，设 A 物体的质量为 B 物体的二倍，$m_A=2m_B$。若碰撞为完全非弹性的，则碰撞后两物体总动能为(　　)。

A. E_k　　B. $\frac{2}{3}E_k$　　C. $\frac{1}{2}E_k$　　D. $\frac{1}{3}E_k$

6. 质量为20g的子弹，以400m/s的速率沿如图3-9所示方向射入一原来静止的质量为980g的摆球中，摆线长度不可伸缩。子弹射入后开始与摆球一起运动的速率为（　　）

A. 2m/s　　B. 4m/s

C. 7m/s　　D. 8m/s

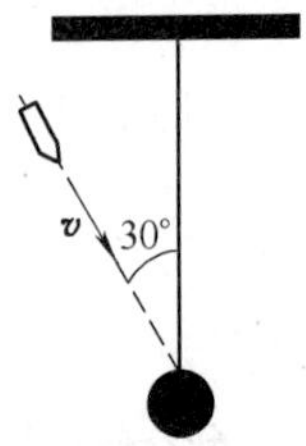

图3-9　选择题6图

二、填空题

1. 用棒打击质量为0.2kg，速率为20m/s的水平方向飞来的球，击打后球以15m/s的速率竖直向上运动，则棒给予球的冲量大小为________N·s。

2. 设作用在质量为1kg的物体上的力 $F=6t+3$(SI)。如果物体在这一力的作用下，由静止开始沿直线运动，在0~2.0s的时间间隔内，这个力作用在物体上的冲量大小 I =________。

3. 一物体质量 $m=2$kg，在合外力 $\boldsymbol{F}=(3+2t)\boldsymbol{i}$(SI)的作用下，从静止开始运动，式中 $\boldsymbol{i}$ 为方向一定的单位矢量，则当 $t=1$s时物体的速度大小 v_1 =________。

4. 质量为 $m_车$ 的平板车，以速度 v 在光滑的水平面上滑行，一质量为 m 的物体从 h 高处竖直落到车子里，两者一起运动时的速度大小为________。

5. 湖面上有一小船静止不动，船上有一打渔人质量为60kg。如果他在船上向船头走了4.0m，但相对于湖底只移动了3.0m（水对船的阻力略去不计），则小船的质量为________kg。

6. 一质量为 m 的质点沿着一条曲线运动，其位置矢量在空间直角坐标系中的表达式为 $\boldsymbol{r}=a\cos\omega t\boldsymbol{i}+b\sin\omega t\boldsymbol{j}$，其中 a，b，ω 皆为常量，则此质点对原点的角动量大小为 L =________；此质点所受对原点的力矩大小为 M =________。

7. 地球沿椭圆轨道绕太阳运动，设在近日点 A 与远日点 B 处，地球相对太阳中心的角动量大小分别为 L_A 和 L_B，则两者的大小关系为________。

三、计算题

1. 质量为 m，速率为 v 的小球，以入射角 α 斜向与墙壁相碰，又以原速率沿反射角 α 方向从墙壁弹回。设碰撞时间为 Δt，求墙壁受到的平均冲力。

2. 质量 $m=10$kg的物体置于光滑水平面上，在水平拉力 F 的作用下由静止开始做直线运动，若拉力随时间变化关系如图3-10所示，求 $t=4.0$s时物体的速率。

3. 如图3-11所示，有两个长方形的物体A和B紧靠着静止放在光滑的水平桌面上，已知 $m_A=2$kg，$m_B=3$kg。现有一质量 $m=100$g的子弹以速度 $v_0=800$m/s水平射入长方体A，经 $t=0.01$s，又射入长方体B，最后停留在长方体B内未射出。设子弹射入A时所受的摩擦力为 $F=3\times10^3$N。求

（1）子弹在射入A的过程中，B受到A的作用力的大小。

（2）当子弹留在B中时，A和B的速度大小。

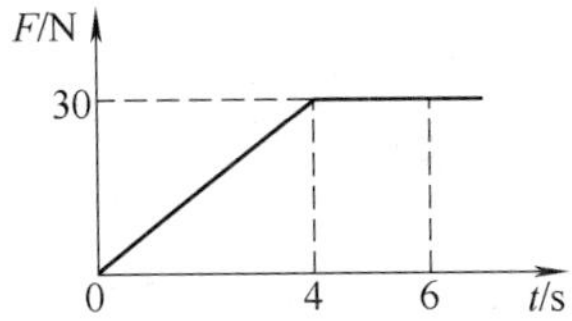

图 3-10　计算题 2 图

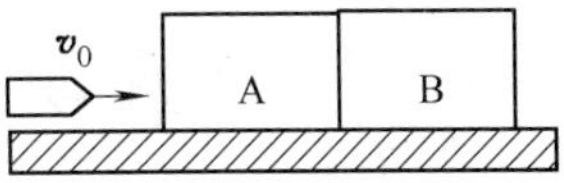

图 3-11　计算题 3 图

参考答案

一、选择题

1. B　2. C　3. C　4. C　5. B　6. B

二、填空题

1. 5；2. 18N·s；3. 2m/s；4. $\dfrac{m_{车} v}{(m+m_{车})}$；5. 180；6. $m\omega ab$，0；7. $L_A = L_B$。

三、计算题

1. **解**　建立如图 3-12 所示坐标，由动量定理得

$$\overline{F}_x \Delta t = mv_x - (-mv_x) = 2mv_x$$

$$\overline{F}_y \Delta t = -mv_y - (-mv_y) = 0$$

所以 $\overline{F} = \overline{F}_x = \dfrac{2mv_x}{\Delta t}$，而 $v_x = v\cos\alpha$。

故 $\overline{F} = \overline{F}_x = \dfrac{2mv\cos\alpha}{\Delta t}$，方向沿 x 轴正向。

墙受的平均冲力 $\overline{F}' = -\overline{F} = -\dfrac{2mv\cos\alpha}{\Delta t}$，方向垂直墙面指向墙内。

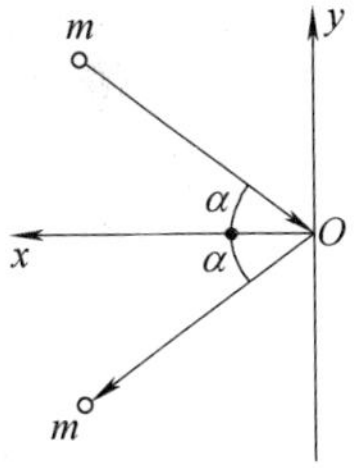

图 3-12　计算题 1 解题用图

2. **解**　利用冲量的定义先求冲量 $I = \int_{t_1}^{t_2} F\mathrm{d}t$。从静止开始 $t=0$s 到 $t=4.0$s 水平拉力的冲量就是图中直角三角形的面积，因此 $I = \int_0^4 F\mathrm{d}t = \left[\dfrac{1}{2}\times(4-0)\times(30-0)\right]\mathrm{N\cdot s} = 60\mathrm{N\cdot s}$

设物体在 $t=4.0$s 时的速度为 v_2，而物体初速度 $v_1=0$，利用动量定理有

$$I = \int_0^4 F\mathrm{d}t = mv_2 - mv_1 = mv_2,\ v_2 = \frac{I}{m} = \frac{60}{10}\mathrm{m/s} = 6\mathrm{m/s}$$

3. **解**　(1) 子弹射入 A 未进入 B 以前，A，B 共同做加速运动

$F = (m_A + m_B)a$，$a = \dfrac{F}{m_A + m_B} = 600\mathrm{m/s^2}$。

B 受到 A 的作用力 $F_B = m_B a = 1.8\times10^3\mathrm{N}$。

(2) A 在时间 t 内做匀加速运动，t 秒末的速度 $v_A = at = 6\mathrm{m/s}$

取 A，B 和子弹组成的系统为研究对象，系统所受合外力为零，故系统的动量守恒，子弹留在 B 中后有 $mv_0 = m_A v_A + (m + m_B)v_B$，得 $v_B = \dfrac{mv_0 - m_A v_A}{m + m_B} = 22\mathrm{m/s}$。

第 4 章　功　和　能

4.1　知识网络

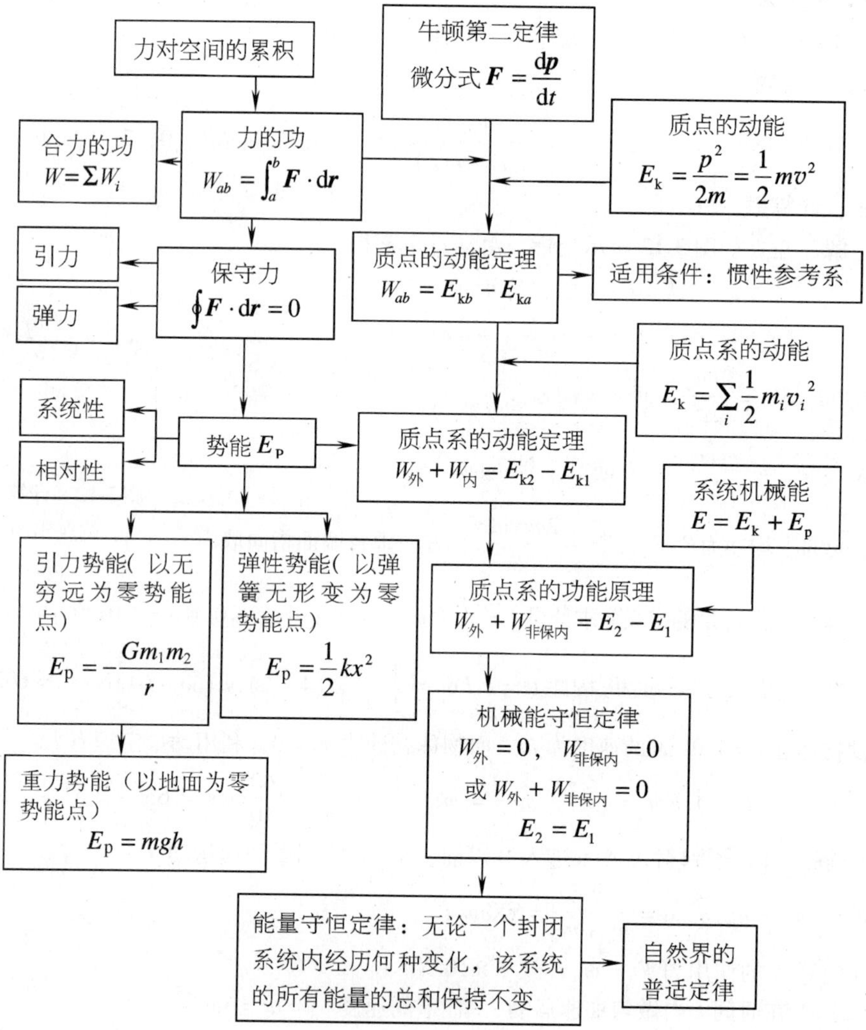

4.2 学习指导

4.2.1 质点的动能定理

1. 功

功反映力的空间累积效应。

(1) 恒力的功。

$$W = \boldsymbol{F} \cdot \Delta\boldsymbol{r} = F \cdot |\Delta\boldsymbol{r}| \cdot \cos\theta \tag{4-1}$$

①功是标量，它没有方向，但有正负。

② $0 \leqslant \theta < \dfrac{\pi}{2}$ 时，$W > 0$，$\boldsymbol{F}$ 对物体做正功。

$\theta = \dfrac{\pi}{2}$ 时，$W = 0$，$\boldsymbol{F}$ 对物体不做功。

$\dfrac{\pi}{2} < \theta \leqslant \pi$ 时，$W < 0$，$\boldsymbol{F}$ 对物体做负功。

(2) 变力的功。

元功
$$\mathrm{d}W = \boldsymbol{F} \cdot \mathrm{d}\boldsymbol{r} = F\cos\theta \mathrm{d}s \tag{4-2}$$

总功
$$W = \int_a^b \boldsymbol{F} \cdot \mathrm{d}\boldsymbol{r} = \int_a^b F\cos\theta \mathrm{d}s \tag{4-3}$$

在直角坐标系中 $\boldsymbol{F} = F_x\boldsymbol{i} + F_y\boldsymbol{j} + F_z\boldsymbol{k}$，$\mathrm{d}\boldsymbol{r} = \mathrm{d}x\boldsymbol{i} + \mathrm{d}y\boldsymbol{j} + \mathrm{d}z\boldsymbol{k}$

$$W = \int_{x_a}^{x_b} F_x \mathrm{d}x + \int_{y_a}^{y_b} F_y \mathrm{d}y + \int_{z_a}^{z_b} F_z \mathrm{d}z \tag{4-4}$$

在自然坐标系中 $\boldsymbol{F} = F_\tau \boldsymbol{e}_\tau + F_\mathrm{n} \boldsymbol{e}_\mathrm{n}$

$$W = \int_a^b \boldsymbol{F} \cdot \mathrm{d}\boldsymbol{r} = \int_a^b |\boldsymbol{F}|\cos\alpha |\mathrm{d}\boldsymbol{r}| = \int_a^b F\cos\alpha \mathrm{d}s = \int_a^b F_\tau \mathrm{d}s \tag{4-5}$$

(3) 功率。力在单位时间内所做的功称为功率。

$$P = \frac{\mathrm{d}W}{\mathrm{d}t} = \frac{\boldsymbol{F} \cdot \mathrm{d}\boldsymbol{r}}{\mathrm{d}t} = \boldsymbol{F} \cdot v \tag{4-6}$$

2. 动能

动能
$$E_\mathrm{k} = \frac{1}{2}mv^2 \tag{4-7}$$

动能是状态量，反映了物体运动时所具有的做功本领。由于速度具有相对性，所以动能也具有相对性，与参考系有关。

3. 动能定理

力对物体做功，会使物体的运动状态发生变化。根据牛顿运动定律

$$W=\int_a^b \boldsymbol{F}\cdot \mathrm{d}\boldsymbol{r}=\int_a^b m\boldsymbol{a}\cdot \mathrm{d}\boldsymbol{r}=\int_a^b m\frac{\mathrm{d}\boldsymbol{v}}{\mathrm{d}t}\cdot \mathrm{d}\boldsymbol{r}=\int_a^b m\boldsymbol{v}\cdot \mathrm{d}\boldsymbol{v}$$

$$=\frac{1}{2}mv_2^2-\frac{1}{2}mv_1^2=E_{k2}-E_{k1}$$

$$W=E_{k2}-E_{k1} \tag{4-8}$$

动能定理：合力对质点所做的功等于其动能的增量。

（1）动能定理表明，只有动能发生变化时，才有做功可言，故功是能量变化的量度，是与过程密切相关的过程量；而动能与质点的运动状态密切相关，是运动状态的单值函数，是状态量。

（2）动能定理把过程量功和状态量动能的改变联系了起来。质点在力的作用下经历某一段路程，无论力如何变化，也不论运动过程如何复杂，力对物体所做的功总等于物体动能的增量。由此给出一种计算过程量的方法，即用状态量的变化求过程量。

（3）动能定理只适用于惯性系。由于功和动能都具有相对性，其大小依赖于参考系的选择，所以动能定理中各量是对同一参考系而言的。

4.2.2 保守力与势能

1. 保守力与非保守力

根据力做功特点的不同，可把力分成保守力和非保守力。若某种力做功只与始末的位置有关，而与路径无关，则称这种力为保守力，反之称为非保守力。

保守力的判据
$$\oint \boldsymbol{F}\cdot \mathrm{d}\boldsymbol{r}=0 \tag{4-9}$$

2. 势能

势能是与物体间相对位置有关的能量。引入势能的前提条件是：系统内部存在保守内力。

（1）势能是属于物体系的，是物体系共有的。

（2）势能是物体系状态的单值函数。

（3）势能具有相对性，与势能零点的选取有关，但势能的差值与势能零点的选取无关。

（4）几种常见势能的形式：

重力势能：$E_p=mgh$，式中，h 是相对势能零点的距离。

弹性势能：$E_p=\frac{1}{2}kx^2$，式中，选弹簧自然状态为势能零点。

万有引力势能：$E_p=-G\frac{m_1m_2}{r}$，选无限远处为势能零点。

3. 保守力的功与势能增量的关系

$$W_{ci}=E_{p1}-E_{p2}=-\Delta E_p \tag{4-10}$$

保守力的功等于势能的减少或势能增量的负值。

4.2.3　质点系的动能定理与机械能守恒定律

1. 质点系的动能定理

（1）质点系的动能　质点系的动能定义为质点系中所有质点动能之和，即 $E_k = \sum_i E_{ik}$，E_{ik} 是质点系中第 i 个质点的动能。

（2）质点系的动能定理　研究由 n 个质点组成的物体组（质点系）时，由于系统有内力和外力之分，对第 i 个质点，动能定理可表示为

$$W_{外}^{(i)} + W_{内}^{(i)} = E_{ik2} - E_{ik1} = \Delta E_{ik} \tag{4-11}$$

式中，$W_{外}^{(i)}$ 为作用于质点 i 的系统外力的功，$W_{内}^{(i)}$ 为作用于质点 i 的系统内力的功，对整个系统有

$$W_{外} + W_{内} = \sum_i E_{ik2} - \sum_i E_{ik1} = E_{k2} - E_{k1} = \Delta E_k \tag{4-12}$$

式中，$W_{外} = \sum_i W_{外}^{(i)}$，$W_{内} = \sum_i W_{内}^{(i)}$，$\Delta E_k$ 为系统总动能的增量。

质点系的动能定理：系统外力的功与系统内力的功的总和等于系统动能的增量。

①内力的冲量和为零，但内力做功的代数和不一定为零。系统内每一对内力都是作用力与反作用力，所以内力的冲量和为零；由于一对相互作用的质点受力后的位移不一定相同，所以内力做功的代数和不一定等于零。例如，一颗子弹水平射入一块放置在光滑水平面上的静止木块，木块在水平面上滑行距离为 s，子弹在木块内深入距离为 d。子弹对木块的推力与木块对子弹阻力是一对作用力与反作用力，前者做功为 fs，后者做功为 $-f(d+s)$，两者代数和并不为零。因此，内力不能改变系统的总动量，但可能会改变系统的总动能。

②当相互作用的两质点之间没有相对位移，或质点之间的相互作用力与它们之间的相对位移垂直时，成对内力所做功之和为零。

2. 功能原理

功能原理是质点系动能定理的另一种表达形式。系统的内力分为保守内力和非保守内力，因此

$$W_{内} = W_{保内} + W_{非保内}$$

由于 $W_{保内} = -(E_{p2} - E_{p1})$　以及系统的动能定理 $W_{内} + W_{外} = E_{k2} - E_{k1}$，有

$$W_{外} + W_{非保内} = (E_{p2} + E_{k2}) - (E_{p1} + E_{k1}) = E_2 - E_1 \tag{4-13}$$

功能原理：系统从状态 1 变化到状态 2 时，运动过程中外力的功与非保守内力的功的总和等于系统的机械能的增量。

功能原理与质点系的动能定理所包含的物理内容一样，但表示形式不同，前者给出的是机械能的改变与功的关系，而后者给出的是系统的动能改变与功的关系。

质点动能定理、质点系动能定理及质点系功能原理的比较。

（1）以单个物体作为研究对象时，用质点动能定理，其中外力的功指的是作用在物体上所有外力的总功，所以必须计算包括重力、弹力在内的一切外力的功，合外力的功

等于该物体动能的增量。

（2）以质点系作为研究对象时，由于应用了势能这个概念，关于保守力所做的功，例如重力的功和弹力的功等，在功能原理表述中不再出现，已为系统势能的变化所代替。因此，在演算问题时，要避免将保守力的功与势能重复计算。如果计算了保守力所做的功，就不必考虑势能的变化，用质点系动能定理；如果考虑了势能的变化，就不必计算保守力的功，用功能原理。

3. 机械能守恒定律

当 $W_{外}+W_{非保内}=0$ 时，$\Delta E=0$，即由功能原理 $W_{外}+W_{非保内}=E_2-E_1$，可知

$$E_1=E_2 \tag{4-14}$$

这就是说，如果一个系统只有保守力做功，其他内力和一切外力都不做功，或者它们的总功为零，则系统的机械能总值不变。这个结论叫作机械能守恒定律。

（1）机械能守恒是对某一过程而言的，“机械能总值不变”是指整个过程始终保持不变。因此,只有在整个过程的每一个微小时间间隔或每一微小位移上外力和非保守内力都不做功或所做功之和为零，机械能才守恒。不能仅看始末两个状态机械能相等，就认为整个过程机械能守恒。例如，一弹簧固定于水平面上，小球从高为 h 处以初速 v_0 落下，撞击弹簧后跳回到高为 h 时速度仍为 v_0，如图 4-1 所示。若以小球为系统，小球在全过程中受的重力和弹力均为外力。虽然这两个力在全过程中所做功之和为零，但这两个力的功并不能随时抵消，即每一微小位移力都在做功，小球的机械能(只有动能)时刻在变，因此机械能不守恒。可见，机械能守恒的条件是“外力和非保守内力都不做功，或者它们的总功为零”。其中，外力和非保守内力总功为零的含义是指外力和非保守内力虽然都在做功，但它们中的一部分力做正功，另一部分力做负功，在任意一微小位移上，正负功都彼此相互抵消。否则，不能保证在整个过程中机械能始终保持不变，只能说明始末状态的机械能相等。

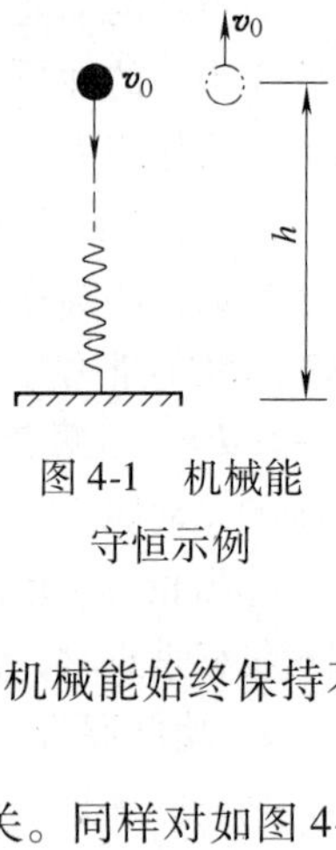

图 4-1　机械能守恒示例

（2）机械能守恒是对某一系统而言的，它与系统的划分密切相关。同样对如图 4-1 所示的过程，若以小球、地球和弹簧为系统，系统只受内力作用，地面的支持力是非保守内力，但它不做功，重力和弹力均为保守内力，所以系统的机械能守恒。

（3）机械能守恒的条件是非保守内力与一切外力都不做功，或做功之总和为零，并不要求外力和非保守内力为零。

4.2.4　碰撞问题

处理碰撞问题的理论依据是动量守恒定律、机械能守恒定律、碰撞定律。

（1）碰撞定律：碰后两物体的分离速度(v_2-v_1)，与碰前两球的接近速度$(v_{10}-v_{20})$成正比，比值由两球的材料决定，其比值 e 称恢复系数，即

$$e=\frac{v_2-v_1}{v_{10}-v_{20}} \tag{4-15}$$

（2）碰撞的三种类型如下：

①完全弹性碰撞。碰撞前后系统的总动量不变，总动能不变，系统无机械能损失，$e=1$。

②非弹性碰撞。碰撞前后系统的总动量不变，但有机械能损失，$0<e<1$。

③完全非弹性碰撞。碰撞前后系统的总动量不变，但系统在碰撞过程中机械能损失最大，$e=0$，两物体碰撞后连成一体，具有相同的速度。

4.3 问题辨析

问题1 试比较机械能守恒和动量守恒的条件，分析以下说法是否正确：（1）不受外力的系统必定同时满足动量守恒和机械能守恒；（2）合外力为零，内力中只有保守力的系统，机械能必然守恒；（3）仅受保守力作用的系统必定同时满足动量守恒和机械能守恒。

辨析 机械能守恒的条件是：系统只有保守力做功，其他非保守力和外力都不做功。条件涉及的是什么力做功的问题。动量守恒的条件是合外力为零，并不涉及外力做功问题。据此，可对以上问题进行分析。

（1）不受外力的系统，其动量是守恒的。不受外力的系统，没有外力的功，但系统内非保守力可能做功，所以机械能不一定守恒。

（2）合外力为零，与不受外力作用，意义并不相同。不受外力作用，外力的功一定为零。合外力为零，并不能说明所有外力都不做功，也不能排除有非保守力的功。因此，合外力为零，内力中只有保守力的系统，机械能也未必守恒。

（3）仅受保守力作用的系统，既满足合外力为零的条件，又满足除系统内保守力做功外，其他非保守力和外力都不做功的条件，所以同时满足动量守恒和机械能守恒。

问题2 如图4-2所示，在光滑水平地面上放着一辆小车，车上左端放着一只箱子，今用同样的水平恒力 $\boldsymbol{F}$ 拉箱子，使它由小车的左端到达右端，一次小车被固定在水平地面上，另一次小车没有固定。试以水平地面为参考系，判断下列结论中正确的是

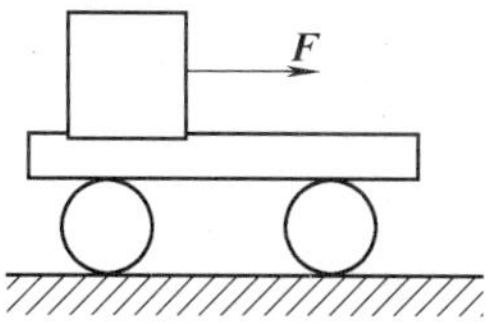

图4-2 问题2图

A. 在两种情况下，F 做的功相等。

B. 在两种情况下，摩擦力对箱子做的功相等。

C. 在两种情况下，箱子获得的动能相等。

D. 在两种情况下，由于摩擦而产生的热相等。

辨析 与第一次相比，第二次箱子相对于地面移动了更多的路程，在这个过程中，$\boldsymbol{F}$ 和摩擦力始终作用在箱子上，因此它们对箱子都做了更多的功。

由于 $\boldsymbol{F}$ 大于摩擦力，所以根据质点的动能定理，在第二次箱子获得了更多的动能。

由于两种情况下箱子相对于小车的位移相同，或者说两种情况下箱子与小车之间的一对摩擦力做的功之和相同，故因摩擦产生的热量相同。

因此，只有D是正确的。

问题 3 人造卫星绕地球做圆周运动，由于受到稀薄空气的摩擦阻力，人造卫星的速度和轨道半径都将发生变化，试分析它们的变化趋势。

辨析 把人造卫星和地球系统作为系统，系统的机械能 $E=\frac{1}{2}mv^2-\frac{Gm'm}{r}$

人造卫星绕地球做圆周运动，根据圆周运动方程 $\frac{mv^2}{r}=\frac{Gm'm}{r^2}$

上式变成

$$E=-\frac{Gm'm}{2r}$$

由于阻力做负功，由系统的功能原理可知系统的机械能将减少，因此 r 将减小。

再根据圆周运动方程 $\frac{mv^2}{r}=\frac{Gm'm}{r^2}$ 得到 $v^2=\frac{Gm'}{r}$

因此，当半径 r 减小时，速度 v 将增大。

问题 4 如图 4-3 所示，质量为 m 的平板 A，用竖立的弹簧支持而处在水平位置，从平台上投掷一个质量也是 m 的球 B，球的初速为 v，沿水平方向。球由于重力作用下落，与平板发生完全弹性碰撞。假定平板是光滑的，则与平板碰撞后瞬间球的速度方向应为

A. A_0 方向　　B. A_1 方向　　C. A_2 方向　　D. A_3 方向

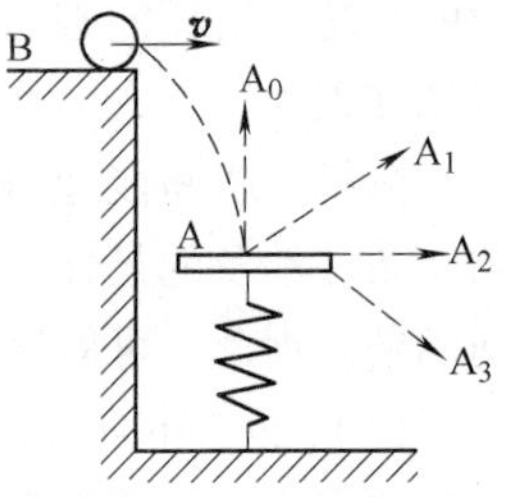

图 4-3 问题 4 图

辨析 当小球与平板碰撞时，小球的速度具有向右的水平分量和向下的竖直分量。

首先分析小球与平板碰撞前后在水平方向上的运动。由于假定平板是光滑的，因而小球在碰撞时在水平方向上没有受到外力作用，水平方向动量守恒。因此碰撞后小球在水平方向上的速度分量保持不变。

再来分析小球与平板碰撞前后在竖直方向上的运动。将小球和平板作为一个系统，碰撞时可以忽略球受到的重力，那么它们小球和平板在垂直方向受到的合外力为零，因而系统垂直方向动量守恒。题中假设球与平板的碰撞是完全弹性碰撞，由于它的质量相等，故球与平板在垂直方向交换速度，因此球在碰撞后向下的速度变为零，而平板瞬间获得小球在碰撞前向下的速度。

根据以上分析，小球在碰撞后只剩下水平向右的速度，因而它与平板碰撞后瞬间速度方向应为 A_2 的方向。

4.4 例题剖析

4.4.1 基本思路

本章的重点如下：

(1) 理解功、动能、势能这三个基本的物理概念，掌握变力的功的计算。

(2) 运用动能定理、功能原理以及机械能守恒定律解决质点以及质点系的动力学问题。

运用功能原理(或质点系的动能定理)、机械能守恒定律时，必须指明是什么系统在什么过程中运用这些定理、定律；还应注意位移、速度必须都是对同一惯性系而言的。

解题的一般步骤如下：

(1) 确定研究对象。确定质点(用动能定理)或质点系(用功能原理、机械能守恒定律)。

(2) 受力分析。区分内力或外力、保守内力和非保守内力。若外力、非保守内力做功不为零，则可应用动能定理或功能原理；若只有保守内力做功，外力和非保守内力不做功或做功总和为零时，可应用机械能守恒定律。若系统所受合外力为零，则系统还满足动量守恒定律。

(3) 确定势能零点的位置。势能零点的选取以便于计算为原则。

(4) 建立合适的坐标系并列方程。根据定理、定律列方程(方程组)，方程的个数要与未知数的个数相同，不足时可考虑运动学、几何学关系。

(5) 求解并讨论分析。

4.4.2 典型例题

例 4-1 一质量为 m 的小球竖直落入水中，刚接触水面时其速率为 v_0。设此球在水中所受的浮力与重力相等，水的阻力为 $F_\tau=-bv$，b 为常量。求阻力对球做的功与时间的函数关系。

分析 阻力随球的速率变化，这是变力做功问题，需用积分法求解。以竖直向下为 Ox 轴正向，要求功与时间的函数关系，应将阻力的元功 $\mathrm{d}W=\boldsymbol{F}\cdot\mathrm{d}\boldsymbol{r}=F_\tau\mathrm{d}x$ 变换成功与时间的微分关系，根据 $\mathrm{d}x=v\mathrm{d}t$，$\mathrm{d}W=F_\tau\mathrm{d}x=-bv^2\mathrm{d}t$，又由于小球所受到的合力为阻力，因此加速度 $a=\dfrac{F_\tau}{m}=\dfrac{-bv}{m}=\dfrac{\mathrm{d}v}{\mathrm{d}t}$，由此可得小球速率的时间函数关系，代入 $\mathrm{d}W=-bv^2\mathrm{d}t$，积分即可求得功与时间的函数关系。

解 取水面上某点为坐标原点 O，竖直向下的轴为 Ox 轴正向。由功的定义，水的阻力做的功为

$$W=\int\boldsymbol{F}\cdot\mathrm{d}\boldsymbol{r}=\int F_\tau\mathrm{d}x=\int-bv\frac{\mathrm{d}x}{\mathrm{d}t}\mathrm{d}t=\int-bv^2\mathrm{d}t$$

由于小球所受到的合力即为阻力，由牛顿定律，其加速度 $a=\dfrac{F_\tau}{m}=\dfrac{-bv}{m}=\dfrac{\mathrm{d}v}{\mathrm{d}t}$，变形得

$$\frac{-m}{b}\frac{\mathrm{d}v}{v}=\mathrm{d}t$$

如果设小球刚落入水面时为计时起点，则 $t=0$ 时，$v=v_0$，对上式两边积分得

$$v=v_0\mathrm{e}^{-\frac{b}{m}t}$$

因此，阻力的功

$$W=\int_0^t-bv^2\mathrm{d}t=\int_0^t-bv_0^2\mathrm{e}^{-\frac{2b}{m}t}\mathrm{d}t=\frac{1}{2}mv_0^2\left(\mathrm{e}^{-\frac{2b}{m}t}-1\right)$$

例 4-2 有两个自由质点，其质量分别为 m_1 和 m_2，它们之间的相互作用符合万有引力定律，开始时，两质点的距离为 l，它们都处于静止状态，试求当它们的距离变为 $\frac{1}{2}l$ 时，两质点的速率各为多少?

分析 本题若以其中一个质点为研究对象，计算出作用于该质点的外力的功，运用动能定理原则上可以计算出该质点末状态的速度，但应注意动能定理中功与动能必须都是对同一惯性参考系而言的，而万有引力取决于两质点之间的相对位置，要直接计算出引力相对于惯性系的功，在坐标变换上相当困难。本题若以两个质点组成的系统为研究对象，系统仅受保守内力——万有引力的作用，动量和机械能都守恒，不必考虑运动过程中力是如何作用于质点的，问题变得相当简单。

解 由题意知,两自由质点组成的系统的动量和机械能都守恒，设两质点间的距离变为 $\frac{1}{2}l$ 时它们的速率分别 v_1 和 v_2，以两质点相距无穷远为零势能点，则有

$$m_1v_1 - m_2v_2 = 0$$

$$\frac{-Gm_1m_2}{l} = \frac{1}{2}m_1v_1^2 + \frac{1}{2}m_2v_2^2 - \frac{Gm_1m_2}{l/2}$$

联立以上两式，解得

$$v_1 = m_2\sqrt{\frac{2G}{(m_1+m_2)l}},\ v_2 = m_1\sqrt{\frac{2G}{(m_1+m_2)l}}$$

例 4-3 两个质量分别为 m_1 和 m_2 的木块 A 和 B，用一个质量忽略不计、劲度系数为 k 的弹簧连接起来，放置在光滑水平面上，使 A 紧靠墙壁，如图 4-4 所示。用力推木块 B 使弹簧压缩 x_0，然后释放。已知 $m_1 = m$，$m_2 = 3m$，求

(1) 释放后，A，B 两木块速度相等时的瞬时速度的大小。

(2) 释放后，弹簧的最大伸长量。

分析 从开始释放到弹簧恢复到原长的过程中，木块 A 保持静止，以木块 B 和弹簧作为系统，该系统的机械能守恒；在 A 离开墙壁后，以两个木块和弹簧作为系统，它们在光滑水平面上运动，该系统只受到保守内力即弹性力作用，因此系统的机械能和水平方向的动量都是守恒的。

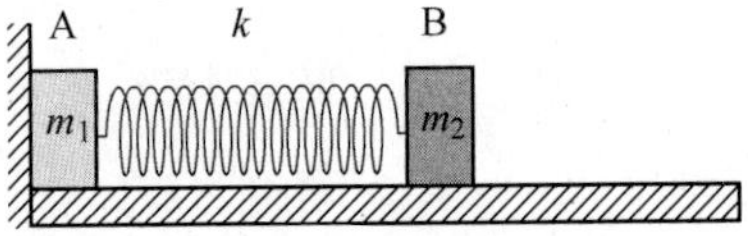

图 4-4 例 4-3 图

解 (1) 释放后，弹簧恢复到原长时 A 将要离开墙壁，设此时 B 的速度为 v_{B0}。在这个过程中，木块 B 和弹簧的机械能守恒

$$\frac{1}{2}kx_0^2 = \frac{1}{2}m_2v_{B0}^2 = \frac{1}{2}(3m)v_{B0}^2 \tag{1}$$

得到

$$v_{B0} = \sqrt{\frac{k}{3m}}x_0$$

A 离开墙壁后，以两个木块和弹簧作为系统，系统在光滑水平面上运动，系统动量守恒，机械能守恒。当弹簧伸长量为 x 时，有

$$m_1v_1 + m_2v_2 = m_2v_{B0} \tag{2}$$

$$\frac{1}{2}m_1v_1^2 + \frac{1}{2}m_2v_2^2 + \frac{1}{2}kx^2 = \frac{1}{2}m_2v_{B0}^2 \tag{3}$$

当 $v_1 = v_2$ 时，由以上两式解出

$$v_1 = v_2 = \frac{3}{4}v_{B0} = \frac{3}{4}\sqrt{\frac{k}{3m}}x_0$$

（2）弹簧有最大伸长量时，A，B 的相对速度为零，即它们的速度相等，根据前面结果 $v_1 = v_2 = \frac{3}{4}\sqrt{\frac{k}{3m}}x_0$，再由式(3)解出的 x 就是弹簧的最大伸长量

$$x_{max} = \frac{1}{2}x_0$$

例 4-4 一质量为 m 的子弹，水平射入悬挂着的静止沙袋中，如图 4-5 所示。设沙袋质量为 m'，悬线长为 l。为使沙袋能在竖直平面内完成整个圆周运动，子弹至少应以多大的速度射入？

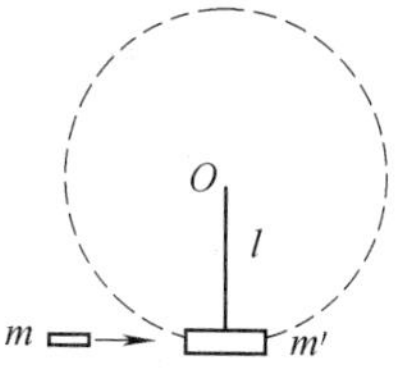

图 4-5 例 4-4 图

分析 求解本题的关键是把系统的运动过程分成不同运动阶段，并找出在各个阶段的运动特征。可以把本题描述的运动分成两个阶段。在第一阶段，子弹水平射入静止沙袋，持续的时间很短，子弹水平射入后瞬间沙袋还来不及摆动，可以认为这是一个水平方向的碰撞过程，该过程中子弹和沙袋组成的系统动量守恒。第二阶段子弹射入沙袋后随沙袋一起绕 O 点做圆周运动，在这个过程中只有重力做功，子弹和沙袋的机械能守恒。

解 在运动的第一阶段，子弹与静止沙袋在水平方向发生碰撞，子弹和沙袋组成的系统动量守恒。设碰撞后子弹与沙袋一起运动的速度为 u，得到

$$mv_0 = (m + m')u$$

沙袋能在竖直平面内完成整个圆周运动，即要求它能越过最高点，设沙袋在最到点的最小速度为 v，需满足条件

$$(m + m')g = \frac{(m + m')v^2}{l}$$

在运动的第二阶段，只有重力做功，子弹和沙袋的机械能守恒。

$$\frac{1}{2}(m + m')u^2 = (m + m')g(2l) + \frac{1}{2}(m + m')v^2$$

联立解以上三式，得到

$$v_0 = \frac{(m + m')\sqrt{5gl}}{m}$$

例 4-5 水星绕太阳运行轨道的近日点到太阳的距离为 $r_1=4.59\times10^7$km，远日点到太阳的距离为 $r_2=6.98\times10^7$km，求它越过近日点和远日点时的速率 v_1 和 v_2。

分析 水星在万有引力作用下绕太阳运动，该引力是以太阳为中心的有心力，因此对太阳所在位置而言，水星的角动量守恒；对水星与太阳组成的系统而言，只有保守内力即万有引力的作用，系统的机械能守恒。求解本题的关键是确定近日点和远日点水星对太阳的角动量以及水星、太阳系统的机械能。

解 分别以 m'和 m 表示太阳和水星的质量，由于在近日点和远日点处水星的速度方向与它相对太阳的位矢方向垂直，所以水星相对太阳的角动量分别为 mv_1r_1 和 mv_2r_2。由角动量守恒定律得

$$mv_1r_1=mv_2r_2$$

以无穷远为万有引力势能零点，由机械能守恒得

$$\frac{1}{2}mv_1^2-\frac{Gm'm}{r_1}=\frac{1}{2}mv_2^2-\frac{Gm'm}{r_2}$$

联立解上面两个方程可得

$$\begin{aligned}v_1&=\left[2Gm'\frac{r_2}{r_1(r_1+r_2)}\right]^{1/2}\\&=\left[2\times6.67\times10^{-11}\times1.99\times10^{30}\times\frac{6.98\times10^7}{4.59\times10^7\times(6.98+4.59)\times10^7}\right]^{1/2}\mathrm{m\cdot s^{-1}}\\&=5.91\times10^4\mathrm{m\cdot s^{-1}}\end{aligned}$$

$$v_2=v_1\frac{r_1}{r_2}=5.91\times10^4\times\frac{4.59\times10^7}{6.98\times10^7}\mathrm{m\cdot s^{-1}}=3.88\times10^4\mathrm{m\cdot s^{-1}}$$

4.5 能力训练

一、选择题

1. 如图 4-6 所示，绳子下端系一小球，上端 O 固定，使小球在水平面内做匀速率圆周运动，则(　　)。

A. 重力对小球做功，绳子对小球的拉力不做功

B. 重力对小球不做功，绳子对小球的拉力做功

C. 重力和绳子对小球的拉力都不做功

D. 重力和绳子对小球的拉力都做功

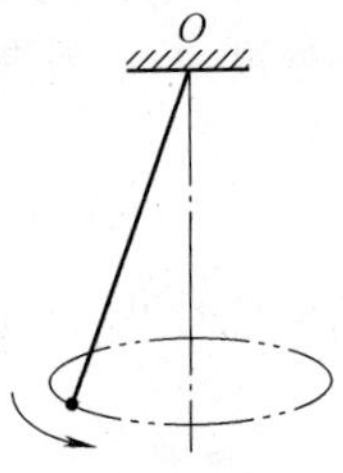

图 4-6　选择题 1 图

2. 质量为 m 的质点在合力作用下运动，其运动方程为 $x=A\cos\omega t$，式中 A，ω 都是正的常量。由此可知合力在 $t=0$ 到 $t=\pi/\omega$ 这段时间内所做的功为(　　)。

A. 0　　B. $\frac{1}{4}m\omega^2A^2$　　C. $\frac{1}{2}m\omega^2A^2$　　D. $m\omega^2A^2$

3. 一质点在水平面上做匀速圆周运动，则（　　）。

A. 它的动能、动量都保持不变　　B. 动能保持不变，动量在改变

C. 动能、动量都在改变　　D. 动能在改变，动量保持不变

4. 一轻质弹簧原长为 l_0，劲度系数为 k，上端固定在顶棚上，当下端挂一物体时，长度变为 l_1，则在弹簧从 l_0 伸长到 l_1 的过程中弹性力所做的功为（　　）。

A. $\int_0^{l_1} kx\mathrm{d}x$　　B. $-\int_0^{l_1} kx\mathrm{d}x$　　C. $\int_0^{l_1-l_0} kx\mathrm{d}x$　　D. $-\int_0^{l_1-l_0} kx\mathrm{d}x$

5. 质量为 m 的人造地球卫星，绕地球做半径为 r 的圆运动。已知地球质量为 m_e，万有引力常量为 G，以无穷远处为引力势能零点，其机械能为(　　)。

A. $-\dfrac{Gm_em}{2r}$　　B. $-\dfrac{Gm_em}{r}$　　C. $\dfrac{Gm_em}{2r}$　　D. $\dfrac{Gm_em}{r}$

6. 一质点系不受外力作用，则(　　)。

A. 系统的动量一定守恒，机械能不一定守恒

B. 系统的机械能一定守恒，动量不一定守恒

C. 系统的机械能一定守恒，动量一定守恒

D. 系统的机械能、动量均不一定守恒

7. 如图 4-7 所示，子弹射入放在水平光滑地面上静止的木块而不穿出，以地面为参考系，下列说法中正确的是（　　）。

A. 子弹的动能转变为木块的动能

B. 子弹和木块组成的系统的机械能守恒

C. 子弹动能的减少等于子弹克服木块阻力所做的功

D. 子弹克服木块阻力所做的功等于这一过程中产生的热能

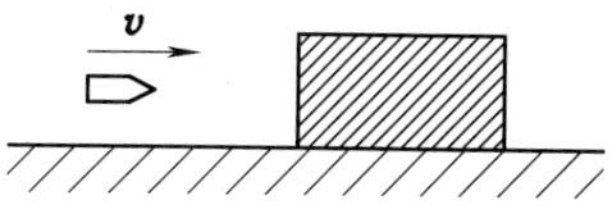

图 4-7　选择题 7 图

二、填空题

1. 一质点在二恒力共同作用下，位移为 $\Delta\boldsymbol{r}=3\boldsymbol{i}+8\boldsymbol{j}$(SI)；在此过程中动能的增量为 24J，已知一恒力 $\boldsymbol{F}=12\boldsymbol{i}-3\boldsymbol{j}$(SI)，则另一恒力所做的功为__________。

2. 今有一劲度系数为 k 的轻弹簧，竖直放置，下端悬一质量为 m 的小球，开始时使弹簧为原长而小球恰好与地面接触，今将弹簧上端缓慢地提起，直到小球刚能脱离地面为止，在此过程中外力做功为__________。

3. 一个质点在几个力同时作用下运动，它的运动方程为 $\boldsymbol{r}=3t\boldsymbol{i}-5t\boldsymbol{j}+10\boldsymbol{k}$，单位为 m，其中一个力为 $\boldsymbol{F}=2\boldsymbol{i}+\boldsymbol{j}-t^2\boldsymbol{k}$，单位为 N，则最初 2s 内这个力对质点做的功为__________J。

4. 已知地球半径为 R、质量为 m_e，万有引力常量为 G。在离地球表面 $2R$ 处有一重物从静止开始自由下落，则重物落到地球表面时的碰前速度大小为__________（不计空气阻力）。

5. 一质量为 m 的质点在指向圆心的平方反比力 $F=-k/r^2$ 的作用下，做半径为 r 的圆周运动。此质点速度的大小为 $v=$__________。若取距圆心无穷远处为势能零点，它的机械能 $E=$__________。

6. 质量为 m' 的物体 A 静止于水平面上，它与水平面之间的动摩擦因数为 μ，另一质量为 m 的小球 B 以沿水平方向向右的速度 v 与物体 A 发生完全非弹性碰撞，如图 4-8 所示，则碰后物体 A 在水平方向滑动的距离 $L=$ ________。

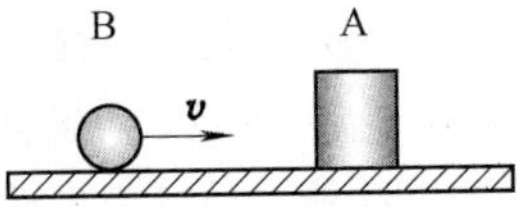

图 4-8 填空题 6 图

三、计算题

1. 质量为 $m=1\text{kg}$ 的物体在变力 $F=4+3t^2$(SI) 的作用下从静止开始做直线运动。求从 $t=0\text{s}$ 到 $t=1\text{s}$ 这段时间内力 F 对物体做的功。

2. 如图 4-9 所示，质量为 m_2 的物体与轻弹簧相连，弹簧另一端与一质量可忽略的挡板连接，静止在光滑的桌面上。弹簧劲度系数为 k。今有一质量为 m_1 速度为 v_0 的物体向弹簧运动并与挡板正碰，求弹簧最大的被压缩量。

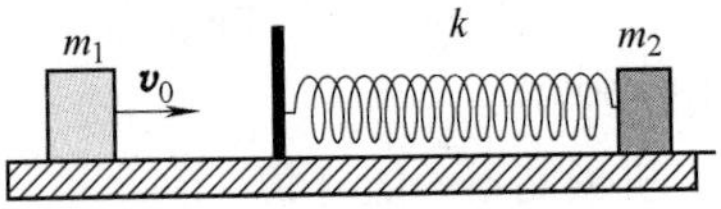

图 4-9 计算题 2 图

3. 质量为 $m=5.6\text{g}$ 的子弹 A，以 $v_0=501\text{m/s}$ 的速率水平地射入一静止在水平面上的质量为 $m'=2\text{kg}$ 的木块 B 内，A 射入 B 后，B 向前移动了 $s=50\text{cm}$ 后而停止。求

(1) B 与水平面间的摩擦因数。

(2) 木块对子弹所做的功 W_1。

(3) 子弹对木块所做的功 W_2。

(4) W_1 与 W_2 的大小是否相等？为什么？

参考答案

一、选择题

1. C 2. A 3. B 4. D 5. A 6. A 7. C

二、填空题

1. 12J；2. $\dfrac{m^2g^2}{2k}$；3. 2；4. $\sqrt{\dfrac{4Gm_e}{3R}}$；5. $\sqrt{k/(mr)}$，$-k/(2r)$；6. $\dfrac{(mv)^2}{2\mu g(m'+m)^2}$。

三、计算题

1. **解** 已知 $F=ma=4+3t^2$，因 $m=1\text{kg}$，所以加速度 $a=4+3t^2$。对加速度积分得到 $v=v_0+\int_0^t a\text{d}t=0+\int_0^t(4+3t^2)\text{d}t=4t+t^3$，故 $t=1\text{s}$ 时，$v_1=5\text{m/s}$。由动能定理，得到力 F 对物体做的功 $W=\dfrac{1}{2}mv_1^2-0=12.5\text{J}$

本题还有另外一种计算方法，那就是进行积分变量变换。因 $\text{d}x=v\text{d}t$，因此 $W_{ab}=$

$\int_a^b F\mathrm{d}x = \int_{t_1}^{t_2} Fv\mathrm{d}t$，将 $F=4+3t^2$ 和前面得到的 $v=4t+t^3$ 代入积分即可得到结果。

2. **解** 弹簧被压缩量最大距离时，m_1，m_2的相对速度为零。此时

动量守恒 $$m_1 v_0 = (m_1+m_2)v$$

机械能守恒 $$\frac{1}{2}m_1 v_0^2 = \frac{1}{2}(m_1+m_2)v^2 + \frac{1}{2}kx^2$$

由上二式可解得弹簧的最大被压缩量为

$$x = v_0\sqrt{\frac{m_1 m_2}{k(m_1+m_2)}}$$

3. **解** （1）设A射入B内，A与B一起运动的速率为 v，则由动量守恒 $mv_0=(m+m')v$，代入数据求出 $v=1.4\text{m/s}$。摩擦力 $F_f=\mu(m+m')g$。根据动能定理有 $F_f\cdot s=\frac{1}{2}(m+m')v^2$，代入数据求出 $\mu=0.196$。

（2）$W_1=\frac{1}{2}mv^2-\frac{1}{2}mv_0^2=-703\text{J}$。

（3）$W_2=\frac{1}{2}m'v^2=1.96\text{J}$。

（4）W_1 与 W_2 的大小不相等。其原因是，虽然木块与子弹之间的相互作用力大小相等，但是两者的位移大小不等。

第 5 章　刚体的定轴转动

5.1　知识网络

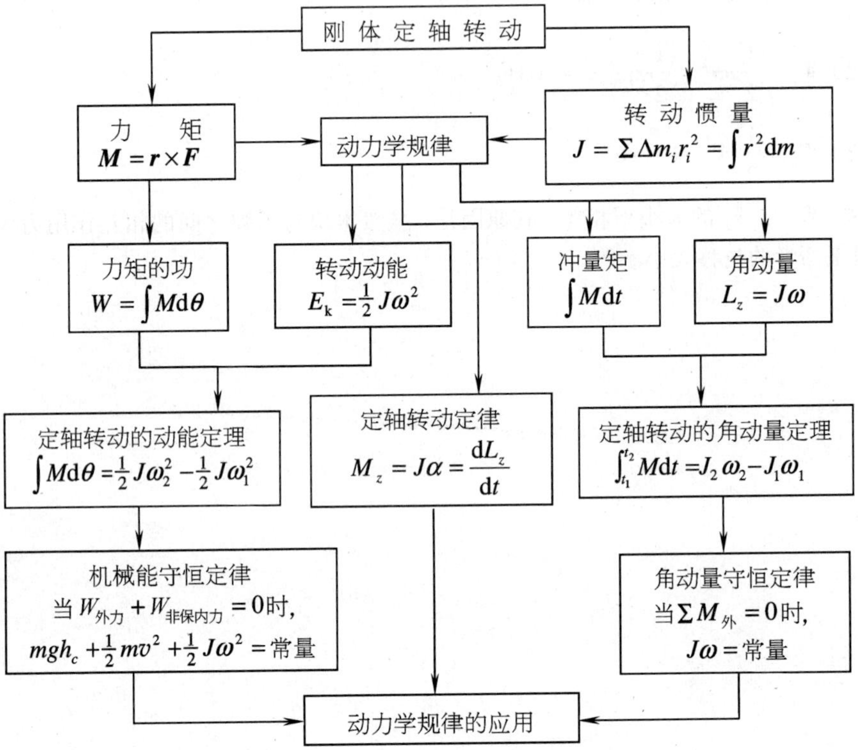

5.2　学习指导

5.2.1　刚体定轴转动的运动学描述方法

在外力的作用下，大小和形状都保持不变的物体称为刚体。刚体内任意两点间的距离均保持不变，刚体是一种理想模型。

1. 刚体运动可分为平动和转动两种基本形式

（1）平动。刚体上任意两点确定的直线在运动过程中保持方向不变，刚体上各点的 $\Delta \boldsymbol{r}$, v , $\boldsymbol{a}$ 保持不变，可用一组线量描述，所以刚体的平动可以质心为代表，用质点力学处理。

（2）转动。刚体上一条直线在运动中保持不变(称为转轴或定轴)，其他各点绕转轴做圆周运动。刚体定轴转动时，各点的 $\Delta\theta$, ω, α 相同，可用某一点的一组角量来描述。

2. 刚体定轴转动的角量描述

（1）角位置 θ：确定刚体的位置。

运动方程：角位置随时间的变化关系。

$$\theta = \theta(t) \tag{5-1}$$

（2）角位移：确定刚体转过的角度。

$$\Delta\theta = \theta_2 - \theta_1 \tag{5-2}$$

（3）角速度：单位时间内转过的角度。

$$\omega = \frac{\mathrm{d}\theta}{\mathrm{d}t} \tag{5-3}$$

角速度是矢量，它的方向与刚体转动方向之间的关系按右手螺旋定则确定，即右手的四指沿刚体的转动方向弯曲，大拇指伸直所指的方向就是角速度的方向。但在定轴转动的情况下，角速度沿轴线方向，可用正负号表示它的方向。

（4）角加速度：角速度对时间的变化率。

$$\alpha = \frac{\mathrm{d}\omega}{\mathrm{d}t} = \frac{\mathrm{d}^2\theta}{\mathrm{d}t^2} \tag{5-4}$$

（5）角量和线量的关系。

线速度与角速度之间的关系：$v = r\omega$。　(5-5)

质点切向加速度与角加速度之间的关系：$a_\tau = r\alpha$。　(5-6)

质点法向加速度与角速度之间的关系：$a_n = \dfrac{v^2}{r} = r\omega^2$。　(5-7)

5.2.2　刚体定轴转动定律

1. 力矩

力矩是表征刚体运动状态改变原因的物理量,其矢量表达式为

$$\boldsymbol{M}=\boldsymbol{r}\times\boldsymbol{F} \tag{5-8}$$

大小：$M=Fr\sin\theta$。

方向：由右手螺旋定则确定。

（1）对定轴转动，力矩的方向与固定轴线平行，因此力矩的方向可用正负号表示。

（2）在定轴转动中，合力矩等于各个力矩的代数和。

（3）刚体内各质元的内力矩代数和为零。

（4）作用线与转轴平行或通过转轴的力的力矩为零。

2. 转动惯量

质量离散分布时，$J=\sum\Delta m_i r_i^2$。（5-9）

质量连续分布时，$J=\int_V r^2\mathrm{d}m$。（5-10）

（1）转动惯量是物体转动惯性大小的量度，其地位相当于平动时物体的质量。

（2）影响转动惯量的因素有刚体的总质量、质量的分布、转轴的位置。例如，质量和半径相同的圆环和圆盘相对于垂直于平面的中心转轴的转动惯量不同，前者大于后者；又如，均质细杆相对于垂直于杆的中心和端点轴的转动惯量也不同，前者小于后者。

（3）叠加原理：转动惯量具有可叠加性，服从代数叠加法则，由几个部分组成的刚体对某轴的转动惯量等于各个部分对同一轴的转动惯量之和，即

$$J=J_A+J_B+J_C+\cdots \tag{5-11}$$

（4）平行轴定理：刚体绕任一轴的转动惯量 J 与绕通过其质心并与该轴平行的轴的转动惯量 J_C 的关系为 $J=J_C+mh^2$，式中，m 为总质量；h 为两平行轴之间的距离。

如图 5-1 所示，由均匀细杆和均匀圆盘组成的刚体对 O 轴的转动惯量为

$$J_O=\frac{1}{3}ml^2+\frac{1}{2}m'R^2+m'(l+R)^2$$

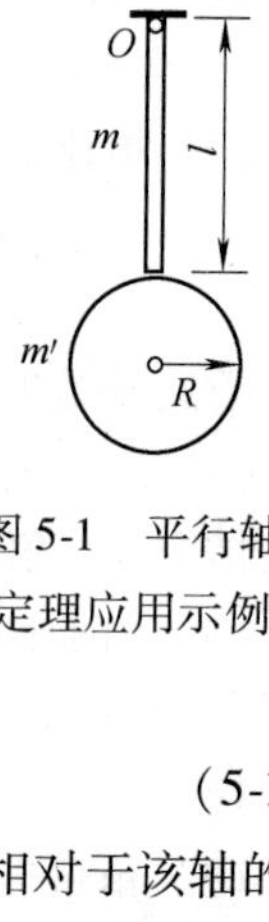

图 5-1 平行轴定理应用示例

3. 转动定律

定轴转动刚体的转动定律的数学表达式为

$$M_z=J\alpha \tag{5-12}$$

式中，M_z 是相对于给定轴的合外力矩；α 是相对于该轴的角加速度；J 是相对于该轴的转动惯量。

（1）转动定律反映了力矩对刚体定轴转动的作用规律，它在刚体力学中的地位相当于质点力学中的牛顿第二定律。

（2）力矩是刚体转动状态改变的原因。如果一个刚体所受到的合外力为零，则无法判断这个刚体的运动状态，只有当合外力矩为零时，刚体角加速度为零，刚体保持原有的运动状态不变。

（3）力矩与角加速度之间是瞬时关系。一般而言，力矩随时间变化，刚体的角加速度也随时间变化，某一时刻的力矩和该时刻的角加速度满足瞬时对应关系。例如，绕一

端轴在竖直平面内自由转动的细杆，因重力矩的作用，杆在不同位置的角加速度是不同的，在水平位置时角加速度最大，在竖直位置时为零。

(4) 作用在刚体上的力矩与转动角加速度有关，与该时刻的角速度无关。例如，刚体在力矩的作用下绕定轴转动，当力矩增大时，角加速度和角速度均增加；当力矩减小时(但仍为正值)，角加速度减小，但角速度仍增加，只是增加慢了；当力矩为零时，角加速度为零，但角速度不一定为零。

(5) 转动定律中的各物理量都是对同一转轴而言的。若转轴位置变了，式中 3 个物理量都要进行相应的变化。

5.2.3 刚体定轴转动的动能定理和机械能守恒定律

1. 力矩的功

$$W = \int_{\theta_1}^{\theta_2} M\mathrm{d}\theta \tag{5-13}$$

(1) 这里的功是力矩对角空间的累积效应，与 $W = \int_a^b \boldsymbol{F} \cdot \mathrm{d}\boldsymbol{r}$ 的本质意义相同。在定轴转动情况下，所有作用力的角位移相同，而线位移不一定相同，用力矩计算功更方便。

(2) 特例：当 M 不变时，$W = M \cdot \Delta\theta$

2. 转动动能

$$E_\mathrm{k} = \frac{1}{2}J\omega^2 \tag{5-14}$$

定轴转动刚体的转动动能是刚体各质元在该时刻的动能之和。应注意 $E_\mathrm{k} \neq \frac{1}{2}mv_C^2$，如一长为 l、绕中心轴以 ω 匀速转动的均质细杆，显然质心在杆的中心，有 $v_C = 0$，而转动动能 $E_\mathrm{k} = \frac{1}{2}J\omega^2 = \frac{1}{2}\left(\frac{1}{12}ml^2\right)\omega^2 = \frac{1}{24}ml^2\omega^2$，所以不能用$\frac{1}{2}mv_C^2$ 计算定轴转动刚体的动能。

3. 刚体定轴转动的动能定理

合外力矩对定轴转动的刚体所做的功等于刚体转动动能的增量，即

$$W = \frac{1}{2}J\omega_2^2 - \frac{1}{2}J\omega_1^2 \tag{5-15}$$

4. 质点和刚体组成的系统的动能定理

如果取质点和定轴转动的刚体作为研究对象，系统内既有平动又有转动，动能定理可写为

$$W_{外力} + W_{内力} = \left(\frac{1}{2}mv_2^2 + \frac{1}{2}J\omega_2^2\right) - \left(\frac{1}{2}mv_1^2 + \frac{1}{2}J\omega_1^2\right) \tag{5-16}$$

5. 含有刚体的力学系统的机械能守恒定律

含有刚体的力学系统，在机械能的计算上，既要考虑平动物体的平动动能、质点的

重力势能、弹性势能，又要考虑转动刚体的转动动能和刚体的重力势能等。系统的机械能守恒定律为

$$\text{当 } W_{外} + W_{非保内} = 0 \text{ 时，} E_k + E_p = \text{恒量} \tag{5-17}$$

式中，$E_k = E_{k平} + E_{k转}$，刚体的重力势能为 mgh_C，h_C 表示刚体的质心相对于重力势能零点的高度。

5.2.4 刚体的角动量定理和角动量守恒定律

1. 冲量矩

冲量矩是外力矩对时间的积累。刚体定轴转动的冲量矩为 $\int_{t_1}^{t_2} M\mathrm{d}t$

2. 刚体定轴转动的角动量（动量矩）

刚体定轴转动的角动量为

$$L = J\omega \tag{5-18}$$

角动量也称为动量矩。

3. 刚体定轴转动的角动量定理

$$\int_{t_1}^{t_2} M\mathrm{d}t = J\omega_2 - J\omega_1 \tag{5-19}$$

刚体定轴转动的角动量定理：作用于刚体的冲量矩等于在作用时间内刚体角动量的增量。

（1）角动量定理反映了力矩对时间的积累效应与角动量改变量之间的关系。

（2）式(5-19)中，力矩和角动量必须是对同一转轴而言的。

（3）对非刚体绕定轴转动的情况，角动量定理的表达式为

$$\int_{t_1}^{t_2} M\mathrm{d}t = J_2\omega_2 - J_1\omega_1 \tag{5-20}$$

4. 刚体定轴转动的角动量守恒定律

若做定轴转动的刚体所受合外力矩等于零，则刚体对于该轴的角动量保持不变，即

$$\text{当 } M = 0 \text{ 时，} J\omega = \text{恒量} \tag{5-21}$$

（1）角动量守恒定律与动量守恒定律和机械能守恒定律一样，是自然界的普遍规律。

（2）刚体定轴转动的角动量守恒定律可推广到非刚体定轴转动的情况。对于一个绕定轴转动的物体，当转动物体所受到的合外力矩为零时，该物体的角动量守恒。若物体是刚体，J 不变，由于 $J\omega =$ 常量，故 ω 也不变；若物体是非刚体，转动过程中，转动惯量和角速度都随时变化，但 $J\omega$ 乘积保持不变，即有 $J_1\omega_1 = J_2\omega_2 =$ 恒量，$\omega_2 = \dfrac{J_1\omega_1}{J_2}$。

（3）对于几个绕同一轴转动的物体，无论是刚体还是非刚体，只要满足守恒条件，结论都成立，即系统对该轴的总角动量守恒，$\sum_i L_i = \sum_i J_i\omega_i =$ 恒量。

（4）守恒定律中，各 J 必须对同一转轴而言，角速度也是对同一参考系而言的。

（5）对由质点和刚体组成的碰撞系统，满足守恒条件时，$L_{总} = L_{质点} + L_{刚体} =$ 恒量。

由于轴对刚体有作用力，系统一般不满足 $\sum_i F_i = 0$ 的条件，所以系统的动量不守恒，然而无论轴处是否对系统有作用力，只要满足 $\sum_i M_i = 0$ 的条件，就有动量守恒的结论。刚体定轴转动与质点一维运动的对比见表 5-1。

表 5-1　刚体定轴转动与质点一维运动的对比

质点一维运动		刚体定轴转动	
位移	Δx	角位移	$\Delta\theta$
速度	$v = \dfrac{dx}{dt}$	角速度	$\omega = \dfrac{d\theta}{dt}$
加速度	$a = \dfrac{dv}{dt} = \dfrac{d^2x}{dt^2}$	角加速度	$\alpha = \dfrac{d\omega}{dt} = \dfrac{d^2\theta}{dt^2}$
质量	m	转动惯量	$J = \int r^2 dm$
力	F	力矩	$\boldsymbol{M} = \boldsymbol{r} \times \boldsymbol{F}$
运动定律	$F = ma$	转动定律	$M = J\alpha$
动量	$p = mv$	角动量	$L = J\omega$
动量定理	$\int_{t_1}^{t_2} F dt = mv_2 - mv_1$	角动量定理	$\int_{t_1}^{t_2} M dt = J\omega_2 - J\omega_1$
动量守恒定律	当 $F = 0$ 时，$p =$ 恒量	角动量守恒定律	当 $M = 0$ 时，$L =$ 恒量
力的功	$W = \int_a^b F dx$	力矩的功	$W = \int_{\theta_1}^{\theta_2} M d\theta$
动能	$E_k = \dfrac{1}{2}mv^2$	转动动能	$E_k = \dfrac{1}{2}J\omega^2$
动能定理	$W = \dfrac{1}{2}mv_2^2 - \dfrac{1}{2}mv_1^2$	动能定理	$W = \dfrac{1}{2}J\omega_2^2 - \dfrac{1}{2}J\omega_1^2$
重力势能	$E_p = mgh$	重力势能	$E_p = mgh_C$
机械能守恒定律	当 $W_e + W_{ic} = 0$，$E_k + E_p =$ 恒量	机械能守恒定律	当 $W_e + W_{ic} = 0$，$E_k + E_p =$ 恒量

5.3　问题辨析

问题 1　刚体关于某轴的转动惯量与哪些因素有关？请简要分析。

辨析　刚体关于某轴的转动惯量等于刚体中各个质元的质量和它们各自离转轴的垂直距离的二次方的乘积的总和，它的大小不仅与刚体的总质量有关，而且与转轴的位置以及质量相对于轴的分布有关。

形状、大小相同的均匀刚体，总质量越大，对同一转轴的转动惯量越大；总质量相同的刚体，质量分布离轴越远，转动惯量越大；同一刚体，转轴不同，质量对转轴的分布就不相同，转动惯量就不同。

问题 2　对一个静止的质点施力，如果合力为零，则质点不会运动。对一个静止的刚体施以外力，如果合外力为零，刚体会不会运动？

辨析 当一个静止的质点所受的合力为零时，质点的是不会运动的。但对于刚体来说，所受的合力为零时，合外力矩不一定为零，如果合外力矩不为零，刚体就会发生转动。例如，当驾驶员用两手操作方向盘时，在盘的左右两侧加上方向相反、大小相等的两个外力，则方向盘所受的和外力为零，但合外力矩不为零，可使方向盘转动。所以，当外力作用于刚体时，不仅可以改变其平动状态，还可以改变其转动状态。

问题3 一刚体在某一力矩作用下绕固定轴转动，当力矩增加时，角加速度和角速度怎样变化？当力矩减小时，角加速度和角速度怎样变化？

辨析 由转动定律 $M=J\alpha$ 可知，当力矩 M 增加时，角加速度 α 增加，即角速度的变化率增加，但角速度是增加还是减少，要根据角速度和角加速度的方向来定。当角加速度与角速度方向相同时，角速度增加；反之，角速度减小。同理可分析力矩 M 减小时，角加速度和角速度的变化情况。

问题4 为什么质点系动能改变不仅与外力有关，而且也与内力有关，而刚体绕定轴转动的动能的改变只与外力矩有关，而与内力矩无关？

辨析 根据质点系的动能定理，系统的动能变化等于质点系外力和内力所做的功之和。因为对质点系而言，内力做功之和不一定为零；而对刚体而言，质点间相对位移始终为零，故内力矩做功之和一定为零。所以，质点系的动能的改变不仅与外力的功有关，还与内力做功有关，而刚体定轴转动动能的改变与内力矩无关。

问题5 如图5-2所示，一圆盘绕过盘心且与盘面垂直的光滑固定轴 O 以角速度 ω 按图示方向转动。若将两个大小相等、方向相反但不在同一条直线的力 $\boldsymbol{F}_1$ 和 $\boldsymbol{F}_2$ 沿盘面同时作用到圆盘上，则圆盘的角速度 ω 的大小在刚作用后不久将发生什么变化？

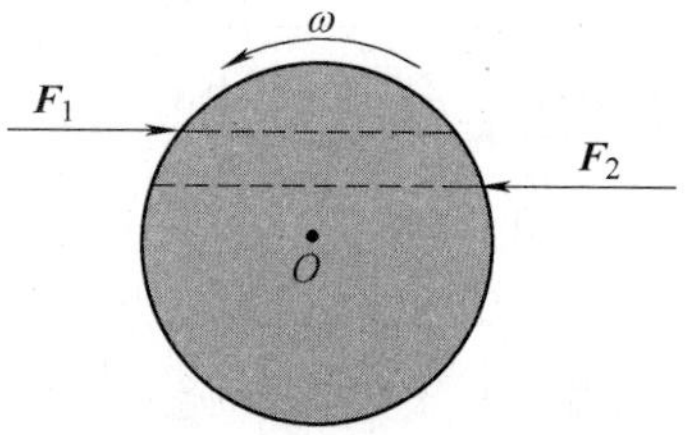

图5-2 问题5图

辨析 在刚体定轴转动的动力学方程（即刚体定轴转动定律 $M=J\alpha$）中，尽管力矩 M、角加速度 α，还有角速度 ω 都是标量，但是它们都是沿转轴 Oz 方向的分量，因而是有正负的，这是我们在理解刚体定轴转动定律时应该注意的问题。

$\boldsymbol{F}_1$ 和 $\boldsymbol{F}_2$ 大小相等方向相反，因而它们的合力为零。但是改变刚体定轴转动状态的是力矩，不是力。$\boldsymbol{F}_1$ 和 $\boldsymbol{F}_2$ 的作用线不在同一条直线上，因此它们作为外力，对圆盘产生的合外力矩不为零。根据力矩的定义，$\boldsymbol{F}_1$ 产生的力矩垂直于纸面向里，$\boldsymbol{F}_2$ 产生的力矩垂直于纸面向外。显然 $\boldsymbol{F}_1$ 的力矩大小大于 $\boldsymbol{F}_2$ 的力矩大小，因此合外力矩的方向垂直于纸面向里，根据刚体定轴转动定律 $M=J\alpha$，合外力矩使刚体获得一个垂直于纸面向里的角加速度。而根据右手定则，刚体转动角速度的方向垂直于纸面向外，角加速度的方向与角速度的方向相反，故圆盘开始减速。

问题6 如图5-3所示，A、B为两个相同的绕着轻绳的定滑轮。滑轮A挂一质量为 m 的物体，滑

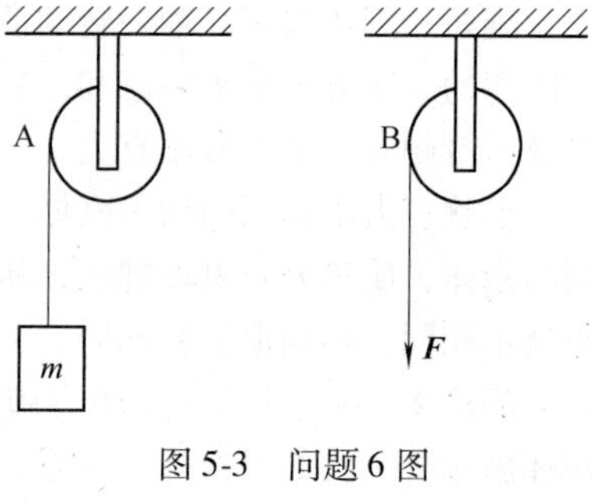

图5-3 问题6图

轮 B 受拉力的大小为 F，而且 $F=mg$。设 A、B 两滑轮的角加速度分别为 α_A 和 α_B，不计滑轮轴的摩擦，试比较 α_A 和 α_B 的大小。

辨析　A、B 为两个相同的绕着轻绳的定滑轮。因此它们关于转轴的转动惯量 J 相等，根据刚体定轴转动定律 $M=J\alpha$，它们获得的角加速度的大小 α 取决于所受到的力矩 M 的大小。作用在滑轮上的力矩等于绳中的张力与滑轮半径的乘积，因为两个滑轮的半径一样，因而力矩的大小就由绳子上张力的大小决定。

在滑轮 A 的情形下，设绳子中张力的大小为 F'，质量为 m 的物体受到的合力等于物体的重力 mg 减去绳子中的张力 F'，在合力的作用下向下做匀加速直线运动，设加速度为 $a(a>0)$。因此有

$$mg-F'=ma$$

根据条件 $F=mg$，可以得到

$$F-F'=ma$$

因 $a>0$，故

$$F>F'$$

根据以上分析，A、B 两滑轮角加速度的大小关系为 $\alpha_A<\alpha_B$。

问题 7　如图 5-4 所示，一质量为 m_0 的均匀直杆可绕通过 O 点的水平轴转动，质量为 m 的子弹水平射入静止直杆的下端并留在直杆内，则在射入过程中，由子弹和杆组成的系统动能是否守恒？系统动量是否守恒？系统关于对 O 轴的角动量是否守恒？

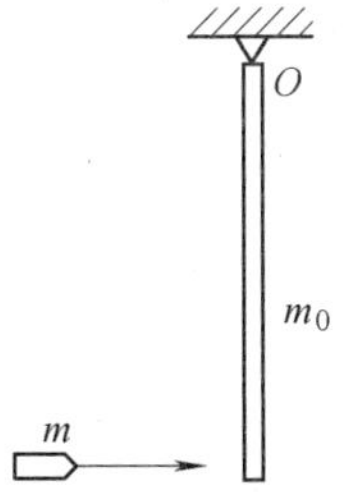

图 5-4　问题 7 图

辨析　把子弹和均匀直杆作为一个系统，判断这个系统的各个特征量是否守恒，依据是这些特征量守恒的条件是否满足。

由于子弹水平射入静止直杆的下端并留在直杆内，因此这是一个非弹性碰撞，因而系统的机械能不守恒。由于碰撞瞬间系统的势能（子弹和细杆的重力势能）没有发生变化，所以系统的动能不守恒。

当子弹和均匀直杆碰撞时，作用在转轴 O 点的冲击力不能忽略，系统在碰撞时受到了外力作用，因此系统的动量不守恒。

在碰撞时，子弹和细杆都受到重力的作用，但是在碰撞瞬间这两个重力都通过转轴 O 点，碰撞时作用在转轴 O 点的冲击力也通过 O 点，作用在系统上的外力矩为零，因此系统关于对 O 轴的角动量守恒。

问题 8　绳子通过高处一固定的、质量不能忽略的滑轮，两端爬着两只质量相等的猴子，开始时它们离地高度相同，若它们同时攀绳往上爬，且甲猴攀绳速度为乙猴的两倍，试分析两个猴子是否同时到达顶点，如果不是同时到达，那么哪只先到达顶点？

辨析　考虑两个猴子和滑轮组成的系统，滑轮所受的外力（重力和支撑力）均通过滑轮质心，由于甲乙两猴的重量（质量）相等，因此在开始时系统对于通过滑轮质心并与轮面垂直的转轴的合外力矩为零，而在两猴攀绳过程中，系统受到的合外力矩始终保持为零，因此系统的角动量守恒。

设滑轮关于上述转轴的转动角速度为ω，乙猴相对于绳子的向上速率为v_0，则甲相对绳子向上运动的速率为$2v_0$。若绳子向甲这一边运动，速率为v，那么甲和乙相对地面向上运动的速率分别为（$2v_0-v$）和（v_0+v）。根据系统的角动量守恒定律，有

$$J\omega+m(v_0+v)R-m(2v_0-v)R=0$$

式中，$J=\frac{1}{2}mR^2$，$\omega=v/R$，这样可解出$v=\frac{2}{5}v_0$。因此，甲猴和乙猴相对于地面的速率分别为$2v_0-v=8v_0/5$和$v_0+v=7v_0/5$，故甲猴先到达顶点。

5.4 例题剖析

5.4.1 基本思路

本章重点理解刚体模型、刚体的转动惯量等物理量概念。刚体的复杂运动可分解为平动与转动，而刚体的平动问题归结为质点力学问题，因此，本章习题主要有两大类：

（1）刚体定轴转动的运动学问题。已知转动方程$\theta=\theta(t)$，求角速度ω和角加速度α，用求导法；已知角速度ω或角加速度α，求运动方程，用积分法。

（2）刚体定轴转动的动力学问题。解决这类问题的关键是正确分析受力（力矩），通常有两种方法。

①用转动定律解决问题：确定研究对象，进行受力分析。有关联运动时，对平动物体用牛顿定律列方程；对转动物体用转动定律列方程；由角量和线量之间的关系，将平动和转动联系起来，联立方程，求解未知。

②用运动定理或守恒定律解决问题：

i）定轴转动的功能问题。很多问题用动能原理特别是机械能守恒定律求解非常方便。包含刚体在内的力学系统，应用机械能守恒定律时应注意，刚体的重力势能为mgh_C，h_C表示刚体的质心相对于重力势能零点的高度。在分析动能时，不要忘记转动刚体具有转动动能。若绕定轴转动的刚体只受保守内力的作用，则机械能守恒。

ii）角动量守恒问题。首先应明确角动量守恒的条件，刚体所受合外力矩为零是对某一转轴而言的。

本章习题的基本类型：①刚体的纯转动问题；②平动与转动的综合问题；③质点与刚体的碰撞问题。

5.4.2 典型例题

例 5-1 如图 5-5 所示，一根质量为m、长为l的均匀细棒AB可绕一水平的光滑转轴O在竖直平面内转动，轴O离A端的距离为$l/3$。今使细棒从静止开始由水平位置绕轴O转动，求

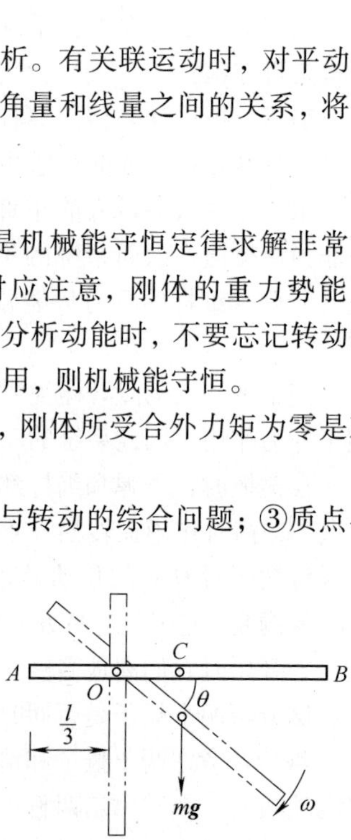

图 5-5 例 5-1 图

（1）细棒在水平位置上刚启动时的角加速度。

（2）细棒转到竖直位置时的角速度和角加速度。

（3）细棒在竖直位置时，细棒的两端和中点的速度和加速度。

分析　这是刚体的定轴转动问题，涉及定轴转动定律、动能定理、运动学关系的应用。

以细棒为研究对象，进行受力分析。细棒受重力和转轴的支持力作用，支持力不产生力矩。

解　（1）细棒在水平位置时受到力矩为

$$M = mg\left(\frac{l}{2} - \frac{l}{3}\right) = mg\frac{l}{6}$$

细棒对转轴 O 的转动惯量为

$$J_O = \frac{1}{12}ml^2 + m\left(\frac{l}{6}\right)^2 = \frac{1}{9}ml^2$$

根据刚体定轴转动定律，得　$\alpha = \dfrac{M}{J_O} = \dfrac{mg\dfrac{l}{6}}{\dfrac{1}{9}ml^2} = \dfrac{3g}{2l}$

（2）细棒转到任意角度时的力矩为 $mg\dfrac{l}{6}\cos\theta$，因此，重力矩的元功 $\mathrm{d}W = mg\dfrac{l}{6}\cos\theta\mathrm{d}\theta$。细棒从水平位置转到竖直位置过程中，重力矩所做功为

$$W = \int_0^{\frac{\pi}{2}} mg\frac{l}{6}\cos\theta\mathrm{d}\theta = \frac{mgl}{6}$$

根据刚体定轴转动动能定理，得

$$\frac{mgl}{6} = \frac{1}{2}J_O\omega^2 - 0$$

由此算得细棒转到竖直位置时的角速度

$$\omega = \sqrt{\frac{mgl}{3J_O}} = \sqrt{\frac{mgl}{3\,\frac{1}{9}ml^2}} = \sqrt{\frac{3g}{l}}$$

在竖直位置时，细棒受重力矩为零，此时瞬时角加速度为零。

（3）细棒在竖直位置时，各点的速度为 $v_C = \omega r_C = \dfrac{l}{6}\sqrt{\dfrac{3g}{l}}$（方向向左）；$v_A = \omega r_A = \dfrac{l}{3}\sqrt{\dfrac{3g}{l}}$（方向向右）；$v_B = \omega r_B = \dfrac{2l}{3}\sqrt{\dfrac{3g}{l}}$（方向向左）。

各点的加速度为 $a_C = \omega^2 r_C = \dfrac{l}{6}\cdot\dfrac{3g}{l} = \dfrac{g}{2}$（方向向上，指向 O 点）；$a_A = \omega^2 r_A = g$（方向向下，指向 O 点）；$a_B = \omega^2 r_B = 2g$（方向向上，指向 O 点）。

例 5-2 如图 5-6 所示，质量为 m，半径为 R 的薄圆盘在水平面上绕中心竖直轴 O 转动，圆盘与水平面间的摩擦因数为 μ，已知开始时薄圆盘的角速度为 ω_0，试问薄圆盘转几圈后停止。

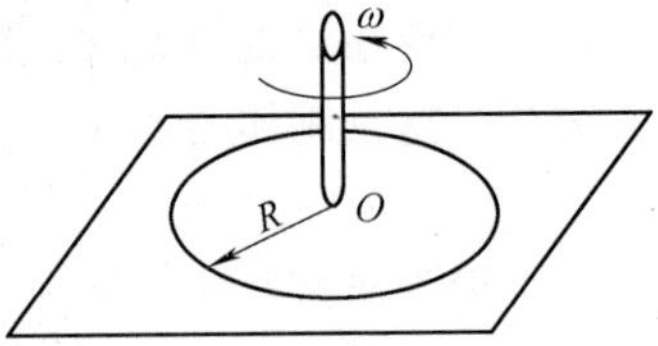

图 5-6 例 5-2 图 1

分析 这是刚体转动运动学与动力学综合问题。薄圆盘在转动过程受到摩擦力矩 M 的作用，产生一个与旋转方向相反的角加速度 α，薄圆盘做匀减速运动。求出摩擦力矩 M，根据刚体定轴转动定律可求出角加速度 α，再根据有关运动学公式，可求出圆盘由开始转动到停止转动所转过的角度 θ，进而求出所转过的圈数 n。

解 先求摩擦力矩 M。

薄圆盘的质量面密度为 $\sigma = \dfrac{m}{\pi R^2}$，如图 5-7 所示，在距圆盘中心为 r 处，选一宽为 $\mathrm{d}r$ 的圆环，则该圆环所受的摩擦力矩为

$$\mathrm{d}M = \mu \cdot (2\pi r \mathrm{d}r)\sigma \cdot g \cdot r = \frac{2\mu mg}{R^2} r^2 \mathrm{d}r$$

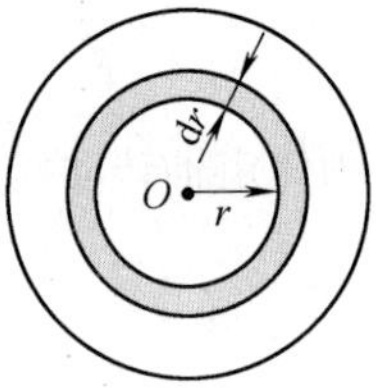

图 5-7 例 5-2 图 2

整个圆盘所受的合力矩为

$$M = \int \mathrm{d}M = \int_0^R \frac{2\mu mg}{R^2} r^2 \mathrm{d}r = \frac{2}{3}\mu mgR$$

根据刚体定轴转动定律，可求角加速度 α

$$\alpha = \frac{M}{J} = \frac{\frac{2}{3}\mu mgR}{\frac{1}{2}mR^2} = \frac{4\mu g}{3R}$$

再求圆盘停止转动前转过的角度 θ。因上面求出的角加速度 α 是常量，故圆盘做匀加速转动，满足 $\omega_0{}^2 - \omega^2 = 2\alpha\theta$，式中 $\omega = 0$ 为末角速度，θ 为转角(弧度)。所以

$$\theta = \frac{\omega_0^2}{2\alpha} = \frac{\omega_0{}^2}{2 \times (4\mu g/3R)} = \frac{3R\omega_0{}^2}{8\mu g}$$

设圆盘转过 n 圈后停止，则

$$n = \frac{\theta}{2\pi} = \frac{3R\omega_0{}^2}{16\pi\mu g}$$

例 5-3 一轻绳跨过一轴承光滑的定滑轮，如图 5-8 所示，滑轮半径为 R、质量为 m_0。绳的两端分别与物体 m 及固定弹簧相连，将物体由静止状态释放，开始释放时弹簧为原长。求物体下降 h 时的速度。

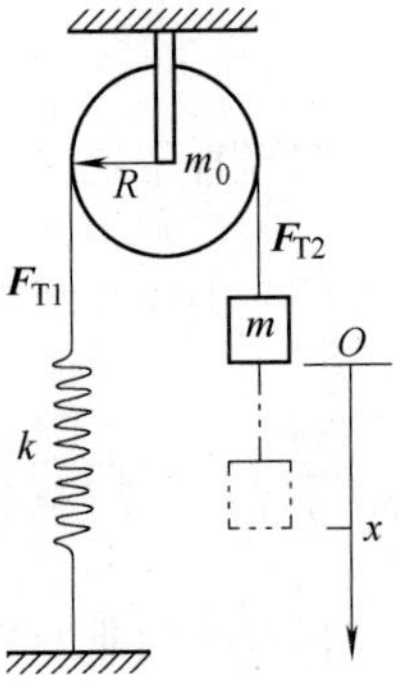

图 5-8 例 5-3 图

分析 这是物体的平动与滑轮定轴转动的综合问题。分别以物体和滑轮为研究对象，对平动物体用牛顿第二定律列方程，对转

动滑轮用转动定律列方程，平动与转动之间按角量和线量之间的关系相联系。

本题若以物体、滑轮及弹簧作为一个系统，在运动过程中内力 F_{T1}、F_{T2} 做功的代数和为零，轴上的支持力不做功，只有重力和弹力做功，因此系统的机械能守恒。

解　方法一：用刚体定轴转动定律和牛顿定律求解。

对物体以竖直向下为正方向，对定滑轮以顺时针方向为正，分别根据牛顿定律和转动定律列方程

$$mg - F_{T2} = ma \tag{1}$$

$$(F_{T2} - F_{T1})R = \frac{1}{2}m_0R^2 \tag{2}$$

$$F_{T1} = kx \tag{3}$$

物体平动加速度 a 与滑轮转动角加速度 α 之间的关系为

$$a = R\alpha \tag{4}$$

联立解式(1)、式(2)、式(3)、式(4)，得到

$$a = \frac{mg - kx}{m + \frac{m_0}{2}}$$

又因为 $a = \frac{dv}{dt} = \frac{dv}{dx} \cdot \frac{dx}{dt} = v\frac{dv}{dx}$，所以 $v\frac{dv}{dx} = \frac{mg - kx}{m + \frac{m_0}{2}}$，分离变量后，对两边积分

$$\int_0^v v\mathrm{d}v = \int_0^h \frac{mg - kx}{m + \frac{m_0}{2}}\mathrm{d}x$$

解得

$$v = \sqrt{\frac{2mgh - kh^2}{m + \frac{m_0}{2}}}$$

方法二：用机械能守恒定律求解。

取物体的初始位置处为重力势能零点，则有

$$\frac{1}{2}mv^2 + \frac{1}{2}\left(\frac{1}{2}m_0R^2\right)\omega^2 + \frac{1}{2}kh^2 - mgh = 0 \tag{5}$$

$$\omega = \frac{v}{R} \tag{6}$$

解得

$$v = \sqrt{\frac{2mgh - kh^2}{m + \frac{m_0}{2}}}。$$

以上两种解法相比，显然，用机械能守恒定律求解方便得多。

例 5-4 如图 5-9 所示，质量为 m_0，长为 l 的均匀细杆，可绕 A 端的水平轴自由转动，当杆自由下垂时，有一质量为 m 的小球在离杆下端距离 a 处垂直击中细杆，并且碰撞后自由下落，而细杆在碰后的最大偏角为 θ。试求小球击中细杆前的速度。

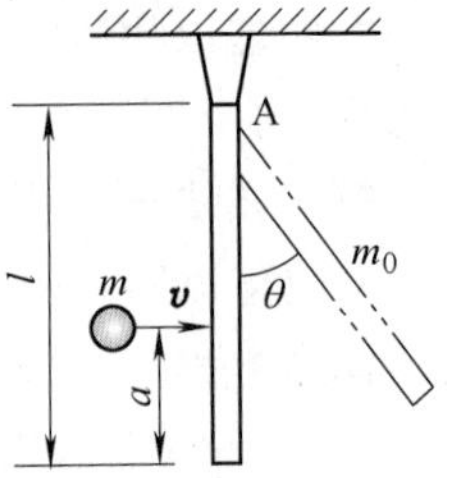

图 5-9 例 5-4 图

分析 本题是质点与刚体的碰撞问题，需要把系统的运动过程分成不同阶段，并找出各个阶段的运动特征，可以把本题描述的运动分成两个阶段。在第一阶段，小球与细杆碰撞，持续的时间很短，碰撞瞬间细杆还来不及摆动，系统受到的外力为小球、细杆各自所受的重力以及轴的支承力，但这些力都通过转轴，对轴均不产生力矩，故此过程中系统对 A 点的角动量守恒。第二阶段小球与细杆之间无相互作用，只需考虑细杆的摆动，在这个过程中只有重力做功，细杆的机械能守恒。

需要注意的是，这里要应用的是包括刚体在内的质点系的角动量守恒定律和机械能守恒定律。

解 以小球与细杆组成的系统为研究对象，系统对 A 点的角动量守恒。设碰后细杆的角速度为 ω。

碰撞前瞬间，小球的角动量为 $mv(l-a)$，细杆的角动量为 0；

碰撞后瞬间，小球的角动量为 0，细杆的角动量为 $\frac{1}{3}m_0 l^2\omega$

根据角动量守恒定律有

$$mv(l-a)=\frac{1}{3}m_0 l^2\omega \tag{1}$$

碰撞以后，以细杆和地球为研究对象，细杆在摆动过程中只有重力做功，故系统机械能守恒。

$$\frac{1}{2}\cdot\frac{1}{3}m_0 l^2\omega^2=m_0 g\cdot\frac{1}{2}(1-\cos\theta) \tag{2}$$

由式(1)、式(2)两式可求得小球碰前的速率为

$$v=\frac{m_0 l}{m(l-a)}\sqrt{\frac{2gl}{3}}\sin\frac{\theta}{2}$$

例 5-5 一均匀圆盘，质量为 m_0，半径为 R，可绕竖直轴自由转动，开始处于静止状态。一个质量为 m 的人，在圆盘上从静止开始沿半径为 r 的圆周相对于圆盘匀速走动，求当人在圆盘上走完一周回到圆盘原位置时，圆盘相对地面转过的角度。

分析 以圆盘和人组成的系统为研究对象，设人相对于圆盘的速度为 v_r，圆盘绕固定竖直轴的角速度为 ω，则人相对于地面的速度为 $v_r+r\omega$。在地面参考系中研究系统的运动，当人走动时，系统未受到对竖直轴的外力矩，系统的角动量守恒。值得注意的是，应用角动量定理和角动量守恒定律时必须选择惯性系。

解 根据角动量守恒定律有

$$m(v_r + r\omega)r + \frac{1}{2}m_0R^2\omega = 0$$

由此解得
$$\omega = -\frac{mrv_r}{mr^2 + \frac{1}{2}m_0R^2}$$

式中，负号表示圆盘转动方向与人在圆盘上的走动方向相反。因 v_r 为常量，故 ω 也为常量，即圆盘做匀速转动。

人在圆盘上走一周所时间为 $\Delta t = \dfrac{2\pi r}{v_r}$

在 Δt 内圆盘相对于地面转过的角度为

$$\theta = \omega\Delta t = -\frac{mrv_r}{mr^2 + \frac{1}{2}m_0R^2}\cdot\frac{2\pi r}{v_r} = -\frac{2\pi mr^2}{mr^2 + \frac{1}{2}m_0R^2}$$

5.5　能力训练

一、选择题

1. 关于刚体对轴的转动惯量，下列说法中正确的是(　　)。

A. 只取决于刚体的质量，与质量的空间分布和轴的位置无关

B. 取决于刚体的质量和质量的空间分布，与轴的位置无关

C. 取决于刚体的质量、质量的空间分布和轴的位置

D. 只取决于转轴的位置，与刚体的质量和质量的空间分布无关

2. 关于力矩有以下几种说法：

(1) 对某个定轴而言，内力矩不会改变刚体的角动量。

(2) 作用力和反作用力对同一轴的力矩之和必为零。

(3) 质量相等，形状和大小不同的两个刚体，在相同力矩的作用下，它们的角加速度一定相等。

在上述说法中，(　　)。

A. 只有(2) 是正确的

B. (1)、(2)是正确的

C. (2)、(3)是正确的

D. (1)、(2)、(3)都是正确的

3. 均匀细棒 OA 可绕通过其一端 O 而与棒垂直的水平固定光滑轴转动，如图 5-10 所示。今使棒从水平位置由静止开始自由下落，在棒摆动到竖直位置的过程中，下述说法哪一种是正确的？(　　)。

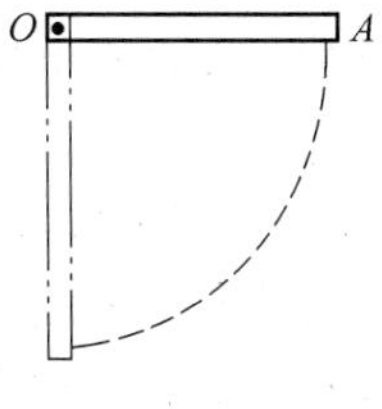

图 5-10　选择题 3 图

A. 角速度从小到大，角加速度从大到小

B. 角速度从小到大，角加速度从小到大

C. 角速度从大到小，角加速度从大到小

D. 角速度从大到小，角加速度从小到大

4. 将细绳绕在一个具有水平光滑轴的飞轮边缘上，如果在绳一端挂一质量为 m 的重物时，飞轮的角加速度为 α_1。如果以拉力 $2mg$ 代替重物拉绳时，飞轮的角加速度将(　　)。

A. 小于 α_1　　B. 大于 α_1，小于 $2\alpha_1$　　C. 大于 $2\alpha_1$　　D. 等于 $2\alpha_1$

5. 光滑的水平桌面上有长为 $2l$、质量为 m 的匀质细杆，可绕通过其中点 O 且垂直于桌面的竖直固定轴自由转动。起初杆静止，有一质量为 m 的小球在桌面上正对着杆的一端，在垂直于杆长的方向上，以速度 v 运动，如图 5-11 所示。当小球与杆端发生碰撞后，就与杆粘在一起随杆转动，则这一系统碰撞后的转动角速度是(　　)。

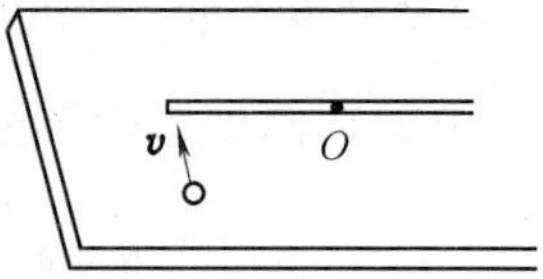

图 5-11　选择题 5 图

A. $\dfrac{lv}{12}$　　B. $\dfrac{2v}{3l}$　　C. $\dfrac{3v}{4l}$　　D. $\dfrac{3v}{l}$

6. 一个物体正在绕固定光滑轴自由转动，(　　)。

A. 它受热膨胀或遇冷收缩时，角速度不变

B. 它受热时角速度变大，遇冷时角速度变小

C. 它受热或遇冷时，角速度均变大

D. 它受热时角速度变小，遇冷时角速度变大

二、填空题

1. 一根质量为 m、长为 l 的均匀细杆，可在水平桌面上绕通过其一端的竖直固定轴转动。已知细杆与桌面的动摩擦因数为 μ，则杆转动时受的摩擦力矩的大小为________。

2. 在半径为 R 的定滑轮上跨一细绳，绳的两端分别挂着质量为 m_1 和 m_2 的物体，且 $m_1 > m_2$。若滑轮的角加速度为 α，则两侧绳中的张力分别为 F_{T1} = ________，F_{T2} = ________。

3. 一个做定轴转动的物体，对转轴的转动惯量为 J，正以角速度 $\omega_0 = 10\text{rad/s}$ 匀速转动。现对物体加一恒定制动力矩 $M = -0.5\text{N}\cdot\text{m}$，经过 $t = 0.5\text{s}$ 后，物体停止了转动。则物体的转动惯量 J = ________。

4. 转动着的飞轮的转动惯量为 J，在 $t = 0$ 时角速度为 ω_0，此后飞轮经历制动过程。阻力矩 M 的大小与角速度 ω 的平方成正比，比例系数为 k(k 为大于 0 的常数)。当 $\omega = \omega_0/3$ 时，飞轮的角加速度 α = ________。从开始制动到 $\omega = \omega_0/3$ 所经历的时间 t = ________。

5. 一个圆柱体质量为 m_0，半径为 R，可绕固定的通过其中心轴线的光滑轴转动，原来处于静止。现有一质量为 m、速度为 v 的子弹，沿圆周切线方向射入圆柱体边缘。子弹嵌入圆柱体后的瞬间，圆柱体与子弹一起转动的角速度 ω = ________。

6. 一飞轮以角速度 ω_0 绕轴旋转，飞轮对轴的转动惯量为 J_1；另一静止飞轮突然被

啮合到同一个轴上，该飞轮的转动惯量为前者的两倍。啮合后整个系统的角速度 $\omega=$ ________。

三、计算题

1. 如图 5-12 所示，一质量为 m，长为 l 的均匀细杆可绕过杆一端的光滑水平轴 O 转动。若杆由与铅直方向成 $\theta_0=60°$的位置从静止开始转动，求

（1）细杆任一位置的转动角加速度 α。

（2）细杆到达垂直位置时的角速度 ω。

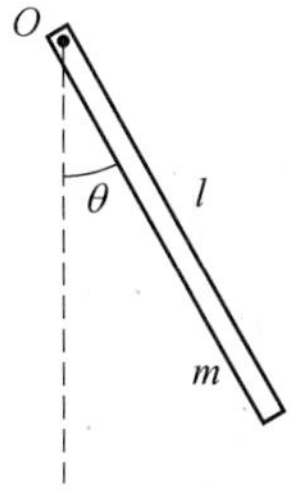

图 5-12　计算题 1 图

2. 一半径为 R 的圆盘可绕通过圆盘中心且与盘面垂直的水平轴转动，圆盘的转动惯量为 J，盘上绕有一根不可伸长的轻绳，绳与圆盘间无相对滑动。当绳端系一质量为 m 的物体时，物体匀速下降。若在绳端改系一质量为 m'的物体，物质加速下降。假设圆盘与轴间的摩擦力矩为恒量，并不计空气阻力。求

（1）圆盘与轴间的摩擦力矩。

（2）质量为 m'的物体的加速度。

3. 如图 5-13 所示，一质量为 m_0 的子弹以水平速度 v_0 射入一静止悬于顶端 O 点的均匀长杆的下端，子弹从杆穿出后其速度损失了 3/4，求子弹穿出时长杆所获得的角速度 ω。已知杆的长度为 l，质量为 m，可绕光滑轴 O 在铅直面内摆动。

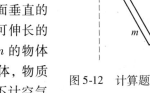

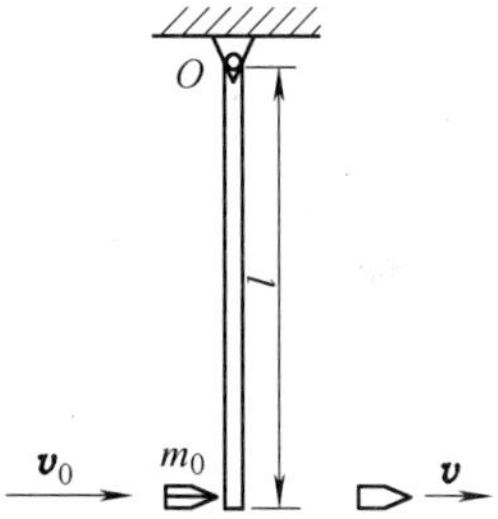

图 5-13　计算题 3 图

参考答案

一、选择题

1. C　2. B　3. A　4. C　5. C　6. D

二、填空题

1. $\frac{1}{2}\mu mgl$；2. $m_1(g-R\alpha)$，$m_2(g+R\alpha)$；3. $0.025\text{kg}\cdot\text{m}^2$；4. $-\frac{k\omega_0^2}{9J}$，$\frac{2J}{k\omega_0}$；

5. $\frac{2mv}{(2m+m_0)R}$；6. $\omega_0/3$。

三、计算题

1. **解**　（1）在任一位置 θ，细杆所受力矩 $M=\frac{1}{2}mgl\sin\theta$。由定轴转动定律 $M=J\alpha$ 得到 $\frac{1}{2}mgl\sin\theta=\frac{1}{3}ml^2\alpha$　则细杆任一位置的转动角加速度 $\alpha=\frac{3g}{2l}\sin\theta$。

（2）角加速度不是常量，是角度 θ 的函数。因此需要用积分法求角速度。做变量变

换 $\alpha = \frac{\mathrm{d}\omega}{\mathrm{d}t} = \frac{\mathrm{d}\omega}{\mathrm{d}\theta} \cdot \frac{\mathrm{d}\theta}{\mathrm{d}t} = \omega \frac{\mathrm{d}\omega}{\mathrm{d}\theta}$，因此有 $\omega \mathrm{d}\omega = \alpha \mathrm{d}\theta$。将 $\alpha = \frac{3g}{2l}\sin\theta$ 代入，并利用初始和末态条件分别作为积分的上下限进行积分，得到

$$\int_0^{\omega} \omega \mathrm{d}\omega = \int_{\theta_0}^{0} \frac{3g}{2l}\sin\theta \mathrm{d}\theta$$

即可得到细杆到达垂直位置时的角速度 $\omega = \sqrt{\frac{3g}{2l}}$。

2. **解** （1）设绳中张力为 F_T 摩擦力矩为 M_f，物体匀速下降，刚体转动角加速度为零。因此得到 $RF_T - M_f = 0$，$mg - F_T = 0$

由以上两式求出摩擦力矩 $M_f = mgR$

（2）设物体下降加速度为 a，绳中张力为 F'_T，则有

$$RF'_T - M_f = J\alpha$$

$$Mg - F'_T = Ma$$

$$a = R\alpha$$

由以上 3 式求出质量为 M 的物体的加速度为

$$a = \frac{(M-m)gR^2}{J + MR^2}$$

3. **解** 把子弹和长杆作为一个系统来进行分析。子弹穿出长杆的过程时间极短，可以认为长杆来不及转动，仍处于竖直位置，系统不受外力矩作用，故此过程中系统的角动量守恒。

子弹射入长杆和穿出长杆时系统的角动量守恒，即

$$m_0 v_0 l = \frac{1}{4} m_0 v_0 l + \frac{1}{3} m l^2 \omega$$

由此解得子弹射出长杆时获得的角速度　$\omega = \frac{9m_0 v_0}{4ml}$。

力学综合测试题

一、选择题

1. 某质点的运动方程为 $x=3t-5t^3+6$(SI)，则该质点做(　　)。

A. 匀加速直线运动，加速度沿 Ox 轴正向

B. 匀加速直线运动，加速度沿 Ox 轴负向

C. 变加速直线运动，加速度沿 Ox 轴正向

D. 变加速直线运动，加速度沿 Ox 轴负向

2. 质点沿半径为 R 的圆周作匀速率运动，每 t 秒转一圈，在 $2t$ 时间间隔中，其平均速度大小与平均速率分别为(　　)。

A. $\dfrac{2\pi R}{t},\dfrac{2\pi R}{t}$　　B. $0,\dfrac{2\pi R}{t}$　　C. $0,0$　　D. $\dfrac{2\pi R}{t},0$

3. 在升降机天花板上栓有轻绳，其下端系一重物，如图综合 1-1 所示。升降机以加速度 a_1 上升时，绳中的张力正好等于绳子所能承受的最大张力的一半，则升降机以多大加速度上升时，绳子刚好被拉断？(　　)。

A. $2a_1$　　B. $2(a_1+g)$　　C. $2a_1+g$　　D. a_1+g

4. 质量分别为 m 和 m' 的滑块 A 和 B，叠放在光滑水平桌面上，如图综合 1-2 所示。A，B 间静摩擦因数为 μ_s，动摩擦因数为 μ_k，系统原处于静止。今有一水平力作用于 A 上，要使 A，B 间不发生相对滑动，则应有(　　)。

A. $F\leqslant\mu_s mg$　　B. $F\leqslant\mu_s(1+m/m')mg$

C. $F\leqslant\mu_s(m+m')g$　　D. $F\leqslant\mu_k(1+m/m')mg$

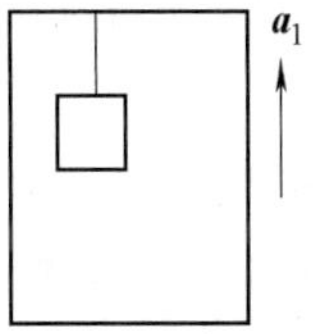

图　综合 1-1　选择题 3 图

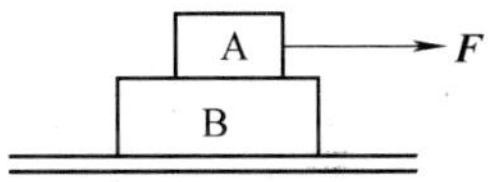

图　综合 1-2　选择题 4 图

5. 一质点在外力作用下运动时，下述那种说法正确。(　　)。

A. 质点的动量改变时，质点的动能一定改变

B. 质点的动能不变时，质点的动量也一定不变

C. 外力的冲量是零，外力的功也一定是零

D. 外力的功为零，外力的冲量也一定为零

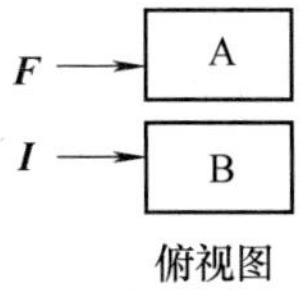

图　综合 1-3　选择题 6 图

6. 质量相等的两个物体 A 和 B，并排静止在光滑水平面上，如图综合 1-3 所示。现用一水平恒力 $\boldsymbol{F}$ 作用在物体 A

上，同时给物体 B 一个与 $\boldsymbol{F}$ 同方向的瞬时冲量 $\boldsymbol{I}$，使两物体沿同一方向运动，则两物体再次达到并排的位置所经过的时间为(　　)。

A. I/F　　　　B. $2I/F$

C. $2F/I$　　　　D. F/I

7. 如图综合 1-4 所示，劲度系数为 k 的弹簧在木块和外力(未画出)作用下，处于被压缩状态，其压缩量为 x。当撤去外力弹簧被释放后，质量为 m 的木块沿光滑斜面弹出，木块最后落到地面上，应有(　　)。

A. 在此过程中，木块的动能和弹性势能之和守恒

B. 木块到达最高点时，高度 h 满足 $\frac{1}{2}kx^2 = mgh$

C. 木块落地时的速度 v 满足 $\frac{1}{2}kx^2 + mgH = \frac{1}{2}mv^2$

D. 木块落地点的水平距离随 θ 不同而异，θ 愈大，落地点愈远

8. 如图综合 1-5 所示，在光滑平面上有一运动物体 P，在 P 的正前方有一个连有弹簧和挡板 M 的静止物体 Q，弹簧和挡板 M 的质量均不计，P 与 Q 的质量相同。物体 P 与 Q 碰撞后 P 停止，Q 以碰前 P 的速度前进。在此碰撞过程中，弹簧压缩量最大的时刻是(　　)。

A. P 的速度正好变为零时　　　　B. P 与 Q 速度相等时

C. Q 正好开始运动时　　　　D. Q 正好达到原来 P 的速度时

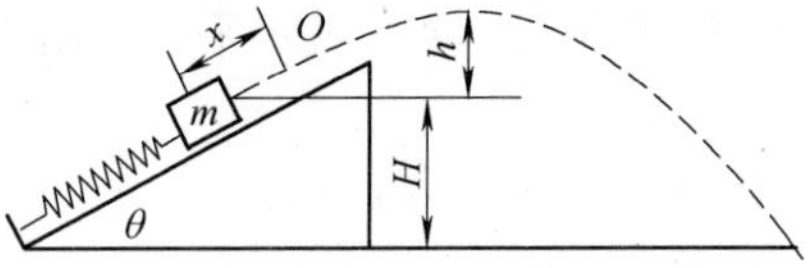

图　综合 1-4　选择题 7 图

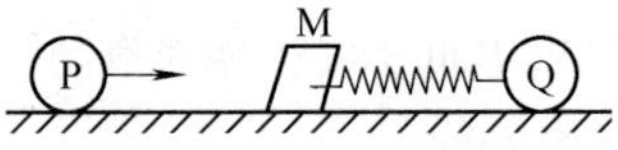

图　综合 1-5　选择题 8 图

9. 如图综合 1-6 所示，一质量为 m 的均质细杆 AB，A 端靠在粗糙的竖直墙壁上，B 端置于粗糙水平地面上而静止。杆身与竖直方向成 θ 角，则 A 端对墙壁压力的大小为(　　)。

A. $\frac{1}{4}mg\cos\theta$　　B. $\frac{1}{2}mg\tan\theta$　　C. $mg\sin\theta$　　D. 不能唯一确定

10. 光滑的水平桌面上，有一长为 $2L$，质量为 m 的均质细杆，可绕通过其中点且垂直于杆的竖直光滑固定轴 O 自由转动，且其转动惯量为 $\frac{1}{3}mL^2$，起初杆静止。桌面上有两个质量均为 m 的小球，各自在垂直于杆的方向上，正对着杆的一端，以相同速率 v 相向运动，如图综合 1-7 所示。当两小球同时与杆的两端发生完全非弹性碰撞时，就与杆粘在一起运动，则这一系统碰撞后的转动角速度应为(　　)。

A. $\frac{2v}{3L}$　　B. $\frac{4v}{5L}$　　C. $\frac{6v}{7L}$　　D. $\frac{8v}{9L}$　　E. $\frac{12v}{7L}$

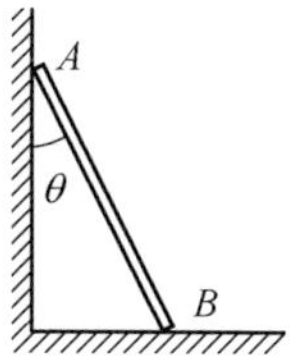

图　综合 1-6　选择题 9 图

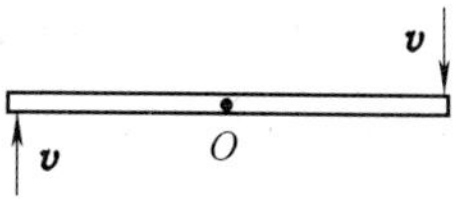

图　综合 1-7　选择题 10 图

二、填空题

1. 两辆车 A 和 B，在笔直的公路上同向行驶，它们从同一起始线上同时出发，并且由出发点开始计时，行驶的距离 $x(m)$ 与行驶的时间 $t(s)$ 的函数关系式：A 为 $x_A=4t+t^2$，B 为 $x_B=2t^2+2t^3$，则它们刚离开出发点时，行驶在前面的一辆车是__________；出发后，两辆车行驶距离相同的时刻是__________；出发后，B 车相对 A 车速度为零的时刻为__________。

2. 一质点沿半径为 R 的圆周运动，在 $t=0$ 时经过 P 点，此后它的速率 v 按 $v=A+Bt$（A，B 为正的已知常量）变化，则质点沿圆周运动一周再经过 P 点时的切向加速度 $a_\tau=$__________，法向加速度 $a_n=$__________。

3. 如图综合 1-8 所示，小船以相对于水的速度 v 与水流方向成 α 角开行，若水流速度为 $\boldsymbol{u}$，则小船相对于岸的速度的大小为__________，与水流方向的夹角__________。

4. 一个圆锥摆摆线的长度为 l，摆线与竖直方向的夹角恒为 θ，如图综合 1-9 所示，则摆锤转动的周期为__________。

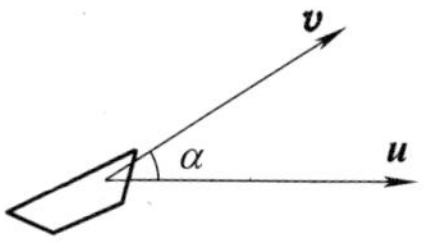

图　综合 1-8　填空题 3 图

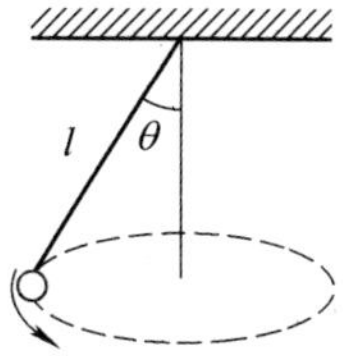

图　综合 1-9　填空题 4 图

5. 一个力 F 作用在质量为 1.0kg 的质点上，使之沿 Ox 轴运动。已知在此力作用下质点的运动方程为 $x=3t-4t^2+t^3$（SI），在 0 ~ 4s 的时间间隔内，力 F 的冲量的大小为__________；力 F 对质点所做的功为__________。

6. 两个相互作用的物体 A 和 B 无摩擦地在一条水平直线上运动。物体 A 的动量是时间的函数，表达式为 $p_A=p_0-bt$，式中 p_0、b 分别为正常数。在下列两种情况下，写出物体 B 动量作为时间的表达式

（1）开始时，若 B 静止，则 p_{B1} = ________；

（2）开始时，若 B 的动量为 p_0，则 p_{B2} = ________；

7. 在光滑的水平面上，一根长 2m 的绳子，一端固定于 O 点，另一端系一质量为 $m=0.5$kg的物体。开始时，物体位于位置 A，OA 间距离 $d=0.5$m，绳子处于松弛状态。现在使物体以初速度 $v_A=4\text{m}\cdot\text{s}^{-1}$垂直于 OA 向右滑动，如图综合 1-10 所示。设以后的运动中物体的位置到达 B，此时物体速度的方向与绳垂直。则此时物体对 O 点的角动量的大小为 L_B = ________，物体速度的大小为________。

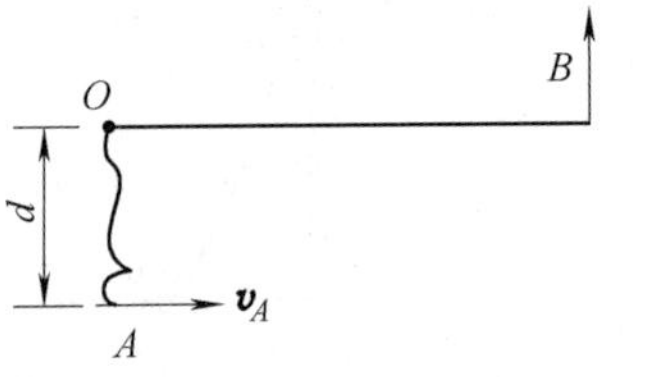

图　综合 1-10　填空题 7 图

8. 如图综合 1-11 所示，质量为 m 的小球，以水平速度 v_0 与光滑桌面上质量为 m'的静止斜劈作完全弹性碰撞后竖直弹起，则斜劈的运动速度值为 v = ________，小球上升的高度为 h = ________。

9. 质量为 20g 的子弹，以 400m/s 的速率沿如图综合 1-12 所示方向射入一原来静止的质量为 980g 的摆球中，摆线长度不可伸缩。子弹射入后与摆球一起运动的速率为________。

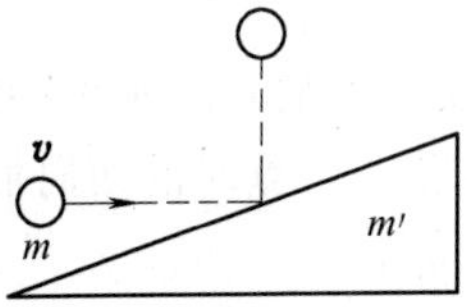

图　综合 1-11　填空题 8 图

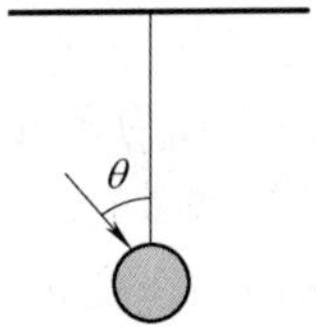

图　综合 1-12　填空题 9 图

10. 转动着的飞轮的转动惯量为 J，在 $t=0$ 时角速度为 ω_0。此后飞轮经历制动过程。阻力矩 M 的大小与角速度 ω 的平方成正比，比例系数为 k（k 为大于零的常数）。当 $\omega=\dfrac{1}{3}\omega_0$ 时，飞轮的角加速度 β = ________，从开始制动到 $\omega=\dfrac{1}{3}\omega_0$ 所经历的时间 t = ________。

三、计算题

1. 一质点在 Oxy 平面上运动。已知 $t=0$ 时，$x_0=0$，$v_x=2$m/s，$y=4t^2-8$（以 m 为单位）。

（1）写出该质点运动方程的矢量式。

（2）求质点在 $t=1$s 和 $t=2$s 时的位置矢量和这 1s 内的位移。

（3）求 $t=2$s 时质点的速度和加速度。

2. 如图综合 1-13 所示，水平小车的 B 端固定一弹簧，弹簧为自然长度时，靠在弹簧上的滑块距小车 A 端为 L，已知小车质量为 $m'=10$kg，滑块质量为 $m=1$kg，弹簧的劲度系数 $k=110\text{N}\cdot\text{m}^{-1}$，$L=1.1$m，现将弹簧压缩 $\Delta l=0.05$m 并维持小车静止，

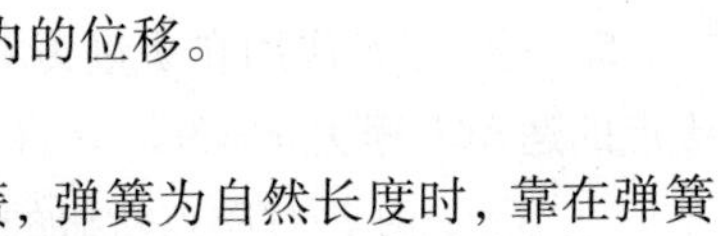

图　综合 1-13　计算题 2 图

然后同时释放滑块与小车。忽略一切摩擦。求（1）滑块与弹簧刚刚分离时，小车及滑块相对地的速度各为多少？（2）滑块与弹簧分离后，又经多少时间滑块从小车上掉下来？

3. 质量分别为 m 和 $2m$，半径分别为 r 和 $2r$ 的两个均匀圆盘，同轴地粘在一起，可以绕通过盘心且垂直盘面的水平光滑固定轴转动，对转轴的转动惯量为 $9mr^2/2$，大小圆盘边缘都绕有绳子，绳子下端都挂一质量为 m 的重物，如图综合 1-14 所示。求盘的角加速度的大小。

4. 一均质细棒长为 $2L$，质量为 m，以与棒长方向相垂直的速度 v_0 在光滑水平面内平动时，与前方一固定的光滑支点 O 发生完全非弹性碰撞。碰撞点位于棒中心的一方 $\frac{1}{2}L$ 处，如图综合 1-15 所示。求棒在碰撞后的瞬时绕 O 点转动的角速度 ω。

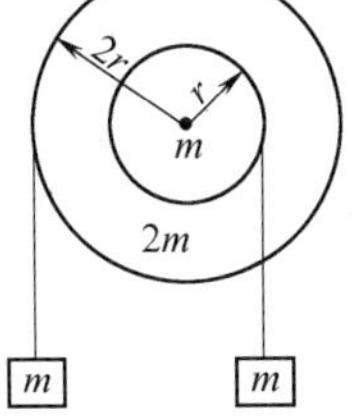

图 综合 1-14 计算题 3 图

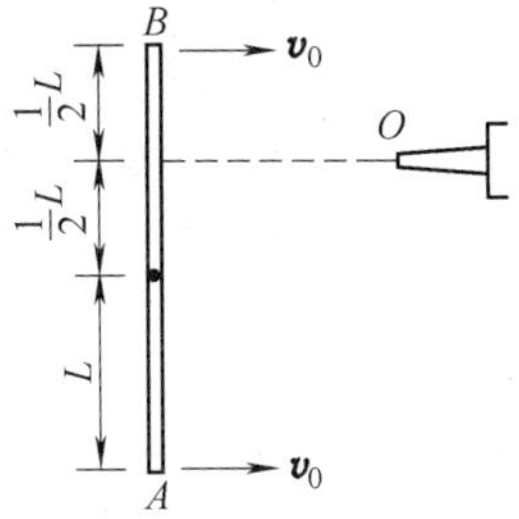

图 综合 1-15 计算题 4 图

力学综合测试题参考答案

一、选择题

1. D 2. B 3. C 4. B 5. C 6. B 7. C 8. B 9. D 10. C

二、填空题

1. A，$t=1.19$s，$t=0.67$s； 2. B，$A^2/R+4\pi B$； 3. $\sqrt{v^2+u^2+2uv\cos\alpha}$，$\arcsin\dfrac{v\sin\alpha}{\sqrt{v^2+u^2+2uv\cos\alpha}}$； 4. $2\pi\sqrt{\dfrac{l\cos\theta}{g}}$； 5. 16N · s，176J； 6. bt，$-p_0+bt$；

7. 1 N · m · s，1m/s；8. $\dfrac{m}{m'}v_0$，$\dfrac{m'-m}{2m'g}v_0^2$； 9. 4m/s； 10. $-\dfrac{k\omega_0^2}{9J}$，$\dfrac{2J}{k\omega_0}$。

三、计算题

1. **解** （1）运动方程为 $\boldsymbol{r}(t)=2t\boldsymbol{i}+(4t^2-8)\boldsymbol{j}$(SI)。

（2）$t=1$s 时，$\boldsymbol{r}_1=(2\boldsymbol{i}-4\boldsymbol{j})$m；$t=2$s 时，$\boldsymbol{r}_2=(4\boldsymbol{i}+8\boldsymbol{j})$m。

这 1s 内的位移 $\Delta\boldsymbol{r}=\boldsymbol{r}_2-\boldsymbol{r}_1=(2\boldsymbol{i}+12\boldsymbol{j})$m。

（3）$v=\dfrac{d\boldsymbol{r}}{dt}=2\boldsymbol{i}+8t\boldsymbol{j}$(SI)，$\boldsymbol{a}=\dfrac{dv}{dt}=8\boldsymbol{j}$(SI)。

$t=2$s 时，$v_2=(2\boldsymbol{i}+16\boldsymbol{j})(\mathrm{m\cdot s^{-1}})$，$\boldsymbol{a}_2=8\boldsymbol{j}(\mathrm{m\cdot s^{-2}})$。

2. **解** (1)以小车、滑块、弹簧为系统，忽略一切摩擦，在弹簧恢复原长的过程中，系统的机械能守恒，水平方向动量守恒。设滑块与弹簧刚分离时，车与滑块对地的速度分别为 u 和 v，则 $\frac{1}{2}k(\Delta l)^2=\frac{1}{2}mv^2+\frac{1}{2}m'u^2\quad mv=m'u$

解得 $u=\sqrt{\frac{k}{m'+m'^2/m}}\Delta l=0.05\text{m/s}$,方向向左。

$v=\sqrt{\frac{k}{m'+m^2/m'}}\Delta l=0.5\text{m/s}$,方向向右。

(2) 滑块相对于小车的速度为 $v'=v+u=0.55\text{m/s}$，$\Delta t=L/v'=2\text{s}$

3. **解** 受力分析如图 1-16 所示

$$mg-F_{T_2}=ma_2$$
$$F_{T_1}-mg=ma_1$$
$$F_{T_2}(2r)-F_{T_1}r=9mr^2\alpha/2$$
$$a_2=2r\alpha$$
$$a_1=r\alpha$$

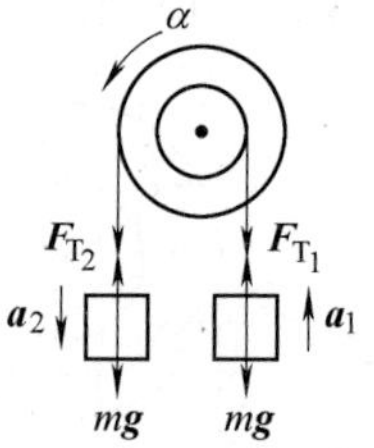

图 综合 1-16 计算题 3 解图

联立解上述 5 个方程，得 $\alpha=\frac{2g}{19r}$

4. **解** 碰撞前瞬时，杆对 O 点的角动量为

$$\int_0^{3L/2}\rho v_0 x\mathrm{d}x-\int_0^{L/2}\rho v_0 x\mathrm{d}x=\rho v_0 L^2=\frac{1}{2}mv_0L$$

碰撞后瞬时，杆对 O 点的角动量为

$$I\omega=\frac{1}{3}\left[\frac{3}{4}m\left(\frac{3}{2}L\right)^2+\frac{1}{4}m\left(\frac{1}{2}L\right)^2\right]\omega=\frac{7}{12}mL^2\omega$$

因碰撞前后角动量守恒，所以有

$$\frac{7}{12}mL^2\omega=\frac{1}{2}mv_0L\quad 解得\quad \omega=\frac{6v_0}{7L}$$

第2篇　热　　学

第 6 章　气体动理论

6.1　知识网络

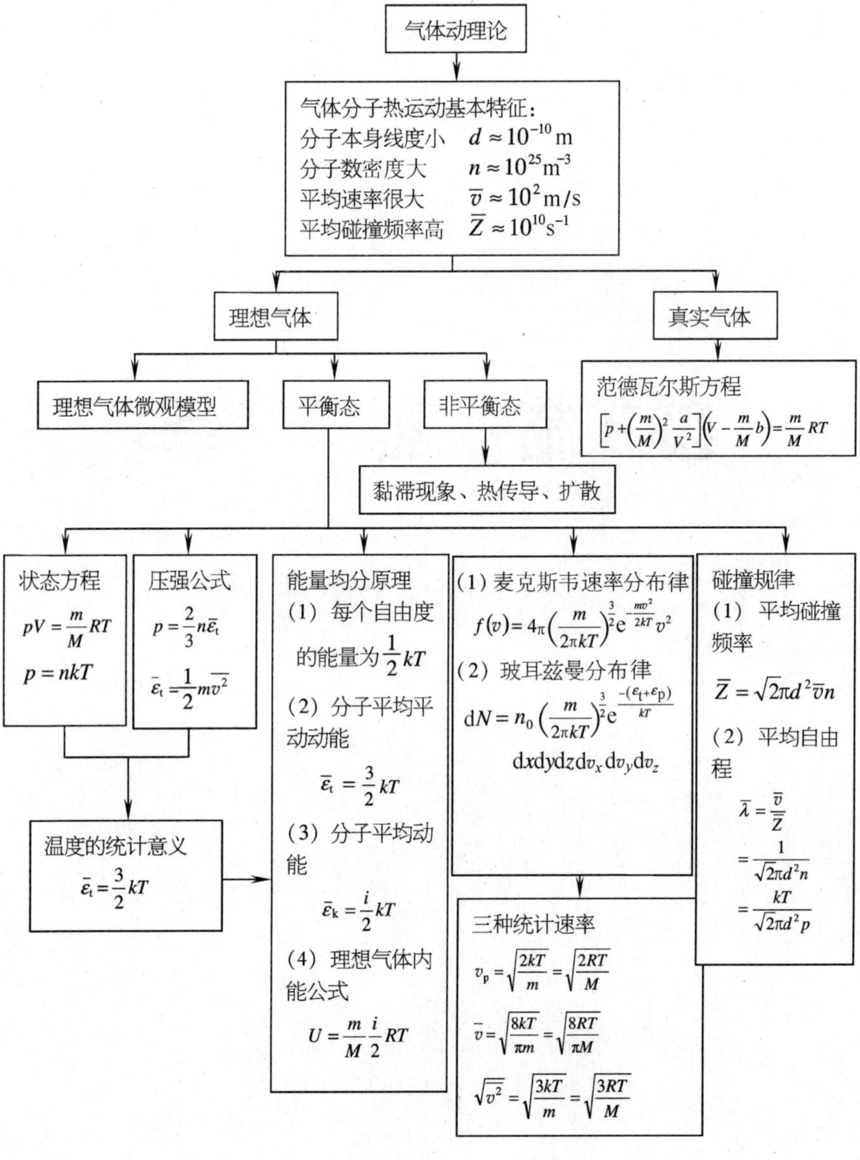

6.2　学习指导

6.2.1　气体动理论的基本概念及研究方法

1. 气体动理论的基本概念

(1) 宏观物体是由大量分子(微观粒子)组成的。

(2) 所有分子(微观粒子)都在不停地做无规则的热运动。

(3) 分子(微观粒子)之间有相互作用力。

2. 气体动理论的研究方法

微观量：表征分子个体特征的物理量，例如分子质量、分子运动速率等。

宏观量：表征大量分子集体特性的物理量，例如气体压强、温度等。

气体动理论研究问题的基本方法：从物质的微观结构出发，运用力学规律和统计方法建立宏观量与微观量统计平均值的关系，用微观量的统计平均值表征宏观量，从微观角度来说明宏观现象的本质。

6.2.2　理想气体模型及其状态方程

1. 理想气体模型

理想气体的微观模型具有如下特点：

(1) 分子本身的线度比起分子之间的距离来说可以忽略不计。

(2) 除碰撞外，分子之间以及分子与器壁之间无相互作用。

(3) 分子之间以及分子与器壁之间的碰撞是完全弹性的，在两次碰撞之间，分子做匀速直线运动。

(4) 单个分子的运动遵从牛顿力学定律。

理想气体可看作大量的、自由的、不停地无规则运动着的刚性分子小球的集合。

理想气体是突出气体共性、忽略次要因素而提出的理想化模型。许多气体在压强不太大、温度不太低时，皆可作为理想气体处理。

2. 平衡态

在不受外界影响的条件下，系统的宏观性质不随时间改变的状态称为平衡态。所谓“不受外界影响”是指系统与外界没有能量交换，即外界对系统既不做功又不传热。处于平衡态的热力学系统内部无定向的粒子流动和能量流动，此时系统的宏观性质不随时间变化，但组成系统的微观粒子仍处于不停的无规则运动之中，因此这种平衡态又称为热动平衡状态。平衡态是一种理想状态，绝对平衡是不存在的。

系统处于平衡态时具有下列特点：

(1) 由于气体分子的热运动和频繁的相互碰撞，系统各部分的密度、温度和压强等宏观量趋于相等。

(2) 分子沿任一方向的运动不比其他方向的运动占优势，即分子沿各方向运动的机会均等。

3. 理想气体状态方程

将能够确定热力学系统平衡态的宏观量(如温度、压强、体积等)称为状态参量。

平衡态下，理想气体的状态方程为

$$pV=\nu RT=\frac{m}{M}RT \tag{6-1}$$

或

$$p=nkT \tag{6-2}$$

式中，m 为气体的质量；M 为气体的摩尔质量；R 为摩尔气体常数，$R=8.31\text{J}\cdot\text{mol}^{-1}\cdot\text{K}^{-1}$；$n$ 是单位体积内的气体分子数，即分子数密度；k 为玻耳兹曼常数，$k=\dfrac{R}{N_A}=1.38\times10^{-23}\text{J}\cdot\text{K}^{-1}$。

6.2.3 理想气体的压强公式

1. 定性分析

理想气体的压强是大量气体分子对器壁不断碰撞的结果，其实质是大量气体分子施于单位面积器壁上的平均冲力。

2. 定量计算

(1) 任一分子 i 碰撞一次器壁施于器壁的冲量为 $2mv_{ix}$。

(2) 任一分子 i 在单位时间内施于器壁冲量的总和为

$$I_{ix}=2mv_{ix}\cdot\frac{v_{ix}}{2l_1}=\frac{1}{l_1}mv_{ix}^2$$

式中，$\dfrac{v_{ix}}{2l_1}$是单位时间内任一分子 i 与器壁碰撞的次数。

(3) 所有 N 个分子在单位时间内施于器壁的总冲量为 $\dfrac{m}{l_1}\sum\limits_{i=1}^{N}v_{ix}^2$。

(4) 所有分子在单位时间内施于单位面积器壁的总压强为

$$p=\frac{m}{l_1l_2l_3}\sum_{i=1}^{N}v_{ix}^2=\frac{mN}{l_1l_2l_3}\cdot\frac{\sum\limits_{i=1}^{N}v_{ix}^2}{N}=mn\overline{v_{ix}^2}=\frac{1}{3}mn\overline{v^2}=\frac{2}{3}n\overline{\varepsilon}_t\quad\left(\overline{\varepsilon}_t=\frac{1}{2}m\overline{v^2}\right)$$

理想气体的压强公式为

$$p=\frac{1}{3}mn\,\overline{v^2}$$

或者

$$p=\frac{2}{3}n\left(\frac{1}{2}m\,\overline{v^2}\right)=\frac{2}{3}n\,\overline{\varepsilon}_t \tag{6-3}$$

式中，$\overline{\varepsilon}_t=\dfrac{1}{2}m\,\overline{v^2}$是分子的平均平动动能。

①n 和 $\overline{\varepsilon}_t$ 本身都是大量分子的统计平均值，因而气体的压强是一个具有统计平均意义的物理量，离开大量和平均两个条件，压强的概念将失去意义。这些统计平均值是统计规律，而不是力学规律。

②统计平均值 n、$\overline{v^2}$、$\overline{\varepsilon}_t$、p 等是宏观量，表示气体分子的集体特征，而不代表个别分子的特征，宏观量是相应微观量的统计平均值。

③压强与容器的形状无关。

6.2.4　理想气体的温度

$$\left.\begin{aligned} p &= nkT \\ p &= \frac{2}{3}n\overline{\varepsilon}_t \end{aligned}\right\} \Rightarrow \quad \overline{\varepsilon}_t = \frac{3}{2}kT \tag{6-4}$$

(1) 因为分子的平均平动动能 $\overline{\varepsilon}_t$ 是统计平均量，所以温度 T 也是统计平均量。分子数很大时，温度才有意义，对于个别分子来说，温度是无意义的。

(2) 温度 T 为宏观量，是大量气体分子热运动的集体表现。温度的微观本质：温度是分子平均平动动能的量度，反映了大量气体分子热运动的剧烈程度。

(3) $\overline{\varepsilon}_t$ 与气体的性质无关，在相同的热力学温度下，一切气体分子的平均平动动能都是一样的。

(4) 从式(6-4)看，$T=0$ 时，$\overline{\varepsilon}_t = \frac{1}{2}m\overline{v^2}=0$，即在绝对零度时理想气体分子的热运动将停止。理论证明，这一状态是达不到的，物质的内在运动是永不停止的。

由 $\frac{1}{2}m\overline{v^2} = \frac{3}{2}kT$ 可得

$$\sqrt{\overline{v^2}} = \sqrt{\frac{3kT}{m}} = \sqrt{\frac{3RT}{M}}$$

式中，$\sqrt{\overline{v^2}}$ 为大量气体分子速率平方的平均值的平方根，叫作气体分子的方均根速率。

6.2.5　能量均分定理

1. 自由度

自由度是描述物体运动自由程度的物理量，在力学中，自由度是指决定一个物体的空间位置所需要的独立坐标数。

理想气体分子的自由度：单原子分子 $i=3$；双原子分子 $i=5$；多原子分子 $i=6$。

2. 能量均分定理

在温度为 T 的平衡态下，气体分子每个自由度的平均动能都相等，且等于 $1/2kT$。这一结论就是能量均分定理，因此，自由度为 i 的分子的平均动能为 $\overline{\varepsilon}_k = \frac{i}{2}kT$。

(1) 能量均分定理是关于分子热运动动能的统计规律，是对大量分子统计平均的结果。

(2) 对于理想气体分子而言，分子平均动能 $\overline{\varepsilon}_k$ = 分子平均平动动能 $\overline{\varepsilon}_t$ + 分子平均转动动能 $\overline{\varepsilon}_r$，即

$$\overline{\varepsilon}_k = \overline{\varepsilon}_t + \overline{\varepsilon}_r = \frac{3}{2}kT + \frac{r}{2}kT \tag{6-5}$$

式中，r 为转动自由度。

3. 理想气体的内能

内能是分子层次上的热运动能量和分子之间相互作用的势能之和。理想气体不计分子之间的相互作用力，所以分子之间的相互作用势能也就可以忽略不计。理想气体的内能就只是分子各种运动的动能之和。

(1) 1mol 气体的内能 $$U = N_A\left(\frac{i}{2}kT\right) = \frac{i}{2}RT \tag{6-6}$$

(2) 质量为 m(kg)的理想气体的内能 $$U = \frac{m}{M}\frac{i}{2}RT = \nu\frac{i}{2}RT \tag{6-7}$$

也可以写成 $$U = \nu\frac{i}{2}RT = \frac{i}{2}pV \tag{6-8}$$

(3) 气体内能的增量为 $$\Delta U = \frac{i}{2}\nu R\Delta T \tag{6-9}$$

(4) 对于给定的系统(m、M、i 都是确定的)，理想气体内能只是温度的单值函数。因为 $T\neq0$，所以 $U\neq0$，内能永不为零。内能的变化只与温度的变化有关，与状态所经历的具体过程无关。

6.2.6 麦克斯韦速率分布律

1. 速率分布函数

在平衡状态下，气体分子的总数为 N，分布在任一速率区间 $v \sim v+\mathrm{d}v$ 内的分子数为 $\mathrm{d}N$，$\mathrm{d}N/N$ 为该区间内的分子数占总分子数的百分率。$\mathrm{d}N/N$ 是 v 的函数，在不同速率附近取相等的区间，此比值一般不相等。当速率区间足够小时(宏观小，微观大)，$\mathrm{d}N/N$ 还应与速率区间的大小 $\mathrm{d}v$ 成正比

$$\frac{\mathrm{d}N}{N} = f(v)\,\mathrm{d}v$$

或 $$f(v) = \frac{\mathrm{d}N}{N\mathrm{d}v} \tag{6-10}$$

式(6-10)定义的函数 $f(v)$ 就是气体分子速率分布函数。其物理意义是：速率在 v 附近，单位速率区间的分子数占总分子数的百分比，也可以用概率的概念来理解分布函数，$f(v)$ 是一个分子的速率在 v 附近单位速率区间内的概率，因此，分布函数又称为分子速率分布的概率密度。

2. 麦克斯韦速率分布

如图 6-1 所示，麦克斯韦从理论上导出理想气体在平衡态下的速率分布函数的形式为

$$f(v)=4\pi\left(\frac{m}{2\pi kT}\right)^{\frac{3}{2}}\mathrm{e}^{-\frac{mv^2}{2kT}}v^2 \tag{6-11}$$

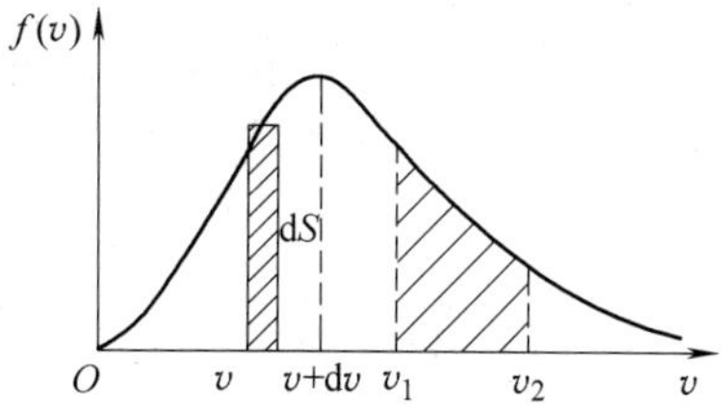

图 6-1　麦克斯韦速率分布

式中，T 是系统的热力学温度；m 为分子质量；k 为玻耳兹曼常数；v 是分子的运动速率。

速率分布函数的特性：

（1）曲线的几何意义包括：

①曲线下小窄条面积 $f(v)\,\mathrm{d}v$ 表明分子的速率在 $v\sim v+\mathrm{d}v$ 内出现的概率，数学表达式为 $f(v)\,\mathrm{d}v=\dfrac{\mathrm{d}N}{N}$。

②曲线下的总面积恒等于 1，即归一化条件 $\int_0^\infty f(v)\,\mathrm{d}v=1$，表明分子在所有速率区间的概率总和等于 1。

③曲线下任意速率区间 $v_1\sim v_2$ 的面积代表分子速率在 $v_1\sim v_2$ 的概率，数学表达式为 $\dfrac{\Delta N}{N}=\int_{v_1}^{v_2}f(v)\,\mathrm{d}v$。当 $\Delta v=0$ 时，小矩形面积 $f(v)\Delta v=0$，表明每个分子刚好具有速率 v 的概率为零。这是因为每个分子出现速率在 $0\sim\infty$ 之间的概率为 1，又因为 $0\sim\infty$ 内有无穷多的速率 v，故每个分子具有某一速率 v 的概率为零。

（2）曲线两端低中间高。这表明在一定温度下，分子具有从零到无限大的各种速率值，具有中等速率的分子所占的百分率很大，而速率很小和很大的分子所占的百分率都很小。与 $f(v)$ 极大值相对应的速率为最概然速率 v_p，在 v_p 附近的速率区间分子出现的概率最大。

（3）麦克斯韦速率分布函数不仅是速率 v 的函数，还与气体的温度 T 和气体分子质量 m 有关。m 一定时，$v_\mathrm{p}\propto\sqrt{T}$，温度升高时，$v_\mathrm{p}$ 右移，曲线较为平坦；温度降低时，v_p 左移，曲线较为凸起。T 一定时，$v_\mathrm{p}\propto 1/\sqrt{m}$，曲线形状因气体而异。

3. 分子运动的三种统计速率

最概然速率

$$v_\mathrm{p}=\sqrt{\frac{2kT}{m}}=\sqrt{\frac{2RT}{M}} \tag{6-12}$$

平均速率

$$\bar{v}=\sqrt{\frac{8kT}{\pi m}}=\sqrt{\frac{8RT}{\pi M}} \tag{6-13}$$

方均根速率

$$\sqrt{\overline{v^2}}=\sqrt{\frac{3kT}{m}}=\sqrt{\frac{3RT}{M}} \tag{6-14}$$

（1）上述三种速率均由麦克斯韦速率分布导出，共同的特征就是具有统计意义，即个别分子不一定遵从此结果，它是大量分子的统计平均结果。

（2）上述两种平均值是对所有分子全体求平均量。若对一部分分子求平均量——

如求 $v_1 \sim v_2$ 的分子的平均速率，应该是 $v_1 \sim v_2$ 的分子速率的总和被该区间的分子数来除，即

$$\bar{v} = \frac{\int v\mathrm{d}N}{\int \mathrm{d}N} = \frac{\int_{v_1}^{v_2} vf(v)\,\mathrm{d}v}{\int_{v_1}^{v_2} f(v)\,\mathrm{d}v} \qquad \left(\text{注意：} \int_{v_1}^{v_2} f(v)\,\mathrm{d}v \neq 1\right)$$

（3）可以由速率分布函数求出关于 v 的各种函数 $g(v)$ 的平均值，即

$$\overline{g(v)} = \int_0^{\infty} g(v)f(v)\,\mathrm{d}v \tag{6-15}$$

6.2.7 玻耳兹曼分布律

1. 玻耳兹曼分布律

在一定温度的平衡态下，处于重力场中的气体分子，坐标介于区间 $x \sim x+\mathrm{d}x$、$y \sim y+\mathrm{d}y$、$z \sim z+\mathrm{d}z$ 内，同时速度介于 $v_x \sim v_x+\mathrm{d}v_x$、$v_y \sim v_y+\mathrm{d}v_y$、$v_z \sim v_z+\mathrm{d}v_z$ 内的分子数为

$$\mathrm{d}N = n_0\left(\frac{m}{2\pi kT}\right)^{\frac{3}{2}} \mathrm{e}^{\frac{-(\varepsilon_\mathrm{t}+\varepsilon_\mathrm{p})}{kT}} \mathrm{d}x\mathrm{d}y\mathrm{d}z\mathrm{d}v_x\mathrm{d}v_y\mathrm{d}v_z \tag{6-16}$$

式中，n_0 为在 $\varepsilon_\mathrm{p}=0$ 处，单位体积内具有各种速率的分子总数，式(6-16)即为玻耳兹曼分布律。

2. 重力场中的气压公式

假设大气为理想气体，且不同高度处温度相等。利用理想气体状态方程 $p=nkT$ 及玻耳兹曼分布律，可得到重力场中大气压强按高度的分布式

$$p = p_0\mathrm{e}^{\frac{-Mgh}{RT}} \tag{6-17}$$

式中，$p_0=n_0kT$ 是高度为零处的压强。这就是等温大气压强公式，可以看出大气压强随高度 h 按指数规律减小。

6.2.8 分子的平均碰撞频率和平均自由程

1. 平均碰撞频率 $\bar{Z}$

在热平衡状态下，一个分子在单位时间内与其他分子的平均碰撞次数(平均碰撞频率)为

$$\bar{Z} = \sqrt{2}\sigma\bar{v}n = \sqrt{2}\pi d^2\bar{v}n \tag{6-18}$$

式中，d 为分子的有效直径；σ 为分子的碰撞截面，$\sigma=\pi d^2$；n 为分子数密度；$\bar{v}$ 为分子的平均速率。

2. 平均自由程 $\bar{\lambda}$

一个气体分子在连续两次碰撞之间运动的平均距离为

$$\bar{\lambda} = \frac{\bar{v}}{\bar{Z}} = \frac{1}{\sqrt{2}\sigma n} = \frac{1}{\sqrt{2}\pi d^2 n} = \frac{kT}{\sqrt{2}\pi d^2 p} \tag{6-19}$$

6.3　问题辨析

问题1　何谓宏观量？何谓微观量？热力学系统的宏观描述方法和微观描述方法有何不同？有何联系？

辨析　描述大量微观粒子（分子或原子等）集体特征的物理量称为宏观量，如实验中观测得到的气体的体积、压强、温度等；描述个别微观粒子特征的物理量称为微观量，如微观粒子（分子或原子等）的大小、质量、速度、能量等。

宏观描述方法是用表征系统状态和属性的宏观量（可通过实验测量）从整体上对系统状态加以描述，例如热力学系统的温度分布情况、质量分布情况、体积、压强等。微观描述方法是通过对组成系统的微观粒子的运动状态（微观量，一般不能直接测量）的说明而对系统状态加以描述，如系统内粒子的速度、位置、动量、能量等。二者是对同一对象、同一物理现象的两种描述方法。热力学系统所发生的各种宏观现象都是大量微观粒子运动的集体表现，二者之间的桥梁是概率统计方法。概率统计方法是用微观量的统计平均值表征宏观量。例如气体压强，它是气体中大量分子碰撞器壁的集体效果，应该和大量分子因碰撞器壁而引起分子动量变化率的统计平均值有关。

问题2　推导压强公式时，为什么可以不考虑气体分子之间的碰撞？

辨析　在分子向器壁运动的过程中，可能有与其他分子碰撞而被折回的情形，但这种情形的存在并不影响讨论的结果。因为就大量分子的统计效果而言，当速度为 v_i 的分子因碰撞而发生速度改变时，必然有其他分子因碰撞而具有 v_i 的速度，也就是说只要气体处于平衡态，单位时间内有多少分子因碰撞而改变运动方向，也必然有多少分子来补充，使速率分布不随时间变化。

问题3　容器中盛有温度为 T 的理想气体，试问该气体分子的平均速度是多少？

辨析　该气体分子的平均速度为零。在平衡态，由于分子不停地与其他分子及容器器壁发生碰撞，其速度也不断发生变化，分子具有各种可能的速度，而每个分子向各个方向运动的概率是相等的，沿各个方向运动的分子数也相同。因此，从统计上看，气体分子的平均速度是零。

问题4　速率分布函数 $f(v)$ 的物理意义是什么？说明下列各式的物理意义（n 为分子数密度，N 为系统总分子数）。

(1) $f(v)\mathrm{d}v$；(2) $Nf(v)\mathrm{d}v$；(3) $nf(v)\mathrm{d}v$；(4) $\int_{v_1}^{v_2} f(v)\mathrm{d}v$；(5) $\int_0^{\infty} f(v)\mathrm{d}v$；

(6) $\int_{v_1}^{v_2} Nf(v)\mathrm{d}v$；(7) $\dfrac{\int_{v_1}^{v_2} vf(v)\mathrm{d}v}{\int_{v_1}^{v_2} f(v)\mathrm{d}v}$；(8) $\int_0^{\infty} \dfrac{1}{2}mv^2 f(v)\mathrm{d}v$。

辨析　速率分布函数 $f(v)$ 表示一定质量的气体，在温度为 T 的平衡态时，分布在速率 v 附近、单位速率区间的分子数占总分子数的百分率，即 $f(v)=\dfrac{\mathrm{d}N}{N\mathrm{d}v}$。

(1) $f(v)\mathrm{d}v$：表示分布在速率 v 附近、速率区间 $\mathrm{d}v$ 内的分子数占总分子数的百分率。

(2) $Nf(v)\mathrm{d}v$：表示分布在速率 v 附近、速率区间 $\mathrm{d}v$ 内的分子数。

(3) $nf(v)\mathrm{d}v$：表示分布在速率 v 附近、速率区间 $\mathrm{d}v$ 内的分子数密度。

(4) $\int_{v_1}^{v_2} f(v)\mathrm{d}v$：表示速率分布在 $v_1 \sim v_2$ 的分子数占总分子数的百分率。

(5) $\int_0^{\infty} f(v)\mathrm{d}v$：表示速率分布在 $0 \sim \infty$ 内的分子数与总分子数的比值是 1。

(6) $\int_{v_1}^{v_2} Nf(v)\mathrm{d}v$：表示分布在 $v_1 \sim v_2$ 速率区间的分子数。

(7) $\dfrac{\int_{v_1}^{v_2} vf(v)\mathrm{d}v}{\int_{v_1}^{v_2} f(v)\mathrm{d}v}$：表示速率分布在 $v_1 \sim v_2$ 区间内的分子的平均速率。

(8) $\int_0^{\infty} \frac{1}{2}mv^2 f(v)\mathrm{d}v$：表示分子平动动能的平均值。

问题 5 某系统由两种理想气体 A 和 B 组成，其分子数分别为 N_A 和 N_B。若在某一温度下，A、B 气体各自的速率分布函数分别为 $f_A(v)$ 和 $f_B(v)$，则同一温度下，由 A、B 气体组成系统的分子速率分布函数如何确定？

辨析 因速率分布函数的意义是系统中速率 v 附近单位速率区间的分子数占总分子数的百分率。由分布函数的意义可知，$N_A f_A(v) + N_B f_B(v)$ 表示在气体 A 和 B 组成的系统中，处在速率 v 附近单位速率区间的分子数，而 $N_A + N_B$ 表示系统中的分子数，因此，系统的分子速率分布函数为 $f(v) = \dfrac{N_A f_A(v) + N_B f_B(v)}{N_A + N_B}$。

问题 6 如果把盛有理想气体的密封绝热容器放在汽车上，汽车做匀速直线运动，则此时气体温度与汽车静止时是否一致？如果汽车突然停止，容器内气体的温度会发生什么变化？试讨论当容器中分别放的是氦气和氢气两种情况下气体温度的变化情况。

辨析 从微观角度看，温度是分子热运动平均平动动能的量度，与定向运动无关。当容器随汽车做定向匀速运动时，容器内分子的热运动并无变化，和容器静止时相比气体的温度并不会升高。

当容器随汽车突然停止时，气体分子做定向运动的动能通过与器壁以及分子间的碰撞而转化为气体的内能，使气体的内能增加，因而气体的温度升高。

设容器中分别装有物质的量 ν 的氦气和氢气，则

对氦气：$\frac{1}{2}\nu M_{He} v^2 = \nu \cdot \frac{3}{2} R \Delta T_{He}$，$\Delta T_{He} = \dfrac{M_{He} v^2}{3R}$。

对氢气：$\frac{1}{2}\nu M_{H_2} v^2 = \nu \cdot \frac{5}{2} R \Delta T_{H_2}$，$\Delta T_{H_2} = \dfrac{M_{H_2} v^2}{5R}$。

因 $M_{He} > M_{H_2}$，必有 $\Delta T_{He} > \Delta T_{H_2}$，所以当容器突然停下时氦气的温度比氢气的温度

升高得多。

问题 7　平均自由程与气体的状态以及分子本身的性质有何关系？在计算平均自由程时，什么地方体现了统计平均？

辨析　由 $\bar{\lambda}=\dfrac{1}{\sqrt{2}\pi nd^2}$可知，平均自由程与分子本身的有效直径 d 有关，对一定量的气体还与气体单位体积的分子数密度 n 有关；这是因为分子数密度越高，分子的有效直径越大，分子间距就越小，平均说来每次碰撞走过的距离就越短，即平均自由程就越小。

实际上由于分子的随机运动，分子之间距离与运动速度都不尽相同，每两次碰撞所走过的距离就不相等，因此在计算平均自由程时，只能采用分子的平均速率 $\bar{v}$，以及考虑所有分子都在运动且它们遵从麦克斯韦速率分布律，计算平均碰撞频率时必须考虑分子平均相对速率与算术平均速率的关系 $v_r=\sqrt{2}\ \bar{v}$。这样，我们采用分子在圆柱体模型中的碰撞来导出平均自由程时，就充分体现了大量分子随机运动的统计结果。

6.4　例题剖析

6.4.1　基本思路

本章习题与力学部分习题相比，数字计算较繁琐。要求读者对常态下气体分子的有关物理量的数量级比较熟悉，以便对计算结果进行初步检验。另外，本章习题涉及单位制较多，在计算时，要注意各物理量的单位制必须统一，均应采用国际单位制(SI)。按照知识点、习题类型主要可分为三类：

(1) 应用理想气体状态方程及状态变化的过程方程解题。此类问题的解题步骤为：首先选取研究对象(即某种理想气体系统)，明确系统所处的平衡态，确定宏观状态参量 p、V、T 的值并统一单位制，然后列方程，代入已知数据进行求解。

(2) 关于压强公式与温度公式的应用问题。理想气体压强公式和温度公式中涉及的各物理量既有宏观状态量，又有微观的统计平均值。因此，对题目所给的条件，应分清哪些是宏观量，哪些是微观量，运用合适的公式将两者联系起来。

(3) 运用平衡态下气体分子速率分布律解题。解决此类问题的关键是要理解分子速率分布函数的物理意义。

由速率分布律得到的气体分子热运动的三种特征速率，它们的应用场合是不同的。在讨论理想气体的速率分布时，要用最概然速率 v_p；在计算分子运动走过的平均路程时，要用平均速率$\bar{v}$，例如平均自由程；在计算分子的平均平动动能时，要用方均根速率$\sqrt{\overline{v^2}}$。

6.4.2　典型例题

例 6-1　一容器内储有氧气，其压强 $p=1.01\times10^5\,\text{Pa}$，温度 $t=27℃$。求：

（1）单位体积内的分子数。

（2）氧气的密度。

（3）分子间的平均距离。

分析 本题是理想气体状态方程的应用，需要灵活应用与分子有关的物理量及其关系。

解 （1）单位体积内的分子数即分子数密度 n，可由理想气体的状态方程 $p=nkT$ 求出

$$n=\frac{p}{kT}=\frac{1.01\times10^{5}}{1.38\times10^{-23}\times(273.15+27)}\mathrm{m}^{-3}\approx2.44\times10^{25}\mathrm{m}^{-3}$$

（2）气体的密度等于分子数密度乘以一个分子的质量，即 $\rho=mn$，这里 m 为一个氧分子的质量，可以根据公式 $m=\dfrac{M}{N_\mathrm{A}}$ 求出。因此

$$\rho=\frac{M}{N_\mathrm{A}}n=\frac{3.2\times10^{-2}}{6.02\times10^{23}}\times2.44\times10^{25}\mathrm{kg/m^3}\approx1.28\mathrm{kg/m^3}$$

（3）根据分子数密度的意义，n 个分子占据 $1\mathrm{m}^3$ 体积空间，所以每个分子平均占据 $\dfrac{1}{n}$ 的体积空间，因此分子间的平均距离 $=\sqrt[3]{\dfrac{1}{n}}\approx3.45\times10^{-9}\mathrm{m}$。

例 6-2 质量为 0.1kg，温度为 27℃的氮气，装在容积为 $0.01\mathrm{m}^3$ 的容器中，容器以 $v=100\mathrm{m/s}$ 的速率做匀速直线运动。若容器突然停下来，气体分子定向运动的动能全部转化为分子热运动的动能，则平衡后氮气的温度和压强各增加多少？

分析 容器做匀速直线运动时突然停下，容器内气体分子定向运动的动能全部转化为分子热运动的动能系统的内能，使气体的温度升高。应用能量均分定理计算内能变化。

解 常温下，氮气可视为刚性双原子分子，分子自由度等于 5，则质量为 m 的氮气的内能

$$U=\frac{m}{M}\frac{5}{2}RT$$

内能增量

$$\Delta U=\frac{m}{M}\cdot\frac{5}{2}R\cdot\Delta T$$

根据题意，气体分子定向运动的动能全部转化为气体的内能，因此

$$\Delta U=\frac{1}{2}mv^2=\frac{1}{2}\times0.1\times100^2\mathrm{J}=500\mathrm{J}$$

平衡后氮气的温度升高

$$\Delta T=\frac{2\Delta U\cdot M}{5mR}=\frac{2\times500\times28\times10^{-3}}{5\times0.1\times8.31}\mathrm{K}\approx6.7\mathrm{K}$$

容器内的气体体积不变，应用理想气体状态方程，达到平衡态后氮气的压强升高

$$\Delta p=\frac{mR}{MV}\Delta T=\frac{0.1\times 8.31}{28\times 10^{-3}\times 10\times 10^{-3}}\times 6.7\text{Pa}\approx 2.0\times 10^{4}\text{Pa}$$

例 6-3　容器内某理想气体的温度 $T=273\text{K}$，压强 $p=101.3\text{Pa}$，密度为 1.25g/m^3，求

（1）气体的摩尔质量，判断是何种气体。

（2）气体分子运动的方均根速率。

（3）气体分子的平均平动动能和转动动能。

（4）单位体积内气体分子的总平动动能。

（5）0.3mol 该气体的内能。

分析　应用理想气体状态方程，求出摩尔质量，据此判断是何种气体；应用温度公式求方均根速率；应用能量均分原理及理想气体内能公式求解平动动能、转动动能和内能。

解　（1）由 $pV=\frac{m}{M}RT$，$\rho=\frac{m}{V}$，得气体的摩尔质量

$$M=\frac{\rho RT}{p}=\frac{1.25\times 10^{-3}\times 8.31\times 273}{101.3}\text{kg/mol}\approx 0.028\text{kg/mol}$$

因此可以判定该气体是 N_2 或 CO。

（2）气体分子运动的方均根速率

$$v_{\text{rms}}=\sqrt{\overline{v^2}}=\sqrt{\frac{3RT}{M}}=\sqrt{\frac{3p}{\rho}}=\sqrt{\frac{3\times 101.3}{1.25\times 10^{-3}}}\text{m/s}\approx 493\text{m/s}$$

（3）刚性双原子分子有 3 个平动自由度，2 个转动自由度，因此

气体分子的平均平动动能

$$\bar{\varepsilon}_{\text{t}}=\frac{3}{2}kT=\frac{3}{2}\times 1.38\times 10^{-23}\times 273\text{J}\approx 5.65\times 10^{-21}\text{J}$$

平均转动动能

$$\bar{\varepsilon}_{\text{r}}=\frac{r}{2}kT=\frac{2}{2}1.38\times 10^{-23}\times 273\text{J}\approx 3.77\times 10^{-21}\text{J}$$

（4）单位体积内气体分子的总平动动能 $U_{\text{t}}=n\,\bar{\varepsilon}_{\text{t}}$，而 $n=\frac{p}{kT}$，因此

$$U_{\text{t}}=\frac{p}{kT}\bar{\varepsilon}_{\text{t}}=\frac{101.3}{1.38\times 10^{-23}\times 273}\times 5.65\times 10^{-21}\text{J/m}^3\approx 152\text{J/m}^3$$

（5）0.3mol 该气体的内能

$$U=\frac{m}{M}\frac{i}{2}RT=0.3\times\frac{5}{2}\times 8.31\times 273\text{J}\approx 1.70\times 10^{3}\text{J}$$

例 6-4　有 N 个质量均为 m 的同种气体分子，它们的速率分布曲线如图 6-2 所示。

（1）说明曲线与横坐标所包围的面积的含义。

(2) 由 N 和 v_0 求 a 的值。

(3) 求在速率 $v_0/2 \sim 3v_0/2$ 之间的分子数。

(4) 求分子的平均平动动能。

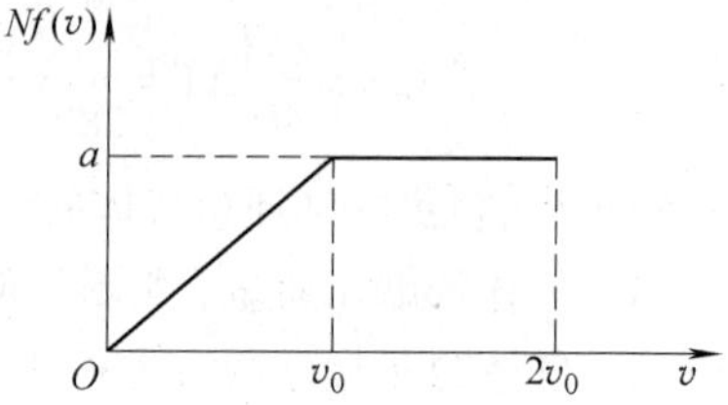

图6-2 例6-4 图

分析 处理与气体分子速率分布曲线有关的问题时，关键要理解分布函数$f(v)$的物理意义。根据$f(v)=\frac{\mathrm{d}N}{N\mathrm{d}v}$，图6-2中纵坐标$Nf(v)=\frac{\mathrm{d}N}{\mathrm{d}v}$表示的是处于速率$v$附近单位速率区间内的分子数。同时，要掌握$f(v)$的归一化条件，即$\int_0^\infty f(v)\mathrm{d}v=1$，并且掌握根据分布函数求某些物理量的平均值的方法。

解 (1) 由于分子所允许的速率在$0\sim 2v_0$的范围内，由$f(v)$的归一化条件可知图6-2中曲线与横坐标所围的面积

$$S=\int_0^{2v_0}Nf(v)\mathrm{d}v=N$$

即该面积表示系统分子总数N。

(2) 从图6-2中可知，在$0\sim v_0$区间内，$Nf(v)=\frac{a}{v_0}v$；而在$v_0\sim 2v_0$区间，$Nf(v)=a$，于是由归一化条件，有

$$N=\int_0^{v_0}\frac{a}{v_0}v\mathrm{d}v+\int_{v_0}^{2v_0}a\mathrm{d}v$$

得到

$$a=\frac{2N}{3v_0}$$

(3) 根据分布函数$f(v)$的意义，速率在$v_0/2\sim 3v_0/2$间隔内的分子数为

$$\Delta N=\int_{\frac{v_0}{2}}^{\frac{3v_0}{2}}Nf(v)\mathrm{d}v=\int_{\frac{v_0}{2}}^{v_0}\frac{a}{v_0}v\mathrm{d}v+\int_{v_0}^{\frac{3v_0}{2}}a\mathrm{d}v=\frac{7}{12}N$$

(4) 依据定义，分子速率平方的平均值为

$$\overline{v^2}=\int_0^\infty\frac{v^2}{N}\mathrm{d}N=\int_0^\infty v^2f(v)\mathrm{d}v$$

故分子的平均平动动能为

$$\overline{\varepsilon}_t=\frac{1}{2}m\overline{v^2}=\frac{1}{2}m\left(\int_0^{v_0}\frac{a}{Nv_0}v^3\mathrm{d}v+\int_{v_0}^{2v_0}\frac{a}{N}v^2\mathrm{d}v\right)=\frac{31}{36}mv_0^2$$

例6-5 设图6-3中的两条曲线分别为氢和氧在相同温度下的麦克斯韦速率分布曲线。

(1) 哪条曲线代表氢，哪条曲线代表氧？

(2) 求出氢分子的最概然速率。

(3) 求出氧分子的方均根速率。

(4) 氧分子最概然速率附近单位速率区间内的分子数占氧分子总数的百分率是多

少？

分析　由所给曲线，根据氢、氧两气体分子的最概然速率的大小，可以判定哪条曲线代表氢，哪条代表氧，同时可求得氢分子的最概然速率。

解　(1) 最概然速率 $v_p = \sqrt{\frac{2kT}{m}} = \sqrt{\frac{2RT}{M}}$，当两气体的温度相同时，显然 $v_{p,H_2} > v_{p,O_2}$，由此可以判定图 6-3 中曲线 1 代表氢气，曲线 2 代表氧气。

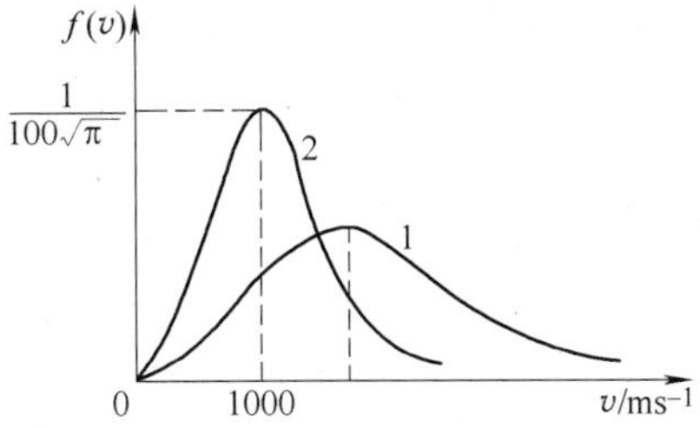

图 6-3　例 6-5 图

(2) 由图 6-3 得 $v_{p,O_2} = 1000\text{m/s}$，则

$$v_{p,H_2} = \sqrt{\frac{M_{O_2}}{M_{H_2}}} v_{p,O_2} = 4v_{p,O_2} = 4000\text{m/s}$$

(3) 氧分子的方均根速率 $\sqrt{\overline{v_{O_2}^2}} = \sqrt{\frac{3RT}{M_{O_2}}} = \sqrt{\frac{3}{2}} v_{p,O_2} \approx 1225\text{m/s}$。

(4) 分布函数 $f(v)$ 表示速率在 v 附近，单位速率区间的分子数占总分子数的百分率。因此，由图 6-3 可得，氧分子最概然速率附近单位速率区间内的分子数占氧分子总数的 $\frac{1}{100\sqrt{\pi}}$。

例 6-6　若氮气分子的有效直径 $d = 3.76 \times 10^{-10}\text{m}$，问在温度为 600K、压强为 $1.33 \times 10^2\text{Pa}$ 时，氮分子的平均速率为多大？1s 内的平均碰撞次数为多少？平均自由程为多大？

分析　在温度不太高，压强不太低的情况下，氮气可看作理想气体。应用状态方程、平均速率公式、平均碰撞频率及平均自由程公式即可解决问题。

解　(1) 氮分子的平均速率

$$\bar{v} = \sqrt{\frac{8RT}{\pi M}} = \sqrt{\frac{8 \times 8.31 \times 600}{3.14 \times 28 \times 10^{-3}}}\text{m/s} \approx 674\text{m/s}$$

(2) 根据理想气体状态方程 $p = nkT$ 求出分子数密度

$$n = \frac{p}{kT} = \frac{1.33 \times 10^2}{1.38 \times 10^{-23} \times 600} \approx 1.61 \times 10^{22}\text{m}^{-3}$$

1s 内的平均碰撞次数就是分子的平均碰撞频率

$$\overline{Z} = \sqrt{2}\pi d^2 \bar{v} n = 1.41 \times 3.14 \times (3.76 \times 10^{-10})^2 \times 674 \times 1.61 \times 10^{22}\text{s}^{-1}$$

$$\approx 6.8 \times 10^6\text{s}^{-1}$$

(3) 平均自由程

$$\overline{\lambda} = \frac{1}{\sqrt{2}\pi d^2 n} = \frac{1}{1.41 \times 3.14 \times (3.76 \times 10^{-10})^2 \times 1.61 \times 10^{22}}\text{m} \approx 9.92 \times 10^{-5}\text{m}$$

6.5 能力训练

一、选择题

1. 一个容器内贮有 1mol 氢气和 1mol 氦气，若两种气体各自对器壁产生的压强分别为 p_1 和 p_2，则两者的大小关系是(　　)。

A. $p_1 > p_2$　　B. $p_1 < p_2$　　C. $p_1 = p_2$　　D. 不确定

2. 温度相同的氦气和氧气，它们分子的平均动能 $\overline{\varepsilon}$ 和平均平动动能 $\overline{\varepsilon_t}$ 有如下关系(　　)。

A. $\overline{\varepsilon}$ 和 $\overline{\varepsilon_t}$ 都相等　　B. $\overline{\varepsilon_t}$ 相等，而 $\overline{\varepsilon}$ 不相等

C. $\overline{\varepsilon}$ 相等，而 $\overline{\varepsilon_t}$ 不相等　　D. $\overline{\varepsilon}$ 和 $\overline{\varepsilon_t}$ 都不相等

3. 有两瓶气体，一瓶是氦气，另一瓶是氢气(均视为刚性分子理想气体)，若它们的压强、体积和温度均相同，则氢气的内能是氦气的(　　)。

A. $\dfrac{1}{2}$　　B. 1 倍　　C. $\dfrac{5}{3}$倍　　D. 2 倍

4. v_p 是最概然速率，由麦克斯韦速率分布定律可知(　　)。

A. 在 $0 \sim v_p/2$ 速率区间内的分子数多于 $v_p/2 \sim v_p$ 速率区间内的分子数

B. 在 $0 \sim v_p/2$ 速率区间内的分子数少于 $v_p/2 \sim v_p$ 速率区间内的分子数

C. 在 $0 \sim v_p/2$ 速率区间内的分子数等于 $v_p/2 \sim v_p$ 速率区间内的分子数

D. 在 $0 \sim v_p/2$ 速率区间内的分子数多于还是少于 $v_p/2 \sim v_p$ 速率区间内的分子数，要视温度的高低而定

5. 已知一瓶高压氧气和一瓶低压氧气的温度相同，分子总数相同，则它们的(　　)。

A. 内能相同，分子的方均根速率相同

B. 内能相同，分子的方均根速率不同

C. 内能不同，分子的方均根速率相同

D. 内能不同，分子的方均根速率不同

6. 一定量的理想气体，在容积不变的条件下，当温度降低时，分子的平均碰撞频率 $\overline{Z}$ 和平均自由程 $\overline{\lambda}$ 的变化情况是(　　)。

A. $\overline{Z}$ 减小，但 $\overline{\lambda}$ 不变　　B. $\overline{Z}$ 不变，但 $\overline{\lambda}$ 减小

C. $\overline{Z}$ 和 $\overline{\lambda}$ 都减小　　D. $\overline{Z}$ 和 $\overline{\lambda}$ 都不变

二、填空题

1. 一定量的理想气体贮于某一容器中，温度为 T，气体分子的质量为 m，根据理想气体分子模型和统计假设，分子速度在 x 方向的分量的下列平均值为 $\overline{v_x}=$__________，$\overline{v_x^2}=$__________。

2. 已知某理想气体的物态方程为 $pV = CT$(C 是常量)，已知玻耳兹曼常数为 k，则该气体的分子总数为__________。

3. 氧气与氦气的温度和内能相同，则两种气体的摩尔数之比 $\nu_{O_2}:\nu_{He}=$ ________。

4. 1mol 氧气(视为刚性双原子分子的理想气体)贮于一氧气瓶中，温度为27℃，这瓶氧气的内能为________ J，分子的平均平动动能为________ J。

5. 1mol 氮气，由状态 $A(p_1, V)$ 变到状态 $B(p_2, V)$，气体内能的增量为________。

6. 设平衡态下某理想气体的分子总数为 N，速率分布函数为 $f(v)$，则 $Nf(v)\mathrm{d}v$ 的物理意义是________。

三、计算题

1. 1kg 某种理想气体，分子平动动能总和是 1.86×10^6J，已知每个分子的质量是 3.34×10^{-27}kg，试求气体的温度。

2. 有 $2\times10^{-3}\mathrm{m}^3$ 的刚性双原子理想气体，内能为675J。(1) 求该气体的压强；(2) 设分子总数为 5.4×10^{22}个，求分子的平均平动动能及气体的温度。

3. 导体中自由电子的运动可看作类似于气体分子的运动(故称电子气)。设导体中共有 N 个自由电子，温度为0K时，电子的最大速率为 v_F(称为费米速率)，电子在速率 $v\sim v+\mathrm{d}v$ 之间的概率为

$$\frac{\mathrm{d}N}{N}=\begin{cases}\dfrac{4\pi A}{N}v^2\cdot\mathrm{d}v & (v_F\geqslant v>0, A\text{ 为常数})\\ 0 & (v>v_F)\end{cases}$$

(1) 画出分布函数图。

(2) 用 N、v_F 确定常数 A。

(3) 证明：电子气中电子的平均动能 $\bar{\varepsilon}=\dfrac{3}{5}\varepsilon_F$，其中 $\varepsilon_F=\dfrac{1}{2}mv_F^2$。

参考答案

一、选择题

1. C　2. B　3. C　4. B　5. A　6. A

二、填空题

1. 0，kT/m；2. C/k；3. 3∶5；4. 6232.5，6.21×10^{-21}；5. $\dfrac{5}{2}(p_2-p_1)V$；6. 表示在速率区间 $v\sim v+\mathrm{d}v$ 内的分子数 $\mathrm{d}N$。

三、计算题

1. **解**　分子平动动能总和 $E_t=N\bar{\varepsilon}_t=N\dfrac{3}{2}kT=\dfrac{3}{2}\dfrac{M}{m}kT$

$$T=\frac{2}{3}\frac{E_t m}{kM}=\frac{2}{3}\times\frac{1.86\times10^6\times3.34\times10^{-27}}{1.38\times10^{-23}\times1}\mathrm{K}=300.1\mathrm{K}$$

2. **解**　(1) 由 $p=nkT=\dfrac{N}{V}kT$ 和 $U=N\dfrac{i}{2}kT$ 得到

$$p=\frac{2U}{iV}=\frac{2\times675}{5\times2\times10^{-3}}\text{Pa}=1.35\times10^{5}\text{Pa}$$

（2）分子的平均平动动能为$\overline{\varepsilon}_t=\frac{3}{2}kT$，利用 $U=N\frac{i}{2}kT$，得到

$$\overline{\varepsilon}_t=\frac{3U}{iN}=\frac{3\times675}{5\times5.4\times10^{22}}\text{J}=7.5\times10^{-21}\text{J}$$

根据 $U=N\frac{i}{2}kT$，得到气体的温度

$$T=\frac{2U}{iNk}=\frac{2\times675}{5\times5.4\times10^{22}\times1.38\times10^{-23}}\text{K}=362.3\text{K}$$

3. **解** （1）由题中所给函数关系可得分布函数$f(v)$的具体表达式为

$$f(v)=\frac{\mathrm{d}N}{N\cdot\mathrm{d}v}=\frac{4\pi A}{N}\cdot v^2\qquad(v_F\geqslant v>0),$$

$$f(v)=0\qquad(v>v_F)$$

令常数$\frac{4\pi A}{N}=k$，则$f(v)=\begin{cases}kv^2 & (v_F\geqslant v>0)\\0 & (v>v_F)\end{cases}$

显然，当 $v_F\geqslant v>0$ 时，$f(v)$为一段抛物线；当 $v>v_F$ 时，$f(v)$突降为零。$f(v)$与 v 的关系曲线如图 6-4 所示。

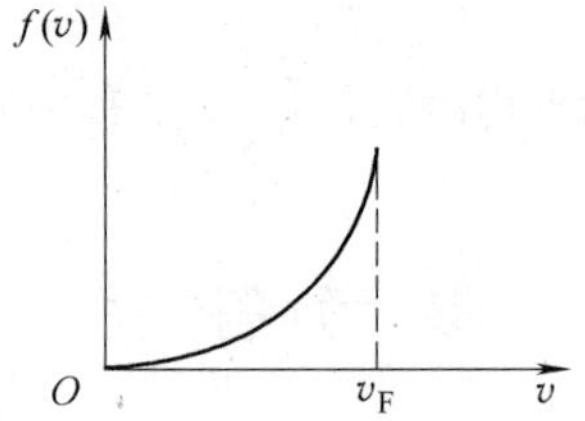

图 6-4　计算题 3 图

（2）由归一化条件 $\int_0^{\infty}f(v)\mathrm{d}v=1$，得 $\int_0^{v_F}\frac{4\pi A}{N}v^2\mathrm{d}v+\int_{v_F}^{\infty}0\cdot\mathrm{d}v=1$，即 $\frac{4\pi A}{N}\int_0^{v_F}v^2\mathrm{d}v=\frac{4\pi A\cdot v_F^3}{3N}=1$。于是 $A=\frac{3N}{4\pi v_F^3}$。

（3）证明：$f(v)=\begin{cases}\frac{4\pi A}{N}v^2=\frac{3}{v_F^3}v^2 & (v_F\geqslant v>0)\\0 & (v>v_F)\end{cases}$，

所以 $\overline{v^2}=\int_0^{\infty}v^2f(v)\mathrm{d}v=\int_0^{v_F}v^2\frac{3v^2}{v_F^3}\mathrm{d}v+\int_{v_F}^{\infty}0\cdot\mathrm{d}v$，$\overline{v^2}=\frac{3}{v_F^3}\int_0^{v_F}v^4\mathrm{d}v=\frac{3}{5}v_F^2$，

$$\overline{\varepsilon}=\frac{1}{2}m\overline{v^2}=\frac{3}{5}\left(\frac{1}{2}mv_F^2\right)=\frac{3}{5}\varepsilon_F。$$

第 7 章　热力学第一定律

7.1　知识网络

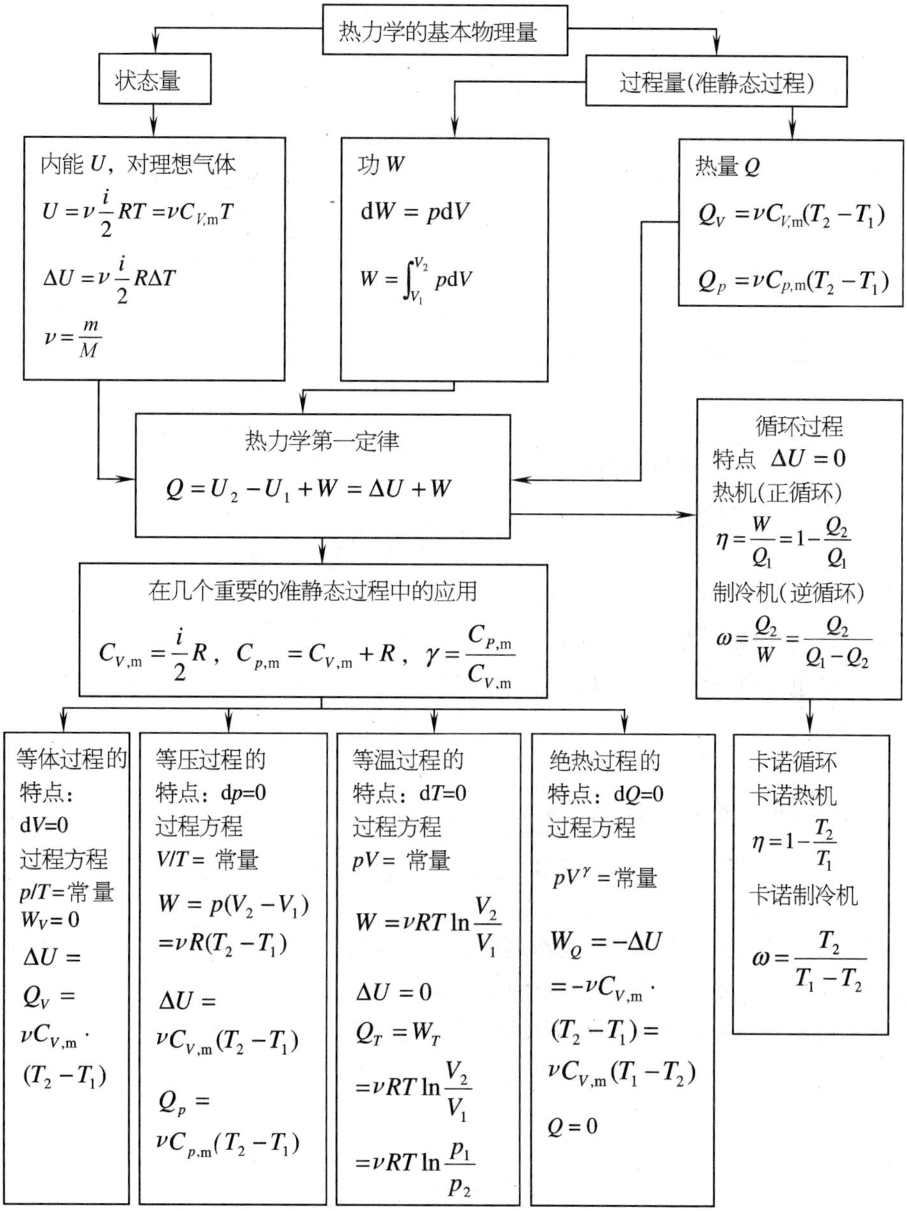

7.2 学习指导

7.2.1 基本概念

1. 热力学系统

由大量的微观粒子所组成的物质系统称为热力学系统，简称系统。系统以外的物质统称外界。

与外界没有任何相互作用的热力学系统，称为孤立系。

与外界有能量交换，但没有物质交换的热力学系统，称为封闭系。

与外界既有能量交换，又有物质交换的热力学系统，称为开放系。

孤立系是一个理想的极限概念。当热力学系统与外界的相互作用十分微弱，以致其相互作用能量远小于系统本身的能量时，就可以把系统近似地看作孤立系。

2. 准静态过程

热力学系统从一个平衡态到另一个平衡态的转变过程中，每个瞬时系统的每个中间态都无限接近于平衡态，则称此过程为准静态过程。准静态过程是一个理想化的过程。

实际上一切状态转变的过程都是非准静态过程。只有过程进行得无限缓慢，每个中间态才能无限地接近平衡态。但为了研究分析的方便，有利于寻找问题的主要矛盾，在许多情况下都近似地把实际过程当作准静态过程来处理。

一定量气体的准静态过程可以在 p-V 图、p-T 图、V-T 图上用一条曲线来表示。图上任意一点对应于一个平衡态，任意一条曲线对应一个准静态过程；但图上无法表示非准静态过程。

3. 内能、功和热量

(1) 系统的内能包含系统内所有分子热运动的能量以及分子之间相互作用的势能的总和。内能是系统状态的函数。对于一定质量的某种气体，内能一般是 T、V 或 p 的函数。对于理想气体，内能只是温度的单值函数。如果始、末状态一定，则无论其过程如何，系统内能的变化都是相同的。理想气体的内能变化为

$$\Delta U = \nu C_{V,\mathrm{m}}(T_2 - T_1) = \nu \frac{i}{2} R\Delta T \tag{7-1}$$

(2) 做功是系统与外界环境交换能量的过程。功是内能变化的一种量度。做功是通过系统与外界物体发生宏观的相对位移来完成的，它改变系统内能的实质是分子的有规则运动能量和分子的无规则运动能量之间的转化和传递。

气体做功是通过体积的增减来实现的，常称为体积功。其元功为 $\mathrm{d}W = p\mathrm{d}V$，在一个有限的准静态过程中，总功为

$$W = \int_{V_1}^{V_2} p\mathrm{d}V \tag{7-2}$$

在 p-V 图上某一过程的功其数值等于此过程曲线下面积的大小。

（3）热量是由于系统之间或系统内各部分温度不一致而被传递的能量。传热是通过分子之间的相互作用来完成的，它是将分子的无规则运动能量从高温物体向低温物体传递，从而改变系统的内能。热量是过程量而不是状态量。

对气体来说，状态变化过程不同，其传热的数量也不相同，因此同一种气体在不同过程中有不同的摩尔热容。当系统的物质的量为 1mol 时，对应的热容为摩尔热容。当系统具有单位质量(1kg)时，其热容称为比热容。对理想气体而言，等体过程(又称等容过程)中的摩尔定容热容为

$$C_{V,\mathrm{m}}=\frac{\mathrm{d}Q_V}{\nu\mathrm{d}T}=\frac{i}{2}R \tag{7-3}$$

等压过程中的摩尔定压热容为

$$C_{p,\mathrm{m}}=\frac{\mathrm{d}Q_{\mathrm{p}}}{\nu\mathrm{d}T}=C_{V,\mathrm{m}}+R \tag{7-4}$$

7.2.2　热力学第一定律

1. 热力学第一定律

系统从外界吸收的热量，一部分使系统的内能增加，另一部分使系统对外界做功，这就是热力学第一定律。数学表达式为

$$Q=(U_2-U_1)+W=\Delta U+W \tag{7-5}$$

（1）热力学第一定律实质是包括热现象在内的能量守恒与转换定律，它适用于任何系统的任何过程。

（2）热力学第一定律表明：不需要动力、能量或燃料而使机器永远不停地做功的永动机(即第一类永动机)是不可能制成的；功、热量是可以相互转化的，但必须通过系统内能的变化来实现。

（3）在应用热力学第一定律时应注意以下几点：

①Q、ΔU 和 W 必须采用同一单位。

②Q、ΔU 和 W 可正可负。通常规定：$Q>0$ 表示系统从外界吸热，$Q<0$ 表示系统向外界放热；$W>0$ 表示系统对外界做功，$W<0$ 表示外界对系统做功；$\Delta U>0$ 表示系统内能增加，$\Delta U<0$ 表示系统内能减少。

③U 是状态量，所以 ΔU 由系统的始、末状态决定；Q 和 W 是过程量，在不同的过程中，它们具有不同的值。

（4）利用热力学第一定律解决问题的基本思路：

①分析过程特性。

②利用理想气体状态方程 $pV=\nu RT$，进行状态转换。

③利用热力学第一定律 $Q=\Delta U+W$，计算功、能及热量。

$$\Delta U=\nu\frac{i}{2}R(T_2-T_1)=\nu C_{V,\mathrm{m}}(T_2-T_1)$$

$$W = \int_{V_1}^{V_2} p\mathrm{d}V;\ Q_V = \nu C_{V,\mathrm{m}}(T_2 - T_1);\ Q_p = \nu C_{p,\mathrm{m}}(T_2 - T_1)$$

2. 热力学第一定律在理想气体的几个重要准静态过程中的应用(见表 7-1)

表 7-1　热力学第一定律在理想气体的几个重要准静态过程中的应用

过　程	等体过程	等压过程	等温过程	绝热过程
特　征	$\mathrm{d}V=0$	$\mathrm{d}p=0$	$\mathrm{d}T=0$	$\mathrm{d}Q=0$
过程方程	$\frac{p}{T}=$恒量	$\frac{V}{T}=$恒量	$pV=$恒量	$pV^{\gamma}=$恒量
p-V 图	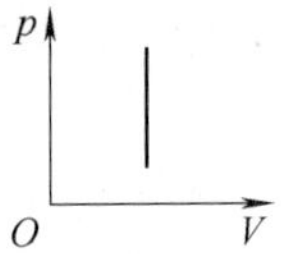	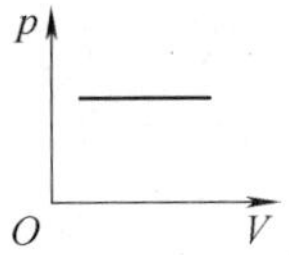	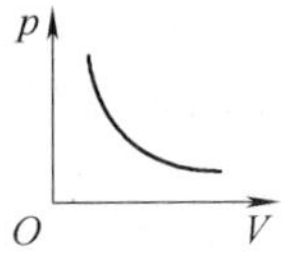	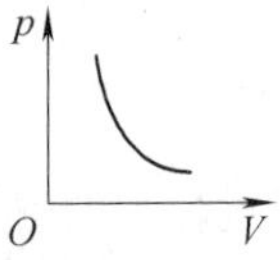
内能增量 ΔU	$\nu C_{V,\mathrm{m}}(T_2-T_1)$	$\nu C_{V,\mathrm{m}}(T_2-T_1)$	0	$\nu C_{V,\mathrm{m}}(T_2-T_1)$
对外做功 W	0	$p(V_2-V_1)$或 $\nu R(T_2-T_1)$	$\nu RT\ln\frac{V_2}{V_1}$或 $\nu RT\ln\frac{p_1}{p_2}$	$\nu C_{V,\mathrm{m}}(T_2-T_1)$或 $\frac{1}{\gamma-1}(p_1V_1-p_2V_2)$
吸收热量 Q	$\nu C_{V,\mathrm{m}}(T_2-T_1)$	$\nu C_{p,\mathrm{m}}(T_2-T_1)$	$\nu RT\ln\frac{V_2}{V_1}$或 $\nu RT\ln\frac{p_1}{p_2}$	0
摩尔热容 C_{m}	$C_{V,\mathrm{m}}=\frac{i}{2}R$	$C_{p,\mathrm{m}}=C_{V,\mathrm{m}}+R$	∞	0

7.2.3　循环过程与卡诺循环

1. 循环过程

系统由某状态出发，经一系列状态变化以后又回到原来的状态，这样的过程叫作循环过程。对循环过程应明确以下几点：

(1) 系统经历一循环过程后内能不变，即 $\Delta U=0$。

(2) 准静态过程构成的循环，在 p-V 图中可用一闭合曲线表示。沿顺时针方向进行的循环称为正循环或热机循环，沿逆时针方向进行的循环称为逆循环或制冷循环。

(3) 正循环表示热机的工作过程，它把吸收的部分热量变为有用功。在 p-V 图中循环曲线包围的面积就表示一个循环过程系统对外所做的净功。热机效率或循环效率 η 定义为

$$\eta = \frac{W}{Q_1} = 1 - \frac{Q_2}{Q_1} \tag{7-6}$$

式中，Q_1 代表整个循环过程中系统从外界吸收的热量；Q_2 为整个循环过程中系统向外界放出的热量。Q_1、Q_2 均取绝对值。

（4）逆循环表示制冷机的工作过程。在外界做功的条件下，经过一个逆循环，工质将低温源的热量送到高温源处。制冷系数

$$\omega=\frac{Q_2}{W}=\frac{Q_2}{Q_1-Q_2} \tag{7-7}$$

式中，Q_1，Q_2，W 分别表示在一个逆循环过程中系统向高温源放出的热量、系统从低温源吸收的热量、外界对系统所做的功。Q_1，Q_2 均取绝对值。

2. 卡诺循环

卡诺循环模型以理想气体为工质，由四个准静态过程组成，其中两个是等温过程，两个是绝热过程，即某热机的工质只与两个恒温热源（高温热源 T_1 和低温热源 T_2）交换能量，这种理想热机称为卡诺热机。对卡诺循环应明确以下几点：

（1）卡诺循环是一种理想循环，其效率最高。

（2）卡诺循环的效率为

$$\eta=1-\frac{T_2}{T_1} \tag{7-8}$$

它只适用于卡诺循环，对其他循环不适用。

（3）由于 $T_1\neq\infty$，$T_2\neq0$，因此卡诺循环的效率总小于1，即热机效率不可能达到100%。从能量角度来分析，即不可能把由高温热源吸收来的热量全部用来对外做功。

（4）卡诺逆循环表示卡诺制冷机的工作原理，卡诺制冷机的制冷系数为

$$\omega=\frac{T_2}{T_1-T_2} \tag{7-9}$$

7.3　问题辨析

问题1　内能和热量的概念有何不同？能否认为“物体的温度越高，其热量越多”？能否认为“物体的温度越高，其内能越大”？

辨析　内能是物体内所有分子无规则运动能量的总和，这是一个由系统本身及其状态决定的量。热量是传热过程中所传递能量的多少，这是与过程有关的量。“物体的温度越高，其热量越多”的说法不正确，因为温度是状态量，而热量是过程量，在一个传热过程中传递的热量多少，与物体温度的高低无必然联系。“物体的温度越高，其内能越大”的说法，对于理想气体是正确的，因为温度越高，表示物体内分子无规则热运动的动能越大，因而内能也越大。对于实际气体，只要体积不变，这一说法也是正确的。

问题2　有可能对物体加热而物体的温度不使升高吗？有可能没有任何热交换而使系统的温度发生变化吗？

辨析　这两种可能都存在。由热力学第一定律 $Q=(U_2-U_1)+W$ 可知，如果内能不变，则 $Q=W$。对物体加热时，让系统对外做功，就可以使物体的温度不升高。例

如，物体的等温膨胀过程就是对物体加热，但物体的温度并没有升高。

如果没有热交换，则 $Q=(U_2-U_1)+W=0$，是绝热过程。可以通过对系统做功，改变系统的内能，从而使系统的温度发生变化。例如，在绝热膨胀或绝热压缩过程中，没有任何热交换，但系统的温度发生了变化。

问题 3 为什么气体热容的数值可以有无穷多个？在什么情况下气体的摩尔热容是零？在什么情况下气体的摩尔热容是无穷大？

辨析 （1）气体热容的定义为 $C=\dfrac{dQ}{dT}$，其物理意义是气体在没有化学反应和相变的条件下，温度升高1K所需吸收的热量。热量是过程量，热力学系统从一个平衡态过渡到另一个平衡态有无数条路径，每一条路径代表一个过程，不同的路径所需的热量不同，所以无数条路径就对应无数个热容。

（2）所谓气体的摩尔热容是指1mol气体温度升高1K所需吸收的热量，用 C_m 表示。对于绝热过程，$dQ=0$，因此 $C_m=0$；对于等温过程，$dT=0$，由 $C_m=\dfrac{dQ}{dT}$知，$C_m\to\infty$。

问题 4 为什么说卡诺循环是最简单的循环？

辨析 在卡诺循环中，工质只需要两个热源，循环过程由两个可逆的等温过程和两个可逆的绝热过程构成，工质仅在两个等温过程中与热源交换热量。一个任意的可逆循环总可以细分为许多微小的卡诺循环，每一个微小卡诺循环都对应两个微小温差的热源，整个可逆循环也就对应着需要许多微小温差的热源。微小的卡诺循环数越多，越接近实际的任意可逆循环，但所需热源数也越多。若无限细分，则所需的热源数为无限。因此，从这个意义上说，卡诺循环是所需热源数最少的、最简单的理想化的循环。

问题 5 （1）在同一张 p-V 图上，一条绝热线与一条等温线能否有两个交点？（2）在同一张 p-V 图上，两条等温线能否相交或相切？两条绝热线能否相交或相切？

辨析 （1）不可能，否则将意味着从某一初状态出发，经过绝热膨胀过程能达到另一状态而温度不变。理想气体既不吸热，又不减少内能，而对外做功，这是违反热力学第一定律的。从数学上说，等温线（$pV=c_1$）与绝热线（$pV^\gamma=c_2$）也只有一个交点。

（2）假设有两条等温线 $pV=c_1$ 和 $pV=c_2$，因 $T_1\neq T_2$，故 $c_1\neq c_2$，在 p-V 图上不可能相交或相切，否则在切点或相交点上，$c_1=c_2$ 或 $T_1=T_2$，与假设矛盾。

同样，两条绝热线也不可能相交或相切，因为两条绝热线 $pV^\gamma=c_1$ 与 $pV^\gamma=c_2$，$c_1\neq c_2$。如果它们在一点相交或相切，则 $c_1=c_2$，两条线应重合，不再是两条相交的绝热线。

问题 6 有一可逆的卡诺机，当作为热机使用时，如果工作的两个热源的温差越大，则对于做功就越有利。当作为制冷机使用时，如果两热源的温差越大，对于制冷是否也越有利？为什么？

辨析 对于制冷机，人们关心的是从低温热源吸收的热量要多，外界对制冷机做的功要少。对于可逆卡诺循环，制冷系数 $\omega=\dfrac{T_2}{T_1-T_2}$，制冷系数可以大于1，且越大越好。若两热源的温差越大，则制冷系数越小，从低温热源吸收相同热量时，外界对制冷机所做的功就越多，这对制冷是不利的。

问题 7　在一个房间里，有一台电冰箱正工作着。如果打开电冰箱的门，会不会使房间降温？会使房间升温吗？用一台热泵为什么能使房间降温？

辨析　因为对于电冰箱，两个热库都在房间里，向高温热源放热 Q_1 大于从低温热源吸收热量 Q_2，$Q_1 = Q_2 + W$。所以打开电冰箱的门，不但不会使房间降温，反而会使房间升温。热泵的高温热源在室外，低温热源在房间里，逆循环从低温热源吸热向高温热源放热，从而使房间降温。

7.4　例题剖析

7.4.1　基本思路

本章的基本习题有以下几类：

1. 热力学第一定律及其在理想气体的几个重要的准静态过程中的应用

（1）必须掌握几个准静态过程的特征及其过程方程。

（2）应用热力学第一定律时应注意 7.2.2 小节中所讲的注意事项。

2. 求解热机效率问题

（1）效率公式 $\eta = \dfrac{W}{Q_1} = 1 - \dfrac{Q_2}{Q_1}$ 中的 Q_1 是指整个循环过程中系统从外界吸收的总热量，而不是从外界吸收的“净”热量。

（2）卡诺循环由两个等温过程和两个绝热过程组成，效率 $\eta = 1 - \dfrac{T_2}{T_1}$，$T_1$ 为高温热源温度，T_2 为低温热源温度。

7.4.2　典型例题

例 7-1　如图 7-1 所示，1mol 氧气由状态 $A(p_1, V_1)$ 沿直线变到状态 $B(p_2, V_2)$，求此过程中系统内能的变化、吸收的热量和对外做的功。

分析　由图 7-1 可求出 ΔU、W，再由热力学第一定律求出 Q。

解　1mol 氧气的内能为 $U = \dfrac{5}{2}RT$

从状态 A 变到状态 B，内能的增量为

$$\Delta U = \frac{5}{2}R(T_2 - T_1) = \frac{5}{2}(p_2V_2 - p_1V_1)$$

对外做功即为图 7-1 中梯形 $ABCD$ 的面积，即

$$W = \frac{1}{2}(p_1 + p_2)(V_2 - V_1)$$

由热力学第一定律，此过程中吸收的热量为

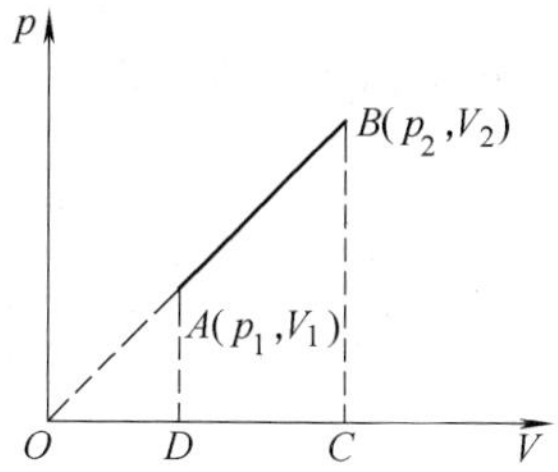

图 7-1　例 7-1 图

$$Q=\Delta U+W=\frac{5}{2}(p_2V_2-p_1V_1)+\frac{1}{2}(p_1+p_2)(V_2-V_1)$$
$$=3(p_2V_2-p_1V_1)+\frac{1}{2}(p_1V_2-p_2V_1)$$

例 7-2 如图 7-2 所示，分别通过下列准静态过程把标准状态下 0.014kg 氮气压缩为原体积的一半。(1) 等温过程；(2) 绝热过程；(3) 等压过程。求在这些过程中，气体内能的改变、传递的热量和外界对气体做的功。设氮气为理想气体，摩尔定容热容 $C_{V,\mathrm{m}}=\frac{5}{2}R$。

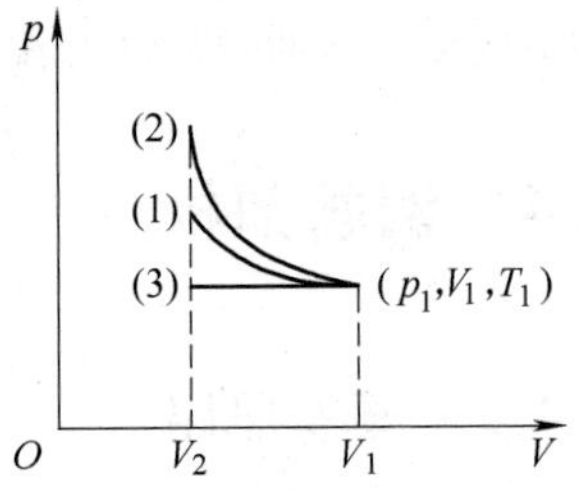

图 7-2 例 7-2 图

分析 该题是热力学第一定律在几个等值过程中的应用，需要熟练掌握过程的特征和热力学第一定律中三个物理量的计算。注意外界对气体(系统)做的功 W' 等于气体(系统)对外界做的功 W 的负值。

解 已知 $\frac{m}{M}=0.5\mathrm{mol}$，$T_1=273\mathrm{K}$，$\frac{V_2}{V_1}=0.5$，$C_{V,\mathrm{m}}=\frac{5}{2}R=20.78\mathrm{J\cdot mol^{-1}\cdot K^{-1}}$。

(1) 等温过程。

$$\Delta U=0$$
$$W'=-W=-\frac{m}{M}RT_1\ln\frac{V_2}{V_1}=-0.5\times8.31\times273\times\ln0.5\mathrm{J}=786\mathrm{J}$$

根据热力学第一定律

$$Q=W=-786\mathrm{J}$$

(2) 绝热过程。

$$Q=0$$

由过程方程 $T_1V_1^{\gamma-1}=T_2V_2^{\gamma-1}$ 及比热容比 $\gamma=\frac{C_{p,\mathrm{m}}}{C_{V,\mathrm{m}}}=1.4$，得到末态温度

$$T_2=\left(\frac{V_1}{V_2}\right)^{\gamma-1}\cdot T_1=2^{0.4}\times273\mathrm{K}\approx360\mathrm{K}$$

因此内能变化

$$\Delta U=\frac{m}{M}C_{V,\mathrm{m}}(T_2-T_1)=0.5\times20.78\times(360-273)\mathrm{J}\approx904\mathrm{J}$$

根据热力学第一定律

$$W'=-W=\Delta U=904\mathrm{J}$$

(3) 等压过程。

由过程方程 $\frac{V_1}{T_1}=\frac{V_2}{T_2}$，得到末态温度 $T_2=\frac{V_2}{V_1}\cdot T_1=136.5\mathrm{K}$。因此内能变化为

$$\Delta U=\frac{m}{M}C_{V,\mathrm{m}}(T_2-T_1)=0.5\times20.78\times(136.5-273)\mathrm{J}\approx-1418\mathrm{J}$$

外界对气体做的功

$$W' = -W = -\int_{V_1}^{V_2} p\mathrm{d}V = p_1(V_1 - V_2) = \frac{1}{2}p_1V_1 = \frac{1}{2}\frac{m}{M}RT_1$$

$$= \frac{1}{2}\times\frac{1}{2}\times 8.31\times 273\mathrm{J}\approx 567\mathrm{J}$$

根据热力学第一定律

$$Q = \Delta U + W = \Delta U - W' = (-1418 - 567)\mathrm{J} = -1985\mathrm{J}$$

例 7-3　如图 7-3 所示，bca 为理想气体绝热过程，$b1a$ 和 $b2a$ 是两个任意过程，分析这两个过程中气体是做正功还是负功，过程是吸热还是放热。

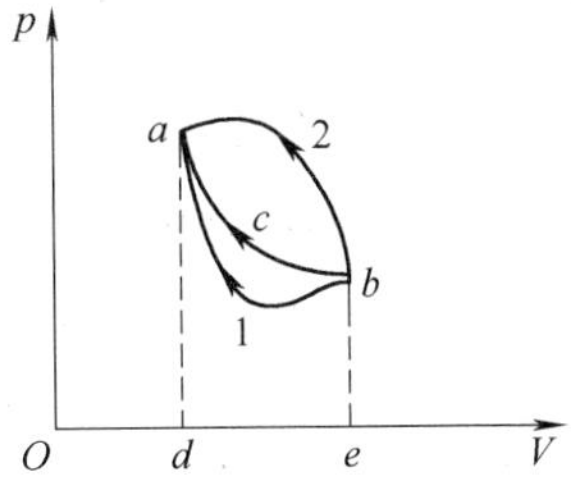

图 7-3　例 7-3 图

分析　应用热力学第一定律分析。

解　方法一：因 bca 过程是绝热压缩过程，根据热力学第一定律有

$$U_a - U_b = -W = W' > 0$$

式中，W 表示气体对外界做功；W' 表示外界对气体做功。由于是压缩过程，外界做正功，所以气体内能增加，其数值等于图 7-3 中曲边梯形 $bcade$ 的面积。

对 $b1a$ 过程应用热力学第一定律有

$$Q_1 = U_a - U_b + W_1 = W' - W_1'$$

式中，W_1' 表示 $b1a$ 过程外界所做的功。$W_1' > 0$，它等于曲边梯形 $b1ade$ 的面积。由图 7-3 可见，$W' > W_1'$，所以 $Q_1 > 0$，即该过程吸热，气体做负功。

对 $b2a$ 过程应用热力学第一定律有

$$Q_2 = U_a - U_b + W_2 = W' - W_2'$$

同理，$W'_2 > W'$，所以 $Q_2 < 0$，故此过程放热，气体做负功。

方法二：把 $acb1a$ 看作一部热机的正循环过程。整个循环过程与外界的热交换 $Q = W > 0$，而 acb 为绝热过程，只有 $b1a$ 过程与外界有热交换，所以 $b1a$ 为吸热过程。此过程体积减小，因此气体做负功。

把 $acb2a$ 看作一部制冷机的逆循环过程。对全过程有 $Q = W < 0$，而 acb 为绝热过程，只有 $b2a$ 过程与外界有热交换，所以 $b2a$ 为放热过程。此过程体积减小，因此气体做负功。

例 7-4　如图 7-4 所示的循环过程中，ab 和 cd 为绝热过程，bc 和 da 为等体过程，用 T_1、T_2、T_3、T_4 分别代表 a 态、b 态、c 态、d 态的温度。若已知温度 T_1 和 T_2，求循环效率 η，并判断此循环是不是卡诺循环。

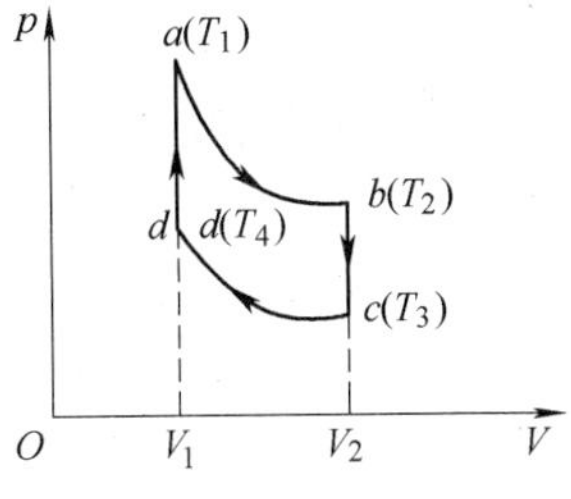

图 7-4　例 7-4 图

分析　循环中的吸热过程只有一个，即 $d \to a$；放热过程也只有一个，即 $b \to c$。根据定义计算热机的循环效率，应用绝热过程方程求得吸、放热之比与 T_1、T_2 的关系。由卡诺循环的组成判断该循环是否为卡诺循环。

解 设循环中吸热量为 Q_1，放热量为 Q_2，则热机效率 $\eta = 1 - \dfrac{Q_2}{Q_1}$。

$d \to a$ 吸热，故 $Q_1 = \dfrac{m}{M} C_{V,\mathrm{m}}(T_1 - T_4)$。

$b \to c$ 放热，故 $Q_2 = \dfrac{m}{M} C_{V,\mathrm{m}}(T_2 - T_3)$。

$$\frac{Q_2}{Q_1} = \frac{\dfrac{m}{M} C_{V,\mathrm{m}}(T_2 - T_3)}{\dfrac{m}{M} C_{V,\mathrm{m}}(T_1 - T_4)} = \frac{T_2 - T_3}{T_1 - T_4}$$

对 ab 过程，应用绝热过程方程有

$$T_1 V_1^{\gamma - 1} = T_2 V_2^{\gamma - 1}$$

对 cd 过程，应用绝热过程方程有

$$T_4 V_1^{\gamma - 1} = T_3 V_2^{\gamma - 1}$$

两式相除，得 $\dfrac{T_1}{T_4} = \dfrac{T_2}{T_3}$，所以

$$\frac{Q_2}{Q_1} = \frac{T_2 - T_3}{T_1 - T_4} = \frac{T_2\left(1 - \dfrac{T_3}{T_2}\right)}{T_1\left(1 - \dfrac{T_4}{T_1}\right)} = \frac{T_2}{T_1}$$

故

$$\eta = 1 - \frac{Q_2}{Q_1} = 1 - \frac{T_2}{T_1}$$

虽然此循环的效率表达式类似于卡诺热机的效率表达式，但此循环不是卡诺循环，因为它不是由两条等温线和两条绝热线组成的。此循环效率 $\eta = 1 - \dfrac{T_2}{T_1}$ 中的 T_1、T_2 与卡诺循环中的 T_1、T_2 含义不同。对于卡诺循环，系统只有两个热源，T_1 代表高温热源的温度，T_2 代表低温热源的温度。本题的循环叫作奥托循环，是内燃机的理论循环。

7.5 能力训练

一、选择题

1. 一物质系统从外界吸收一定的热量，则(　　)。

A. 系统的内能一定增加

B. 系统的内能一定减少

C. 系统的内能一定保持不变

D. 系统的内能可能增加，也可能减少或保持不变

2. 理想气体的初态为 p_1、V_1，经可逆绝热过程到达终态 p_2、V_2，则该气体的比热容比 γ 为(　　)。

A. $\ln(p_2V_1)/\ln(p_1V_2)$　　B. $\ln(p_1V_1)/\ln(p_2V_2)$

C. $\ln(p_2/p_1)/\ln(V_1/V_2)$　　D. $\ln(p_1/p_2)/\ln(V_1/V_2)$

3. 刚性三原子分子理想气体的压强为 p，体积为 V，则它的内能为(　　)。

A. $2pV$　　B. pV　　C. $3pV$　　D. pV

4. 如图 7-5 所示的三个过程，它们的初、终状态相同，其中过程②为绝热过程，则(　　)。

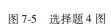

A. 过程①吸热，气体做功为正，过程③放热，气体做功为正

B. 过程①吸热，气体做功为负，过程③吸热，气体做功为正

C. 过程①、③均吸热，气体做功为正

D. 过程①、③均吸热，气体做功为负

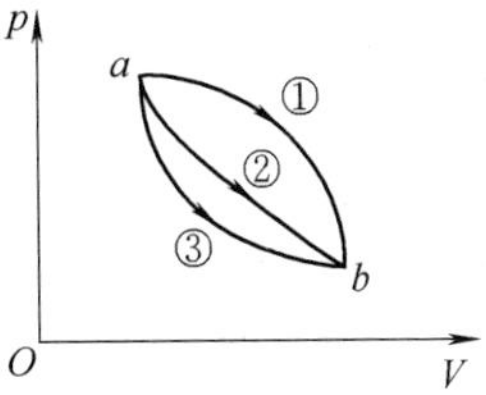

图 7-5　选择题 4 图

5. 设高温热源的热力学温度是低温热源的热力学温度的 n 倍，则理想气体在一次卡诺循环中，传给低温热源的热量是从高温热源吸收热量的(　　)。

A. n 倍　　B. $n-1$ 倍　　C. $\frac{1}{n}$倍　　D. $\frac{n+1}{n}$倍

6. 下图所列的 4 个分图分别表示理想气体的 4 个设想的循环过程。请选出一个在物理上可能实现的循环过程。(　　)

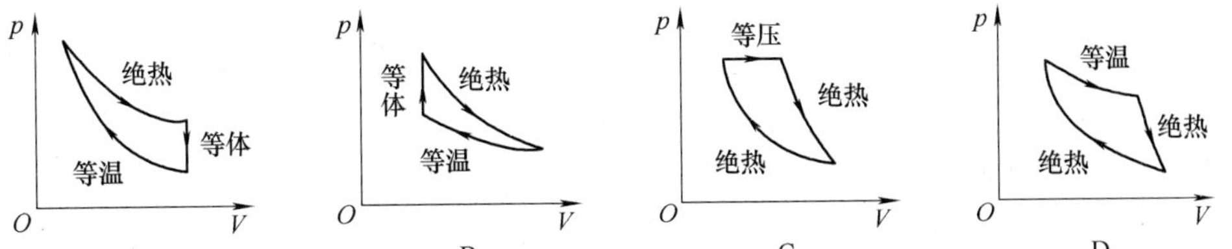

二、填空题

1. 在 p-V 图上，系统的某一平衡态用__________来表示，系统的某一过程用__________来表示，系统的某一平衡循环过程用__________来表示。

2. 刚性双原子分子理想气体的摩尔定压热容 $C_{p,\mathrm{m}}=$__________ J/(mol · K)，它的比热容比 $\gamma=$__________。

3. 刚性双原子分子的理想气体在等压下膨胀所做的功为 W，则传递给气体的热量为__________。

4. 已知氧气经绝热过程后温度下降了 10K，在该过程中氧气对外做功 500J，则氧气的物质的量为__________。

5. 有 ν(mol) 理想气体，经历如图 7-6 所示的循环过程 $acba$，其中 acb 为半圆弧，$b\to a$ 为等压过程，$p_c=2p_a$。令气体进行 $a\to b$ 的等压过程时吸热 Q_{ab}，则在此循环过程中气

体净吸热量 Q ________ Q_{ab}。（填入 >、< 或 =）

6. 一定量的理想气体，在 p-T 图上经历一个如图 7-7 所示的循环过程（$a \to b \to c \to d \to a$），其中 $a \to b$、$c \to d$ 两个过程是绝热过程，则该循环的效率 η = ________。

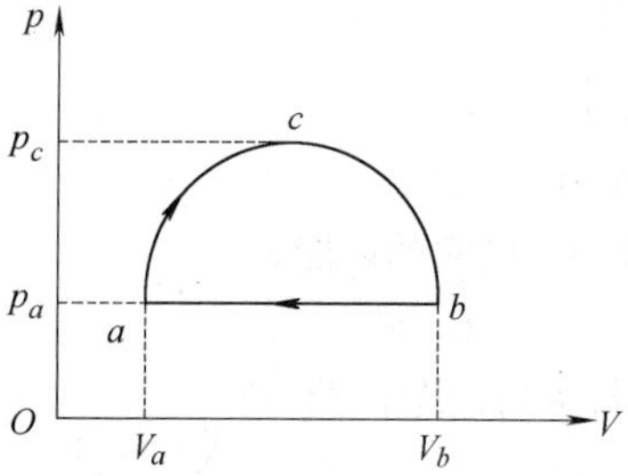

图 7-6　填空题 5 图

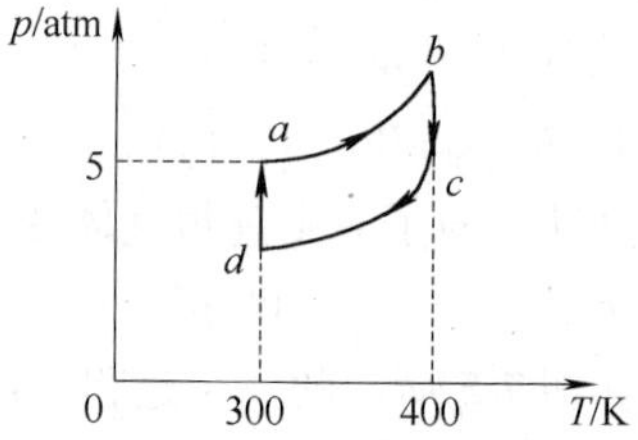

图 7-7　填空题 6 图

三、计算题

1. 2mol 氢气（视为理想气体）开始时处于标准状态，后经等温过程从外界吸收了 400J 的热量，达到末态。求末态的压强。

2. 2mol 双原子分子理想气体，在温度 $T_1 = 300\text{K}$，体积 $V_1 = 0.04\text{m}^3$ 的条件下，缓慢加热使气体膨胀到 $V_2 = 0.08\text{m}^3$，试分别计算以下两种过程中气体内能的变化、气体对外做的功和吸收的热量：

（1）等压过程。

（2）等温过程。

3. 如图 7-8 所示，单原子分子理想气体由始态 a 出发，经图示的直线过程到达末态 b。求

（1）在 $a \to b$ 过程中，气体对外界所做的功 W。

（2）在 $a \to b$ 过程中，气体所吸收的热量 Q。

4. 1mol 单原子分子理想气体做如图 7-9 所示的循环过程，其中 $a \to b$ 是等温过程，在此过程中气体吸热 $Q_1 = 3.09 \times 10^3\text{J}$，$b \to c$ 是等体过程，$c \to a$ 是绝热过程。已知 a 态温度 $T_a = 500\text{K}$，c 态温度 $T_c = 300\text{K}$。求：

（1）此循环过程的效率 η。

（2）在一个循环过程中，气体对外所做的功 W。

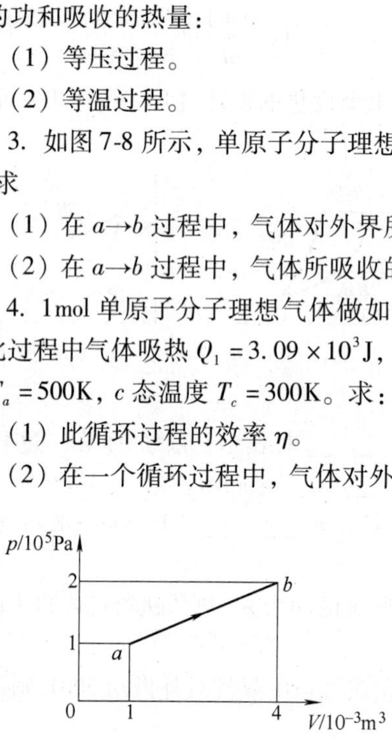

图 7-8　计算题 3 图

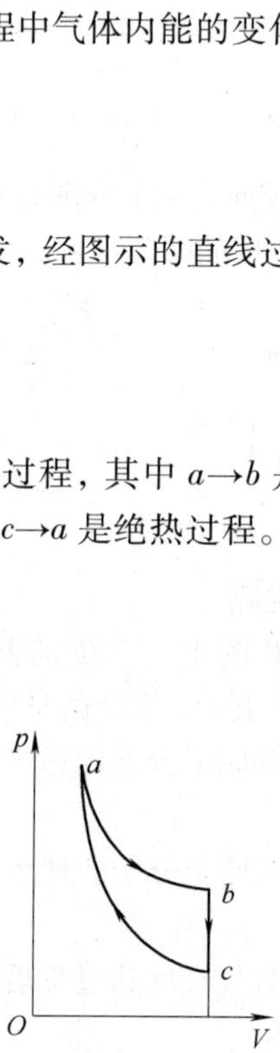

图 7-9　计算题 4 图

参考答案

一、选择题

1. D　2. C　3. C　4. A　5. C　6. B

二、填空题

1. 一个点，一条曲线，一条封闭曲线；2. 29.08，7/5；3. $\frac{7}{2}W$；4. 2.41mol；5. <；6. 25%。

三、计算题

1. **解**　设氢气标准状态的压强和温度分别为 p_0、T_0，等温过程中系统吸收的热量等于系统对外做的功，即 $Q_T = W_T = \nu RT_0 \ln \frac{p_0}{p}$，$\ln \frac{p_0}{p} = \frac{Q_T}{\nu RT_0}$

气体末态的压强 $p = p_0 \exp\left(-\frac{Q_T}{\nu RT_0}\right) = 101325 \times \exp\left(-\frac{400}{2 \times 8.31 \times 273.15}\right)\text{Pa} \approx 92779\text{Pa}$

2. **解**　双原子分子的摩尔定压热容 $C_{p,\text{m}} = \frac{7}{2}R$，摩尔定容热容 $C_{V,\text{m}} = \frac{5}{2}R$

（1）根据等压过程的过程方程 $V/T =$ 常量，得到气体末态的温度

$$T_2 = \frac{V_2}{V_1}T_1 = \frac{0.08}{0.04} \times 300\text{K} = 600\text{K}$$

气体内能的变化　$\Delta U = \nu C_{V,\text{m}}(T_2 - T_1) = 2 \times \frac{5}{2} \times 8.31 \times (600 - 300)\text{J} = 12465\text{J}$

气体对外做的功　$W_p = p(V_2 - V_1) = \nu R(T_2 - T_1) = \nu R\Delta T = 2 \times 8.31 \times (600 - 300)\text{J} = 4986\text{J}$

气体吸收的热量　$Q_p = \nu C_{p,\text{m}}(T_2 - T_1) = 2 \times \frac{7}{2} \times 8.31 \times (600 - 300)\text{J} = 17451\text{J}$

也可以根据热力学第一定律，求出气体在这一过程中吸收的热量

$$Q_p = \Delta U + W_p = 12465\text{J} + 4986\text{J} = 17451\text{J}$$

（2）理想气体的内能是温度的单值函数，即 $\Delta U = 0$

气体对外做的功　$W_T = \nu RT_1 \ln \frac{V_2}{V_1} = 2 \times 8.31 \times 300 \times \ln 2\text{J} = 3456\text{J}$

由热力学第一定律可知，等温过程中系统吸收的热量 $Q_T = W_T = 3456\text{J}$

3. **解**　（1）线段与坐标轴围成的梯形面积，就是系统对外所的功

$$W = \frac{1}{2} \times (1 + 2) \times 10^5 \times (4 - 1) \times 10^{-3}\text{J} = 450\text{J}$$

（2）内能增量　$\Delta U = \nu C_{V,\text{m}}(T_b - T_a) = \frac{3}{2}\nu R(T_b - T_a) = \frac{3}{2}(p_b V_b - p_a V_a)$

代入数值计算 $\Delta U=\frac{3}{2}(p_bV_b-p_aV_a)=\frac{3}{2}\times(2\times4-1\times1)\times10^5\times10^{-3}\text{J}=1050\text{J}$

在 $a\to b$ 过程中，气体所吸收的热量 $Q=\Delta U+W=1050\text{J}+450\text{J}=1500\text{J}$

4. **解** （1）$a\to b$ 是等温膨胀过程，气体吸热 $Q_1=3.09\times10^3\text{J}$。

$b\to c$ 是等体降压过程，温度降低，热力学能减少，根据热力学第一定律，$b\to c$ 过程吸热。

$$Q_2=\nu C_{\mathrm{m},V}(T_b-T_c)=\nu C_{\mathrm{m},V}(T_a-T_c)=\frac{3}{2}\times1\times8.31\times(500-300)\text{J}=2493\text{J}$$

$c\to a$ 是绝热过程，因此，此过程既不吸热也不放热。

循环效率 $$\eta=1-\frac{Q_2}{Q_1}=\left(1-\frac{2493}{3090}\right)\times100\%=19.3\%$$

（2）根据热力学第一定律，循环过程气体吸收的净热量转化为对外做的净功 W，因此在一个循环过程中，气体对外所做的功 $W=Q_1-Q_2=3090\text{J}-2493\text{J}=597\text{J}$。

第 8 章　热力学第二定律

8.1　知识网络

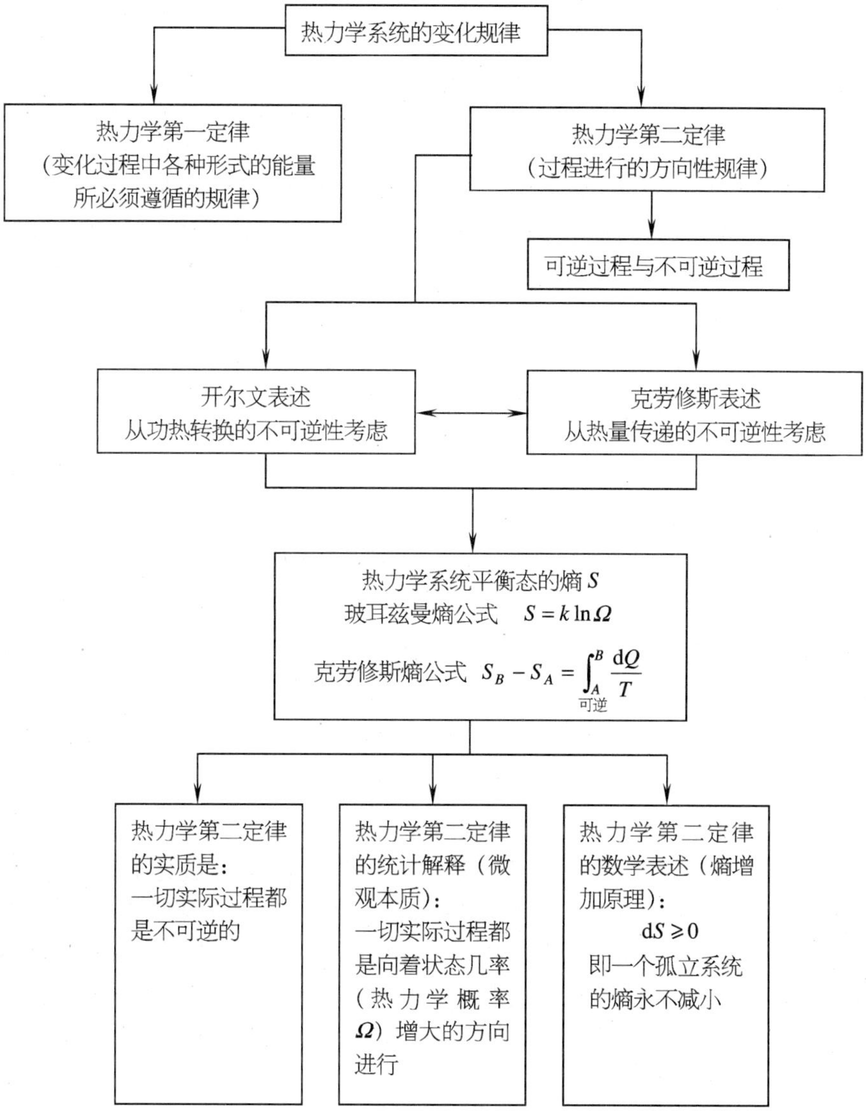

8.2 学习指导

8.2.1 基本概念

1. 自然过程进行的方向性

自然界中，系统在不受外界影响下进行的任何宏观自发过程都是按一定方向进行的，即具有方向性。

2. 可逆过程与不可逆过程

系统由一初态出发，经某过程到达一末态后，如果能使系统回到初态而不引起外界的任何变化，则称此过程为可逆过程；反之，如果用任何方法都不可能使系统和外界完全复原，则称此过程为不可逆过程。所谓一个过程不可逆，并不是说该过程的逆过程一定不能进行，而是说当过程逆向进行时，逆过程在外界留下的痕迹不能将原来正过程的痕迹完全消除掉。各种实际宏观过程都是不可逆过程，只有十分缓慢的、无摩擦的准静态过程，才可近似看作可逆过程。所以，可逆过程是一个理想的过程。

3. 热力学概率 Ω

热力学概率是系统任一宏观态对应的微观态数。

孤立系统内的热力学过程总是自动朝着热力学概率 Ω 增大的方向进行。平衡态是系统在一定宏观条件下热力学概率最大的状态。

4. 玻耳兹曼熵与克劳修斯熵

（1）玻耳兹曼熵　热力学过程总是自动朝着平衡态即热力学概率 Ω 增大的方向进行。可用系统宏观状态的热力学概率 Ω 来定量表示系统内分子热运动的无序度。孤立系统在平衡状态时的热力学概率 Ω 具有最大值，即平衡态为分子运动最无序的状态，系统实际的过程总是趋向平衡态。

玻耳兹曼用热力学概率 Ω 定义的熵 S

$$S = k\ln\Omega \tag{8-1}$$

来表示系统无序性大小，玻耳兹曼熵是从微观上定义的。

（2）克劳修斯熵　一切自然过程都是不可逆的。当给定系统处于非平衡态时，总要发生从非平衡态向平衡态的自发性过渡；反之，当给定系统处于平衡态时，系统却不可能发生从平衡态向非平衡态的自发性过渡。因此，存在一个与系统平衡状态有关的状态函数，根据它的变化来判断实际过程进行的方向。这个状态函数就是熵。

克劳修斯熵的定义：若系统从平衡态 A 经任一可逆过程变化到平衡态 B，其熵的增量为

$$S_B - S_A = \int_{\substack{A\\ \text{可逆}}}^{B} \frac{\mathrm{d}Q}{T}$$

式中，S_A 为始态熵；S_B 为末态熵。可见，熵是状态的函数。当系统从始态变化至末态

时，不管经历了什么过程，熵的增量总是一定的，只决定于始、末两态。

玻耳兹曼熵和克劳修斯熵虽然定义不同，但都得到了热力学第二定律的数学表述：孤立系统内部所发生的过程总是朝着熵增加的方向进行，即 $dS \geqslant 0$。可以定量地证明，从玻耳兹曼熵能够推导出克劳修斯熵，两者是等价的。但两者应用范围有差别，玻耳兹曼熵公式可以计算系统在平衡态和非平衡态的熵，而克劳修斯熵只能用来计算系统处于平衡态时的熵。

8.2.2　热力学第二定律

1. 热力学第二定律的两种表述

克劳修斯表述：不可能把热量从低温物体传到高温物体而不引起其他变化。

开尔文表述：不可能从单一热源吸取热量，使之完全变成有用的功而不产生其他影响。

热力学第二定律表明：

（1）包括热现象在内的一切过程不仅要遵守能量守恒和转换的热力学第一定律，而且还必须满足热力学第二定律。热力学第二定律反映了热力学过程的进行方向和条件。

（2）第二类永动机（只从单一热源吸热并将之完全转变为有用功的热机）是不可能制成的。

（3）克劳修斯表述与开尔文表述是等价的。即，由热传递的不可逆性可导出功变热的不可逆性。说明自然界中各种不可逆过程都是互相关联的。

热力学第二定律的实质是说，一切与热现象有关的实际宏观过程都是不可逆过程。

2. 热力学第二定律的统计意义

一个孤立系统内部发生的过程，总是由包含微观状态数目少的宏观态向包含微观状态数目多的方向进行，即由热力学概率小的宏观态向热力学概率大的宏观态方向进行。这是热力学第二定律的统计意义。

热力学第二定律揭示了实际宏观过程的不可逆性与单个分子的微观过程的可逆性的统一。

3. 熵增加原理

孤立系统内所进行的任何不可逆过程，总是沿着熵增加的方向进行，只有可逆过程的熵才不变，因而有

$$\Delta S \geqslant 0 \tag{8-2}$$

这就是熵增加原理。

对于一个开始处于非平衡态的孤立系统，必定逐渐向平衡态过渡，在此过程中熵要增加。当达到平衡态时，系统的熵达到最大值。因此，用熵增加原理可判断过程进行的方向和限度。可以说，熵增加原理是热力学第二定律的数学表述。

8.3 问题辨析

问题 1 可逆过程是否一定是准静态过程？准静态过程是否一定是可逆过程？凡是有热接触的物体，它们之间进行热交换的过程都是不可逆的吗？

辨析 无摩擦的准静态过程才可能是可逆过程，准静态过程是可逆过程的必要条件而非充分条件。因此，可逆过程一定是准静态过程，但准静态过程不一定是可逆过程。

当两物体之间有热交换时，可逆过程的要求是两物体之间温差无限小。因此，温度不相等的两物体接触时热交换过程是不可逆过程，温度相等的两物体接触时的热交换过程可以是可逆过程。

问题 2 “功可以全部转化为热，但热不能全部转化为功。”“热量能够从高温物体传到低温物体，但不能从低温物体传到高温物体。”上述判断是否正确？

辨析 第一种说法是不对的。热可以完全转化为功，只是会引起其他变化。例如等温膨胀时，气体吸收的热全部转化为功，但气体体积发生了变化。热力学第二定律的含义并不是“热量不能完全转化为功”，而是“在不引起其他变化的条件下热量不能全部转化为功”。

第二种说法也是不对的。例如，制冷机可以通过外界做功，把热量从低温热源传到高温热源。热力学第二定律的含义是“热量不能自动地从低温物体传到高温物体。”

问题 3 关于一个系统熵的变化，以下说法是否正确？为什么？（1）任一绝热过程的熵变 $\Delta S=0$；（2）任一可逆过程的熵变 $\Delta S=0$。

辨析 （1）不对。可逆绝热过程熵不变，不可逆绝热过程熵增加。

（2）不对。绝热系统（包括孤立系统）的可逆过程熵不变；完成任一可逆循环回到初始状态时，熵也不变。一般情况下，系统经历可逆过程从外界吸热，熵增加，$\Delta S>0$；系统向外界放热，熵减少，$\Delta S<0$。

问题 4 一杯热水放在空气中，它总是冷却到与周围环境相同的温度，但是这杯水的熵却是减小了，这与熵增加原理有无矛盾？

辨析 不矛盾。熵增加原理是对绝热过程成立的。孤立系统必是绝热系统，其中一切不可逆过程都是熵增过程。单就杯中水而言，它既不孤立也不绝热，如果把杯中的水和周围的环境作为一个大系统，则可看作一个绝热系统，环境的熵增大于杯中水的熵减，大系统的总熵是增加的。

问题 5 若一系统从某一始态分别沿可逆过程和不可逆过程到达同一末态，则不可逆过程的熵变大于可逆过程的熵变。这种说法对吗？

辨析 这种说法是错误的。因为熵是状态函数，对于确定的平衡态，应有确定的熵值。对于确定的始、末平衡态，两平衡态间的熵变是确定的，不管经历的是可逆过程还是不可逆过程。

8.4　例题剖析

8.4.1　基本思路

本章概念性习题较多，主要涉及对可逆过程、热力学概率、热力学第二定律等的正确理解及应用，涉及运算的习题主要是系统状态变化——熵变的计算。

熵 S 是系统的状态函数。在给定的初态和终态之间，系统无论通过何种方式变化（经过可逆过程或经过不可逆过程），熵的改变量一定相同。

当系统由始态 A 通过一个可逆过程 R 到达末态 B 时，系统的熵变为

$$S_B - S_A = \int_{A\,\text{可逆}}^{B} \frac{\mathrm{d}Q}{T}$$

当系统由始态 A 通过一个不可逆过程到达末态 B 时，必须设计一个连接同样的初态 A 和终态 B 的任意一个可逆过程，再利用上面的公式计算熵变，这样求出的熵变也就是原不可逆过程始、末两态的熵变。

8.4.2　典型例题

例 8-1　一杯热水放在空气中，最终杯中水的温度与空气相同，结果杯中的水的熵减少，这是否与熵增加原理相矛盾？

分析　理解熵增加原理及其适用条件。

答　不矛盾。熵增加原理是对绝热系统或孤立系统而言的。单就杯中的水来说，它既不孤立也不绝热，如果把杯中的水和周围空气作为一个大系统，则是一个绝热系统，当它们达到平衡时，大系统的总熵是增加的。

例 8-2　已知在 $p=1.013\times10^5\text{Pa}$ 和 $T=273.15\text{K}$ 下，1mol 的冰融化为 1mol 的水需要吸热 6000J。求：

（1）在 273.15K 时这些冰融化为水时的熵变。

（2）在 273.15K 时这些水的微观状态数与冰的微观状态数之比。

分析　计算熵变，了解热力学概率 Ω。

解　（1）在本题条件下，冰水共存，0℃（273.15K）的冰化为 0℃的水，过程中温度不变，因此可按可逆等温过程来计算熵变。1mol 冰融化为水时的熵变为

$$S_{\text{水}} - S_{\text{冰}} = \int \frac{\mathrm{d}Q}{T} = \frac{1}{T}\int \mathrm{d}Q = \frac{Q}{T} = \frac{m\cdot\Delta h}{T} = \frac{6000}{273.15}\text{J/K} \approx 22.0\text{J/K}$$

（2）由玻耳兹曼熵公式 $S=k\ln\Omega$ 可得

$$\Delta S = S_{\text{水}} - S_{\text{冰}} = k\ln\Omega_{\text{水}} - k\ln\Omega_{\text{冰}} = k\ln\frac{\Omega_{\text{水}}}{\Omega_{\text{冰}}}$$

$$\frac{\Omega_{\text{水}}}{\Omega_{\text{冰}}} = \mathrm{e}^{\Delta S/k} = \exp\left(\frac{22.0}{1.38\times10^{-23}}\right) = \mathrm{e}^{15.9\times10^{23}}$$

此比值是一个巨大的数，这表明水的微观状态数远远大于冰的微观状态数。

例 8-3 已知 1mol 理想气体的摩尔定容热容为 $C_{V,\mathrm{m}}$，如图 8-1 所示，开始时温度为 T_1、体积为 V_1，经过下列 3 个可逆过程，先绝热膨胀到体积为 V_2（$V_2=2V_1$），再等体升压使温度恢复到 T_1，最后等温压缩到原来体积。设比热比 γ 是已知量。

（1）计算每一过程系统的熵变是多少？

（2）求等体过程系统与外界环境的总熵变是多少？

（3）整个循环过程系统的熵变是多少？

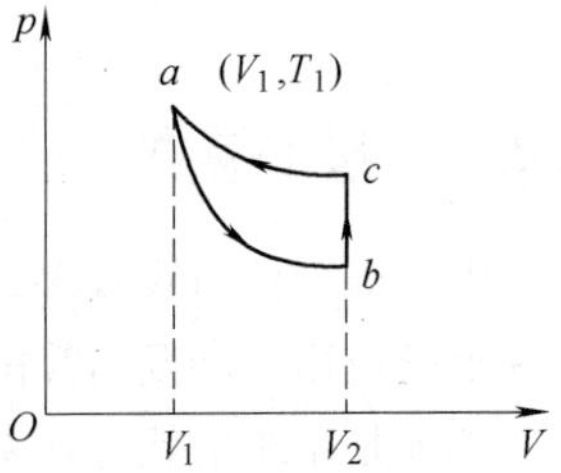

图 8-1 例 8-3 图

分析 熵是状态量，只要始、末状态不变，经任何过程所得的熵变相同。

解 （1）第一个过程是可逆绝热过程，据熵增加原理，可逆绝热过程熵不变，故

$$\Delta S_1 = 0$$

第二个过程是可逆等体升温过程，其熵变

$$\Delta S_2 = \int \frac{\mathrm{d}Q}{T}$$

因等体过程系统对外做功 $\mathrm{d}W=0$，故 $\mathrm{d}Q=\mathrm{d}U=C_{V,\mathrm{m}}\mathrm{d}T$，即气体吸收热量等于内能的增量，所以

$$\Delta S_2 = \int_{T_2}^{T_1} \frac{C_{V,\mathrm{m}}\mathrm{d}T}{T} = C_{V,\mathrm{m}}\ln\frac{T_1}{T_2}$$

因 $T_1>T_2$，故 $\Delta S_2>0$，等体升温过程，气体吸热熵增加。

对绝热过程 ab 应用过程方程，有

$$T_1V_1^{\gamma-1} = T_2V_2^{\gamma-1}$$

所以

$$\frac{T_1}{T_2} = \left(\frac{V_2}{V_1}\right)^{\gamma-1} = 2^{\gamma-1}$$

则

$$\Delta S_2 = C_{V,\mathrm{m}}\ln\frac{T_1}{T_2} = (\gamma-1)C_{V,\mathrm{m}}\ln 2 > 0$$

第三个过程是等温放热过程，熵一定减少

$$\Delta S_3 = \int\frac{\mathrm{d}Q}{T} = \int\frac{p\mathrm{d}V}{T} = \int_{V_2}^{V_1} R\frac{\mathrm{d}V}{V}$$

$$= R\ln\frac{V_1}{V_2} = -R\ln 2 < 0$$

（2）等体过程系统从外界吸热，外界向系统放热，系统与外界构成绝热系统，因为经历的过程是可逆的，所以大系统的熵不变，即

$$\Delta S_{\text{大系统}} = 0$$

（3）因为熵是状态函数，系统经历一个循环过程回到原态，故

$$\Delta S_{系统} = 0$$

8.5 能力训练

一、选择题

1. 关于热功转换和热量传递过程，有下面一些叙述：

（1）功可以完全变为热量，而热量不能完全变为功。

（2）一切热机的效率都只能够小于 1。

（3）热量不能从低温物体向高温物体传递。

（4）热量从高温物体向低温物体传递是不可逆的。

以上这些叙述（　　）。

A. 只有（2）、（4）正确　　B. 只有（2）、（3）、（4）正确

C. 只有（1）、（3）、（4）正确　　D. 全部正确

2. 热力学第二定律表明，（　　）。

A. 不可能从单一热源吸收热量使之全部变为有用的功

B. 在一个可逆过程中，工质净吸热等于对外做的功

C. 摩擦生热的过程是不可逆的

D. 热量不可能从温度低的物体传到温度高的物体

3. “理想气体和单一热源接触做等温膨胀时，吸收的热量全部用来对外做功。”对此说法，有如下几种评论，哪种是正确的？（　　）。

A. 不违反热力学第一定律，但违反热力学第二定律

B. 不违反热力学第二定律，但违反热力学第一定律

C. 不违反热力学第一定律，也不违反热力学第二定律

D. 违反热力学第一定律，也违反热力学第二定律

4. 一定量的理想气体向真空做绝热自由膨胀，体积由 V_1 增至 V_2，在此过程中气体的（　　）。

A. 内能不变，熵增加　　B. 内能不变，熵减少

C. 内能不变，熵不变　　D. 内能增加，熵增加

二、填空题

1. 从统计的意义来解释，不可逆过程实质上是一个________________的转变过程，一切实际过程都向着________________________的方向进行。

2. 所谓第二类永动机是指______________________________，它不可能制成是因为违背了_____________________________。

3. 熵是______________________________的定量量度。若一定量的理想气体经历一个等温膨胀过程，它的熵将__________。（填入：增加、减少或不变）

三、分析与证明题

1. 任意系统经历的任意不可逆绝热过程的始、末态（平衡态），都可以用一个可逆绝热过程和一个可逆等温过程连接起来。试证明此可逆等温过程必定吸热。

2. 某人设想一台可逆卡诺热机，循环一次可以从400K的高温热源吸热1800J，向300K的低温热源放热800J，同时对外做功1000J，试分析这一设想是否合理？为什么？

参考答案

一、选择题

1. A　　2. C　　3. C　　4. A

二、填空题

1. 从热力学概率较小的状态到热力学概率较大的状态；状态的热力学概率增大（或熵值增加）

2. 从单一热源吸热，在循环中不断对外做功的热机；热力学第二定律

3. 大量微观粒子热运动所引起的无序性（或热力学系统的无序性）；增加

三、分析与证明题

1. **证明**　如图8-2所示，若3→2这个过程放热，则在由1→2→3→1组成的循环过程中，在2→3这个阶段必从单一热源吸热，而且在整个循环过程中也只在这个阶段吸热。由热力学第一定律知，整个循环过程必对外做净功，但这违背了热力学第二定律的开尔文表述，故不可能。

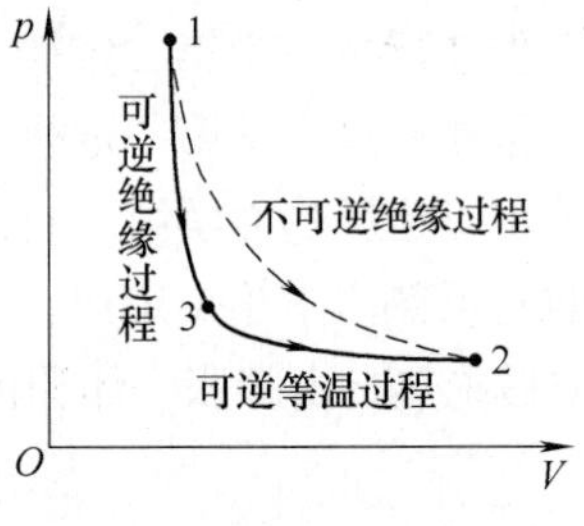

图8-2　分析与证明题1图

若3→2这个过程不吸热也不放热，则在由1→2→3→1组成的循环过程中，在2→3这个阶段也必然不放热也不吸热，而且整个循环过程中各分过程都不吸热也不放热。由热力学第一定律知，整个循环过程对外做的净功应为零。这样，利用这个循环，可使进行了1→2过程的系统恢复原态，而且外界也可不留下变化，这与1→2为不可逆过程相矛盾，故不可能。

3→2这个过程既不可能放热，又不可能既不吸热也不放热，故只可能是吸热的。

2. **分析**　该设想虽然满足热力学第一定律，但是否合理，还看其是否满足熵增加原

理。假设该卡诺热机带动一机械将重物提高会消耗 1000J 的功。现将高温热源 T_1，低温热源 T_2，卡诺热机及附属机械、重物看成一孤立系统，则一次循环中系统的总熵变为

$$\begin{aligned}\Delta S &= \Delta S_{T_1} + \Delta S_{T_2} + \Delta S_{卡} + \Delta S_{机} \\ &= -\frac{Q_1}{T_1} + \frac{Q_2}{T_2} + 0 + 0 \\ &= -\frac{1800}{400} + \frac{800}{300} = -1.83 < 0\end{aligned}$$

这个结果是违背熵增加原理的，因此这一设计不合理。

本题中将高温热源 T_1、低温热源 T_2、卡诺热机及附属机械、重物看成一孤立系统。卡诺热机从高温热源吸热，高温热源放热，因此高温热源的熵变为负；而低温热源吸热，故它的熵变是正的。

热学综合测试题

一、选择题

1. 在标准状态下，若氧气（视为刚性双原子分子的理想气体）和氦气的体积比 $\frac{V_1}{V_2}=\frac{1}{2}$，则其内能之比$\frac{U_1}{U_2}$为（　　）。

A. $\frac{1}{2}$　　B. $\frac{5}{3}$　　C. $\frac{5}{6}$　　D. $\frac{3}{10}$

2. 麦克斯韦速率分布曲线如图综合 2-1 所示，图中 A、B 两部分的面积相等，则该图表示（　　）

A. v_0 为最概然速率。

B. v_0 为平方速率。

C. v_0 方均根速率。

D. 速率大于 v_0 和速率小于 v_0 的分子各占一半。

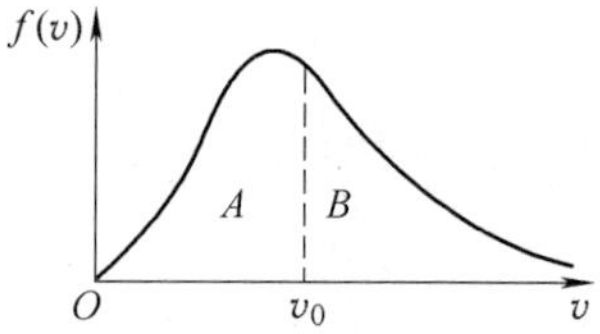

图　综合 2-1　选择题 2 图

3. 在一定温度下分子速率出现在 v_p、$\bar{v}$ 和 $\sqrt{\overline{v^2}}$ 3 值下的概率的大小为(　　)

A. 出现在 $\sqrt{\overline{v^2}}$ 值的概率最大，出现在 v_p 值的概率最小。

B. 出现在 $\bar{v}$ 值的概率最大，出现在 $\sqrt{\overline{v^2}}$ 值的概率最小。

C. 出现在 v_p 值的概率最大，出现在 $\bar{v}$ 值的概率最小。

D. 出现在 v_p 值的概率最大，出现在 $\sqrt{\overline{v^2}}$ 值的概率最小。

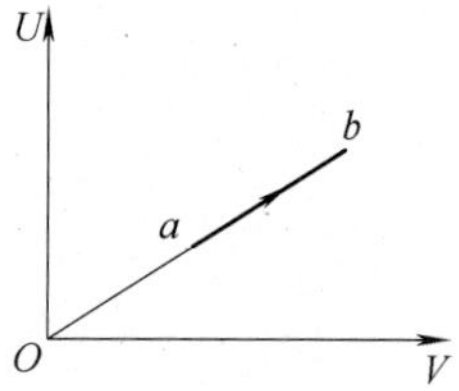

图　综合 2-2　选择题 4 图

4. 一定质量的理想气体的内能 U 随体积 V 的变化关系为一直线（其延长线过 U-V 图的原点），如图综合 2-2 所示，则此直线表示的过程为(　　).

A. 等温过程。　　B. 等压过程。

C. 等体过程。　　D. 绝热过程。

5. 设有下列过程：

（1）用活塞缓慢地压缩绝热容器中的理想气体（设活塞与器壁无摩擦）。

（2）用缓慢旋转的叶片使绝热容器中的水温上升。

（3）冰融化为水。

（4）一个不受空气阻力及其他摩擦力作用的单摆的摆动。

其中是可逆过程的为（　　）

A.（1），（2），（4）　　B.（1），（2），（3）

C.（1），（3），（4）　　D.（1），（4）

6. 气缸内盛有一定量的氢气（可视作理想气体），当温度不变而压强增大1倍时，氢气分子的平均碰撞频率 $\overline{Z}$ 和平均自由程 $\overline{\lambda}$ 的变化情况为（　　）

A. $\overline{Z}$ 和 $\overline{\lambda}$ 都增大1倍。

B. $\overline{Z}$ 和 $\overline{\lambda}$ 都减为原来的一半。

C. $\overline{Z}$ 增大1倍而 $\overline{\lambda}$ 减为原来的一半。

D. $\overline{Z}$ 减为原来的一半而 $\overline{\lambda}$ 增大1倍。

7. 一定量的理想气体经历 acb 过程时吸热200J，如图综合2-3所示，则经历 $acbda$ 过程时，吸收热量为（　　）。

A. －1200J　　B. －1000J

C. －700J　　D. 1000J

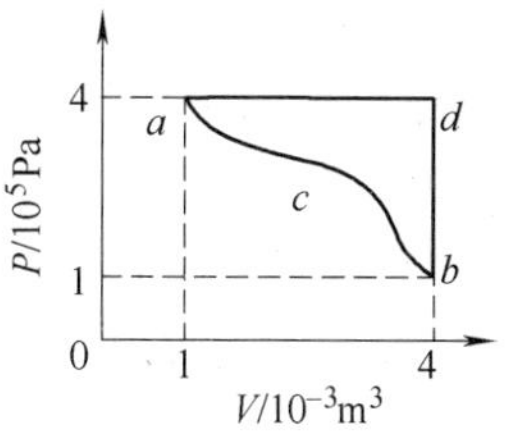

图　综合2-3　选择题7图

8. 一定量某理想气体所经历的循环过程是：从初态 (V_0, T_0) 开始，先经绝热膨胀使其体积增大1倍，再经等体升温回复到初态温度 T_0，最后经等温过程使其体积回复为 V_0，则气体在此循环过程中（　　）

A. 对外做的净功为正值。　B. 对外做的净功为负值。

C. 内能增加了。　D. 从外界净吸收的热量为正值。

9. 一绝热容器被隔板分成两半，一半真空，另一半是理想气体。若把隔板抽出，气体将进行自由膨胀，达到平衡后（　　）

A. 温度不变，熵增加。　B. 温度升高，熵增加。

C. 温度降低，熵增加。　D. 温度不变，熵不变。

10. 设有以下一些过程，在这些过程中使系统的熵增加的过程是（　　）

（1）两种不同气体在等温下互相混合。

（2）理想气体在等体下降温。

（3）液体在等温下汽化。

（4）理想气体在等温下压缩。

（5）理想气体绝热自由膨胀。

A. （1）、（2）、（3）　B. （2）、（3）、（4）

C. （3）、（4）、（5）　D. （1）、（3）、（5）

二、填空题

1. 容器中储有1mol的氮气，压强为1.33Pa，温度为7℃，则

（1）$1m^3$ 中氮气的分子数为________。

（2）容器中的氮气的密度为________。

（3）$1m^3$ 中氮分子的总平动动能为________。

（玻耳兹曼常数 $k = 1.38 \times 10^{-23} J \cdot K^{-1}$）

2. 储有氢气的容器以某速度 v 做定向运动，假设该容器突然停止，全部定向运动动能都变为气体分子热运动的动能，此时容器中气体的温度上升0.7K，容器做定向运动的速度________ $m \cdot s^{-1}$，容器中气体分子的平均动能增加了________J。

（摩尔气体常数 $R=8.31\mathrm{J\cdot mol^{-1}\cdot K^{-1}}$，氢气分子可视为刚性分子。）

3. 1mol 氧气（视为刚性双原子分子的理想气体）贮于一氧气瓶中，温度为27℃。这瓶氧气的内能为________J；分子的平均平动动能为________J；分子的平均总动能为________J。

4. 若用 $f(v)$ 表示麦克斯韦速率分布函数，则某个分子速率出现在 $v \to v+\mathrm{d}v$ 区间内的概率为__________，某个分子出现在 $0 \to v_p$ 之间的概率为__________，某个分子速率出现在 $0 \to \infty$ 之间的概率为__________。

5. 如图综合2-4所示，已知图中两部分的面积分别为 S_1 和 S_2，那么：（1）如果气体膨胀过程为 $a \to 1 \to b$，则气体对外做功 $W=$__________；（2）如果气体进行 $a \to 2 \to b \to 1 \to a$ 的循环过程，则它对外做功 $W=$__________。

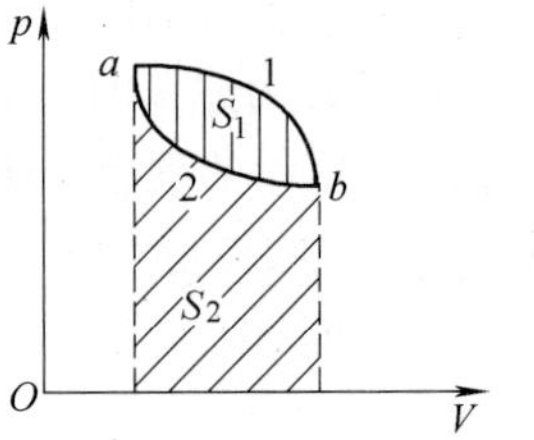

图　综合2-4　填空题5图

6. 一定量的理想气体，经等压过程从体积 V_0 膨胀到 $2V_0$，则描述分子运动的下列各量的量值与原来的量值之比是

（1）平均自由程之比 $\dfrac{\overline{\lambda}}{\lambda_0}=$__________________。

（2）平均速率之比 $\dfrac{\overline{v}}{v_0}=$__________________。

（3）平均动能之比 $\dfrac{\overline{\varepsilon_k}}{\varepsilon_{k0}}=$__________________。

7. 一定量的某种理想气体在等压过程中对外做功200J。若此种气体为单原子分子气体，则该过程中需吸热______J；若为双原子分子气体，则需吸热______J。

8. 一卡诺热机（可逆的），低温热源的温度为27℃，热机效率为40%，其高温热源温度为______K。今欲将该热机效率提高到50%，若低温热源保持不变，则高温热源的温度应增加______K。

三、计算题

1. 设 N 个粒子系统的速率分布函数为

$$\mathrm{d}N=R\mathrm{d}v \qquad (0<v\leqslant V,\ R\text{为常数})$$

$$\mathrm{d}N=0 \qquad (v>V)$$

（1）画出分布函数图。

（2）用 N 和 V 定出常数 R。

（3）用 V 表示出平均速率和方均根速率。

2. 水蒸气分解为同温度 T 的氢气和氧气，即

$$H_2O \to H_2+\frac{1}{2}O_2$$

也就是1mol 的水蒸气可分解成同温度的1mol 氢气和 $\frac{1}{2}$mol 氧气。当不计振动自由度时，

求此过程中内能的增量。

3. 一气缸内盛有一定量的刚性双原子分子理想气体，气缸活塞的面积 $S=0.05\text{m}^2$，活塞与气缸壁之间不漏气，摩擦忽略不计。活塞右侧的缸内通大气，大气压强 $p_0=1.0\times10^5\text{Pa}$，劲度系数 $k=5\times10^4\text{N/m}$ 的一根弹簧的两端分别固定于活塞和一固定板上，如图综合 2-5 所示。开始时气缸内气体处于压强、体积分别为 $p_1=p_0=1.0\times10^5\text{Pa}$、$V_1=0.015\text{m}^3$ 的初态。今缓慢加热气缸，缸内气体缓慢膨胀到 $V_2=0.02\text{m}^3$。求在此过程中气体从外界吸收的热量。

4. 1mol 单原子分子理想气体的循环过程如图综合 2-6 所示，其中 c 点的温度 $T_c=600\text{K}$。试求：

（1）ab、bc、ca 各过程中系统吸收的热量。

（2）经历一次循环系统所做的净功。

（3）循环的效率（$\ln2=0.693$）。

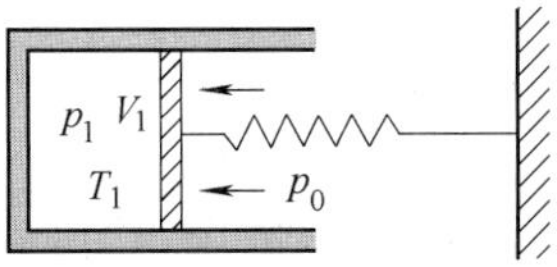

图　综合 2-5　计算题 3 图

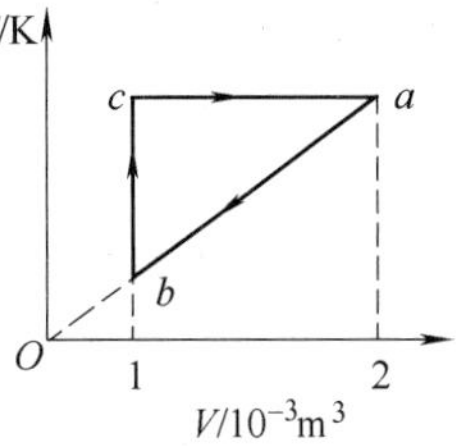

图　综合 2-6　计算题 4 图

热学综合测试题参考答案

一、选择题

1. C　2. D　3. D　4. B　5. D　6. C　7. B　8. B　9. A　10. D

二、填空题

1. 3.44×10^{20}，$1.6\times10^{-5}\text{kg/m}^3$，2J；2. 121，$2.4\times10^{-23}$；3. 6232.5，$6.21\times10^{-21}$，$1.035\times10^{-20}$；4. $f(v)\text{d}v$，$\int_0^{v_p}f(v)\text{d}v$，$\int_0^{\infty}f(v)\text{d}v=1$；5. S_1+S_2，$-S_1$；6. 2，$\sqrt{2}$，2；7. 500，700；8. 500，100。

三、计算题

1. **解**：（1）将分布函数 $\text{d}N=R\text{d}v$ 写成如下一般形式

$f(v)=\dfrac{\text{d}N}{N\text{d}v}=\dfrac{R}{N}$，其分布函数如图综合 2-7 所示。

（2）$R=\dfrac{N}{V}$

（3）平均速率 $\bar{v}=\dfrac{\int_0^N v\cdot\text{d}N}{N}=\dfrac{\int_0^V v\cdot R\text{d}v}{N}=\dfrac{V}{2}$

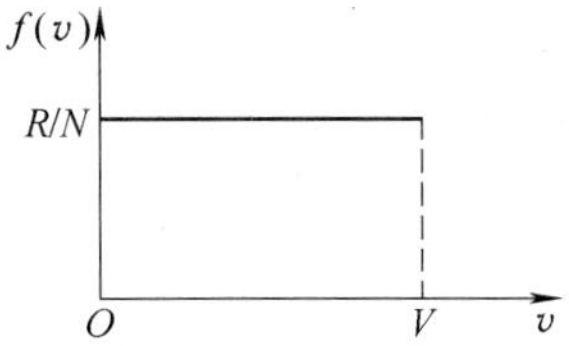

图　综合 2-7　分布函数

方均根速率 $\sqrt{\overline{v^2}} = \sqrt{\dfrac{\int_0^V v^2 \cdot R\mathrm{d}v}{N}} = \dfrac{V}{\sqrt{3}}$

2. **解** 当不计振动自由度时，H_2O 分子、H_2 分子、O_2 分子的自由度分别为 6、5。

1mol H_2O 内能 $U_1 = 3RT$，1mol H_2 或 O_2 内能 $U_2 = \dfrac{5}{2}RT$

故内能增量 $\Delta U = \left(1 + \dfrac{1}{2}\right)\dfrac{5}{2}RT - 3RT = \dfrac{3}{4}RT$

3. **解** 气体处于始态时，弹簧为原长。当气缸内气体体积由 V_1 膨胀到 V_2 时，弹簧被压缩，压缩量为 $l = \dfrac{V_2 - V_1}{S} = 0.1\text{m}$。

气体末态的压强为 $p_2 = p_1 + kl/S = 2 \times 10^5\text{Pa}$。

气体内能的改变量为 $\Delta U = \dfrac{M}{\mu}C_V(T_2 - T_1) = i(p_2V_2 - p_1V_1)/2 = 6.25 \times 10^3\text{J}$。

缸内气体对外做的功为 $W = p_0Sl + \dfrac{1}{2}kl^2 = 750\text{J}$。

缸内气体在这膨胀过程中从外界吸收的能量为 $Q = \Delta U + W = 7 \times 10^3\text{J}$。

4. **解** （1）$a \to b$ 为等压过程，$b \to c$ 为等体过程，$c \to a$ 为等温过程，$T_a = T_c = 600\text{K}$，$T_b = \dfrac{V_b}{V_a}T_a = 300\text{K}$

$$Q_{ab} = C_p(T_b - T_c) = \left(\frac{i}{2} + 1\right)R(T_b - T_c) = -6232.5\text{J} \quad (放热)$$

$$Q_{bc} = C_V(T_c - T_b) = \frac{i}{2}R(T_c - T_b) = 3739.5\text{J} \quad (吸热)$$

$$Q_{ca} = RT_c\ln\left(\frac{V_a}{V_c}\right) = 3456\text{J} \quad (吸热)$$

（2）$W = (Q_{bc} + Q_{ca}) - |Q_{ab}| = 963\text{J}$

（3）$\eta = \dfrac{W}{Q_{bc} + Q_{ca}} = 13.4\%$

第3篇 电 磁 学

第9章　静　电　场

9.1　知识网络

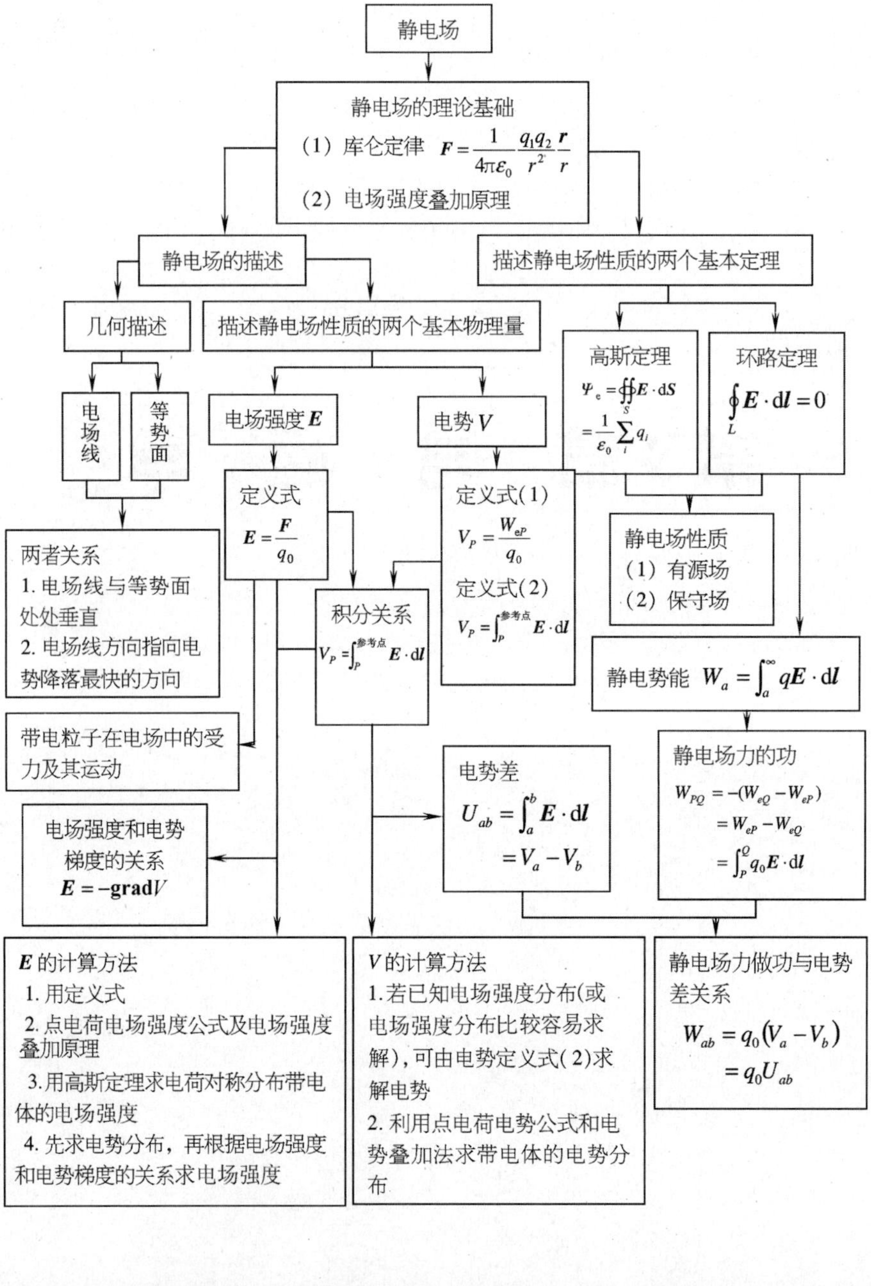

9.2 学习指导

9.2.1 库仑定律

1. 电荷守恒定律和电荷的量子化

在一个与外界没有电荷交换的系统内，正负电荷的代数和在任何物理过程中都保持不变，此即电荷守恒定律。电荷守恒定律适用于一切宏观和微观过程，是物理学中的基本定律之一。

微小粒子所带电荷量的变化是不连续的，它只能是基本电荷 e 的整数倍，即粒子的电荷是量子化的。

2. 点电荷及库仑定律

（1）点电荷　当带电体的线度与它们之间的距离相比可以忽略时，可以把带电体看作点电荷。

①点电荷是一种理想模型，它是一个没有形状和大小而只带电荷的点，是实际带电体的抽象。

②点电荷是一个相对的概念，不能单纯由带电体的线度大小来判断是否为点电荷。

③实际带电体可以看成是点电荷的集合。

（2）库仑定律的表达式如下：

$$\boldsymbol{F}=\frac{1}{4\pi\varepsilon_0}\frac{q_1q_2}{r^2}\cdot\frac{\boldsymbol{r}}{r} \tag{9-1}$$

式中，$\boldsymbol{r}$ 为施力电荷指向受力电荷的矢量。

①库仑定律一般仅适用两个静止的点电荷之间的相互作用。当 $r\to 0$ 时，$F\to\infty$ 的结论是错误的，错误的原因在于此时点电荷理想模型建立的条件已不复存在，这时库仑定律不能直接使用。

②静电力满足叠加原理

$$\boldsymbol{F}=\sum_i\boldsymbol{F}_i=\sum_i\frac{qq_i}{4\pi\varepsilon_0 r_i^3}\boldsymbol{r}_i \tag{9-2}$$

9.2.2 电场强度

1. 电场强度

电场中某点电场强度 $\boldsymbol{E}$ 的大小等于试验正电荷 q_0 在该点受力的大小和 q_0 的比值，其方向为正试验电荷 q_0 受力的方向。

$$\boldsymbol{E}=\frac{\boldsymbol{F}}{q_0} \tag{9-3}$$

（1）电场强度是描述电场对其他带电体有作用力的性质而引入的场量，它由场源电荷激发，与试验电荷 q_0 存在与否无关。试验电荷电荷量的改变，必然导致电场力的改变，但电场力与试验电荷的比值不变，比值恰好反映了该点电场的客观性质。

（2）电场强度 $\boldsymbol{E}$ 的方向为正电荷在该点的受力方向，不能说某点电场强度的方向就是点电荷在该点受力的方向，只有 $q>0$ 时电场力的方向才与该点电场强度的方向相同。

（3）一般情况下，电场强度是位置矢量的函数，可写成 $\boldsymbol{E}=\boldsymbol{E}(\boldsymbol{r})$。在特殊情况下，如果空间各点的电场强度的大小和方向均相同，这种电场称为均匀电场。

2. 电场强度叠加原理

多个带电体在空间任意一点所激发的总电场强度等于各个带电体单独存在时在该点各自所激发的电场强度矢量和。

$$\boldsymbol{E}=\boldsymbol{E}_1+\boldsymbol{E}_2+\boldsymbol{E}_3+\cdots+\boldsymbol{E}_n=\sum_{i=1}^{n}\boldsymbol{E}_n \tag{9-4}$$

它是电场的基本性质之一。利用这一原理可以计算任意带电体所激发电场的电场强度。

3. 电场强度的计算

（1）点电荷的电场强度为

$$\boldsymbol{E}=\frac{\boldsymbol{F}}{q_0}=\frac{1}{4\pi\varepsilon_0}\frac{q}{r^2}\cdot\frac{\boldsymbol{r}}{r} \tag{9-5}$$

式中，q_0 为试验电荷。点电荷 $q>0$ 时，$\boldsymbol{E}$ 和 $\boldsymbol{r}$ 同向，背离 q；$q<0$ 时，$\boldsymbol{E}$ 和 $\boldsymbol{r}$ 反向，指向 q。点电荷电场强度的大小为 $E=\frac{1}{4\pi\varepsilon_0}\frac{q}{r^2}$，电场分布是呈球对称性的。

（2）点电荷系的电场强度。由点电荷的电场强度公式和电场强度叠加原理，可得

$$\boldsymbol{E}=\sum_{i=1}^{n}\boldsymbol{E}_i=\sum_{i=1}^{n}\frac{1}{4\pi\varepsilon_0}\frac{q_i}{r_i^2}\cdot\frac{\boldsymbol{r}_i}{r_i} \tag{9-6}$$

$\boldsymbol{r}_i$ 为由第 i 点电荷指向所求点的矢量。

（3）电荷连续分布的带电体的电场强度。可将电荷连续分布的带电体分割成无数个点电荷，则任意点电荷 $\mathrm{d}q$ 在 P 点产生的电场强度为 $\mathrm{d}\boldsymbol{E}=\frac{1}{4\pi\varepsilon_0}\frac{\mathrm{d}q}{r^2}\cdot\frac{\boldsymbol{r}}{r}$。根据电场强度叠加原理，对场源电荷求积分，可得整个带电体在该场点的电场强度为

$$E=\int\mathrm{d}\boldsymbol{E}=\int\frac{1}{4\pi\varepsilon_0}\frac{\mathrm{d}q}{r^2}\cdot\frac{\boldsymbol{r}}{r} \tag{9-7}$$

利用叠加原理求解电场强度的主要步骤为

$$\mathrm{d}q\rightarrow\mathrm{d}E=\frac{\mathrm{d}q}{4\pi\varepsilon_0 r^2}\rightarrow\mathrm{d}E_x,\ \mathrm{d}E_y,\ \mathrm{d}E_z\rightarrow E_x=\int\mathrm{d}E_x,\ E_y=\int\mathrm{d}E_y,\ E_z=\int\mathrm{d}E_z$$

$$\rightarrow\boldsymbol{E}=E_x\boldsymbol{i}+E_y\boldsymbol{j}+E_z\boldsymbol{k}$$

①合理选择电荷元 $\mathrm{d}q$（线电荷元 $\mathrm{d}q=\lambda\mathrm{d}l$，面电荷元 $\mathrm{d}q=\sigma\mathrm{d}s$，体电荷元 $\mathrm{d}q=\rho\mathrm{d}V$）。$\mathrm{d}q$ 不一定是点电荷，应尽量选得大一些，使其包含更多的电荷，以减少积分的重数。例如，无限大的均匀带电平面可以分割成无数条均匀带电直线；均匀带电圆盘可以分成无数个半径不等的窄圆环；带电球体可以分成无数个半径不等的薄球壳。

②选择合适的坐标系。电荷密度一般是坐标的函数，正确写出 dq 和 r 以及 dE 的关系式是求解关键。

③只有各电荷元在场点产生的电场强度 d$\boldsymbol{E}$ 方向都相同时，才有 $E = \int \mathrm{d}E$，否则必须将各电荷元的电场强度 d$\boldsymbol{E}$ 投影到坐标轴上，分别计算电场强度的分量，然后再求出合电场强度。

9.2.3 高斯定理

1. 电场线

电场线是为了形象化地描述电场的空间分布而引入的假想曲线。

（1）两个规定：

①曲线上每个点的切线方向为该点电场强度 $\boldsymbol{E}$ 的方向。

②通过垂直于该点电场强度 $\boldsymbol{E}$ 的单位面积的电场线数目正比于该点电场强度 $\boldsymbol{E}$ 的大小。电场线密的地方 $\boldsymbol{E}$ 大，疏的地方 $\boldsymbol{E}$ 小。

（2）两条性质：

①电场线起始于正电荷而终止于负电荷，反映了静电场的有源性；电场线是永不闭合的曲线，反映了静电场的无旋性。

②任意两条电场线不相交。因为空间任意点的电场强度只有一个确定的方向。

2. 电通量

（1）定义：穿过电场中任一曲面的电场线总数称为通过此面的电通量，以 Ψ_E 表示。

（2）电通量的计算。

①匀强电场且 S 面为平面时：

若两者垂直，则 $\Psi_E = ES$。 (9-8)

若两者不垂直，则 $\Psi_E = ES_\perp = ES\cos\theta = \boldsymbol{E} \cdot \boldsymbol{S}$。 (9-9)

其中，θ 为 $\boldsymbol{S}$ 面法线方向与匀强电场强度 $\boldsymbol{E}$ 的夹角。

②任意电场、$\boldsymbol{S}$ 面为任意曲面时，将曲面分割成无数个微面元，则

对 d$\boldsymbol{S}$ 面元有 $$\mathrm{d}\Psi_E = \boldsymbol{E} \cdot \mathrm{d}\boldsymbol{S}; \tag{9-10}$$

对于 $\boldsymbol{S}$ 面有 $$\Psi_E = \int \mathrm{d}\Psi_E = \iint_S \boldsymbol{E} \cdot \mathrm{d}\boldsymbol{S} = \iint_S E\mathrm{d}S\cos\theta。 \tag{9-11}$$

③当 $\boldsymbol{S}$ 是闭合曲面时：

$$\Psi_E = \oint_S \boldsymbol{E} \cdot \mathrm{d}\boldsymbol{S} = \oint_S E\mathrm{d}S\cos\theta \tag{9-12}$$

对于闭合曲面，规定面元法线的正方向由内向外，则电场线从曲面内向外穿出时，电通量为正（$\Psi_E > 0$）；反之，电通量为负（$\Psi_E < 0$）。通过整个闭合曲面的电通量等于进入和穿出闭合曲面的电通量的代数和，即净穿出闭合曲面的电场线的总条数。

3. 高斯定理

在任意真空静电场中，通过任一闭合曲面的通量等于该曲面内电荷的代数和除以 ε_0

$$\Psi_E = \oiint_S \boldsymbol{E} \cdot \mathrm{d}\boldsymbol{S} = \frac{1}{\varepsilon_0}\sum_i q_i \tag{9-13}$$

（1）高斯定理适用于任何静电场，反映了静电场是有源场的性质，且场源就是电荷。

（2）通过高斯面的电通量只与高斯面内所包围的电荷代数和有关，与高斯面外的电荷无关。这是因为高斯面外的电荷产生的电场线穿进和穿出高斯面各一次，不影响高斯面上的总电通量。高斯面上的电通量与高斯面内电荷的分布及高斯面的形状无关。

（3）通过高斯面的电通量取决于高斯面内包围的净电荷。若通过高斯面的总电通量为正，仅表示高斯面内电荷的代数和为正，并不表示高斯面内一定无负电荷；若通过高斯面的总电通量为负，也并不表示高斯面内一定无正电荷；同理，若通过高斯面的电通量为零，并不表示高斯面内一定无电荷。

（4）高斯面上任一点的电场强度 $\boldsymbol{E}$ 是由高斯面内、外全部电荷所共同激发的总电场强度。高斯面外的电荷对通过高斯面的电通量没有贡献，但对高斯面上的电场强度有贡献。高斯面上各点的电场强度与面内的电荷分布及面外的电荷分布都有关，高斯面外的电荷不会改变高斯面上的电通量，但可以改变高斯面上的电场强度分布。

（5）通过高斯面的电通量为零，只能说明高斯面内电荷代数和为零，并不意味着高斯面上的电场强度处处为零；高斯面上的电场强度处处不为零，也并不意味着通过高斯面上的电通量一定不为零。例如，将唯一的点电荷分别放在高斯面的内、外时，满足高斯面上的电场强度处处不为零，但前者高斯面上的电通量不为零，后者高斯面面上的电通量为零。要注意区分电场强度和电通量两个不同的概念。电场强度 $\boldsymbol{E}$ 是电场空间点的函数，它是反映场点电场大小和方向的物理量；而电通量 Ψ_E 是对一个面元或一个曲面而言的，对电场中一点谈电通量毫无意义。闭合曲面的电通量和电场强度通过 $\Psi_E = \oiint_S \boldsymbol{E} \cdot \mathrm{d}\boldsymbol{S}$ 相联系。

4. 应用高斯定理求电场强度

虽然理论上由点电荷场强公式和电场强度叠加原理可以求任意电荷分布的电场强度，但数学运算比较繁，而对于一些电荷呈对称分布的情况，可由高斯定理求出其电场强度分布。应用高斯定理求解具有特殊对称分布的电荷系统电场强度的步骤如下：

（1）分析问题中的电场强度分布的对称性，明确 $\boldsymbol{E}$ 的大小和方向分布的特点。

（2）根据电场的对称性，选取合适当高斯面，计算通过高斯面的电通量。

选择高斯面的原则：一是高斯面必须通过所求的点；二是必须保证面上各点的电场强度 $\boldsymbol{E}$ 能以标量形式提到积分号外，即整个高斯面上或部分面上各点 $\boldsymbol{E}$ 的大小相同，各点法线方向与该点 $\boldsymbol{E}$ 的方向一致或垂直或成恒定角度；三是高斯面形状尽可能规整，易于计算面积。

（3）计算高斯面内所包围的电荷的代数和。若电荷连续分布，则 $\sum_i q_i = \int_V \rho \mathrm{d}V$。当电荷密度 ρ 是常数时，$\sum_i q_i = \rho V$。

（4）将高斯面的电通量与高斯面包围电荷的代数和代入高斯定理表达式，即可求

出 $\boldsymbol{E}$。

高度对称性的带电体主要有如下几类：

（1）球对称性。点电荷、均匀带电球面、均匀带电球壳、均匀带电球体、电荷体密度为 $\rho=\rho(r)$ 的带电球体（壳）以及它们的共心组合。常选同心球面为高斯面。

（2）轴对称性。无限长均匀带电直线、无限长均匀带电圆柱面、无限长均匀带电圆柱体、电荷体密度为 $\rho=\rho(r)$ 的无限长带电圆柱体（圆管）及它们的共轴组合。常选同轴圆柱面为高斯面。

（3）面对称性。无限大均匀带电平面、无限大均匀带电平板以及电荷体密度为 $\rho=\rho(x)$ 的无限大带电平板。常选上下底与带电平面平行的柱面为高斯面。

应该指出的是当电场分布不具备对称性，或虽有一定对称性，但对称性程度不够高，这时难以用高斯定理求解电场分布，并不是说在这种情况下高斯定理不正确，而是 $\boldsymbol{E}$ 不能作为常量从积分号内提出来，使得计算相当困难。这时应该用电场强度叠加原理这一基本方法求解电场分布。

由高斯定理可求出一些典型电荷分布的电场强度。

①均匀带电球面的电场强度为

$$E=\begin{cases}0 & (\text{球面内})\\ \dfrac{q}{4\pi\varepsilon_0 r^2} & (\text{球面外,方向沿径向})\end{cases} \tag{9-14}$$

电场强度不连续，在球面 R 处发生突变。

②均匀带电球体的电场强度为

$$E=\begin{cases}\dfrac{qr}{4\pi\varepsilon_0 R^3} & (\text{球体内})\\ \dfrac{q}{4\pi\varepsilon_0 r^2} & (\text{球体外})\end{cases} \tag{9-15}$$

方向均沿径向，电场强度为连续分布，球体外同①。

③无限长均匀带电直线（电荷线密度为 λ）的电场强度为

$$E=\frac{\lambda}{2\pi\varepsilon_0 r}\quad \text{方向沿径向} \tag{9-16}$$

④无限长均匀带电圆柱面（电荷线密度为 λ）的电场强度为

$$E=\begin{cases}0 & (\text{圆柱面内})\\ \dfrac{\lambda}{2\pi\varepsilon_0 r} & (\text{圆柱面外,方向沿径向})\end{cases} \tag{9-17}$$

电场强度不连续分布，圆柱面外同③。

⑤无限长均匀带电圆柱体（电荷线密度为 λ）的电场强度

$$E=\begin{cases}\dfrac{\lambda r}{2\pi\varepsilon_0 R^2} & (\text{圆柱体内})\\ \dfrac{\lambda}{2\pi\varepsilon_0 r} & (\text{圆柱体外})\end{cases} \tag{9-18}$$

方向沿径向、电场强度的分布为连续分布，圆柱体外同③，④。

⑥无限大均匀带电平面（电荷面密度为σ）的电场强度

$$E=\frac{\sigma}{2\varepsilon_0} \tag{9-19}$$

方向垂直于带电平板，为匀强电场。

⑦虽然有些电荷分布不具有对称性，但也可以由高斯定理的结论及电场强度叠加原理，算出电场强度。

9.2.4 电势

1. 静电场力做功的特点

静电场力做功只与始末位置有关，与路径无关，所以静电场为保守场，静电场力为保守力。

2. 静电场的环路定理

在静电场中，电场强度沿任一闭合路径的线积分恒为零，即

$$\oint_l \boldsymbol{E}\cdot \mathrm{d}\boldsymbol{l}=0 \tag{9-20}$$

（1）环路定理源于静电场力沿任一闭合曲线做功为零，反映了静电场力是一种保守力，静电场是保守场。

（2）环路定理为电势能、电势概念的引入奠定了理论基础。

3. 电势能

因为静电场是保守场、静电场力是保守力，所以可以引出电势能的概念。电荷在电场中某点的电势能定义为

$$W_{eP}=\int_P^{(0)} q_0\boldsymbol{E}\cdot \mathrm{d}\boldsymbol{l} \tag{9-21}$$

电荷q_0在电场中某点P的电势能，在数值上等于把电荷从该点沿任意路径移到电势能为零处，静电场力所作的功。

（1）电势能是表征试验电荷与电场的相互作用的能量，属于试验电荷与电场整个系统的，“电荷的电势能”仅是习惯的说法。

（2）电势能与重力势能类似，也是相对量。要确定某点的电势能，必须选定电势能的参考零点。

（3）电势能参考零点的选取具有任意性。只要计算结果合理，原则上可以选取电场中任一点为电势能的零点。通常对于有限大的带电体，选无穷远处电势能为零，则有

$$W_{eP}=\int_a^{\infty} q_0\boldsymbol{E}\cdot \mathrm{d}\boldsymbol{l} \tag{9-22}$$

4. 电势

电场中某点的电势，在数值上等于单位正电荷在该点所具有的电势能，即把单位正电荷从该点沿任意路径移到电势能零点，电场力所做的功。

$$V_P = \frac{W_{eP}}{q_0} = \int_P^{(0)} \boldsymbol{E} \cdot \mathrm{d}\boldsymbol{l} \tag{9-23}$$

(1) 电势是从电场力做功的角度反映静电场性质的物理量，与试验电荷 q_0 无关，与积分路径无关，仅与该点电场的性质有关。

(2) 电势是标量，有正负之分，电势的正负取决于电势零点的选取。在同一问题中，只能选择一个确定的电势零点。

(3) 电势零点的选取原则要满足电势的唯一性，并要使计算结果尽可能简单实用。场源电荷为有限分布时，一般选无限远处为电势零点；当场源电荷分布在无限空间时（如无限长带电直线、无限长带电圆柱体（面）、无限大带电平面等），选有限处的适当位置为电势零点，不能选无限远处为电势零点，否则，得不到有意义的结果。

在实际应用上，通常取大地（接地时）为电势零点，这样选择在理论上是合理的，在操作上也是方便的，以大地为电势零点，在任何地方都能与其进行比较。

(4) 电势叠加原理

$$V_P = \sum_i V_{Pi} \tag{9-24}$$

电场中某点的电势等于每个带电体单独存在时，在该点产生的电势的代数和。

5. 电势差

电势差是空间任意两点之间的电势之差。

$$U_{ab} = V_a - V_b = \int_a^{(0)} \boldsymbol{E} \cdot \mathrm{d}\boldsymbol{l} - \int_b^{(0)} \boldsymbol{E} \cdot \mathrm{d}\boldsymbol{l} = \int_a^b \boldsymbol{E} \cdot \mathrm{d}\boldsymbol{l} \tag{9-25}$$

空间任意两点的电势差与电势零点选择无关，是绝对的。

6. 电场力的功

$$W_{ab} = -(W_{eb} - W_{ea}) = q_0(V_a - V_b) = q_0 U_{ab} \tag{9-26}$$

(1) 电场力做功的正负由 q_0 和 U_{ab} 的正负共同决定。

(2) 电场力的功等于电势能增量的负值。电场力做正功，电势能减少；电场力做负功，电势能增加。

7. 计算电势的两种方法

(1) 定义法。

已知电场强度 $\boldsymbol{E}$ 的分布时，利用定义法计算电势较方便

$$V_P = \int_P^{(0)} \boldsymbol{E} \cdot \mathrm{d}\boldsymbol{l} \tag{9-27}$$

从场点 P 到电势零点选取任一方便的路径对 $\boldsymbol{E}$ 进行积分，就可计算出 P 点的电势。需要注意的是式中的 $\boldsymbol{E}$ 是积分路径上各点的总电场强度，如果积分路径上不同区域 $\boldsymbol{E}$ 的表达式不同，则应进行分段积分。

注意，当场源电荷为无限的连续分布带电体时，电势零点只能选在有限远处，不能选择在无限远处。例如，电荷线密度为 λ 的无限长均匀带电直线,其电场强度为 $\boldsymbol{E} = \frac{\lambda}{2\pi\varepsilon_0 r}\boldsymbol{r}^0$，如果选无限远处为电势参考零点，则 $V = \int_r^{\infty} \boldsymbol{E} \cdot \mathrm{d}\boldsymbol{l} = \int_r^{\infty} \frac{\lambda}{2\pi\varepsilon_0 r}\mathrm{d}r = \frac{\lambda}{2\pi\varepsilon_0}\ln\frac{\infty}{r} \to \infty$。

可见，空间任一点的电势失去了意义。如果电势参考零点选在距带电直线 $r_1(r_1 \neq 0)$ 处，则 $V = \int_r^{r_1} \boldsymbol{E} \cdot \mathrm{d}\boldsymbol{l} = \int_r^{r_1} \frac{\lambda}{2\pi\varepsilon_0 r}\mathrm{d}r = \frac{\lambda}{2\pi\varepsilon_0}\ln\frac{r_1}{r}$。

（2）叠加法。

①点电荷电势为

$$V_a = \frac{q}{4\pi\varepsilon_0 r} \tag{9-28}$$

$q>0$ 时，$V_a>0$，$V_\infty=0$，无穷远处为空间电势最低点。

$q<0$ 时，$V_a<0$，$V_\infty=0$，无穷远处为空间电势最高点。

②点电荷系的电势为

$$V_a = \sum_{i=1}^{n} V_{ai} = \sum_{i=1}^{n} \frac{q_i}{4\pi\varepsilon_0 r_i} \tag{9-29}$$

式中，r_i 为 q_i 到 a 点的距离，此即电势的叠加原理。

③如果场源电荷是连续分布的带电体，可以设想它由许多电荷元组成，将每个电荷元看成点电荷，它产生的电势的叠加就是总的电势（电势零点在无穷远处）。

$$V_P = \int_Q \frac{\mathrm{d}q}{4\pi\varepsilon_0 r} \tag{9-30}$$

式中，r 为电荷元 $\mathrm{d}q$ 到场点的距离。该积分是标量积分，不像求 $\boldsymbol{E}$ 时是矢量积分，所以计算时比较简单。

注意，用这种方法求电势时，隐含着电势零点选择在无穷远处，即 $V_\infty=0$。

9.2.5 电场强度和电势梯度的关系

1. 等势面

（1）定义：电势相等的点组成的面。例如点电荷$\left(V_a = \frac{q}{4\pi\varepsilon_0 r}\right)$的等势面是同心球面。

（2）等势面的画法：相邻等势面电势差相等。等势面密处，场强大；等势面疏处，场强小。

（3）电场线与等势面处处正交，且电场线指向电势降落最快的方向。

（4）电荷沿等势面移动时，电场力不做功。

2. 电场强度和电势梯度的关系

$$E = -\frac{\partial V}{\partial l_n} \quad 或 \quad \boldsymbol{E} = -\frac{\partial V}{\partial l_n}\boldsymbol{e}_n \tag{9-31}$$

一般将$\frac{\partial V}{\partial l_n}\boldsymbol{e}_n$ 称为电势梯度。电势梯度是一个矢量，它的大小等于电势沿等势面法向的空间变化率，它的方向是该点附近电势升高最快的方向。

电场强度与电势梯度大小相等，方向相反，即

$$\boldsymbol{E} = -\nabla V \tag{9-32}$$

（1）电场中任一点的电场强度等于该点的电势梯度的负值，也就是说电场中某点

的电场强度仅与该点电势的空间变化率有关，与该点电势本身无直接关系。由此可以判断，电势不变的空间，电场强度为零；电势为零处，电场强度不一定为零。这是因为电势为零，电势的梯度不一定为零；而电场强度为零处，电势不一定为零。电场强度为零，说明电势为常量，可能是零，也可能不是零。

（2）利用电场强度与电势梯度之间的关系式，可以根据电势分布求电场强度。电势是标量，一般标量的计算较为简便，因此在求出电势分布后，只需进行微分运算就可计算出电场强度的各个分量，从而避免直接计算电场强度时较复杂的矢量运算。

9.3 问题辨析

问题1 点电荷电场强度大小公式为 $E=\dfrac{q}{4\pi\varepsilon_0 r^2}$，从数学形式上看，当所考察的点与点电荷的距离 $r\to 0$ 时，电场强度 $E\to\infty$ 。对此，你如何解释?

辨析 点电荷只是一个理想模型，只有当带电体本身的线度远比所研究的问题中涉及的距离 r 小很多时，带电体才近似地看成点电荷。所以当 $r\to 0$ 时，这个电荷就不能看作点电荷，因此点电荷的电场强度公式不再适用。

问题2 在真空中有 A、B 两平行板，其相对距离为 d，面积均为 S，其所带电荷量分别为 $+q$ 和 $-q$。对于这两板之间的相互作用力，有人说 $F=\dfrac{q}{4\pi\varepsilon_0 d^2}$；也有人说，因为 $F=qE$，$E=\dfrac{q}{\varepsilon_0 S}$，所以 $F=\dfrac{q^2}{\varepsilon_0 S}$。试问这两种说法对吗？为什么？$F$ 应为多少?

辨析 这两种说法都不对。第一种说法中把两带电平行板视为点电荷是不对的。第二种说法把板间总电场强度 $E=\dfrac{q}{\varepsilon_0 S}$看成是一个带电板在另一带电板处的电场强度也是不对的。正确的解答应为一个带电板在另一带电板处的电场强度是 $E=\dfrac{q}{2\varepsilon_0 S}$，带电板所受的作用力为 $F=qE=\dfrac{q^2}{2\varepsilon_0 S}$，这是板间的相互作用力。

问题3 电势零点的选择是完全任意的吗?

辨析 由定义看，电势只具有相对值，从这个意义上说，电势零点的选择是可以完全任意的。但是在理论研究中，往往要采用一些理想模型，如无限大带电体、点电荷等，在这种情形下，电势零点的选择就不能任意，必须要保证电场中各点的电势具有确定的值，这才有物理意义。例如，无限大均匀带电平面，由于电荷分布在无限范围，就不能选无限远处的电势为零，通常选带电平面本身的电势为零。又如点电荷，电荷集中在一个点上，因此不能选择点电荷本身作为电势零点，而通常选无限远处为电势零点。无限长均匀带电直线的电势零点既不能选在其本身上，也不能选在无限远处，只能选在空间中的其他任一点。

问题 4 根据电场强度与电势梯度的关系分析以下问题：（1）在电势不变的空间，电场强度是否为零？（2）电势为零处，电场强度是否一定为零？（3）电场强度为零处，电势是否一定为零？

辨析 根据电场强度与电势之间的关系 $\boldsymbol{E}=-\nabla V$ 可知：

（1）由于空间中电势恒定不变，其梯度等于零，所以电场强度为零。例如一个带电的金属球，其电势是一常数，而球内各点的电场强度为零。

（2）电势为零处，电场强度不一定为零。因为决定电场强度的是该点的电势分布，不是该点的电势值，只要在该点附近有电势的变化，电场强度就不为零。例如电偶极子中垂线上各点的电势均为零，但电场强度都不为零。

（3）电场强度为零处，电势不一定为零。因为只要满足电势在该点附近是一个常数，该点的电场强度就为零。例如一个带电的金属球，球内各点的电场强度为零，但各点的电势可以是一常数。

9.4 例题剖析

9.4.1 基本思路

本章重点是对电场强度、电势两个基本概念的理解，并围绕这两个核心展开讨论；题目主要涉及库仑定律、电场强度、高斯定理、电势能、电势、静电场力做功、电场强度和电势的关系、带电粒子在电场中运动等方面。求解有限分布带电体周围空间的电场强度 $\boldsymbol{E}$ 时，必须注意 $\boldsymbol{E}$ 是矢量，所以通常都需先将微元电荷的电场强度做分解，后在各个坐标方向上对整个带电体做积分运算，从而得出电场强度。而求解其周围空间的电势分布时，由于电势是标量，可直接进行积分运算，计算过程要比求 $\boldsymbol{E}$ 方便。

9.4.2 典型例题

例 9-1 一段半径为 a 的细圆弧，对圆心的张角为 θ_0，其上均匀分布有正电荷 q，如图 9-1 所示。试以 a，q，θ_0 表示出圆心 O 处的电场强度。

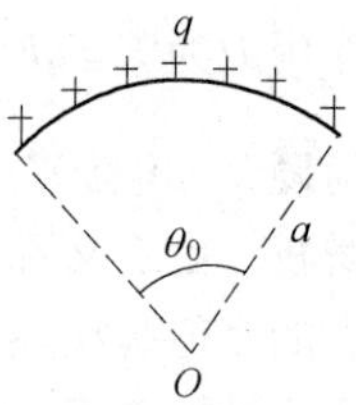

图 9-1 例 9-1 图 1

分析 求解带电体在空间场点的电场强度时，常将带电体分解成电荷微元，而任一电荷微元产生的电场强度 $\mathrm{d}\boldsymbol{E}$ 必须是可以直接计算的，然后将 $\mathrm{d}\boldsymbol{E}$ 沿各坐标轴方向投影，在各坐标方向对整个带电体做积分运算。求解时，要注意分析对称性，同时要注意到电荷微元选取，直接影响到计算的简便程度。

解 取坐标 xOy 如图 9-2 所示，由对称性可知 $E_x=\int \mathrm{d}E_x=0$

$$\mathrm{d}E_y=\frac{-\mathrm{d}q}{4\pi\varepsilon_0 a^2}\cos\theta=\frac{-\lambda\mathrm{d}l}{4\pi\varepsilon_0 a^2}\cos\theta=\frac{-\lambda}{4\pi\varepsilon_0 a^2}\cos\theta\cdot a\mathrm{d}\theta$$

$$E_y = \int_{-\frac{1}{2}\theta_0}^{\frac{1}{2}\theta_0} \frac{-\lambda}{4\pi\varepsilon_0 a}\cos\theta \mathrm{d}\theta = \frac{-\lambda}{2\pi\varepsilon_0 a}\sin\frac{\theta_0}{2} = \frac{-q}{2\pi\varepsilon_0 a^2\theta_0}\sin\frac{\theta_0}{2}$$

$$\boldsymbol{E} = \frac{-q}{2\pi\varepsilon_0 a^2\theta_0}\sin\frac{\theta_0}{2}\boldsymbol{j}$$

注意，本题的结果在 $\theta = \pi$ 时，就可得到均匀带电细半圆弧在圆心处激发的电场强度

$$\boldsymbol{E} = \frac{-q}{2\pi\varepsilon_0 a^2\theta_0}\boldsymbol{j} = \frac{-\lambda}{2\pi\varepsilon_0 a}\boldsymbol{j}$$

式中，λ 为电荷线密度。

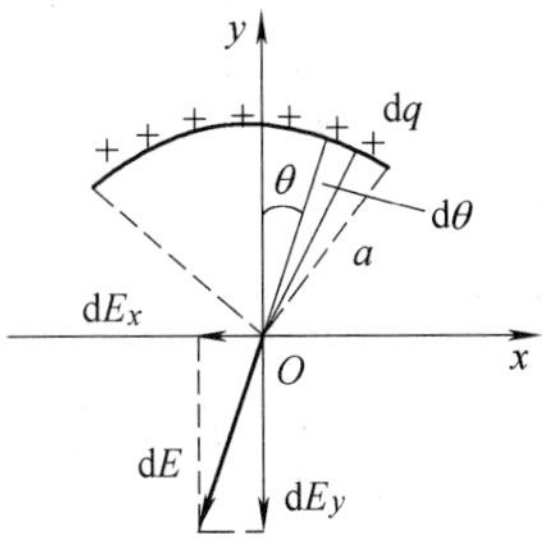

图 9-2 例 9-1 图 2

例 9-2 电荷线密度为 λ 的“无限长”均匀带电细线，弯成如图 9-3 所示形状。若半圆弧 AB 的半径为 R，试求圆心 O 点的电场强度。

分析 此题中的带电体可以分为三部分，分别是两个半无限长线电荷和一个半圆形圆弧电荷。根据电场强度的叠加原理，如果能够求出每部分电荷在 O 点的电场强度，问题就可以得到解决。

解 以 O 点作坐标原点，建立坐标如图 9-4 所示。

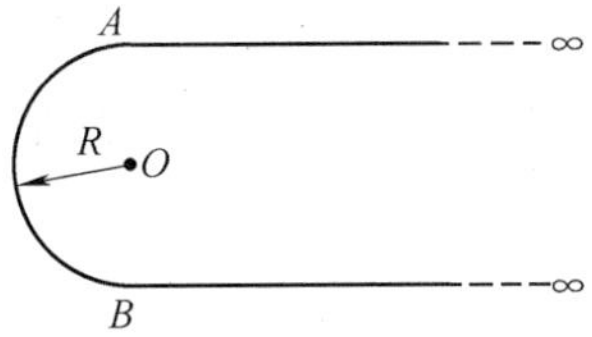

图 9-3 例 9-2 图 1

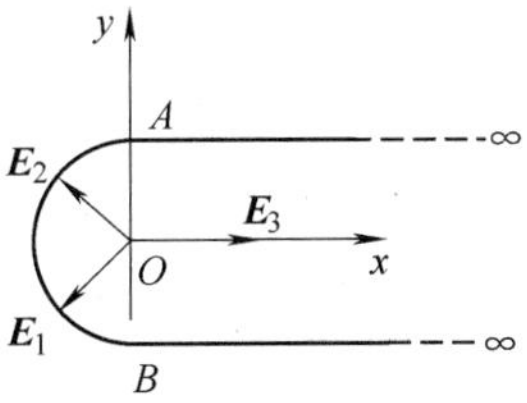

图 9-4 例 9-2 图 2

半无限长直线 $A\infty$ 在 O 点产生的电场强度为

$$\boldsymbol{E}_1 = \frac{\lambda}{4\pi\varepsilon_0 R}(-\boldsymbol{i}-\boldsymbol{j})$$

半无限长直线 $B\infty$ 在 O 点产生的电场强度为

$$\boldsymbol{E}_2 = \frac{\lambda}{4\pi\varepsilon_0 R}(-\boldsymbol{i}+\boldsymbol{j})$$

半圆弧线段在 O 点产生的电场强度为

$$\boldsymbol{E}_3 = \frac{\lambda}{2\pi\varepsilon_0 R}\boldsymbol{i}$$

由电场强度叠加原理，O 点合电场强度为

$$\boldsymbol{E} = \boldsymbol{E}_1 + \boldsymbol{E}_2 + \boldsymbol{E}_3 = 0$$

注意，很多问题的求解最终都归结为典型带电体问题，在解题中运用分割法，利用典型带电体的电场强度和电场强度叠加原理，可以使问题简单化。此方法在以后的磁学中也经常用到。

例 9-3 两个均匀带电同心球面，半径分别为 R_1 和 R_2，带总电荷量分别为 $+Q$ 和

$-Q$，如图9-5所示，求Ⅰ、Ⅱ、Ⅲ三个区域的电场强度$\boldsymbol{E}_1$、$\boldsymbol{E}_2$、$\boldsymbol{E}_3$。

分析 本题为应用高斯定理求解有特定对称性的电荷分布的电场强度问题。高斯定理普遍适用于任何静电场，形式上看，高斯定理的应用有两方面，即已知电场强度分布求电荷，或已知电荷分布求电场强度。但在一般情况下，高斯定理左边的积分是很难计算的。只有在一些特殊情况下，高斯定理表达式可简化成一个已知$\boldsymbol{E}$求q或已知q求$\boldsymbol{E}$的代数方程，上述应用才有可能。这个特殊情况就是电场的分布具有某种对称性，也即要求电荷的分布具有某种对称性。常见的具有对称性分布的源点荷有球对称分布、柱对称分布、平面对称分布等。

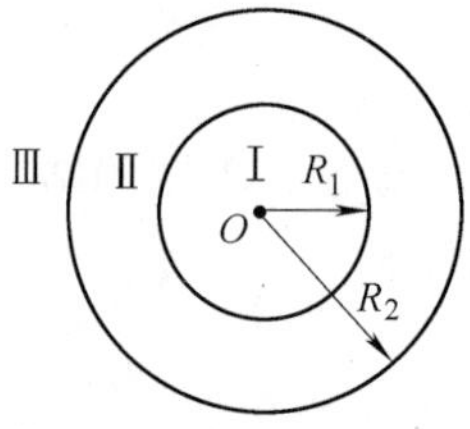

图9-5 例9-3图

解 由于电荷分布具有球对称性，故电场强度分布亦具有球对称性，在三个区域分别应用高斯定理。

Ⅰ区：以O为球心，以$r(0<r<R_1)$为半径做一个同心球面S_1为高斯面，对S_1应用高斯定理，有

$$\oiint_S \boldsymbol{E}_1 \cdot \mathrm{d}\boldsymbol{S} = 0$$

在高斯面S_1上，$\boldsymbol{E}_1$与$\mathrm{d}\boldsymbol{S}$处处方向相同，且由于对称性，$\boldsymbol{E}_1$的大小处处相同，可提到积分号外，于是有$E_1 \cdot 4\pi r^2=0$，所以

$$\boldsymbol{E}_1 = 0$$

Ⅱ区：同理，做一个同心球面S_2，半径为$r(R_1<r<R_2)$，以S_2为高斯面，应用高斯定理，有

$$\oiint_S \boldsymbol{E}_2 \cdot \mathrm{d}\boldsymbol{S} = \frac{Q}{\varepsilon_0}$$

同理有

$$\boldsymbol{E}_2 = \frac{Q}{4\pi\varepsilon_0 r^2}\frac{\boldsymbol{r}}{r}$$

Ⅲ区：同理，做一个同心球面S_3，半径为$r(R_2<r)$，以S_3为高斯面，应用高斯定理，有

$$\oiint_S \boldsymbol{E}_3 \cdot \mathrm{d}\boldsymbol{S} = 0$$

同理有

$$\boldsymbol{E}_3 = 0$$

例9-4 如图9-6所示，无限长带电圆柱面的电荷面密度为$\sigma=\sigma_0\cos\theta$，其中，$\theta$是面积元的法线方向与$x$轴正向之间的夹角。试求圆柱轴线$z$上的电场强度分布。

分析 设该圆柱面的横截面的半径为R，借助于无限均匀带电直线在距离r处的电场强度公式，即$E=\dfrac{\lambda}{2\pi\varepsilon_0 r}$，可推出带电圆柱面上宽度为$\mathrm{d}l=R\mathrm{d}\theta$的无限长均匀带电直线在圆柱轴线上任一点产生的电场强度。根据对称性分析可知，无数无限长均匀带电直线在O处产生的合电场强度，沿y方向分量为零，只有沿x方

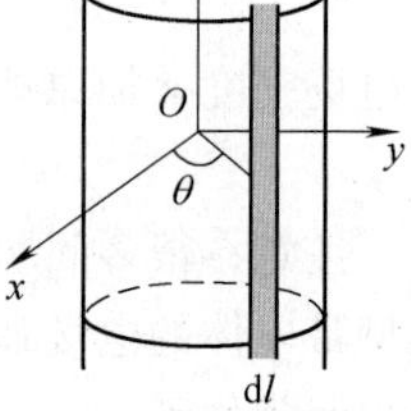

图9-6 例9-4图

向的分量，而公式中的 $\lambda = \dfrac{\sigma \cdot dl \cdot dz}{dz} = \sigma_0 \cos\theta R d\theta$。

解 取电荷元为如图9-6所示的无限长窄圆柱面，则有

$$\begin{aligned} d\boldsymbol{E} &= -\frac{\lambda}{2\pi\varepsilon_0 R}\cos\theta\boldsymbol{i} + \frac{\lambda}{2\pi\varepsilon_0 R}\sin\theta\boldsymbol{j} \\ &= -\frac{\sigma_0\cos^2\theta}{2\pi\varepsilon_0}d\theta\boldsymbol{i} + \frac{\sigma_0\sin\theta\cos\theta}{2\pi\varepsilon_0}d\theta\boldsymbol{j} \end{aligned}$$

于是 $\boldsymbol{E} = \int_0^{2\pi} d\boldsymbol{E} = -\dfrac{\sigma_0}{2\varepsilon_0}\boldsymbol{i}$，即电场强度方向沿 x 轴负方向。

注意，把无限长圆柱面分割成无数根无限长直线是很常用的一种选取积分微元的方法。

例9-5 如图9-7a所示，在一电荷体密度为 ρ_e 的均匀带电球体中，挖去一个小球体，形成一球形空腔，偏心距为 a。试求腔内任一点的电场强度 $\boldsymbol{E}$。

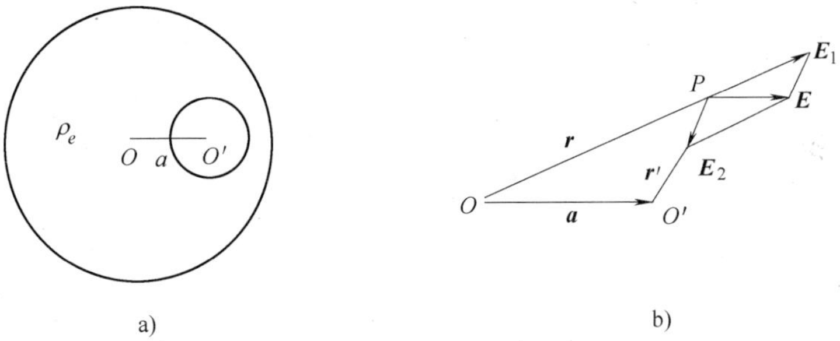

图9-7 例9-5图

分析 本题若在垂直于 $\overline{OO'}$ 直线上把带电体切割成无数个带电圆盘，其中一部分为实心，一部分为空心，根据圆盘的电场强度结论加以叠加，理论上可行，但实际计算中，数学运算复杂；另一方面，由于球体中存在空腔，使带电体失去球对称性，所以若想直接用高斯定理做也不可行。但通过补偿法，可恢复球体的对称性，则可用高斯定理求解，再应用叠加原理完成计算，求解就简洁了。可设想不带电的空腔等效于腔内有体密度相同的等值异号的两种电荷，这样本题就可归结为求解一个体密度为 ρ_e 的均匀带电大球体和一个体密度为 $-\rho_e$ 的均匀带电小球体，在空腔内产生的电场强度叠加。

解 设 P 点为空腔内任一点，则大球在 P 点产生的电场强度为（见高斯定理求解的结论）

$$\boldsymbol{E}_1 = \frac{\rho_e}{3\varepsilon_0}\boldsymbol{r}$$

同理，小球在 P 点产生的电场强度为 $\boldsymbol{E}_2 = -\dfrac{\rho_e}{3\varepsilon_0}\boldsymbol{r}'$

由电场强度叠加原理可知，P 点的总电场强度

$$\boldsymbol{E} = \boldsymbol{E}_1 + \boldsymbol{E}_2 = \frac{\rho_e}{3\varepsilon_0}(\boldsymbol{r} - \boldsymbol{r}') = \frac{\rho_e}{3\varepsilon_0}\boldsymbol{a} = \text{常矢量}$$

结果表明，空腔内的电场强度是均匀的，其大小为$\frac{\rho_e a}{3\varepsilon_0}$，其方向平行与两球心的连线 a，由 O 指向 O'，如图 9-7b 所示。

注意，此题中电场强度的叠加采用了矢量叠加方法，也即平行四边形法则，而没有采用先投影，再相加的方法。因为前者的几何关系很明显，而用后者则必须建立直角坐标系，反而繁琐，所以，应视具体情况而定。

例 9-6 如图 9-8 所示为一沿 x 轴放置的长度为 l 的不均匀带电细棒，其电荷线密度为 $\lambda = \lambda_0(x-a)$，λ_0 为一常量。取无穷远处为电势零点，求坐标原点 O 处的电势。

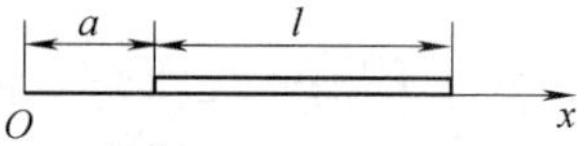

图 9-8 例 9-6 图 1

分析 本题为求解连续带电体的电势问题。计算电势通常有如下两种方法：

（1）如果已知电场强度 $\boldsymbol{E}$ 的分布，从场点到电势零点选取任一方便的路径对 $\boldsymbol{E}$ 进行积分，就可计算出场点的电势。

（2）如果场源电荷为点电荷系，可利用电势叠加原理求电势。本例为第二种情况。

解 如图 9-9 所示，在任意位置 x 处取长度元 $\mathrm{d}x$，其上带有电荷$\mathrm{d}q = \lambda_0(x-a)\mathrm{d}x$。它在 O 点产生的电势

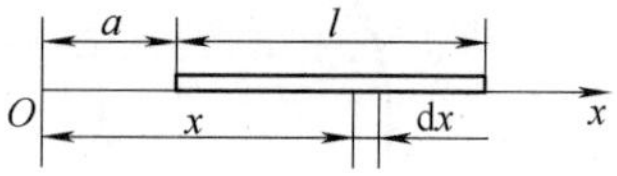

图 9-9 例 9-6 图 2

$$\mathrm{d}V = \frac{\lambda_0(x-a)\mathrm{d}x}{4\pi\varepsilon_0 x}$$

则 O 点总电势

$$V = \int \mathrm{d}V = \frac{\lambda_0}{4\pi\varepsilon_0}\left[\int_a^{a+l}\mathrm{d}x - a\int_a^{a+l}\frac{\mathrm{d}x}{x}\right] = \frac{\lambda_0}{4\pi\varepsilon_0}\left[l - a\ln\frac{a+l}{a}\right]$$

例 9-7 如图 9-10 所示，有一电荷面密度为 σ 的“无限大”均匀带电平面。若以该平面处为电势零点，试求带电平面周围空间的电势分布。

分析 本题为求解连续带电体的电势问题的第一种情况。需要注意的是积分式 $V_P = \int_P^{(O)} \boldsymbol{E}\cdot\mathrm{d}\boldsymbol{l}$ 中的 $\boldsymbol{E}$ 是积分路径上各点的总电场强度，如果积分路径上不同区域的 $\boldsymbol{E}$ 的表达式不同，则应进行分段积分。

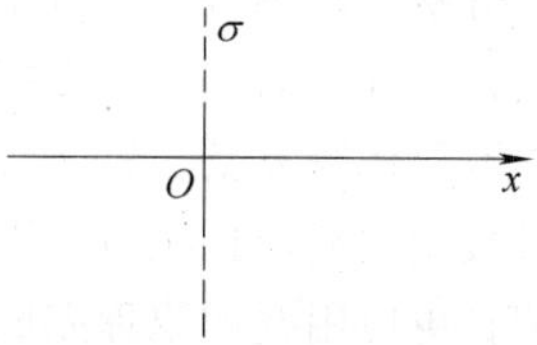

图 9-10 例 9-7 图

解 选坐标原点在带电平面所在处，x 轴垂直于平面，由高斯定理可得电场强度分布为

$$E = \pm\frac{\sigma}{2\varepsilon_0}$$

式中，“+”表示 $x>0$ 区域，“-”表示 $x<0$ 区域。

平面外任意点 x 处电势如下：

①在 $x \leqslant 0$ 区域

$$V = \int_x^0 E\mathrm{d}x = \int_x^0 \frac{-\sigma}{2\varepsilon_0}\mathrm{d}x = \frac{\sigma x}{2\varepsilon_0}$$

②在 $x \geqslant 0$ 区域

$$V = \int_x^0 E\mathrm{d}x = \int_x^0 \frac{\sigma}{2\varepsilon_0}\mathrm{d}x = \frac{-\sigma x}{2\varepsilon_0}$$

例 9-8 一均匀带电的平面圆环，内、外半径分别为 R_1 和 R_2，且电荷面密度为 σ。一质子被加速器加速后，自 P 点沿圆环轴线射向圆心 O。若质子到达 O 点时的速度恰好为零。试求质子位于 P 点时的动能 E_k（已知质子的电荷量为 e，略去重力影响，$OP=L$）。

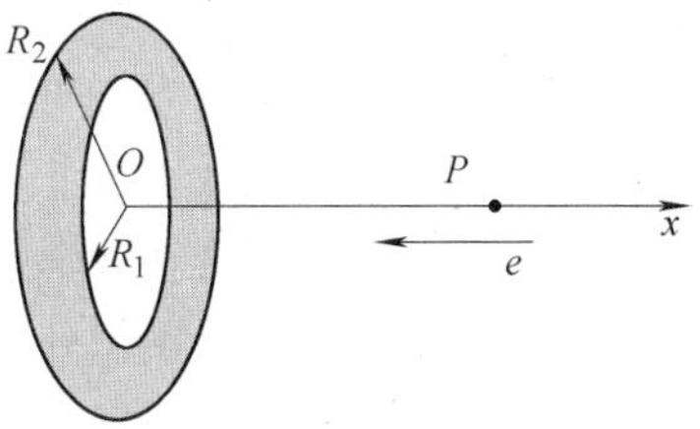

图 9-11 例 9-8 图

分析 这是静电学与力学的综合问题。根据动能定理，质子在圆环产生的电场空间中所受电场力所做的功 W 等于质子动能的变化（$\Delta E_k = O - E_k = -E_k$），而电场力所做的功可以用两种方法求解。一种是由电势差求解，$W=e(V_P - V_O)$；另一种是由功的定义求解，$W = \int_P^O \boldsymbol{F}\cdot \mathrm{d}\boldsymbol{l} = \int_P^O e\boldsymbol{E}\cdot \mathrm{d}\boldsymbol{l}$。前一种方法必须求出带电圆环在 P 点和 O 点的电势 V_P，V_O，后一种方法必须求出带电圆环在 OP 上产生的电场强度分布。

解 方法一： 由电势差求 W，选取坐标 Ox，如图 9-11 所示。可将圆环视为由许多同心圆环所组成，选取一半径为 r，宽为 $\mathrm{d}r$ 的带电圆环，其上带电荷量为 $\mathrm{d}q = \sigma \cdot 2\pi r\mathrm{d}r$。

根据点电荷系的电势公式，该小圆环上的电荷在 P 点产生的电势为

$$\mathrm{d}V_P = \frac{1}{4\pi\varepsilon_0}\cdot\frac{\mathrm{d}q}{\sqrt{r^2+L^2}} = \frac{\sigma}{2\varepsilon_0}\frac{r\mathrm{d}r}{\sqrt{r^2+L^2}}$$

由电势叠加原理，整个圆环上的电荷在 P 点产生的电势为

$$V_P = \int \mathrm{d}V_p = \frac{\sigma}{2\varepsilon_0}\int_{R_1}^{R_2}\frac{r\mathrm{d}r}{\sqrt{r^2+L^2}} = \frac{\sigma}{2\varepsilon_0}\left(\sqrt{L^2+R_2^2} - \sqrt{L^2+R_1^2}\right)$$

圆环中心 O 处（即 $L=0$ 处）的电势为

$$V_0 = \frac{\sigma}{2\varepsilon_0}(R_2 - R_1)$$

所以

$$W = e(V_P - V_0) = -E_k$$

$$E_k = \frac{\sigma e}{2\varepsilon_0}\left(R_2 - R_1 - \sqrt{L^2+R_2^2} + \sqrt{L^2+R_1^2}\right)$$

方法二： 带电荷量为 $\mathrm{d}q$ 的小圆环在 OP 上任一点 x 处产生的电场强度大小

$$\mathrm{d}E = \frac{\mathrm{d}q\cdot x}{4\pi\varepsilon_0(x^2+r^2)^{3/2}} = \frac{\sigma 2\pi r\mathrm{d}r\cdot x}{4\pi\varepsilon_0(x^2+r^2)^{3/2}}，方向沿 Ox 轴方向。$$

题中圆环在 x 处产生的电场强度为无数个小圆环产生的电场强度的矢量和，因为各小圆环产生的电场强度方向相同，故

$$E = \int_{R_1}^{R_2}\mathrm{d}E = \int_{R_1}^{R_2}\frac{\sigma 2\pi r\mathrm{d}r\cdot x}{4\pi\varepsilon_0(x^2+r^2)^{3/2}}$$

$$= \frac{\sigma x}{2\varepsilon_0}\left[\frac{1}{(R_1^2+x^2)^{1/2}} - \frac{1}{(R_2^2+x^2)^{1/2}}\right]$$

$$W = \int_O^P e\boldsymbol{E} \cdot \mathrm{d}\boldsymbol{l} = \int_L^O \frac{e\sigma x}{2\varepsilon_0}\left[\frac{1}{(R_1^2 + x^2)^{1/2}} - \frac{1}{(R_2^2 + x^2)^{1/2}}\right] \cdot \mathrm{d}x$$

$$= -\frac{\sigma e}{2\varepsilon_0}(R_2 - R_1 - \sqrt{L^2 + R_2^2} + \sqrt{L^2 + R_1^2})$$

计算结果和方法一一样。

注意，因为求 $\boldsymbol{E}$ 时是矢量积分，必须先分解后积分；而求 V 是标量积分，其数学运算简单得多。而此题求 $\boldsymbol{E}$ 时，由于各电荷微元（带电小圆环）的 $\mathrm{d}\boldsymbol{E}$ 方向相同，不需要分解，因此看不出两者在数学处理上难易程度的差异，但这一点在其他题中可明显看出。另外，方法一中，只须积分一次，而方法二中，需积分两次，故此类题采用方法一运算更简单些。

9.5 能力训练

一、选择题

1. 一均匀带电球面，电荷面密度为 σ，球面内电场强度处处为零，球面上面元 $\mathrm{d}S$ 带有 $\sigma \mathrm{d}S$ 的电荷，则该电荷在球面内各点产生的电场强度（　　）。

A. 处处为零　　B. 不一定都为零

C. 处处不为零　　D. 无法判定

2. 如图 9-12 所示曲线表示球对称或轴对称静电场的某一物理量随径向距离 r 变化的关系，请指出该曲线可描述的内容是（E 为电场强度的大小，V 为电势）（　　）。

A. 半径为 R 的无限长均匀带电圆柱体电场的 E-r 关系

B. 半径为 R 的无限长均匀带电圆柱面电场的 E-r 关系

C. 半径为 R 的均匀带正电球体电场的 U-r 关系

D. 半径为 R 的均匀带正电球面电场的 U-r 关系

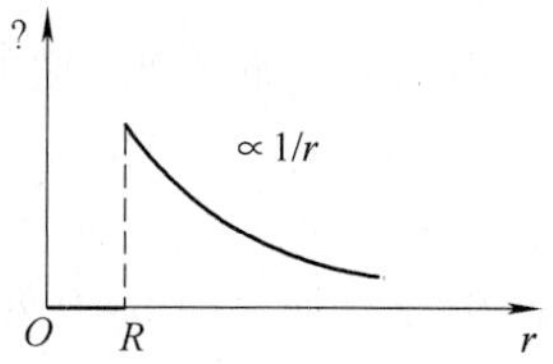

图 9-12　选择题 2 图

3. 如图 9-13 所示，一个电荷为 q 的点电荷位于立方体的 A 角上，则通过侧面 $abcd$ 的电场强度通量等于（　　）。

A. $\dfrac{q}{6\varepsilon_0}$　　B. $\dfrac{q}{12\varepsilon_0}$

C. $\dfrac{q}{24\varepsilon_0}$　　D. $\dfrac{q}{48\varepsilon_0}$

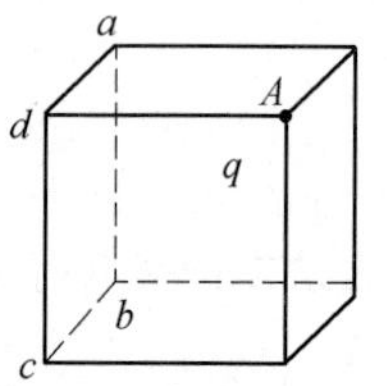

图 9-13　选择题 3 图

4. 根据高斯定理的数学表达式 $\oint_S \boldsymbol{E} \cdot \mathrm{d}\boldsymbol{S} = \sum q/\varepsilon_0$ 可知下述各种说法中，正确的是（　　）。

A. 闭合面内的电荷代数和为零时，闭合面上各点电场强度一定为零

B. 闭合面内的电荷代数和不为零时，闭合面上各点电场强度一定处处不为零

C. 闭合面内的电荷代数和为零时，闭合面上各点电场强度不一定处处为零

D. 闭合面上各点电场强度均为零时，闭合面内一定处处无电荷

5. 如图9-14所示，在点电荷 q 的电场中，选取以 q 为中心、R 为半径的球面上一点 P 处作电势零点，则与点电荷 q 距离为 r 的 P' 点的电势为（　　）。

A. $\dfrac{q}{4\pi\varepsilon_0 r}$　　B. $\dfrac{q}{4\pi\varepsilon_0}\left(\dfrac{1}{r}-\dfrac{1}{R}\right)$

C. $\dfrac{q}{4\pi\varepsilon_0(r-R)}$　　D. $\dfrac{q}{4\pi\varepsilon_0}\left(\dfrac{1}{R}-\dfrac{1}{r}\right)$

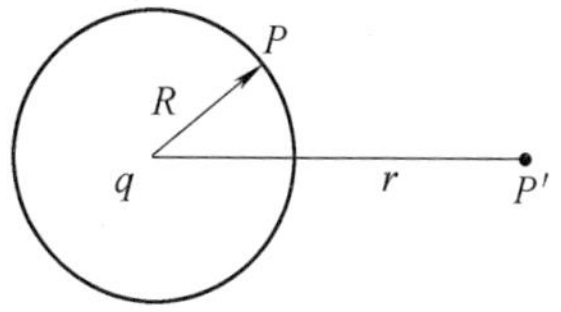

图9-14　选择题5图

6. 有 N 个电荷均为 q 的点电荷，以两种方式分布在相同半径的圆周上：一种是无规则分布，另一种是均匀分布。比较这两种情况下在过圆心 O 并垂直于圆平面的 z 轴上任一点 P（见图9-15）的电场强度与电势，则有（　　）。

A. 电场强度相等，电势相等

B. 电场强度不等，电势不等

C. 电场强度分量 E_z 相等，电势相等

D. 电场强度分量 E_z 相等，电势不等

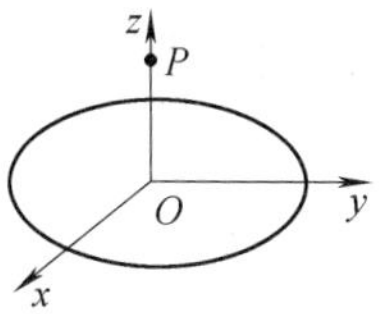

图9-15　选择题6图

7. 有一“无限大”带正电荷的平面，若设平面所在处为电势零点，取 x 轴垂直带电平面，原点在带电平面上，则其周围空间各点电势 V 随距离平面的位置坐标 x 变化的关系曲线为（　　）。

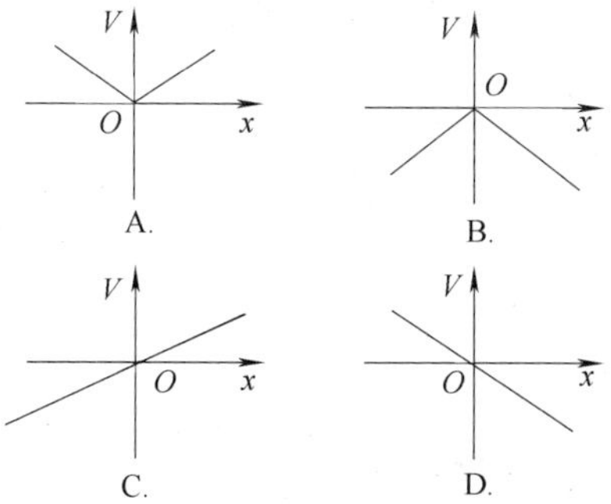

8. 在已知静电场分布的条件下，任意两点 P_1 和 P_2 之间的电势差取决于（　　）。

A. P_1 和 P_2 两点的位置

B. P_1 和 P_2 两点处的电场强度的大小和方向

C. 试验电荷所带电荷的正负

D. 试验电荷的电荷大小

9. 已知某电场的电场线分布情况如图9-16所示。现观察到一负电荷从 M 点移到 N 点。有人根据这个图做出下列几点结论，其中哪点正确的是（　　）。

A. 电场强度 $E_M > E_N$　　B. 电势 $V_M > V_N$

C. 电势能 $W_M < W_N$　　D. 电场力的功 $A > 0$

10. 图9-17所示为一沿 x 轴放置的“无限长”分段均匀带电直线，电荷线密度分别为 $+\lambda(x<0)$ 和 $-\lambda(x>0)$，则 Oxy 坐标平面上点 $(0,a)$ 处的电场强度 $\boldsymbol{E}$ 为（　　）。

A. 0　　B. $\frac{\lambda}{2\pi\varepsilon_0 a}\boldsymbol{i}$　　C. $\frac{\lambda}{4\pi\varepsilon_0 a}\boldsymbol{i}$　　D. $\frac{\lambda}{4\pi\varepsilon_0 a}(\boldsymbol{i}+\boldsymbol{j})$

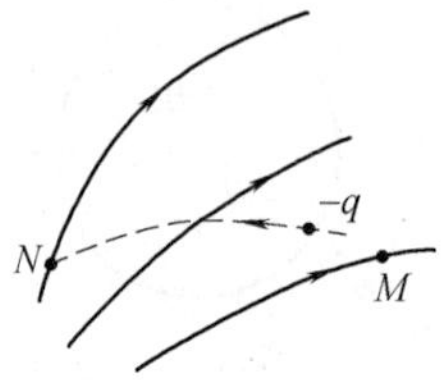

图 9-16　选择题 9 图

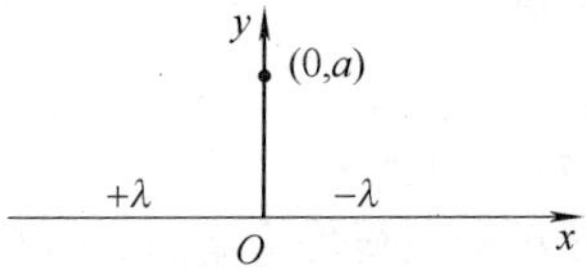

图 9-17　选择题 10 图

二、填空题

1. 由一根绝缘细线围成的边长为 l 的正方形线框，使它均匀带电，其电荷线密度为 λ，则在正方形中心处的电场强度的大小 $E=$ ________。

2. 一半径为 R，长为 L 的均匀带电圆柱面，其单位长度带有电荷 λ。在带电圆柱的中垂面上有一点 P，它到轴线距离为 $r(r>R)$，则当 $r \ll L$ 时，P 点的电场强度的大小 $E=$ ________；当 $r \gg L$ 时，$E=$ ________。

3. 有一个球形的橡皮膜气球，电荷 q 均匀地分布在表面上，在此气球被吹大的过程中，被气球表面掠过的点（该点与球中心距离为 r），其电场强度的大小将由 ________ 变为 ________。

4. 真空中，有一均匀带电细圆环，电荷线密度为 λ，其圆心处的电场强度 $E_0=$ ________，电势 $V_0=$ ________。（选无穷远处电势为零。）

5. 一半径为 R 的绝缘实心球体，非均匀带电，电荷体密度为 $\rho=\rho_0 r$（r 为离球心的距离，ρ_0 为常量）。设无限远处为电势零点，则球外（$r>R$）各点的电势分布为 $U=$ ________。

6. 一闭合面包围着一个电偶极子，则通过此闭合面的电场强度通量 $\Phi_e=$ ________。

7. 如图 9-18 所示，试验电荷 q，在点电荷 $+Q$ 产生的电场中，沿半径为 R 的整个圆弧的 3/4 圆弧轨道由 a 点移到 d 点的过程中电场力做功为 ________；从 d 点移到无穷远处的过程中，电场力做功为 ________。

8. 在静电场中，一质子（带电荷 $e=1.6\times10^{-19}$C）沿 1/4 的圆弧轨道从 A 点移到 B 点（见图 9-19），电场力做功 8.0×10^{-15}J，则当质子沿 3/4 的圆弧轨道从 B 点回到 A 点时，电场力做功 $W=$ ________。设 A 点电势为零，则 B 点电势 $V=$ ________。

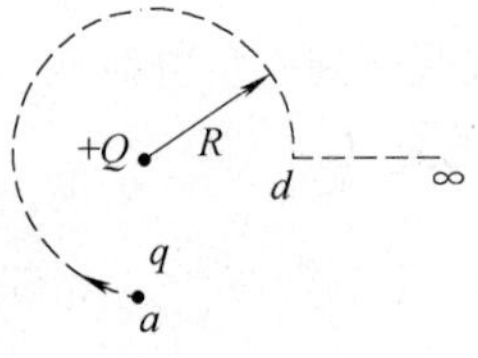

图 9-18　填空题 7 图

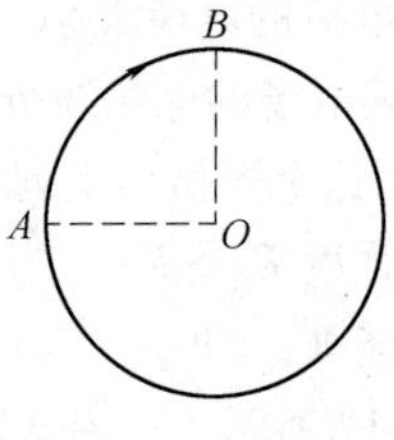

图 9-19　填空题 8 图

9. 如图9-20所示，真空中两个正点电荷 Q，相距 $2R$。若以其中一点电荷所在处 O 点为中心，以 R 为半径作高斯球面 S，则通过该球面的电场强度通量 = ________；若以 $\boldsymbol{r}_0$ 表示高斯面外法线方向的单位矢量，则高斯面上 a，b 两点的电场强度分别为________。

10. 如图9-21所示曲线表示球对称或轴对称静电场的某一物理量随径向距离 r 成反比关系，该曲线可描述__________的电场的 E-r 关系，也可描述__________的电场的 V-r 关系（E 为电场强度的大小，V 为电势）。

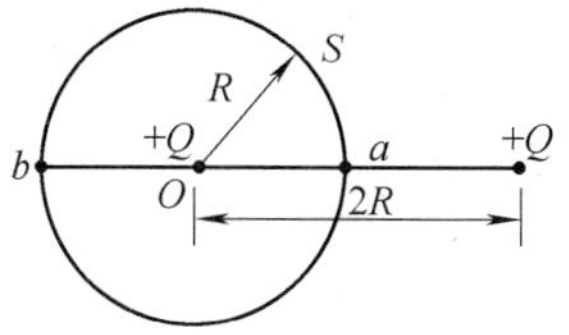

图9-20　填空题9图

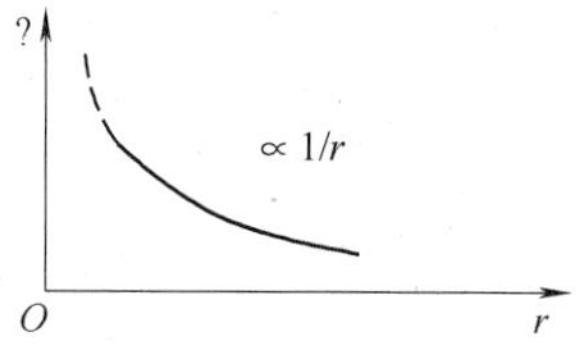

图9-21　填空题10图

三、计算题

1. 真空中两条平行的“无限长”均匀带电直线相距为 a，如图9-22所示，其电荷线密度分别为 $-\lambda$ 和 $+\lambda$。求

（1）在两直线构成的平面上，两线间任一点的电场强度（选 Ox 轴如图所示，两线的中点为原点）。

（2）两带电直线上单位长度之间的相互吸引力。

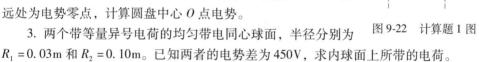

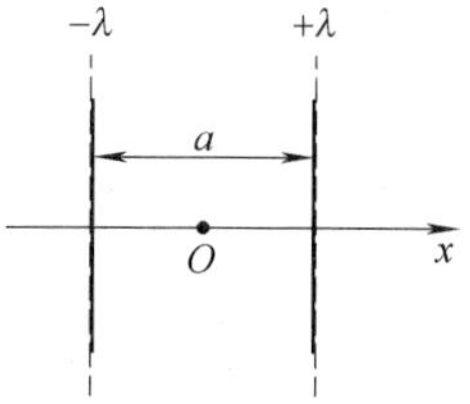

图9-22　计算题1图

2. 一半径为 R 的均匀带电圆盘，电荷面密度为 σ。设无穷远处为电势零点，计算圆盘中心 O 点电势。

3. 两个带等量异号电荷的均匀带电同心球面，半径分别为 $R_1=0.03\text{m}$ 和 $R_2=0.10\text{m}$。已知两者的电势差为450V，求内球面上所带的电荷。

4. 一半径为 R 的带电球体，其电荷体密度分布为

$$\rho=\frac{qr}{\pi R^4}\qquad(r\leqslant R)\qquad(q\text{ 为一正的常量})$$

$$\rho=0\qquad(r>R)$$

试求

（1）带电球体的总电荷。

（2）球内、外各点的电场强度。

（3）球内、外各点的电势。

参考答案

一、选择题

1. C　2. B　3. C　4. C　5. B　6. C　7. B　8. A　9. D　10. B

二、填空题

1. 0；2. $\lambda/(2\pi\varepsilon_0 r)$，$\lambda L/(4\pi\varepsilon_0 r^2)$；3. $\dfrac{q}{4\pi\varepsilon_0 r^2}$，0；4. 0，$\lambda/(2\varepsilon_0)$；5. $\dfrac{\rho_0 R^4}{4\varepsilon_0 r}$；6. 0；7. 0，$qQ/(4\pi\varepsilon_0 R)$；8. -8.0×10^{-15}J，-5×10^4V；9. Q/ε_0，$\boldsymbol{E}_a=0$，$\boldsymbol{E}_b=5Q\boldsymbol{r}_0/(18\pi\varepsilon_0 R^2)$；10. 无限长均匀带电直线，正点电荷。

三、计算题

1. **解** （1）如图9-23所示，一根无限长均匀带电直线在线外离直线距离 r 处的电场强度为 $E=\lambda/(2\pi\varepsilon_0 r)$。根据此式及场强叠加原理得两直线间的电场强度为

$$E=E_1+E_2=\frac{\lambda}{2\pi\varepsilon_0}\left[\frac{1}{\left(\dfrac{a}{2}-x\right)}+\frac{1}{\left(\dfrac{a}{2}+x\right)}\right]$$

$$=\frac{2a\lambda}{\pi\varepsilon_0\ (a^2-4x^2)}$$，方向为 x 轴的负方向。

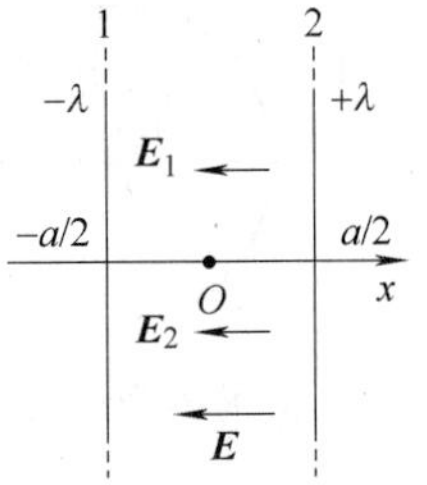

图9-23 计算题1解图

（2）两直线间单位长度的相互吸引力

$$F=\lambda E=\lambda^2/(2\pi\varepsilon_0 a)$$

2. **解** 在圆盘上取一半径为 $r\to r+\mathrm{d}r$ 范围的同心圆环，其面积为 $\mathrm{d}S=2\pi r\mathrm{d}r$，其上电荷为 $\mathrm{d}q=2\pi\sigma r\mathrm{d}r$。它在 O 点产生的电势为 $\mathrm{d}V=\dfrac{\mathrm{d}q}{4\pi\varepsilon_0 r}=\dfrac{\sigma\mathrm{d}r}{2\varepsilon_0}$，总电势为 $V=\int_S\mathrm{d}V=\dfrac{\sigma}{2\varepsilon_0}\int_0^R\mathrm{d}r=\dfrac{\sigma R}{2\varepsilon_0}$。

3. **解** 设内球上所带电荷为 Q，则两球间的电场强度的大小为 $E=\dfrac{Q}{4\pi\varepsilon_0 r^2}$，两球的电势差 $U_{12}=\int_{R_1}^{R_2}E\mathrm{d}r=\dfrac{Q}{4\pi\varepsilon_0}\int_{R_1}^{R_2}\dfrac{\mathrm{d}r}{r^2}=\dfrac{Q}{4\pi\varepsilon_0}\left(\dfrac{1}{R_1}-\dfrac{1}{R_2}\right)$，故 $Q=\dfrac{4\pi\varepsilon_0 R_1R_2U_{12}}{R_2-R_1}=2.14\times10^{-9}$C。

4. **解** （1）在球内取半径为 r、厚为 $\mathrm{d}r$ 的薄球壳，该壳内所包含的电荷为

$$\mathrm{d}q=\rho\mathrm{d}V=qr4\pi r^2\mathrm{d}r/(\pi R^4)=4qr^3\mathrm{d}r/R^4$$

则球体所带的总电荷为

$$Q=\int_V\rho\mathrm{d}V=(4q/R^4)\int_0^R r^3\mathrm{d}r=q$$

（2）在球内作一半径为 r_1 的高斯球面，按高斯定理有

$$4\pi r_1^2E_1=\frac{1}{\varepsilon_0}\int_0^{r_1}\frac{qr}{\pi R^4}\cdot4\pi r^2\mathrm{d}r=\frac{qr_1^4}{\varepsilon_0R^4}$$

得 $E_1=\dfrac{qr_1^2}{4\pi\varepsilon_0R^4}$（$r_1\leqslant R$），$\boldsymbol{E}_1$ 方向沿半径向外。在球体外作半径为 r_2 的高斯球面，按高斯定理有 $4\pi r_2^2E_2=q/\varepsilon_0$，得 $E_2=\dfrac{q}{4\pi\varepsilon_0r_2^2}$（$r_2>R$），$\boldsymbol{E}_2$ 方向沿半径向外。

(3) 球内电势 $V_1 = \int_{r_1}^{R} E_1 \mathrm{d}r + \int_{R}^{\infty} E_2 \mathrm{d}r = \int_{r_1}^{R} \frac{qr^2}{4\pi\varepsilon_0 R^4}\mathrm{d}r + \int_{R}^{\infty} \frac{q}{4\pi\varepsilon_0 r^2}\mathrm{d}r$

$$= \frac{q}{3\pi\varepsilon_0 R} - \frac{qr_1^3}{12\pi\varepsilon_0 R^4} = \frac{q}{12\pi\varepsilon_0 R}\left(4 - \frac{r_1^3}{R^3}\right) \quad (r_1 \leqslant R)$$

球外电势 $V_2 = \int_{r_2}^{\infty} E_2 \mathrm{d}r = \int_{r_2}^{\infty} \frac{q}{4\pi\varepsilon_0 r^2}\mathrm{d}r = \frac{q}{4\pi\varepsilon_0 r_2} \quad (r_2 > R)$

第 10 章　静电场中的导体和电介质

10.1　知识网络

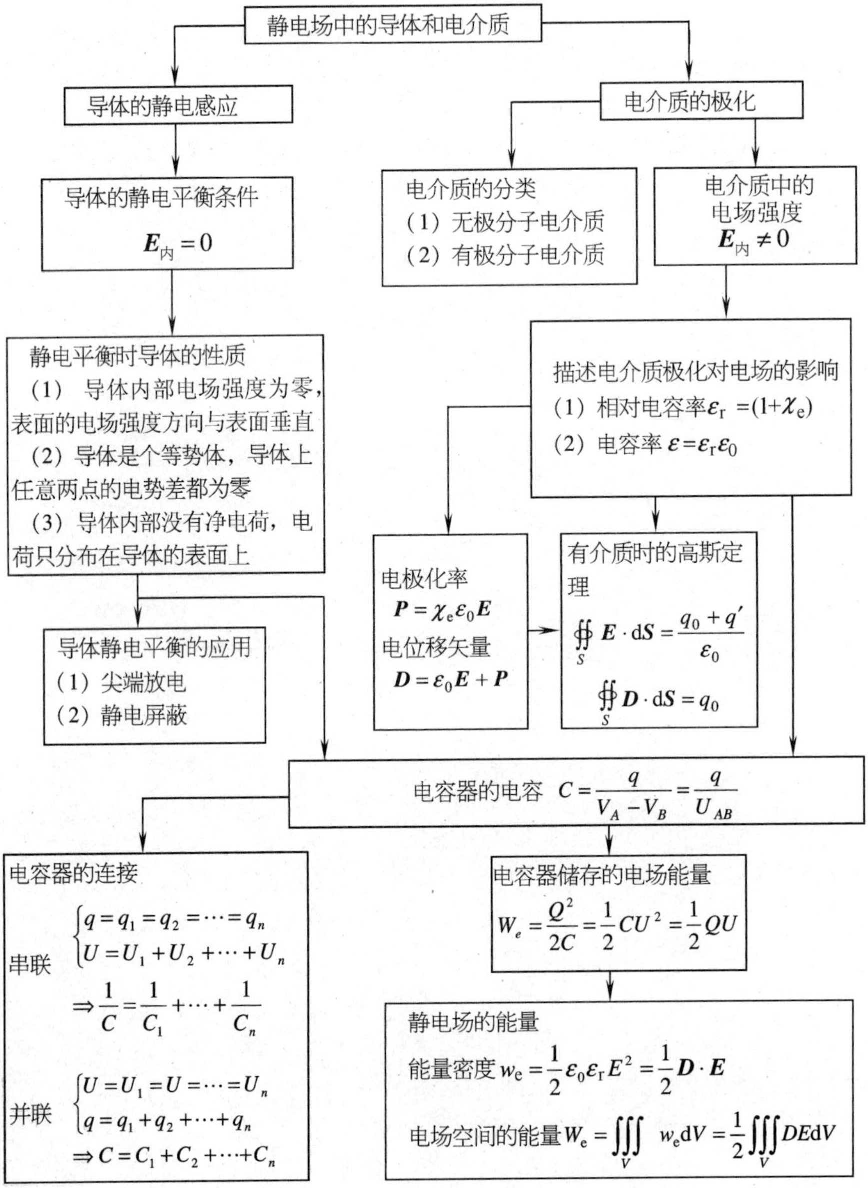

10.2　学习指导

10.2.1　导体的静电平衡

1. 静电平衡条件

当金属导体处于静电场 $\boldsymbol{E}_0$ 中时，导体中的自由电子将受到电场力的作用，在导体内做宏观定向运动，从而使导体两侧表面分别出现等量的正、负电荷，这就是静电感应现象。感应电荷激发的电场强度 $\boldsymbol{E}'$ 与外电场 $\boldsymbol{E}_0$ 方向相反，随着电荷的增多，$\boldsymbol{E}'$ 也随之增大，直至 $\boldsymbol{E}'$ 增大到与 $\boldsymbol{E}_0$ 大小相等，导体内部的合电场强度 $\boldsymbol{E}=\boldsymbol{E}_0+\boldsymbol{E}'=0$ 时，导体内自由电子的定向运动便终止。此时导体上感应电荷的分布不再改变，空间的电场分布也不再改变，导体处于静电平衡状态。导体达到静电平衡时，导体内部和表面都没有电荷的定向运动。因此，导体静电平衡的条件如下：

（1）导体内部任一点的电场强度为零。

（2）导体表面附近的电场强度垂直于导体表面。

由于静电平衡时导体内任意一点的 $\boldsymbol{E}=-\nabla V=0$，因此上述条件也可等价地表述为：导体内部和表面各点的电势都相等，即整个导体是等势体。

2. 静电平衡时导体上的电荷分布

（1）导体内部没有净电荷存在，电荷只能分布于导体的表面上。

（2）对空腔导体：如果腔内没有带电体，内表面上无净电荷，电荷只能分布在导体的外表面；如果腔内有带电体 $+q$，空腔的内、外表面将感应而带上等量异号电荷 $-q$ 和 $+q$。

（3）孤立导体表面的电荷分布是不均匀的，表面凸出而尖锐的地方曲率大，面电荷密度 σ 大；表面比较平坦的地方曲率小，面电荷密度 σ 小。

3. 静电平衡导体表面附近的电场强度

导体表面附近任一点的电场强度方向垂直于导体表面，大小为

$$E=\frac{\sigma}{\varepsilon_0} \tag{10-1}$$

这里的 σ 是导体表面附近的某点的面电荷密度；E 是该点的总电场强度，它不仅仅是导体表面该点附近处的电荷产生的，也不仅仅是导体表面上的电荷产生的，而是空间所有电荷共同产生的。例如，面电荷密度为 σ_1 的无限大均匀带电平面 B 与无限大均匀带电导体平板 A 平行放置，如图 10-1 所示，静电平衡后，A 板两面的面电荷密度分别为 σ_2 和 σ_3。求 A 板表面附近 P 点的电场强度的大小。根据电场强度叠加原理可知，A 板表面附近 P 点的电场强度是由三个无限大均匀带电平面共同产生的。静电平衡后，导体板内的电场强度为零，则有

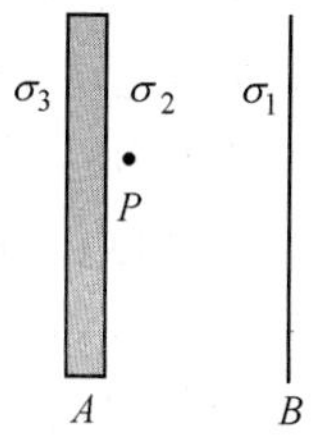

图 10-1　导体表面附近的电场强度

$$E_{内} = \frac{\sigma_3}{2\varepsilon_0} - \frac{\sigma_2}{2\varepsilon_0} - \frac{\sigma_1}{2\varepsilon_0} = 0$$

由此得到 $\sigma_3 = \sigma_1 + \sigma_2$

故有 $E_{\mathrm{P}} = \frac{\sigma_3}{2\varepsilon_0} + \frac{\sigma_2}{2\varepsilon_0} - \frac{\sigma_1}{2\varepsilon_0} = \frac{\sigma_2}{\varepsilon_0}$

可见，这一结果与直接用导体表面附近任一点的场强公式 $E = \frac{\sigma}{\varepsilon_0}$ 计算而得的结果完全相同。

4. 静电屏蔽

在静电平衡状态下，空腔导体不论接地与否，其腔内的电场都不受腔外电荷的影响；当空腔导体接地时，腔外的电场也不受腔内的电荷影响。这种现象叫做静电屏蔽。

（1）无论导体空腔内是否有电荷，腔外电荷的分布都不影响腔内的电场，这并不意味着腔外电荷不在腔内空间产生电场，而是腔外电荷与腔表面感应电荷在腔内空间的合电场强度为零。

（2）若空腔外表面不接地，则腔内的电荷将影响腔外的电场，但与腔内电荷的位置无关。

（3）若腔外表面接地，腔内的电荷不影响腔外的电场，腔外的电荷亦不影响腔内的电场。这是因为当导体表面接地时，导体和地球是等势体。

静电屏蔽的实质：导体外（内）表面上的感应电荷产生的电场抵消了外（内）部带电体在腔内（外）空间激发的电场。

5. 有导体的静电学问题

真空中的静电场是在给定电荷分布的情况下来讨论电场和电势的分布。在静电学中引入导体后，由于电荷与电场的相互影响、相互制约，电荷分布是有待确定的问题。研究有导体的静电学问题的关键是明确静电平衡后的电荷分布，一旦电荷分布清楚了，相关问题（电场强度和电势）可以用真空静电学问题的处理方法来解决。

（1）确定电荷分布的依据：一是电荷守恒定律，二是静电平衡条件（导体内任一点的电场强度为零）。

（2）关于导体接地的问题。当导体接地后，可以确定的是接地的导体电势为零，且与外界条件的变化无关，但导体表面的电荷不一定为零，其电荷是否为零，要由周围电场的条件决定。电场中任一点的电势是空间所有电荷产生的电势的总贡献，导体接地时电势为零也是导体及其周围所有电荷的总贡献。因此，孤立导体接地，电势为零，其表面电荷也为零。若接地导体周围有其他带电体，为保证接地导体电势为零，接地导体要与地交换电荷量，最终达到导体与地的电势同为零。如图 10-2 所示的一电中性金属球，半径为 R，在与球心相距为 b 的一点 P 处，有一正电荷 q，则球的电势和用球心 O 点的电势相同，$V_0 = \frac{q}{4\pi\varepsilon_0 b} + \frac{\sum Q_i}{4\pi\varepsilon_0 R}$

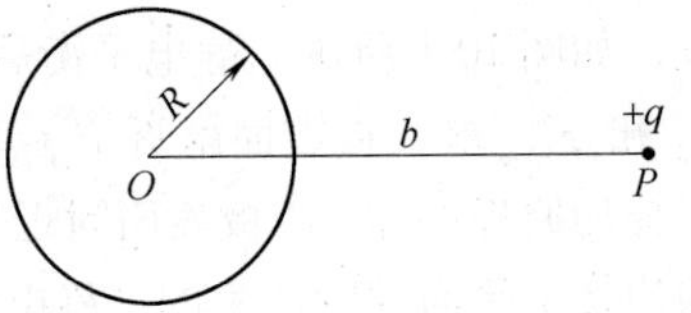

图 10-2 关于导体接地问题

即球心的电势是由点电荷 q 和导体球表面感应电荷 $\sum Q_i$ 共同产生的，由于 $\sum Q_i=0$，故 $V_O=\dfrac{q}{4\pi\varepsilon_0 b}$；若导体球接地，则 $V_O=\dfrac{q}{4\pi\varepsilon_0 b}+\dfrac{q_{感}}{4\pi\varepsilon_0 R}=0$，由此求出 $q_{感}=-\dfrac{R}{b}q$，即为了保证 $V_O=0$，接地导体和地之间有电荷交换，使得接地导体表面带有电荷。

10.2.2　电介质

1. 电介质及其分类

（1）电介质的微观电结构。电介质的主要特征在于它的原子中的电子和原子核结合力很强，电子处于束缚状态。在一般条件下，电子不能挣脱原子核的束缚，因而和导体不同，电介质内无自由电子。

（2）电介质的分类如下：

①无极分子。分子的正、负电荷对称分布，无外电场时其正电荷中心与负电荷中心重合，所以固有电矩 $\boldsymbol{p}=0$。

②有极分子。分子的正、负电荷的分布不对称，正电荷中心同负电荷中心不重合，所以固有电矩 $\boldsymbol{p}=q\boldsymbol{l}\neq 0$，它相当于一个电偶极子模型。

2. 电介质的极化

（1）电介质的极化。无极分子的极化主要是指在外电场的作用下，正负电荷中心被拉开，从而导致产生电矩矢量，此现象即无极分子电介质的位移极化；有极分子的极化主要是原来排列杂乱的固有电矩矢量在外电场产生的力矩作用下，使 $\boldsymbol{p}$ 转向外电场的方向，从而导致电矩矢量排列有序，此现象即有极分子电介质的取向极化。无极分子和有极分子微观极化机制是不一样的，但宏观效果相同，对于均匀电介质，在内部正负电荷还是中和的，但在垂直外电场方向上的介质表面产生极化电荷（束缚电荷）。

（2）电介质中的电场强度为

$$E=E_0-E' \tag{10-2}$$

式中，E 是电介质内的总电场强度；E_0 是外电场的电场强度；E'是极化电荷在电介质中产生的电场强度。

①极化电荷产生的附加电场强度和外电场方向相反，故电介质中的总电场强度比外电场小。在无限大的均匀电介质中

$$E=\frac{E_0}{\varepsilon_r} \tag{10-3}$$

式中，ε_r 称为相对电容率。不同的电介质，ε_r 不同，电介质极化越强，ε_r 越大。显然，ε_r 是反映电介质在外电场中极化性能的物理量，真空中 $\varepsilon_r=1$，其他电介质的 $\varepsilon_r>1$。$\varepsilon=\varepsilon_0\varepsilon_r$，称为电介质的电容率。

②电介质极化与导体静电感应的比较。

静电感应：导体表面出现自由电荷，$E_{内}=0$。

电介质极化：电介质端面出现束缚电荷，$E_{内}\neq 0$。

3. 电极化强度矢量

电极化强度的定义为

$$\boldsymbol{P}=\frac{\sum \boldsymbol{p}_i}{\Delta V} \tag{10-4}$$

（1）电极化强度是单位体积内分子电矩矢量的矢量和，是表征电介质被极化程度的物理量。

（2）只有电介质内 $\boldsymbol{P}$ 才不为零。因为真空中没有极化电荷，所以 $\boldsymbol{P}=0$；静电场中的导体内也没有极化电荷，所以 $\boldsymbol{P}$ 也等于零。

（3）电极化强度和电场强度之间的关系

$$\boldsymbol{P}=\chi_e\varepsilon_0\boldsymbol{E}=\varepsilon_0(\varepsilon_r-1)\boldsymbol{E} \tag{10-5}$$

式中，χ_e 称为电极化率。对于不同的电介质，电极化率 χ_e 不同；对同一种介质，它有确定的值；对各向同性的电介质 χ_e 是常数。

（4）极化电荷面密度 σ' 等于电极化强度沿外法线方向的分量

$$\sigma'=P\cos\theta=|\boldsymbol{P}|\cos\theta=\boldsymbol{P}\cdot\boldsymbol{e}_n=P_n \tag{10-6}$$

式中，$\boldsymbol{e}_n$ 为外法线单位矢量；θ 为外法线方向和 $\boldsymbol{P}$ 之间的夹角。

（5）极化强度 $\boldsymbol{P}$ 和极化电荷 q' 之间的关系为

$$\oint\!\!\!\oint_S \boldsymbol{P}\cdot d\boldsymbol{S}=-q' \tag{10-7}$$

10.2.3 电容器

1. 电容器的电容

电容器的电容定义为

$$C=\frac{q}{U_{AB}}=\frac{q}{V_A-V_B} \tag{10-8}$$

（1）电容是反映电容器容纳电荷能力的物理量。

（2）电容器的电容只与电容器自身的结构（即形状、大小、两极板的相对位置和电介质的材料）有关，与其是否带电和带电多少无关。

（3）电容器充电后，电容器彼此相对的两个极板的内表面将带上等量异号电荷，定义中的 Q 是其中一个极板上电量的绝对值。

（4）孤立导体的电容为 $C=\dfrac{q}{V_A-V_B}=\dfrac{q}{V_A}$

实际上，孤立导体也是由两个导体组成，只不过另一导体位于无穷远，且电势为零。

2. 电容的计算

计算电容器电容的一般步骤如下：

设两极板带等量异号电荷电 $+q$ 和 $-q\to\boldsymbol{E}\to U_{AB}=\int_A^B\boldsymbol{E}\cdot d\boldsymbol{l}\to C=\dfrac{q}{U_{AB}}$

下面介绍几种典型电容器的电容。

（1）孤立导体球　$C=4\pi\varepsilon R$　（R 为球体半径）　（10-9）

（2）平行板的电容器　$C=\dfrac{\varepsilon S}{d}$　（S 为极板面积，d 为极板间距）　（10-10）

（3）同心球形电容器

$$C=4\pi\varepsilon\frac{R_1R_2}{R_2-R_1}\quad(R_1,\ R_2\text{ 分别为内外球极板半径})\tag{10-11}$$

（4）同轴柱形电容器

$$C=\frac{2\pi\varepsilon L}{\ln\dfrac{R_2}{R_1}}\tag{10-12}$$

式中，R_1、R_2 为内外圆柱体的横截面半径；L 为圆柱体的长度。

3. 电容器中充入电介质后有关物理量的变化

以平行板电容器为例来说明充入电介质后有关物理量的变化问题。

（1）电容器接在电源上充入电介质：两极板间的电势差 U_{AB} 不变；极板间电场强度 $E=\dfrac{U_{AB}}{d}$ 不变；电容器电容 $C=\varepsilon_r C_0$ 增加；极板上的电荷量 $q=CU_{AB}$ 增加。

（2）断开电源后充入电介质：极板上的电荷量 q 不变；电容器电容 $C=\varepsilon_r C_0$ 增加；极板间电场强度 $E=\dfrac{E_0}{\varepsilon_r}$ 减小；两极板间的电势差 $U_{AB}=\dfrac{q}{C}$ 减小。

4. 电容器的串联、并联

（1）电容器的串联。$q=q_1=q_2=\cdots=q_n$，$U=U_1+U_2+\cdots+U_n$

$$\frac{1}{C}=\frac{1}{C_1}+\cdots+\frac{1}{C_n}\tag{10-13}$$

（2）电容器的并联。$U=U_1=U_2=\cdots=U_n$，$q=q_1+q_2+\cdots+q_n$

$$C=C_1+C_2+\cdots+C_n\tag{10-14}$$

10.2.4　有介质时的高斯定理

有电介质存在时，场源既有自由电荷 q，也有极化电荷 q'，高斯定理可推广为

$$\oiint_S \boldsymbol{E}\cdot d\boldsymbol{S}=\frac{1}{\varepsilon_0}\sum_i(q_i+q_i')$$

而 $\oiint_S \boldsymbol{P}\cdot d\boldsymbol{S}=-q'$，故有

$$\oiint_S(\varepsilon_0\boldsymbol{E}+\boldsymbol{P})=\sum_i q_i\tag{10-15}$$

可见，要求得 $\boldsymbol{E}$，必须知道自由电荷和束缚电荷的分布，而束缚电荷的分布与电极化强度 $\boldsymbol{P}$ 有关，极化强度 $\boldsymbol{P}$ 又与总电场强度 $\boldsymbol{E}$ 有关，这些量之间构成了循环依赖关系，使得求解总电场强度 $\boldsymbol{E}$ 变得很困难。

1. 电位移矢量

为了使方程能从形式上消去极化电荷及与极化电荷有关的 $\boldsymbol{P}$ 和 $\boldsymbol{E}'$，比较方便地求解电介质中电场强度 $\boldsymbol{E}$，引入辅助矢量 $\boldsymbol{D}$，又称其电位移矢量，其定义为

$$\boldsymbol{D} = \varepsilon_0\boldsymbol{E} + \boldsymbol{P} \tag{10-16}$$

在各向同性介质中有 $\boldsymbol{P} = \chi_e\varepsilon_0\boldsymbol{E}$，$\boldsymbol{D} = \varepsilon_0(1+\chi_e)\boldsymbol{E}$，$\varepsilon_r = 1+\chi_e$，$\varepsilon = \varepsilon_r\varepsilon_0$。因此电位移矢量 $\boldsymbol{D}$ 可以写成

$$\boldsymbol{D} = \varepsilon\boldsymbol{E} \tag{10-17}$$

（1）电位移矢量 $\boldsymbol{D}$ 是辅助量，本身没有直接的物理意义，只是为了比较方便地求解电介质中电场强度而引入的。

（2）电位移线。它和电场线有相同的规定，但 $\boldsymbol{D}$ 线起始于正自由电荷，终止于负自由电荷；而 $\boldsymbol{E}$ 线起始于正电荷（包括自由电荷和束缚电荷），终止于负电荷，这是两者的重要区别。

2. 有介质时的高斯定理

引入电位移矢量 $\boldsymbol{D}$ 后，有介质时的高斯定理可表示为

$$\oint_S \boldsymbol{D}\cdot \mathrm{d}\boldsymbol{S} = \sum q_i \tag{10-18}$$

式中，$\oint_S \boldsymbol{D}\cdot \mathrm{d}\boldsymbol{S}$ 是通过高斯面的电位移通量；$\sum q_i$ 为高斯面 S 内所包围自由电荷的代数和。即在静电场中，通过任一闭合曲面的电位移通量等于该闭合曲面所包围的自由电荷的代数和。

（1）有电介质时静电学问题的处理方法。

$$\oint_S \boldsymbol{D}\cdot \mathrm{d}\boldsymbol{S} = \sum q_i \rightarrow \boldsymbol{D} \rightarrow \boldsymbol{E} = \frac{\boldsymbol{D}}{\varepsilon}$$

通过有介质时的高斯定理算出 $\boldsymbol{D}$（计算 $\boldsymbol{D}$ 时不需考虑极化电荷，只考虑自由电荷），再利用 $\boldsymbol{D} = \varepsilon\boldsymbol{E}$ 算出 $\boldsymbol{E}$，利用 $\boldsymbol{D} = \varepsilon_0\boldsymbol{E} + \boldsymbol{P}$ 算出 $\boldsymbol{P}$，最后利用 $\sigma' = \boldsymbol{e}_n\cdot\boldsymbol{P}$ 算出 σ'，所有问题就都解决了。

在各向同性均匀电介质中，也可用 $\oint_S \boldsymbol{E}\cdot \mathrm{d}\boldsymbol{S} = \frac{1}{\varepsilon}\sum q_i$ 直接计算 $\boldsymbol{E}$，与真空中高斯定理 $\oint_S \boldsymbol{E}\cdot \mathrm{d}\boldsymbol{S} = \frac{1}{\varepsilon_0}\sum q_i$ 比较，只是将 $\varepsilon_0 \rightarrow \varepsilon$。

（2）要弄清电位移矢量 $\boldsymbol{D}$ 和电位移通量这两个概念的区别。有介质的高斯定理指明，通过闭合曲面的电位移通量只和曲面内的自由电荷有关，并不是说电位移 $\boldsymbol{D}$ 仅决定于自由电荷，电位移矢量 $\boldsymbol{D}$ 不仅与自由电荷有关，还与极化电荷有关。

10.2.5 静电场的能量

1. 点电荷的相互作用能

$$W_e = \frac{1}{2}\sum_{i=1}^{n} q_i V_i \tag{10-19}$$

式中，V_i 表示在给定的点电荷系中，除 i 个电荷之外的所有其他点电荷在第 i 个点电荷所在处激发的电势。

2. 电荷连续分布时的静电能

将连续分布的电荷分成许多电荷元 dq，把每个电荷元当作点电荷，就可得到连续分布电荷系统的静电能

$$W_e = \frac{1}{2}\int V\mathrm{d}q \tag{10-20}$$

式中，V 是在点电荷 dq 处除 dq 之外的其他电荷产生的电势。但对于有限电荷密度分布，dq 在本身所在处产生的电势是一无限小量，因此式（10-20）中的 V 可以认为是整个电荷系在 dq 处产生的电势。

式（10-20）是连续分布电荷系统总的静电能公式，它包括所有电荷元之间的静电相互作用能。如果电荷系是由几个带电体组成的，那么该式给出的静电能既包括带电体之间的相互作用能，又包括带电体本身的自能。如果只有一个带电体，那么该式给出的就是其自能。

3. 电容器的储能

电容器这一带电体系的静电能为

$$W_e = \frac{Q^2}{2C} = \frac{1}{2}CU^2 = \frac{1}{2}QU \tag{10-21}$$

4. 静电场能量

（1）能量密度。静电场中单位体积内储存的电场能量称为电场能量密度

$$\omega_e = \frac{\mathrm{d}W_e}{\mathrm{d}V} = \frac{1}{2}\varepsilon E^2 \tag{10-22}$$

也可以演变成其他形式　$\omega_e = \frac{1}{2}\varepsilon E^2 = \frac{1}{2}\frac{D^2}{\varepsilon} = \frac{1}{2}ED$

（2）静电场能量。带电体系整个电场的能量为

$$W_e = \int_V \omega_e \mathrm{d}V = \int_V \frac{1}{2}\varepsilon E^2 \mathrm{d}V \tag{10-23}$$

①求电场能量的一般步骤为

$$\text{写出 } E \rightarrow \omega_e = \frac{1}{2}\varepsilon E^2 \rightarrow W_e = \int_V \omega_e \mathrm{d}V = \int_V \frac{1}{2}\varepsilon E^2 \mathrm{d}V$$

②积分区间 V 为电场遍及的空间，对于具有对称性的电场，积分可简化为一重积分。

球对称时，有 $\mathrm{d}V = 4\pi r^2 \mathrm{d}r$；柱对称时，有 $\mathrm{d}V = 2\pi r l \mathrm{d}r$，$l$ 为圆柱体的长度；均匀电场时，总能量 $W_e = \omega_e V = \frac{1}{2}\varepsilon E^2 V$，$V$ 是电场所在空间的体积。

③当所求的能量为电容器内储存的全部能量时，有

$$W_e = \frac{Q^2}{2C} = \frac{1}{2}CU^2 = \frac{1}{2}QU$$

10.3 问题辨析

问题1 电介质的极化现象和导体的静电感应现象有什么区别?

辨析 导体中存在大量自由电子，这些自由电子在外电场作用下会做定向运动，从而在导体内建立与外电场方向相反的电场，直到完全抵消外电场，此时导体内电场强度为零，电子停止定向运动，电荷都分布在导体表面，即达到静电平衡。电介质中的电子和原子核结合紧密，几乎无自由电荷（电子或正离子），在外电场作用下，电介质中的带电粒子只能在电场力作用下做微观相对位移（数量级 10^{-10}m）。对于均匀电介质，外电场作用的宏观效果是在电介质内部正负电荷相互中和，但在垂直于外电场方向的介质表面上出现净束缚电荷（极化电荷），平衡时束缚电荷产生的附加电场只能部分抵消外电场，因此介质内部总电场强度一般不为零。

问题2 一带电体放在封闭的金属壳内部。(1) 若将另一带电导体从外面移近金属壳，壳内的电场是否会改变?金属壳及壳内带电导体的电势是否会改变?金属壳及带电导体间的电势差是否会改变?(2) 若金属壳内部的带电导体在壳内移动或与壳接触，壳外的电场是否会改变?(3) 如果壳内有两个异号等值的带电体，则壳外的电场如何?

辨析 (1) 在静电平衡时，导体内的电场强度总等于零，因此移动金属壳外的带电导体，金属壳内电场强度保持不变，仍然等于零。根据电势计算公式 $V_p = \int_p^{\infty} \boldsymbol{E} \cdot \mathrm{d}\boldsymbol{l}$ 知，金属壳及壳内带电导体的电势并不是由哪一点或哪一局部区域的电场决定的，它取决于 P 点至无穷远（电势零点）任一路径上的电场分布。因此，当一带电导体在金属壳外移动时，壳外的电场分布发生变化，使得金属壳及壳内带电导体的电势发生变化。由 $V_{AB} = \int_A^B \boldsymbol{E} \cdot \mathrm{d}\boldsymbol{l}$ 可知，A、B 两点间的电势差由它们之间的电场强度决定，当一带电导体在金属壳外移动时，壳内的电场维持不变，因此金属壳及壳内带电导体之间的电势差保持不变。

(2) 若将金属壳内部的带电导体在壳内移动或与壳接触，由于金属壳体内的电场强度总等于零，它不会影响金属壳外表面的电荷分布，因此，壳外的电场也就没有变化。

(3) 如果壳内有两个异号等值的带电体，那么金属壳外表面的感应电荷为零，此时壳体本身电场强度为零，壳外也没有电场。

问题3 在研究有介质存在的电场时，为什么要引入电位移矢量 $\boldsymbol{D}$? $\boldsymbol{D}$ 矢量与 $\boldsymbol{E}$ 矢量有什么区别?在平行板电容器中有一层与极板平行的均匀电介质，图10-3给出了两组力线 (1) 和 (2)，试问哪一组是 $\boldsymbol{D}$ 线?哪一组是 $\boldsymbol{E}$ 线?

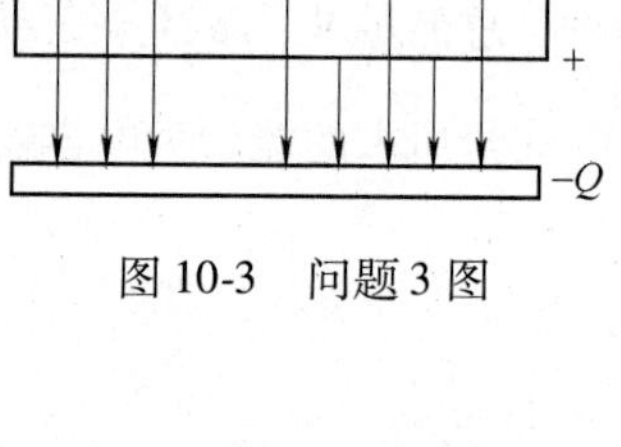

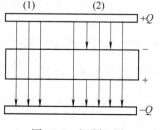

图10-3 问题3图

辨析 电场中的介质极化产生极化电荷 Q'，极化电荷产生的附加电场 $\boldsymbol{E}'$ 又要改变原来的电场分布，而改变了电场又会影响极化和极化电荷的分布情况。也就是说，极化电荷、附加电场和总电场是彼此依赖、相互制约的。有电介质存在时的高斯定理应为 $\oiint_S \boldsymbol{E}\cdot\mathrm{d}\boldsymbol{S}=\dfrac{1}{\varepsilon_0}(Q+Q')$。可见，要求得 $\boldsymbol{E}$，必须知道自由电荷和束缚电荷的分布，而束缚电荷的分布与电极化强度 $\boldsymbol{P}$ 有关，极化强度 $\boldsymbol{P}$ 又与总电场强度 $\boldsymbol{E}$ 有关，这些量之间构成了循环依赖关系，使得求解总电场强度 $\boldsymbol{E}$ 变得很困难。引入 $\boldsymbol{D}$ 矢量，就是为了巧妙地避开未知极化电荷 Q'，同时又要在宏观上等效地体现介质的存在和影响。引入 $\boldsymbol{D}$ 矢量后，高斯定理就演变为只与作为最初场源的自由电荷有关的形式 $\oiint_S \boldsymbol{D}\cdot\mathrm{d}\boldsymbol{S}=Q$，这在理论上和实际问题中都具有重要意义。

$\boldsymbol{D}$ 矢量和 $\boldsymbol{E}$ 矢量是有区别的。$\boldsymbol{E}$ 矢量是包括极化电荷在内的所有电荷共同产生的总电场强度，有明确的物理的意义；$\boldsymbol{D}$ 矢量也和自由电荷和极化电荷有关，但它只是一个辅助物理量，没有直接的物理意义。从高斯定理的表达式 $\oiint_S \boldsymbol{D}\cdot\mathrm{d}\boldsymbol{S}=Q$ 来看，似乎 $\boldsymbol{D}$ 只是一个和自由电荷有关的量。实际上，不管是根据 $\boldsymbol{D}=\varepsilon_0\boldsymbol{E}+\boldsymbol{P}$ 的定义，还是根据它和电场强度的关系 $\boldsymbol{D}=\varepsilon\boldsymbol{E}$，都直接或间接（通过 $\boldsymbol{E}=\boldsymbol{E}_0+\boldsymbol{E}'$）表达了它和极化电荷 Q'（与 $\boldsymbol{P}$ 和 $\boldsymbol{E}'$ 有关）的紧密联系。其实，介质的高斯定理所表达的，也只是高斯面上的 $\boldsymbol{D}$ 通量与高斯面内自由电荷总量的整体关系，并没有说高斯面上任一点的 $\boldsymbol{D}$ 只和自由电荷有关。

$\boldsymbol{D}$ 线起于正自由电荷，止于负自由电荷；$\boldsymbol{E}$ 线起于一切正电荷（包括极化电荷），止于一切负电荷（包括负自由电荷）。因为在所给平行板电容器中，上、下极板分别带正、负自由电荷，介质上、下表面分别带负、正极化电荷，由图可知（1）组为 $\boldsymbol{D}$ 线，（2）组为 $\boldsymbol{E}$ 线。

问题 4　（1）一个带电的金属球壳里充满了均匀电介质，外面是真空，此球壳的电势是否等于 $\dfrac{Q}{4\pi\varepsilon_0\varepsilon_r R}$？为什么？（2）若球壳内为真空，球壳外是无限大均匀电介质，这时球壳的电势为多少？（设 Q 为球壳上的自由电荷，R 为球壳半径，ε_r 为介质的相对电容率。）

辨析　（1）不是。由于带电金属球壳的电场具有球对称性，在球外作一同心球面为高斯面，根据高斯定理，球壳外的电位移矢量通量只与金属球壳上的自由电荷有关，与球内介质无关，可得 $D=\dfrac{Q}{4\pi r^2}$。由于球壳外是真空，故有 $E=\dfrac{Q}{4\pi\varepsilon_0 r^2}$，因此球壳的电势为 $V_R=\displaystyle\int_R^\infty E\mathrm{d}l=\dfrac{Q}{4\pi\varepsilon_0 R}$。

（2）同理有 $D=\dfrac{Q}{4\pi r^2}$，$E=\dfrac{Q}{4\pi\varepsilon_0\varepsilon_r r^2}$，因此 $V_R=\displaystyle\int_R^\infty E\mathrm{d}l=\dfrac{Q}{4\pi\varepsilon_0\varepsilon_r R}$。

由此可推知，金属球壳的电势只与壳到电势零点之间的介质有关。

问题 5　（1）两个半径相同的金属球，其中一个是实心的，另一个是空心的，它们的电容是否相同？（2）一个导体球上不带电，其电容是否为零？（3）当平行板电容器的两极板上分别带上等值异号电荷时与平行板电容器的两极板上分别带上同号不等值电荷时，其电容值是否相同?

辨析 (1) 相同。导体的电容是一个只与导体的大小、形状和周围介质有关的物理量。在真空中一个半径为 R 的孤立球型导体的电容为 $C=4\pi\varepsilon_0 R$，只取决于于半径 R，所以两个半径相同的金属球，不论是实心的还是空心的，电容都相同。从另一角度看，电容是储存电荷的器件，而金属球带电时，其电荷只分布在金属球面，所以将实心球挖成空心球，其储存电荷的能力和其他静电性质（如电势）都没有发生变化。

(2) 相同。导体的电容取决于导体的大小、形状和周围的介质，而与其是否带电无关，因此导体球即使不带电，其电容仍客观存在。

(3) 相同的原因，平行板电容器的两个极板上带电还是不带电，或者带多少电、什么符号的电均不改变平行板电容器的电容值，平行板电容器的电容 $C=\dfrac{\varepsilon S}{d}$，取决于平行板的正对面积、两板之间的距离以及两板之间的介质。

问题 6 电势的定义是单位电荷具有的电势能。为什么带电电容器具有的能量是 $\dfrac{1}{2}QU$，而不是 QU?

辨析 在电容的能量表达式 $W_e=\dfrac{1}{2}QU$ 中，U 代表正负极板上的电势差，它是正负电荷共同作用的结果，是仅有一个极板时电势值的 2 倍（以极板处为零电势点）。而用电势的定义来计算电荷的电势能时得到 $W_e=QU$，其中 U 是指 Q 以外其他电荷在 Q 处产生的电势，不包括电荷 Q 自身的电势。因此，如用两极板的电势差来表示能量，应乘以系数$\dfrac{1}{2}$。

10.4 例题剖析

10.4.1 基本思路

本章重点是要求准确理解两个相互作用，即静电场与处于其中的导体的相互作用和静电场与处于其中的电介质的相互作用。习题主要涉及导体的静电平衡条件及其相关问题，还有诸如电容、有介质时的高斯定理、静电场能量等。其中，静电平衡条件及其相关问题尤为复杂，必须概念清晰。另外，本章习题所涉及的公式较多，必须加强记忆。

10.4.2 典型例题

例 10-1 三块面积为 S，且靠得很近的导体平板 A，B，C，分别带电 Q_1，Q_2，Q_3，如图 10-4 所示。试求

（1）6 个导体表面的电荷面密度 σ_1，σ_2，σ_3，σ_4，σ_5，σ_6。

（2）图中 a，b，c 3 点的电场强度。

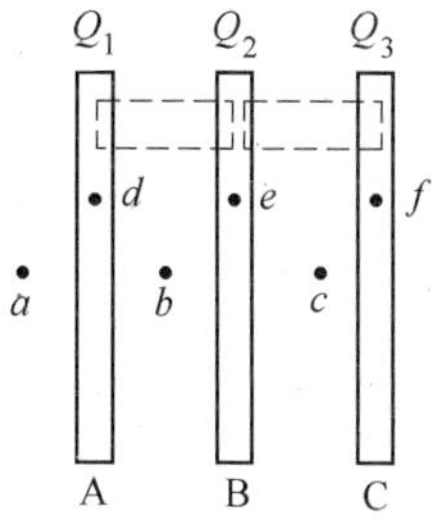

图 10-4　例 10-1 图

分析　这是静电平衡的问题。导体达到静电平衡后，根据静电平衡条件中电场强度的表述——导体内部电场强度为零，表面电场强度垂直于导体表面。由题意可知，3 块平板靠得很近，则可将导体表面视为无限大带电平面。因此，某一点的电场强度是所有无限大带电平面产生电场强度的矢量和。由于各板面产生的电场强度方向均垂直于板面，所以 $\boldsymbol{E}$ 的计算用代数和即可，同时根据电荷守恒，不管静电感应怎么进行，感应前后的板上总电量不变。

解　（1）由电荷守恒定律得

$$\begin{cases} \sigma_1 S + \sigma_2 S = Q_1 \\ \sigma_3 S + \sigma_4 S = Q_2 \\ \sigma_5 S + \sigma_6 S = Q_3 \end{cases}$$

由静电平衡条件知，导体板 A、B、C 内部任意 3 点 d，e，f 电场强度为零，它们都是 σ_1，σ_2，σ_3，σ_4，σ_5 和 σ_6 产生的合电场强度。

$$\begin{cases} d: \dfrac{\sigma_1}{2\varepsilon_0} - \dfrac{\sigma_2}{2\varepsilon_0} - \dfrac{\sigma_3}{2\varepsilon_0} - \dfrac{\sigma_4}{2\varepsilon_0} - \dfrac{\sigma_5}{2\varepsilon_0} - \dfrac{\sigma_6}{2\varepsilon_0} = 0 \\ e: \dfrac{\sigma_1}{2\varepsilon_0} + \dfrac{\sigma_2}{2\varepsilon_0} + \dfrac{\sigma_3}{2\varepsilon_0} - \dfrac{\sigma_4}{2\varepsilon_0} - \dfrac{\sigma_5}{2\varepsilon_0} - \dfrac{\sigma_6}{2\varepsilon_0} = 0 \\ f: \dfrac{\sigma_1}{2\varepsilon_0} + \dfrac{\sigma_2}{2\varepsilon_0} + \dfrac{\sigma_3}{2\varepsilon_0} + \dfrac{\sigma_4}{2\varepsilon_0} + \dfrac{\sigma_5}{2\varepsilon_0} - \dfrac{\sigma_6}{2\varepsilon_0} = 0 \end{cases}$$

由上述 6 个方程，解得

$$\begin{cases} \sigma_1 = \sigma_6 = \dfrac{Q_1 + Q_2 + Q_3}{2S} \\ \sigma_2 = -\sigma_3 = \dfrac{Q_1 - Q_2 - Q_3}{2S} \\ \sigma_4 = -\sigma_5 = \dfrac{Q_1 + Q_2 - Q_3}{2S} \end{cases}$$

由结论可知，相对面所带电荷量等量异号，最外面所带电荷量等量同号。若 $Q_2 = 0$，$Q_1 = -Q_3 = q$，则

$$\begin{cases} \sigma_1 = \sigma_6 = 0 \\ \sigma_2 = -\sigma_3 = \dfrac{q}{S} \\ \sigma_4 = -\sigma_5 = \dfrac{q}{S} \end{cases}$$

这正是平行板电容器的串联情况。

（2）a，b，c 三点的电场强度为

$$E_a = 2 \cdot \frac{\sigma_1}{2\varepsilon_0} = \frac{Q_1 + Q_2 + Q_3}{2\varepsilon_0 S}$$

$$E_b = 2 \cdot \frac{\sigma_2}{2\varepsilon_0} = \frac{Q_1 - Q_2 - Q_3}{2\varepsilon_0 S}$$

$$E_c = 2 \cdot \frac{\sigma_4}{2\varepsilon_0} = \frac{Q_1 + Q_2 - Q_3}{2\varepsilon_0 S}$$

注意，题中各电场强度的方向由 σ_1，σ_2，σ_3，σ_4，σ_5，σ_6 的正负确定，而 σ_1，σ_2，σ_3，σ_4，σ_5，σ_6 的正负则由 Q_1，Q_2，Q_3 来确定，因 Q_1，Q_2，Q_3 具体未给出，因而假定 σ_1，σ_2，σ_3，σ_4，σ_5，σ_6 全为正不失一般性；另外也可先进行分析，作图中虚线所示的圆柱形高斯面，因导体在达到静电平衡后，内部电场强度为零，故由高斯定理可得 $\oint_S \boldsymbol{E} \cdot \mathrm{d}\boldsymbol{S} = \sigma_2 \Delta S + \sigma_3 \Delta S = 0$。所以 $\sigma_2 = -\sigma_3$，同理 $\sigma_4 = -\sigma_5$，这样可减少未知数，但解题的方法是一种通用的方法，只须细心解联立的代数方程即可。

例 10-2 半径为 R_1 的导体球，带电荷 q，在它外面同心地罩一金属球壳，其内、外半径分别为 $R_2 = 2R_1$，$R_3 = 3R_1$，今在距球心 $d = 4R_1$ 处放一电荷为 Q 的点电荷，并将球壳接地（见图 10-5 所示），试求球壳上感生的总电荷。

分析 这是一个需要考虑接地对球面感生电荷影响的静电平衡问题。在满足导体静电平衡的条件下，接地导体的电势为零，所带的电荷并不一定为零。

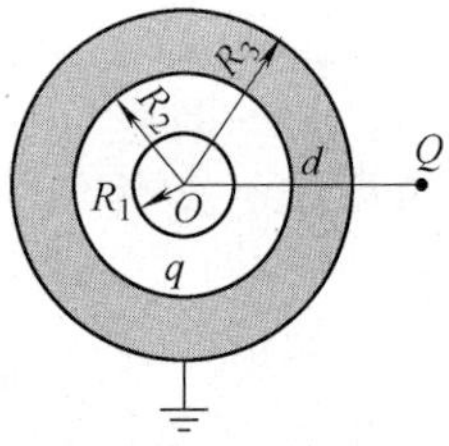

图 10-5 例 10-2 图

解 应用高斯定理可得导体球与球壳间的电场强度为

$$\boldsymbol{E} = q\boldsymbol{r}/(4\pi\varepsilon_0 r^3) \qquad (R_1 < r < R_2)$$

设大地电势为零，则导体球心 O 点电势为

$$V_O = \int_{R_1}^{R_2} E\mathrm{d}r = \frac{q}{4\pi\varepsilon_0}\int_{R_1}^{R_2}\frac{\mathrm{d}r}{r^2} = \frac{q}{4\pi\varepsilon_0}\left(\frac{1}{R_1} - \frac{1}{R_2}\right)$$

根据导体静电平衡条件和高斯定理可知，球壳内表面上感生电荷应为 $-q$。设球壳外表面上感生电荷为 Q'。以无穷远处为电势零点，根据电势叠加原理，导体球心 O 处电势应为

$$V_O = \frac{1}{4\pi\varepsilon_0}\left(\frac{Q}{d} + \frac{Q'}{R_3} - \frac{q}{R_2} + \frac{q}{R_1}\right)$$

大地与无穷远处等电势，则上述两种方式所得的 O 点电势应相等，由此可得

$$Q' = -3Q/4$$

故导体壳上感生的总电荷应是 $-[(3Q/4) + q]$。

另外，通过以上两个例子的分析可以看出，任何电荷激发的电场并不是不能进入（或穿过）金属导体内。所谓导体内电场强度为零，应该是所有电荷（包括感应电荷）在导体内产生的合电场强度为零。这是静电平衡中一个容易出错的概念，希望能够引起读者注意。

例 10-3　如图 10-6 所示，一导体球原为中性，今在距球心为 r_0 处放一电荷量为 q 的电荷，试求

（1）球上的感应电荷在球内 P 点的电场强度 $\boldsymbol{E}'_P$ 和电势 V'_P。

（2）若将球接地，$\boldsymbol{E}'_P$ 和 V'_P 的结果如何。

（3）接地导体球表面上总的感应电荷 q'。

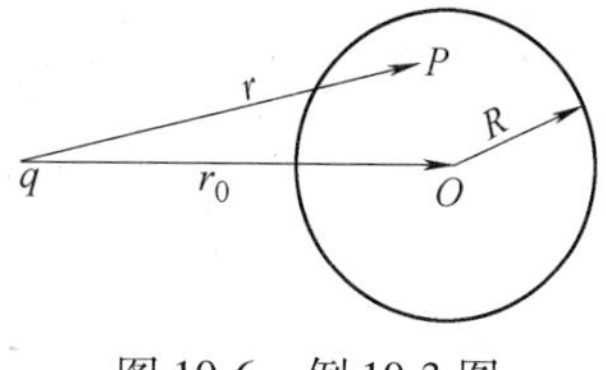

图 10-6　例 10-3 图

分析　在求解导体问题时，静电平衡条件的应用是十分重要的。不但在电场强度表述时经常使用，等势体表述也同样重要。如此题任意点 P 处电势一时无法知道，但由于球体是一等势体，所以往往在导体中选取某些特殊点，如本题选择球心 O，由于原导体球不带电，感应电荷总量总是零，而且所有感应电荷到 O 点的距离相同，所以感应电荷在 O 点处产生的总电势为零，这样即可求出该特殊点的电势，再由导体为等势体的特点，求解其他点的电学量。

解　（1）由静电平衡条件中场强描述和电场强度叠加原理可知，任意点 P 的电场强度为点电荷 q 和导体表面的感应电荷在该处产生的电场强度的矢量和，且为 0，即

$$\boldsymbol{E}_P = \boldsymbol{E}'_P + \frac{q}{4\pi\varepsilon_0 r^2}\frac{\boldsymbol{r}}{r} = 0$$

所以

$$\boldsymbol{E}'_P = -\frac{q}{4\pi\varepsilon_0 r^2}\frac{\boldsymbol{r}}{r}$$

同样由电势叠加原理可知，P 点的电势为点电荷 q 和球面感应电荷在该处产生电势 V'_P 的代数和，即

$$V_P = V'_P + \frac{q}{4\pi\varepsilon_0 r}$$

应用等势体条件 P 点电势等于球心 O 处电势，同样 O 处电势为 q 产生电势和感应电荷产生电势叠加，即

$$V_P = V_O = V'_O + \frac{q}{4\pi\varepsilon_0 r_0}$$

而球面上感应电荷与球心 O 的距离均为球的半径 R，并且原球为电中性，感应电荷总量为 0，所以 $V'_O=0$，即

$$V'_P = V_P - \frac{q}{4\pi\varepsilon_0 r} = V_O - \frac{q}{4\pi\varepsilon_0 r} = \frac{q}{4\pi\varepsilon_0 r_0} - \frac{q}{4\pi\varepsilon_0 r} = \frac{q}{4\pi\varepsilon_0}\left(\frac{1}{r_0} - \frac{1}{r}\right)$$

（2）球体接地后，球体电势为零，所以由

$$V_P = V'_P + \frac{q}{4\pi\varepsilon_0 r} = 0$$

得

$$V'_P = -\frac{q}{4\pi\varepsilon_0 r}$$

而 $\boldsymbol{E}_P$ 仍然满足静电平衡条件，即

$$\boldsymbol{E}_P = -\frac{q}{4\pi\varepsilon_0 r^2}\frac{\boldsymbol{r}}{r}$$

（3）同样以球心 O 为研究对象

$$V_O = V'_O + \frac{q}{4\pi\varepsilon_0 r_0}$$

因为导体接地，所以 $V_O=0$，而 $V'_O = \int \frac{\sigma' ds}{4\pi\varepsilon_0 R} = \frac{q'}{4\pi\varepsilon_0 R}$

式中，σ'为球面感应电荷面密度；q'为所求球面总电荷量，所以

$$\frac{q}{4\pi\varepsilon_0 R} + \frac{q'}{4\pi\varepsilon_0 R} = 0,\quad q' = -\frac{R}{r}q$$

式中，负号表示球面感应电荷与球外电荷 q 的符号相反。

注意，导体接地表示导体与大地电势相等，同为零，绝不能认为导体一接地，其上的电荷就全部流入大地而不带电，这种情况只有孤立导体才是如此。此题原球电中性，不接地时，根据电荷守恒定律，感应电荷总荷量为0，而接地后，感应电荷总量不为0，和地面有了电荷量交换。由计算结果可知，感应电荷总量只能小于或等于外部电荷 q 的电荷量，这是一个普遍的结论。

例 10-4 半径为 r_1 的导体球带有电荷 q，此球外有一个内、外半径为 r_2，r_3 的同心导体球壳，壳上带有电荷 Q，如图 10-7 所示。

（1）求球的电势 V_1、球壳的电势 V_2 及其电势差 ΔU。

（2）用导线把内球和外球壳的内表面联结在一起后，V_1，V_2 和 ΔU 各为多少？

（3）在（1）中，若外球接地，V_1，V_2 和 ΔU 又各为多少？

（4）在（1）中，设外球离地面很远，若内球接地，情况又怎样？

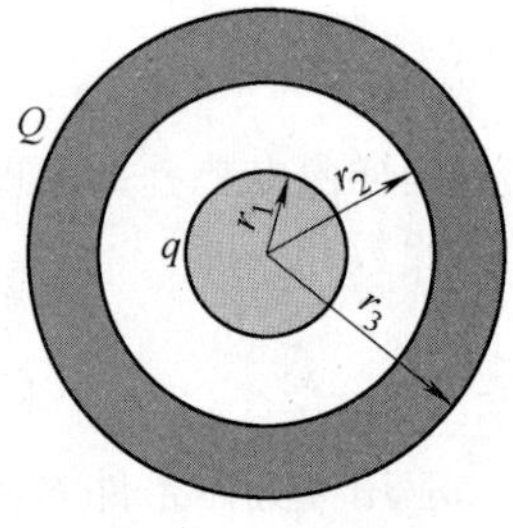

图 10-7 例 10-4 图

分析 本题要利用高斯定理、电荷守恒定律、导体静电平衡条件以及带电体相连后电势相等知识。

解 （1）由于静电感应，球壳内表面应带电 $-q$，外表面带电 $q+Q$。内球电位

$$V_1 = \int_{r_1}^{\infty} \boldsymbol{E}\cdot d\boldsymbol{r} = \int_{r_1}^{r_2} \boldsymbol{E}\cdot d\boldsymbol{r} + \int_{r_3}^{\infty} \boldsymbol{E}\cdot d\boldsymbol{r}$$

$$= \int_{r_1}^{r_2} \frac{q}{4\pi\varepsilon_0 r^2}dr + \int_{r_3}^{\infty} \frac{Q+q}{4\pi\varepsilon_0 r^2}dr = \frac{q}{4\pi\varepsilon_0}\left(\frac{1}{r_1} - \frac{1}{r_2} + \frac{1}{r_3}\right) + \frac{Q}{4\pi\varepsilon_0 r_3}$$

外球电位

$$V_2 = \int_{r_3}^{\infty} \boldsymbol{E}\cdot d\boldsymbol{r} = \int_{r_3}^{\infty} \frac{Q+q}{4\pi\varepsilon_0 r^2}dr = \frac{Q+q}{4\pi\varepsilon_0 r_3}$$

两球间的电位差 $$U = V_1 - V_2 = \frac{q}{4\pi\varepsilon_0}\left(\frac{1}{r_1} - \frac{1}{r_2}\right)$$

（2）连接后 $V_1 = V_2 = \int_{r_3}^{\infty} \frac{Q+q}{4\pi\varepsilon_0 r^2}dr = \frac{Q+q}{4\pi\varepsilon_0 r_3}$ $U = V_1 - V_2 = 0$

（3）若外球接地，则 $V_2=0$，$U=V_1-V_2=\int_{r_1}^{r_2}\frac{q}{4\pi\varepsilon_0 r^2}dr=\frac{q}{4\pi\varepsilon_0}\left(\frac{1}{r_1}-\frac{1}{r_2}\right)$。

（4）若内球接地，则 $V_1=0$，$U=V_1-V_2=-V_2$。设此时内球剩余电荷为 q'，由于静电感应，外球壳内外表面分别带电 $-q'$ 和 $q'+Q$，则

$$U=V_1-V_2=\frac{q'}{4\pi\varepsilon_0}\left(\frac{1}{r_1}-\frac{1}{r_2}\right),\ V_2=\frac{Q+q'}{4\pi\varepsilon_0 r_3}$$

所以 $\frac{q'}{4\pi\varepsilon_0}\left(\frac{1}{r_1}-\frac{1}{r_2}\right)=\frac{Q+q'}{4\pi\varepsilon_0 r_3}$，$q'=\frac{Qr_1r_2}{r_1r_3-r_2r_3-r_1r_2}$，

$$V_2=-U=-\frac{q'}{4\pi\varepsilon_0}\left(\frac{1}{r_1}-\frac{1}{r_2}\right)=\frac{Q(r_2-r_1)}{4\pi\varepsilon_0(r_1r_3+r_2r_3-r_1r_2)}。$$

例 10-5　来顿瓶是早期的一种储电容器，它是一内外贴有金属薄膜的圆柱形玻璃瓶。设玻璃瓶内直径为 8cm，玻璃厚度为 2mm，金属膜高度为 40cm。已知玻璃的相对介电常数为 5.0，其击穿电场强度是 1.5×10^7V/m。如果不考虑边缘效应，试计算

（1）来顿瓶的电容值。

（2）它顶多能储存多少电荷。（真空介电常量 $\varepsilon_0=8.85\times10^{-12}\mathrm{C^2\cdot N^{-1}\cdot m^{-2}}$。）

分析　通过求解此题可以加深理解电容的意义。电容器电容的一般求法是定义法。先设电容器两极板上分别带电荷 $\pm q$，利用电势叠加法计算两极板间的电势差 U，或先利用高斯定理求两极板间的电场强度分布，再利用电场强度积分法计算 U；所得的 U 必然与 q 成正比，最后由电容的定义求出 C，它一定与 q 无关，完全由电容器本身的性质（如几何形状、大小等）所决定。

解　（1）设内、外金属膜圆筒半径分别为 R_1 和 R_2，高度均为 L，其上分别带电荷 $+Q$ 和 $-Q$。则玻璃内的电场强度为

$$E=\frac{Q}{2\pi\varepsilon_0\varepsilon_r Lr}\quad(R_1<r<R_2)$$

内、外筒之间的电势差

$$U=\int_{R_1}^{R_2}\boldsymbol{E}\cdot d\boldsymbol{r}=\frac{Q}{2\pi\varepsilon_0\varepsilon_r L}\int_{R_1}^{R_2}\frac{dr}{r}=\frac{Q}{2\pi\varepsilon_0\varepsilon_r L}\ln\frac{R_2}{R_1}$$

来顿瓶的电容

$$C=\frac{Q}{U}=\frac{2\pi\varepsilon_0\varepsilon_r L}{\ln\frac{R_2}{R_1}}=2.28\times10^{-9}\mathrm{F}$$

（2）柱形电容器两金属膜之间的电场强度以靠近内膜处电场强度为最大，令该处场强等于击穿电场强度，即 $E(R_1)=\frac{Q}{2\pi\varepsilon_0\varepsilon_r LR_1}=E(\text{击穿})$

则

$$Q=2\pi\varepsilon_0\varepsilon_r LR_1E(\text{击穿})=6.67\times10^{-5}\mathrm{C}$$

此即所能储存的最大电荷。

例 10-6　半径都是 a 的两根平行长直导线，其中心线间相距 $d(d\gg a)$，求这对导线单位长度的电容。

分析 电容器的极板可以是各种形状，用定义法求电容器的电容时，关键是要求出两极板间的电势差。

解 设两根导线上的电荷线密度分别为 λ 和 $-\lambda$，如图 10-8 所示。距离左边导线中心线为 r 处的电场强度为

$$E = \frac{\lambda}{2\pi\varepsilon_0 r} + \frac{\lambda}{2\pi\varepsilon_0(d-r)}$$

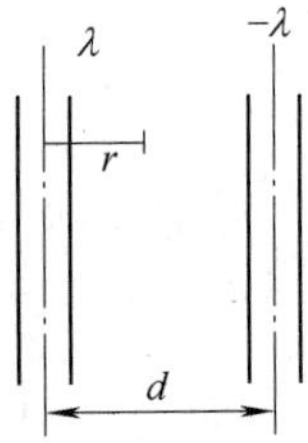

图 10-8 例 10-6 图

两导线之间的电势差为

$$\begin{aligned} U &= \frac{\lambda}{2\pi\varepsilon_0}\int_a^{d-2a}\left(\frac{1}{r}+\frac{1}{d-r}\right)\mathrm{d}r \\ &= \frac{\lambda}{2\pi\varepsilon_0}\left(\ln\frac{d-2a}{a} - \ln\frac{a}{d-2a}\right) \\ &= \frac{\lambda}{2\pi\varepsilon_0}\ln\left(\frac{d-2a}{a}\right)^2 = \frac{\lambda}{\pi\varepsilon_0}\ln\frac{d-2a}{a} \end{aligned}$$

单位长度的电容 $C = \dfrac{q}{U} = \dfrac{\lambda}{U} = \dfrac{\pi\varepsilon_0}{\ln[(d-2a)/a]} \approx \dfrac{\pi\varepsilon_0}{\ln(d/a)}$

例 10-7 平行板电容器的板极是边长为 a 的正方形，间距为 d，两板带电 $\pm Q$。如图 10-9 所示，把厚度为 d，相对介电常数为 ε_r 的电介质插入一半，试求电介质所受电场力的大小及方向。

分析 此题须从能量角度来考虑，求出电介质插入任意深度 x 处的电容器能量（静电势能），因为静电场力为保守力，静电场为保守场，所以静电场力所做的功等于静电势能增量的负值，从而求出电场力。

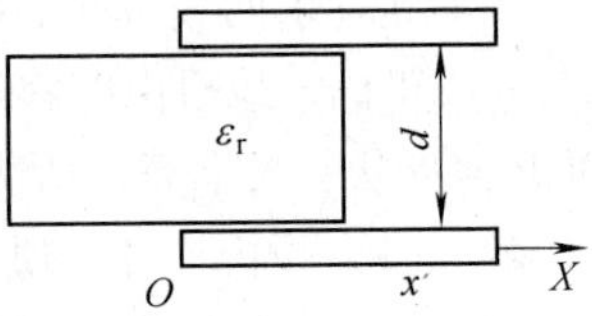

图 10-9 例 10-7 图

解 如图建立坐标系，电介质在任意位置 x 处的电容为两电容器并联，故

$$C = \frac{\varepsilon_0 a(a-x)}{d} + \frac{\varepsilon_0\varepsilon_r xa}{d} = \frac{\varepsilon_0 a}{d}[a+(\varepsilon_r-1)x]$$

其电容器储能

$$W(x) = \frac{Q^2}{2C} = \frac{Q^2 d}{2\varepsilon_0 a[a+(\varepsilon_r-1)x]}$$

因为 $F\cdot\mathrm{d}x = -\mathrm{d}W$，所以

$$F = -\frac{\mathrm{d}W}{\mathrm{d}x} = \frac{Q^2 d}{2\varepsilon_0 a[a+(\varepsilon_r-1)x]^2}$$，方向沿 Ox 轴正向（因 $\varepsilon_r>1$）

$$F\bigg|_{x=\frac{a}{2}} = \frac{2Q^2 d(\varepsilon_r-1)}{\varepsilon_0 a^3(\varepsilon_r+1)^2}$$

注意，此题的解题思路就是从静电场能量出发，这种思路在此类题目中用得很多。但要注意静电场力是保守力，静电场为保守场，故可以定义出静电势能，因而有 $F\cdot\mathrm{d}x = -\mathrm{d}W$。但稳恒电流所产生的磁场为非保守场，故磁力所做的功不等于磁场能量增量的负值，在磁学中上述公式不能用。

例 10-8　如图 10-10 所示，设有两个薄导体同心球壳 A 和 B，它们的半径分别为 $R_1=10\text{cm}$ 与 $R_3=20\text{cm}$，并分别带有电荷 $-4.0\times10^{-8}\text{C}$ 与 $-1.0\times10^{-7}\text{C}$。球壳间有两层介质，内层介质的 $\varepsilon_{r1}=4.0$，外层介质的 $\varepsilon_{r2}=2.0$，其分界面的半径为 $R_2=15\text{cm}$。球壳 B 外为空气。求

（1）两球间的电势差 U_{AB}。

（2）离球心 30cm 处的电场强度。

（3）球 A 的电势。

（4）带电系统的静电能。

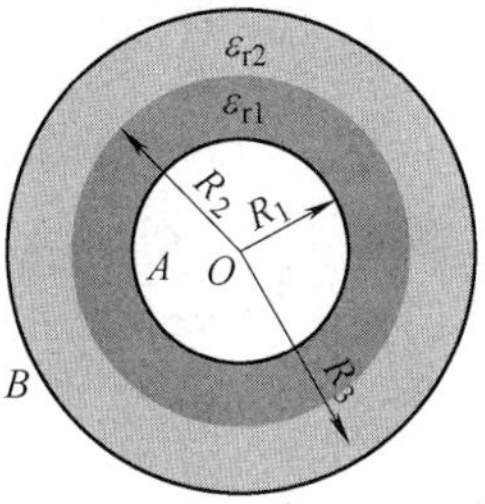

图 10-10　例 10-8 图

分析　自由电荷和极化电荷均匀分布在球面上，电场呈球对称分布。取同心球面为高斯面，根据介质中的高斯定理可求得介质中的电位移矢量的分布，从而得到电场分布。由电场分布可以求得两导体球壳间的电势差。由于电荷分布在有限空间，通常取无穷远处为零电势，则 A 球壳的电势 $V_A=\int_A^\infty E\cdot dl$。利用静电场能量公式 $W=\int_V\frac{1}{2}\varepsilon E^2 dV$ 可求得带电系统的静电能。

解　（1）取同心球面为高斯面，由介质中的高斯定理，有

$$\oint_S \boldsymbol{D}\cdot d\boldsymbol{S}=D\cdot 4\pi r^2=Q_1$$

得

$$\boldsymbol{D}_1=\boldsymbol{D}_2=\frac{Q_1}{4\pi r^2}\boldsymbol{e}_r$$

于是

$$\boldsymbol{E}_1=\frac{\boldsymbol{D}_1}{\varepsilon_0\varepsilon_{r1}}=\frac{Q_1}{4\pi\varepsilon_0\varepsilon_{r1}r^2}\boldsymbol{e}_r\qquad(R_1<r<R_2)$$

$$\boldsymbol{E}_2=\frac{\boldsymbol{D}_2}{\varepsilon_0\varepsilon_{r2}}=\frac{Q_1}{4\pi\varepsilon_0\varepsilon_{r2}r^2}\boldsymbol{e}_r\qquad(R_2<r<R_3)$$

两球壳间的电势差

$$\begin{aligned}U_{AB}&=\int_{R_1}^{R_3}\boldsymbol{E}\cdot d\boldsymbol{l}=\int_{R_1}^{R_2}\boldsymbol{E}_1\cdot d\boldsymbol{l}+\int_{R_2}^{R_3}\boldsymbol{E}_2\cdot d\boldsymbol{l}\\&=\frac{Q_1}{4\pi\varepsilon_0\varepsilon_{r1}}\left(\frac{1}{R_1}-\frac{1}{R_2}\right)+\frac{Q_2}{4\pi\varepsilon_0\varepsilon_{r2}}\left(\frac{1}{R_2}-\frac{1}{R_3}\right)\\&=-6.0\times10^2\text{V}\end{aligned}$$

（2）同理由高斯定理可得

$$\boldsymbol{E}_2=\frac{Q_1+Q_2}{4\pi\varepsilon_0 r^2}\boldsymbol{e}_r=6.0\times10^3\boldsymbol{e}_r\text{V}\cdot\text{m}^{-1}$$

（3）取无穷远处电势为零，则

$$V_A=\int_A^\infty\boldsymbol{E}\cdot d\boldsymbol{l}=U_{AB}+\int_{R_3}^\infty\boldsymbol{E}_3\cdot d\boldsymbol{l}=U_{AB}+\frac{Q_1+Q_2}{4\pi\varepsilon_0R_3}=2.1\times10^3\text{V}$$

（4）带电系统静电能

$$\begin{aligned}W &= \int_{V_1}\frac{1}{2}\varepsilon_0\varepsilon_{r1}E_1^2\mathrm{d}V + \int_{V_2}\frac{1}{2}\varepsilon_0\varepsilon_{r2}E_2^2\mathrm{d}V + \int_{V_3}\frac{1}{2}\varepsilon_0 E_3^2\mathrm{d}V \\ &= \int_{R_1}^{R_2}\frac{1}{2}\varepsilon_0\varepsilon_{r1}\left(\frac{Q_1}{4\pi\varepsilon_0\varepsilon_{r1}r^2}\right)^2 4\pi r^2\mathrm{d}r + \int_{R_2}^{R_3}\frac{1}{2}\varepsilon_0\varepsilon_{r2}\left(\frac{Q_1}{4\pi\varepsilon_0\varepsilon_{r2}r^2}\right)^2 4\pi r^2\mathrm{d}r + \\ &\quad \int_{R_3}^{\infty}\frac{1}{2}\varepsilon_0\left(\frac{Q_1+Q_2}{4\pi\varepsilon_0 r^2}\right)^2 4\pi r^2\mathrm{d}r \\ &= \frac{Q_1^{\ 2}}{8\pi\varepsilon_0\varepsilon_{r1}}\left(\frac{1}{R_1}-\frac{1}{R_2}\right) + \frac{Q_1^2}{8\pi\varepsilon_0\varepsilon_{r2}}\left(\frac{1}{R_2}-\frac{1}{R_3}\right) + \frac{(Q_1+Q_2)^2}{8\pi\varepsilon_0}\frac{1}{R_3} \\ &= (6.01\times10^{-6}+6.01\times10^{-6}+8.09\times10^{-5})\mathrm{J} = 9.29\times10^{-5}\mathrm{J}\end{aligned}$$

10.5 能力训练

一、选择题

1. 有一带正电荷的大导体，欲测其附近 P 点处的电场强度，将一电荷量为 q_0（$q_0>0$）的点电荷放在 P 点，如图 10-11 所示，测得它所受的电场力为 F。若电荷量 q_0 不是足够小，则（　　）。

A. F/q_0 比 P 点处电场强度的数值大

B. F/q_0 比 P 点处电场强度的数值小

C. F/q_0 与 P 点处电场强度的数值相等

D. F/q_0 与 P 点处电场强度的数值哪个大无法确定

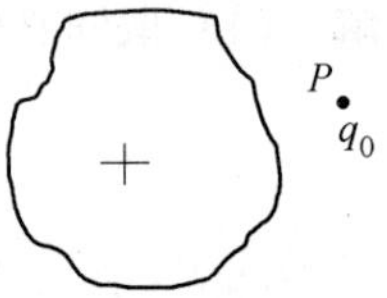

图 10-11　选择题 1 图

2. 如图 10-12 所示，一厚度为 d 的“无限大”均匀带电导体板，电荷面密度为 σ，则板的两侧离板面距离均为 h 的两点 a，b 之间的电势差为（　　）。

A. 0　　B. $\dfrac{\sigma}{2\varepsilon_0}$　　C. $\dfrac{\sigma h}{\varepsilon_0}$　　D. $\dfrac{2\sigma h}{\varepsilon_0}$

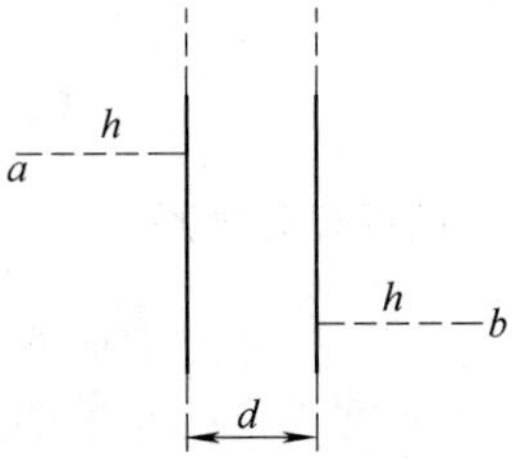

图 10-12　选择题 2 图

3. 在一不带电荷的导体球壳的球心处放一点电荷，并测量球壳内外的电场强度分布。如果将此点电荷从球心移到球壳内的其他位置，重新测量球壳内外的电场强度分布，则将发现（　　）。

A. 球壳内、外电场强度分布均无变化

B. 球壳内电场强度分布改变，球壳外不变

C. 球壳外电场强度分布改变，球壳内不变

D. 球壳内、外电场强度分布均改变

4. 一空心导体球壳，其内、外半径分别为 R_1 和 R_2，带电荷 q，如图 10-13 所示。当球壳中心处再放一电荷为 q 的点电荷时，则导体球壳的电势为（　　）。（设无穷远处为电势零点）

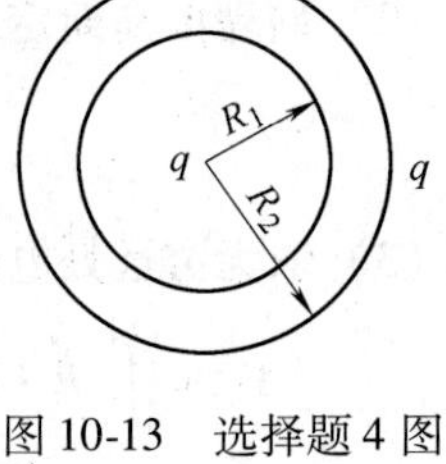

图 10-13　选择题 4 图

A. $\dfrac{q}{4\pi\varepsilon_0 R_1}$　　B. $\dfrac{q}{4\pi\varepsilon_0 R_2}$

C. $\dfrac{q}{2\pi\varepsilon_0 R_1}$　　D. $\dfrac{q}{2\pi\varepsilon_0 R_2}$

5. 设有一个带正电的导体球壳。当球壳内充满电介质、球壳外是真空时，球壳外一点的场强大小和电势用 E_1，U_1 表示；而球壳内、外均为真空时，壳外一点的电场强度大小和电势用 E_2，U_2 表示，则两种情况下壳外同一点处的电场强度大小和电势大小的关系为（　　）。

A. $E_1 = E_2$，$U_1 = U_2$　　B. $E_1 = E_2$，$U_1 > U_2$

C. $E_1 > E_2$，$U_1 > U_2$　　D. $E_1 < E_2$，$U_1 < U_2$

6. 如图 10-14 所示在一点电荷 q 产生的静电场中，一块电介质如图放置，以点电荷所在处为球心作一球形闭合面 S，则对此球形闭合面（　　）。

A. 高斯定理成立，且可用它求出闭合面上各点的电场强度

B. 高斯定理成立，但不能用它求出闭合面上各点的电场强度

C. 由于电介质不对称分布，高斯定理不成立

D. 即使电介质对称分布，高斯定理也不成立

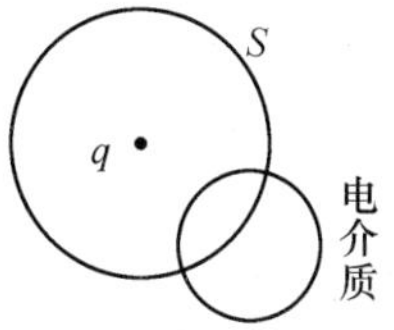

图 10-14　选择题 6 图

7. 一平行板电容器始终与端电压一定的电源相连。当电容器两极板间为真空时，电场强度为 $\boldsymbol{E}_0$，电位移为 $\boldsymbol{D}_0$，而当两极板间充满相对介电常量为 ε_r 的各向同性均匀电介质时，电场强度为 $\boldsymbol{E}$，电位移为 $\boldsymbol{D}$，则（　　）。

A. $\boldsymbol{E} = \boldsymbol{E}_0/\varepsilon_r$，$\boldsymbol{D} = \boldsymbol{D}_0$　　B. $\boldsymbol{E} = \boldsymbol{E}_0$，$\boldsymbol{D} = \varepsilon_r \boldsymbol{D}_0$

C. $\boldsymbol{E} = \boldsymbol{E}_0/\varepsilon_r$，$\boldsymbol{D} = \boldsymbol{D}_0/\varepsilon_r$　　D. $\boldsymbol{E} = \boldsymbol{E}_0/\varepsilon_r$，$\boldsymbol{D} = \boldsymbol{D}_0$

8. 一个平行板电容器，充电后与电源断开。当用绝缘手柄将电容器两极板间距离拉大，则两极板间的电势差 U_{12}、电场强度 E、电场能量 W 将发生如下变化，（　　）。

A. U_{12}减小，E 减小，W 减小

B. U_{12}增大，E 增大，W 增大

C. U_{12}增大，E 不变，W 增大

D. U_{12}减小，E 不变，W 不变

9. C_1 和 C_2 两个电容器，其上分别标明 200pF（电容量）、500V（耐压值）和 300pF、900V。把它们串联起来在两端加上 1000V 电压，则（　　）。

A. C_1 被击穿，C_2 不被击穿　　B. C_2 被击穿，C_1 不被击穿

C. 两者都被击穿　　D. 两者都不被击穿

10. 真空中有“孤立的”均匀带电球体和一均匀带电球面，如果它们的半径和所带的电荷都相等，则它们的静电能之间的关系是（　　）。

A. 球体的静电能等于球面的静电能

B. 球体的静电能大于球面的静电能

C. 球体的静电能小于球面的静电能

D. 球体内的静电能大于球面内的静电能，球体外的静电能小于球面外的静电能

二、填空题

1. 在一个不带电的导体球壳内，先放进一电荷为 $+q$ 的点电荷，点电荷不与球壳内壁接触，然后使该球壳与地接触一下，再将点电荷 $+q$ 取走。此时，球壳的电荷为__________，电场分布的范围是________________。

2. A、B 两个导体球，相距甚远，因此均可看成是孤立的，其中 A 球原来带电，B 球不带电，现用一根细长导线将两球连接，则球上分配的电荷与球半径成______比。

3. 如图 10-15 所示，A、B 为靠得很近的两块平行的大金属平板，两板的面积均为 S，板间的距离为 d。今使 A 板带电荷 q_A，B 板带电荷 q_B，且 $q_A > q_B$，则 A 板的靠近 B 的一侧所带电荷为__________；两板间电势差 $U =$______________。

4. 如图 10-16 所示，在静电场中有一立方形均匀导体，边长为 a。已知立方导体中心 O 处的电势为 U_0，则立方体顶点 A 的电势为____________。

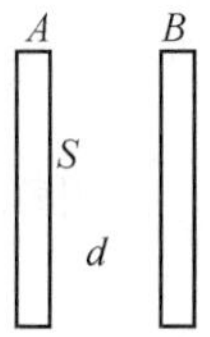

图 10-15　填空题 3 图

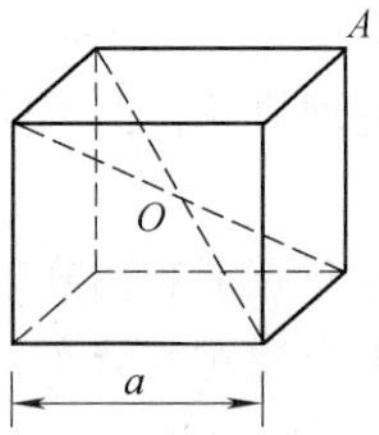

图 10-16　填空题 4 图

5. 半径为 R_1 和 R_2 的两个同轴金属圆筒，其间充满着相对介电常量为 ε_r 的均匀介质。设两筒上单位长度带有的电荷分别为 $+\lambda$ 和 $-\lambda$，则介质中离轴线的距离为 r 处的电位移矢量的大小 $D =$____________，电场强度的大小 $E =$____________。

6. 一平行板电容器，充电后与电源保持连接，然后使两极板间充满相对介电常量为 ε_r 的各向同性均匀电介质，这时两极板上的电荷是原来的______倍；电场强度是原来的______倍；电场能量是原来的______倍。

7. 一个带电荷 q、半径为 R 的金属球壳，壳内是真空，壳外是介电常量为 ε 的无限大各向同性均匀电介质，则此球壳的电势 $U =$______________。

8. 两个电容器 1 和 2，串联以后接上电动势恒定的电源充电。在电源保持连接的情况下，若把电介质充入电容器 2 中，则电容器 1 上的电势差________；电容器 1 极板上的电荷________。(填增大、减小、不变)

9. 一个孤立导体，当它带有电荷 q 而电势为 U 时，则定义该导体的电容为 $C =$__________，它是表征导体的____________的物理量。

10. 一个带电的金属球，当其周围是真空时，储存的静电能量为 W_{e0}，使其电荷保持不变，把它浸没在相对介电常量为 ε_r 的无限大各向同性均匀电介质中，这时它的静电能量 $W_e =$________________。

三、计算题

1. 半径分别为 1.0cm 与 2.0cm 的两个球形导体，各带电荷 1.0×10^{-8}C，两球相距

很远。若用细导线将两球相连接，求

（1）每个球所带电荷。

（2）每球的电势。$\left(\frac{1}{4\pi\varepsilon_0}=9\times10^9\text{N}\cdot\text{m}^2/\text{C}^2\right)$

2. 一圆柱形电容器，外柱的直径为4cm，内柱的直径可以适当选择，若其间充满各向同性的均匀电介质，该介质的击穿电场强度的大小为 $E_0=200\text{kV/cm}$。试求该电容器可能承受的最高电压。(自然对数的底 e = 2.7183。)

3. 如图 10-17 所示，厚度为 d 的“无限大”均匀带电导体板两表面单位面积上电荷之和为 σ。试求图示离左板面距离为 a 的一点与离右板面距离为 b 的一点之间的电势差。

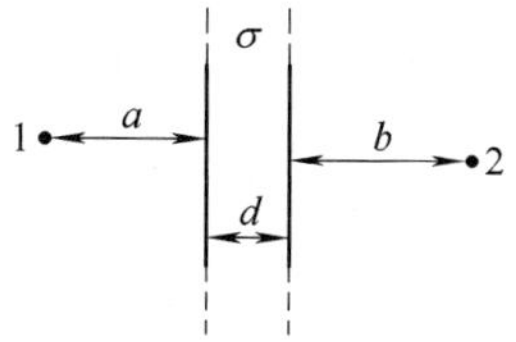

图 10-17　计算题 3 图

4. 两金属球的半径之比为 1∶4，带等量的同号电荷。当两者的距离远大于两球半径时，有一定的电势能。若将两球接触一下再移回原处，则电势能变为原来的多少倍？

参 考 答 案

一、选择题

1. B　2. A　3. B　4. D　5. A　6. B　7. B　8. C　9. C　10. B

二、填空题

1. $-q$，球壳外的整个空间；2. 正；3. $\frac{1}{2}(q_A-q_B)$，$(q_A-q_B)\frac{d}{2\varepsilon_0 S}$；4. U_0；5. $\lambda/(2\pi r)$，$\lambda/(2\pi\varepsilon_0\varepsilon_r r)$；6. ε_r，1，ε_r；7. $\frac{q}{4\pi\varepsilon R}$；8. 增大，增大；9. $C=q/U$，储电能力；10. W_{e0}/ε_r。

三、计算题

1. **解**　两球相距很远，可视为孤立导体，互不影响，球上电荷均匀分布。设两球半径分别为 r_1 和 r_2，导线连接后的电荷分别为 q_1 和 q_2，而 $q_1+q_1=2q$，则两球电势分别是

$$U_1=\frac{q_1}{4\pi\varepsilon_0 r_1},\quad U_2=\frac{q_2}{4\pi\varepsilon_0 r_2}$$

两球相连后电势相等，$U_1=U_2$，则有 $\frac{q_1}{r_1}=\frac{q_2}{r_2}=\frac{q_1+q_2}{r_1+r_2}=\frac{2q}{r_1+r_2}$

由此得到 $q_1=\frac{r_1 2q}{r_1+r_2}=6.67\times10^{-9}\text{C}$，$q_2=\frac{r_2 2q}{r_1+r_2}=13.3\times10^{-9}\text{C}$

两球电势 $U_1=U_2=\frac{q_1}{4\pi\varepsilon_0 r_1}=6.0\times10^3\text{V}$

2. **解**　设圆柱形电容器单位长度上带有电荷为 λ，则电容器两极板之间的电场强度

分布为 $E=\lambda/(2\pi\varepsilon r)$。设电容器内外两极板半径分别为 r_0，R，则极板间电压为

$$U=\int_{r_0}^{R}E\cdot\mathrm{d}r=\int_{r_0}^{R}\frac{\lambda}{2\pi\varepsilon r}\mathrm{d}r=\frac{\lambda}{2\pi\varepsilon}\ln\frac{R}{r_0}$$

电介质中场强最大处在内柱面上，当这里场强达到 E_0 时电容器击穿，这时应有

$$\lambda=2\pi\varepsilon r_0E_0\qquad U=r_0E_0\ln\frac{R}{r_0}$$

适当选择 r_0 的值，可使 U 有极大值，即令　$\mathrm{d}U/\mathrm{d}r_0=E_0\ln(R/r_0)-E_0=0$

得 $r_0=R/\mathrm{e}$，显然有 $\dfrac{\mathrm{d}^2U}{\mathrm{d}r_0^{\,2}}<0$，故当 $r_0=R/\mathrm{e}$ 时，电容器可承受最高的电压 $U_{\max}=RE_0/\mathrm{e}=$ 147kV。

3. **解**　选坐标如图 10-18 所示。由高斯定理，平板内、外的电场强度分布为 $E=0$（板内）；$E_x=\pm\sigma/(2\varepsilon_0)$（板外）

则 1、2 两点间电势差为

$$U_1-U_2=\int_1^2E_x\mathrm{d}x=\int_{-(a+d/2)}^{-d/2}-\frac{\sigma}{2\varepsilon_0}\mathrm{d}x+\int_{d/2}^{b+d/2}\frac{\sigma}{2\varepsilon_0}\mathrm{d}x$$

$$=\frac{\sigma}{2\varepsilon_0}(b-a)$$

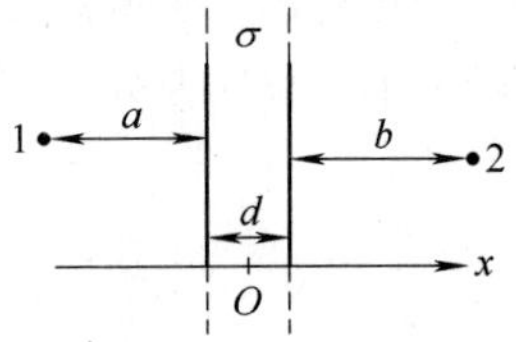

图 10-18　计算题 3 解图

4. **解**　因两球间距离比两球的半径大得多，这两个带电球可视为点电荷。设两球各带电荷 Q，若选无穷远处为电势零点，则两带电球之间的电势能为 $W_0=Q^2/(4\pi\varepsilon_0d)$ 式中，d 为两球心间距离。

当两球接触时，电荷将在两球间重新分配。因两球半径之比为 1∶4，故两球电荷之比 $Q_1:Q_2=1:4$。$Q_2=4Q_1$，但 $Q_1+Q_2=Q_1+4Q_1=5Q_1=2Q$，故 $Q_1=2Q/5$，$Q_2=4\times2Q/5=8Q/5$。当返回原处时，电势能为 $W=\dfrac{Q_1Q_2}{4\pi\varepsilon_0d}=\dfrac{16}{25}W_0$。

静电学综合测试题

一、选择题

1. 在静电场中，电场线为均匀分布的平行直线的区域内，在电场线方向上任意两点的电场强度 $\boldsymbol{E}$ 和电势 V 相比较，(　　)。

A. $\boldsymbol{E}$ 相同，V 不同　　B. $\boldsymbol{E}$ 不同，V 相同

C. $\boldsymbol{E}$ 不同，V 不同　　D. $\boldsymbol{E}$ 相同，V 相同

2. 如图综合 3-1 所示，任一闭合曲面 S 内有一点电荷 q，O 为 S 面上任一点，若将 q 由闭合曲面内的 P 点移到 T 点，且 $OP=OT$，那么（　　）。

A. 穿过 S 面的电通量改变，O 点的电场强度大小不变

B. 穿过 S 面的电通量改变，O 点的电场强度大小改变

C. 穿过 S 面的电通量不变，O 点的电场强度大小改变

D. 穿过 S 面的电通量不变，O 点的电场强度大小不变

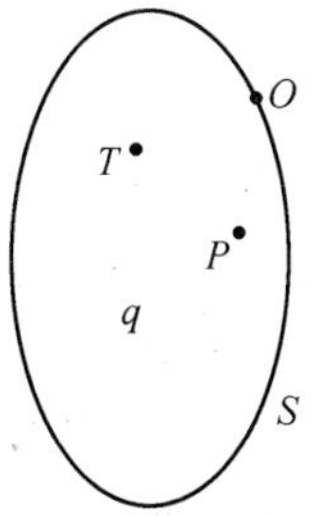

图　综合 3-1　选择题 2 图

3. 设有“无限大”均匀带正电荷的平面，x 轴垂直带电平面，坐标原点在带电平面上，则其周围空间各点的电场强度 $\boldsymbol{E}$ 随距离平面的位置坐标 x 变化的关系曲线为图综合 3-2 所示中的（规定场强方向沿 x 轴正向为正，反之为负）(　　)。

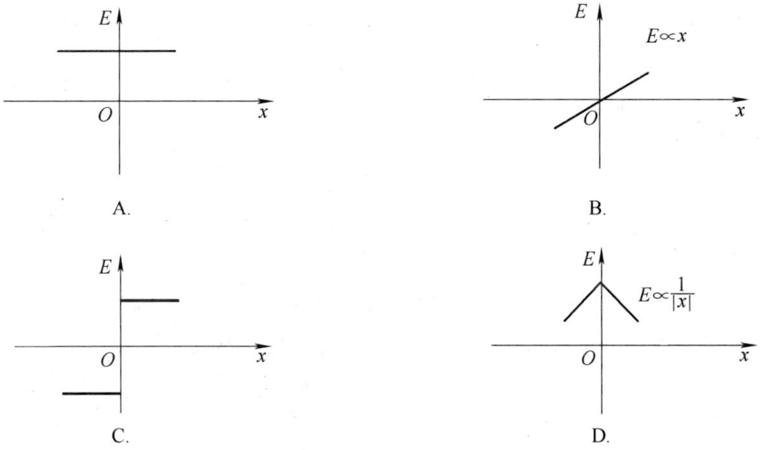

图　综合 3-2　选择题 3 图

4. 静电场中某点电势的数值等于（　　）。

A. 试验电荷 q_0 置于该点时具有的电势能

B. 单位试验电荷置于该点时具有的电势能

C. 单位正电荷置于该点时具有的电势能

D. 把单位正电荷从该点移到电势零点外力所做的功

5. 如图综合 3-3 所示，直线 MN 长为 $2l$，弧 OCD 是以 N 点为中心，l 为半径的半圆弧，N 点有正电荷 $+q$，M 点有负电荷 $-q$。今将一试验电荷 $+q_0$ 从 O 点出发沿路径 $OCDP$ 移到无穷远处，设无穷远处电势为零，则电场力做功（　　）。

A. $W<0$ 且为有限常量　　B. $W>0$ 且为有限常量

C. $W=\infty$　　D. $W=0$

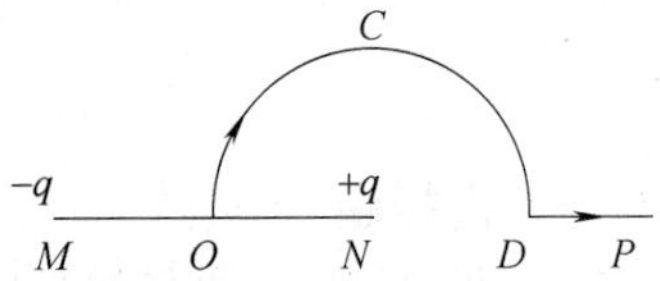

图　综合 3-3　选择题 5 图

6. 如图综合 3-4 所示，一球形导体，带电量 q，置于一任意形状的空腔导体中，当用导线将两者连接后，则与未连接前相比，系统静电场能将（　　）。

A. 增大　　B. 减小

C. 不变　　D. 如何变化无法确定

7. 无限大均匀带电介质平板 A，电荷面密度为 σ_1，将介质板移近一导体 B，B 表面上靠近 P 点处的电荷面密度为 σ_2，P 点是极靠近导体 B 表面的一点，如图综合 3-5 所示，则 P 点的场强是（　　）。

A. $\dfrac{\sigma_2}{2\varepsilon_0}+\dfrac{\sigma_1}{2\varepsilon_0}$　　B. $\dfrac{\sigma_2}{2\varepsilon_0}-\dfrac{\sigma_1}{2\varepsilon_0}$　　C. $\dfrac{\sigma_2}{\varepsilon_0}-\dfrac{\sigma_1}{2\varepsilon_0}$　　D. $\dfrac{\sigma_2}{\varepsilon_0}$

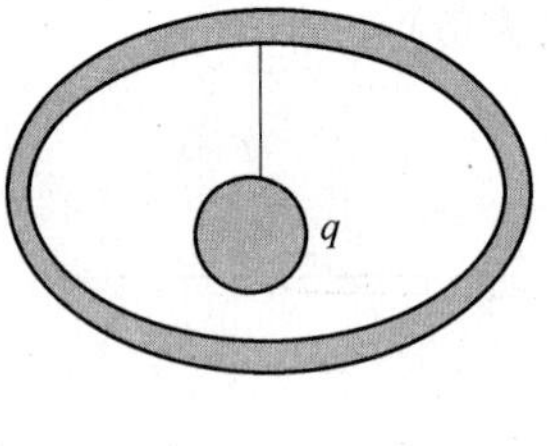

图　综合 3-4　选择题 6 图

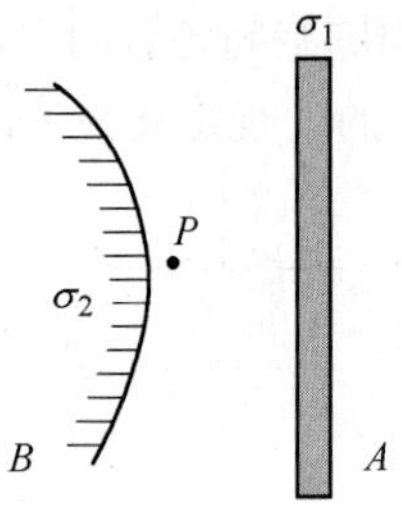

图　综合 3-5　选择题 7 图

8. 如图综合 3-6 所示，金属球 A 与同心球壳 B 组成电容器，球 A 上带电荷 q，壳 B 上带电荷 Q，测得球与壳间电势差为 U_{AB}，可知该电容器的电容值为（　　）。

A. $\dfrac{q}{U_{AB}}$　　B. $\dfrac{Q}{U_{AB}}$　　C. $\dfrac{q+Q}{U_{AB}}$　　D. $\dfrac{q+Q}{2U_{AB}}$

9. 如图综合 3-7 所示，C_1 和 C_2 两空气电容器串联起来接上电源充电。然后将电源断开，再把一电介质板插入 C_1 中，则（　　）。

A. C_1 上电势差减小，C_2 上电势差增大

B. C_1 上电势差减小，C_2 上电势差不变

C. C_1 上电势差增大，C_2 上电势差减小

D. C_1 上电势差增大，C_2 上电势差不变

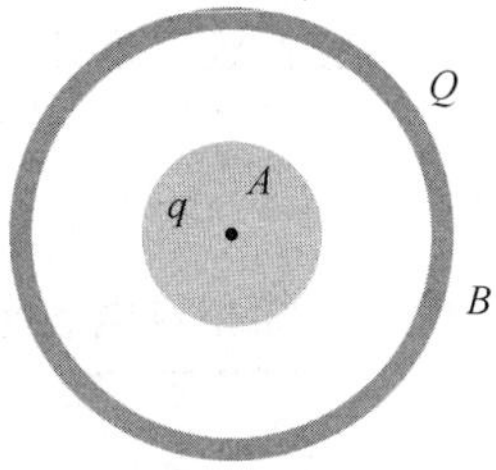

图　综合 3-6　选择题 8 图

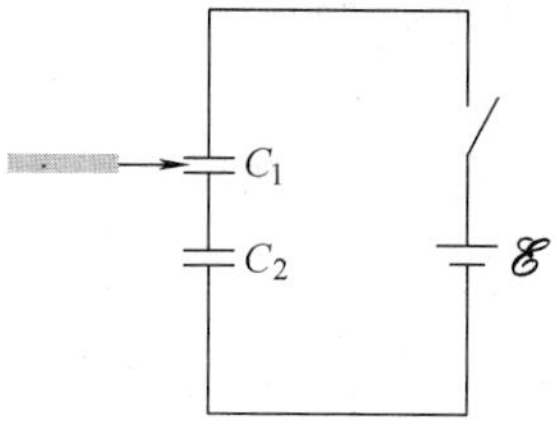

图　综合 3-7　选择题 9 图

10. 平行板电容器两极板（看做很大的平板）间的相互作用力 $\boldsymbol{F}$ 与两极板间的电压 U 的关系是（　　）。

A. $F \propto U$　　B. $F \propto \dfrac{1}{U}$　　C. $F \propto \dfrac{1}{U^2}$　　D. $F \propto U^2$

二、填空题

1. 两段形状相同的圆弧如图综合 3-8 所示对称放置，圆弧半径为 R，圆心角为 θ，均匀带电，线密度分别为 $+\lambda$ 和 $-\lambda$，则圆心 O 点的电场强度的大小为__________，电势为__________。

2. 在场强为 $\boldsymbol{E}$ 的均匀电场中，有一半径为 R、长为 l 的圆柱面，其轴线与 $\boldsymbol{E}$ 的方向垂直。在通过轴线并垂直 $\boldsymbol{E}$ 的方向将此柱面切去一半，如图综合 3-9 所示，则穿过剩下的半圆柱面的电场强度通量等于__________。

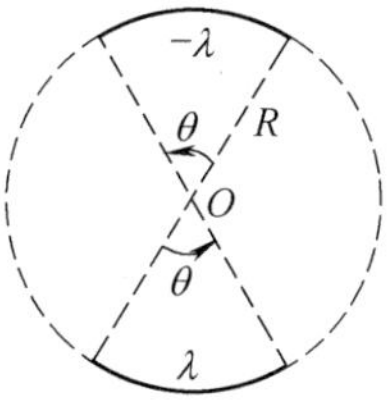

图　综合 3-8　填空题 1 图

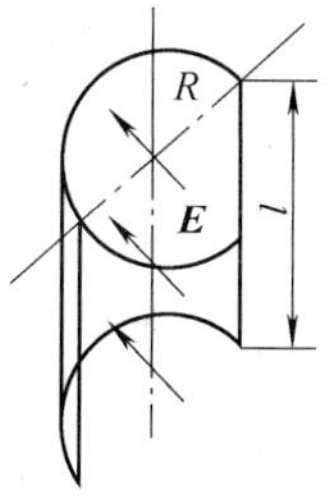

图　综合 3-9　填空题 2 图

3. 两块“无限大”的带电平行平板，其电荷面密度分别为 $\sigma(\sigma>0)$ 及 -2σ，如图综合 3-10 所示。试写出各区域的电场强度 $\boldsymbol{E}$ 的分布情况

Ⅰ区 $\boldsymbol{E}$ 的大小__________，方向__________。

Ⅱ区 $\boldsymbol{E}$ 的大小__________，方向__________。

Ⅲ区 $\boldsymbol{E}$ 的大小__________，方向__________。

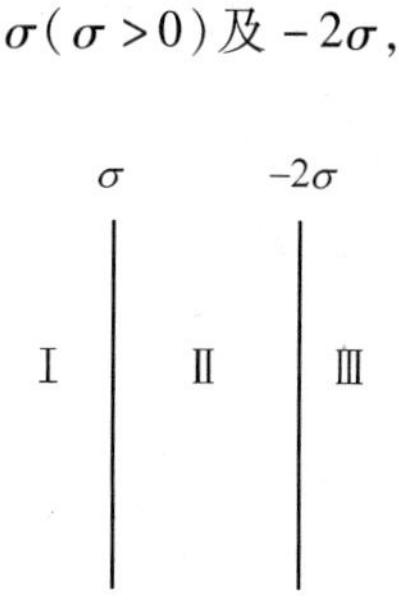

图　综合 3-10　填空题 3 图

4. 一个半径为 R 的均匀带电的薄圆盘，电荷面密度为 $\sigma(\sigma>0)$。在圆盘上挖一个半径为 r 的同心圆盘，则圆心处的电势将________。（填变大、变小或不变）

5. 半径分别为 R 和 r 的两个孤立球形导体（$R>r$），

它们的电容之比$\dfrac{C_R}{C_r}$为__________，若用一根很长的细导线将它们连接起来，并使两个导体带电，则两导体球表面电荷面密度之比$\dfrac{\sigma_R}{\sigma_r}$为__________。

6. 一平行板电容器，两板间充满各向同性均匀电介质，已知相对电容率为ε_r，若极板上的自由电荷面密度为σ，则介质中电位移的大小D = __________，电场强度E = __________。

7. 如图综合3-11所示，平行板电容器极板面积为S，充满两种电容率分别为ε_1和ε_2的均匀介质，则该电容器的电容为C = __________。

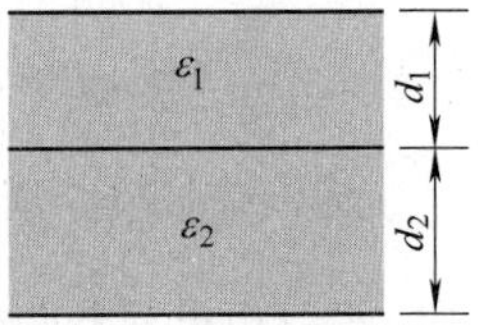

图　综合3-11　填空题7图

8. 空气平行板电容器充电后与电源断开，用均匀电介质（相对电容率为ε_r）充满极间，比较充介质前后的$\dfrac{C}{C_0}$ = __________，$\dfrac{U}{U_0}$ = __________，$\dfrac{E}{E_0}$ = __________，$\dfrac{W}{W_0}$ = __________。

三、计算题

1. 如图综合3-12所示，A，B为真空中两个平行的“无限大”均匀带电平面，A面上电荷面密度$\sigma_A = -17.7\times10^{-8}\,\mathrm{C\cdot m^{-2}}$，$B$面的电荷面密度$\sigma_B = 35.4\times10^{-8}\,\mathrm{C\cdot m^{-2}}$。试计算两平面之间和两平面外的电场强度。（真空介电常量$\varepsilon_0 = 8.85\times10^{-12}\,\mathrm{C^2\cdot N^{-1}\cdot m^{-2}}$。）

2. 有两根半径都是R的“无限长”直导线，彼此平行放置，两者轴线的距离是$d(d\geqslant 2R)$，沿轴线方向单位长度上分别带有$+\lambda$和$-\lambda$的电荷，如图综合3-13所示。设两带电导线之间的相互作用不影响它们的电荷分布，试求两导线间的电势差。

图　综合3-12　计算题1图

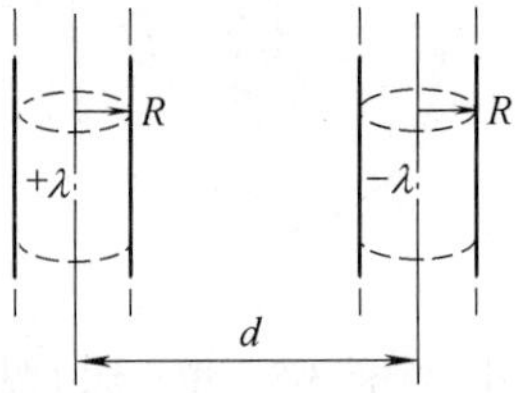

图　综合3-13　计算题2图

3. 半径分别为R_1和R_2（$R_2 > R_1$）的两个同心导体薄球壳，分别带有电荷Q_1和Q_2，今将内球壳用细导线与远处半径为r的导体球相连，如图综合3-14所示，导体球原来不带电，试求相连后导体球所带电荷q。

4. 如图综合3-15所示，一内半径为a、外半径为b的金属球壳，带有电荷Q，在球壳空腔内距离球心r处有一点电荷q。设无限远处为电势零点，试求

（1）球壳内外表面上的电荷。

（2）球心O点处，由球壳内表面上电荷产生的电势。

（3）球心O点处的总电势。

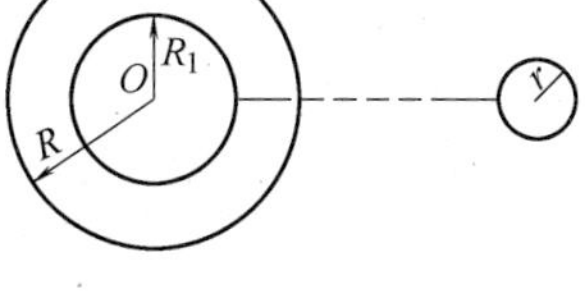

图 综合3-14 计算题3图

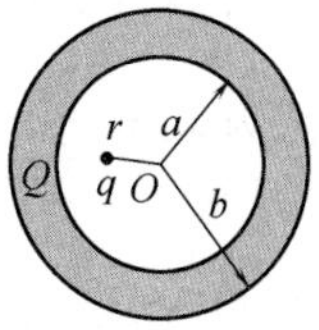

图 综合3-15 计算题4图

静电学综合测试题参考答案

一、选择题

1\. A 2. D 3. C 4. C 5. D 6. B 7. D 8. A 9. B 10. D

二、填空题

1\. $\dfrac{\lambda}{\pi\varepsilon_0 R}\sin\dfrac{\theta}{2}$，0；2. $2RlE$；3. $\dfrac{\sigma}{2\varepsilon_0}$；向右，$\dfrac{2\sigma}{3\varepsilon_0}$，向右，$\dfrac{\sigma}{2\varepsilon_0}$，向左；4. 变小；5. $\dfrac{R}{r}$，$\dfrac{r}{R}$；6. σ，$\dfrac{\sigma}{\varepsilon_0\varepsilon_r}$；7. $\dfrac{S}{\left(\dfrac{d_1}{\varepsilon_1}+\dfrac{d_2}{\varepsilon_2}\right)}$；8. ε_r，$\dfrac{1}{\varepsilon_r}$，$\dfrac{1}{\varepsilon_r}$，$\dfrac{1}{\varepsilon_r}$。

三、计算题

1\. **解** 两带电平面各自产生的电场强度分别为

$E_A=|\sigma_A|/(2\varepsilon_0)$ 方向如图综合3-16所示

$E_B=\sigma_B/(2\varepsilon_0)$ 方向如图综合3-16所示

由叠加原理，两平面间电场强度为

$$E=E_A+E_B=(|\sigma_A|+\sigma_B)/(2\varepsilon_0)$$

$$=3\times10^4\text{N/C}\quad 方向沿x轴负方向$$

两平面外左侧 $E'=E_B-E_A=(\sigma_B-|\sigma_A|)/(2\varepsilon_0)$

$$=1\times10^4\text{N/C}\quad 方向沿x轴负方向$$

两平面外右侧 $E''=1\times10^4\text{N/C}$ 方向沿 x 轴正方向

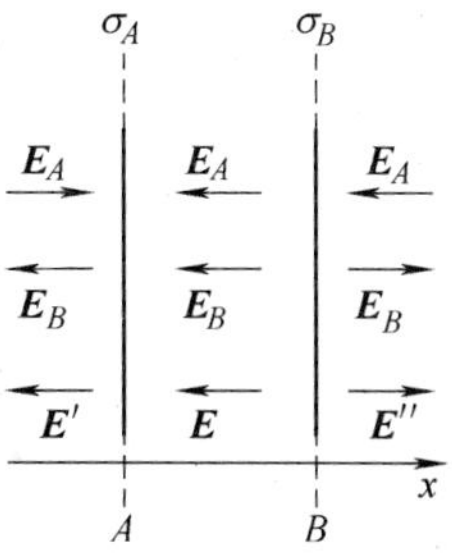

图 综合3-16 计算题1解图

2\. **解** 设原点 O 在左边导线的轴线上，x 轴通过两导线轴线并与之垂直。在两轴线组成的平面上，在 $R<x<(d-R)$ 区域内，离原点距离 x 处的 P 点电场强度为

$$E=E_++E_-=\frac{\lambda}{2\pi\varepsilon_0 x}+\frac{\lambda}{2\pi\varepsilon_0(d-x)}$$

则两导线间的电势差

$$U=\int_R^{d-R}E\mathrm{d}x=\frac{\lambda}{2\pi\varepsilon_0}\int_R^{l-R}\left(\frac{1}{x}+\frac{1}{d-x}\right)\mathrm{d}x$$

$$=\frac{\lambda}{2\pi\varepsilon_0}[\ln x-\ln(d-x)]\Big|_R^{d-R}$$

$$=\frac{\lambda}{2\pi\varepsilon_0}\left(\ln\frac{d-R}{R}-\ln\frac{R}{d-R}\right)=\frac{\lambda}{\pi\varepsilon_0}\ln\frac{d-R}{R}$$

3. **解** 设导体球带电 q,取无穷远处为电势零点，则

导体球电势为 $V_0=\dfrac{q}{4\pi\varepsilon_0 r}$，内球壳电势为 $V_1=\dfrac{Q_1-q}{4\pi\varepsilon_0 R_1}+\dfrac{Q_2}{4\pi\varepsilon_0 R_2}$

二者等电势,所以$\dfrac{q}{4\pi\varepsilon_0 r}=\dfrac{Q_1-q}{4\pi\varepsilon_0 R_1}+\dfrac{Q_2}{4\pi\varepsilon_0 R_2}$ 解得，$q=\dfrac{r(R_2Q_1+R_1Q_2)}{R_2(R_1+r)}$

4. **解** (1) 由静电感应可知，金属球壳的内表面上有感生电荷 $-q$，外表面上带电荷 $q+Q$。

(2) 不论球壳内表面上的感生电荷是如何分布的，因为任一电荷元离 O 点的距离都是 a，所以由这些电荷在 O 点产生的电势为 $V_{-q}=\dfrac{\int \mathrm{d}q}{4\pi\varepsilon_0 a}=\dfrac{-q}{4\pi\varepsilon_0 a}$

(3) 球心 O 点处的总电势为分布在球壳内外表面上的电荷和点电荷 q 在 O 点产生的电势的代数和，即

$$V_O=V_q+V_{-q}+V_{Q+q}=\frac{q}{4\pi\varepsilon_0 r}-\frac{q}{4\pi\varepsilon_0 a}+\frac{Q+q}{4\pi\varepsilon_0 b}=\frac{q}{4\pi\varepsilon_0}\left(\frac{1}{r}-\frac{1}{a}+\frac{1}{b}\right)+\frac{Q}{4\pi\varepsilon_0 b}$$

第 11 章　稳恒电流与稳恒磁场

11.1　知识网络

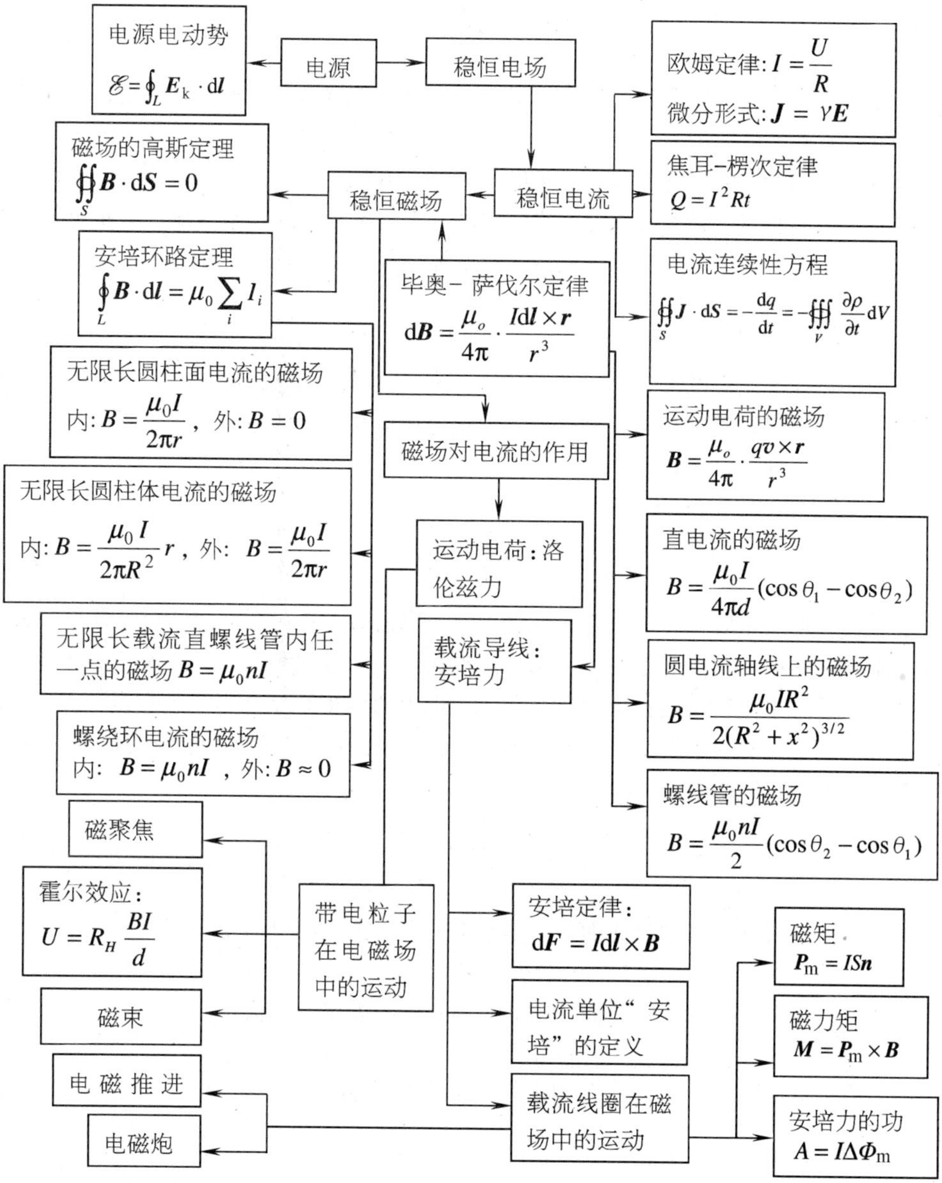

11.2 学习指导

11.2.1 稳恒电流与稳恒电场

1. 电流和电流密度

（1）电流 I：单位时间内通过导体任一截面的电荷量，即

$$I=\frac{\mathrm{d}q}{\mathrm{d}t} \tag{11-1}$$

①导体中产生电流的条件是存在可以自由移动的电荷；存在电场（或者说导体两端存在电势差）。

②电流是标量，电流的方向是指正电荷的运动方向。

（2）电流密度 $\boldsymbol{J}$：通有电流的导体中，每一点电流密度的方向为该点处正电荷的运动方向，大小等于通过该点单位垂直截面的电流，即

$$\boldsymbol{J}=\frac{\mathrm{d}I}{\mathrm{d}S_{\perp}}\boldsymbol{e}_{\mathrm{n}} \tag{11-2}$$

空间某点处电流密度矢量 $\boldsymbol{J}$ 的方向为该点处正电荷的运动方向，即 $\boldsymbol{e}_{\mathrm{n}}$ 的方向，其大小等于单位时间内通过在该点附近垂直于正电荷运动方向的单位面积上的电量。电流密度是空间位置的矢量函数。

（3）电流和电流密度的关系为

$$I=\iint_S \boldsymbol{J}\cdot\mathrm{d}\boldsymbol{S} \tag{11-3}$$

①电流和电流密度都是描述电流的物理量。电流表示单位时间内通过导体任一截面的总电荷量，而电流密度表示导体上每一点电荷运动的方向和大小。电流只描述导线截面的整体特性，电流密度能精确地描述导体中电流的分布情况。

②$\boldsymbol{J}$ 和 I 的关系如同静电场中 $\boldsymbol{E}$ 和 Ψ_E 的关系，可看成是场与通量的关系。

2. 电流连续性方程

$$\oint_S \boldsymbol{J}\cdot\mathrm{d}\boldsymbol{S}=-\frac{\mathrm{d}q}{\mathrm{d}t} \tag{11-4}$$

（1）$\frac{\mathrm{d}q}{\mathrm{d}t}>0$ 时，流入闭合曲面 S 中的电荷量多于流出的电荷量。

（2）$\frac{\mathrm{d}q}{\mathrm{d}t}<0$ 时，流入闭合曲面 S 中的电荷量少于流出的电荷量。

（3）$\frac{\mathrm{d}q}{\mathrm{d}t}=0$ 时，流入闭合曲面 S 中的电荷量等于流出的电荷量。

3. 稳恒电流和稳恒电场

在通电的导体中，各点的电流密度都不随时间变化的电流称稳恒电流。要在导体内

形成稳恒电流，必须要求电荷的分布不随时间变化，因而所产生的电场不随时间变化，即电场是稳恒电场。

4. 电源的电动势

凡能产生非静电力的装置都可称为电源。不同的电源，把一定量的正电荷从负极移到正极，非静电力所做的功是不同的。为了定量地描述电源转化能量本领的大小，引入电动势的概念。电源电动势的定义为

$$\mathscr{E}=\int_{-(\text{内})}^{+}\boldsymbol{E}_{\mathrm{k}}\cdot \mathrm{d}\boldsymbol{l} \tag{11-5}$$

$\boldsymbol{E}_{\mathrm{k}}=\dfrac{\boldsymbol{F}_{\mathrm{k}}}{q_0}$是单位正电荷在电源内部受的非静电力，可称为“非静电性电场强度”。因电源外部 $\boldsymbol{E}_{\mathrm{k}}=0$，电动势定义又可定义为

$$\mathscr{E}=\oint_{L}\boldsymbol{E}_{\mathrm{k}}\cdot \mathrm{d}\boldsymbol{l} \tag{11-6}$$

（1）电动势是标量，可以有正、负之分，电动势的方向规定由电源负极经内电路指向正极，即从低电势指向高电势处。

（2）电动势反映电源本身的固有属性，与电路是否接通无关。

（3）在电源外部，静电力使正电荷从高电势移到低电势；在电源内部，非静电力使正电荷从低电势移到高电势。非静电力把正电荷从电源的负极经电源内部搬运到正极，是一个电泵，如同水泵将水从低处抽到高处一样。

5. 金属导体导电的微观图像

$$\boldsymbol{J}=-ne\overline{\boldsymbol{u}}=\gamma\boldsymbol{E} \tag{11-7}$$

式中，$\overline{\boldsymbol{u}}=-\dfrac{e\boldsymbol{E}}{m_e}\dfrac{\overline{\lambda}}{\overline{v}}$是导体中电子的平均定向速度；$\gamma=\dfrac{1}{\rho}=\dfrac{ne^2}{m_e}\dfrac{\overline{\lambda}}{\overline{v}}$是导体的电导率；$\rho$ 是导体的电阻率，$\overline{\lambda}$是导体中电子的平均自由程；$\overline{v}$是导体中电子的平均热运动速率。

6. 欧姆定律

（1）欧姆定律的微分形式为

$$\boldsymbol{J}=\gamma\boldsymbol{E} \tag{11-8}$$

当空间电场稳恒时，导体中 $\boldsymbol{E}$ 处处不变，$\boldsymbol{J}$ 亦处处不变，导体中将建立稳恒电流。

（2）欧姆定律的积分形式为

$$I=\frac{U}{R} \tag{11-9}$$

7. 电流的热效应——焦耳-楞次定律

（1）焦耳-楞次定律的微分形式为

$$p=\gamma E^2 \tag{11-10}$$

式中，p 称为热功率密度，是电流在导体中流过时，导体内单位时间单位体积所产生的热量。

（2）焦耳-楞次定律的积分形式为

$$Q = I^2Rt = Pt \tag{11-11}$$

式中，$P = I^2R$ 称为电流的功率；Q 是电流在导体中流过时，时间 t 内导体所释放的热量。

11.2.2 磁感应强度

静止的电荷在其周围空间产生静电场，运动电荷在其周围空间不仅产生电场，而且产生磁场。电流是电荷的定向运动，电流能够在其周围空间产生磁场。由稳恒电流产生的磁场，称为稳恒磁场。磁场和电场是性质完全不同的场，但在研究方法上却有相似之处。为了描述电场中某点场的性质，可以根据它对试探电荷的作用引入电场强度 $\boldsymbol{E}$；为了描述磁场中某点场的性质，可以根据它对试探电流或试探运动电荷的作用，引入磁感应强度 $\boldsymbol{B}$。

磁感应强度 $\boldsymbol{B}$ 的定义如下：$\boldsymbol{B}$ 的方向垂直于正运动电荷所受最大磁力方向与其运动方向与组成的平面，并满足右手螺旋定则，如图 11-1 所示；$\boldsymbol{B}$ 的大小等于试探运动电荷所受的最大磁力 F_{max} 与其电荷量和运动速率乘积的比值，即 $B = \dfrac{F_{max}}{qv}$。

(1) 磁感应强度是描述磁场特性的基本物理量，它的重要性相当于电场中的电场强度 $\boldsymbol{E}$，只是由于历史原因，没有称为磁场强度。磁感应强度是矢量，一般是空间和时间的函数，磁场中某点的 $\boldsymbol{B}$，只依赖于磁场本身在该点的特性。

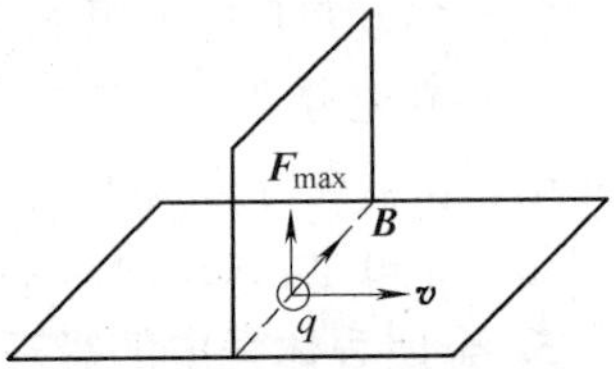

图 11-1 磁感应强度的定义

(2) 磁感应强度的定义比电场强度的定义要复杂一些，不能把正试探运动电荷受力的方向定义为 $\boldsymbol{B}$ 的方向。实验表明，磁场中每一点总存在一条特殊直线，试探电荷在这条直线上运动时，不论其电量和速度的大小如何，磁场对它的作用力总是等于零。这表明，这条直线与运动电荷无关，完全由磁场的固有性质决定。所以可以用这条直线表示磁场的特性，用它定义磁场中各点磁感应强度 $\boldsymbol{B}$ 的方向。但这条直线有两个指向，为了与历史上自由小磁针静止时 N 极指向一致，定义该点 $\boldsymbol{B}$ 的方向垂直于正试探电荷所受最大磁力的方向与试探电荷运动的方向组成的平面，并满足右手螺旋定则，如图 11-1 所示。当试探电荷运动方向垂直于 $\boldsymbol{B}$ 的方向时，所受的磁场力最大。对于不同电量、不同运动速度的试探电荷，这一作用力的大小是不同的，但对同一点，比值 $B = \dfrac{F_{max}}{qv}$ 却是一个常量，与 q，v 无关，即该比值是由磁场的固有性质决定的，据此可以定义 $\boldsymbol{B}$ 的大小。

11.2.3 毕奥-萨伐尔定律

1. 毕奥-萨伐尔定律

在载流导线上任取一电流元 $I\mathrm{d}\boldsymbol{l}$（见图 11-2），该电流元在空间某点 P 处产生的磁感应强度为

$$\mathrm{d}\boldsymbol{B}=\frac{\mu_0}{4\pi}\frac{I\mathrm{d}\boldsymbol{l}\times\boldsymbol{r}}{r^3} \tag{11-12}$$

式中，$\mu_0=\dfrac{1}{\varepsilon_0c^2}=4\pi\times10^{-7}\mathrm{N\cdot A^{-2}}$，称为真空磁导率；电流元 $I\mathrm{d}\boldsymbol{l}$ 是矢量，其方向是电流的方向；$\boldsymbol{r}$ 是由电流元 $I\mathrm{d}\boldsymbol{l}$ 指向所求点 P 的位置矢量。

$\mathrm{d}\boldsymbol{B}$ 的方向：由 $I\mathrm{d}\boldsymbol{l}$ 和 $\boldsymbol{r}$ 的方向根据右手螺旋定则判断。

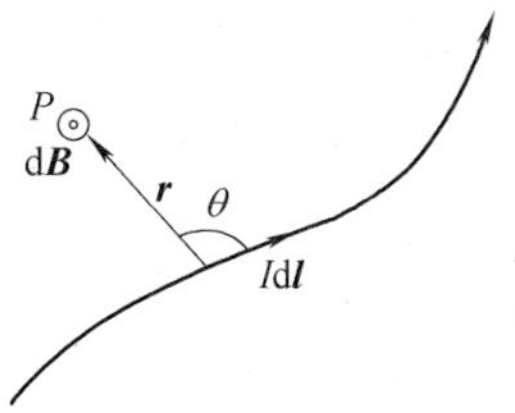

图 11-2　电流元产生的磁场

$\mathrm{d}\boldsymbol{B}$ 的大小：$\mathrm{d}B=\dfrac{\mu_0}{4\pi}\dfrac{I\mathrm{d}l\sin\theta}{r^2}$。 (11-13)

式中，θ 是电流元 $I\mathrm{d}\boldsymbol{l}$ 与位矢 $\boldsymbol{r}$ 的夹角。以 $I\mathrm{d}\boldsymbol{l}$ 为中心的球面上各点的磁场是空间各异的。与 $I\mathrm{d}\boldsymbol{l}$ 垂直的方向($\theta=\pi/2$)的各点处，磁场最强；在 $I\mathrm{d}\boldsymbol{l}$ 的延长线上($\theta=0,\ \pi$)的磁场为零。

2. 任意电流的磁场

磁场遵循矢量叠加原理，任意电流产生的磁感应强度可看成是各个电流元 $I\mathrm{d}\boldsymbol{l}$ 产生的磁感应强度的矢量和，即

$$\boldsymbol{B}=\int_L\mathrm{d}\boldsymbol{B}=\int_L\frac{\mu_0}{4\pi}\frac{I\mathrm{d}\boldsymbol{l}\times\boldsymbol{r}}{r^3} \tag{11-14}$$

计算任意电流磁场主要步骤如下：

$$I\mathrm{d}l\rightarrow\mathrm{d}B=\frac{\mu_0I\mathrm{d}l\sin\theta}{4\pi r^2}\rightarrow\mathrm{d}B_x,\mathrm{d}B_y,\mathrm{d}B_z\rightarrow B_x=\int\mathrm{d}B_x,B_y=\int\mathrm{d}B_y,B_z=\int\mathrm{d}B_z$$

$$\boldsymbol{B}=B_x\boldsymbol{i}+B_y\boldsymbol{j}+B_z\boldsymbol{k}$$

只有各电流元在场点产生的磁感应强度 $\mathrm{d}\boldsymbol{B}$ 方向都相同时，才有 $B=\int\mathrm{d}B$，否则必须将各电流元的磁场 $\mathrm{d}\boldsymbol{B}$ 投影到坐标轴上，分别计算磁感应强度 $\boldsymbol{B}$ 的分量，然后再求出合磁场。

3. 几种典型电流的磁场

(1) 有限长载流直导线产生的磁场为（见图 11-3）

$$B=\frac{\mu_0I}{4\pi d}(\cos\theta_1-\cos\theta_2) \tag{11-15}$$

式中，d 为 P 点到直导线的垂直距离；θ_1 是电流的始端至 P 点的连线与电流方向之间的夹角；θ_2 是电流的终端至 P 点的连线与电流方向之间的夹角。

①无限长载流直导线的磁场为 $\theta_1=0$，$\theta_2=\pi$

$$B=\frac{\mu_0I}{2\pi d} \tag{11-16}$$

②半无限长载流直导线的磁场为 $\theta_1=\pi/2$，$\theta_2=\pi$

$$B=\frac{\mu_0 I}{4\pi d} \tag{11-17}$$

③载流导线延长线上的一点的磁场为 $B=0$

（2）载流圆线圈轴线上一点 x 处的磁场为（见图 11-4）

$$B=\frac{\mu_0}{2\pi}\frac{IS}{(R^2+x^2)^{3/2}} \tag{11-18}$$

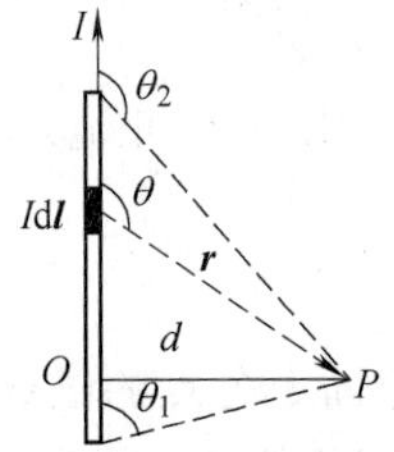

图 11-3 载流直导线的磁场

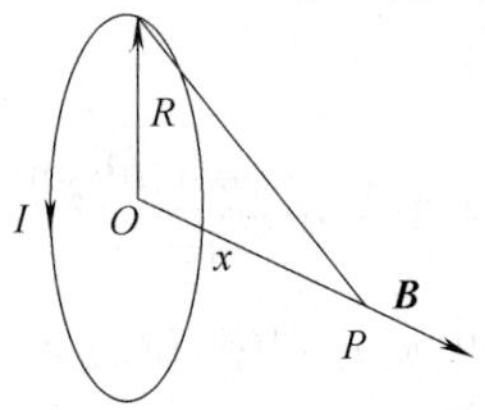

图 11-4 载流圆线圈的磁场

①载流圆线圈的圆心处 $x=0$，$B=\dfrac{\mu_0 I}{2R}$ (11-19)

若圆线圈有 N 匝，则 $$B=\frac{\mu_0 NI}{2R} \tag{11-20}$$

②一段载流圆弧圆心处 $$B=\frac{\alpha}{2\pi}\cdot\frac{\mu_0 I}{2R} \tag{11-21}$$

式中，α 为该圆弧的圆心角。

③在远离载流线圈处 $x>>R$，$B=\dfrac{\mu_0}{2\pi}\dfrac{IS}{x^3}$ (11-22)

（磁感应强度 $\boldsymbol{B}$ 的方向均由右手螺旋定则确定。）

可以根据磁场叠加原理，由以上典型磁场的磁感应强度计算公式，经过组合，计算复杂电流的磁场。

4. 运动电荷的磁场

电流元 $I\mathrm{d}\boldsymbol{l}$ 可以表示为 $I\mathrm{d}\boldsymbol{l}=\mathrm{d}Nq\boldsymbol{v}$，根据毕奥-萨伐尔定律，如图 11-5 所示可推导出以速度 $\boldsymbol{v}$ 运动着的带电量为 q 的粒子在空间某一点 P 产生的磁场的磁感应强度为

$$\boldsymbol{B}=\frac{\mu_0}{4\pi}\frac{q\boldsymbol{v}\times\boldsymbol{r}}{r^3} \tag{11-23}$$

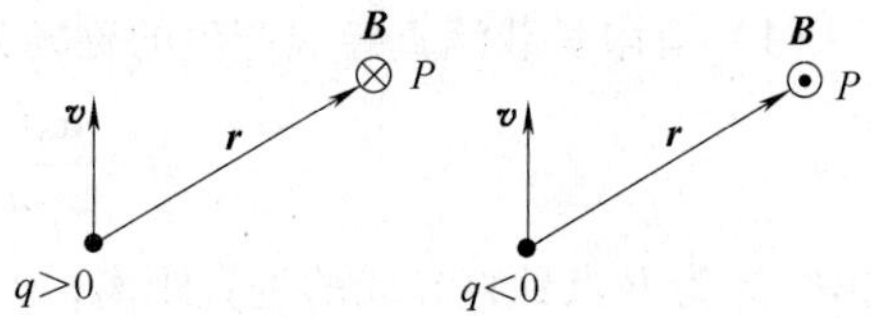

图 11-5 运动电荷的磁场

式中，$\boldsymbol{r}$ 为电荷 q 所在处到 P 点的位置矢量。电荷量 q 可正可负，q 的正负会影响 $\boldsymbol{B}$ 的方向（见图 11-2）。当 $q>0$ 时，$\boldsymbol{B}$ 与 $\boldsymbol{v}\times\boldsymbol{r}$ 方向一致；当 $q<0$ 时，$\boldsymbol{B}$ 与 $\boldsymbol{v}\times\boldsymbol{r}$ 方向相反。

11.2.4　磁场的高斯定理

由于磁感应线是闭合曲线，因此穿入任一闭合曲面的磁感应线数必然等于穿出该闭合曲面的磁感应线数，所以通过任一闭合曲面的磁通量为零，即

$$\Phi = \oiint_S \boldsymbol{B} \cdot \mathrm{d}\boldsymbol{S} = 0 \tag{11-24}$$

磁场的高斯定理是电磁场理论的基本方程之一，适用于包括稳恒磁场在内的一切磁场。磁场的高斯定理反映了磁场与静电场是两类不同的场，磁场属涡旋场，其磁感应线无头无尾，是闭合曲线。

11.2.5　安培环路定理

1. 安培环路定理

在真空中的磁场内，磁感应强度 **B** 的环流等于真空磁导率 μ_0 乘以穿过以该闭合曲线为边界任意曲面的电流的代数和，即

$$\oint_L \boldsymbol{B} \cdot \mathrm{d}\boldsymbol{l} = \mu_0 \sum_i I_i \tag{11-25}$$

（1）该定理反映了稳恒磁场不同于静电场的一个性质，即 $\oint_L \boldsymbol{B} \cdot \mathrm{d}\boldsymbol{l} \neq 0$，说明磁场是非保守场，不能引入势能的概念。

（2）定理中的 $\sum_i I_i$。$\sum_i I_i$ 是闭合回路 L 所包围的传导电流的代数和。电流有正负之分，规定与回路绕行方向满足右手螺旋定则的电流为正，反之为负，如图 11-6 所示，$\sum_i I_i = I_1 - I_1 - I_1 - I_2 = -I_1 - I_2$。$\sum_i I_i = 0$，这只能表明闭合回路内所包围的电流的代数和为零，并不能说明一定没有电流穿过回路，例如可以有大小相等方向相反的两条电流穿过回路。另外，$\sum_i I_i = 0$，只能说 $\oint_L \boldsymbol{B} \cdot \mathrm{d}\boldsymbol{l} = 0$，并不能说闭合回路上各点的 **B** 都为零。例如，在一圆形电流内，取一同心圆作为闭合回路，回路内 $\sum_i I_i = 0$，但回路上各点 **B** 却不为零。

（3）定理中的 $\oint_L \boldsymbol{B} \cdot \mathrm{d}\boldsymbol{l}$ 和 **B**。$\oint_L \boldsymbol{B} \cdot \mathrm{d}\boldsymbol{l}$ 是磁感应强度的环流，它只与闭合回路 L 所包围的电流 $\sum_i I_i$ 有关，与闭合回路外的电流无关，也与闭合回路内电流的分布无关。**B** 是空间所有电流所激发的，它既包括回路 L 内电流产生的磁场也包括回路 L 外的电流所产生的磁场，是所有电流激发的磁场的总磁感应强度。例如，图 11-6 中，**B** 的环流 $\oint_L \boldsymbol{B} \cdot \mathrm{d}\boldsymbol{l}$ 只与 I_1 和 I_2 有关，而与 I_3 无关，而回路 **B** 上各点的磁场 **B** 是由

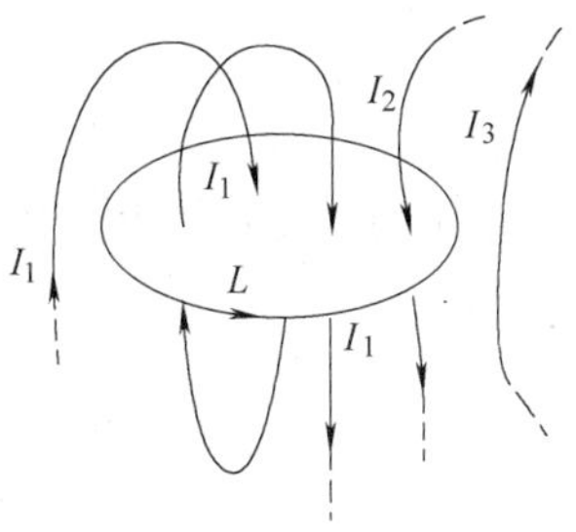

图 11-6　安培环路定理示意图

回路内的电流I_1、I_2和回路外的电流I_3共同产生的。由此可见，当闭合回路L的电流分布发生变化时，空间各点的$\boldsymbol{B}$将会发生变化，但$\boldsymbol{B}$的环流$\oint_L \boldsymbol{B}\cdot\mathrm{d}\boldsymbol{l}$不变；若所取的回路不包围电流，或所围的电流的代数和为零，则$\oint_L \boldsymbol{B}\cdot\mathrm{d}\boldsymbol{l}=0$，但回路上各点$\boldsymbol{B}$不一定为零。$\boldsymbol{B}$是空间点的函数，$\oint_L \boldsymbol{B}\cdot\mathrm{d}\boldsymbol{l}$是$\boldsymbol{B}$沿闭合回路积分的整体结果。所以通常情况下，积分路径上某处的$\boldsymbol{B}$等于零，并不意味着$\boldsymbol{B}$的环流$\oint_L \boldsymbol{B}\cdot\mathrm{d}\boldsymbol{l}$等于零；$\boldsymbol{B}$的环流$\oint_L \boldsymbol{B}\cdot\mathrm{d}\boldsymbol{l}$等于零，也并不意味着积分路径上各处的$\boldsymbol{B}$等于零。

（4）安培环路定理只适用于稳恒电流的情况，而稳恒电流一定是闭合的（无限长载流直导线可以认为在无限远处闭合），对于有限长的载流导线，安培环路定理不适用。

2. 安培环路定理的应用

只要是稳恒电流，安培环路定理就普遍适用，但只有具备一定对称性的磁场，才可以用安培环路定理求出磁感应强度$\boldsymbol{B}$。

应用安培环路定理求$\boldsymbol{B}$的基本思路如下：选择合适的积分回路，使$\boldsymbol{B}$能从环流的积分号内提出来，即有$\oint_L \boldsymbol{B}\cdot\mathrm{d}\boldsymbol{l}=B\cos\theta\oint_L \mathrm{d}l$。

应用安培环路定理求$\boldsymbol{B}$与应用高斯定理求$\boldsymbol{E}$的方法相对应。大致可以分以下几个步骤：

（1）分析磁场分布的对称性，判断能否用安培环路定理求$\boldsymbol{B}$。

（2）合理选择积分回路。选取积分回路的原则有三条：其一，待求的$\boldsymbol{B}$必须在回路上；其二，整个积分回路L上或L各段上$\boldsymbol{B}$大小相等且$\boldsymbol{B}$与$\mathrm{d}\boldsymbol{l}$方向夹角恒定，这样B才能从积分号内提出来；其三，积分回路L的形状应尽量简单，以便计算。

（3）计算回路所包围的电流的代数和。

（4）利用$\oint_L \boldsymbol{B}\cdot\mathrm{d}\boldsymbol{l}=\mu_0\sum_i I_i$求出$B$。

下面介绍几种具有对称分布的电流的磁场

①无限长圆柱面电流的磁场。半径为R，电流强度为I的无限长圆柱面电流的磁场为

$$B=\begin{cases}\dfrac{\mu_0 I}{2\pi r} & r>R\\ 0 & r<R\end{cases} \tag{11-26}$$

②无限长圆柱体电流的磁场。半径为R，电流强度为I的均匀无限长圆柱体电流的磁场为

$$B=\begin{cases}\dfrac{\mu_0 I}{2\pi r} & r>R\\ \dfrac{\mu_0 I}{2\pi R^2}r & r<R\end{cases} \tag{11-27}$$

③无限长载流直螺线管内、外任一点的磁场。电流为 I，单位长度上有 n 匝的无限长密绕直螺线管的磁场为

$$B=\mu_0 nI(\text{管内}),B=0(\text{管外}) \tag{11-28}$$

④螺绕环电流的磁场。电流为 I，单位长度上有 n 匝的密绕螺绕环电流的磁场为

$$B=\mu_0 nI(\text{管内}),B=0(\text{管外}) \tag{11-29}$$

11.2.6 磁场对电流（运动电荷）的作用

1. 磁场对运动电荷的作用

（1）洛伦兹力。运动电荷在磁场中所受的磁场力称为洛伦兹力。

带电量为 q 的粒子以速度 v 在磁场中运动时，所受洛伦兹力为

$$\boldsymbol{F}=q\boldsymbol{v}\times\boldsymbol{B} \tag{11-30}$$

式中，$\boldsymbol{B}$ 为粒子所在位置处的磁感应强度。

①q 可正可负，q 为负值时，$\boldsymbol{F}$ 与 $\boldsymbol{v}\times\boldsymbol{B}$ 的方向相反。

②$\boldsymbol{F}$ 垂直于 $\boldsymbol{v}$ 和 $\boldsymbol{B}$ 决定的平面，即 $\boldsymbol{F}\perp\boldsymbol{v}$，故洛伦兹力不做功，只改变电荷的运动方向。

③带电量为 q 的粒子以速度 $\boldsymbol{v}$ 进入均匀磁场的运动情况。

当 $\boldsymbol{v}//\boldsymbol{B}$ 时，洛伦兹力 $\boldsymbol{F}=0$，带电粒子做匀速直线运动；当 $\boldsymbol{v}\perp\boldsymbol{B}$ 时，洛伦兹力 $F=qvB$，带电粒子做圆周运动。

半径
$$R=\frac{mv}{qB} \tag{11-31}$$

周期
$$T=\frac{2\pi R}{v}=\frac{2\pi m}{qB} \tag{11-32}$$

当 $\boldsymbol{v}$ 和 $\boldsymbol{B}$ 斜交成 θ 角时，带电粒子沿磁场方向做螺旋线运动。

半径
$$R=\frac{mv\sin\theta}{qB} \tag{11-33}$$

周期
$$T=\frac{2\pi R}{v\sin\theta}=\frac{2\pi m}{qB} \tag{11-34}$$

螺距
$$h=v\cos\theta\cdot T=\frac{2\pi mv\cos\theta}{qB} \tag{11-35}$$

（2）霍尔效应。如图 11-7 所示，电流通过与磁场垂直的导体时将产生横向电势差（霍尔电势差）为

$$U_{\mathrm{H}}=R_{\mathrm{H}}\frac{IB}{d} \tag{11-36}$$

式中，d 为磁场方向导体板的厚度；霍尔系数 $R_{\mathrm{H}}=\dfrac{1}{nq}$，取决于导体的材料。

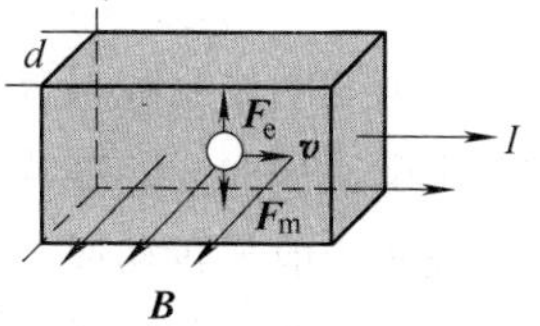

图 11-7　霍尔效应

2. 磁场对载流导线的作用

（1）安培定律。电流元 $I\mathrm{d}\boldsymbol{l}$ 在磁场中所受的磁场力称为安培力，其数学表达式为

$$\mathrm{d}\boldsymbol{F} = I\mathrm{d}\boldsymbol{l} \times \boldsymbol{B} \tag{11-37}$$

式中，$\boldsymbol{B}$ 为电流元所在处的磁感应强度。

$\mathrm{d}\boldsymbol{F}$ 的大小：

$$\mathrm{d}F = I\mathrm{d}lB\sin\theta \tag{11-38}$$

方向：$\mathrm{d}\boldsymbol{F}$ 与 $I\mathrm{d}\boldsymbol{l} \times \boldsymbol{B}$ 方向一致，由右手螺旋定则确定。

（2）磁场对载流导线的作用。一段任意形状的载流导线在磁场中所受的安培力为

$$\boldsymbol{F} = \int_L \mathrm{d}\boldsymbol{F} = \int_L I\mathrm{d}\boldsymbol{l} \times \boldsymbol{B} \tag{11-39}$$

①一段载流导线所受的磁场力 $\boldsymbol{F}$ 是各电流元所受安培力的矢量和。因电流元方向、位置不同，所受安培力方向不一定相同，在求 $\boldsymbol{F}$ 时，应先对分量积分，然后再合成。

$$F_x = \int_L \mathrm{d}F_x, F_y = \int_L \mathrm{d}F_y, F_z = \int_L \mathrm{d}F_z$$

$$\boldsymbol{F} = F_x\boldsymbol{i} + F_y\boldsymbol{j} + F_z\boldsymbol{k}$$

②对于均匀磁场中的载流直导线，上述积分式可变成 $\boldsymbol{F} = I\boldsymbol{l} \times \boldsymbol{B}$

$$F = BIl\sin\theta = BIl_{\perp}$$

式中，$l_{\perp}$ 为直导线长度在垂直于磁感应 $\boldsymbol{B}$ 方向的投影。

③对处于均匀磁场中任意形状的载流导线，上述公式亦可变换为

$$\boldsymbol{F} = \int I\mathrm{d}\boldsymbol{l} \times \boldsymbol{B} = I\left(\int \mathrm{d}\boldsymbol{l}\right) \times \boldsymbol{B} = I\boldsymbol{l}_{ab} \times \boldsymbol{B}$$

$\boldsymbol{l}_{ab}$ 为连接弯曲导线两端而成的矢量，亦即计算均匀磁场中弯曲载流导线所受作用力时，可将弯导线等效为连接其两端的直导线。

④利用安培定律求磁场对电流的作用时，磁场 $\boldsymbol{B}$ 是除受力电流的磁场之外的其他电流所产生的磁场。

3. 磁场对载流线圈的作用

（1）载流平面线圈的磁矩　磁矩是描述线圈本身性质的特征量。载流 I、面积为 S 的刚性平面线圈的磁矩为

$$\boldsymbol{P}_{\mathrm{m}} = IS\boldsymbol{n} \tag{11-40}$$

式中 $\boldsymbol{n}$ 为线圈平面的法向向量，与电流 I 的方向满足右手螺旋定则。

（2）磁场对平面载流线圈的磁力矩　在均匀磁场中，平面载流线圈所受的磁力矩为

$$\boldsymbol{M} = \boldsymbol{P}_{\mathrm{m}} \times \boldsymbol{B} \tag{11-41}$$

磁力矩的作用效果是使载流线圈的法线方向转向其所在处磁感应强度的方向。

①载流平面线圈在均匀磁场中所受安培力的合力为零，但所受力矩一般不为零。因此，线圈一般只转动而不平动。

②公式 $\boldsymbol{M} = \boldsymbol{P}_{\mathrm{m}} \times \boldsymbol{B}$ 对均匀磁场中任意形状的平面线圈都成立。但在非均匀磁场中，线圈所受安培力及其合力矩一般均不为零，上述公式不适用。

（3）磁力的功　载流直导线或载流线圈在磁场中运动时，磁场力要对其做功。对于均匀磁场，磁场力的功为

$$W = I\Delta\Phi \tag{11-42}$$

式中，$\Delta\Phi$ 为导线或线圈运动时闭合回路环绕的面积内磁通量的增量（对导线，也可以说是导线切割磁感应线的条数）。

11.3　问题辨析

问题 1　电流是电荷的定向运动，在电流密度 $j\neq0$ 的地方，电荷的体密度 ρ 是否可能为零?

辨析　这是可能的。电流密度 j 和电荷体密度 ρ 是两个不同的概念。电流密度是描述单位时间内流过单位面积上电荷量的物理量；电荷体密度是描述单位体积内的净电荷量的物理量。例如对于一段均匀金属导体来说，在没有电流的情况下，电流密度 $j=0$，电荷体密度 $\rho=0$。但在流有稳恒电流情况下，电流密度 $j\neq0$，由电流连续性原理可知，对于任一段导体都有流进的电流等于流出的电流，即净电荷量为零，导体内的电荷体密度 $\rho=0$。

问题 2　为什么不能像定义电场强度那样，把运动电荷所受磁力的方向定义为磁感应强度的方向?

辨析　为反映电场具有对电荷的施力作用的性质，我们引入了电场强度 $\boldsymbol{E}$，它是描述电场本身性质的物理量，与试验电荷存在与否无关。虽然正负试验电荷在场中某处所受电场力的方向相反，但都是唯一确定的，因此电荷所受电场力方向能够反映电场本身的性质，我们可以选择把正电荷所受电场力的方向定义为 $\boldsymbol{E}$ 的方向。

为反映磁场具有对运动电荷（电流）施力作用的性质，我们引入了磁感应强度 $\boldsymbol{B}$，它是描述磁场本身性质的物理量，与激发磁场的电流分布有关。某点处 $\boldsymbol{B}$ 的大小和方向与该点运动电荷的电荷量及运动方向无关，或者说，与该点是否存在运动电荷无关。而运动电荷在该点所受到的磁力的方向不仅和该点磁场性质有关，还与电荷的运动方向有关，电荷的运动方向不同，所受磁力的方向不同（大小也不同），所以运动电荷所受磁力的方向不是磁场本身特有的，不能把它定义为 $\boldsymbol{B}$ 的方向。

问题 3　一个静止的点电荷能在它的周围空间任一点激起电场；一个线电流元是否也能够在它的周围空间任一点激起磁场?

辨析　不一定。电流元激发的磁场由毕奥-萨伐尔定律给出

$$\mathrm{d}\boldsymbol{B} = \frac{\mu_0}{4\pi}\frac{I\mathrm{d}\boldsymbol{l}\times\boldsymbol{r}}{r^3}$$

$\boldsymbol{r}$ 为电流元到空间任一点（场点）的有向线段，当 $I\mathrm{d}\boldsymbol{l}$ 与 $\boldsymbol{r}$ 的夹角 θ 为 0 或 π 时，$|\mathrm{d}\boldsymbol{B}|=0$，所以在电流元 $I\mathrm{d}\boldsymbol{l}$ 的延长线线各点，电流元不激起磁场。线电流元在其周围其他位置上是能够激发磁场的。

问题 4 无限长载流直导线的磁感应强度的大小为 $B=\dfrac{\mu_0 I}{2\pi r}$，当场点无限接近导线时 ($r\to 0$)，磁感应强度的大小 $B\to\infty$。这样的结论是否正确？如何解释？

辨析 不正确。公式 $B=\dfrac{\mu_0 I}{2\pi r}$只对线电流适用。所谓“线电流”是指电流横截面的线度比该截面到场中考察点的距离小得多的情况。当 $r\to 0$ 时，线电流概念不复存在，上式也不再适用。

问题 5 如图 11-8 所示，在一个圆形电流的平面内取一个同心的圆形闭合回路，并使这两个圆同轴，且相互平行。由于闭合回路内不包含电流，所以把安培环路定理用于上述闭合回路，可得 $\oint_L \boldsymbol{B}\cdot \mathrm{d}\boldsymbol{l}=0$。由此结果能否说在闭合回路上各点的磁感应强度为零？

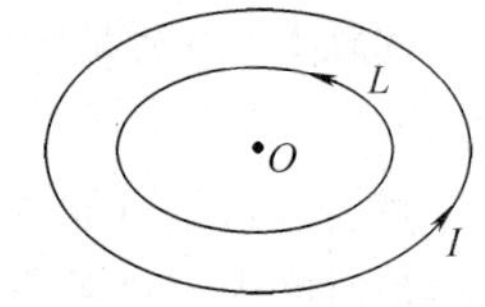

图 11-8 问题 5 图

辨析 $\oint_L \boldsymbol{B}\cdot \mathrm{d}\boldsymbol{l}=0$ 不能说明在闭合回路上各点的磁感应强度 $\boldsymbol{B}$ 为零。从数学意义上讲，环路积分 $\oint_L \boldsymbol{B}\cdot \mathrm{d}\boldsymbol{l}=0$ 与被积函数 $\boldsymbol{B}$ 为零是两个不同的概念。实际上圆形电流的平面内任一点处 $\boldsymbol{B}$ 的方向都垂直于该平面，当然也垂直于在该平面内闭合回路上任取的线元 $\mathrm{d}\boldsymbol{l}$，从而使 $\oint_L \boldsymbol{B}\cdot \mathrm{d}\boldsymbol{l}=\int_L B\cos\dfrac{\pi}{2}\mathrm{d}l=0$，可见 $\oint_L \boldsymbol{B}\cdot \mathrm{d}\boldsymbol{l}=0$ 是因为在积分回路上 $\boldsymbol{B}$ 处处与 $\mathrm{d}\boldsymbol{l}$ 垂直，而不是因为磁感应强度 $B=0$。

问题 6 如果一个电子在通过空间某一区域时不偏转，能否肯定这个区域中没有磁场？如果它发生偏转能否肯定那个区域中存在着磁场？

辨析 如果一个电子在通过空间某一区域时不偏转，不能肯定这个区域中没有磁场，也可能存在互相垂直的电场和磁场，使电子受的电场力与磁场力抵消所致。如果它发生偏转也不能肯定那个区域存在着磁场，因为仅有电场也可以使电子偏转。

问题 7 如图 11-9 所示，两电流元 $I_1\mathrm{d}\boldsymbol{l}_1$ 和 $I_2\mathrm{d}\boldsymbol{l}_2$ 距离为 r，并相互垂直，这两电流元之间的相互作用力是否大小相等、方向相反？如果不是，那么是否违反牛顿第三定律？

辨析 由毕奥-萨伐尔定律可知，$I_1\mathrm{d}\boldsymbol{l}_1$ 在 $I_2\mathrm{d}\boldsymbol{l}_2$ 产生的磁感应强度大小为 $B_{12}=\dfrac{\mu_0}{4\pi}\dfrac{I_1\mathrm{d}l_1}{r^2}$，方向垂直面向里，如图 11-9 所示。由安培定律可知 $I_2\mathrm{d}\boldsymbol{l}_2$ 所受的作用力为大小为 $\mathrm{d}F_{12}=B_{12}I_2\mathrm{d}l_2$，方向如图 11-9 所示。

同理，$I_2\mathrm{d}\boldsymbol{l}_2$ 在 $I_1\mathrm{d}\boldsymbol{l}_1$ 处产生的磁场大小为 $B_{21}=0$，$I_1\mathrm{d}\boldsymbol{l}_1$ 所受的作用力大小为 $\mathrm{d}F_{21}=0$。

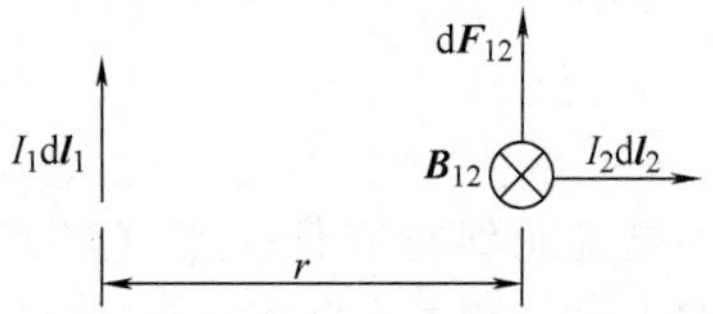

图 11-9 问题 7 图

由此可见，这两个电流元之间的相互作用力不遵守牛顿第三定律。实际上，电流元 $I_2\mathrm{d}\boldsymbol{l}_2$ 受到当地磁场的力，施力者是磁场，受力者是电流元 $I_2\mathrm{d}\boldsymbol{l}_2$，

dF_{12}的反作用力是电流元 I_2dl_2 给磁场施加的 dF'_{12}，dF_{12}和 dF'_{12}才是一对作用力和反作用力。因为 dF_{12}和 dF_{21}不是一对作用力和反作用力，所以两者大小不相等、方向不相反，并不违反牛顿第三定律。

11.4　例题剖析

11.4.1　基本思路

本章重点问题是电流的磁场以及磁场对电流的作用。将宏观电流划分成电流元的方法是处理问题的出发点。

计算电流的磁场有两种方法：一是根据磁场的叠加原理，以及毕奥-萨伐尔定律用积分法求解，适用于任意形状的载流导线，计算时应注意利用已有的电流磁场的结论，如长直导线、圆形电流（包括弧形电流）等的磁场，通过叠加法求出复杂载流导线的磁场；另一类是用安培环路定理求解，这类题要求磁场必须有某种对称性（或者是激发磁场的电流分布必须具有某种对称性），解此类题的关键是找到易于将 $\boldsymbol{B}$ 的环流展开计算的安培积分环路。

计算磁场对电流的作用：一类是磁场对载流导线的作用，分为磁场是均匀的还是非均匀的，均匀磁场对直导线作用力的计算较容易，而弯曲导线一般采用把两端连接成直导线等效替代的方法；非均匀磁场对载流导线作用的计算一般要根据安培定律用积分法求解。另一类计算是求均匀磁场对载流线圈的力矩，可直接用公式求解，再一类是磁场对运动电荷的作用力——洛伦兹力。

11.4.2　典型例题

例 11-1　将通有电流 I 的导线在同一平面内弯成如图 11-10 所示的形状，求 O 点的磁感强度 $\boldsymbol{B}$ 的大小。

分析　这是求由直导线组成的复杂载流导线产生的磁场的问题，此类题原则上可由毕奥-萨伐尔定律进行求解，但这样积分会非常繁琐。一般可直接利用教材中已经给出的几种载流导线（如有限长载流直导线、无限长载流载流直导线、圆形电流等）的磁场分布的结论，然后根据磁场叠加原理求出总的磁感应强度。在应用已有结论时，应注意对所给复杂载流导线进行合理的分解，从而正确地找出题中载流导线和已知结论的关系。

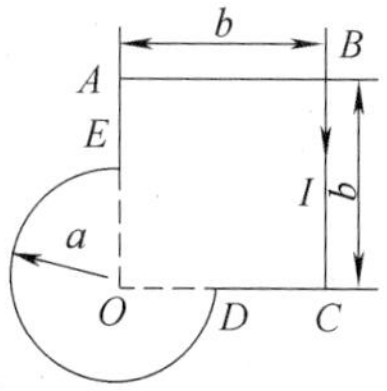

图 11-10　例 11-1 图

本题中的电流可看成是由 4 根直电流 AB，BC，CD，EA 和 3/4 圆环电流组成的，可以先考虑通有电流 I 的一段直电流（如 AB 段）在 O 处的磁感应强度 $\boldsymbol{B}_1$，根据已有的结论可知 $\boldsymbol{B}_1$ 的大小为 $B_1=\dfrac{\mu_0 I}{4\pi d}(\cos\theta_1-\cos\theta_2)$，方向垂直于纸面向里，与电流成右手螺旋关系。然后利用磁场的叠加原理对所

有直导线在 O 处所激发的磁感应强度求矢量和。

解 根据磁场叠加原理，O 处的磁场由 4 根直电流 AB，BC，CD，EA 和3/4 圆环电流共同激发，直电流 CD 和 EA 在 O 点激发的磁场分别为零，其余电流在 O 点激发的磁场如下：

3/4 圆环在 O 处磁感应强度 $B_1 = 3\mu_0 I/(8a)$

AB 段在 O 处的磁感应强度 $B_2 = [\mu_0 I/(4\pi b)] \cdot \left(\frac{1}{2}\sqrt{2}\right)$

BC 段在 O 处的磁感应强度 $B_3 = [\mu_0 I/(4\pi b)] \cdot \left(\frac{1}{2}\sqrt{2}\right)$

$\boldsymbol{B}_1$、$\boldsymbol{B}_2$、$\boldsymbol{B}_3$ 方向相同，可知 O 处总的 B 为

$$B = B_1 + B_2 + B_3 = \frac{\mu_0 I}{4\pi}\left(\frac{3\pi}{2a} + \frac{\sqrt{2}}{b}\right)$$

例 11-2 如图 11-11 所示，半径为 R 的绝缘薄圆盘均匀带电，电荷面密度为 σ。若圆盘以 ω 的角速度绕过其中心且垂直于盘面的轴转动，求其轴线上某点处的磁感应强度。

分析 带电圆盘转动起来，其上每个电荷绕中心轴线做圆周运动，相当于一个圆形电流，在其轴线上某点产生的磁感应强度等于一系列半径不同的同心圆电流在该点产生的磁感应强度之矢量和。本题可直接利用教材中给出的圆电流的磁场分布公式。由于电荷连续分布，同一圆周上的点电荷形成的圆电流半径相同，因此可以取圆盘上任一半径为 r，宽度为 dr 的圆环为微元，求其在轴线上某点产生的磁感应强度，再用积分法求该点处总的磁感应强度。

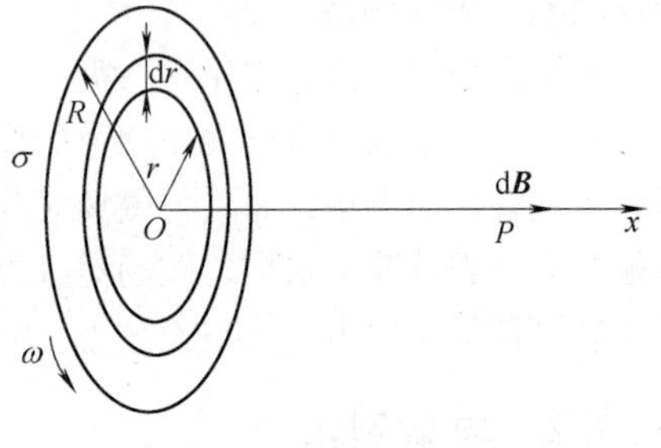

图 11-11 例 11-2 图

解 在圆盘上任取一半径为 r，宽度为 dr 的圆环，该圆环带电量为 $\mathrm{d}q = \sigma \mathrm{d}S = \sigma \cdot 2\pi r\mathrm{d}r = \sigma 2\pi r\mathrm{d}r$。当圆盘以角速度 ω 旋转时，环上产生的等效电流为

$$\mathrm{d}I = \frac{\mathrm{d}q}{T} = \sigma \cdot 2\pi r\mathrm{d}r \cdot \frac{\omega}{2\pi} = \sigma r\omega \mathrm{d}r$$

设轴线上一点 P 距离圆盘中心的距离为 x，则圆电流 dI 在 P 点产生的磁感应强度的大小为

$$\mathrm{d}B = \frac{\mu_0 r^2 \mathrm{d}I}{2(r^2 + x^2)^{3/2}} = \frac{\mu_0 \sigma\omega r^3 \mathrm{d}r}{2(r^2 + x^2)^{3/2}}$$

方向沿轴线。

每一圆环产生的磁感应强度方向相同，则由圆盘产生的总磁感应强度的大小为

$$B = \int \mathrm{d}B = \int_0^R \frac{\mu_0 \sigma \omega r^3 \mathrm{d}r}{2(r^2 + x^2)^{3/2}}$$

$$= \frac{\mu_0 \sigma \omega}{8} \int_0^R \frac{\mathrm{d}(r^4)}{(r^2 + x^2)^{3/2}} = \frac{\mu_0 \sigma \omega}{2} \left(\frac{R^2 + 2x^2}{\sqrt{R^2 + x^2}} - 2x \right)$$

例 11-3　现有如图 11-12 所示的同轴电缆，内芯为一半径为 r_1 的导体圆柱，外部为内、外半径分别为 r_2 和 r_3 的导体圆筒。电流为 I_0 的电流由内芯圆柱体均匀流入，再由外筒中均匀流出。求该无限长电缆产生的磁感应强度的空间分布。

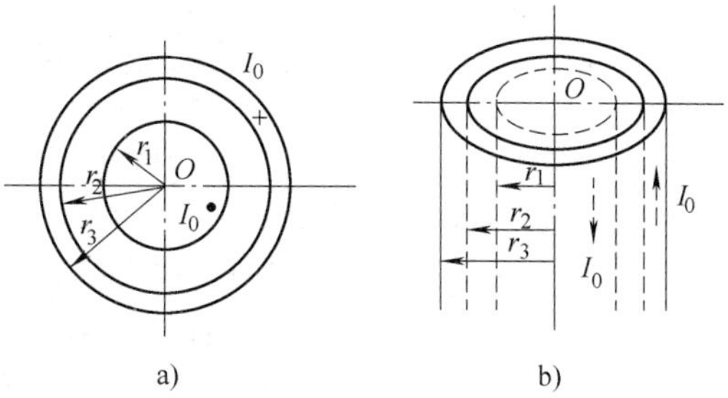

图 11-12　例 11-3 图

分析　该同轴电缆中的电流分布具有轴对称性，根据磁场的唯一性原理，所产生的磁场也必具有轴对称性，可以用安培环路定理来求解。求解的关键是选择合适的积分路径使得磁感应强 $\boldsymbol{B}$ 能够从积分号中提出。如果将同轴电缆看成是由许多无限长直导线组成的，可知空间任一点磁感应强度的方向均在与轴线垂直的平面上，又由于磁场分布的轴对称性，磁感应强度的方向只能与径向垂直，且距离轴线相同的各点磁感应强度的大小相同，因此如果选择轴线的垂面上，以轴线为中心的同心圆为积分路径，积分路径上各点磁感应强度 $\boldsymbol{B}$ 大小相等，方向与线元 $\mathrm{d}\boldsymbol{l}$ 一致，B 就可从积分号中取出，问题的求解就会很方便。

解　以电缆轴线上一点为圆心在轴线的垂面上作一半径为 r 的圆，以该圆为积分路径（安培环路）。由安培环路定理

$$\oint_L \boldsymbol{B} \cdot \mathrm{d}\boldsymbol{l} = \mu_0 \sum_{(内)} I$$

当 $0 \leqslant r \leqslant r_1$ 时，

$$\sum_{(内)} I = \frac{\pi r^2}{\pi r_1^2} I_0 = \frac{I_0 r^2}{r_1^2}$$

则

$$\oint_L \boldsymbol{B} \cdot \mathrm{d}\boldsymbol{l} = B \cdot 2\pi r = \frac{\mu_0 I_0 r^2}{r_1^2}$$

即

$$B = \frac{\mu_0 I_0 r}{2\pi r_1^2} \quad (0 \leqslant r \leqslant r_1)$$

当 $r_1 \leqslant r \leqslant r_2$ 时，

$$\sum_{(内)} I = I_0$$

则

$$\oint_L \boldsymbol{B} \cdot \mathrm{d}\boldsymbol{l} = B \cdot 2\pi r = \mu_0 I_0$$

即

$$B = \frac{\mu_0 I_0}{2\pi r} \quad (r_1 \leqslant r \leqslant r_2)$$

当 $r_1 \leqslant r \leqslant r_2$ 时，
$$\sum_{(内)} I = I_0 - \frac{\pi r^2 - \pi r_2^2}{\pi r_3^2 - \pi r_2^2} I_0 = \frac{r_3^2 - r^2}{r_3^2 - r_2^2} I_0$$

则
$$\oint_L \boldsymbol{B} \cdot \mathrm{d}\boldsymbol{l} = B \cdot 2\pi r = \mu_0 \frac{r_3^2 - r^2}{r_3^2 - r_2^2} I_0$$

即
$$B = \frac{\mu_0 I_0}{2\pi r} \frac{(r_3^2 - r^2)}{(r_3^2 - r_2^2)} \quad (r_1 \leqslant r \leqslant r_2)$$

当 $r > r_3$ 时，
$$\sum_{(内)} I = 0$$

则
$$\oint_L \boldsymbol{B} \cdot \mathrm{d}\boldsymbol{l} = B \cdot 2\pi r = 0$$

即
$$B = 0 \quad (r > r_3)$$

$\boldsymbol{B}$ 的方向由右手法螺旋定则判定。

例 11-4 在半径为 R 的长圆柱体内挖去一轴线和该圆柱体平行，半径为 r 的一小长圆柱，如图 11-13 所示。两圆柱体轴线相距为 d，余下部分沿轴线均匀流有电流，电流密度为 $\boldsymbol{j}$，求圆柱体空腔中的磁感应强度。

分析 题中电流分布不具有某种特殊的对称性，因此不能直接用安培环路定理求解。原则上可以将圆柱体分割成无数根无限长直导线，求每一根直导线在空腔中一点的磁场，再用积分法求总的磁感应强度，但其计算将非常艰难。如果将空腔看成是两个通有大小相等，方向相反，电流密度分别 $\boldsymbol{j}$ 与 $-\boldsymbol{j}$ 的导电圆柱体，即将题中的通电导体看成是一个电流密度为 $\boldsymbol{j}$ 的大圆柱体和一个空腔位置处电流密度为 $-\boldsymbol{j}$ 的小圆柱体，空间电流分布没有变，磁场分布也不变。由于大、小圆柱体的电流分布分别具有轴对称性，可分别由安培环路定理求解其磁场分布，空间总的磁场分布就是两者的矢量合成，这种方法称为补偿法。

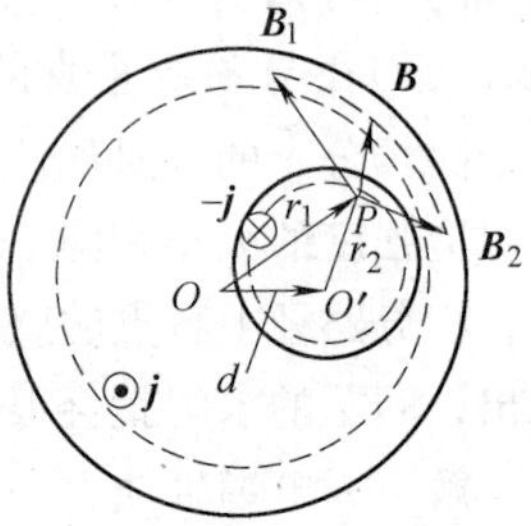

图 11-13 例 11-4 图

解 把题中导电柱体的磁场看成是由半径为 R 的大圆柱体和通有反向电流的半径为 r 的小圆柱体产生的磁场叠加而成。两者的电流密度分别为 $\boldsymbol{j}$、$-\boldsymbol{j}$。

在空腔中任取一点 P，假设 P 点离开大圆柱体中心轴线的垂直距离为 r_1，离开小圆柱体中心轴线的垂直距离为 r_2。根据安培环路定理，大圆柱体在 P 点产生的磁感应强度 $\boldsymbol{B}_1$ 的大小为

$$B_1 = \frac{\mu_0 I_1}{2\pi r_1} = \frac{\mu_0 j \pi r_1^2}{2\pi r_1} = \frac{1}{2} j r_1$$

$\boldsymbol{B}_1$ 的方向与电流 I_1 满足右手螺旋关系，在大圆柱体轴线的垂面上，和 $\boldsymbol{r}_1$ 垂直，如图 11-13 所示。$\boldsymbol{B}_1$ 可表示为

$$\boldsymbol{B}_1 = \frac{\mu_0}{2} \boldsymbol{j} \times \boldsymbol{r}_1$$

同理，小圆柱体在 P 点产生的磁感应强度 $\boldsymbol{B}_2$ 为

$$\boldsymbol{B}_2=\frac{\mu_0}{2}(-\boldsymbol{j})\times\boldsymbol{r}_2$$

则空腔柱体内任一点总的磁感应强度为

$$\boldsymbol{B}=\boldsymbol{B}_1+\boldsymbol{B}_2=\frac{\mu_0}{2}\boldsymbol{j}\times\boldsymbol{r}_1-\frac{\mu_0}{2}\boldsymbol{j}\times\boldsymbol{r}_2=\frac{\mu_0}{2}\boldsymbol{j}\times(\boldsymbol{r}_1-\boldsymbol{r}_2)$$

而（$\boldsymbol{r}_1-\boldsymbol{r}_2$）的大小为 d，方向由 O 指向 O'，可用 $\boldsymbol{d}$ 表示

则

$$\boldsymbol{B}=\frac{\mu_0}{2}\boldsymbol{j}\times\boldsymbol{d}$$

大小为 $B=\frac{\mu_0}{2}jd$，方向与 O、O'连线垂直，与电流成右手螺旋关系。

由结果可知，在空腔中磁场为一均匀磁场。

例 11-5　如图 11-14 所示，两平行长直导线相距为 d，两根导线上载有电流分别为 I_1、I_2，方向如图所示。求（1）两导线所在平面内，位于两导线之间任一点的磁感应强度。（2）通过图中长方形所围面积的磁通量（r_1，r_2，l 均为已知）。

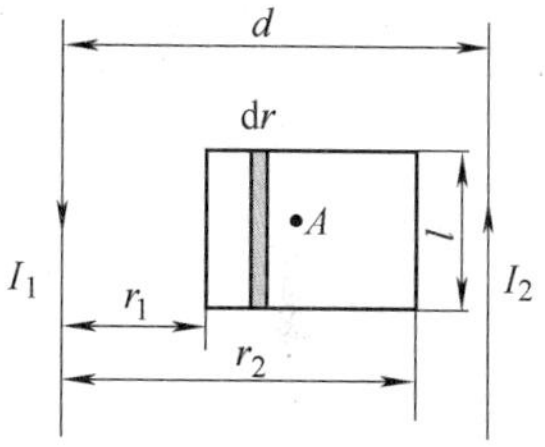

图 11-14　例 11-5 图

分析　题中磁场由两根长直载流导线产生，因而求空间某一点的磁场时，可以应用关于长直载流导线已有的结论，根据磁场的叠加性求解。该磁场是不均匀磁场，因此求某一曲面的磁通量时，应先选择一合适的面积元 dS，写出该面积元上的磁通量，再对整个曲面积分求总磁通量。

解　（1）两载流直导线产生的磁感应强度分别用 $\boldsymbol{B}_1$、$\boldsymbol{B}_2$ 表示，由磁场叠加性，合磁场 $\boldsymbol{B}=\boldsymbol{B}_1+\boldsymbol{B}_2$。

如图 11-14 所示，在两直导线之间距左侧导线为 r 处任取一点 A，则 A 处

$B_1=\frac{\mu_0 I_1}{2\pi r}$，方向垂直于纸面向外。

$B_2=\frac{\mu_0 I_2}{2\pi(d-r)}$，方向垂直于纸面向外。

$B=B_1+B_2=\frac{\mu_0 I_1}{2\pi r}+\frac{\mu_0 I_2}{2\pi(d-r)}$，方向垂直于纸面向外。

（2）如图 11-14 所示，在长方形中距左侧导线为 r 处，取一长为 l，宽为 dr 的长方形面积微元，其面积 d$S=l$dr，其法线方向与纸面垂直，并令垂直纸面向外为法线的正方向。由（1）的结果可知，该面积元上的磁感应强度取决于 r，可认为处处相等，则通过 dS 的磁通量为

$$\mathrm{d}\Phi_\mathrm{m}=\boldsymbol{B}\cdot\mathrm{d}\boldsymbol{S}=B\mathrm{d}S=Bl\mathrm{d}r$$

则通过整个长方形面积的总磁通量为

$$\Phi_\mathrm{m}=\int_S B\mathrm{d}S=\int_{r_1}^{r_2}\frac{\mu_0}{2\pi}\left(\frac{I_1}{r}+\frac{I_2}{d-r}\right)l\mathrm{d}r=\frac{\mu_0 l}{2\pi}\left(I_1\ln\frac{r_2}{r_1}+I_2\ln\frac{d-r_1}{d-r_2}\right)$$

例 11-6　如图 11-15 所示为一均匀磁场，磁感应强度 $B=0.01\text{T}$，一动能为 20eV 的正电子以与磁场成 60°角的方向射入，求该正电子运动轨迹螺旋线的螺距 h、半径 R 和周期 T。

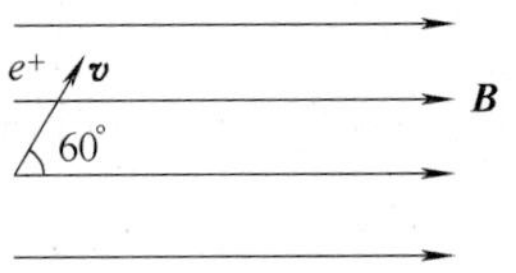

图 11-15　例 11-6 图

分析　这是一道典型的 v 和 $\boldsymbol{B}$ 不垂直的题目，正电子的运动轨迹为一螺旋线。一方面，速度 v 垂直于 $\boldsymbol{B}$ 方向上的分量 $v_\perp$ 使正电子在磁场中受到一洛伦兹力的作用，从而在垂直于磁场的方向做半径为 $R=\dfrac{mv_\perp}{qB}$ 的圆周运动；另一方面，速度 v 平行于 $\boldsymbol{B}$ 方向的分量 $v_{/\!/}$ 使正电子沿磁场方向做匀速直线运动。

解　由动能公式 $E_k=\dfrac{1}{2}mv^2$，可得正电子的运动速度为

$$v=\sqrt{\frac{2E_k}{m}}=\sqrt{\frac{2\times 20\times 1.6\times 10^{-19}}{9.1\times 10^{-31}}}\text{m}\cdot\text{s}^{-1}=2.65\times 10^6\text{m}\cdot\text{s}^{-1}$$

由于 $v<<c$，因此可不考虑相对论效应。

洛伦兹力提供正电子做圆周运动时的向心力，根据牛顿第二定律，有

$$m\frac{v_\perp^2}{R}=qv_\perp B$$

式中 $q=e$，则

$$R=\frac{mv_\perp}{eB}=\frac{9.1\times 10^{-31}\times 2.65\times 10^6\times\sin 60°}{1.6\times 10^{-19}\times 0.01}\text{m}=1.31\times 10^{-3}\text{m}$$

正电子圆周运动周期为

$$T=\frac{2\pi R}{v_\perp}=\frac{2\pi\times 1.31\times 10^{-3}}{2.65\times 10^6\times\sin 60°}\text{s}=3.57\times 10^{-9}\text{s}$$

螺旋线的螺距为

$$h=v_{/\!/}T=v\cos 60°T=2.65\times 10^6\times\frac{1}{2}\times 3.57\times 10^{-9}\text{m}=4.73\times 10^{-3}\text{m}$$

例 11-7　如图 11-16 所示。(1) 一段任意形状的导线 ab，通有电流 I，导线处于与均匀磁场 $\boldsymbol{B}$ 垂直的平面内，试证导线 ab 所受安培力等于从 a 点到 b 点载有相同电流的直导线所受的安培力。(2) 用上述结论求一段半椭圆形载流导线在均匀磁场 $\boldsymbol{B}$ 中所受的安培力。已知导线上电流为 I，椭圆的长轴为 d，椭圆面与磁场方向垂直。

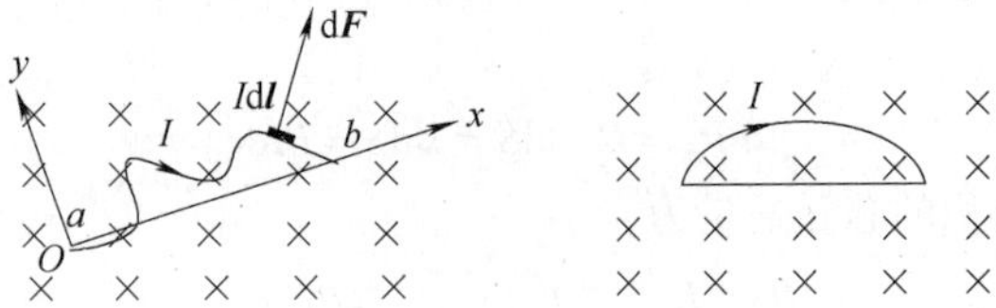

图 11-16　例 11-7 图

（1）**分析**　要求任意形状的载流导线在磁场中所受的安培力，根据安培定律，可先在导线上任取一电流元 $I\mathrm{d}\boldsymbol{l}$，该电流元在磁场中所受的安培力 $\mathrm{d}\boldsymbol{F}=I\mathrm{d}\boldsymbol{l}\times\boldsymbol{B}$，注意 $\boldsymbol{B}$ 是电流元 $I\mathrm{d}\boldsymbol{l}$ 所在处磁场的磁感应强度，对于均匀磁场，$\boldsymbol{B}$ 处处都一样。整根导线所受安培力 $\boldsymbol{F}=\int_L \mathrm{d}\boldsymbol{F}=\int_L I\mathrm{d}\boldsymbol{l}\times\boldsymbol{B}$，这是矢量积分，一般应分别求 $\mathrm{d}\boldsymbol{F}$ 在各方向的分量的积分。

证明　以 ab 方向为 Ox 轴正向，垂直于 ab 方向为 Oy 轴方向，建立如图 11-16 所示的平面直角坐标系。

在 ab 导线上任取一长度微元 $\mathrm{d}l$，相应的电流元为 $I\mathrm{d}\boldsymbol{l}$，其方向与电流的流向一致，则 $I\mathrm{d}\boldsymbol{l}$ 受安培力为 $\mathrm{d}\boldsymbol{F}=\boldsymbol{I}\mathrm{d}\boldsymbol{l}\times\boldsymbol{B}$，其大小 $\mathrm{d}F=IB\mathrm{d}l\sin 90°=BI\mathrm{d}l$

ab 段所受总的安培力为

$$\boldsymbol{F}=\int_a^b \mathrm{d}\boldsymbol{F}$$

分量形式

$$F_x=\int_a^b \mathrm{d}F_x=\int_a^b \mathrm{d}F\sin\theta=\int_a^b IB\mathrm{d}l\sin\theta,\text{而 } \mathrm{d}l\sin\theta=\mathrm{d}y,$$

则
$$F_x=\int_{y_a}^{y_b} BI\mathrm{d}y=0$$

同理，$F_y=\int_a^b \mathrm{d}F_y=\int_a^b \mathrm{d}F\cos\theta=\int_a^b IB\mathrm{d}l\cos\theta=\int_{x_a}^{x_b} BI\mathrm{d}x=BI\,\overline{ab}$

而 $BI\,\overline{ab}$ 正是从 a 到 b 的直导线载有电流 I 时所受的安培力。此题得证。

（2）**分析**　此问如果根据安培定律直接采用积分方法求解，要对椭圆上每一小段所受的安培力进行积分，椭圆方程比较繁琐，其积分也比较难求，而采用（1）问给出的结论求解就容易多了。

解　如图 11-16 所示，连接半椭圆形的两个端点 a，b，则 ab 段椭圆所受安培力就等于 ab 段直导线载流 I 时受到的安培力，即 $F=BI\,\overline{ab}=2BId$，方向与椭圆的长轴垂直，沿椭圆的短轴方向。

例 11-8　如图 11-17 所示，在长直导线旁有一矩形线圈，导线中通有电流 I_1，矩形线圈中通有电流 I_2，线圈左边距导线 d，矩形线圈长为 l，宽为 b，求矩形线圈上所受的合力。

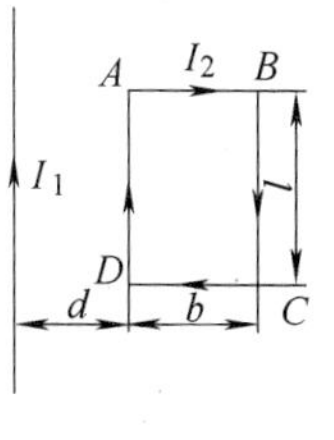

图 11-17　例 11-8 图

分析　载流直导线的磁场是一非均匀磁场，本题是求解载流矩形线圈在一非均匀磁场中受力的问题。在求解非均匀磁场对载流导线的安培力时，由于各点处磁感应强度不同，只能采用积分形式计算，切不可错误套用均匀磁场中的结论。

解　载流直导线的磁感应强度为 $B=\dfrac{\mu_0 I_1}{2\pi r}$，其中 r 是离开直导线的垂直距离；磁感应强度的方向与电流 I_1 满足右手螺旋定则。

下面分别求 4 个矩形边所受的安培力。

由安培力公式 $\mathrm{d}\boldsymbol{F}=I\mathrm{d}\boldsymbol{l}\times\boldsymbol{B}$，合力 $\boldsymbol{F}=\int_L \mathrm{d}\boldsymbol{F}=\int_L I\mathrm{d}\boldsymbol{l}\times\boldsymbol{B}$ 可知，对 AD 边而言，其上

每一点处 $\boldsymbol{B}$ 大小相等，方向相同，其积分结果相当于均匀磁场中载流直导线的情形，即

$$F_{AD}=B_1I_2l_{AD}=\frac{\mu_0I_1}{2\pi d}\cdot I_2\cdot l=\frac{\mu_0I_1I_2l}{2\pi d}，方向水平向左$$

对 BC 边，同理

$$F_{BC}=B_2I_2l_{BC}=\frac{\mu_0I_1I_2l}{2\pi(d+b)}，方向水平向右$$

对 AB 边，其上的 $\boldsymbol{B}$ 处处方向相同，但大小不等，必须求积分。在 AB 上取一长度微元 $\mathrm{d}l$，则 $\mathrm{d}l$ 段受安培力

$$\mathrm{d}F=BI_2\mathrm{d}l，方向竖直向上$$

则 AB 边总的受力

$$F_{AB}=\int_{AB}\mathrm{d}F=\int_{AB}BI_2\mathrm{d}l=\int_d^{d+b}\frac{\mu_0I_1I_2}{2\pi r}\mathrm{d}r=\frac{\mu_0I_1I_2}{2\pi}\ln\frac{d+b}{d}，方向竖直向上。$$

同理，CD 段受的安培力为

$F_{CD}=\dfrac{\mu_0I_1I_2}{2\pi}\ln\dfrac{d+b}{d}$，方向竖直向下。矩形线圈所受总的安培力为

$$\boldsymbol{F}=\boldsymbol{F}_{AB}+\boldsymbol{F}_{BC}+\boldsymbol{F}_{CD}+\boldsymbol{F}_{DA}$$

其中 $\boldsymbol{F}_{AB}=-\boldsymbol{F}_{CD}$，$\boldsymbol{F}_{AB}$ 与 $\boldsymbol{F}_{BC}$ 方向相反，则合力的大小为

$$F=F_{AD}-F_{BC}=\frac{\mu_0I_1I_2}{2\pi}\left(\frac{1}{d}-\frac{1}{d+b}\right)，方向水平向左$$

11.5 能力训练

一、选择题

1. 边长为 l 的正方形线圈，分别用如图 11-18 所示的两种方式通以电流 I（其中 ab、cd 与正方形共面），在这两种情况下，线圈在其中心产生的磁感应强度的大小分别为（　　）。

A. $B_1=0$，$B_2=0$

B. $B_1=0$，$B_2=\dfrac{2\sqrt{2}\mu_0I}{\pi l}$

C. $B_1=\dfrac{2\sqrt{2}\mu_0I}{\pi l}$，$B_2=0$

D. $B_1=\dfrac{2\sqrt{2}\mu_0I}{\pi l}$，$B_2=\dfrac{2\sqrt{2}\mu_0I}{\pi l}$

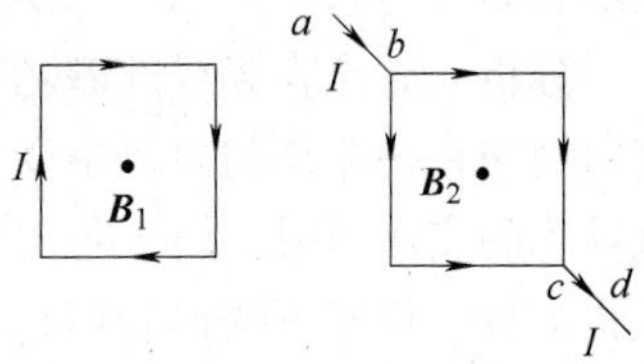

图 11-18　选择题 1 图

2. 取一闭合积分回路 L，使 3 根载流导线穿过它所围成的面。现改变 3 根导线之间的相互间隔，但不越出积分回路，则（　　）

A. 回路 L 内的 $\sum I$ 不变，L 上各点的 $\boldsymbol{B}$ 不变。

B. 回路 L 内的 $\sum I$ 不变，L 上各点的 $\boldsymbol{B}$ 改变。

C. 回路 L 内的 $\sum I$ 改变，L 上各点的 $\boldsymbol{B}$ 不变。

D. 回路 L 内的 $\sum I$ 改变，L 上各点的 $\boldsymbol{B}$ 改变。

3. 若空间存在两根无限长直载流导线，空间的磁场分布就不具有简单的对称性，则该磁场分布（　　）

A. 不能用安培环路定理来计算。

B. 可以直接用安培环路定理求出。

C. 只能用毕奥-萨伐尔定律求出。

D. 可以用安培环路定理和磁感强度的叠加原理求出。

4. 一运动电荷 q，质量为 m，进入均匀磁场中，则（　　）

A. 其动能改变，动量不变。　　B. 其动能和动量都改变。

C. 其动能不变，动量改变。　　D. 其动能、动量都不变。

5. 两个同心圆线圈，大圆半径为 R，通有电流 I_1；小圆半径为 r，通有电流 I_2，方向如图 11-19 所示。若 r 远远小于 R（大线圈在小线圈处产生的磁场近似为均匀磁场），当它们处在同一平面内时小线圈所受磁力矩的大小为（　　）。

A. $\dfrac{\mu_0 \pi I_1 I_2 r^2}{2R}$　　B. $\dfrac{\mu_0 I_1 I_2 r^2}{2R}$

C. $\dfrac{\mu_0 \pi I_1 I_2 R^2}{2r}$　　D. 0

6. 两根载流直导线相互正交放置，如图 11-20 所示。I_1 沿 y 轴的正方向，I_2 沿 z 轴负方向。若载流 I_1 的导线不能动，载流 I_2 的导线可以自由运动，则载流 I_2 的导线开始运动的趋势是（　　）

A. 沿 x 方向平动。　　B. 绕 x 轴转动。

C. 绕 y 轴转动。　　D. 无法判断。

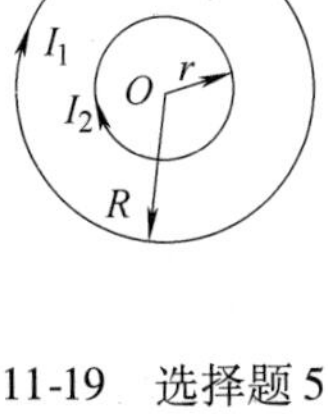

图 11-19　选择题 5 图

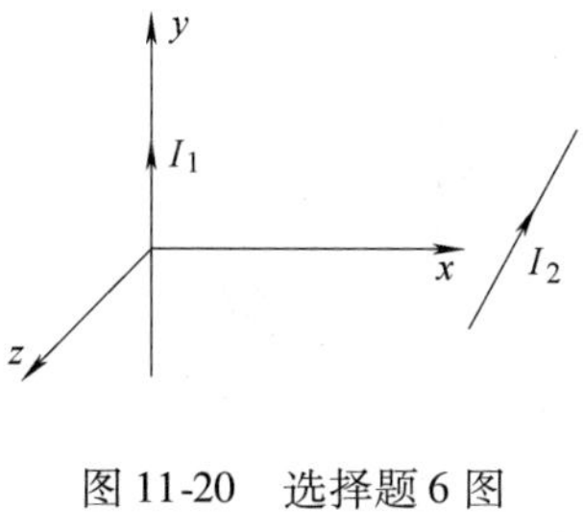

图 11-20　选择题 6 图

7. 如图 11-21 所示，无限长直导线在 P 处弯成半径为 R 的圆，当通以电流 I 时，则在圆心 O 点的磁感应强度大小等于（　　）。

A. $\dfrac{\mu_0 I}{2\pi R}$　　B. $\dfrac{\mu_0 I}{4R}$　　C. 0

D. $\dfrac{\mu_0 I}{2R}\left(1-\dfrac{1}{\pi}\right)$　　E. $\dfrac{\mu_0 I}{4R}\left(1+\dfrac{1}{\pi}\right)$

8. 有一无限长通电流的扁平铜片，宽度为 a，厚度不计，电流 I 在铜片上均匀分布，在铜片外与铜片共面，离铜片右边缘为 b 处的 P 点（见图 11-22）的磁感应强度 $\boldsymbol{B}$ 的大小为（　　）。

A. $\dfrac{\mu_0 I}{2\pi(a+b)}$　　B. $\dfrac{\mu_0 I}{2\pi a}\ln\dfrac{a+b}{b}$

C. $\dfrac{\mu_0 I}{2\pi b}\ln\dfrac{a+b}{b}$　　D. $\dfrac{\mu_0 I}{\pi(a+2b)}$

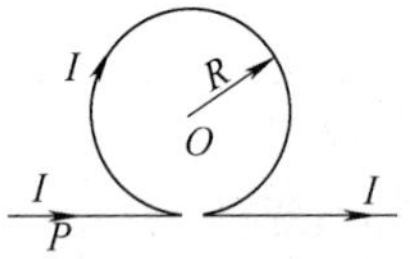

图 11-21　选择题 7 图

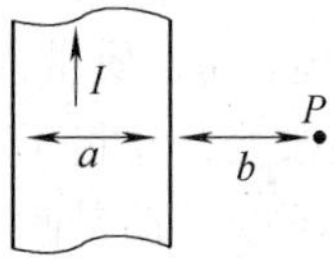

图 11-22　选择题 8 图

9. 如图 11-23 所示，两根直导线 ab 和 cd 沿半径方向被接到一个截面处处相等的铁环上，稳恒电流 I 从 a 端流入，从 d 端流出，则磁感应强度 $\boldsymbol{B}$ 沿图中闭合路径 L 的积分 $\oint_L \boldsymbol{B}\cdot \mathrm{d}\boldsymbol{l}$ 等于（　　）。

A. $\mu_0 I$　　B. $\dfrac{1}{3}\mu_0 I$　　C. $\mu_0 I/4$　　D. $2\mu_0 I/3$

10. 按玻尔的氢原子理论，电子在以质子为中心、半径为 r 的圆形轨道上运动。如果把这样一个原子放在均匀的外磁场中，使电子轨道平面与 $\boldsymbol{B}$ 垂直，如图 11-24 所示，则在 r 不变的情况下，电子轨道运动的角速度将（　　）

A. 增加　　B. 减小　　C. 不变　　D. 改变方向

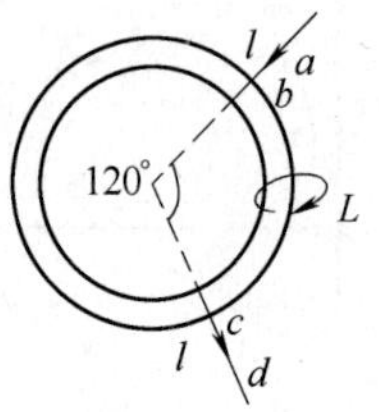

图 11-23　选择题 9 图

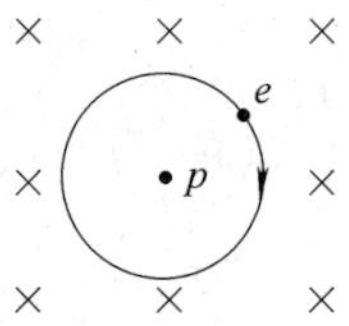

图 11-24　选择题 10 图

二、填空题

1. 一长直载流导线，沿空间直角坐标 Oy 轴放置，电流沿 y 正向。在原点 O 处取一电流元 $I\mathrm{d}\boldsymbol{l}$，则该电流元在（$a$，0，0）点处的磁感应强度的大小为＿＿＿＿＿＿，方向为＿＿＿＿＿＿。

2. 在真空中，电流由长直导线 1 沿半径方向经 a 点流入一由电阻均匀的导线构成的圆环，再由 b 点沿切向流出，经长直导线 2 返回电源（见图 11-25）。已知直导线上的电流为 I，圆环半径为 R，$\angle aOb = 90°$，则圆心 O 点处的磁感应强度的大小 $B =$ ________。

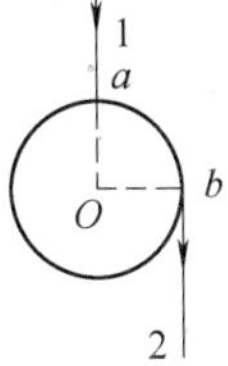

图 11-25　填空题 2 图

3. 在安培环路定理 $\oint_L \boldsymbol{B} \cdot \mathrm{d}\boldsymbol{l} = \mu_0 \sum I_i$ 中，$\sum I_i$ 是指________；$\boldsymbol{B}$ 是指________，它是由________决定的。

4. 有一长直金属圆筒，沿长度方向有横截面上均匀分布的稳恒电流 I 流通。筒内空腔各处的磁感应强度为________，筒外空间中离轴线 r 处的磁感应强度为________。

5. 两个带电粒子，以相同的速度垂直磁感线飞入匀强磁场，它们质量之比是 1∶4，电荷之比是 1∶2，则它们所受的磁场力之比是________，运动轨迹半径之比是________。

6. 如图 11-26 所示 A_1A_2 的距离为 0.1m，A_1 端有一电子，其初速度 $v = 1.0 \times 10^7 \mathrm{m \cdot s^{-1}}$，若它所处的空间为均匀磁场，它在磁场力作用下沿圆形轨道运动到 A_2 端，则磁场各点的磁感应强度 $\boldsymbol{B}$ 的大小 $B =$ ________，方向为________，电子通过这段路程所需时间 $t =$ ________。

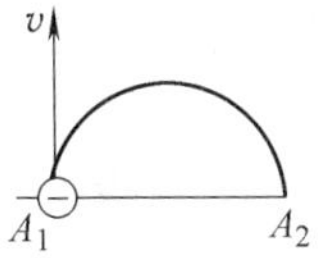

图 11-26　填空题 6 图

（已知电子质量 $m_e = 9.11 \times 10^{-31}\mathrm{kg}$，基本电荷 $e = 1.6 \times 10^{-19}\mathrm{C}$。）

7. 在磁场中某点放一很小的试验线圈。若线圈的面积增大一倍，且其中电流也增大一倍，该线圈所受的最大磁力矩将是原来的________倍。

8. 如图 11-27 所示，有一半径为 a，流过稳恒电流为 I 的 1/4 圆弧形载流导线 bc 置于均匀外磁场 $\boldsymbol{B}$ 中，则该载流导线所受的安培力大小为________。

9. 有一流过电流 $I = 10\mathrm{A}$ 的圆线圈，放在磁感应强度等于 0.015T 的匀强磁场中，处于平衡位置。线圈直径 $d = 12\mathrm{cm}$。使线圈以它的直径为轴转过角 $\alpha = \pi/2$ 时，外力所必须做的功 $W =$ ________；如果转角 $\alpha = 2\pi$，必须做的功 $W =$ ________。

10. 在半径为 R 的长直金属圆柱体内部挖去一个半径为 r 的长直圆柱体，两柱体轴线平行，其间距为 a，如图 11-28 所示。今在此导体上通以电流 I，电流在截面上均匀分布，则空心部分轴线上 O' 点的磁感应强度的大小为________。

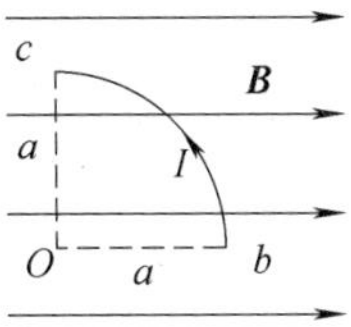

图 11-27　填空题 8 图

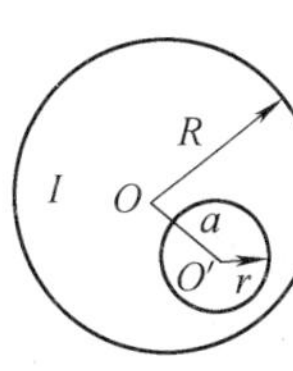

图 11-28　填空题 10 图

三、计算题

1. 平面闭合回路由半径为 R_1 及 R_2（$R_1 > R_2$）的两个同心半圆弧和两个直导线段组成（见图 11-29）。已知两个直导线段在两半圆弧中心 O 处的磁感应强度为零，且闭合载流回路在 O 处产生的总的磁感应强度 B 与半径为 R_2 的半圆弧在 O 点产生的磁感应强度 B_2 的关系为 $B = 2B_2/3$，求 R_1 与 R_2 的关系。

2. 如图 11-30 所示，一半径为 R 的均匀带电无限长直圆筒，电荷面密度为 σ，该筒以角速度 ω 绕其轴线匀速旋转，试求圆筒内部的磁感应强度。

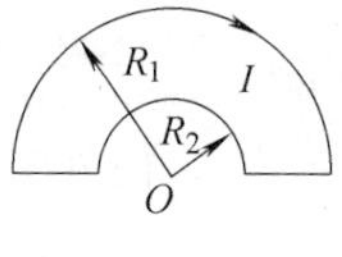

图 11-29　计算题 1 图

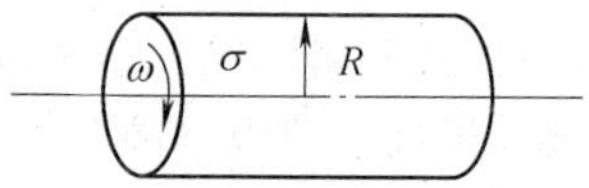

图 11-30　计算题 2 图

3. 一电子以 $v = 10^5 \mathrm{m \cdot s^{-1}}$ 的速率，在垂直于均匀磁场的平面内做半径 $R = 1.2\mathrm{cm}$ 的圆周运动，求此圆周所包围的磁通量。（忽略电子运动产生的磁场，已知基本电荷 $e = 1.6 \times 10^{-19}\mathrm{C}$，电子质量 $m_e = 9.11 \times 10^{-31}\mathrm{kg}$。）

4. 已知载流圆线圈中心处的磁感应强度为 B_0，此圆线圈的磁矩与一边长为 a 通过电流为 I 的正方形线圈的磁矩之比为 2∶1，求载流圆线圈的半径。

参 考 答 案

一、选择题

1. C　2. B　3. D　4. C　5. D　6. B　7. D　8. B　9. D　10. A

二、填空题

1. $\frac{\mu_0}{4\pi}\frac{I\mathrm{d}l}{a^2}$，平行 z 轴负向；2. $\frac{\mu_0 I}{4\pi R}$；3. 环路 L 所包围的所有稳恒电流的代数和，环路 L 上的磁感应强度，环路 L 内外全部电流所产生磁场的叠加；4. 0，$\mu_0 I/(2\pi r)$；5. 1∶2；1∶2；6. $m_e v/(eR) = 1.14 \times 10^{-3}\mathrm{T}$，垂直纸面向里，$\pi R/v = 1.57 \times 10^{-8}\mathrm{s}$；7. 4；8. aIB；9. $1.70 \times 10^{-3}\mathrm{J}$，0；10. $B = \frac{\mu_0 I a}{2\pi(R^2 - r^2)}$。

三、计算题

1. **解**　由毕奥-萨伐尔定律可得，设半径为 R_1 的载流半圆弧在 O 点产生的磁感强度为 B_1，则 $B_1 = \frac{\mu_0 I}{4R_1}$；同理，$B_2 = \frac{\mu_0 I}{4R_2}$。因 $R_1 > R_2$，故 $B_1 < B_2$。所以磁感应强度 $B = B_2 - B_1 = \frac{\mu_0 I}{4R_2} - \frac{\mu_0 I}{4R_1} = \frac{\mu_0 I}{6R_2}$，所以 $R_1 = 3R_2$。

2. **解**　如图 11-31 所示，圆筒旋转时相当于圆筒上具有同向的面电流密度 i 为

$$i = 2\pi R\sigma\omega/(2\pi) = R\sigma\omega$$

作矩形有向闭合环路，从电流分布的对称性分析可知，在$\overline{ab}$上各点 **B** 的大小和方向均相同，而且 **B** 的方向平行于$\overline{ab}$，在$\overline{bc}$和$\overline{fa}$上各点 **B** 的方向与线元垂直，在$\overline{de}$，$\overline{fe}$，$\overline{cd}$上各点 $B = 0$。应用安培环路定理 $\oint \boldsymbol{B} \cdot \mathrm{d}\boldsymbol{l} = \mu_0 \sum I$，可得 $B\,\overline{ab} = \mu_0 i\,\overline{ab}$，$B = \mu_0 i = \mu_0 R\sigma\omega$。圆筒内部为均匀磁场，磁感应强度的大小为 $B = \mu_0 R\sigma\omega$，方向平行于轴线朝右。

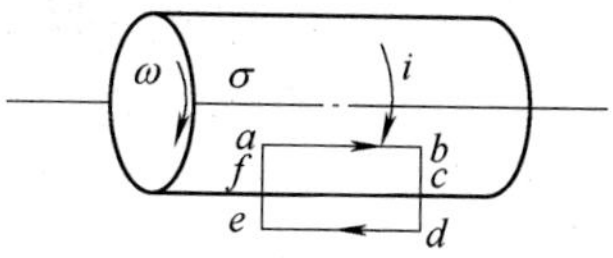

图 11-31　计算题 2 解图

3. **解**　因为半径 $R = \dfrac{m_e v}{eB}$，所以 $B = \dfrac{m_e v}{eR}$，故磁通量　$\Phi = BS = B \cdot \pi R^2 = \pi m_e R v/e = 2.14 \times 10^{-8}\ \mathrm{Wb}$。

4. **解**　设圆线圈磁矩为 p_1，方线圈磁矩为 p_2。

因为 $B_0 = \mu_0 I'/(2R)$，所以 $I' = 2RB_0/\mu_0$。$p_1 = \pi R^2 I' = 2\pi R^3 B_0/\mu_0$，$p_2 = a^2 I$。

又因为 $\dfrac{p_1}{p_2} = \dfrac{2}{1} = \dfrac{2\pi R^3 B_0}{\mu_0 a^2 I}$，故 $R = \left(\dfrac{\mu_0 a^2 I}{\pi B_0}\right)^{1/3}$。

第 12 章　物质的磁性

12.1　知识网络

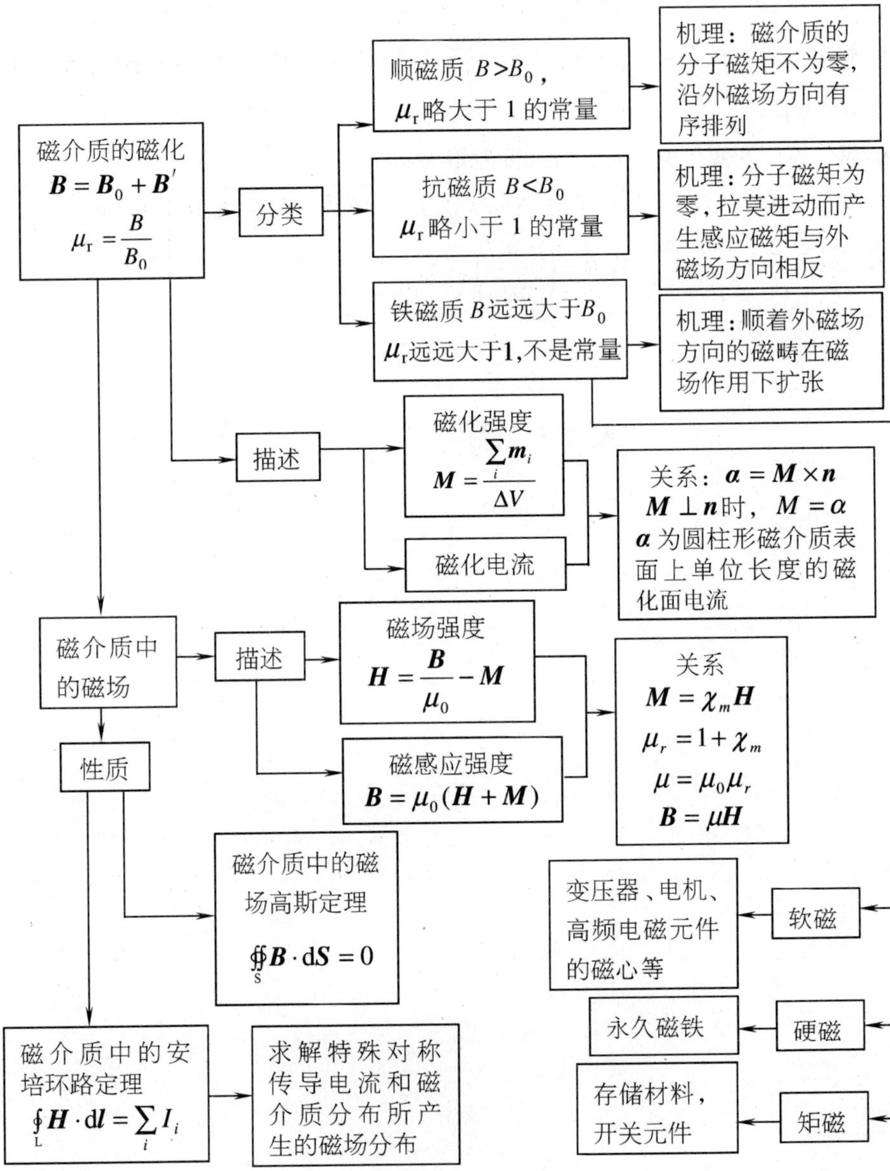

12.2 学习指导

12.2.1 物质的磁性

1. 物质磁性的起源

一切磁现象起源于电荷的运动。物质中的每一个电子，除了绕核做轨道运动外还具有自旋，这两种运动都能产生磁效应。分子中各种电子对外磁效应的总和可以用一个等效元电流表示，这个元电流称为分子电流。分子电流的磁矩称为分子磁矩，用 $\boldsymbol{m}$ 表示。若物质中分子电流磁矩效应总和 $\sum \boldsymbol{m}$ 不为零，则物质具有磁性。

2. 磁介质的磁化

凡在磁场中与磁场发生相互作用的物质，统称为磁介质。磁介质在磁场作用下，其内部状态会发生变化（称为磁化），并反过来影响磁场分布的物质。假定原有磁场为 $\boldsymbol{B}_0$，磁介质产生的附加磁场为 $\boldsymbol{B}'$，则空间任一点总的磁感应强度为

$$\boldsymbol{B} = \boldsymbol{B}_0 + \boldsymbol{B}' \tag{12-1}$$

在无限大均匀介质中

$$B = \mu_r B_0 \tag{12-2}$$

式中，μ_r 称为磁介质的相对磁导率。不同的磁介质的 μ_r 不同，真空中 $\mu_r = 1$。$\mu = \mu_0\mu_r$ 称为介质的磁导率。

3. 磁介质的分类

根据 μ_r 的取值，可将磁介质分为三类。

（1）顺磁质：$B > B_0$，$\mu_r > 1$。

（2）抗磁质：$B < B_0$，$\mu_r < 1$。

顺磁质和抗磁质都是弱磁性材料，其相对磁导率 μ_r 都接近于 1，且为常数。

（3）铁磁质：$B \gg B_0$，$\mu_r \gg 1$ 且不为常数，能显著地增强磁场。

4. 磁介质的磁化机理

（1）顺磁质　分子固有磁矩不为零，但无外磁场时，由于热运动，各分子磁矩取向无规则，从而使顺磁质整体总的磁矩矢量和为零，对外无磁效应。在外磁场的磁力矩作用下，各分子磁矩或多或少都要向 $\boldsymbol{B}_0$ 方向偏转，使总的磁矩 $\sum \boldsymbol{m} \neq 0$，且与 $\boldsymbol{B}_0$ 同向，即 $B = B_0 + B' = \mu_r B_0 > B_0$。

（2）抗磁质　分子固有磁矩为零，无外磁场时，对外不显磁性。在外磁场中分子因进动而产生的附加磁矩 $\Delta \boldsymbol{m}$ 总与外磁场的方向相反，故 $\sum \Delta \boldsymbol{m}$ 产生的附加磁场 $\boldsymbol{B}'$ 总与外磁场 $\boldsymbol{B}_0$ 反向，即 $B = B_0 - B' = \mu_r B_0 < B_0$。

（3）铁磁质　铁磁质由许多自发磁化达饱和的小区域——磁畴组成。无外磁场时，各磁畴磁矩的取向杂乱无章，对外不呈现磁性。在外磁场中，各磁畴的磁矩都转向外磁场。因磁畴的磁矩极强，且磁畴的磁矩产生的附加磁场 $\boldsymbol{B}'$ 与外磁场 $\boldsymbol{B}_0$ 同向，故在铁磁质中，$B = B_0 + B' = \mu_r B_0 \gg B_0$，并且不为常数。

5. 铁磁质的性质及磁化

（1）铁磁质的性质如下：

①附加磁场 $\boldsymbol{B}'$ 远大于外磁场 $\boldsymbol{B}_0$，即 $\mu_r >> 1$。

②磁导率 μ 不是常量，μ 与磁场强度 $\boldsymbol{H}$ 有复杂的函数关系。

③在外磁场撤去后，铁磁质仍保留部分磁性，称为剩磁 $\boldsymbol{B}_r$。

④每种铁磁材料存在其特定的临界温度，称为居里点，在居里点温度以上，铁磁材料转化为顺磁材料。

（2）磁化曲线和磁滞回线。随着外加磁场的磁场强度 $\boldsymbol{H}$ 增大，铁磁质的磁化强度 $\boldsymbol{M}$ 和磁场强度 $\boldsymbol{H}$ 的关系曲线称为磁化曲线。

当磁场强度 $\boldsymbol{H}$ 的大小和方向进行周期性连续变化时，铁磁质的 $\boldsymbol{B}$-$\boldsymbol{H}$ 曲线称为磁滞回线，如图 12-1 所示。磁滞回线和 $\boldsymbol{B}$ 轴交点处的 $\boldsymbol{B}$ 值称为剩磁 B_r，它是外磁场撤去后铁磁材料的剩余磁性，这就是人工磁铁磁性的来源；磁滞回线和 $\boldsymbol{H}$ 轴交点处 $\boldsymbol{H}$ 值称为矫顽力 H_c，是外磁场消去铁磁质的剩磁须加的磁场强度。根据 H_c 和 B_r 的不同，铁材料可分为软磁材料、硬磁材料和矩磁材料。

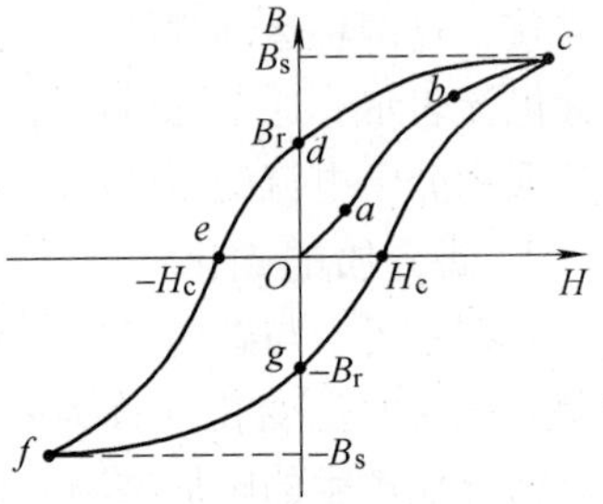

图 12-1　铁磁质的磁滞回线

12.2.2　磁化强度和磁化电流

1. 磁化强度

磁化强度 $\boldsymbol{M}$ 是矢量，其定义为磁介质中单位体积内分子磁矩和附加磁矩的矢量和，即

$$\boldsymbol{M} = \frac{\sum_i \boldsymbol{m}_i}{\Delta V} \tag{12-3}$$

它反映了磁介质各处的磁化程度和磁化方向，国际单位为 $\mathrm{A \cdot m^{-1}}$。

2. 磁化电流

磁介质的磁化程度可用磁化强度来表示，也可用磁化电流来表示。

以均匀顺磁质均匀磁化为例，由于各分子环流与外场方向一致，在介质内部任何两分子环流相邻的一对电流元产生的磁场彼此抵消，只有横截面边缘上各段电流元未被抵消，宏观看起来，横截面内所有分子电流总体上等效于在各个截面的边缘上出现的环形电流，这些环形电流在宏观上就称为磁化电流。磁化电流是一种等效，并非真的由电荷的定向运动形成。

3. 磁化强度与磁化电流的关系

$$\oint_L \boldsymbol{M} \cdot \mathrm{d}\boldsymbol{l} = I' \tag{12-4}$$

磁化强度 $\boldsymbol{M}$ 对任意闭合回路 L 的线积分等于回路所包围的面积内的总磁化电流。

12.2.3　介质中磁场的性质

1. 磁场强度

在真空中只有传导电流激发磁场，有介质存在时，磁场由传导电流和磁化电流共同激发，即 $\boldsymbol{B}=\boldsymbol{B}_0+\boldsymbol{B}'$，安培环路定理推广为 $\oint_L \boldsymbol{B}\cdot \mathrm{d}\boldsymbol{l}=\mu_0\left(\sum_i I_i+\sum_i I'_i\right)$，而 $\oint_L \boldsymbol{M}\cdot \mathrm{d}\boldsymbol{l}=\sum_i I'_i$，故有 $\oint_L\left(\frac{\boldsymbol{B}}{\mu_0}-\boldsymbol{M}\right)\mathrm{d}\boldsymbol{l}=\sum_i I_i$

可见，要求出磁介质中各点的总磁感应强度 $\boldsymbol{B}$，就必须知道传导电流和磁化电流的分布，而磁化电流 I' 的分布依赖于磁化强度 $\boldsymbol{M}$，磁化强度 $\boldsymbol{M}$ 又依赖于总磁感应强度 $\boldsymbol{B}$，这就形成了计算上的循环，给求解 $\boldsymbol{B}$ 造成了困难。

为了方程能从形式上消去磁化电流及与磁化电流有关的 $\boldsymbol{M}$ 和 $\boldsymbol{B}'$，更方便地求解磁介质中的磁感应强度 $\boldsymbol{B}$，引入了辅助矢量 $\boldsymbol{H}$，称为磁场强度。其定义为

$$\boldsymbol{H}=\frac{\boldsymbol{B}}{\mu_0}-\boldsymbol{M} \tag{12-5}$$

对于各向同性的磁介质

$$\boldsymbol{M}=\chi_m\boldsymbol{H} \tag{12-6}$$

式中，χ_m 称为磁介质的磁化率。顺磁质，$\chi_m>0$；抗磁质，$\chi_m<0$。

由 $\boldsymbol{H}=\frac{\boldsymbol{B}}{\mu_0}-\boldsymbol{M}$ 和 $\boldsymbol{M}=\chi_m\boldsymbol{H}$ 以及 $\mu_r=(1+\chi_m)$ 和 $\mu=\mu_r\mu_0$ 可得

$$\boldsymbol{H}=\frac{\boldsymbol{B}}{\mu} \tag{12-7}$$

式（12-7）表明，空间一点的磁场强度 $\boldsymbol{H}$ 与该点的磁感应强度 $\boldsymbol{B}$ 成正比，且方向相同。$\boldsymbol{H}$ 与 $\boldsymbol{B}$ 是点点对应的关系，这个关系与电介质中 $\boldsymbol{D}=\varepsilon\boldsymbol{E}$ 相对应。

2. 有介质时的安培环路定理

引入磁场强度矢量 $\boldsymbol{H}$ 后，安培环路定理表述为

$$\oint_L \boldsymbol{H}\cdot \mathrm{d}\boldsymbol{l}=\sum_i I_i \tag{12-8}$$

即沿任一闭合路径，磁场强度的环流等于该闭合路径所包围的传导电流的代数和。

（1）求解磁介质中磁感应强度的基本思路是

$$\oint_L \boldsymbol{H}\cdot \mathrm{d}\boldsymbol{l}=\sum_i I_i\rightarrow\boldsymbol{H}\rightarrow\boldsymbol{B}=\mu\boldsymbol{H}$$

$\boldsymbol{H}$ 的环流只与传导电流有关，不需要考虑磁介质及磁化电流的影响，计算相对简单。因此，具体计算有介质时的磁场问题时，先可求 $\boldsymbol{H}$，再由 $\boldsymbol{B}=\mu\boldsymbol{H}$ 求出磁感应强度 $\boldsymbol{B}$。

在各向同性均匀磁介质中，也可用 $\oint_L \boldsymbol{B}\cdot \mathrm{d}\boldsymbol{l}=\mu\sum_i I_i$ 直接计算 $\boldsymbol{B}$，与真空中安培环路

定理$\oint_L \boldsymbol{B} \cdot \mathrm{d}\boldsymbol{l} = \mu_0 \sum_i I_i$比较，只是将$\mu_0 \to \mu$。

(2) 要弄清磁场强度矢量$\boldsymbol{H}$和磁场强度的环流这两个概念的区别。有介质时的安培环路定理指明，通过闭合路径的磁场强度的环流只与回路中的传导电流有关，并不是说磁场强度矢量$\boldsymbol{H}$仅由传导电流产生，磁场强度矢量$\boldsymbol{H}$不仅与自由电荷有关，还与极化电荷有关。

(3) 理解和应用有磁介质存在时的安培环路定理需要注意的问题，与理解和应用真空中的安培环路定理所要注意的问题基本相同。

3. 有介质时磁场的高斯定理

有磁介质时，磁场高斯定理依然成立，仍有

$$\oiint_S \boldsymbol{B} \cdot \mathrm{d}\boldsymbol{S} = \oiint_S (\boldsymbol{B}_0 + \boldsymbol{B}') \cdot \mathrm{d}\boldsymbol{S} = 0 \tag{12-9}$$

12.3 问题辨析

问题1 磁介质的磁化与电介质的极化有何类似和不同之处？

辨析 磁介质的磁化与电介质的极化的类似和不同之处见如下：

电介质	磁介质
在电场中能与电场发生作用	在磁场中能与磁场发生作用
产生极化电场	激发附加磁场
有无极分子位移极化和有极分子取向极化	有顺磁质、抗磁质和铁磁质
引入电极化强度和极化电荷	引入磁化强度和磁化电流
引入电位移矢量	引入磁场强度矢量
有相对电容率	有相对磁导率
电介质的存在减弱了原电场	磁介质的存在改变了原磁场

问题2 试说明磁感应强度$\boldsymbol{B}$与磁场强度$\boldsymbol{H}$的区别和联系。

辨析 磁感应强度$\boldsymbol{B}$是描述磁场性质的基本物理量，而磁场强度$\boldsymbol{H}$是描述磁场的一个辅助物理量。磁场中$\boldsymbol{B}$和$\boldsymbol{H}$的关系和作用与电场中$\boldsymbol{E}$和$\boldsymbol{D}$类似，$\boldsymbol{B}$和$\boldsymbol{H}$与空间所有电流（传导电流、磁化电流）都有关；而$\boldsymbol{B}$的环流与穿过回路的所有电流有关，$\boldsymbol{H}$的环流只与穿过回路的传导电流有关。

一般情况下，$\boldsymbol{H} = \dfrac{\boldsymbol{B}}{\mu_0} - \boldsymbol{M}$，两者关系复杂。但在各向同性介质中，由于磁化强度$\boldsymbol{M} = \chi_m \boldsymbol{H}$，此时两者关系较为简单，即有$\boldsymbol{B} = \mu_0(1+\chi_m)\boldsymbol{H} = \mu_0\mu_r\boldsymbol{H}$，$\boldsymbol{B}$和$\boldsymbol{H}$是点点对应的关系，两者方向相同，大小呈线性关系，与该处介质的相对磁导率μ_r有关。

问题3 下列说法是否正确？

(1) $\boldsymbol{H}$仅与传导电流有关。

(2)若闭合曲线内没有包围传导电流,则曲线上各点的 $\boldsymbol{H}$ 必为零。

(3)若闭合曲线上各点 $\boldsymbol{H}$ 均为零,则该曲线所包围传导电流的代数和为零。

(4)在抗磁质和顺磁质中,$\boldsymbol{B}$ 总与 $\boldsymbol{H}$ 同向。

辨析　(1)不正确。$\boldsymbol{H}$ 的环流仅与该环路所包围的传导电流有关,与磁化电流无关,但不能由此得出 $\boldsymbol{H}$ 本身仅与传导电流有关。$\boldsymbol{H}$ 不仅与传导电流有关,它与空间所有电流(传导电流、磁化电流)都有关。

(2)不正确。由 $\oint_L \boldsymbol{H}\cdot \mathrm{d}\boldsymbol{l} = I$ 知,若闭合曲线内没有包围传导电流,即 $\boldsymbol{I}=0$,则 $\boldsymbol{H}$ 的环流为零,但 $\boldsymbol{H}$ 不一定为零。

(3)正确。由 $\oint_L \boldsymbol{H}\cdot \mathrm{d}\boldsymbol{l} = I$ 可知,若 $\boldsymbol{H}=0$,则 $I=0$。

(4)正确。在各向同性均匀介质中,由 $\boldsymbol{B}=\mu_0\mu_r\boldsymbol{H}$ 可知,$\boldsymbol{B}$ 和 $\boldsymbol{H}$ 点点对应,两者方向相同。

12.4　例题剖析

12.4.1　基本思路

本章重点问题是利用有介质时的安培环路定理以及 $\boldsymbol{B}$,$\boldsymbol{H}$,$\boldsymbol{M}$ 三者之间的关系计算电流及磁介质具有对称分布时磁介质内、外磁场的分布。常用的方法是利用磁场强度 $\boldsymbol{H}$ 的环流与磁化电流无关,只与传导电流有关的特性,首先求出空间各处 $\boldsymbol{H}$ 的分布,再利用 $\boldsymbol{B}=\mu\boldsymbol{H}$ 的关系求出不同磁介质中的磁感应强度 $\boldsymbol{B}$。

12.4.2　典型例题

例 12-1　在一铁环上绕线圈组成螺绕环。若铁环中心线周长为 30cm,横截面积为 $1\mathrm{cm}^2$,在环上绕有 300 匝线圈,当线圈中通有 0.032A 的电流时,通过环横截面积的磁通量为 $2\times10^{-6}\mathrm{Wb}$,求环内 $\boldsymbol{B}$,$\boldsymbol{H}$,$\boldsymbol{M}$ 的大小及铁环的磁化率 χ_m 和相对磁导率 μ_r。

分析　此题要求的是螺绕环中的磁场。如果无磁介质,可利用真空中的安培环路定理来求解,这在前一章已经讨论过。现在螺绕环中有磁介质,要用有介质时的安培环路定理。题中,磁介质与传导电流均具有特殊对称性,由磁场的唯一性原理,磁场也必具有某种对称性,又由于磁场强度 $\boldsymbol{H}$ 的环流仅与传导电流有关,与磁介质无关,选取适当的积分回路,由有磁介质时的安培环路定理可在不考虑磁介质的情况下,先求出磁场强度 $\boldsymbol{H}$,再由 $\boldsymbol{B}$,$\boldsymbol{H}$,$\boldsymbol{M}$ 三者之间的关系求出 $\boldsymbol{B}$,$\boldsymbol{M}$。

解　取细铁环中心线为安培环路,由对称性可知,环路上各点磁场强度大小相等,方向沿回路的切线方向,由有介质时的安培环路定理得

$$\oint \boldsymbol{H}\cdot \mathrm{d}\boldsymbol{l} = \sum I_i$$

由于 $\oint \boldsymbol{H}\cdot \mathrm{d}\boldsymbol{l} = H\cdot 2\pi r$，$\sum I_i = NI$，$r$ 为螺绕环的半径，有

$$H=\frac{NI}{2\pi r}=nI$$

即
$$H=\frac{300}{30\times10^{-2}}\times0.032\mathrm{A\cdot m^{-1}}=32\mathrm{A\cdot m^{-1}}$$

又由于螺绕环横截面的线度相对其半径小得多，螺绕环中可视为均匀磁场，则

$$\Phi_m=\int\boldsymbol{B}\cdot\mathrm{d}\boldsymbol{S}=\boldsymbol{B}\cdot\boldsymbol{S}=BS$$

$$B=\frac{\Phi_m}{S}=\frac{2\times10^{-6}}{1\times10^{-4}}\mathrm{T}=2\times10^{-2}\mathrm{T}$$

而
$$B=\mu_0\mu_r H$$

则
$$\mu_r=\frac{B}{\mu_0 H}=\frac{2\times10^{-2}}{4\pi\times10^{-7}\times32}=497$$

$$\chi_m=\mu_r-1=496$$

$$M=\chi_m H=496\times32\mathrm{A\cdot m^{-1}}=1.59\times10^4\mathrm{A\cdot m^{-1}}$$

例 12-2 一圆柱形无限长载流导体，其相对磁导率为 μ_r，半径为 R，今有电流 I_0 均匀地流过圆柱体，试求

（1）圆柱体产生磁场的磁感应强度分布。

（2）通过长为 L 的圆柱体的纵截面的一半的磁通量。

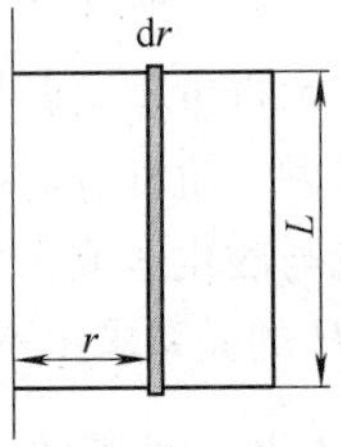

图 12-2 例 12-2 图

分析 无限长圆柱形载流导体其电流分布，以及作为磁介质的空间分布均具有相同的柱对称性，其磁场也必具有柱对称性，即距中心轴线距离相同的各点磁场强度相同，其方向与传导电流满足右手螺旋定则，由有磁介质时的安培环路定理可求出磁场强度 $\boldsymbol{H}$ 的空间分布情况。在柱体内 $\boldsymbol{B}=\mu_0\mu_r\boldsymbol{H}$，柱体外 $\boldsymbol{B}=\mu_0\boldsymbol{H}$，由此即可求出柱体内外的磁感应强度 $\boldsymbol{B}$。圆柱体纵截面上的磁场是非均匀分布的，要求其磁通量需用积分法求解，此题中距轴线相同距离处磁感应强度相同，可先沿径向取一和轴线平行的长条形面积微元 $\mathrm{d}S$，其上 $\boldsymbol{B}$ 可看成处处相等，其磁通量 $\mathrm{d}\Phi_m=\boldsymbol{B}\cdot\mathrm{d}\boldsymbol{S}=B\mathrm{d}S$，则待求磁通量 $\Phi_m=\int_S\mathrm{d}\Phi_m$。

解 （1）取以轴线上一点为圆心且和轴线垂直的半径为 r 的圆为安培积分环路，由分析可知，其上每一点磁场强度的大小均相等，方向沿圆周的切向，根据有磁介质时的安培环路定理

$$\oint\boldsymbol{H}\cdot\mathrm{d}\boldsymbol{l}=\sum I_i$$

当 $r\leqslant R$ 时，$\sum I_i=\frac{\pi r^2}{\pi R^2}I_0$

$$\oint\boldsymbol{H}\cdot\mathrm{d}\boldsymbol{l}=\oint H\mathrm{d}l=H\oint\mathrm{d}l=H\cdot2\pi r=\frac{\pi r^2}{\pi R^2}I_0$$

则
$$H=\frac{rI_0}{2\pi R^2},\quad B=\frac{\mu_0\mu_r rI_0}{2\pi R^2}$$

当 $r>R$ 时，$\sum I_i=I_0$，则

$$\oint \boldsymbol{H}\cdot d\boldsymbol{l}=H\cdot 2\pi r=I_0$$

即
$$H=\frac{I_0}{2\pi r},\quad B=\frac{\mu_0 I_0}{2\pi r}$$

$\boldsymbol{B}$ 的方向与电流 I_0 的流向满足右手螺旋关系。

（2）如图 12-2 所示，在圆柱体内半径为 r 处沿径向取一宽度为 dr，长度为 L 的长方形面积微元，其面积为 $dS=Ldr$，通过 dS 上的磁通量为

$$d\Phi_m=\boldsymbol{B}\cdot d\boldsymbol{S}=BdS=\frac{\mu_0\mu_r rI_0}{2\pi R^2}\cdot Ldr$$

则通过该截面积总的磁通量

$$\Phi_m=\int_S \boldsymbol{B}\cdot d\boldsymbol{S}=\int_0^R\frac{\mu_0\mu_r rI_0}{2\pi R^2}\cdot Ldr=\frac{\mu_0\mu_r I_0 L}{4\pi}$$

例 12-3　如图 12-3 所示，一根细长的永磁铁棒沿轴向磁化，已知磁化强度为 $\boldsymbol{M}$，求图中各点的磁感应强度 $\boldsymbol{B}$ 和磁场强度 $\boldsymbol{H}$。

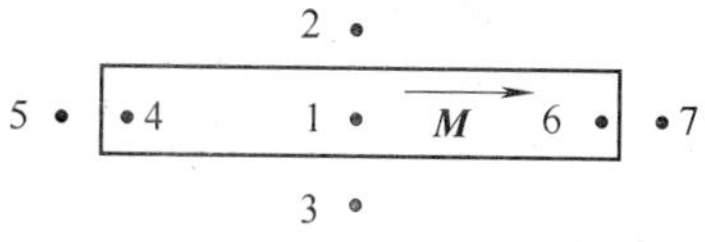

图 12-3　例 12-3 图

分析　本题已知铁磁质的磁化情况，求磁棒的磁场，由于细棒不是无限长，其空间分布不具有特殊的对称性，不可利用有磁介质的安培环路定理求所有的磁场情况，由于在产生磁场方面磁化电流与传导电流是相同的，利用磁化电流与磁化强度的关系，可先求出各点的磁感应强度 $\boldsymbol{B}$，又由于铁磁质中 μ_r 和 χ_m 不是定值，不能通过 $\boldsymbol{B}=\mu_0\mu_r\boldsymbol{H}$ 求出 $\boldsymbol{H}$。但 $\boldsymbol{H}=\frac{\boldsymbol{B}}{\mu_0}-\boldsymbol{M}$ 是普遍成立的，利用该公式及得到的 $\boldsymbol{B}$ 即可求出 $\boldsymbol{H}$。

解　永久磁铁棒被磁化后，可认为表面出现磁化面电流，由单位长度上磁化面电流和磁化强度的关系 $a_s=M$ 可把该永久磁铁棒表面电流看成一细长载流螺线管。由螺线管磁场的分布可知

$$B_1=\mu_0 a_s=\mu_0 M, B_2=B_3=0$$

4、5、6、7 点在螺线管顶端，则

$$B_4=B_5=B_6=B_7=\frac{B_1}{2}=\frac{\mu_0 M}{2}$$

各点 $\boldsymbol{B}$ 的方向与 $\boldsymbol{M}$ 的方向一致，由 $\boldsymbol{H}=\frac{\boldsymbol{B}}{\mu_0}-\boldsymbol{M}$，其标量式为 $H=\frac{B}{\mu_0}-M$，

可得
$$H_1=0, H_2=H_3=0, H_4=H_7=\frac{M}{2}, H_5=H_6=-\frac{M}{2}$$

由上述结果应注意如下两点：

（1）题中磁铁棒外 $\boldsymbol{B}$ 和 $\boldsymbol{H}$ 同向，而在棒内 $\boldsymbol{B}$，$\boldsymbol{M}$ 和 $\boldsymbol{H}$ 却反向。说明 $\boldsymbol{B}$，$\boldsymbol{M}$，$\boldsymbol{H}$ 并

不总是同方向的，也可能是反方向。

（2）题中沿轴线方向磁场强度在交界处发生突变，而磁感应强度是连续的。

12.5 能力训练

一、选择题

1. 顺磁物质的磁导率(　　)

A. 比真空的磁导率略小。　　B. 比真空的磁导率略大。

C. 远小于真空的磁导率。　　D. 远大于真空的磁导率。

2. 如图 12-4 所示的一细螺绕环，它由表面绝缘的导线在铁环上密绕而成，每厘米绕 10 匝。当导线中的电流 I 为 2.0A 时，测得铁环内的磁感应强度的大小 B 为 1.0T，则可求得铁环的相对磁导率 μ_r 为(　　)。(真空磁导率 $\mu_0 = 4\pi \times 10^{-7}\mathrm{T\cdot m\cdot A^{-1}}$。)

A. 7.96×10^2　　B. 3.98×10^2

C. 1.99×10^2　　D. 63.3

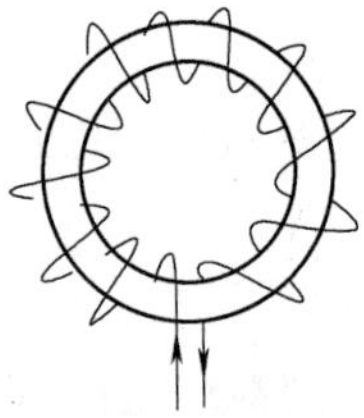

图 12-4　选择题 2 图

3. 用细导线均匀密绕成长为 l、半径为 $a(l >> a)$、总匝数为 N 的螺线管，管内充满相对磁导率为 μ_r 的均匀磁介质。若线圈中载有稳恒电流 I，则管中任意一点的(　　)

A. 磁感应强度大小为 $B = \mu_0\mu_r NI$。

B. 磁感应强度大小为 $B = \mu_r NI/l$。

C. 磁场强度大小为 $H = \mu_0 NI/l$。

D. 磁场强度大小为 $H = NI/l$。

二、填空题

1. 在国际单位制中，磁场强度 H 的单位是________，磁导率 μ 的单位是________。

2. 如图 12-5 所示为 3 种不同的磁介质的 B-H 关系曲线，其中虚线表示的是 $B = \mu_0 H$ 的关系，说明 a、b、c 各代表哪一类磁介质的 B-H 关系曲线。

a 代表________的 B-H 关系曲线。

b 代表________的 B-H 关系曲线。

c 代表________的 B-H 关系曲线。

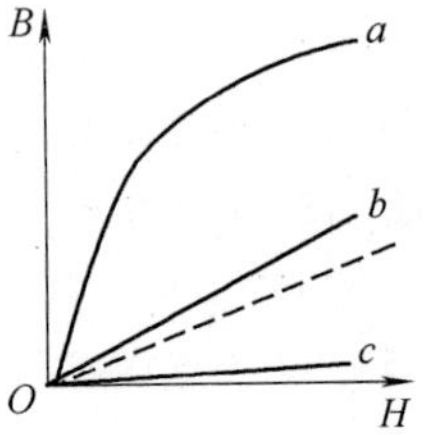

图 12-5　填空题 2 图

3. 有很大的剩余磁化强度的软磁材料不能做成永磁体，这是因为软磁材料________，如果做成永磁体________。

4. 长直电缆由一个圆柱导体和一共轴圆筒状导体组成，两导体中有等值反向均匀电流 I 通过，其间充满磁导率为 μ 的均匀磁介质。介质中离中心轴距离为 r 的某点处的磁场强度的大小 $H =$________，磁感应强度的大小 $B =$________。

三、计算题

1. 螺绕环中心周长 $l = 10\mathrm{cm}$，环上均匀密绕线圈 $N = 200$ 匝，线圈中通有电流 $I =$

0.1A。管内充满相对磁导率 $\mu_r=4200$ 的磁介质。求管内磁场强度和磁感应强度的大小。

2. 一铁环中心线周长 $l=30\text{cm}$，横截面 $S=1.0\text{cm}^2$，环上紧密地绕有 $N=300$ 匝线圈。当导线中电流 $I=32\text{mA}$ 时，通过环截面的磁通量 $\Phi=2.0\times10^{-5}\text{Wb}$。试求铁心的磁化率 χ_m。

参考答案

一、选择题

1. B　2. B　3. D

二、填空题

1. A/m，T·m/A；2. 铁磁质，顺磁质，抗磁质；3. 矫顽力小，容易退磁；4. $I/(2\pi r)$，$\mu I/(2\pi r)$。

三、计算题

1. 解　$H=nI=NI/l=200\text{A/m}$　　$B=\mu H=\mu_0\mu_r H=1.06\text{T}$

2. 解　$B=\Phi/S=2.0\times10^{-1}\text{T}$，$H=nI=NI/l=32\text{A/m}$，

$\mu=B/H=6.25\times10^{-3}\text{T}\cdot\text{m/A}$，$\chi_m=\mu/\mu_0-1=496$。

第 13 章　电 磁 感 应

13.1　知识网络

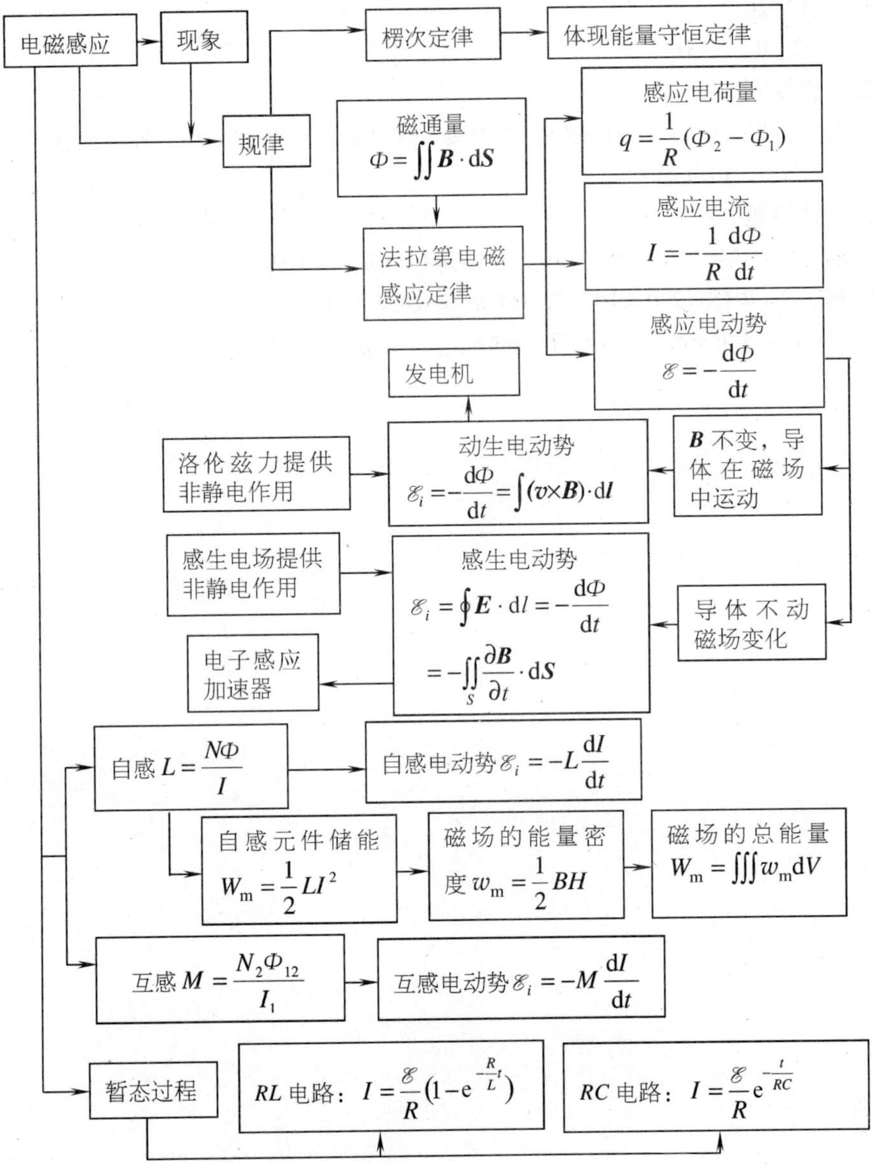

13.2　学习指导

13.2.1　电磁感应定律

1. 电磁感应现象

当穿过一个闭合导体所围面积的磁通量发生变化时，不管这种变化是什么原因引起的，都会在导体回路中产生感应电流，这种现象称为电磁感应现象。

回路中有电流，表明回路中必然有电动势存在。这种由磁通量变化而引起的电动势，称为感应电动势。其实，电磁感应并不依赖于电流，只要空间有磁通量变化，无论有无导体、导体闭合与否，都会有感应电动势。

2. 楞次定律

楞次定律是确定感应电流方向的法则，即闭合回路中感生电流的方向，总是使它产生的磁场（磁通量）去反抗原磁通量的变化。

（1）感应电流激发的磁场所反抗的不是原来的磁通量本身，而是磁通量的变化，

这里的关键词是“反抗”和“磁通量的变化”。注意是“反抗”而不是“阻止”，“反抗”是试图“对着干”，并不一定能“阻止”变化。这里有两个磁通量，一个是感应电流的磁通量，另一个是引起感应电流的原磁通量。若原磁通量变大，感应电流的磁通量阻碍它变大，则感应电流的磁通量与原磁通量的符号相反；若原磁通量变小，感应电流的磁通量阻碍它变小，则感应电流的磁通量与原磁通量的符号相同；然后根据右手螺旋定则，由感应电流产生的磁场方向确定感应电流的方向。

用楞次定律确定感应电流方向的一般步骤如下：

确定原磁场 $\boldsymbol{B}$ 的方向→确定原磁通量 Φ 的变化（增加还是减小）→根据感应电流磁场 $\boldsymbol{B}_{感}$ 反抗原磁通量 Φ 的变化→判断 $\boldsymbol{B}_{感}$ 的方向（与 $\boldsymbol{B}$ 同向或反向）→由右手螺旋定则确定感应电流 i 的方向，如图13-1所示。

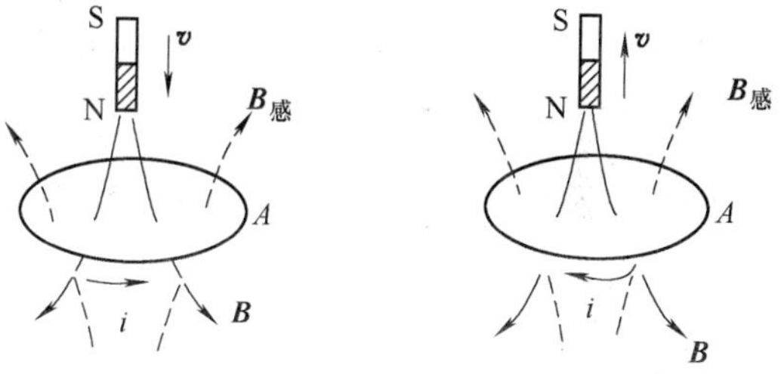

图13-1　判断感应电流的方向

当磁铁向下运动时，确定原磁场方向（$\boldsymbol{B}$ 向下）→原磁通量 Φ 增加→感应电流反抗 Φ 增加→$\boldsymbol{B}_{感}$ 与原磁场反向（向上）→i 逆时针。

当磁铁向上运动时，确定原磁场方向（$\boldsymbol{B}$ 向下）→原磁通量 Φ 减小→感应电流反抗 Φ 减小→$\boldsymbol{B}_{感}$ 与原磁场同向（向下）→i 顺时针。

（2）楞次定律的实质是电磁现象必须遵守能量守恒和转化定律。可以设想，若磁通量略有变化，感应电流的磁场不是反抗原磁通量的变化，而是促进它有更大的变化，而更大的磁通量变化又产生更大的感应电流，如此下去，就可以用很小的功获得无限大的能量，这显然是违反能量定律的。

3. 法拉第电磁感应定律

通过回路所围面积的磁通量发生变化时，回路中产生的感应电动势 $\mathscr{E}_i$ 与磁通量对时间的变化率成正比。在国际单位制中，其表达式为

$$\mathscr{E}_i = -\frac{d\Phi}{dt} \tag{13-1}$$

（1）由磁通量的计算式 $\Phi = \iint_S B\cos\theta dS$ 可见，回路中的 $\boldsymbol{B}$ 发生变化、回路的 $\boldsymbol{S}$ 发生变化或 θ 发生变化，都会引起磁通量的变化。不论何种原因，只要 $\frac{d\Phi}{dt} \neq 0$，回路中就会产生电动势。

（2）区别 Φ、$d\Phi$、$\frac{d\Phi}{dt}$。$\mathscr{E}_i$ 与 $\frac{d\Phi}{dt}$ 间是瞬时关系，不同时刻有不同的电动势 $\mathscr{E}_i(t)$，决定 $\mathscr{E}_i$ 的是 $\frac{d\Phi}{dt}$，而不是 Φ 和 $d\Phi$。

（3）负号表示感应电动势总是反抗磁通量的变化。确定电动势方向的方法如下：

①任意规定回路的绕行正方向，确定回路正法线 $\boldsymbol{n}$ 的方向。

②确定通过回路的磁通量的正负。如果通过回路的磁感应线方向与回路绕行正方向满足右手螺旋定则，就规定该磁通量为正，反之为负。

③确定磁通量的时间变化率 $\frac{d\Phi}{dt}$ 的正负。

④由 $\mathscr{E}_i = -\frac{d\Phi}{dt}$ 确定感应电动势的正负。当 $\mathscr{E}_i > 0$ 时，表示感应电动势的方向和回路的绕行正方向相同；当 $\mathscr{E}_i < 0$ 时，表示感应电动势的方向和回路的绕行正方向相反。

用上述方法得到的结果与用楞次定律得到结果相同。

（4）如果线圈是由 N 匝导线串联而成的，则式中 $\Phi = \sum_{i=1}^{N} \Phi_i$ 表示穿过回路的总磁通量，也称磁链数。如果穿过各匝线圈的磁通量相同，均为 Φ，则总电动势为单匝的 N 倍，即

$$\mathscr{E}_i = -\frac{d(N\Phi)}{dt} = -N\frac{d\Phi}{dt} \tag{13-2}$$

（5）感应电流。若回路中电阻为 R，则感应电流为

$$I_i = \frac{\mathscr{E}_i}{R} = -\frac{1}{R}\frac{d\Phi}{dt} \tag{13-3}$$

（6）感应电荷量。从 t_1 到 t_2 时间内回路中感应电荷量为

$$q = \int_{t_1}^{t_2} I_i dt = \int_{t_1}^{t_2} -\frac{1}{R}\frac{d\Phi}{dt}dt = -\frac{1}{R}\int_{\Phi_1}^{\Phi_2} d\Phi = \frac{1}{R}(\Phi_1 - \Phi_2)$$

可见，感应电量与时间无关，只取决于起始时刻和终止时刻线圈中的磁通量，据此可制成磁通计，通过测量感应电量来确定磁通量及其变化。

（7）感应电动势的存在并不依赖于闭合回路，但利用法拉第电磁感应定律计算 $\mathscr{E}_i$ 时，一定是对闭合回路而言的，否则磁通量就失去了意义。对于非闭合回路而言，法拉第电磁感应定律不能直接应用，需要作辅助线构成闭合回路后间接应用。因此，由法拉第电磁感应定律计算出来的 $\mathscr{E}_i$ 是指闭合回路中各部分电动势的总和。当 $\mathscr{E}_i=0$ 时，只是说闭合回路的电动势总和为零，并不能够说明回路中的各部分都不存在电动势，如闭合回路在均匀磁场中平动就是个例子。

13.2.2　感应电动势

按磁通量变化原因不同，可将感应电动势分成如下两种：

①动生电动势。磁场不变，导体相对于磁场运动而产生的感应电动势。

②感生电动势。导体不动，由于磁场变化而产生的感应电动势。

法拉第电磁感应定律中的感应电动势是动生电动势和感生电动势之和。

1. 动生电动势

在任意磁场中，任意形状的线圈在运动或发生形变时，产生的动生电动势为

$$\mathscr{E}_{ab}=\int_a^b(\boldsymbol{v}\times\boldsymbol{B})\cdot\mathrm{d}\boldsymbol{l} \tag{13-4}$$

（1）动生电动势是运动电荷受洛伦兹力作用的结果，或者说动生电动势的非静电场力是电荷所受的洛伦兹力，$\boldsymbol{F}=-e\boldsymbol{v}\times\boldsymbol{B}$，非静电性电场强度 $\boldsymbol{E}_{\mathrm{k}}=\boldsymbol{v}\times\boldsymbol{B}$。

（2）若 $\mathscr{E}_{ab}>0$，表明电动势的方向与积分路径的方向一致，即由 $a\rightarrow b$，b 点电势高；若 $\mathscr{E}_{ab}<0$，表明电动势的方向与积分路径的方向相反，即由 $b\rightarrow a$，a 点电势高。这与用楞次定律判断的结果一致。

（3）导体任一长度微元 $\mathrm{d}\boldsymbol{l}$ 上产生的动生电动势为 $\mathrm{d}\mathscr{E}_i=(\boldsymbol{v}\times\boldsymbol{B})\cdot\mathrm{d}\boldsymbol{l}$，导体运动所形成的总动生电动势为 $\mathscr{E}_i=\int_l\mathrm{d}\mathscr{E}_i$。

若磁场为均匀磁场，导线为直导线且做平动（即各线元具有相同的运动速度 $\boldsymbol{v}$），则

$$\mathscr{E}_{ab}=\int_a^b(\boldsymbol{v}\times\boldsymbol{B})\cdot\mathrm{d}\boldsymbol{l}=(\boldsymbol{v}\times\boldsymbol{B})\cdot\int_a^b\mathrm{d}\boldsymbol{l}=(\boldsymbol{v}\times\boldsymbol{B})\cdot\boldsymbol{l}_{ab}$$

只有当 $\boldsymbol{v}$，$\boldsymbol{B}$ 和 $\boldsymbol{l}$ 三者均彼此垂直时才有 $\mathscr{E}_{ab}=Blv$ 成立。对于一般情况，必须进行具体积分或投影计算，解题中切不可套用此特殊条件下的结论。

（4）如图 13-2 所示利用 $\mathscr{E}_{ab}=\int_a^b(\boldsymbol{v}\times\boldsymbol{B})\cdot\mathrm{d}\boldsymbol{l}$ 计算动生电动势的一般步骤如下：

①在图中标出 $\boldsymbol{v}$，$\boldsymbol{B}$，$(\boldsymbol{v}\times\boldsymbol{B})$ 的方向，并确定 $\boldsymbol{v}$ 与 $\boldsymbol{B}$ 间的夹角 θ_1。

②选取线元 $\mathrm{d}\boldsymbol{l}$，确定 $(\boldsymbol{v}\times\boldsymbol{B})$ 与 $\mathrm{d}\boldsymbol{l}$ 之间的夹角 θ_2。

③建立坐标，写出线元 $\mathrm{d}\boldsymbol{l}$ 上的电动势

$$\mathrm{d}\mathscr{E}_i=(\boldsymbol{v}\times\boldsymbol{B})\cdot\mathrm{d}\boldsymbol{l}=vB\sin\theta_1\cos\theta_2\mathrm{d}l。$$

④统一变量，确定积分上下限。

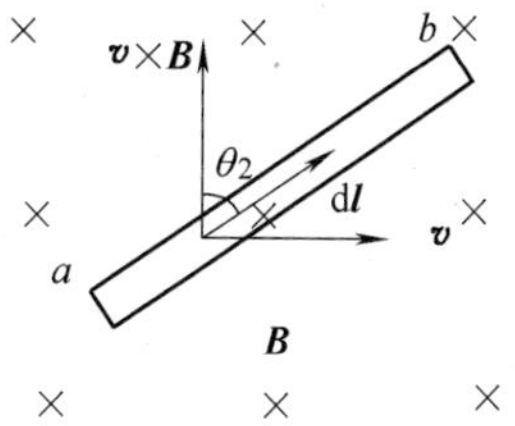

图 13-2　动生电动势的计算

⑤ $\mathscr{E}_{ab}=\int_a^b \mathrm{d}\mathscr{E}_i$，若 $\mathscr{E}_{ab}>0$，则 b 点电势高；反之，a 点电势高。

(5) 动生电动势公式是法拉第电磁感应定律的一种形式。法拉第电磁感应定律 $\mathscr{E}_i=-\frac{\mathrm{d}\Phi}{\mathrm{d}t}$ 用动生电动势观点再考虑，可看成是单位时间内导线切割磁感应线的根数（或导线扫过面积内的磁通量）。

(6) 洛伦兹力 $\boldsymbol{F}$ 总是垂直于电荷的运动方向，故洛伦兹力永远不做功，而动生电动势又定义为洛伦兹力将单位正电荷从 a 移到 b 所做的功，其实这两种说法并不矛盾。如图 13-3 所示，导体中的自由电子不仅有随导体运动的速度 $\boldsymbol{v}$，还有相对于导体的定向运动速度 $\boldsymbol{u}$。由于合速度为 $\boldsymbol{v}+\boldsymbol{u}$，致使它所受到的洛伦兹力为 $\boldsymbol{F}=q(\boldsymbol{v}+\boldsymbol{u})\times\boldsymbol{B}$，$\boldsymbol{F}$ 与 $\boldsymbol{v}+\boldsymbol{u}$ 垂直，故洛伦兹力确实是不做功的。但是，洛伦兹力 $\boldsymbol{F}$ 有两个分量，与导体平行的分力 $\boldsymbol{F}_{/\!/}=q\boldsymbol{v}\times\boldsymbol{B}$ 移动电荷做正功，产生电动势；与导体垂直的分力 $\boldsymbol{F}_{\perp}=q\boldsymbol{u}\times\boldsymbol{B}$，宏观表现为安培力，做等量的负功。在这里，洛伦兹力并不做功，也不提供能量，它的作用只是传递能量，为维持导体以速度 $\boldsymbol{v}$ 运动，外力克服 $\boldsymbol{F}_{\perp}$ 力做功，消耗的机械能通过 $\boldsymbol{F}_{/\!/}$ 力做功转化为感应电流的能量。

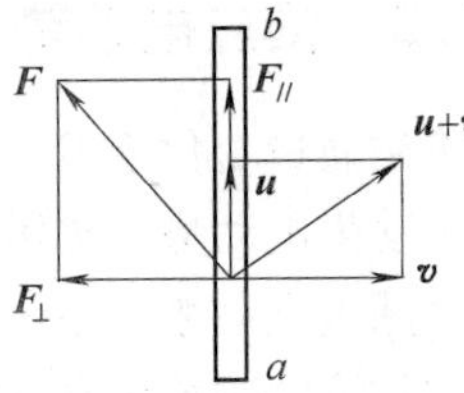

图 13-3 洛伦兹力不做功

2. 感生电动势

当导线回路固定不动，而磁通量的变化完全由磁场的变化所引起时，导线回路内也将产生感应电动势，这种由于磁场变化引起的感应电动势，称为感生电动势。

有电动势，必有非静电力。导体回路不动，导体回路中的电子无定向运动，产生感生电动势的非静电力显然不是洛伦兹力，因此这种非静电力，只能源于变化的磁场。

(1) 感生电场（涡旋电场）。为了说明感生电场的非静电力，麦克斯韦提出了感生电场假说，即随时间变化的磁场在其周围激发了一种电场，这种电场称为感生电场，由于它的电场线是闭合的，又被称有旋电场（或称涡旋电场）。

①感生电场的电场强度 $\boldsymbol{E}_i$ 是一种非静电性电场强度，其对电荷的作用力也是一种非静电力，正是感生电场对电荷的作用力使得正电荷逆着静电场方向运动，产生了感生电动势。随时间变化的磁场产生感生电动势的逻辑推理关系如下：

$$\frac{\mathrm{d}\boldsymbol{B}}{\mathrm{d}t}\neq 0\Rightarrow\boldsymbol{E}_i\Rightarrow\boldsymbol{F}=q\boldsymbol{E}_i\Rightarrow\text{电荷定向运动}\Rightarrow\mathscr{E}_i\ \text{或}\ \frac{\mathrm{d}\boldsymbol{B}}{\mathrm{d}t}\neq 0\Rightarrow\frac{\mathrm{d}\Phi}{\mathrm{d}t}\neq 0\Rightarrow\mathscr{E}_i$$

②感生电场的实质是变化的磁场，只要空间存在变化的磁场，就会在整个空间激发感生电场，不论该处是否存在磁场，也不论周围空间是否有导体存在。如果空间有闭合导体回路存在，感生电场能驱使导体中自由电荷定向运动，从而产生感应电流；如果无闭合导体回路存在，就没有感应电流，但仍有感生电动势。

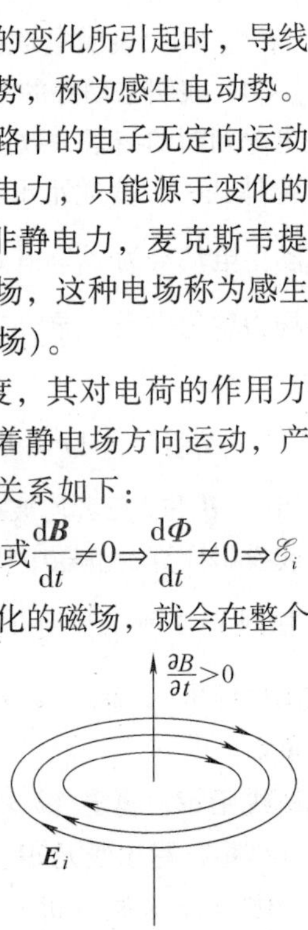

图 13-4 感生电场和磁场变化的关系

③感生电场的环路定理。如图 13-4 所示，

由电动势的定义 $\mathscr{E}_i = \oint_L \boldsymbol{E}_i \mathrm{d}\boldsymbol{l}$ 及法拉第电磁感应定律 $\mathscr{E}_i = -\frac{\mathrm{d}\Phi}{\mathrm{d}t}$可知，感生电场的环流和变化的磁场间的关系为

$$\oint_L \boldsymbol{E}_i \cdot \mathrm{d}\boldsymbol{l} = -\iint_S \frac{\partial \boldsymbol{B}}{\partial t} \cdot \mathrm{d}\boldsymbol{S} \tag{13-5}$$

式（13-5）表明，感生电场 $\boldsymbol{E}_i$ 的环流不等于零。$\boldsymbol{E}_i$ 的方向和$\frac{\partial \boldsymbol{B}}{\partial t}$满足左手螺旋定则。据此可判断感生电场（或感生电动势）的方向。也可用楞次定律进行判断。假设回路为一导体回路，由楞次定律可判断出感应电流的方向，也就是正电荷的运动方向，即为 $\boldsymbol{E}_i$ 的方向。

判断 $\boldsymbol{E}_i$ 方向的步骤如下：

a. 确定 $\boldsymbol{B}$ 的方向。

b. 确定$\frac{\partial \boldsymbol{B}}{\partial t}$的方向。

当 B 增加时，$\frac{\partial B}{\partial t}>0$，$\frac{\partial \boldsymbol{B}}{\partial t}$与 $\boldsymbol{B}$ 同向，Φ 增加；当 B 减小时，$\frac{\partial B}{\partial t}<0$ 时，$\frac{\partial \boldsymbol{B}}{\partial t}$与 $\boldsymbol{B}$ 反向，Φ 减小。

c. 用左手定则或楞次定律确定 $\boldsymbol{E}_i$ 的方向。

④感生电场和静电场的相同点和不同点。

相同点：对处于其场中的电荷有作用力。

不同点：一是产生的来源不同，静电场由静止的电荷产生，而感生电场是由变化的磁场产生；二是电场线的形式不同，静电场的电场线从正电荷（或无穷远处）起始，终止于负电荷（或无穷远处），不闭合、不相交、而感生电场的电场线为一闭合曲线，无头无尾，故称为有旋电场；三是环流积分结果不同，静电场的环流为零，故静电场为保守力场，而感生电场的环流一般不为零，不是保守力场。

感生电动势与动生电动势产生机制的比较：感生电动势对应的非静电性电场强度为感生电场的电场强度 $\boldsymbol{E}_i$，非静电力为感生电场力；动生电动势对应的非静电性电场强度是 $\boldsymbol{E}_i = v \times \boldsymbol{B}$，非静电力为洛伦兹力。

（2）感生电动势的计算方法有两种。

①用公式 $\mathscr{E}_i = \int_a^b \boldsymbol{E}_i \cdot \mathrm{d}\boldsymbol{l}$ 计算路径 L_{ab}上的感生电动势。

用公式 $\mathscr{E}_i = \int_a^b \boldsymbol{E}_i \mathrm{d}\boldsymbol{l}$ 计算路径 L_{ab}上的感生电动势时，L_{ab}可以是闭合的，也可以是不闭合的，但需要预先知道感生电场 $\boldsymbol{E}_i$ 的分布。若 $\mathscr{E}_i>0$，电动势的方向与积分路径的方向相同，即由 $a \to b$；若 $\mathscr{E}_i<0$，电动势方向与积分路径的方向相反，即由 $b \to a$。

②用公式 $\mathscr{E}_i = \oint_L \boldsymbol{E}_i \cdot \mathrm{d}\boldsymbol{l} = -\iint_S \frac{\partial \boldsymbol{B}}{\partial t} \cdot \mathrm{d}\boldsymbol{S}$ 计算感生电动势和感生电场。

一般情况下，感生电场的分布受变化的磁场在空间的分布以及磁场的边界条件等诸多因素的影响，较难计算。通常只要求求解变化的磁场局限在圆柱形空间时的感生电场和感生电动势。

例如，如图 13-5 所示，半径为 R 的圆柱形空间（横截面）内分布着均匀磁场，磁感应强度 B 随时间线性增加。由于$\frac{dB}{dt}$处处相同，磁场保持轴对称，所激发的感生电场线为一系列同心圆，取顺时针方向为环路 L 的正绕向，则有 $\mathscr{E}_i = \oint_L \boldsymbol{E}_i \cdot d\boldsymbol{l} = 2\pi r \cdot E_i = -\iint_S \frac{d\boldsymbol{B}}{dt} \cdot d\boldsymbol{S}$，则空间各处感生电场为

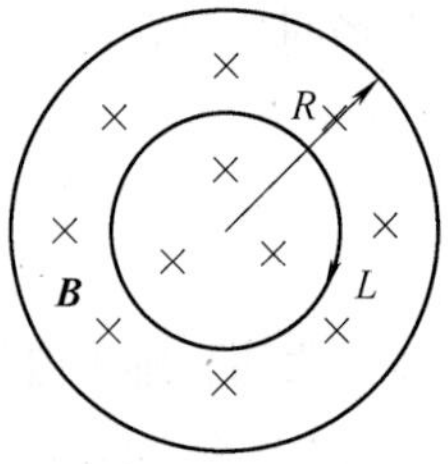

图 13-5　感生电场和感生电动势的计算

当 $r<R$ 时，$E_i = -\frac{r}{2} \cdot \frac{dB}{dt}$；当 $r>R$ 时，$E_i = -\frac{R^2}{2r} \cdot \frac{dB}{dt}$。

同心圆回路中的感生电动势为

当 $r<R$ 时，$\mathscr{E}_i = -\pi r^2 \cdot \frac{dB}{dt}$；当 $r>R$ 时，$\mathscr{E}_i = -\pi R^2 \cdot \frac{dB}{dt}$，式中，负号表示 $\boldsymbol{E}_i$ 及 $\mathscr{E}_i$ 的方向与选取的积分路径方向相反。

可见，$\boldsymbol{E}_i$ 与$\frac{d\boldsymbol{B}}{dt}$有关，与 $\boldsymbol{B}$ 本身无直接关系；场中某点的 $\boldsymbol{E}_i$ 并不是只由该点的$\frac{d\boldsymbol{B}}{dt}$决定，如圆柱外空间 $\boldsymbol{B}$ 和$\frac{d\boldsymbol{B}}{dt}$都等于零，但 $\boldsymbol{E}_i$ 却不等于零，$\mathscr{E}_i$ 也不等于零。

3. 感应电动势

如果既有导体做切割磁感应线的运动，又有空间磁场 $\boldsymbol{B}$ 随时间的变化，这时产生的电动势为 $\mathscr{E} = \mathscr{E}_{动生} + \mathscr{E}_{感生}$，统称为感应电动势。感应电动势的计算归纳起来有两种方法。

（1）利用法拉第电磁感应定律求解。

$$\mathscr{E} = -\frac{d\Phi}{dt}$$

（2）利用电动势的定义求解。

$$\mathscr{E} = \mathscr{E}_{动生} + \mathscr{E}_{感生} = \int_L (v \times \boldsymbol{B}) \cdot d\boldsymbol{l} + \int_L \boldsymbol{E}_i \cdot d\boldsymbol{l}$$

13.2.3　自感和互感

1. 自感

由于回路中电流发生变化，而在自身回路中产生感应电动势的现象称为自感现象，相应的感应电动势称为自感电动势。

根据毕奥-萨伐尔定律和磁通量的定义可知，由回路自身电流产生的穿过自身回路所围面积的磁通量 Φ 与其电流 I 成正比，即

$$\Phi = LI \tag{13-6}$$

式中，L 称为该回路的自感，与回路的几何形状、匝数、周围的介质等因素有关，与外界（如电流 I 等）无关。L 反映了自感元件本身固有的物理性质。

当 I 变化时，Φ 也相应变化，回路中就会产生自感电动势。在回路几何形状不变，回路周围磁导率不变的情况下，由法拉第电磁感应定律可得回路中的电动势为

$$\mathscr{E}_L = -L\frac{\mathrm{d}I}{\mathrm{d}t} \tag{13-7}$$

（1）若回路的自感 L 为已知，$\mathscr{E}_i$ 可直接由 I 的时间变化率来求，不必先求 Φ 再求导。

（2）自感 L 的计算。

①对于形状规则的回路，计算 L 的步骤如下：

假设回路通有电流 $I \to \boldsymbol{B} \to \Phi = \iint_S \boldsymbol{B} \cdot \mathrm{d}\boldsymbol{S} \to L = \dfrac{\Phi}{I}$。

②对于形状不规则的回路，可先根据实验测出 $\mathscr{E}_i$，然后根据 $L = \dfrac{\mathscr{E}_L}{\mathrm{d}I/\mathrm{d}t}$计算自感。

（3）真空中长直螺旋管的自感为

$$L = \frac{\mu_0 N^2 S}{l} = \mu_0 n^2 V \tag{13-8}$$

式中，N 为总匝数；l 为螺线管长度；$n = \dfrac{N}{l}$为单位长度上的匝数；V 为螺旋管内磁场的体积。

2. 互感

由于一个回路中电流变化而在邻近另一回路中产生感应电动势的现象，称为互感现象，相应的感应电动势称为互感电动势。

如果两个回路的相对位置固定不变，而且在其周围没有铁磁性物质，若回路 1 中的电流为 I_1，电流 I_1 在回路 2 中产生的总磁通量 Φ_{21}应与电流 I_1 成正比，即

$$\Phi_{21} = MI_1 \tag{13-9}$$

同理，由电流 I_2 在回路 1 中产生的总磁通量 Φ_{12}和 I_2 的关系为

$$\Phi_{12} = MI_2 \tag{13-10}$$

式中，M 称为互感，与两回路的匝数、形状、相对位置、周围介质等回路本身的因素有关，与外部因素（如是否通有电流）无关。

当 I_2 变化时在线圈 1 中产生的互感电动势为

$$\mathscr{E}_{M1} = -M\frac{\mathrm{d}I_2}{\mathrm{d}t} \tag{13-11}$$

当 I_1 变化时在线圈 2 中产生的互感电动势为

$$\mathscr{E}_{M2} = -M\frac{\mathrm{d}I_1}{\mathrm{d}t} \tag{13-12}$$

（1）若已知互感 M，由一线圈中的电流的变化率 $\frac{\mathrm{d}I}{\mathrm{d}t}$ 可直接求出在另一线圈中的互感电动势，而不必先求 Φ 再求导。

（2）互感的计算有两种情况。

①对于形状规则的两个回路，计算 M 的步骤如下：

先假设一个回路通有电流 I_1，写出该电流产生磁感应强度 $\boldsymbol{B}_1$ 表达式，计算通过另一回路的磁通量 Φ_2，再根据 $M=\frac{\Phi_2}{I_1}$ 计算互感，即

$$I_1 \rightarrow \boldsymbol{B}_1 \rightarrow \Phi_2 = \iint_S \boldsymbol{B}_1 \cdot \mathrm{d}\boldsymbol{S} \rightarrow M = \frac{\Phi_2}{I_1}$$

②对于形状不规则的两个回路，可先用实验测出在一个回路的电流变化 $\frac{\mathrm{d}I_1}{\mathrm{d}t}$ 时，计算在另一个回路中引起的互感电动势 $\mathscr{E}_{M2}$，然后根据 $M=\frac{\mathscr{E}_{M2}}{\mathrm{d}I_1/\mathrm{d}t}$ 计算自感。

13.2.4 磁场的能量

1. 载流自感元件的储能

载有电流为 I，自感为 L 的自感元件，其储有的磁场能量为

$$W_{\mathrm{m}} = \frac{1}{2}LI^2 \tag{13-13}$$

2. 磁场能量密度

磁场中某一点处的磁场能量密度，即单位体积中的磁场能量为

$$w_{\mathrm{m}} = \frac{1}{2}\boldsymbol{B} \cdot \boldsymbol{H} \tag{13-14}$$

式中，$\boldsymbol{B}$，$\boldsymbol{H}$ 分别为该点处磁场的磁感应强度和磁场强度。式（13-14）对任意磁场都成立。

对于各向同性非铁磁性物质

$$w_{\mathrm{m}} = \frac{1}{2}BH = \frac{B^2}{2\mu} = \frac{1}{2}\mu H^2 \tag{13-15}$$

可见，凡有磁场的地方必有磁能，磁能储存在磁场中。

3. 磁场总能量

由磁场能量密度公式可求出任意的磁场在任意空间内的总能量。取一体积微元 $\mathrm{d}V$，则其中的磁场能量为

$$\mathrm{d}W_{\mathrm{m}} = w_{\mathrm{m}}\mathrm{d}V = \frac{1}{2}BH\mathrm{d}V \tag{13-16}$$

总的磁场能量为

$$W_m = \iiint \frac{1}{2}BH\mathrm{d}V \tag{13-17}$$

对自感元件产生的磁场全空间积分，其总能量应等于自感元件储能，即

$$W_m = \iiint \frac{1}{2}BH\mathrm{d}V = \frac{1}{2}LI^2 \tag{13-18}$$

用此式亦可求出自感元件的自感，只是积分较为繁琐。

13.3 问题辨析

问题1 将尺寸完全相同的铜环和铝环适当放置，使通过两环内的磁通量的变化率相等。问这两个环中的感应电动势、感应电流和感应电场是否相等？

辨析 因为通过尺寸完全相同的铜环和铝环的磁通量的变化率相同，所以两环的感应电动势 $\mathscr{E}_i = -\frac{\mathrm{d}\Phi}{\mathrm{d}t}$ 相同。由于两环的电阻不同，则感应电流不同。由 $\mathscr{E}_i = \oint E \cdot \mathrm{d}l = -\frac{\mathrm{d}\Phi}{\mathrm{d}t}$ 知，在同样的环路、同样的磁通量变化率情况下，两环的中的感应电场是相同的。

问题2 将一磁铁插入一个由导线组成的闭合线圈中，一次迅速插入，另一次缓慢插入。问：（1）两次插入时在线圈中的感应电动势是否相同？感应电荷量是否相同？（2）两次手推磁铁的力所做的功是否相同？（3）若将磁铁插入一不闭合的金属环中，在环中将发生什么变化？

辨析 （1）由法拉第电磁感应定律 $\mathscr{E}_i = -\frac{\mathrm{d}\Phi}{\mathrm{d}t}$ 可知，感应电动势的大小取决于线圈中磁通量的变化率，迅速插入比缓慢插入磁通量的变化率大，因而产生的感应电动势大一些。感应电荷量 $q = \int_0^t i\mathrm{d}t = -\int_0^t \frac{\mathscr{E}_i}{R}\mathrm{d}t = \frac{\Phi_1 - \Phi_2}{R}$，式中 R 为线圈电阻，Φ_1、Φ_2 分别为初、末状态通过线圈的磁通量。可见，感应电荷量与磁通量的变化量成正比，与磁通量的变化快慢无关，所以两次插入磁铁的感应电荷量相同。

（2）手推磁铁所做的功大小等于感应电动势在这段时间内所做的功，所以有 $W = q\mathscr{E}_i$，两次插入磁铁的快慢不同，虽然在线圈中产生的感应电荷量相同，但感应电动势却不同，迅速插入时的感应电动势比缓慢插入时大，所以迅速插入时手推磁铁所做的功比缓慢插入时大。

（3）在磁铁插入金属环过程中，金属环所在空间的磁场发生了变化（由弱到强），因而会产生感应电动势，在金属环上中有感生电场存在，但由于金属环不闭合，不能形成感应电流。

问题3 让一块很小的磁铁在一根很长的竖直铜管内下落，若不计空气阻力，试定

性分析磁铁的运动情况。

辨析 当磁铁进入铜管时，铜管中将产生感应电流，该感应电流随着磁铁下落速度的增大而增大，感应电流的磁场对下落磁铁的阻力也越来越大，当竖直铜管足够长时，可在管内某处使磁铁所受的重力和阻力的合力为零，此时磁铁的运动速度达到最大，而后以恒定速度下落。磁铁到达铜管的下部即将离开铜管时，由于磁铁在管内的磁感应强度减小，感应电流的磁场对磁铁的阻力将小于磁铁的重力，因而磁铁将加速下落离开铜管。

问题 4 把一铜片放在磁场中，如果要把这铜片从磁场中拉出或把它进一步地推入，就会自动地出现一个阻力。试分析这个阻力的来源。

辨析 当铜片从磁场中拉出或推进时，穿过铜片的磁通量随即发生变化，在铜片内产生感应电动势，铜片是导体，在感应电动势的驱使下铜片内形成感应电流，即涡电流。当铜片从磁场中拉出时，涡流的方向是顺时针的（这可用楞次定律判断），在磁场边缘内的回路电流受到方向指向左的安培力作用，如图 13-6 所示，在磁场边缘外回路的电流没有安培力的作用，总的来说拉出铜片时就受到一个向左的阻力。同理，将铜片推进时也要受到一个向右的阻力。

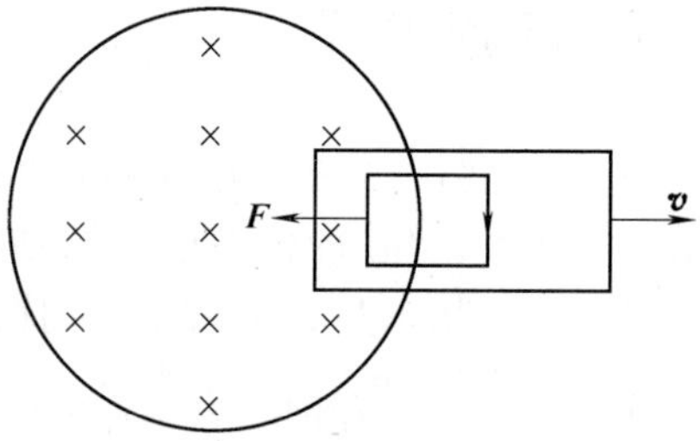

图 13-6 问题 4 图

问题 5 自感电动势能不能大于电源电动势？瞬时电流可否大于稳定电流？

辨析 由 $\varepsilon_L = -L\dfrac{\mathrm{d}i}{\mathrm{d}t}$ 可知，自感电动势的大小取决于回路内电流的时间变化率，与电源电动势的大小没有直接关系，所以自感电动势有可能大于电源电动势。例如在 RL 电路中，在闭合开关电流达到稳定值后，如果突然断开开关，由于开关断开的瞬间 $\dfrac{\mathrm{d}i}{\mathrm{d}t}$ 极大，所产生的电动势可能远大于电源电动势。在实际中，我们经常会看到电源拉闸时，闸刀两端会跳火，道理就是拉闸时回路内的线圈产生了极大的感应电动势，它与电源电动势一起加在闸刀两端，产生高压以至于将空气击穿，形成了比稳定电流大的多的瞬时电流。

问题 6 磁能的两种表达式 $W_m = \dfrac{1}{2}LI^2$ 和 $W_m = \dfrac{1}{2}\dfrac{B^2}{\mu}V$ 的物理意义有何不同？式中 V 是磁场所占体积。

辨析 $W_m = \dfrac{1}{2}LI^2$ 表示一个自感为 L 的回路，当它通有恒定电流 I 时，激发的磁场所具有的能量。

$W_m = \dfrac{1}{2}\dfrac{B^2}{\mu}V$ 表示体积 V 的均匀磁场空间中所具有的磁场能量，这里的体积可以是磁场不为零的整个空间，也可以是磁场中某个局部空间。由此可导出磁场能量密度 $w_m = \frac{1}{2}\frac{B^2}{\mu}$，并可推广应用到非均匀磁场空间磁场能量的计算，$W_m = \iiint_V w_m \mathrm{d}V$。

在由稳定电流激发的稳恒磁场中，电流与磁场不可分割，磁能的上述两种表达式是等效的。但在非稳恒情况下，磁场可以脱离电流而由变化的电场激发，此时 $W_m = \frac{1}{2}\frac{B^2}{\mu}V$ 比 $W_m = \frac{1}{2}LI^2$ 能更清楚直观地反映磁场能量是储存在 B 不为零的磁场空间中的事实。

13.4 例题剖析

13.4.1 基本思路

本章的重点内容是电磁感应的计算，法拉第电磁感应定律是本章的核心。原则上，法拉第电磁感应定律可解决任何电磁感应的问题，但对于具体问题，有时用动生电动势公式或有旋电场公式进行计算更为简捷、方便。

（1）用法拉第电磁感应定律 $\mathscr{E}_i = -\frac{\mathrm{d}\Phi}{\mathrm{d}t}$ 求感应电动势。Φ 是闭合回路所围面积上的磁通量，问题的重点转化为磁通量的计算，必须注意在计算前规定好面积元的正法线方向，由此根据 $-\frac{\mathrm{d}\Phi}{\mathrm{d}t}$ 的正负可方便地判定 $\mathscr{E}_i$ 的方向，也可先由楞次定律判定 $\mathscr{E}_i$ 的方向，再由 $\mathscr{E}_i = \left|-\frac{\mathrm{d}\Phi}{\mathrm{d}t}\right|$ 计算感应电动势的大小。对于求非闭合路径上的感应电动势，要学会作辅助线的方法。

（2）用公式 $\mathscr{E}_i = \int_l (v \times \boldsymbol{B}) \cdot \mathrm{d}\boldsymbol{l}$ 求动生电动势。需要知道积分路径上各线元 $\mathrm{d}\boldsymbol{l}$ 处的磁感应强度 $\boldsymbol{B}$ 及各线元的运动速度 v。由于涉及到矢量的叉乘和点乘，公式看起来较为复杂。不过，一般磁场可分为两种情形，即均匀磁场和非均匀磁场；导线则可分为直导线和弯曲导线；其运动又可分为平动和转动。对具体问题，该公式可简化。例如，均匀磁场中直导线做平动，$\mathscr{E}_i = vBl\sin\theta$。必须注意应视具体问题具体积分、运算，不可死套公式。

（3）用公式 $\mathscr{E}_i = \int_l \boldsymbol{E}_i \cdot \mathrm{d}\boldsymbol{l}$ 求感生电动势。需要知道积分路径上各点处的 $\boldsymbol{E}_i$，一般较为困难，尽量采用第一种方法求解。

本章另一类问题是计算回路的自感与互感。对于无铁磁性物质且形状规则的回路，一般可先假定回路中通有电流 I，求出相应的磁通量 Φ，再根据 $L = \frac{\Phi_1}{I_1}$ 及 $M = \frac{\Phi_{21}}{I_2}$ 分别得到 L 及 M，必须注意最后结果中不应含有 I。

13.4.2 典型例题

例 13-1 如图 13-7 所示，有一根长直导线，载有直流电流 I，附近有一个两条对边与它平行并与它共面的矩形线圈，以匀速度v 沿垂直于导线的方向离开导线。设 $t=0$ 时，线圈位于图示位置，求

（1）在任意时刻 t 通过矩形线圈的磁通量 Φ。

（2）在图示位置时矩形线圈中的电动势 $\mathscr{E}$。

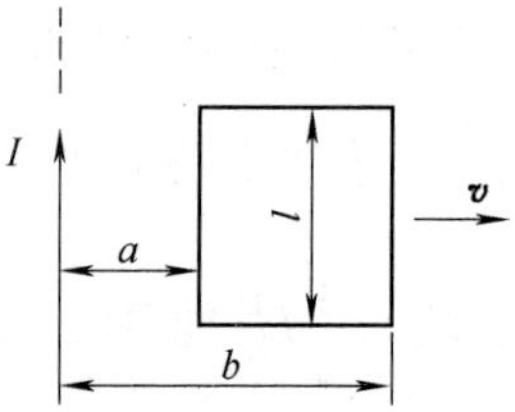

图 13-7 例 13-1 图

分析 无限长直导线产生的磁场，因为其表达式相对比较简单，是计算题中常见的非均匀磁场形式。本题是求变化的非均匀磁场中的感应电动势，其关键是要求出闭合线圈中的磁通量随时间 t 的表达式。由于是非均匀磁场，需要用积分计算总磁通量。考虑到与长直导线距离相等的各点 $\boldsymbol{B}$ 相同，可先取一长方形面积微元计算 $\mathrm{d}\Phi_m$，再积分。

解 （1）$\Phi(t)=\int\boldsymbol{B}\cdot\mathrm{d}\boldsymbol{S}=\int\frac{\mu_0 I}{2\pi r}l\mathrm{d}r=\frac{\mu_0 Il}{2\pi}\int_{a+vt}^{b+vt}\frac{\mathrm{d}r}{r}=\frac{\mu_0 Il}{2\pi}\ln\frac{b+vt}{a+vt}$

（2）$\mathscr{E}=-\left.\frac{\mathrm{d}\Phi}{\mathrm{d}t}\right|_{t=0}=\frac{\mu_0 lIv(b-a)}{2\pi ab}$

感应电动势的方向为顺时针。

例 13-2 如图 13-8 所示，在均匀磁场中放置一导体框，其电阻可忽略不计。现有一长为 l、质量为 m、电阻为 R 的导体棒，可在其上光滑地滑动。已知导体棒初速度为v_0，方向向右，磁场的磁感应强度为 $\boldsymbol{B}$，试确定棒的速度与时间的关系。

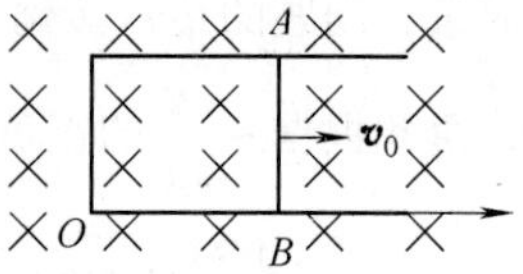

图 13-8 例 13-2 图

分析 导体棒与导体框构成一闭合回路，当导体棒在磁场中运动时产生感应电动势，相当于一个电源，对回路供电，导体棒中有电流通过，因此导体棒要受到磁场作用的安培力，已知棒的初速，根据牛顿第二定律即可确定棒的速度与时间的关系。

解 建立如图 13-8 所示坐标系，设 t 时刻导体棒速度为v，则导体棒产生的动生电动势为 $\mathscr{E}=Blv$，方向由$v\times\boldsymbol{B}$ 决定，在图中由 B 指向 A。

在回路中产生的电流为 $I=\frac{\mathscr{E}}{R}=\frac{Blv}{R}$，导体棒受磁场的作用力为 $F=-BIl=-\frac{B^2l^2v}{R}$，“$-$”表示其方向沿 Ox 轴负向。

由牛顿第二定律 $$F=ma=m\frac{\mathrm{d}v}{\mathrm{d}t}$$

即 $$-\frac{B^2l^2v}{R}=m\frac{\mathrm{d}v}{\mathrm{d}t}$$

整理得 $$\frac{\mathrm{d}v}{v}=-\frac{B^2l^2}{mR}$$

两边积分
$$\int_{v_0}^{v}\frac{\mathrm{d}v}{v}=\int_{0}^{t}-\frac{B^2l^2}{mR}$$

得
$$\ln\frac{v}{v_0}=-\frac{B^2l^2}{mR}t$$

则有
$$v=v_0\mathrm{e}^{-\frac{B^2l^2}{mR}t}$$

由此可见，导体棒的速度随时间按指数减小，最终趋近于零。由能量守恒，当导体棒停下时，导体棒最初的动能全部转化为电路中的焦耳热。

例 13-3 如图 13-9 所示，均匀磁场 $\boldsymbol{B}$ 中，长为 L 的导体棒 OP 绕过其一端的 OO' 轴以角速度 ω_0 匀速转动，若棒与转轴间的夹角为 θ，转轴与磁感应强度 $\boldsymbol{B}$ 平行，求 OP 棒上的感应电动势。

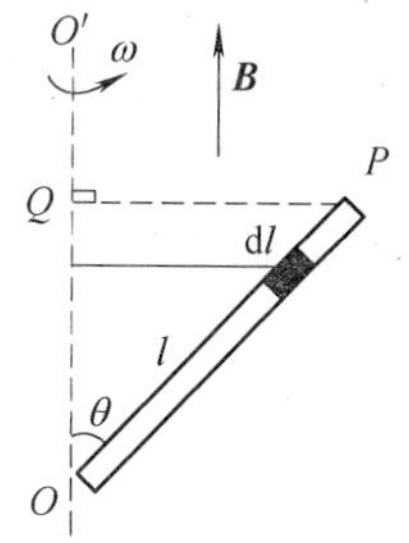

图 13-9 例 13-3 图

分析 本题要求均匀磁场中直导体转动产生的感应电动势，可用动生电动势公式求解。导体棒做定轴转动，其上各处的速度大小不同，产生的动生电动势也不相同，必须先在导体上任取一长度微元，求其产生的动生电动势，而后积分 $\mathscr{E}_i=\int_l(\boldsymbol{v}\times\boldsymbol{B})\cdot\mathrm{d}\boldsymbol{l}$ 求总的电动势。本题也可用法拉第电磁感应定律 $\mathscr{E}_i=-\frac{\mathrm{d}\Phi}{\mathrm{d}t}$求解，由于题中导体棒不是回路，需作适当的辅助线构成回路，应该注意作辅助线时要力求使得 Φ 的计算简便易行。

解 方法一：

如图 13-9 所示，在导体棒 OP 上距 O 端 l 处任取一长度微元 $\mathrm{d}l$，当棒绕轴 OO' 以 ω_0 转动时，其运动速度为 $v=\omega_0 l\sin\theta$，因此 $\mathrm{d}l$ 产生的动生电动势为

$$\begin{aligned}\mathrm{d}\mathscr{E}_i&=(\boldsymbol{v}\times\boldsymbol{B})\cdot\mathrm{d}\boldsymbol{l}=vB\sin90^\circ\cdot\mathrm{d}l\cos\alpha\\&=\omega_0 l\sin\theta B\cdot\mathrm{d}l\sin\theta=\omega_0(\sin\theta)^2B\cdot l\mathrm{d}l\end{aligned}$$

则 OP 上产生的总的电动势为

$$\mathscr{E}_i=\int_O^P\mathrm{d}\mathscr{E}_i=\int_0^L\omega_0(\sin\theta)^2B\cdot l\mathrm{d}l=\frac{1}{2}\omega_0B(L\sin\theta)^2$$

由 $\mathscr{E}_i>0$ 可知电动势的方向为 $O\to P$，P 点电势高。

方法二：

如图 13-9 所示，过 P 点作轴线 OO'的垂线，交轴线于 Q 点，假设$\triangle OPQ$ 构成一闭合回路，可知其上磁通量始终为零。

由法拉第电磁感应定律 $\mathscr{E}_i=-\frac{\mathrm{d}\Phi}{\mathrm{d}t}$，整个三角形闭合回路上的感应电动势为零，即 $\mathscr{E}_i=0$，而整个三角形由三条线段 OP、PQ、QO 组成，即

$$\mathscr{E}_i=\mathscr{E}_{OP}+\mathscr{E}_{PQ}+\mathscr{E}_{QO}$$

由于 QO 不做切割磁感应线运动，$\mathscr{E}_{QO}=0$，故有 $\mathscr{E}_{OP}=-\mathscr{E}_{PQ}$。

由法拉第电磁感应定律，OP 和 PQ 的动生电动势可理解成单位时间内切割磁感应

线的根数，因此

$$\mathscr{E}_{PQ}=\frac{1}{2}Bl_{QP}^{2}\omega_0=\frac{1}{2}B(L\sin\theta)^2\omega_0,\text{方向由 }Q\rightarrow P$$

则 $\mathscr{E}_{OP}=\dfrac{1}{2}B\ (L\sin\theta)^2\omega_0$，方向由 $O\rightarrow P$。

例 13-4 如图 13-10 所示，一半椭圆形导线放在一均匀磁场中，若椭圆长轴为 a，磁感应强度为 $\boldsymbol{B}$，导线以速度v平行于短轴方向平动，求产生的动生电动势。

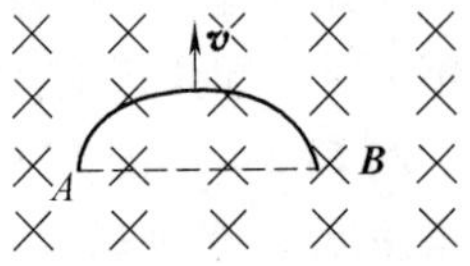

图 13-10 例 13-4 图

分析 本题要求均匀磁场中弯曲导线运动产生的动生电动势，若用动生电动势公式求解，需先在导线上任取一线元，求其产生的动生电动势，再积分求总的动生电动势，由于积分对椭圆导线进行，数学计算有点难度。考虑到均匀磁场中，形状不变的弯曲导线，将其两端用一直导线相连，直导线与弯导线产生的动生电动势的结果相同，用这一思路求解本题，将非常简便。

解 连接半椭圆导线两端成一直线段$\overline{AB}$，则半椭圆$\widehat{AB}$和直线$\overline{AB}$构成一闭合回路。导线在均匀磁场中做平动时，整个回路所围面积上的磁通量保持不变，根据法拉第电磁感应定律，回路中总的感应电动势 $\mathscr{E}_i=0$，即

$$\mathscr{E}_i=\mathscr{E}_{\overline{AB}}+\mathscr{E}_{\widehat{AB}}=0$$

则半椭圆导线$\widehat{AB}$的动生电动势的大小 $\mathscr{E}_{\widehat{AB}}$等于直导线$\overline{AB}$的动生电动势 $\mathscr{E}_{\overline{AB}}$，即

$$\mathscr{E}_{\widehat{AB}}=|\mathscr{E}_{\overline{AB}}|=Bav$$

其方向为由 $B\rightarrow A$，A 点电势高。

例 13-5 一导线被弯成如图 13-11 所示形状，其中 CD 段为一半径为 r 的半圆，若该导线在均匀磁场 $\boldsymbol{B}$ 中绕 AB 轴以角速度 ω 匀速旋转，整个回路的电阻为 R，求导线产生的电动势及回路中的电流表达式。

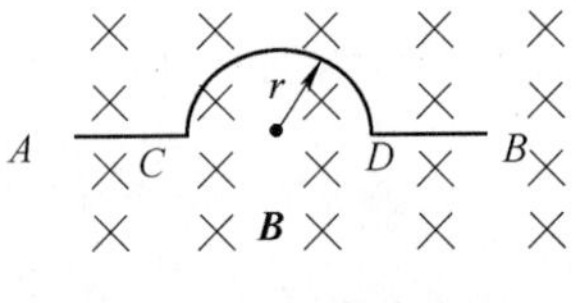

图 13-11 例 13-5 图

分析 整个回路上只有 CD 段在运动，本题可用动生电动势公式 $\mathscr{E}_i=\int_l(v\times\boldsymbol{B})\cdot\mathrm{d}\boldsymbol{l}$ 求解，但计算较为复杂。由于半圆弧 CD 在做定轴转动，回路所围面积上的磁通量在变化，可由法拉第电磁感应定律 $\mathscr{E}_i=-\dfrac{\mathrm{d}\Phi}{\mathrm{d}t}$求解。显然直接求整个回路所围面积上的磁通量很困难，由于整个回路上磁通量的变化决定于穿过 CD 圆弧和直径 CD 所围面积的磁通量的变化，可看成是一半圆形闭合回路做匀速旋转所产生的磁通量的变化。

解 假设 t 时刻半圆平面的法线方向与磁场 $\boldsymbol{B}$ 的夹角为 θ，由于磁场是均匀的，穿过半圆内的磁通量为

$$\Phi=\boldsymbol{B}\cdot\boldsymbol{S}=BS\cos\theta$$

其中 $S=\frac{1}{2}\pi r^2$，$\theta=\omega t$（设初始位置 $\theta=0$）。

由法拉第电磁感应定律 $\mathscr{E}_i=-\frac{\mathrm{d}\Phi}{\mathrm{d}t}$，导线转动产生的感应电动势为

$$\mathscr{E}_i=-\frac{\mathrm{d}\Phi}{\mathrm{d}t}=BS\omega\sin\omega t=\frac{1}{2}B\pi r^2\omega\sin\omega t$$

回路中的感应电流为

$$I_i=\frac{\mathscr{E}_i}{R}=\frac{B\pi r^2\omega\sin\omega t}{2R}$$

例 13-6　一无限长螺线管截面为圆，半径为 R，其单位长度上匝数为 n，导线中现通有电流 $I=I_0\sin\omega t$，求螺线管内外感生电场 $\boldsymbol{E}_i$ 的分布。

分析　无限长通电螺线管，在其内部产生一均匀的圆柱形磁场，当电流随时间变化时，磁感应强度 $\boldsymbol{B}$ 也随时间变化，从而在空间激发感生电场。由于磁场具有柱对称性，由电场的唯一性原理，感生电场 $\boldsymbol{E}_i$ 也必具有柱对称性，其电场线为一系列圆心在螺线管中心轴线上的同心圆环，且离开螺线管中心轴线距离相等的各点 $\boldsymbol{E}_r$ 大小相同。以感生电场线为积分回路，$\boldsymbol{E}_i$ 的环流 $\oint\boldsymbol{E}_i\cdot\mathrm{d}\boldsymbol{l}=2\pi rE_i=-\frac{\mathrm{d}\Phi}{\mathrm{d}t}$，由此可计算出 $\boldsymbol{E}_i$ 的分布。在螺线管外虽然无磁场，但由于 $\oint\boldsymbol{E}_i\cdot\mathrm{d}\boldsymbol{l}=-\frac{\mathrm{d}\Phi}{\mathrm{d}t}$ 中的 Φ 为积分回路包围面积上的磁通量，取决于螺线管内的磁场分布及其变化，因此螺线管外也有感生电场 $\boldsymbol{E}_i$。

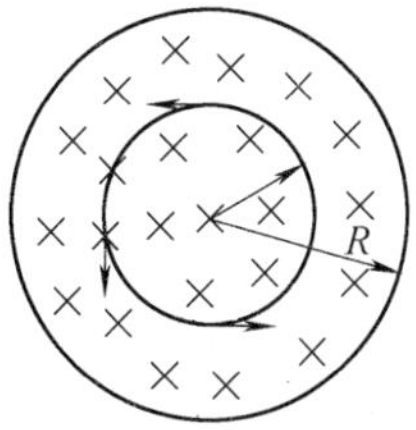

图 13-12　例 13-6 图

解　以螺线管轴线上一点为圆心，作一半径为 r 的圆，如图 13-12 所示，由对称性的分析可知，此即为感生电场 $\boldsymbol{E}_i$ 的一根电场线。由 $\oint\boldsymbol{E}_i\cdot\mathrm{d}\boldsymbol{l}=-\frac{\mathrm{d}\Phi}{\mathrm{d}t}$ 及螺线管磁场 $B=\mu_0 nI$ 可得到如下结论：

当 $r\leqslant R$ 时（螺线管内），$\boldsymbol{\Phi}=\boldsymbol{B}\cdot\boldsymbol{S}=B\cdot\pi r^2$

$$\oint\boldsymbol{E}_i\cdot\mathrm{d}\boldsymbol{l}=\oint E_i\cdot\mathrm{d}l=E_i\oint\mathrm{d}l=2\pi rE_i=-\frac{\mathrm{d}(B\cdot\pi r^2)}{\mathrm{d}t}=-\pi r^2\frac{\mathrm{d}B}{\mathrm{d}t}$$

即 $E_r=-\frac{r}{2}\frac{\mathrm{d}B}{\mathrm{d}t}=-\frac{r}{2}\mu_0 n\frac{\mathrm{d}I}{\mathrm{d}t}=-\frac{r\mu_0 nI_0\omega}{2}\cos\omega t$。

当 $r>R$ 时（螺线管外），$\boldsymbol{\Phi}=\boldsymbol{B}\cdot\boldsymbol{S}'=B\cdot\pi R^2$，（只有 $r\leqslant R$ 区域内有磁场）

$$E_i\cdot 2\pi r=-\pi R^2\frac{\mathrm{d}B}{\mathrm{d}t}=\pi R^2\mu_0 n\frac{\mathrm{d}I}{\mathrm{d}t}=\pi R^2\mu_0 nI_0\omega\cos\omega t$$

即

$$E_i=\frac{R^2}{2r}\mu_0 nI_0\omega\cos\omega t$$

注意：（1）均匀磁场与变化磁场两概念并不矛盾，前者是空间概念，后者是时间概念，即均匀磁场也可以是变化磁场。

（2）变化的磁场在整个空间激发感生电场，而不管某处是否有磁场。

例 13-7 一截面为长方形的螺绕环，其尺寸 13-13 如图所示，螺绕环上共绕有线圈 N 匝，求此螺绕环的自感。

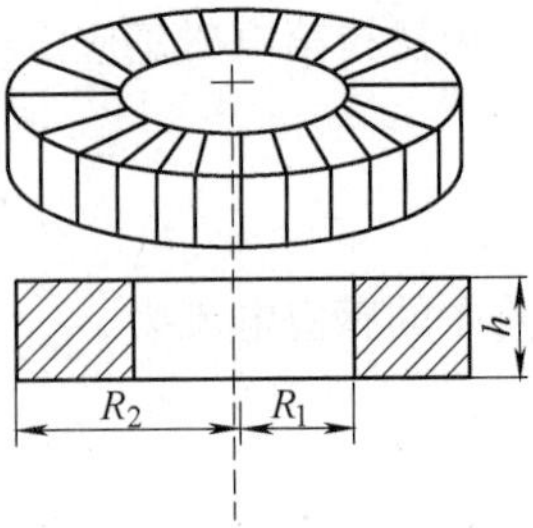

图 13-13 例 13-7 图

分析 本题要求螺绕环的自感。求自感的方法一般来讲有 3 种：第一种是利用公式 $\Phi=LI$，此方法类似于求电容的方法，先假设线圈中通有电流 I，求出该电流激发的磁场通过整个线圈的总磁通量，代入上式求出 L；第二种方法是利用 $\mathscr{E}_i=-L\dfrac{\mathrm{d}I}{\mathrm{d}t}$，这一方法主要用于实验测定，因为 $\mathscr{E}_i$ 和 $\dfrac{\mathrm{d}I}{\mathrm{d}t}$ 实验上均比较容易得到；第三种方法是利用磁场能量公式 $W=\iiint\dfrac{1}{2}BH\mathrm{d}V$ 和自感元件的储能公式 $W=\dfrac{1}{2}LI^2$，先求出磁场在整个空间总的能量，再求出 L，由于涉及三重积分，数学上计算较为繁琐。必须注意，自感是自感元件本身固有的属性，无论采用哪种方法计算，最后结果中均不应含有电流 I。

解 采用第一种方法求解。

假设螺绕环中通有电流 I，以螺绕环中心为圆心作半径为 r 的圆，由安培环路定理可得螺绕环的磁场为

$$B=\begin{cases}\dfrac{\mu_0 NI}{2\pi r} & (R_1<r<R_2)\\ 0, & (r\leqslant R_1, r\geqslant R_2)\end{cases}$$

在长方形截面内距螺绕环中心 r 处取一宽度为 $\mathrm{d}r$，高为 h 的长方形面积微元 $\mathrm{d}S$，$\mathrm{d}S=h\mathrm{d}r$，通过 $\mathrm{d}S$ 的磁通量为

$$\mathrm{d}\Phi=\boldsymbol{B}\cdot\mathrm{d}\boldsymbol{S}=B\cdot\mathrm{d}S=\frac{\mu_0 NI}{2\pi r}h\mathrm{d}r$$

线圈中每匝通过的磁通量为

$$\Phi=\int\mathrm{d}\Phi=\int_{R_1}^{R_2}\frac{\mu_0 NI}{2\pi r}h\mathrm{d}r=\frac{\mu_0 hNI}{2\pi}\ln\frac{R_2}{R_1}$$

线圈中共有 N 匝，穿过螺绕环自身回路的磁链数为 $N\Phi$，由 $N\Phi=LI$ 可得

$$L=\frac{N\Phi}{I}=\frac{\mu_0 hN^2}{2\pi}\ln\frac{R_2}{R_1}$$

例 13-8 如图 13-14 所示，一无限长直导线旁放置一与之共面的长方形导线框，长方形有两边与无限长导线平行，求

（1）无限长直导线和长方形导线框之间的互感。

（2）若导线框中通有电流 $I=I_0\sin\omega t$，则无限长直导线中的感应电动势为多少？

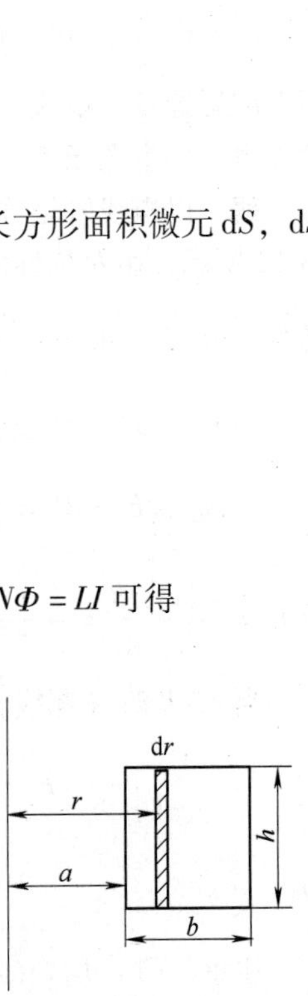

图 13-14 例 13-8 图

分析 无限长直导线可看成是在无限远处连接起来的线

圈，求两线圈之间的互感，一般可采用如下方法：先假定一个线圈中通有电流为 I_1，求出其在另一线圈中的磁链数 $N_2\Phi_{21}$，利用 $N_2\Phi_{21}=MI_1$ 求出互感 M，两线圈间的互感是相等的；也可以用 $N_1\Phi_{12}=MI_2$ 求 M。显然本题求无限长直导线产生的通过长方形线框的磁通量方便。由于两线圈间的互感是相等的，由 $\mathscr{E}_{21}=-M\dfrac{\mathrm{d}I_1}{\mathrm{d}t}$ 即可求出长方形线圈中电流的变化在无限长直导线中产生的感应电动势（假设长方形线圈为1，无限长直导线为2）。

解 （1）假设无限长直导线中的电流为 I_2，则其在空间产生的磁场为

$$B=\frac{\mu_0 I_2}{2\pi r}$$

在长方形线圈内距长直导线 r 处取一宽为 $\mathrm{d}r$，高为 h 的长方形面积微元 $\mathrm{d}S$，$\mathrm{d}S=h\mathrm{d}r$，通过 $\mathrm{d}S$ 的磁通量为

$$\mathrm{d}\Phi=\boldsymbol{B}\cdot\mathrm{d}\boldsymbol{S}=B\mathrm{d}S=\frac{\mu_0 I_2}{2\pi r}h\mathrm{d}r$$

长方形线圈内总的磁通量为

$$\Phi=\int\mathrm{d}\Phi=\int_a^{a+b}\frac{\mu_0 I_2}{2\pi r}h\mathrm{d}r=\frac{\mu_0 h I_2}{2\pi}\ln\frac{a+b}{a}$$

由 $N_1\Phi_{12}=MI_2$ 可得两者的互感为

$$M=\frac{N_1\Phi_{12}}{I_2}=\frac{\mu_0 h}{2\pi}\ln\frac{a+b}{a}$$

（2）由互感电动势 $\mathscr{E}_{21}=-M\dfrac{\mathrm{d}I_1}{\mathrm{d}t}$ 可得，长方形导线框中的电流 $I=I_0\sin\omega t$ 在无限长直导线中产生的感应电动势为

$$\mathscr{E}_i=-M\frac{\mathrm{d}I_1}{\mathrm{d}t}=-\frac{\mu_0 h}{2\pi}\ln\frac{a+b}{a}\cdot I_0\omega\cos\omega t$$

$$=-\frac{\mu_0 I_0\omega h}{2\pi}\ln\frac{a+b}{a}\cos\omega t$$

13.5 能力训练

一、选择题

1. 一导体圆线圈在均匀磁场中运动，能使其中产生感应电流的一种情况是(　　)

A. 线圈绕自身直径轴转动，轴与磁场方向平行。

B. 线圈绕自身直径轴转动，轴与磁场方向垂直。

C. 线圈平面垂直于磁场并沿垂直磁场方向平移。

D. 线圈平面平行于磁场并沿垂直磁场方向平移。

2. 半径为 a 的圆线圈置于磁感应强度为 $\boldsymbol{B}$ 的均匀磁场中，线圈平面与磁场方向垂直，线圈电阻为 R；当把线圈转动使其法向与 $\boldsymbol{B}$ 的夹角 $\alpha=60°$时，线圈中通过的电荷与线圈面积及转动所用的时间的关系是(　　)

A. 与线圈面积成正比，与时间无关。

B. 与线圈面积成正比，与时间成正比。

C. 与线圈面积成反比，与时间成正比。

D. 与线圈面积成反比，与时间无关。

3. 一闭合正方形线圈放在均匀磁场中，绕通过其中心且与一边平行的转轴 OO'转动，转轴与磁场方向垂直，转动角速度为 ω，如图 13-15 所示。用下述哪一种办法可以使线圈中感应电流的幅值增加到原来的两倍（导线的电阻不能忽略）？(　　)

A. 把线圈的匝数增加到原来的两倍。

B. 把线圈的面积增加到原来的两倍，而形状不变。

C. 把线圈切割磁力线的两条边增长到原来的两倍。

D. 把线圈的角速度 ω 增大到原来的两倍。

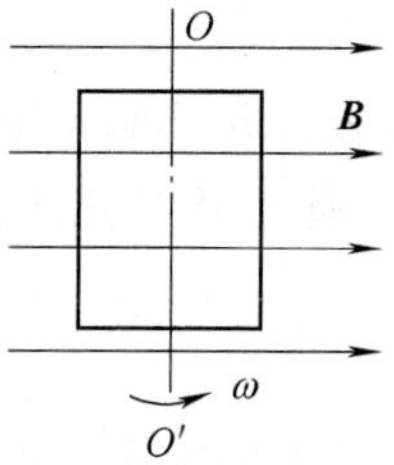

图 13-15　选择题 3 图

4. 如图 13-16 所示，长度为 l 的直导线 ab 在均匀磁场 $\boldsymbol{B}$ 中以速度v 移动，直导线 ab 中的电动势为(　　)。

A. Blv　　B. $Blv\sin\alpha$　　C. $Blv\cos\alpha$　　D. 0

5. 如图 13-17 所示，M，N 为水平面内两根平行金属导轨，ab 与 cd 为垂直于导轨并可在其上自由滑动的两根直裸导线，外磁场垂直水平面向上。当外力使 ab 向右平移时，cd 将(　　)。

A. 不动　　B. 转动　　C. 向左移动　　D. 向右移动

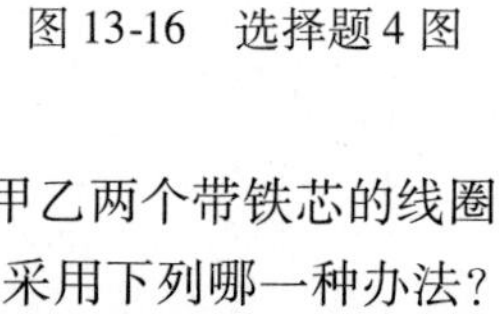

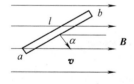

图 13-16　选择题 4 图

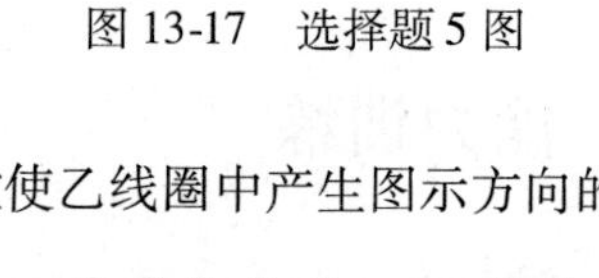

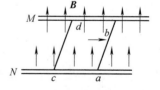

图 13-17　选择题 5 图

6. 有甲乙两个带铁芯的线圈如图 13-18 所示。欲使乙线圈中产生图示方向的感生电流 i，可以采用下列哪一种办法？(　　)

A. 接通甲线圈电源。

B. 接通甲线圈电源后，减少变阻器的阻值。

C. 接通甲线圈电源后，甲乙相互靠近。

D. 接通甲线圈电源后，抽出甲中铁心。

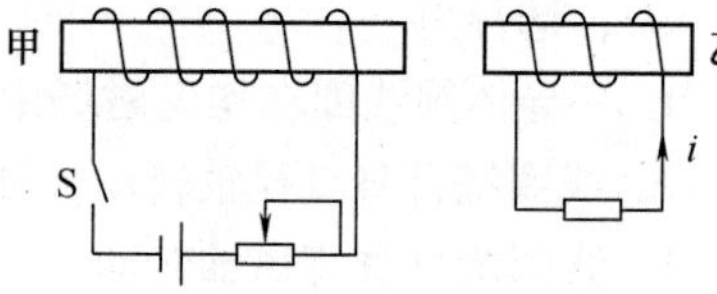

图 13-18　选择题 6 图

7. 对于单匝线圈取自感的定义式为 $L=\Phi/I$。当线圈的几何形状、大小及周围磁介质分布不变，且无铁磁性物质时，若线圈中的电流变小，则线圈的自感 L（　　）

A. 变大，与电流成反比关系。　　B. 变小。

C. 不变。　　D. 变大，但与电流不成反比关系。

8. 在真空中一个通有电流的线圈 a 所产生的磁场内有另一个线圈 b，a 和 b 相对位置固定。若线圈 b 中电流为零（断路），则线圈 b 与 a 间的互感（　　）

A. 一定为零。

B. 一定不为零。

C. 可为零也可不为零，与线圈 b 中电流无关。

D. 是不可能确定的。

9. 有两个长直密绕螺线管，长度及线圈匝数均相同，半径分别为 r_1 和 r_2，管内充满均匀介质，其磁导率分别为 μ_1 和 μ_2。设 $r_1:r_2=1:2$，$\mu_1:\mu_2=2:1$，当将两只螺线管串联在电路中通电稳定后，其自感之比 $L_1:L_2$ 与磁能之比 $W_{m1}:W_{m2}$ 分别为（　　）

A. $L_1:L_2=1:1$，$W_{m1}:W_{m2}=1:1$。

B. $L_1:L_2=1:2$，$W_{m1}:W_{m2}=1:1$。

C. $L_1:L_2=1:2$，$W_{m1}:W_{m2}=1:2$。

D. $L_1:L_2=2:1$，$W_{m1}:W_{m2}=2:1$。

10. 两根很长的平行直导线，其间距离为 a，与电源组成闭合回路，如图13-19所示。已知导线上的电流为 I，在保持 I 不变的情况下，若将导线间的距离增大，则空间的（　　）

A. 总磁能将增大。

B. 总磁能将减少。

C. 总磁能将保持不变。

D. 总磁能的变化不能确定。

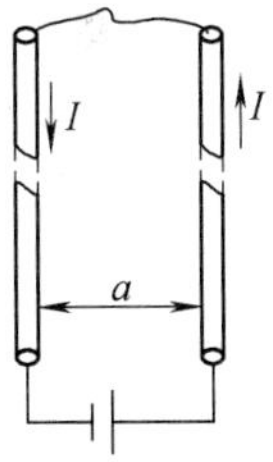

图13-19　选择题10图

二、填空题

1. 用导线制成一半径为 $r=10\text{cm}$ 的闭合圆形线圈，其电阻 $R=10\Omega$，均匀磁场垂直于线圈平面。欲使电路中有一稳定的感应电流 $i=0.01\text{A}$，B 的变化率应为 $\mathrm{d}B/\mathrm{d}t=$ ________。

2. 如图13-20所示，在一长直导线 L 中通有电流 I，$ABCD$ 为一矩形线圈，它与 L 皆在纸面内，且 AB 边与 L 平行。线圈在纸面内向右移动时，线圈中感应电动势方向为________；矩形线圈绕 AD 边旋转，当 BC 边已离开纸面正向外运动时，线圈中感应动势的方向为________。

3. 半径为 a 的无限长密绕螺线管，单位长度上的匝数为 n，通以电流 $i=I_\text{m}\sin\omega t$，则围在管外的同轴圆形回路（半径为 r）上的感生电动势为________。

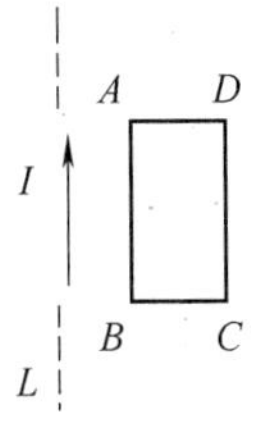

图13-20　填空题2图

4. 在磁感应强度为 $\boldsymbol{B}$ 的磁场中，以速率 v 垂直切割磁力线运动的一长度为 L 的金属杆相当于________，它的电动势 $\mathscr{E}$

= ＿＿＿＿＿＿，产生此电动势的非静电力是＿＿＿＿＿＿。

5. 一段直导线在垂直于均匀磁场的平面内运动。已知导线绕其一端以角速度 ω 转动时的电动势与导线以垂直于导线方向的速度v 做平动时的电动势相同，那么导线的长度为＿＿＿＿＿＿＿＿。

6. 金属杆 AB 以匀速$v=2\text{m/s}$ 平行于长直载流导线运动，导线与 AB 共面且相互垂直，如图 13-21 所示。已知导线载有电流 $I=40\text{A}$，则此金属杆中的感应电动势 $\mathscr{E}_i$ = ＿＿＿＿＿＿，电势较高端为＿＿＿＿＿＿。($\ln 2=0.69$。)

7. 位于空气中的长为 l、横截面半径为 a、用 N 匝导线绕成的直螺线管，当符合＿＿＿＿＿＿和＿＿＿＿＿＿的条件时，其自感可表示成 $L=\mu_0(N/l)^2V$，其中 V 是螺线管的体积。

8. 有一根无限长直导线绝缘地紧贴在矩形线圈的中心轴 OO'上，如图 13-22 所示，则直导线与矩形线圈间的互感为＿＿＿＿＿＿。

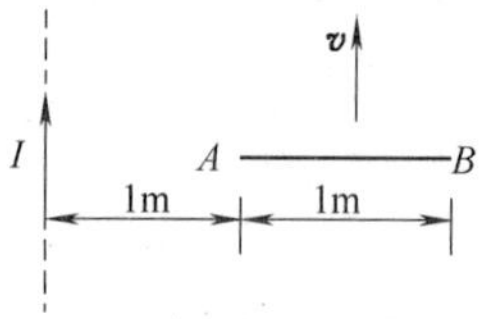

图 13-21 填空题 6 图

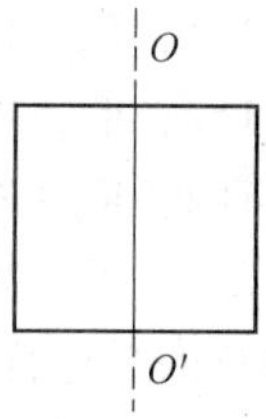

图 13-22 填空题 8 图

9. 自感 $L=0.3\text{H}$ 的螺线管中通以 $I=8\text{A}$ 的电流时，螺线管存储的磁场能量 W = ＿＿＿＿＿＿。

10. 真空中一根无限长直导线中通有电流 I，则距导线垂直距离为 a 的某点的磁能密度 w_m = ＿＿＿＿＿＿。

三、计算题

1. 如图 13-23 所示，在马蹄形磁铁的中间 A 点处放置一半径 $r=1\text{cm}$、匝数 $N=10$ 匝的小线圈，且线圈平面法线平行于 A 点磁感应强度，今将此线圈移到足够远处，在这期间若线圈中流过的总电荷为 $Q=\pi\times10^{-5}\text{C}$，试求 A 点处磁感应强度是多少？（已知线圈的电阻 $R=10\Omega$，线圈的自感忽略不计。）

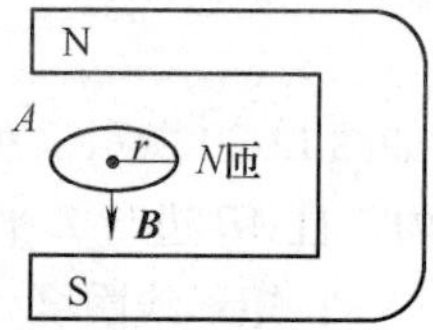

图 13-23 计算题 1 图

2. 在两根平行放置相距 $2a$ 的无限长直导线之间，有一与其共面的矩形线圈，线圈边长分别为 l 和 $2b$，且 l 边与长直导线平行。两根长直导线中通有等值同向稳恒电流 I，线圈以恒定速度v 垂直直导线向右运动（见图 13-24）。求线圈运动到两导线的中心位置（即线圈的中心线与两根导线距离均为 a）时，线圈中的感应电动势。

3. 求长度为 L 的金属杆在均匀磁场 $\boldsymbol{B}$ 中绕平行于磁场方向的定轴 OO' 转动时的动生电动势。已知杆相对于均匀磁场 $\boldsymbol{B}$ 的方位角为 θ，杆的角速度为 ω，转向如图 13-25 所示。

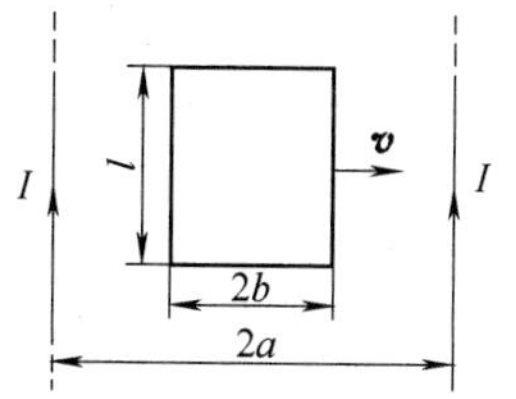

图 13-24 计算题 2 图

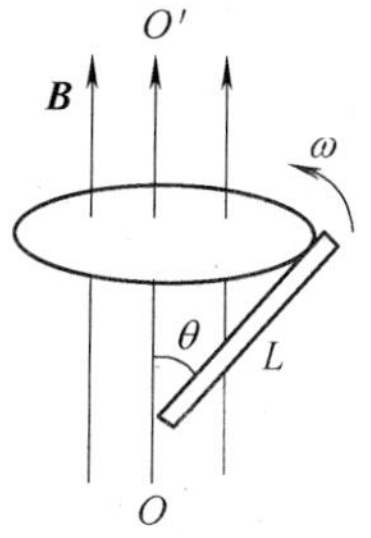

图 13-25 计算题 3 图

4. 两根平行长直导线，横截面的半径都是 a，中心线相距 d，属于同一回路。设两导线内部的磁通都略去不计，证明这样一对单位长导线的自感为 $L=\dfrac{\mu_0}{\pi}\ln\dfrac{d-a}{a}$。

参考答案

一、选择题

1. B 2. A 3. D 4. D 5. D 6. D 7. C 8. C 9. C 10. A

二、填空题

1. 3.18T/s；2. $ADCBA$ 绕向，$ADCBA$ 绕向；3. $-\mu_0 n I_m \pi a^2 \omega\cos\omega t$；4. 一个电源，$vBL$，洛伦兹力；5. $2v/\omega$；6. 1.11×10^{-5}V，A 端；7. $l>>a$，细导线均匀密绕；8. 0；9. 9.6J；10. $\mu_0 I^2/(8\pi^2 a^2)$。

三、计算题

1. **解** $\mathscr{E}_i=\left|\dfrac{\mathrm{d}\Phi}{\mathrm{d}t}\right|, i=\dfrac{\mathscr{E}_i}{R}=\dfrac{1}{R}\left|\dfrac{\mathrm{d}\Phi}{\mathrm{d}t}\right|$。由 $i=\dfrac{\mathrm{d}q}{\mathrm{d}t}$ 可得 $\mathrm{d}q=i\mathrm{d}t=\dfrac{1}{R}\int_0^{\Phi}\mathrm{d}\Phi, Q=\dfrac{1}{R}\Phi$，所以 Φ 的大小为 $\Phi=RQ=\pi\times10^{-4}\mathrm{Wb}$。

因 $\Phi=\pi r^2 B$，所以 $B=\Phi/(\pi r^2 N)=10^{-1}\mathrm{T}$。

2. **解** 取顺时针方向回路正向，$\mathscr{E}=vB_1 l-vB_2 l$

$$B_1=\frac{\mu_0 I}{2\pi}\left(\frac{1}{a-b}-\frac{1}{a+b}\right) \quad B_2=\frac{\mu_0 I}{2\pi}\left(\frac{1}{a+b}-\frac{1}{a-b}\right)=-B_1$$

所以 $\mathscr{E}=2vB_1 l=\dfrac{2\mu_0 Ibvl}{\pi(a^2-b^2)}$

3. **解** 如图 13-26 所示，在距 O 点为 l 处的 $\mathrm{d}l$ 线元中的动生电动势为 $\mathrm{d}\mathscr{E}=(\boldsymbol{v}\times\boldsymbol{B})\cdot\mathrm{d}\boldsymbol{l}$，$v=\omega l\sin\theta$

所以　$\mathscr{E}_i = \int_L (v \times \boldsymbol{B}) \cdot \mathrm{d}\boldsymbol{l} = \int_L vB\sin\left(\frac{1}{2}\pi\right)\cos\alpha \mathrm{d}l = \int_L \omega lB\sin\theta \mathrm{d}l\sin\theta$

$$= \omega B\sin^2\theta \int_0^L l\mathrm{d}l = \frac{1}{2}\omega BL^2\sin^2\theta$$

$\mathscr{E}_i$ 的方向沿着杆指向上端。

4. **证明**　取长直导线之一的轴线上一点作为坐标原点，设电流为 I，则在两长直导线的平面上两线之间的区域中 B 的分布为

$$B = \frac{\mu_0 I}{2\pi r} + \frac{\mu_0 I}{2\pi(d-r)}$$

穿过单位长的一对导线所围面积（如图 13-27 中阴影所示）的磁通为

$$\Phi = \int_S \boldsymbol{B} \cdot \mathrm{d}\boldsymbol{S} = \frac{\mu_0 I}{2\pi}\int_a^{d-a}\left(\frac{1}{r} + \frac{1}{d-r}\right)\mathrm{d}r = \frac{\mu_0}{\pi} I\ln\frac{d-a}{a},$$

故 $L = \dfrac{\Phi}{I} = \dfrac{\mu_0}{\pi}\ln\dfrac{d-a}{a}$。

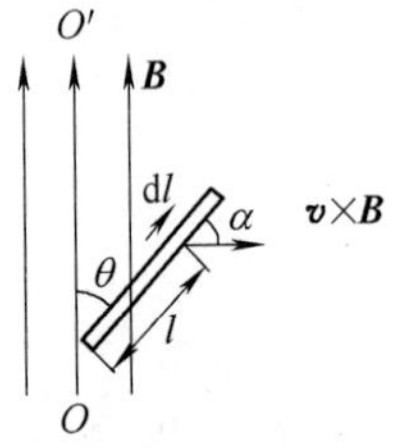

图 13-26　计算题 3 解图

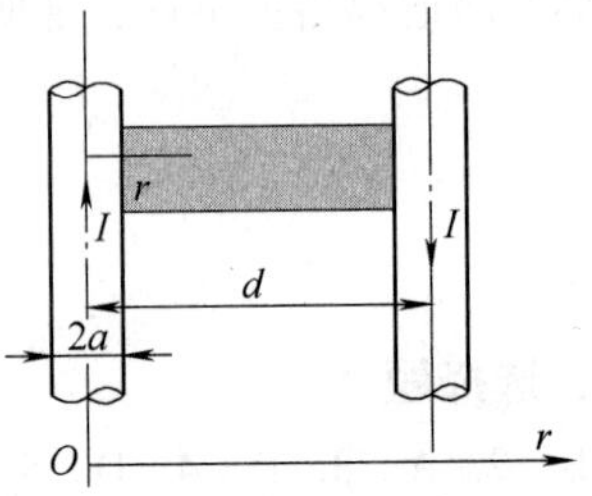

图 13-27　计算题 4 解图

第 14 章　电　磁　场

14.1　知识网络

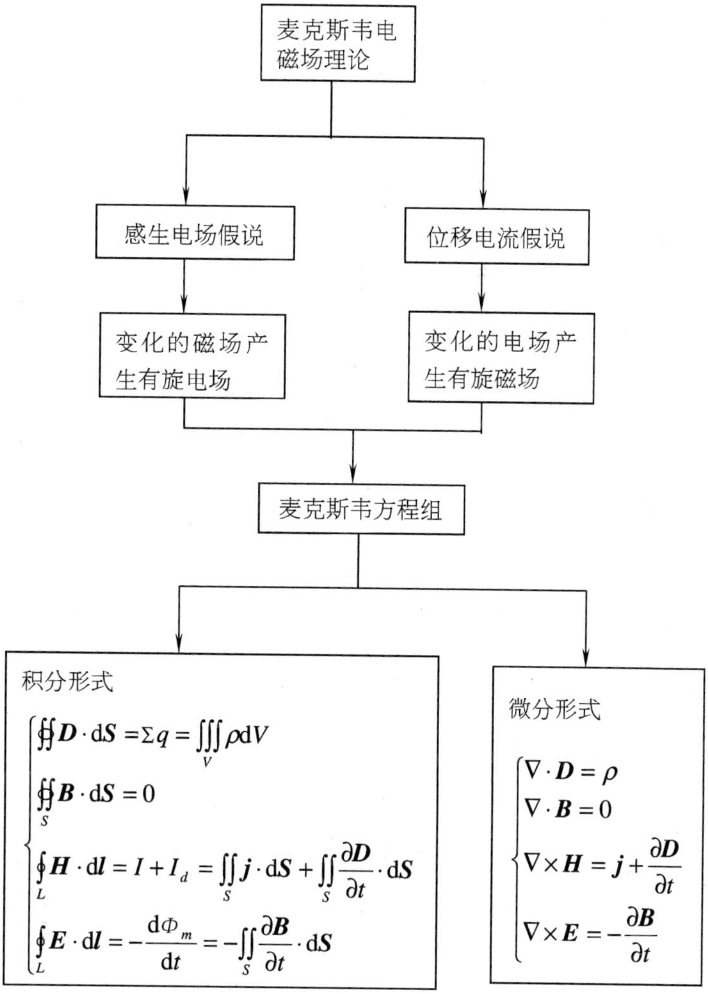

14.2 学习指导

14.2.1 麦克斯韦假说

1. 感生电场假说

为了说明感生电动势的成因，麦克斯韦提出了感生电场假说，即变化的磁场在其周围空间激发感生电场（涡旋电场）。（详见电磁感应一章。）

2. 位移电流假说

为了解决安培环路定理与非稳恒电流的矛盾，麦克斯韦提出了位移电流假说，即随时间变化的电场相当于一种电流，称为位移电流。

（1）位移电流：通过电场中某曲面的位移电流等于穿过该曲面的电位移通量的时间变化率，表示为

$$I_d = \frac{d\Phi_D}{dt} \tag{14-1}$$

（2）位移电流密度：电场中某点的位移电流密度为该点处电位移矢量的时间变化率，表示为

$$\boldsymbol{J}_d = \frac{d\boldsymbol{D}}{dt} \tag{14-2}$$

14.2.2 全电流定律

1. 全电流

传导电流 I 与位移电流 I_d 之和叫作全电流，即 $I_{全} = I + I_d$。

注意，传导电流不总是连续的，如电容器的两极板之间传导电流中断；位移电流也一样，如在导线内，可能只有传导电流，而无位移电流；但全电流总是连续的，如在电容器充、放电过程中，在极板间中断的传导电流可由位移电流接续，构成全电流的连续性。

2. 全电流定律

变化的电场即位移电流与传导电流在激发磁场方面是等效的，它们都是激发磁场的源。在磁场中沿任一闭合回路，$\boldsymbol{H}$ 的线积分在数值上等于穿过以该闭合回路为边线的任意曲面的全电流，即

$$\oint_L \boldsymbol{H} \cdot d\boldsymbol{l} = I + I_d \tag{14-3}$$

3. 位移电流和传导电流的异同

相同点：位移电流和传导电流在激发磁场方面是等效的。

不同点有如下三个方面：

（1）物理本质不同。传导电流是电荷的定向运动；位移电流名曰“电流”，实为变化着的电场，并无电荷的定向运动，因此有电流之名，无电流之实。

（2）对外效应不同。传导电流在通过导体时会产生焦耳热，而位移电流则不会产生焦耳热。

（3）存在范围不同。位移电流也即变化着的电场，可以存在于真空、导体、电介质中，而传导电流只能存在于导体中。

14.2.3 麦克斯韦方程组 电磁场

1. 麦克斯韦方程组

麦克斯韦总结电场（包括静电场和有旋电场）、磁场（包括由传导电流产生的磁场和位移电流产生的磁场）的性质，得出麦克斯韦方程组（积分形式）

$$\begin{cases} \oint\!\!\!\oint_S \boldsymbol{D}\cdot \mathrm{d}\boldsymbol{S} = q \\ \oint\!\!\!\oint_S \boldsymbol{B}\cdot \mathrm{d}\boldsymbol{S} = 0 \\ \oint_L \boldsymbol{E}\cdot \mathrm{d}\boldsymbol{l} = -\iint_S \dfrac{\partial \boldsymbol{B}}{\partial t}\cdot \mathrm{d}\boldsymbol{S} \\ \oint_L \boldsymbol{H}\cdot \mathrm{d}\boldsymbol{l} = I + \iint_S \dfrac{\partial \boldsymbol{D}}{\partial t}\cdot \mathrm{d}\boldsymbol{S} \end{cases} \tag{14-4}$$

第一式中 q 为自由电荷。由于有旋电场 $\boldsymbol{E}_i$ 的电场线是闭合的，其穿过任一闭合曲面的 $\boldsymbol{D}$ 通量一定为零。

第二式中无论是传导电流还是位移电流，产生的磁场的磁感应线均是闭合的，故穿过任一闭合曲面的磁通量总为零。

第三式中由于静电场为保守力场，其 $\boldsymbol{E}$ 的环流为零，故此式右端为有旋电场强度的环流的结果。

第四式是全电流定律。

2. 麦克斯韦方程组微分形式

$$\begin{aligned} &\nabla\cdot\boldsymbol{D}=\rho \\ &\nabla\cdot\boldsymbol{B}=0 \\ &\nabla\times\boldsymbol{E}=-\frac{\partial \boldsymbol{B}}{\partial t} \\ &\nabla\times\boldsymbol{H}=\boldsymbol{J}+\frac{\partial \boldsymbol{D}}{\partial t} \end{aligned} \tag{14-5}$$

3. 电磁场

麦克斯韦方程组体现了麦克斯韦电磁理论的基本思想，即变化的磁场激发涡旋电场，而变化的电场也会像传导电流一样激发涡旋磁场，变化的电场和磁场相互联系，相互激发，从而形成统一的电磁场。

电磁场具有能量、质量、动量、角动量等，这些都是物质性的表现，因此，电磁场也是一种物质，场与实物一样都遵守能量守恒、动量守恒、角动量守恒等物质运动的普遍规律。

14.3 问题辨析

问题 1 一个充电后切断电源的平行板电容器，另一个与电源相连的平行板电容器，当两极板间的距离改变时，试判断这两个电容器极板间有无位移电流。

辨析 对于充电后切断电源的平行板电容器，当两极板间的距离改变时，极板上的电荷量始终不变，所以极板间无位移电流；对于与电源相连的平行板电容器，两极板间的电压 U 始终不变，当两极板间距离 d 改变时，电容器电容值 $C=\dfrac{\varepsilon S}{d}$发生变化，极板上的电荷量 $q=CU$ 也随之变化，由位移电流定义 $I_{\mathrm{d}}=\dfrac{\mathrm{d}\Phi_{\mathrm{D}}}{\mathrm{d}t}=\dfrac{\mathrm{d}q}{\mathrm{d}t}$可知，极板间有位移电流。

问题 2 （1）随时间变化的电场是否一定产生随时间变化的磁场?（2）随时间变化的磁场是否一定产生随时间变化的电场?

辨析 （1）不一定。由 $\oint_L \boldsymbol{H}\cdot\mathrm{d}\boldsymbol{l}=\iint_S \dfrac{\partial \boldsymbol{D}}{\partial t}\cdot\mathrm{d}\boldsymbol{S}$ 可知，若 $\boldsymbol{D}$ 随时间变化，但$\dfrac{\partial \boldsymbol{D}}{\partial t}$不含时间 t，则随时间变化的电场所产生的磁场不随时间变化。

（2）不一定。由 $\oint_L \boldsymbol{E}\cdot\mathrm{d}\boldsymbol{l}=-\iint_S \dfrac{\partial \boldsymbol{B}}{\partial t}\cdot\mathrm{d}\boldsymbol{S}$ 可知，若 $\boldsymbol{B}$ 随时间变化，但$\dfrac{\partial \boldsymbol{B}}{\partial t}$不含时间 t，则随时间变化的磁场所产生的电场也不随时间变化。

14.4 例题剖析

14.4.1 基本思路

本章重点是理解位移电流及全电流这两个基本概念。问题涉及①位移电流的计算，关键是明确位移电流 I_d 为通过某一曲面上的电位移通量的时间变化率，而位移电流密度则是电位移的时间变化率，问题就转化为电位移及电位移通量的计算；②根据全电流定律计算由位移电流（或位移电流与传导电流）激发的具有简单对称性的磁场的分布。

14.4.2 典型例题

例 14-1 如图 14-1 所示，一平板电容器，极板面积为 S，充电完成后仍与电源相连，若将带正电的极板以匀速 v 上提，而带负电的极板不动，电源的端电压也维持不变，略去边缘效应。当两极板的距离为 l 时，求电容器中的位移电流密度。

分析 求平行板电容器中变化电场的位移电流或位移电流密度是常见的题型。不考虑边缘效应，平行板电容器中的电场可看成是均匀电场，保持两极板间电压不变，当极板间距变化时，极板间电场随之变化，电场的电位移时间变化率即为待求的位移电流密度。

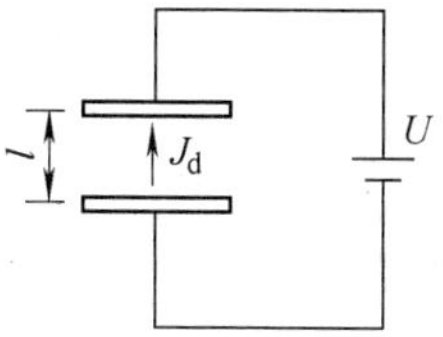

图 14-1 例 14-1 图

解 假设板间电压为 U，时刻 t，平行板电容器间距为 r，不考虑边缘效应，则极板间的电场为均匀电场，其电场强度为

$$E=\frac{U}{r}$$

电位移矢量的大小为
$$D=\varepsilon_0E=\varepsilon_0\frac{U}{r}$$

相应的位移电流密度为
$$J_d=\left|\frac{\mathrm{d}D}{\mathrm{d}t}\right|=\left|\frac{\mathrm{d}}{\mathrm{d}t}\left(\varepsilon_0\frac{U}{r}\right)\right|=\left|-\frac{\varepsilon_0U}{r^2}\frac{\mathrm{d}r}{\mathrm{d}t}\right|$$

依题意，$\dfrac{\mathrm{d}r}{\mathrm{d}t}=v$，当 $r=l$ 时，有 $J_\mathrm{d}=\dfrac{\varepsilon_0v}{l^2}U$。

例 14-2 如图 14-2 所示，同轴线终端接一平行圆板电容器，极板半径为 R，板间距为 b，且 $b<<R$。上极板接同轴线外导体，下极板接在同轴线内导体的延伸部分，内导体半径为 R_0。极板间加上电压 $U=U_\mathrm{m}\sin\omega t$（$U_\mathrm{m}$、$\omega$ 均为常量），求板间 $R_0<r<R$ 范围内任一点的磁场强度。

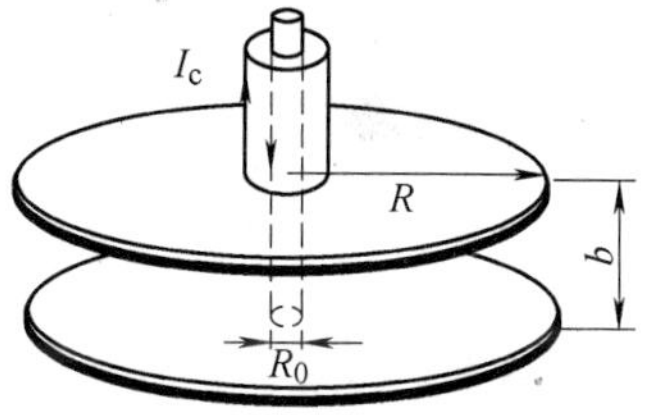

图 14-2 例 14-2 图

分析 求变化的电场（或位移电流）激发磁场的问题中，以平形板电容器或圆柱形电容器间的变化电场最为常见。本题要求平行圆板电容器间变化电场激发的磁场。因 $b<<R$，略去边缘效应，极板间的电场可视为匀强电场，电位移大小为 $D=\dfrac{\varepsilon_0}{b}U$，由此可得极板间的位移电流密度 $J_\mathrm{d}=\dfrac{\varepsilon_0}{b}\dfrac{\mathrm{d}U}{\mathrm{d}t}$，又由于内导体在极板间的延伸部分有传导电流 $I_\mathrm{c}=C\dfrac{\mathrm{d}U}{\mathrm{d}t}$通过（其中 C 为电容器的电容），且位移电流与传导电流均具有轴对称性，因此极板间磁场也具有轴对称性。又因为位移电流与传导电流方向相反，根据全电流定律，即可求得极板间的磁场分布。

解 由于 $b<<R$，略去边缘效应，平行板电容器的电容为 $C=\dfrac{\varepsilon_0\pi R^2}{b}$，极板间的电场可视为匀强电场，电位移大小 $D=\dfrac{\varepsilon_0}{b}U$。

在极板间作一平行于极板、以轴线为中心、半径为 r 的圆面，其上通过的位移电流为

$$I_{\mathrm{d}}=\frac{\mathrm{d}}{\mathrm{d}t}\int_S \boldsymbol{D}\cdot\mathrm{d}\boldsymbol{S}=\pi r^2\frac{\mathrm{d}D}{\mathrm{d}t}=\frac{\varepsilon_0\pi r^2}{b}\frac{\mathrm{d}U}{\mathrm{d}t}$$

内导体延伸部分的传导电流为

$$I_{\mathrm{c}}=C\frac{\mathrm{d}U}{\mathrm{d}t}=\frac{\varepsilon_0\pi R^2}{b}\frac{\mathrm{d}U}{\mathrm{d}t}$$

由磁场的对称性及全电流定律，又因传导电流与位移电流方向相反，有

$$\oint \boldsymbol{H}\cdot\mathrm{d}\boldsymbol{l}=H\cdot 2\pi r=I_{\mathrm{c}}-I_{\mathrm{d}}=\frac{\varepsilon_0\pi(R^2-r^2)}{b}\frac{\mathrm{d}U}{\mathrm{d}t}$$

解得

$$H=\frac{1}{2\pi r}\frac{\varepsilon_0\pi(R^2-r^2)}{b}\frac{\mathrm{d}U}{\mathrm{d}t}=\frac{\varepsilon_0}{2b}\left(\frac{R^2}{r}-r\right)\frac{\mathrm{d}U}{\mathrm{d}t}=\frac{\varepsilon_0\omega U_{\mathrm{m}}}{2b}\left(\frac{R^2}{r}-r\right)\cos\omega t$$

$\boldsymbol{H}$ 的方向在过该点与轴线垂直的平面内，与瞬时传导电流方向满足右手螺旋定则。

14.5 能力训练

一、选择题

1. 在感应电场中电磁感应定律可写成 $\oint \boldsymbol{E}_{\mathrm{k}}\cdot\mathrm{d}\boldsymbol{l}=-\dfrac{\mathrm{d}\Phi}{\mathrm{d}t}$，式中 $\boldsymbol{E}_{\mathrm{k}}$ 为感应电场的电场强度，此式表明（　　）

A. 闭合曲线 L 上 $\boldsymbol{E}_{\mathrm{k}}$ 处处相等。

B. 感应电场是保守力场。

C. 感应电场的电场强度线不是闭合曲线。

D. 在感应电场中不能像对静电场那样引入电势的概念。

2. 用导线围成的回路（两个以 O 点为心半径不同的同心圆，在一处用导线沿半径方向相连），放在轴线通过 O 点的圆柱形均匀磁场中，回路平面垂直于柱轴，如图 14-3 所示。磁场方向垂直纸面向里，其大小随时间减小，则 A→D 各图中哪个图上正确表示了感应电流的流向？（　　）

3. 如图 14-4 所示，平板电容器（忽略边缘效应）充电时，沿环路 L_1 的磁场强度 $\boldsymbol{H}$

的环流与沿环路 L_2 的磁场强度 $\boldsymbol{H}$ 的环流两者，必有（　　）。

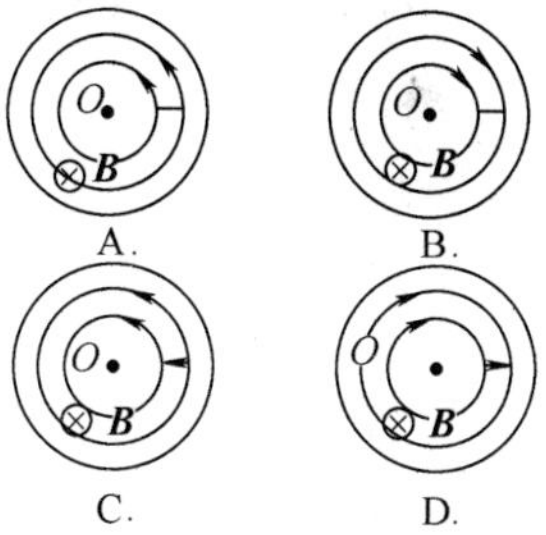

图 14-3　选择题 2 图

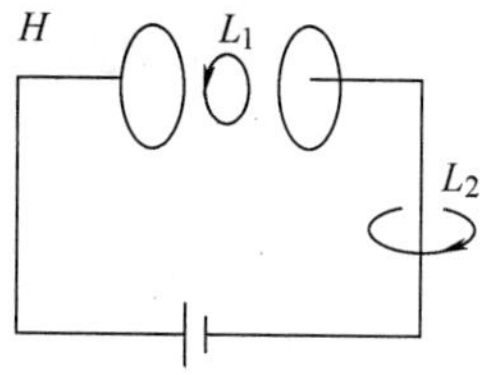

图 14-4　选择题 3 图

A. $\oint_{L_1}\boldsymbol{H}\cdot d\boldsymbol{l} > \oint_{L_2}\boldsymbol{H}\cdot d\boldsymbol{l}$　　B. $\oint_{L_1}\boldsymbol{H}\cdot d\boldsymbol{l} = \oint_{L_2}\boldsymbol{H}\cdot d\boldsymbol{l}$

C. $\oint_{L_1}\boldsymbol{H}\cdot d\boldsymbol{l} < \oint_{L_2}\boldsymbol{H}\cdot d\boldsymbol{l}$　　D. $\oint_{L_1}\boldsymbol{H}\cdot d\boldsymbol{l} = 0$

4. 电位移矢量的时间变化率 $d\boldsymbol{D}/dt$ 的单位是（　　）。

A. C/m^2　　B. C/s

C. A/m^2　　D. $A\cdot m^2$

二、填空题

1. 半径为 r 的两块圆板组成的平行板电容器已经充电，在放电时两板间的电场强度的大小为 $E = E_0 e^{-t/RC}$，式中 E_0、R、C 均为常数，则两板间的位移电流的大小为______，其方向与电场强度方向__________。

2. 加在平行板电容器极板上的电压变化率 1.0×10^6 V/s，在电容器内产生 1.0A 的位移电流，则该电容器的电容量为__________ μF。

3. 写出麦克斯韦方程组的积分形式：

______________________________，______________________________，

______________________________，______________________________。

三、计算题

给电容为 C 的平行板电容器充电，电流为 $i = 0.2e^{-t}$(SI)，$t=0$ 时电容器极板上无电荷。求

(1) 极板间电压 U 随时间 t 而变化的关系。

(2) t 时刻极板间总的位移电流 I_d（忽略边缘效应）。

参 考 答 案

一、选择题

1. D　　2. B　　3. C　　4. C

二、填空题

1. $\dfrac{\pi r^2\varepsilon_0 E_0}{RC}e^{-t/RC}$，相反 2. 1 3. $\oint_S \boldsymbol{D}\cdot d\boldsymbol{S}=\int_V \rho dV$, $\oint_L \boldsymbol{E}\cdot d\boldsymbol{l}=-\int_S \dfrac{\partial \boldsymbol{B}}{\partial t}\cdot d\boldsymbol{S}$, $\oint_S \boldsymbol{B}\cdot d\boldsymbol{S}=0$, $\oint_L \boldsymbol{H}\cdot d\boldsymbol{l}=\int_S\left(\boldsymbol{J}+\dfrac{\partial \boldsymbol{D}}{\partial t}\right)\cdot d\boldsymbol{S}$。

三、计算题

解：(1) $U=\dfrac{q}{C}=\dfrac{1}{C}\int_0^t i dt=-\dfrac{1}{C}\times 0.2e^{-t}\Big|_0^t=\dfrac{0.2}{C}(1-e^{-t})$。

(2) 由全电流的连续性，得 $I_d=i=0.2e^{-t}$。

磁学及电磁感应综合测试题

一、选择题

1. 通有电流 I 的无限长直导线弯成如图综合4-1 所示的3 种形状，则 P、Q、O 各点磁感应强度的大小 B_P、B_Q、B_O 间的关系为（　　）。

A. $B_P > B_Q > B_O$　　B. $B_Q > B_P > B_O$　　C. $B_Q > B_O > B_P$　　D. $B_O > B_Q > B_P$

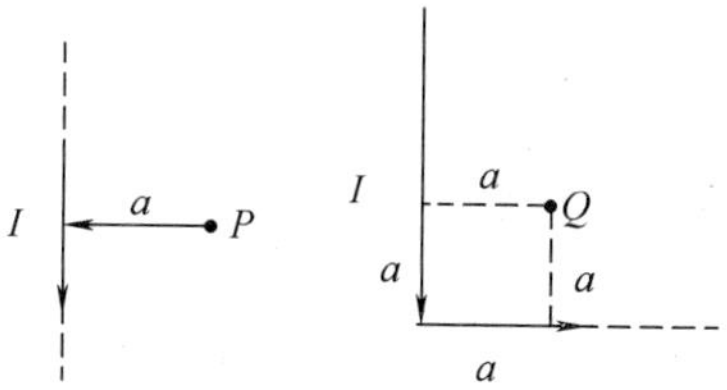

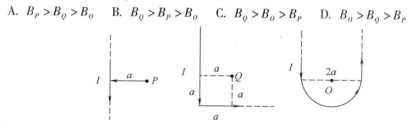

图　综合4-1　选择题1 图

2. 一载有电流 I 的细导线分别均匀密绕在半径为 R 和 r 长直圆筒上，形成两个螺线管（$R=2r$），两螺线管单位长度上的匝数相等，则两螺线管中磁感应强度大小 B_R 和 B_r 应满足（　　）。

A. $B_R = 2B_r$　　B. $B_R = B_r$　　C. $2B_R = B_r$　　D. $B_R = 4B_r$

3. 如图综合4-2 所示，流出纸面的电流为 $2I$，流进纸面的电流为 I，则下述各式中哪一个是正确的（　　）。

A. $\oint_{L_1} \boldsymbol{H} \cdot \mathrm{d}\boldsymbol{l} = 2I$　　B. $\oint_{L_2} \boldsymbol{H} \cdot \mathrm{d}\boldsymbol{l} = I$

C. $\oint_{L_3} \boldsymbol{H} \cdot \mathrm{d}\boldsymbol{l} = -I$　　D. $\oint_{L_4} \boldsymbol{H} \cdot \mathrm{d}\boldsymbol{l} = -I$

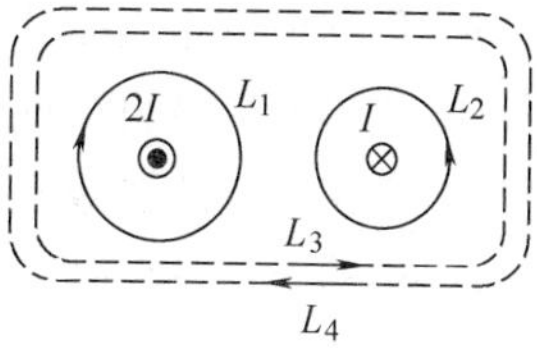

图　综合4-2　选择题3 图

4. 一均匀磁场，其磁感应强度方向垂直于纸面向外，两带电粒子在该磁场中的运动轨迹如图综合4-3 所示，则（　　）。

A. 两粒子的电荷必然同号

B. 粒子的电荷可以同号也可以异号

C. 两粒子的动量大小必然不同

D. 两粒子的运动周期必然不同

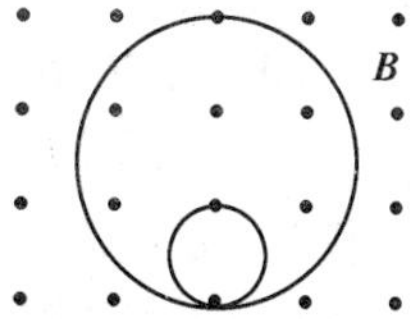

图　综合4-3　选择题4 图

5. 在匀强磁场中，有两个平面线圈，其面积 $A_1 = 2A_2$，通有电流 $I_1 = 2I_2$，则它们所受的最大磁力矩之比 M_1/M_2 等于（　　）。

A. 1　　B. 2　　C. 4　　D. 1/4

6. 如图综合4-4所示，一电子以速度v，垂直进入磁感应强度为$\boldsymbol{B}$的均匀磁场中，此电子在均匀磁场中运动轨迹所围面积内的磁通量将（　　）。

A. 正比于B，反比于v^2

B. 反比于B，正比于v^2

C. 正比于B，反比于v

D. 反比于B，正比于v

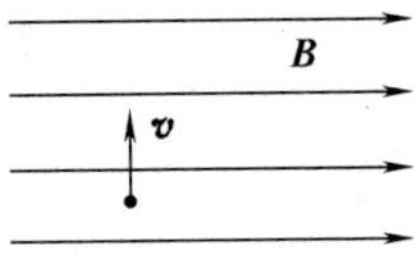

图　综合4-4　选择题6图

7. 用线圈自感L来表示载流线圈磁场能量的公式$W_m=\frac{1}{2}LI^2$（　　）。

A. 只适用于无限长密绕螺线管

B. 只适用于单匝圆线圈

C. 只适用于一个匝数多，且密绕的螺线环

D. 适用于自感L一定的任意线圈

8. 有两个线圈，线圈1对线圈2的互感为M_{21}，而线圈2对线圈1的互感为M_{12}。若它们分别流过变化电流i_1和i_2，且$\left|\frac{\mathrm{d}i_1}{\mathrm{d}t}\right|>\left|\frac{\mathrm{d}i_2}{\mathrm{d}t}\right|$，并设由$i_2$变化在线圈1中产生的互感电动势为$\mathscr{E}_{12}$，由$i_1$变化在线圈2中产生的互感电动势为$\mathscr{E}_{21}$，试判断，下述论断正确的是（　　）。

A. $M_{12}=M_{21}$，$\varepsilon_{21}=\varepsilon_{12}$　　B. $M_{12}\neq M_{21}$，$\varepsilon_{21}\neq\varepsilon_{12}$

C. $M_{12}=M_{21}$，$\varepsilon_{21}>\varepsilon_{12}$　　D. $M_{12}=M_{21}$，$\varepsilon_{21}<\varepsilon_{12}$

9. 对位移电流，有下列4种说法，请指出哪一种说法正确（　　）

A. 位移电流是由变化电场产生的。

B. 位移电流是由线性变化磁场产生的。

C. 位移电流的热效应服从焦耳-楞次定律。

D. 位移电流的磁效应不服从安培环路定律。

二、填空题

1. 已知长直细导线A、B通有电流$I_A=1\mathrm{A}$，$I_B=2\mathrm{A}$，电流流向和放置位置如图综合4-5所示。设I_A和I_B在P点产生的磁感应强度大小分别为B_A和B_B，则B_A和B_B之比为__________，此时P点处的磁感应强度$\boldsymbol{B}_P$与x轴夹角为__________。

2. 载有一定电流的圆线圈在周围空间产生的磁场与圆线圈半径R有关，当圆线圈半径R增大时，圆线圈中心点（即圆心）的磁场__________；圆线圈轴线上各点的磁场__________。

3. 两根长直导线通有电流I，如图综合4-6所示有三种回路。在每种回路情况下，$\oint\boldsymbol{B}\cdot\mathrm{d}\boldsymbol{l}$等于__________（对环路$a$）；__________（对环路$b$）；__________（对环路$c$）。

4. 如图综合4-7所示，一根载流导线被弯成半径为R的1/4圆弧，放在磁感应强度

为 B 的均匀磁场中，则载流导线 ab 所受磁场的作用力的大小为________，方向________。

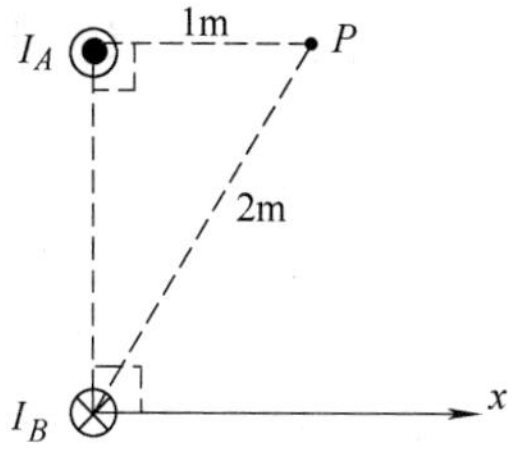

图 综合 4-5 填空题 1 图

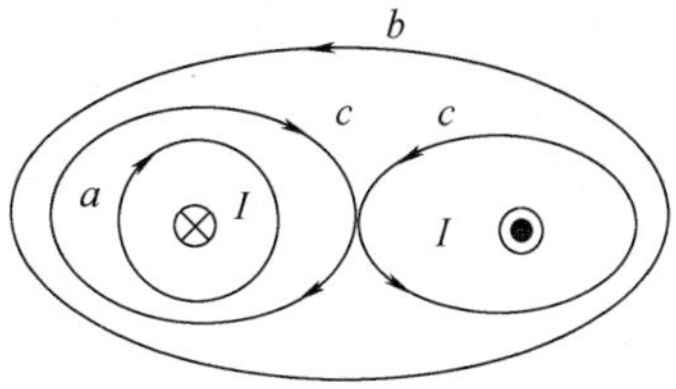

图 综合 4-6 填空题 3 图

5. 如图综合 4-8 所示，在粗糙斜面上放有一长为 l 的木制圆柱，已知圆柱质量为 m，其上绕有 N 匝导线，圆柱体轴线位于导线回路平面内，整个装置处于磁感应强度大小为 B、方向竖直向上的均匀磁场中，如果绕组的平面与斜面平行，则通过回路的电流 $I=$________时，圆柱可以稳定在斜面上不滚动。

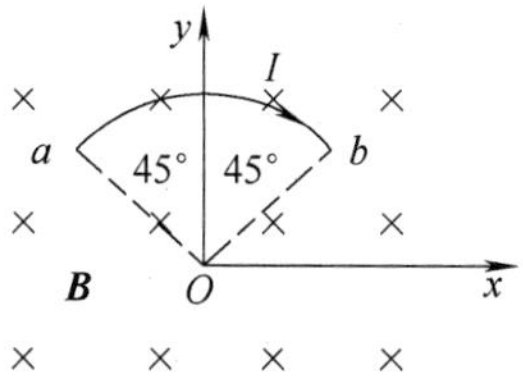

图 综合 4-7 填空题 4 图

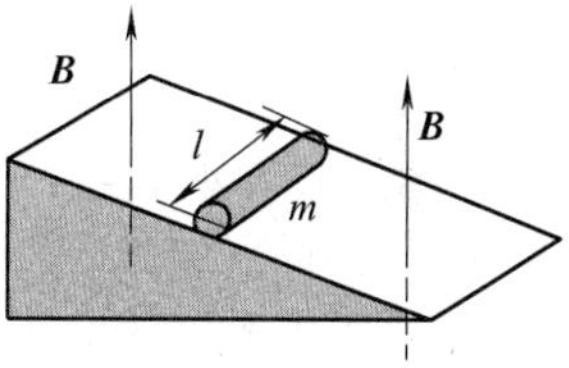

图 综合 4-8 填空题 5 图

6. 如图综合 4-9 所示，在面电流密度为 $\boldsymbol{j}$ 的均匀无限大平板附近，有一载流为 I 半径为 R 的半圆形刚性线圈，其线圈平面与载流大平板垂直。线圈所受磁力矩为________，受力为________。

7. 磁场中某点的磁感应强度为 $\boldsymbol{B}=0.40\boldsymbol{i}-0.20\boldsymbol{j}$ T，一电子以速度 $v=0.50\times10^6\boldsymbol{i}+1.0\times10^6\boldsymbol{j}$ m/s 通过该点，则作用于该电子上的磁场力 $\boldsymbol{F}$ 为________。

8. 载有恒定电流 I 的长直导线旁有一半圆环导线 cd，半圆环半径为 b，环面与直导线垂直，且半圆环两端点连线的延长线与直导线相交，如图综合 4-10 所示。当半圆环以速度 v 沿平行于直导线的方向平移时，半圆环上的感应电动势的大小是________。

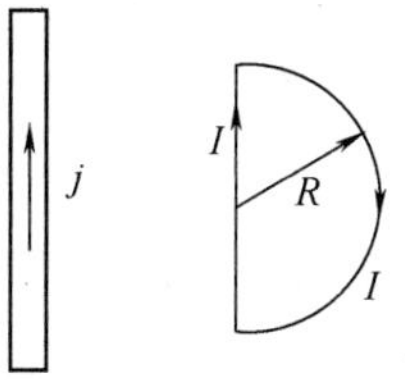

图 综合 4-9 填空题 6 图

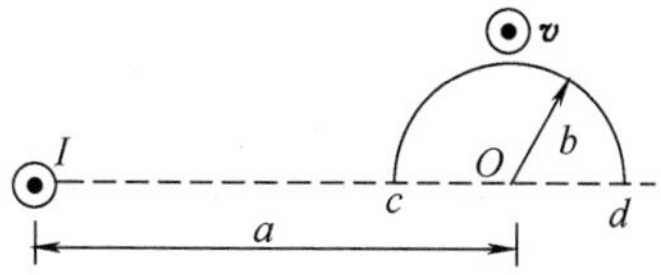

图 综合 4-10 填空题 8 图

9. 一导线被弯成如图综合4-11所示形状，acb 为半径为 R 的3/4圆弧，直线段 Oa 长为 R。若此导线放在匀强磁场中，$\boldsymbol{B}$ 的方向垂直纸面向内，导线以角速度 ω 在纸面内绕 O 点匀速转动，则此导线中的动生电动势 $\mathscr{E}_i$ = ________，电势最高的点是________。

10. 两根很长的平行直导线与电源组成回路，如图综合4-12所示。已知导线上的电流为 I，两导线单位长度的自感为 L，则沿导线单位长度的空间内总磁能 W_m = ________。

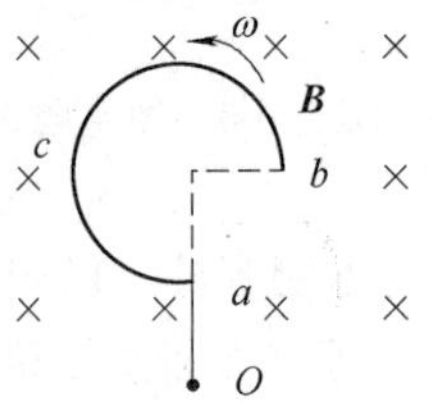

图　综合4-11　填空题9图

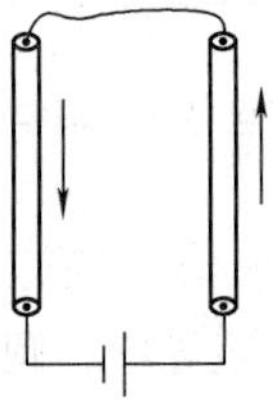

图　综合4-12　填空题10图

三、计算题

1. 有两根导线，分别长2m和3m，将它们弯成闭合的圆，且分别通以电流 I_1 和 I_2。已知两个圆电流在圆心处的磁感应强度大小相等，求圆电流的比值 I_1/I_2。

2. 一平面线圈由半径为0.2m的1/4圆弧和相互垂直的两条直线组成，通以电流2A，把它放在磁感应强度为0.5T的均匀磁场中，求

（1）线圈平面与磁场垂直时（见图综合4-13所示），圆弧 AC 段所受的磁力。

（2）线圈平面与磁场成60°角时，线圈所受的磁力矩。

3. 如图综合4-14所示，一长直导线通有电流 I，其旁共面地放置一匀质金属梯形线框 $abcda$，已知 $da = ab = bc = L$，两斜边与下底边夹角均为60°，d 点与导线相距 l。今线框从静止开始自由下落 H 高度，且保持线框平面与长直导线始终共面，求

（1）下落高度为 H 的瞬间，线框中的感应电流为多少？

（2）该瞬时线框中电势最高处与电势最低处之间的电势差为多少？

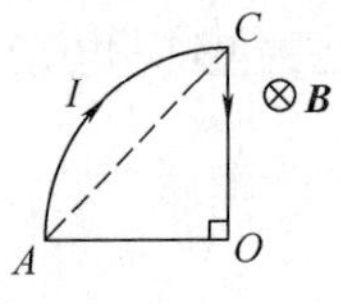

图　综合4-13　计算题2图

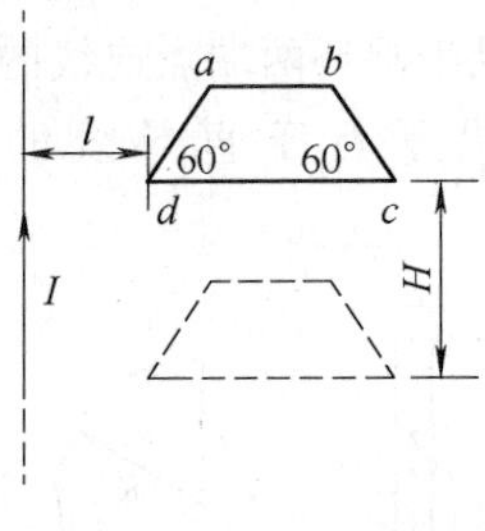

图　综合4-14　计算题3图

4. 如图综合4-15所示，长直导线中电流为 i，矩形线框 $abcd$ 与长直导线共面，且 $ad /\!/ AB$，dc 边固定，ab 边沿 da 及 cb 以速度 v 无摩擦地匀速平动，$t = 0$ 时，ab 边与 cd

边重合，设线框自感忽略不计。

（1）如果 $i=I_0$，求 ab 中的感应电动势，ab 两点哪点电势高？

（2）如果 $i=I_0\cos\omega t$，求 ab 边运动到图示位置时线框中的总感应电动势。

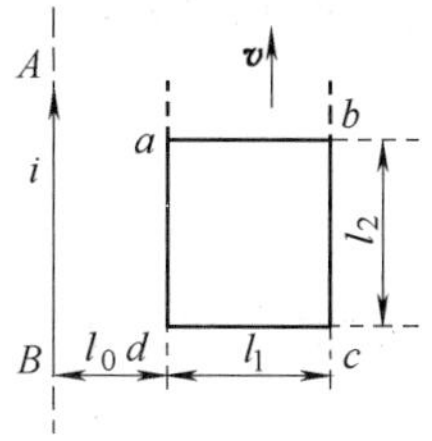

图　综合 4-15　计算题 4 图

磁学及电磁感应综合测试题参考答案

一、选择题

1. D　2. B　3. D　4. B　5. C　6. B　7. D　8. C　9. A

二、填空题

1. 1/1，π/6；2. 减小，减小；3. $\mu_0 I$，0，$2\mu_0 I$；4. $\sqrt{2}BIR$，沿 y 轴正向；5. $mg/(2NLB)$；6. 0,0；7. $8.0\times10^{-14}\boldsymbol{k}$（N）；8. $\dfrac{\mu_0 Iv}{2\pi}\ln\dfrac{a+b}{a-b}$；9. $\dfrac{5}{2}B\omega R^2$，O 点；10. $\dfrac{1}{2}LI^2$。

三、计算题

1. **解**　$B_1=\dfrac{\mu_0 I_1}{2R_1}$，$B_2=\dfrac{\mu_0 I_2}{2R_2}$。由 $B_1=B_2$ 得 $I_1/R_1=I_2/R_2$，$\dfrac{I_1}{I_2}=\dfrac{R_1}{R_2}=\dfrac{2\pi R_1}{2\pi R_2}=\dfrac{2}{3}$。

2. **解**　（1）圆弧 AC 所受的磁力：在均匀磁场中 AC 通电圆弧所受的磁力与通有相同电流的 $\overline{AC}$ 直线所受的磁力相等，故有 $F_{AC}=F_{\overline{AC}}=I\sqrt{2}RB=0.283\text{N}$，方向与 AC 直线垂直，与 OC 夹角 45°，如图综合 4-16 所示。

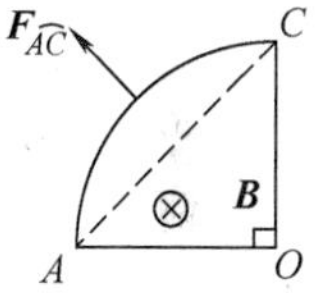

图　综合 4-16　计算题 2 解图

（2）磁力矩：线圈的磁矩为 $\boldsymbol{p}_m=IS\boldsymbol{n}=2\pi\times10^{-2}\boldsymbol{n}$。本小问中假设线圈平面与 $\boldsymbol{B}$ 成 60°角，则 $\boldsymbol{p}_m$ 与 $\boldsymbol{B}$ 成 30°角，有力矩 $|\boldsymbol{M}|=|\boldsymbol{p}_m\times\boldsymbol{B}|=p_m B\sin30°$，$M=1.57\times10^{-2}\text{N}\cdot\text{m}$，力矩 $\boldsymbol{M}$ 将驱使线圈法线转向与 $\boldsymbol{B}$ 平行。

3. **解**　（1）由于线框垂直下落，线框所包围面积内的磁通量无变化，故感应电流 $I_i=0$。（2）设 dc 边长为 l'，则由图可见 $l'=L+2L\cos60°=2L$。取 $d\to c$ 的方向为 dc 边内感应电动势的正向，则 $\mathscr{E}_{dc}=\int_d^c(v\times\boldsymbol{B})\cdot\mathrm{d}\boldsymbol{l}=\int_d^c vB\mathrm{d}l=\int_0^{l'}\sqrt{2gH}\cdot\dfrac{\mu_0 I}{2\pi(r+l)}\mathrm{d}r=\dfrac{\mu_0 I}{2\pi}\sqrt{2gH}\ln\dfrac{l'+l}{l}=\dfrac{\mu_0 I}{2\pi}\sqrt{2gH}\ln\dfrac{l+2L}{l}$。$\mathscr{E}_{dc}>0$ 说明 cd 段内电动势的方向由 $d\to c$。由于回路内无电流所以 $U_{cd}=V_c-V_d=\mathscr{E}_{dc}=\dfrac{\mu_0 I}{2\pi}\sqrt{2gH}\ln\dfrac{2L+l}{l}$，因为 c 点电势最高，d 点电势

最低，故 U_{cd}为电势最高处与电势最低处之间的电势差。

4. **解** （1）$\overline{ab}$所处的磁场不均匀，建立坐标 Ox，原点在长直导线处，则 x 处的磁场为 $B=\dfrac{\mu_0 i}{2\pi x}, i=I_0$。$\mathscr{E}=\int_a^b(v\times\boldsymbol{B})\cdot\mathrm{d}\boldsymbol{l}=-\int_a^b vB\mathrm{d}l=-\int_{l_0}^{l_0+l_1}v\dfrac{\mu_0 I_0}{2\pi x}\mathrm{d}x=-\dfrac{\mu_0 vI_0}{2\pi}\ln\dfrac{l_0+l_1}{l_0}$，故 $V_a>V_b$。

（2）$i=I_0\cos\omega t$，以 $abcda$ 作为回路正方向，$\Phi=\int Bl_2\mathrm{d}x=\int_{l_0}^{l_0+l_1}\dfrac{\mu_0 il_2}{2\pi x}\mathrm{d}x$，

式中，$l_2=vt$，则有 $\mathscr{E}=-\dfrac{\mathrm{d}\Phi}{\mathrm{d}t}=-\dfrac{\mathrm{d}}{\mathrm{d}t}\left(\int_{l_0}^{l_0+l_1}\dfrac{\mu_0 il_2}{2\pi x}\mathrm{d}x\right)=\dfrac{\mu_0 I_0}{2\pi}v\left(\ln\dfrac{l_0+l_1}{l_0}\right)(\omega t\sin\omega t-\cos\omega t)$。

第 4 篇　振动和波动

第 15 章　机 械 振 动

15.1　知识网络

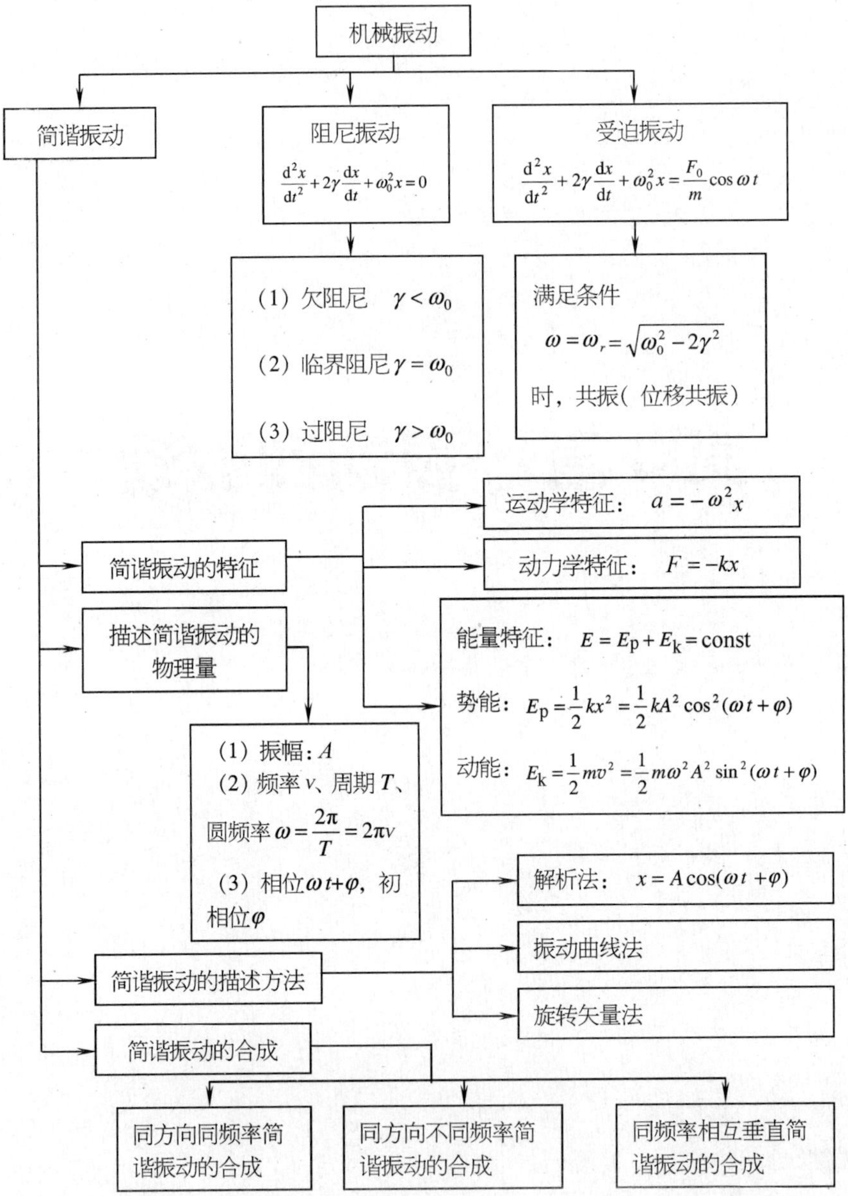

15.2 学习指导

15.2.1 简谐振动的特征

1. 简谐振动的动力学特征

物体做简谐振动时，所受的合外力必须是回复力，即合外力大小和位移成正比，而方向相反。

$$F = -kx \tag{15-1}$$

这种力总是促使物体返回平衡位置，又称回复力。

以弹簧振子为例，运动微分方程为

$$\frac{d^2x}{dt^2} + \omega^2 x = 0 \tag{15-2}$$

式中，$\omega^2 = \frac{k}{m}$，ω 是由系统力学性质决定的常量。

2. 简谐振动的运动学特征

（1）简谐振动的运动方程为 $x = A\cos(\omega t + \varphi)$ （15-3）

（2）简谐振动的速度表达式为 $v = \frac{dx}{dt} = -A\omega\sin(\omega t + \varphi)$ （15-4）

（3）简谐振动的加速度表达式为 $a = \frac{d^2x}{dt^2} = -A\omega^2\cos(\omega t + \varphi)$ （15-5）

3. 简谐振动的能量特征

（1）振动系统在任一时刻所具有的动能为

$$E_k = \frac{1}{2}mv^2 = \frac{1}{2}mA^2\omega^2\sin^2(\omega t + \varphi) \tag{15-6}$$

因为 $\omega^2 = k/m$，因此可改写为 $E_k = \frac{1}{2}kA^2\sin^2(\omega t + \varphi)$

（2）振动系统在任一时刻的势能为

$$E_p = \frac{1}{2}kx^2 = \frac{1}{2}kA^2\cos^2(\omega t + \varphi) \tag{15-7}$$

可见，动能和势能分别按正弦平方和余弦平方的规律随时间做周期性变化。

（3）振动系统在任一时刻的机械能为

$$E = E_k + E_p = \frac{1}{2}kA^2 = \frac{1}{2}m\omega^2A^2 \tag{15-8}$$

对给定的振动系统，在做简谐振动的过程中，动能和势能可以互相转换，但机械能守恒，为一常量。

15.2.2 描述简谐振动的特征物理量

1. 振幅 A

作简谐振动的物体离开平衡位置的最大位移的绝对值称为振幅。振幅是描述振动物体运动范围的物理量。

2. 周期 T（频率 ν 与圆频率 ω）

物体完成一次全振动所需要的时间称为周期 T；一秒钟内完成全振动的次数称为频率 ν；2π 秒内完成全振动的次数称为圆频率 ω（也称角频率）。

（1）T，ν 和 ω 的关系是

$$\omega = 2\pi\nu = \frac{2\pi}{T} \tag{15-9}$$

（2）T，ν 和 ω 是系统固有的量，由系统的力学结构决定。弹簧振子的圆频率 $\omega = \sqrt{k/m}$；单摆的圆频率 $\omega = \sqrt{g/l}$。因为 k、m 和 l 均是反映振动系统固有性质的物理量，故 ω 也称为固有圆频率。例如，一个一端固定的弹簧振子（k，m），无论水平放置还是竖直悬挂，做简谐振动的周期都不变；一个单摆（g，l）分别放在地球和月球上，由于月球上的重力加速度减小而周期变大。

3. 相位（$\omega t + \varphi$）

简谐振动方程中的（$\omega t + \varphi$）称为相位。

（1）相位是描述周期性运动物体运动状态的物理量，一个相位值就代表振动物体的一个确定的运动状态。在运动学中，用坐标和速度表示质点的运动状态。在振动问题中，之所以要引入相位的概念来描述物体的运动状态，是因为用相位来描述周期性运动物体的运动状态，具有其非凡的优越性。

①描述更方便。简谐振动物体的位置、速度和加速度分别为 $x = A\cos(\omega t + \varphi)$、$v = \frac{dx}{dt} = -A\omega\sin(\omega t + \varphi)$ 和 $a = \frac{d^2x}{dt^2} = -A\omega^2\cos(\omega t + \varphi)$，它们都是相位（$\omega t + \varphi$）的单值函数。显然，用相位一个物理量描述简谐振动的状态比用上述几个量来描述更方便。

②体现周期性。当给定时刻 t 时，就可得到 x 和 v，它们就反映了物体在该时刻的运动状态。但是，如果要问该时刻的这一状态是第几次出现，仅凭 x 和 v 是无法确定的。若用相位来描述振动物体的运动状态，就可以反映振动“历史”，从相位的值就可以清楚地反映某时刻某一状态是第几次出现，从而更好地体现振动的周期性。

③便于比较几个简谐运动的状态。一般将两个简谐振动相位之差称为相位差，其作用是比较两个简谐振动的步调。如果两个同频率同方向的简谐振动的方程为

$$x_1 = A_1\cos(\omega t + \varphi_1)$$

$$x_1 = A_2\cos(\omega t + \varphi_2)$$

则 t 时刻的相位差为 $(\omega t + \varphi_2) - (\omega t + \varphi_1) = \varphi_2 - \varphi_1 = \Delta\varphi$

如果 $\Delta\varphi = 2k\pi$（$k = 0$，± 1，± 2，…），则表明两个振动每一时刻的位移可能不同，但步调一致，即同时达到各自的正向最大位移，同时回到平衡位置，又同时到达各

自的反向最大位移，称为同相运动。

如果 $\Delta\varphi=(2k+1)\pi$（$k=0$，±1，±2，…），则表明两个振动步调反相，当某一个振动达到正向最大位移处时，另一振动刚好达到反向最大位移处。若都回到平衡位置，它们的速度方向恰好相反，则称为反相振动。

如果 $0<\Delta\varphi<\pi$，则 x_2 的相位超前 x_1 的相位，或者说 x_1 的相位滞后 x_2 的相位。

用相位差还可以比较两个简谐振动达到同一状态的时间差

$$\omega t_2+\varphi_2=\omega t_1+\varphi_1 \qquad \Delta t=-\frac{\varphi_2-\varphi_1}{\omega} \tag{15-10}$$

（2）相位是时间的单值函数，即相位与时间一一对应，相位不同是指时间先后不同。由于相位与三角函数连在一起，因反三角函数具有多值性而相位具有单值性，初学者在确定相位时容易出现错误。例如，一物体的相位分别是 $3\pi/2$ 和 $\pi/2$，分别对应着 $x=0$，$v=\omega A>0$ 和 $x=0$，$v=-\omega A<0$ 两种不同的状态。虽然同在平衡点，但速度方向不同。

4. 初相位 φ

$t=0$ 时刻的相位 φ 称为初相位，简称初相。

（1）初相是描述物体初始时刻振动状态的物理量。所谓初始时刻，即 $t=0$ 的时刻，它是指开始计时观察的时刻，不一定是开始振动的时刻。

（2）初相位由振动物体的初始条件决定。对一个简谐运动来说,开始计时的时刻选择不同,初始状态就不同,与之对应的初相 φ 也就不同,初相 φ 与时间零点的选择有关。

（3）一般情况下，初相位 φ 取值区间为 $[-\pi,\ \pi]$。

5. A、φ 的确定

对于给定的系统，ω 已知，初始条件给定后便可求出 A，φ。

初始条件：$t=0$ 时，$x=x_0$、$v=v_0$。

由 $\begin{cases}x_0=A\cos\varphi\\ v_0=-\omega A\sin\varphi\end{cases}$ 得到

$$\begin{cases}A=\sqrt{x_0^2+\dfrac{v_0^2}{\omega^2}}\\ \varphi=\arctan\left(-\dfrac{v_0}{\omega x_0}\right)\end{cases} \tag{15-11}$$

由此可以计算出两个角度 φ，应该由初速度和初位移的正负来综合判断 φ 的取值。若 $x_0>0$，$v_0<0$，则 φ 在第Ⅰ象限；若 $x_0<0$，$v_0<0$，则 φ 在第Ⅱ象限；若 $x_0<0$，$v_0>0$，则 φ 在第Ⅲ象限；若 $x_0>0$，$v_0>0$，则 φ 在第Ⅳ象限。

15.2.3 简谐振动的旋转矢量表示法

如图15-1所示，当矢量 $\boldsymbol{A}$ 绕其始点（坐标原点）以角速度 ω 做逆时针匀速转动时，其末端在 x 轴上的投影点 P 的运动是简谐振动。

(1) 简谐振动与旋转矢量的运动对应关系如下：

物　理　量	简 谐 振 动	旋 转 矢 量
A	振幅	半径
φ	初相	初始角位移
$\omega t+\varphi$	相位	角位移
ω	圆频率	角速度
T	周期	圆周运动周期

(2) 用旋转矢量研究简谐振动的优点是直观、简便，使抽象的相位和初相有了形象的表示方法。特别是在确定初相、比较两振动的相位差以及求振动的合成等问题上，都体现了这种方法的优越性。如图 15-2 所示，已知初始条件为 $x_0=A/2$，$v_0>0$，可以用旋转矢量图直接确定 $\varphi=-\pi/3$；若当 $t=0$ 时，$x_0=A/2$，$v_0<0$，则 $\varphi=\pi/3$。假定物体从状态 $x_0=A/2$，$v_0>0$ 运动到 $x=0$ 位置的最短时间为 1s，根据 $\Delta\varphi=\omega\Delta t$，则有 $\omega\Delta t=5\pi/6$，可以求出圆频率 $\omega=5\pi/6$。

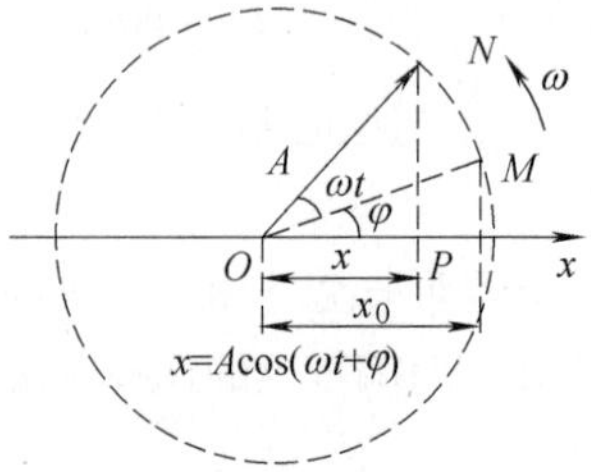

图 15-1　简谐振动的旋转矢量表示法

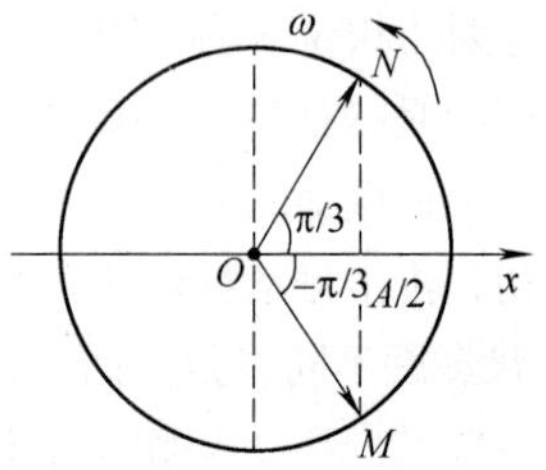

图 15-2　用旋转矢量法求初相

(3) 应当注意的是，旋转矢量本身并不做简谐运动，而是矢量 A 的末端在过圆心的 x 轴上的投影点在做简谐振动。旋转矢量是为了直观形象地描述简谐振动而采用的一种手段或工具。

15.2.4　简谐振动的描述方法

1. 数学方法

用数学表达式描述运动方程、速度表达式和加速度表达式等。

2. 图线方法

采用 x-t 图、v-t 图、a-t 图等图线直观地反映简谐振动的周期性和振动规律。

从振动曲线 x-t 图上可获得振幅、周期、初始时刻的 x_0 的大小和正负以及初速度 v_0 的方向等信息。从振动曲线上某点的斜率可以判断该时刻物体的运动方向。斜率为正，表明物体向 x 轴正向运动；斜率为负，表明物体向 x 轴负向运动。

3. 几何方法

旋转矢量法就是简谐振动的几何描述方法。

15.2.5 简谐振动的合成

1. 同方向、同频率简谐振动的合成

$$x = A_1\cos(\omega t + \varphi_1) + A_2\cos(\omega t + \varphi_2) = A\cos(\omega t + \varphi)$$

其中

$$A = \sqrt{A_1^2 + A_2^2 + 2A_1A_2\cos(\varphi_2 - \varphi_1)} \tag{15-12}$$

$$\varphi = \arctan\frac{A_1\sin\varphi_1 + A_2\sin\varphi_2}{A_1\cos\varphi_1 + A_2\cos\varphi_2} \tag{15-13}$$

当 $\varphi_2 - \varphi_1 = 2k\pi$（$k = 0, \pm1, \pm2, \cdots$）时，合振幅最大，$A = A_1 + A_2$。

当 $\varphi_2 - \varphi_1 = (2k+1)\pi$（$k = 0, \pm1, \pm2, \cdots$）时，合振幅最小，$A = |A_1 - A_2|$。

一般情况 $\varphi_2 - \varphi_1$ 介于 $-\pi \sim \pi$ 之间，合振幅 $|A_1 - A_2| < A < A_1 + A_2$

2. 同方向、不同频率简谐振动的合成

一般情况下，合成运动的物理图像较为复杂。当两分振动的频率都很大而频率差很小时，合成运动为“拍”。

拍即为合振幅随时间发生周期性变化的现象。

拍频是指合振幅变化的频率（即单位时间内合成振幅加强或减弱的次数），拍频等于两分振动频率之差，即

$$\nu_{拍} = |\nu_2 - \nu_1| \tag{15-14}$$

3. 同频率相互垂直简谐振动的合成

设两分振动

$$x = A_1\cos(\omega t + \varphi_1)$$

$$y = A_2\cos(\omega t + \varphi_2)$$

合成运动的轨道方程

$$\frac{x^2}{A_1^2} + \frac{y^2}{A_2^2} - \frac{2xy}{A_1A_2}\cos(\varphi_2 - \varphi_1) = \sin^2(\varphi_2 - \varphi_1) \tag{15-15}$$

合成运动的情况与相位差 $\Delta\varphi = \varphi_y - \varphi_x$ 有关。一般情况下合成运动的轨道是一个椭圆。

（1）当 $\varphi_2 - \varphi_1 = 0$ 或 π 时，合振动是斜率为 A_y/A_x 或 $-A_y/A_x$ 的简谐振动，频率为分振动频率，振幅为 $\sqrt{A_1^2 + A_2^2}$。

（2）$\varphi_2 - \varphi_1 = \pi/2$ 或 $3\pi/2$ 时，合振动是椭圆运动，运动轨迹为正椭圆。前者是顺时针（右旋）运动，而后者是逆时针（左旋）运动。

（3）当 $\varphi_2 - \varphi_1 = \pi/2$ 或 $3\pi/2$，且 $A_x = A_y$ 时，合振动是圆周运动。前者是顺时针（右旋）运动，而后者是逆时针（左旋）运动。

（4）当 $\varphi_2 - \varphi_1$ 为其他值时，轨迹为椭圆。

4. 不同频率、相互垂直简谐振动的合成

一般情况下，合成运动的物理图像很复杂。但在两分振动的频率成简单整数比时，

合成运动的轨迹是某种形式的稳定闭合曲线——李萨如图形。

15.2.6 阻尼振动和受迫振动

1. 阻尼振动

振动系统受到阻尼的作用，造成能量损失而使振幅逐渐减小的振动称为阻尼振动。阻尼振动不是简谐振动，其运动形态与阻尼因子 γ 有关。根据阻尼因子 γ 的大小可以有 3 种情况：$\gamma<\omega_0$，此时的振动是一种减幅振动，振幅衰减得很慢，称为欠阻尼振动；$\gamma=\omega_0$，此时阻尼的大小恰好使振子不能产生振动，而迅速地从最大位移回到平衡位置，称为临界阻尼；$\gamma>\omega_0$，此时阻尼较大，振动能量很快损失完毕，振子需要很长时间才能从最大位移处慢慢地回到平衡位置，称为过阻尼。在欠阻尼振动情况下，其振动方程为

$$x=A_0\mathrm{e}^{-\gamma t}\cos(\omega t+\varphi) \tag{15-16}$$

式中，γ 为阻尼因子；ω 为圆频率，它与固有圆频率 ω_0 和阻尼因子 γ 的关系为

$$\omega=\sqrt{\omega_0^2-\gamma^2} \tag{15-17}$$

2. 受迫振动

在周期性外力作用下的振动，称为受迫振动。系统振动稳定时，受迫振动的频率等于驱动力的频率，与振动系统的固有频率无关。其振幅不仅与驱动力和阻尼因子有关，而且还与振动系统的固有频率和驱动力的频率的比值有关。在欠阻尼振动情况下，当驱动力的圆频率 ω_γ 接近振动系统的固有圆频率 ω_0 时，系统出现剧烈振动的现象，称为共振。发生共振时振幅达到最大值，对应的圆频率称为共振圆频率，其值为

$$\omega_\gamma=\sqrt{{\omega_0}^2-2\gamma^2} \tag{15-18}$$

15.3 问题辨析

问题 1 判断一个物体是否做简谐运动有哪些方法？试说明下列运动是不是简谐振动？

（1）小球在地面上做完全弹性的上下跳动。

（2）锥摆的运动。

（3）小球在半径很大的光滑凹球面底部做小幅度摆动。

辨析 当物体运动时，如果离开平衡位置的位移（或角位移）按余弦函数（或正弦函数）的规律随时间变化，则这种运动就叫简谐振动。

判断一个物体是否做简谐振动，可以从其定义或从运动学特征、动力学特征以及能量特征来分析。例如：

（a）物体运动的加速度与其位移大小成正比而方向相反，即 $a=-\omega^2x$。

（b）物体受到的力（或力矩）的大小与其位移（或角位移）的大小成正比而方向

相反，即 $F=-kx$ 或 $M=-c\theta$。

（c）位移 x 或其他物理量满足微分方程 $\frac{d^2x}{dt^2}+\omega^2x=0$。

（d）在运动过程中，物体的动能和势能都随时间 t 做周期性变化，但其总能量是常量，即机械能守恒。

根据以上分析，可以知道：

（1）小球上升和下降时受的力为恒定的重力，不满足线性回复力的条件，故小球的运动不是简谐振动。

（2）锥摆的摆球做圆周运动，摆球受绳的拉力和重力作用，其合力等于向心力，该力的方向总是指向圆心但大小为恒值，不符合简谐振动的动力学定义，故锥摆不做简谐运动。

（3）小球在半径很大的光滑凹球面底部的小幅度摆动，类似于单摆，仅仅是以凹球面的支承力取代悬线的拉力。支承力和重力的合力，即恢复力，其大小和位移成正比，合力方向始终与位移方向相反，故这种运动是简谐振动。

问题 2　为什么要用相位来表示做简谐振动的物体的运动状态？

辨析　在力学中，物体在某时刻的运动状态是用位置和速度来描述的。振动是机械运动中的一种特殊形式，它的特点是运动状态做周期性变化。做简谐振动的物体在任一时刻相对平衡位置的位移为 $x=A\cos(\omega t+\varphi)$，速度为 $v=-A\omega\sin(\omega t+\varphi)$。可见，当振幅和圆频率一定时，物体的运动状态完全由相位 $\omega t+\varphi$ 所决定。在一个周期内，物体所经历的运动状态在各不相同，相应的相位在 $0\sim2\pi$ 之间变化，状态与相位之间一一对应。在下一周期内则重复上述各状态。因此，物体经历两个相同的运动状态必须间隔一个周期或周期 T 的整数倍时间，相应的相位差则为 2π 或 2π 的整数倍。为此，用相位来描述振动物体的运动状态，既显得方便，又能充分反映出运动的周期性特征。此外，在比较两个同频率简谐振动的运动状态变化步调时，用相位表示显得一目了然。$\varphi_2-\varphi_1$ 大于零或小于零，表示振动 2 超前或落后于振动 1，而 $\varphi_2-\varphi_1=0$ 则表示两个振动同步。

问题 3　在单摆实验中，如把摆球从其平衡位置拉开，使悬线与竖直方向成一小角度 φ，然后放手任其摆动。若以放手之时为计时起点，试问此 φ 角是否是振动的初相位？摆球绕悬点转动的角速度是否就是振动的角频率？

辨析　单摆在平衡位置附近做小角度摆动时，所做的是简谐振动，振动方程为 $\theta=\theta_0\cos(\omega t+\varphi_0)$，式中 θ_0 是角位移的最大值，即振幅；φ_0 是初相位，由初始条件决定。本题中，φ 角为 $t=0$ 时摆球离开平衡位置时由静止释放的角度，这就是振动的角振幅，不是振动的初相位。在 $t=0$ 时，摆球处于最大位移且速度为零，所以初相位 $\varphi_0=0$。

摆球绕悬点转动的角速度为 $\frac{d\theta}{dt}=-\omega\theta_0\sin(\omega t+\varphi_0)$，角速度 $\frac{d\theta}{dt}$ 随时间做正弦变化。摆球的角频率 $\omega=\sqrt{g/l}$，是由系统性质决定的不变量。因此摆球转动的角速度与角频率完全是两回事。

问题 4 当一个弹簧振子的振幅增大到 2 倍时，试分析它的下列物理量将受到什么影响？振动的周期、最大速度、最大加速度和振动的能量。

辨析 弹簧振子的周期为 $T=2\pi\sqrt{\frac{m}{k}}$，仅与系统的内在性质有关，与外界因素无关，与振幅无关。

$v_{max}=\omega A$，当 A 增大到 2 倍时，v_{max} 也增大到原来的 2 倍。

$a_{max}=\omega^2 A$，当 A 增大到 2 倍时，a_{max} 也增大到原来的 2 倍；

$E=\frac{1}{2}kA^2$，当 A 增大到 2 倍时，E 增大到原来的 4 倍。

问题 5 弹簧振子的无阻尼自由振动是简谐振动，同一弹簧振子在简谐驱动力持续作用下的稳态受迫振动也是简谐振动，这两种简谐振动有什么不同？

辨析 无阻尼自由振动是理想化的，受迫振动是在外界作用下实现的。两者的频率不同，前者的频率是由振动系统的本身性质决定，后者的频率由驱动力的频率决定；能量也不同，前者的能量是不变的，由振动系统的劲度系数与振幅决定，后者的能量取决于驱动力幅、驱动力的频率、振子的固有频率、阻尼系数等。无阻尼自由振动始终可以振动下去，不会发生共振现象；当受迫振动达到稳态，驱动力的频率与振子的频率相等时，会出现共振现象，此时系统的能量会出现一极大值。

15.4 例题剖析

15.4.1 基本思路

本章重点是对简谐振动的理解，掌握三个“三”，即简谐振动的三个基本特征、描述简谐振动的三个特征物理量和描述简谐振动的三种方法，掌握简谐振动的合成规律。本章习题可分为四类：

（1）判断某种运动是否为简谐振动。

（2）根据运动的初始条件（或振动曲线）写出简谐振动的运动方程。

（3）根据运动方程求解简谐振动的各特征量。

（4）简谐振动的合成。

解题前应分清习题属于哪部分内容，只要理解简谐振动各特征量的意义并掌握一些基本的公式，计算过程一般来说并不复杂。

15.4.2 典型例题

例 15-1 一质点按如下规律沿 Ox 轴做简谐振动，运动方程为 $x=0.1\cos(8\pi t+2\pi/3)$ (SI)，求此振动的周期、振幅、初相、速度最大值和加速度最大值。

分析 本题属于由运动方程求解简谐振动各特征量的问题，可采用比较法求解，即将已知的简谐运动方程与简谐运动方程的一般形式 $x=A\cos(\omega t+\varphi)$ 做比较，即可求得各特征量，而速度和加速度值的计算与质点运动学中由位移方程求解速度和加速度的计算方法相同。

解　将该简谐振动的表达式与简谐运动方程的一般形式 $x=A\cos(\omega t+\varphi)$ 做比较后可得，$\omega=8\pi\text{rad/s}$，振幅 $A=0.1\text{m}$，初相位 $\varphi=2\pi/3$，于是周期 $T=2\pi/\omega=0.25\text{s}$，速度最大值 $v_{max}=\omega A=0.8\pi\text{m/s}=2.5\text{m/s}$；加速度最大值 $a_{max}=\omega^2 A=6.4\pi^2\text{m/s}^2=63\text{m/s}^2$。

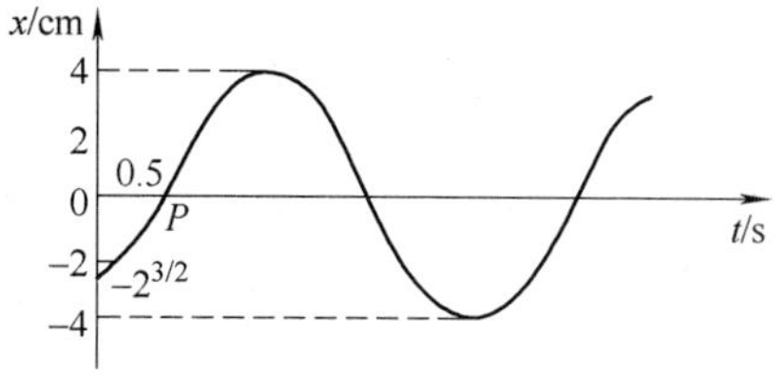

图 15-3　例 15-2 图 a

例 15-2　已知某物体做简谐振动的振动曲线，如图 15-3 所示，求其振动方程。

分析　本题属于根据振动的初始条件（或振动曲线）写出简谐振动的运动方程的问题。在振动曲线已知的条件下（或者已知简谐振动的特征量），确定初相 φ_0 是求解简谐振动方程的关键。初相的确定通常有两种方法：

（1）旋转矢量法。如图 15-4 所示，将物体在 Ox 轴上振动的初始位置 x_0 和速度 v_0 的方向与旋转矢量图相对应来确定 φ_0。这种方法较为直观、方便，在分析中常被采用。

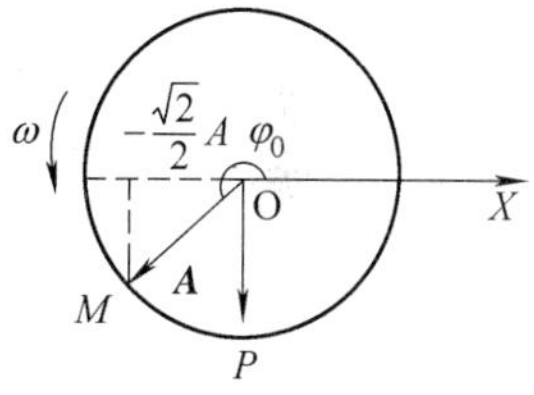

图 15-4　例 15-2 图 b

（2）解析法。由振动方程出发，根据初始条件，即 $t=0$ 时，$x=x_0$ 和 $v=v_0$ 来确定 φ_0 值。

解　从图中可以看出 $A=4\text{cm}$，设其振动方程为 $x=A\cos(\omega t+\varphi_0)$，下面用两种方法来求初相位 φ_0 和圆频率 ω。

方法一：旋转矢量法。

当 $t=0$ 时，物体的初位移 $x_0=-2\sqrt{2}=-\dfrac{\sqrt{2}}{2}A$，且 $v_0>0$，所对应的旋转矢量 $\boldsymbol{A}$ 如图 15-4所示，在 $t=0$ 时的相位（初相位）为 $\varphi_0=\dfrac{5}{4}\pi$ 或 $\varphi_0=-\dfrac{3}{4}\pi$，通常取 $|\varphi_0|<\pi$。

由图还可以看出，在 $t=0.5\text{s}$ 时，$x=0$，$v>0$，从旋转矢量图可知，旋转矢量 $\boldsymbol{A}$ 由 M 点到 P 点历时 0.5s，转过的角度为$\dfrac{\pi}{4}$，所以

$$\omega\Delta t=\frac{\pi}{4}$$

从而解得

$$\omega=\frac{\pi}{2}\text{rad}\cdot\text{s}^{-1}$$

于是得到物体的振动方程为

$$x=4\times10^{-2}\cos\left(\frac{\pi}{2}t-\frac{3}{4}\pi\right)\quad(\text{SI 制})$$

方法二：解析法。

将 $t=0$ 时 $x_0=-2\sqrt{2}=-\frac{\sqrt{2}}{2}A$ 代入设定的振动方程，有

$$-\frac{\sqrt{2}}{2}A=A\cos\varphi_0$$

解得

$$\varphi_0=\pm\frac{3}{4}\pi$$

由于 $t=0$ 时刻，物体位于 $-\frac{\sqrt{2}}{2}A$ 处，下一时刻它将向平衡位置运动，即向正方向运动。因此，$t=0$ 时物体的速度大于零，即

$$v_0=-\omega A\sin\varphi_0>0，即\ \sin\varphi_0<0$$

所以，取 $\varphi_0=-\frac{3}{4}\pi$。

将 $t=0.5\text{s}$，$x=0$ 代入振动方程，有 $0=4\times10^{-2}\cos\left(0.5\omega-\frac{3}{4}\pi\right)$，即

$$\cos\left(0.5\omega-\frac{3}{4}\pi\right)=0，于是\ 0.5\omega-\frac{3}{4}\pi=\pm\frac{\pi}{2}$$

因 $t=0.5\text{s}$ 时 $v>0$，则 $\sin\left(0.5\omega-\frac{3}{4}\pi\right)<0$，于是

$$0.5\omega-\frac{3}{4}\pi=-\frac{\pi}{2}，\ \omega=\frac{\pi}{2}\text{rad}\cdot\text{s}^{-1}$$

所以物体的振动方程为

$$x=4\times10^{-2}\cos\left(\frac{\pi}{2}t-\frac{3}{4}\pi\right)\ (\text{SI})$$

例 15-3 一质点沿 Ox 轴做简谐运动，振幅 $A=0.06\text{m}$，周期 $T=2\text{s}$，初始时质点位于 $x_0=0.03\text{m}$ 处且向 Ox 轴正向运动。试求

（1）初相位。

（2）在 $x_0=-0.03\text{m}$ 处且向 Ox 轴负方向运动时物体的速度和加速度以及从这一位置回到平衡位置所需的最短时间。

分析 本例与上例类似，初相的确定可采用两种方法，即旋转矢量法和解析法。确定某简谐振动的初相位是本章习题中的重点。求解振动物体由某一位置到另一位置所需的最短时间问题，采用旋转矢量法会使问题变得非常形象和简捷。因此，掌握简谐振动的旋转矢量法描述是很重要的。

解 （1）取平衡位置为坐标原点，质点的运动方程可写为

$$x=A\cos(\omega t+\varphi)$$

依题意，$A=0.06\text{m}$，$T=2\text{s}$，则 $\omega=\frac{2\pi}{T}=\pi\text{rad}\cdot\text{s}^{-1}$，$t=0$ 时有

$$x_0 = A\cos\varphi = 0.06\cos\varphi = 0.03$$
$$v_0 = -\omega A\sin\varphi > 0$$

可得，$\cos\varphi = \dfrac{1}{2}$，$\sin\varphi < 0$ 所以应取 $\varphi = -\dfrac{\pi}{3}$，于是质点的运动方程为

$$x = 0.06\cos\left(\pi t - \frac{\pi}{3}\right)\ \mathrm{m}$$

现在用旋转矢量法求解。如图 15-5 所示，根据初始条件，初始时刻旋转矢量 $\boldsymbol{A}$ 的矢端应在图中的 M_0 位置，即有 $\cos\varphi = \dfrac{x_0}{A} = \dfrac{1}{2}$，且 φ 在第四象限，所以 $\varphi = -\dfrac{\pi}{3}$。

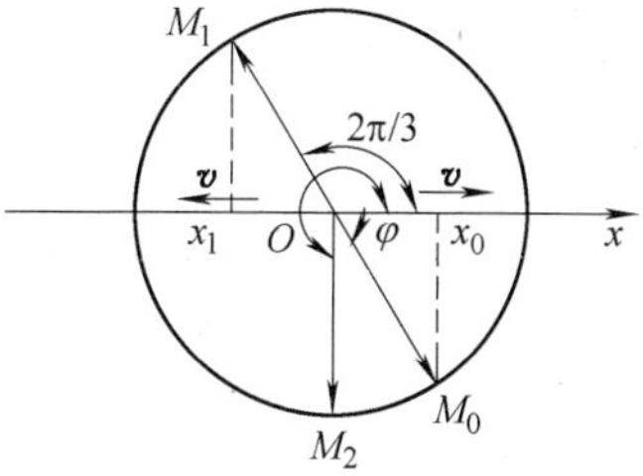

图 15-5 例 15-3 图

（2）设 $t = t_1$ 时，$x_1 = -0.03\mathrm{m}$，$v_1 < 0$ 这时旋转矢量 $\boldsymbol{A}$ 的矢端应在 M_1 位置，即有

$$x_1 = 0.06\cos\left(\pi t_1 - \frac{\pi}{3}\right) = -0.03$$

且 $\pi t_1 - \dfrac{\pi}{3}$ 为第二象限的角，所以

$$\pi t_1 - \frac{\pi}{3} = 2k\pi + \frac{2}{3}\pi$$

式中 k 为整数，此时质点的速度和加速度分别为

$$v = \left.\frac{\mathrm{d}x}{\mathrm{d}t}\right|_{t=t_1} = -0.06\omega\sin\left(\pi t_1 - \frac{\pi}{3}\right) = -0.16\mathrm{m\cdot s^{-1}}$$

$$a = \left.\frac{\mathrm{d}^2x}{\mathrm{d}t^2}\right|_{t=t_1} = -0.06\pi^2\cos\left(\pi t_1 - \frac{\pi}{3}\right) = 0.30\mathrm{m\cdot s^{-2}}$$

从 $x_1 = -0.03\mathrm{m}$ 向 x 轴负方向运动然后回到平衡位置，意味着旋转矢量 $\boldsymbol{A}$ 的矢端由图中 M_1 位置逆时针旋转到 M_2 位置，由图可见，从 M_1 到 M_2 旋转矢量 $\boldsymbol{A}$ 转过的最小角度为 $\dfrac{3}{2}\pi - \dfrac{2}{3}\pi = \dfrac{5}{6}\pi$，由于其角速度为 ω，所以所需的最短时间为

$$\Delta t = \frac{5}{6}\pi/\omega = 0.83\mathrm{s}$$

可见用旋转矢量法求解是很直观方便的。

例 15-4 如图 15-6 所示，有一水平弹簧振子，弹簧的劲度系数 $k = 24\mathrm{N/m}$，重物的质量 $m = 6\mathrm{kg}$，重物静止在平衡位置上。设以一水平恒力 $F = 10\mathrm{N}$ 向左作用于物体（不计摩擦），使之由平衡位置向左运动了 $0.05\mathrm{m}$，此时撤去力 F，当重物运动到左方最远位置时开始计时，求物体的运动方程。

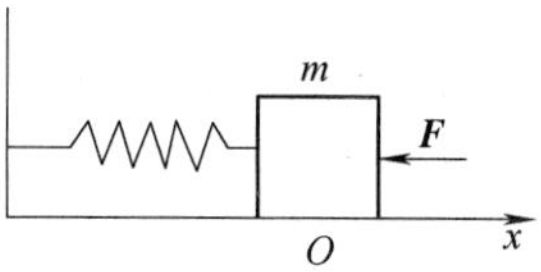

图 15-6 例 15-4 图

分析 本题可利用简谐振动的能量特征求解。

解　设物体的运动方程为

$$x = A\cos(\omega t + \varphi)$$

恒外力所做的功即为弹簧振子的能量

$$F \times 0.05 = 10 \times 0.05\text{J} = 0.5\text{J}$$

当物体运动到最左方位置时，弹簧的最大弹性势能为 0.5J，即

$$\frac{1}{2}kA^2 = 0.5\text{J}$$

因此

$$A = 0.204\text{m}$$

A 即振幅

$$\omega^2 = \frac{k}{m} = 4(\text{rad/s})^2$$

$$\omega = 2\text{rad} \cdot \text{s}^{-1}$$

按题目所述时刻计时，初相为 $\varphi = \pi$

所以物体的运动方程为

$$x = 0.204\cos(2t + \pi) \quad (\text{SI})$$

例 15-5　如图 15-7 所示，一质量为 m、直径为 D 的塑料圆柱体放入密度为 ρ 的液体中，圆柱体有一部分浸入水中，另一部分浮在水面上。如果用手轻轻向下按动圆柱体，放手后圆柱体将上下振动，试证明该振动为简谐振动，并求振动周期（圆柱体表面和液体的摩擦力忽略不计）。

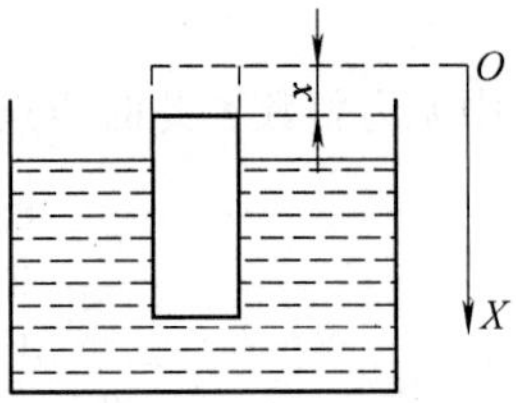

图 15-7　例 15-5 图

分析　本题属于判断某种运动是否为简谐振动的问题。要证明一个物体的运动是否为简谐运动，即要看它的运动是否符合简谐振动的特征，若符合，则为简谐运动，否则便不是。本题可从动力学特点分析。分析圆柱体在平衡位置附近上下运动时，它所受的合外力 F 与位移 x 之间的关系，若满足 $F = -kx$，则圆柱体做简谐振动，并可求得振动周期 $T = \frac{2\pi}{\omega} = 2\pi\sqrt{\frac{m}{k}}$。

证明　以圆柱体平衡时的顶端为坐标原点，向下为正方向建立如图 15-7 所示的坐标系，设平衡时圆柱体在液体中的体积为 V，则

$$\rho g V = mg$$

若将圆柱体向下压下一微小距离 x，则它所受到的合外力为

$$\begin{aligned} F &= mg - f_{浮} = mg - \left[V + \pi\left(\frac{D}{2}\right)^2 x\right]\rho g \\ &= mg - \rho g V - \pi\rho g\left(\frac{D}{2}\right)^2 x \\ &= -\pi\rho g\left(\frac{D}{2}\right)^2 x \end{aligned}$$

根据牛顿第二定律得

$$F=-\pi\rho g\left(\frac{D}{2}\right)^2 x=ma=m\frac{\mathrm{d}^2x}{\mathrm{d}t^2}$$

整理后得

$$\frac{\mathrm{d}^2x}{\mathrm{d}t^2}+\frac{\pi D^2}{4m}\rho gx=0$$

令 $\omega^2=\frac{\pi D^2}{4m}\rho g$，即 $\omega=\frac{D}{2}\sqrt{\frac{\pi\rho g}{m}}$，得

$$\frac{\mathrm{d}^2x}{\mathrm{d}t^2}+\omega^2x=0$$

此式是简谐振动的微分方程，因此该振动为简谐振动。其周期为

$$T=\frac{2\pi}{\omega}=\frac{4}{D}\sqrt{\frac{\pi m}{\rho g}}$$

例 15-6　有两个振动方向相同的简谐振动,其振动方程分别为

$$x_1=3\cos(2\pi t+\pi)\ (\mathrm{cm})$$

$$x_2=4\cos\left(2\pi t+\frac{\pi}{2}\right)\ (\mathrm{cm})$$

（1）求它们的合振动方程。

（2）另有一同方向的简谐振动 $x_3=2\cos(2\pi t+\varphi_3)(\mathrm{cm})$，问当 φ_3 为何值时，x_1+x_3 的振幅为最大值？当 φ_3 为何值时，x_1+x_3 的振幅为最小值？

分析　本题属于简谐振动的合成问题。可以采用解析法或旋转矢量法求解，直接套用简谐振动合成的公式即可。

解　（1）由题意可知 x_1 和 x_2 是两个振动方向相同，频率也相同的简谐振动，其合振动也是简谐振动，设合振动方程为

$$x=A\cos(\omega t+\varphi_0)$$

则合振动的圆频率与分振动的圆频率相同，即

$$\omega=2\pi\mathrm{rad/s}$$

合振动的振幅为

$$\begin{aligned}A&=\sqrt{A_1^2+A_2^2+2A_1A_2\cos(\varphi_2-\varphi_1)}\\&=\sqrt{9+16+2\times3\times4\times\cos\left(-\frac{\pi}{2}\right)}\mathrm{cm}\\&=5\mathrm{cm}\end{aligned}$$

合振动的初相位为

$$\tan\varphi_0 = \frac{A_1\sin\varphi_1 + A_2\sin\varphi_2}{A_1\cos\varphi_1 + A_2\cos\varphi_2} = \frac{3\sin\pi + 4\sin\dfrac{\pi}{2}}{3\cos\pi + 4\cos\dfrac{\pi}{2}}$$

$$= -\frac{4}{3}$$

由旋转矢量图法可知，所求的初相位 φ_0 应在第二象限，因此

$$\varphi_0 = \frac{7}{10}\pi$$

故所求的振动方程为

$$x = 5\cos\left(2\pi t + \frac{7}{10}\pi\right)(\text{cm})$$

（2）当 $\varphi_3 - \varphi_1 = \pm 2k\pi$（$k=0, 1, 2\cdots$）时，即 x_1 与 x_3 相位相同时，合振动的振幅最大，由于 $\varphi_1 = \pi$，故

$$\varphi_3 = \pm 2k\pi + \pi \qquad (k=0, 1, 2, \cdots)$$

当 $\varphi_3 - \varphi_1 = \pm(2k+1)\pi$（$k=0, 1, 2\cdots$）时，即 x_1 与 x_3 相位相反时，合振动的振幅最小，由于 $\varphi_1 = \pi$，故

$$\varphi_3 = \pm(2k+1)\pi + \pi$$

即

$$\varphi_3 = \pm 2k\pi \qquad (k=0, 1, 2\cdots)$$

15.5 能力训练

一、选择题

1. 一轻弹簧，上端固定，下端挂有质量为 m 的重物，其自由振动的周期为 T。今已知振子离开平衡位置为 x 时，其振动速度为 v，加速度为 a，则下列计算该振子劲度系数的公式中，错误的是（　　）。

A. $k = mv_{max}^2/x_{max}^2$　B. $k = mg/x$　C. $k = 4\pi^2 m/T^2$　D. $k = ma/x$

2. 把单摆摆球从平衡位置向位移正方向拉开，使摆线与竖直方向成一微小角度 θ，然后由静止放手任其振动，从放手时开始计时。若用余弦函数表示其运动方程，则该单摆振动的初相为（　　）。

A. π　B. $\pi/2$　C. 0　D. θ

3. 一质点沿 x 轴做简谐振动，振动方程为 $x = 4\times10^{-2}\cos\left(2\pi t + \dfrac{1}{3}\pi\right)$(SI)。从 $t=0$ 时刻起，到质点位置在 $x = -2\text{cm}$ 处，且向 x 轴正方向运动的最短时间间隔为（　　）。

A. $\frac{1}{8}$s　　B. $\frac{1}{6}$s　　C. $\frac{1}{4}$s　　D. $\frac{1}{3}$s　　E. $\frac{1}{2}$s

4. 一长为 l 的均匀细棒悬于通过其一端的光滑水平固定轴上，（见图 15-8），做成一复摆。已知细棒绕通过其一端的轴的转动惯量 $J=\frac{1}{3}ml^2$，此摆做微小振动的周期为（　　）。

A. $2\pi\sqrt{\frac{l}{g}}$　　B. $2\pi\sqrt{\frac{l}{2g}}$

C. $2\pi\sqrt{\frac{2l}{3g}}$　　D. $\pi\sqrt{\frac{l}{3g}}$

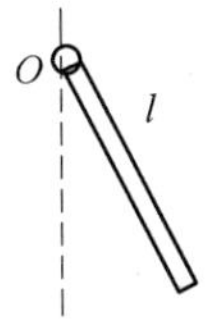

图 15-8　选择题 4 图

5. 一物体做简谐振动，振动方程为 $x=A\cos\left(\omega t+\frac{1}{4}\pi\right)$。在 $t=T/4$（T 为周期）时刻，物体的加速度为（　　）。

A. $-\frac{1}{2}\sqrt{2}A\omega^2$　B. $\frac{1}{2}\sqrt{2}A\omega^2$　C. $-\frac{1}{2}\sqrt{3}A\omega^2$　D. $\frac{1}{2}\sqrt{3}A\omega^2$

6. 一简谐振动曲线如图 15-9 所示，则振动周期是（　　）。

A. 2. 62s　B. 2. 40s　C. 2. 20s　D. 2. 00s

7. 两个同周期简谐振动曲线如图 15-10 所示，x_1 的相位比 x_2 的相位（　　）。

A. 落后 π/2　B. 超前 π/2　C. 落后 π　D. 超前 π

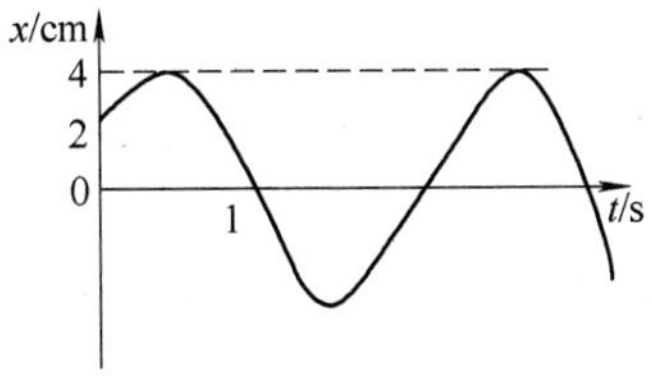

图 15-9　选择题 6 图

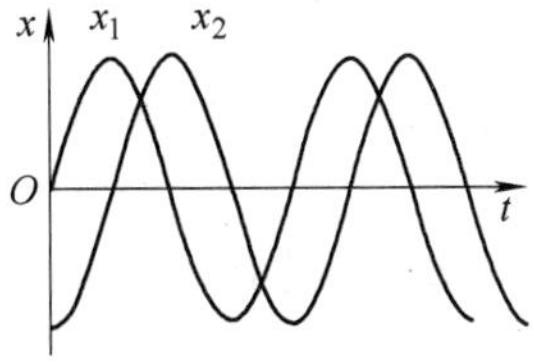

图 15-10　选择题 7 图

8. 一弹簧振子做简谐振动，当位移为振幅的一半时，其动能为总能量的（　　）。

A. 1/4　B. 1/2　C. $1/\sqrt{2}$　D. 3/4　E. $\sqrt{3}/2$

9. 一质点做简谐振动，已知振动周期为 T，则其振动动能变化的周期是（　　）。

A. $T/4$　B. $T/2$　C. T　D. $2T$　E. $4T$

10. 图 15-11 所画的是两个简谐振动的振动曲线，若这两个简谐振动可叠加，则合成的余弦振动的初相为（　　）。

A. $\frac{3}{2}\pi$　B. π

C. $\frac{1}{2}\pi$　D. 0

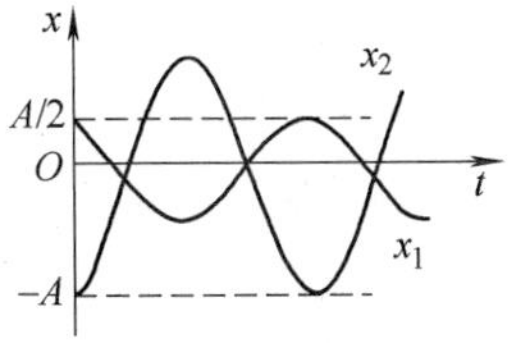

图 15-11　选择题 10 图

二、填空题

1. 在 $t=0$ 时，周期为 T、振幅为 A 的单摆分别处于图 15-12a、b、c 3 种状态。若选单摆的平衡位置为坐标的原点，坐标指向正右方，则单摆做小角度摆动的振动表达式（用余弦函数表示）分别为

a）________；

b）________；

c）________。

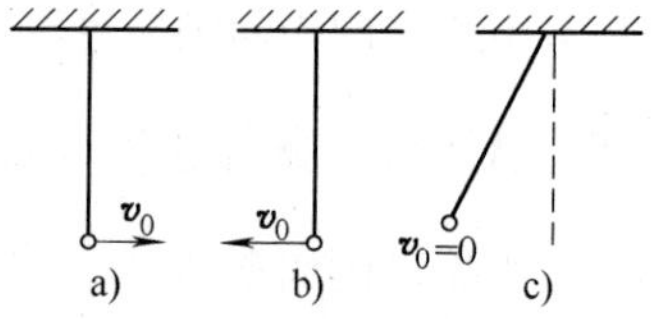

图 15-12　填空题 1 图

2. 一质点作简谐振动，速度最大值 $v_m=5cm/s$，振幅 $A=2cm$。若令速度具有正最大值的那一时刻为 $t=0$，则振动表达式为________。

3. 一弹簧振子，弹簧的劲度系数为 k，重物的质量为 m，则此系统的固有振动周期为________。

4. 两个弹簧振子的周期都是 0.4s，设开始时第一个振子从平衡位置向负方向运动，经过 0.5s 后，第二个振子才从正方向的端点开始运动，则这两振动的相位差为________。

5. 已知一简谐振动曲线如图 15-13 所示，由图确定振子

（1）在________s 时速度为零。

（2）在________s 时动能最大。

（3）在________s 时加速度取正的最大值。

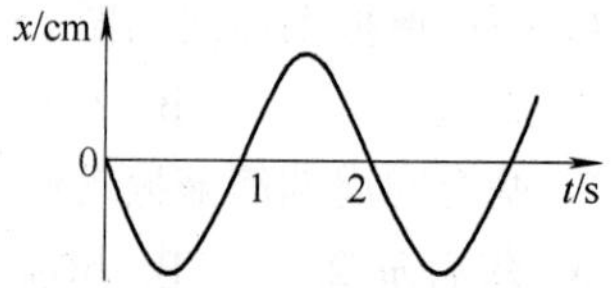

图 15-13　填空题 5 图

6. 一简谐振动用余弦函数表示，其振动曲线如图 15-14 所示，则此简谐振动的 3 个特征量为 $A=$________；$\omega=$________；$\varphi=$________。

7. 一简谐振动的旋转矢量图如图 15-15 所示，振幅矢量长 2cm，则该简谐振动的初相为________；振动方程为________。

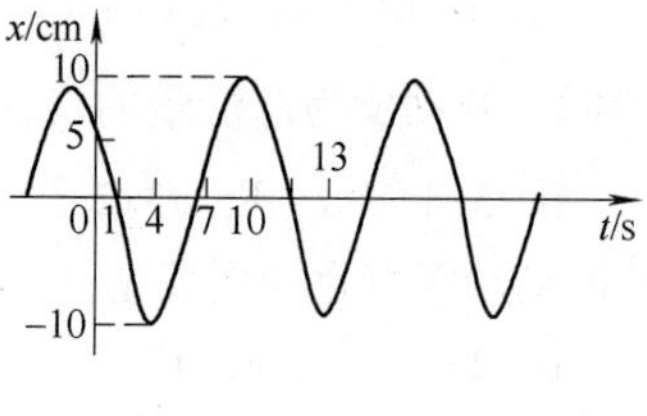

图 15-14　填空题 6 图

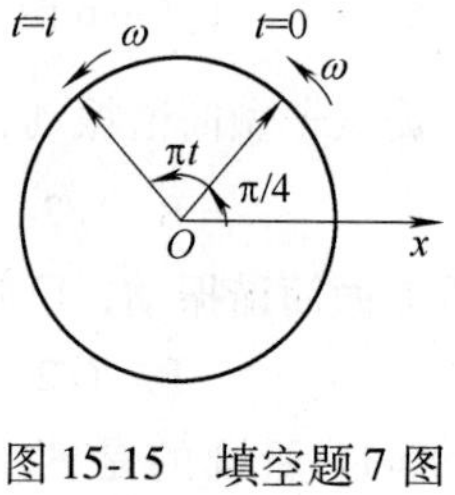

图 15-15　填空题 7 图

8. 一做简谐振动的振动系统，振子质量为 2kg，系统振动频率为 1000Hz，振幅为 0.5cm，则其振动能量为________。

9. 一弹簧振子系统具有 1.0J 的振动能量、0.10m 的振幅和 1.0m/s 的最大速率，则弹簧的劲度系数为________，振子的振动频率为________。

10. 两个同方向同频率的简谐振动，其振动表达式分别为

$$x_1=6\times10^{-2}\cos\left(5t+\frac{1}{2}\pi\right)\ (\mathrm{SI}),\quad x_2=2\times10^{-2}\cos\left(\frac{1}{2}\pi-5t\right)\ (\mathrm{SI})$$

则它们的合振动的振幅为________，初相为________。

三、计算题

1. 质量 $m=10\mathrm{g}$ 的小球与轻弹簧组成的振动系统，按 $x=0.5\cos\left(8\pi t+\frac{1}{3}\pi\right)$ 的规律做自由振动，式中 t 以 s 作单位，x 以 cm 为单位，求

（1）振动的角频率、周期、振幅和初相。

（2）振动的速度、加速度的数值表达式。

（3）振动的能量 E。

（4）平均动能和平均势能。

2. 一质量 $m=0.25\mathrm{kg}$ 的物体，在弹簧的力作用下沿 x 轴运动，平衡位置在原点，弹簧的劲度系数 $k=25\mathrm{N}\cdot\mathrm{m}^{-1}$。

（1）求振动的周期 T 和角频率 ω。

（2）如果振幅 $A=15\mathrm{cm}$，$t=0$ 时物体位于 $x=7.5\mathrm{cm}$ 处，且物体沿 x 轴反向运动，求初速 v_0 及初相 φ。

（3）写出振动的数学表达式。

3. 一定滑轮的半径为 R，转动惯量为 J，其上挂一轻绳，绳的一端系一质量为 m 的物体，另一端与一固定的轻弹簧相连，如图 15-16 所示。设弹簧的劲度系数为 k，绳与滑轮间无滑动，且忽略轴的摩擦力及空气阻力。现将物体 m 从平衡位置拉下一微小距离后放手，证明物体做简谐振动，并求出其角频率。

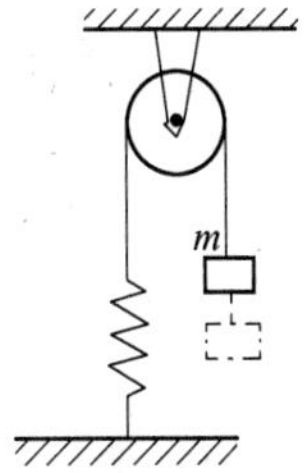

图 15-16 计算题 3 图

4. 一物体放在水平木板上，这木板以 $\nu=2\mathrm{Hz}$ 的频率沿水平直线做简谐运动，物体和水平木板之间的静摩擦因数 $\mu_s=0.50$，求物体在木板上不滑动时的最大振幅 $A_{\max}$。

参 考 答 案

一、选择题

1. B　2. C　3. E　4. C　5. B　6. B　7. B　8. D　9. B　10. B

二、填空题

1. $x=A\cos\left(\frac{2\pi t}{T}-\frac{1}{2}\pi\right)$，$x=A\cos\left(\frac{2\pi t}{T}+\frac{1}{2}\pi\right)$，$x=A\cos\left(\frac{2\pi t}{T}+\pi\right)$；

2. $x=2\times10^{-2}\cos\left(5t/2-\frac{1}{2}\pi\right)(\mathrm{m})$；　3. $2\pi\sqrt{\frac{m}{k}}$；　4. π；

5. $0.5(2n+1)$，$n=0,1,2,3,\cdots$；n，$n=0,1,2,3\cdots$；$0.5(4n+1)$，$n=0,1,2,3,\cdots$；

6. 10cm，$(\pi/6)\mathrm{rad/s}$，$\pi/3$；　7. $\pi/4$，$x=2\times10^{-2}\cos(\pi t+\pi/4)(\mathrm{m})$。

8. 9.90×10^{2}J； 9. 2×10^{2}N/m，1.6Hz； 10. 4×10^{-2}m，$\frac{1}{2}\pi$。

三、计算题

1. **解** （1）$A=0.5$cm；$\omega=8\pi s^{-1}$；$T=2\pi/\omega=(1/4)$s；$\varphi=\pi/3$。

（2）$v=-4\pi\times10^{-2}\sin\left(8\pi t+\frac{1}{3}\pi\right)$(SI)；$a=-32\pi^{2}\times10^{-2}\cos\left(8\pi t+\frac{1}{3}\pi\right)$(SI)

（3）$E=E_k+E_p=\frac{1}{2}kA^2=\frac{1}{2}m\omega^2A^2=7.90\times10^{-5}$J

（4）平均动能 $\overline{E_k}=(1/T)\int_0^T\frac{1}{2}mv^2\mathrm{d}t$

$$=(1/T)\int_0^T\frac{1}{2}m(-4\pi\times10^{-2})^2\sin^2\left(8\pi t+\frac{1}{3}\pi\right)\mathrm{d}t$$

$$=3.95\times10^{-5}\text{J}=\frac{1}{2}E \qquad 同理\overline{E_p}=\frac{1}{2}E=3.95\times10^{-5}\text{J}$$

2. **解** （1）$\omega=\sqrt{k/m}=10s^{-1}$ $T=2\pi/\omega=0.63$s

（2）$A=15$cm，在 $t=0$ 时，$x_0=7.5$cm，$v_0<0$

由 $A=\sqrt{x_0^2+(v_0/\omega)^2}$ 得

$$v_0=-\omega\sqrt{A^2-x_0^2}=-1.3\text{m/s},\ \varphi=\text{tg}^{-1}(-v_0/\omega x_0)=\frac{1}{3}\pi\ 或\ 4\pi/3$$

因为 $x_0>0$，所以 $\varphi=\frac{1}{3}\pi$。

（3）振动的数学表达式为 $x=15\times10^{-2}\cos\left(10t+\frac{1}{3}\pi\right)$(SI)

3. **解** 取如图15-17所示 x 坐标，平衡位置为原点 O，向下为正，m 在平衡位置时弹簧已伸长 x_0

$$mg=kx_0$$

设 m 在 x 位置，分析受力，这时弹簧伸长 $x+x_0$，即

$$F_2=k(x+x_0)$$

由牛顿第二定律和转动定律列方程

$$mg-F_1=ma$$

$$F_1R-F_2R=J\alpha$$

$$a=R\alpha$$

联立解得 $$a=\frac{-kx}{(J/R^2)+m}$$

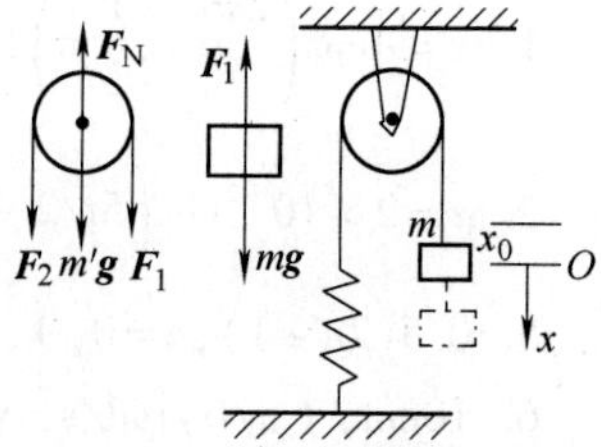

图15-17 计算题3解图

由于 x 系数为一负常数，故物体做简谐振动，其角频率为

$$\omega=\sqrt{\frac{k}{(J/R^2)+m}}=\sqrt{\frac{kR^2}{J+mR^2}}$$

4. **解** 设物体在水平木板上不滑动。

则竖直方向有 $$F_N-mg=0 \tag{1}$$

水平方向 $$f_x=-ma \tag{2}$$

且 $$|f_x|\leqslant\mu_s F_N \tag{3}$$

又有 $$a=-\omega^2 A\cos(\omega t+\varphi) \tag{4}$$

由式(1)、式(2)、式(3)得 $$a_{max}=\mu_s mg/m=\mu_s g$$

再由此式和式(4)得 $$A_{max}=\mu_s g/\omega^2=\mu_s g/(4\pi^2\nu^2)=0.031\text{m}。$$

第 16 章　机械波和电磁波

16.1　知识网络

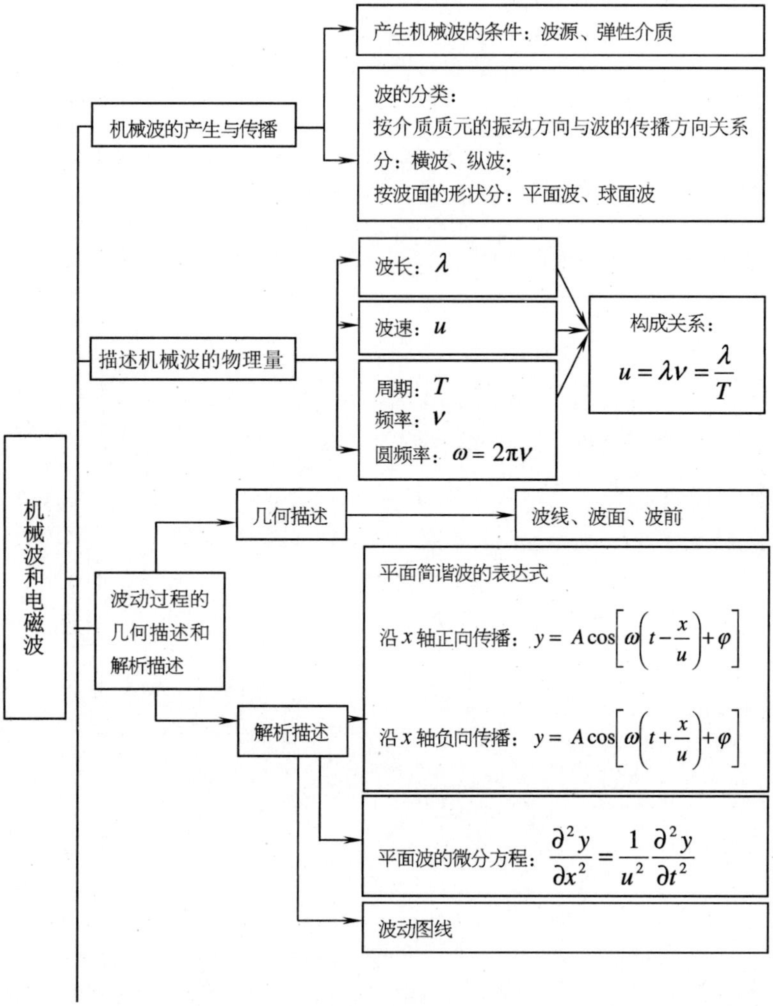

- 机械波和电磁波
  - 波动过程的能量传播
    - 介质体积元的总能量：$\mathrm{d}E=\mathrm{d}E_{\mathrm{k}}+\mathrm{d}E_{\mathrm{p}}=\rho \mathrm{d}VA^2\omega^2\sin^2\omega\left(t-\dfrac{x}{u}\right)$
      动能和势能：$\mathrm{d}E_{\mathrm{k}}=\mathrm{d}E_{\mathrm{p}}=\dfrac{1}{2}\rho \mathrm{d}VA^2\omega^2\sin^2\omega\left(t-\dfrac{x}{u}\right)$
    - 能量密度 w 与平均能流密度（波的强度）I：
      $w=\dfrac{\mathrm{d}E}{\mathrm{d}V}=\rho A^2\omega^2\sin^2\omega\left(t-\dfrac{x}{u}\right)$　　$I=\dfrac{1}{2}\rho uA^2\omega^2$
  - 波在介质中的传播规律
    - 惠更斯原理
    - 波的独立传播原理(叠加原理)
    - 波的干涉
      - 相干条件：频率相同、振动方向相同、相位相同或相位差恒定
      - 干涉结果：
        $\Delta\varphi=(\varphi_2-\varphi_1)+\dfrac{2\pi}{\lambda}(r_1-r_2)$
        $\Delta\varphi=\pm 2k\pi$　　$k=0,1,2,\cdots$ 干涉加强
        $\Delta\varphi=\pm(2k+1)\pi$　　$k=0,1,2,\cdots$ 干涉减弱
      - 驻波方程：$y=2A\cos(\dfrac{2\pi x}{\lambda})\cos(\omega t)$
        - 半波损失
    - 多普勒效应
      - $\nu_R=\dfrac{u+v_R}{u-v_S}\nu_S$
        波源 S 和接收器 R 彼此靠近时，$v_S>0$，$v_R>0$
        反之则 $v_S<0$，$v_R<0$
  - 电磁振荡和电磁波
    - LC 振荡电路 $\left(\omega=\dfrac{1}{\sqrt{LC}}\right)$：
      $q=q_0\cos(\omega t+\varphi)$
      $I=-q_0\omega\sin(\omega t+\varphi)$
    - 电磁波的性质：
      (1) 电磁波是横波
      (2) $\boldsymbol{E}\perp\boldsymbol{H}$ 且 $\boldsymbol{E}$ 和 $\boldsymbol{H}$ 同相变化
      (3) $\sqrt{\varepsilon}E=\sqrt{\mu}H$
      (4) $u=\dfrac{1}{\sqrt{\varepsilon\mu}}$　（真空中 $c=\dfrac{1}{\sqrt{\varepsilon_0\mu_0}}$）
      (5) 电磁波的强度（坡印廷矢量）：$\boldsymbol{S}=\boldsymbol{E}\times\boldsymbol{H}$

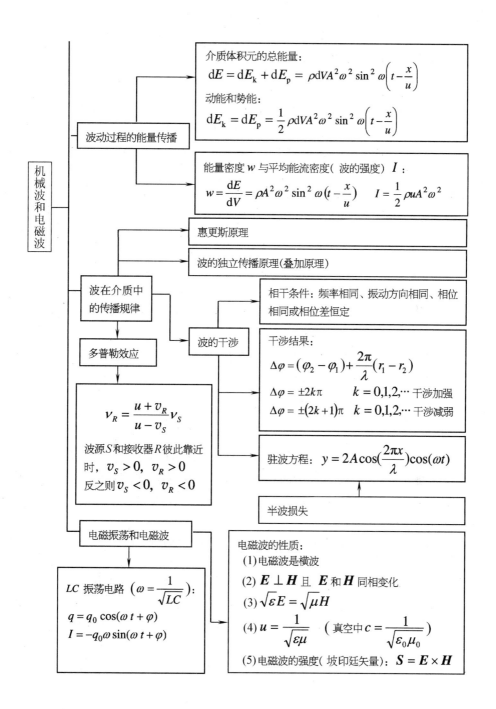

16.2 学习指导

16.2.1 机械波的产生与传播

机械波在弹性介质中的传播。

（1）产生机械波应具备两个条件，即波源和弹性介质，二者缺一不可。

（2）机械波具有如下特点：在振动传播过程中，介质质元只是在其平衡位置附近做振动，并不随波传播；波动是振动状态（相位）的传播；沿波的传播方向各质元的振动相位依次落后。

（3）机械波的分类：按照介质质元的振动方向与波的传播方向的关系，可将机械波分为两类：质元的振动方向与波的传播方向垂直，称为横波，如绳上形成的横波，是峰谷相间的分布图形；质元的振动方向与波的传播方向平行，称为纵波，如空气中传播的声波，是疏密相间的分布图形。

（4）波面和波线。

①在波动过程中，介质中振动相位相同的点构成的面称为波面；最前面的那个波面称为波前。同一波面上所有质点的振动状态（相位）相同，所以波面又称为同相面。按照波面的形状将波分为平面波和球面波等。

②沿波传播方向带箭头的线称为波线。在各向同性介质中，波线总是与波面垂直；波线的方向总是指向振动相位降落的方向。

16.2.2 描述机械波的物理量

1. 波长

波线上振动状态完全相同的两个相邻质元之间的距离称为波长，以 λ 表示。

在横波的情况下，波长 λ 等于两相邻波峰之间或两相邻波谷之间的距离；在纵波情形下，波长 λ 等于两相邻密部中心之间或两相邻疏部中心之间的距离。

2. 频率和周期

波向前推进一个波长所需的时间（或一个完整波形通过波线上某点所需要的时间）称为波的周期，以 T 表示。

单位时间内通过介质中某点的完整波的数目称为波的频率，以 ν 表示。

3. 波速

某一振动状态（相位）在单位时间内传播的距离称为波速，以 u 表示，波速又称相速。

4. 波速、周期（频率）和波长三者之间的关系

$$u=\frac{\lambda}{T}=\lambda\nu \tag{16-1}$$

（1）波长反映了波的空间周期性，周期反映了波的时间周期性。

（2）波的频率（或周期）也是由振源性质决定的，与传播波的介质性质无关。在波源和观察者相对介质静止时，波的传播周期（或频率）等于波源的振动周期（或频率）。波在不同的介质中其传播周期（或频率）不变。

（3）波速仅与介质的性质有关，同一频率的波在不同的介质中传播时，其波长和波速是不同的。不能用提高波的频率来提高波速，这是因为若频率提高了，则波长必然相应减小，所以传播速度不变。

（4）介质中质元的振动速度与波速是两个完全不同的概念。波速是振动状态的传播速度，质元的振动速度是质点的运动速度。波动过程中，质元在平衡位置附近振动并不向前移动。

16.2.3　平面简谐波的波动方程

1. 平面简谐波的波动方程

当波源做简谐振动时，每一波线上各质点也都做简谐振动，此时形成的波称为简谐波，波面为平面的简谐波称为平面简谐波。简谐波是最基本的波，任何复杂的波都可以看作是由若干个简谐波叠加而成的。

如图 16-1 所示，设一平面简谐波，在无吸收、均匀、无限大的介质中，沿 Ox 轴正方向传播，波速为 u。将介质中各质元在波线上的位置用 x 表示，质元相对于其平衡位置的位移用 y 表示，则波动方程为

$$y=A\cos\left[\omega\left(t\mp\frac{x}{u}\right)+\varphi_0\right] \tag{16-2}$$

式中，A 是振幅；ω 是角频率；φ_0 是原点 O 的振动初相位。当波动沿 Ox 轴正向传播时取“－”，反之取“＋”。

利用 $\omega=\dfrac{2\pi}{T}=2\pi\nu$ 及 $u=\dfrac{\lambda}{T}=\lambda\nu$，可对波动方程做如下变形

$$\begin{aligned} y&=A\cos\left[\omega\left(t\mp\frac{x}{u}\right)+\varphi_0\right]=A\cos\left[2\pi\left(\frac{t}{T}\mp\frac{x}{\lambda}\right)+\varphi_0\right]\\ &=A\cos\left[2\pi\left(\nu t\mp\frac{x}{\lambda}\right)+\varphi_0\right] \end{aligned} \tag{16-3}$$

（1）$y=A\cos\left[\omega\left(t\mp\dfrac{x}{u}\right)+\varphi_0\right]$是在已知原点的振动方程 $y_0=A\cos(\omega t+\varphi_0)$ 的条件下得到的。若已知波线上任一点 P 的振动方程 $y_P=A\cos(\omega t+\varphi_P)$，也可直接得到波动方程

$$y=A\cos\left[\omega\left(t\mp\frac{x-x_P}{u}\right)+\varphi_P\right] \tag{16-4}$$

式中，x_P 是 P 点的坐标；φ_P 是 P 点振动初相位。当波动沿 Ox 轴正向传播时取“－”，反之取“＋”。

（2）波动方程的物理意义如下：

①给定 x_0、t_0，$y=y(x_0,t_0)$，表示 t_0 时刻，坐标为 x_0 处质点的位移。

②给定 $x=x_0$ 时，$y=y(x_0,t)$，波动方程 $y=y(x,t)$ 变成了 x_0 处质点的振动方程 $y=y(t)$，表示 x_0 处质点在任意 t 时刻位移。

③给定 $t=t_0$ 时，$y=y(x,t_0)$，波动方程 $y=y(x,t)$ 变成了 t 时刻的波形方程 $y=y(x)$，表示 t_0 时刻波线上各个质点的位移。

④x,t 均变化时，$y=y(x,t)$，表示波线上各质点在不同时刻的位移分布，体现了行波的特点。

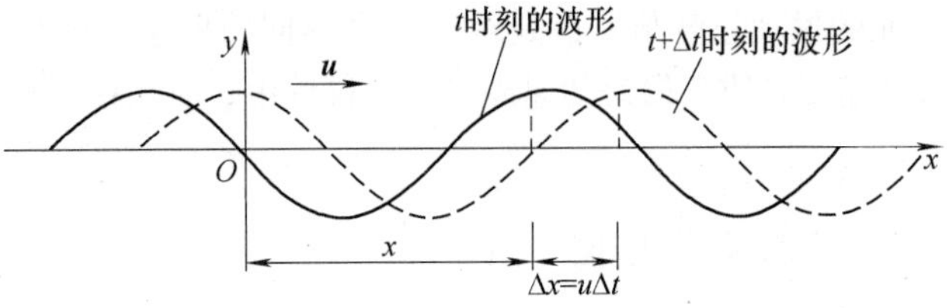

图 16-1 波形的传播

经过 Δt 时间，振动状态（相位）向前传播的距离为

$$\Delta x=u\Delta t \tag{16-5}$$

（3）相位差。沿着波的传播方向，波线上各点的振动相位依次落后。同一波线上 x_1 和 x_2 处两质点的相位差为

$$\Delta\varphi=2\pi\frac{x_2-x_1}{\lambda}=2\pi\frac{\Delta x}{\lambda} \tag{16-6}$$

式中，$\Delta\varphi$ 是 x_2 点落后 x_1 的相位或 x_1 点超前 x_2 点的相位。

（4）波形曲线 $y-x$ 和振动曲线 $y-t$ 的比较如下：

①振动曲线的（时间）周期是 T；波形曲线的（空间）周期是 λ。

②振动曲线 $y-t$ 表示一个质点在不同时刻的位移；波形曲线 $y-x$ 表示同一时刻波线上的各质元的位移。

③通过振动曲线上某点的斜率的正负，可以判断质点的运动方向，速度方向的正负与斜率的正负相同。判断波线上各质元的振动方向的方法是将波形曲线沿着波的传播方向做一微小平移，根据平移前后质元的相对位置，确定质元在该时刻的运动方向。

2. 波动方程的建立

建立波动方程的基本思路是沿着波的传播方向，波线上各点的振动相位依次落后，其基本步骤如下：

（1）根据已知条件，确定波线上某点 P 的振动方程 $y_P=A\cos(\omega t+\varphi_P)$。

（2）建立坐标系，明确波的传播方向，确定坐标原点与 P 点的振动相位的相位关系，写出坐标原点的振动方程

$$y_0=A\cos(\omega t+\varphi_0)$$

式中，φ_0 是坐标原点振动的初相位；$\varphi_0=\varphi_P\pm\omega\frac{|x_P|}{u}=\varphi_P\pm2\pi\frac{|x_P|}{\lambda}$。当原点振动落后 P 点振动用“$-$”，反之用“$+$”。

（3）写出波动方程

$$y = A\cos\left[\omega\left(t \mp \frac{x}{u}\right) + \varphi_0\right]$$

当波动沿 Ox 轴正向传播时用“－”，反之，用“＋”。

说明：

①P 点不一定是波源，也不一定是坐标原点。若 P 点为坐标原点，则 $x_P = 0$。

②波动方程与坐标系的选取密切相关。坐标原点和坐标轴的正方向变化，波动方程也会随之变化。

16.2.4　波动过程中的能量传播

1. 波的能量

机械波是振动状态的传播，而一定的振动状态对应于一定的能量，所以振动状态的传播必然伴随着能量的传播。

介质中任一体积元 $\mathrm{d}V$ 所具有的能量为

动能
$$dE_{\mathrm{k}} = \frac{1}{2}\rho \mathrm{d}VA^2\omega^2\sin^2\omega\left(t - \frac{x}{u}\right) \tag{16-7}$$

势能
$$\mathrm{d}E_{\mathrm{p}} = \frac{1}{2}\rho \mathrm{d}VA^2\omega^2\sin^2\omega\left(t - \frac{x}{u}\right) \tag{16-8}$$

机械能
$$\mathrm{d}E = \mathrm{d}E_{\mathrm{k}} + \mathrm{d}E_{\mathrm{p}} = \rho \mathrm{d}VA^2\omega^2\sin^2\omega\left(t - \frac{x}{u}\right) \tag{16-9}$$

（1）对任意质元而言，任意时刻的动能、势能大小相等，相位相同，即同时达到最大值，同时达到最小值。这一点可以从图 16-2 所示的波形曲线上看到，Q 点是平衡位置处，速度最大，动能最大，同时相对形变 $\Delta y/\Delta x$ 有最大值，而质元的势能与相对形变的平方成正比，所以弹性势能也最大；P 点是最大位移处，速度为零，动能也为零，同时相对形变 $\Delta y/\Delta x$ 为零，所以质元弹性势能也为零。所以，质元在平衡位置处，动能和势能最大；在最大位移处，动能和势能都为零。

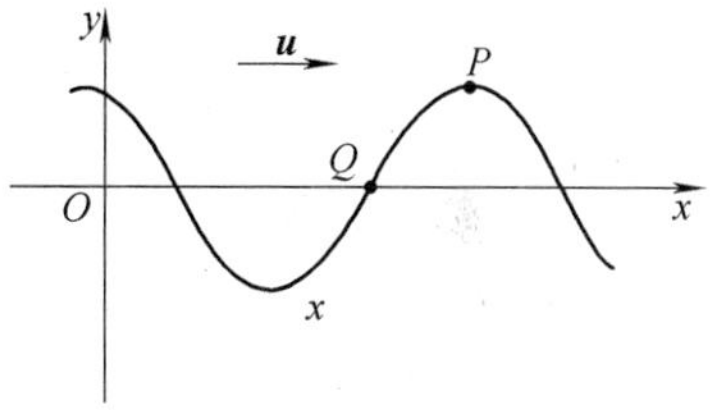

图 16-2　波形曲线

（2）质元的总能量随时间变化，机械能不守恒。这一点与简谐振动系统不同，简谐振动系统是一个孤立系统，与外界没有能量交换，因而机械能守恒。而波动中的任何一个质元都不是孤立的，它要与邻近的质元相互作用，不断地吸收和放出能量，起到传播能量的作用。所以说，波动过程就是能量的传播过程。

2. 能量密度

能量密度是波传播时介质单位体积内的总能量，即

$$w = \rho A^2\omega^2\sin^2\omega\left(t - \frac{x}{u}\right) \tag{16-10}$$

平均能量密度是能量密度在一个周期 T 内的平均值，即

$$\overline{w}=\frac{1}{2}\rho A^{2}\omega^{2} \tag{16-11}$$

3. 能流和平均能流密度（波的强度）

能流是单位时间内垂直通过介质中某一面积的能量，即

$$P=uSw=uS\rho A^{2}\omega^{2}\sin^{2}\omega\left(t-\frac{x}{u}\right) \tag{16-12}$$

平均能流是能流在一个周期的时间平均值，即

$$\overline{P}=uS\,\overline{w}=\frac{1}{2}uS\rho A^{2}\omega^{2} \tag{16-13}$$

平均能流密度（波的强度）是通过与波的传播方向垂直的单位面积的平均能流，即

$$I=\frac{1}{2}\rho uA^{2}\omega^{2} \tag{16-14}$$

16.2.5 惠更斯原理和波的叠加原理

1. 惠更斯原理

在波的传播过程中，波阵面（波前）上的每一点都可以看作是发射子波的波源，在其后的任一时刻，这些子波的包迹就成为新的波阵面，这就是惠更斯原理。

（1）惠更斯原理适用于任何波动过程。

（2）若已知某一时刻的波阵面，利用惠更斯原理可以确定下一时刻的波阵面。在各向同性介质中，只要知道了波阵面的形状，就可以按照波线与波面垂直的规律，作出波线。惠更斯原理在很大程度上解决了波的传播问题。

（3）基于惠更斯原理，可以解释波的衍射现象，还可以证明波的反射定律和折射定律。

2. 波的叠加原理

波的叠加原理包含两个内容，一是波传播的独立性；二是波的可叠加性。

（1）几列波相遇之后，各自将保持原有的特性（频率、波长、振幅、振动方向等）不变，互不相干地独立向前传播。

（2）在相遇区域内任一点的振动位移，为各列波单独存在时在该点引起的振动位移矢量和。

16.2.6 波的干涉

1. 波的干涉现象

两列波在空间相遇，相遇区域内某些地方的振动始终加强，而一些地方的振动始终减弱，并形成稳定的、有规律的振动强弱分布的现象，称为波的干涉现象。

2. 波的相干条件

不是任意两列波相遇都会产生干涉现象的，能够产生干涉现象的波称为相干波，它

的波源称为相干波源。

波的相干条件是频率相同、振动方向相同、相位相同或相位差恒定。

根据叠加原理，若是两个方向垂直的振动合成，合振动的振幅随分振动初相位的不同以各种复杂的规律发生变化，不会发生干涉现象；若是同方向不同频率的振动合成，相遇点的振动相位差为 $\Delta\varphi=(\omega_2-\omega_1)t+\varphi_2-\varphi_1-2\pi\dfrac{r_2-r_1}{\lambda}$，$\Delta\varphi$ 随时间变化，致使合振动的振幅不稳定，也不会发生干涉现象；只有同频率、同方向、相位差恒定的相干波，在相遇点的相位差 $\Delta\varphi=\varphi_2-\varphi_1-2\pi\dfrac{r_2-r_1}{\lambda}$ 只随空间位置的不同而不同，合振动的振幅与时间无关，只随空间位置而不同，呈稳定分布的干涉现象。

3. 干涉加强、减弱的条件

两列相干波叠加后的合振幅为

$$A=\sqrt{A_1^2+A_2^2+2A_1A_2\cos\Delta\varphi} \tag{16-15}$$

$$\Delta\varphi=(\varphi_2-\varphi_1)-\frac{2\pi}{\lambda}(r_2-r_1) \tag{16-16}$$

当 $\Delta\varphi=\pm 2k\pi \quad (k=0,1,2,\cdots)$ 时干涉加强，合振幅 $A=A_1+A_2$。

当 $\Delta\varphi=\pm(2k+1)\pi \quad (k=0,1,2,\cdots)$ 时干涉减弱，合振幅 $A=|A_1-A_2|$。

（1）相位差 $\Delta\varphi$ 包含两项，$\varphi_2-\varphi_1$ 是初相差；$-\dfrac{2\pi}{\lambda}(r_2-r_1)$ 是从两波源到相遇点的波程差（$\delta=r_2-r_1$）所引起的相位差。若 $\varphi_2=\varphi_1$，则干涉加强和减弱的条件可简化为

$$\delta=r_2-r_1=\pm k\lambda \quad (k=0,1,2,\cdots)，\text{干涉加强} \tag{16-17}$$

$$\delta=r_2-r_1=\pm(2k+1)\lambda/2 \quad (k=0,1,2,\cdots)，\text{干涉减弱} \tag{16-18}$$

（2）波的强度与振幅的平方成正比。当两个振幅相同的波相干加强时，合振幅为原来的 2 倍，强度为原来的 4 倍。这与能量守恒并不矛盾，这是因为波相干时能量重新分布，加强点的强度为原来的 4 倍，减弱点的强度为零，整体上能量是守恒的。

16.2.7　驻波

1. 驻波的形成

驻波是由两列同振幅、相向传播的相干波叠加而成的波。驻波是波动干涉的特例。

2. 驻波方程

$$y=A\cos\omega\left(t-\frac{x}{u}\right)+A\cos\omega\left(t+\frac{x}{u}\right)=2A\cos2\pi\frac{x}{\lambda}\cdot\cos\omega t \tag{16-19}$$

3. 驻波的特征

（1）各点的振幅

$$A_{合}=\left|2A\cos2\pi\frac{x}{\lambda}\right| \tag{16-20}$$

即驻波的振幅随 x 做空间周期性变化，但不随时间而变。

振幅达到极大的点称为波腹，波腹坐标为

$$x_{腹} = \pm k\frac{\lambda}{2} \qquad k=0,\ 1,\ 2,\ \cdots \tag{16-21}$$

振幅为零（干涉静止）的点称为波节，波节坐标

$$x_{节} = \pm\left(k+\frac{1}{2}\right)\frac{\lambda}{2} \qquad k=0,\ 1,\ 2,\ \cdots \tag{16-22}$$

相邻波腹（或波节）间的距离为 $\lambda/2$，相邻波腹与波节间的距离为 $\lambda/4$。

（2）介质各点的相位　相邻波节点间各质点同相位，一个波节点两侧各质点反相位。

（3）驻波的能量　驻波的波形驻扎不动，因为没有相位传播，也就没有能量的传播。势能集中在波节附近，动能集中在波腹附近，动能、势能不断转换，平均能流为零。

4. 半波损失

当波从波疏介质垂直入射到波密介质而被反射时，反射波与入射波在此处的相位相反而形成波节，即反射波在分界处产生相位为 π 的跃变，相当于出现了半个波长的波程差，称半波损失。

当波从波密介质垂直入射到波疏介质时，被反射到波密介质时形成波腹，入射波与反射波在此处的相位相同，即反射波在分界处不产生相位跃变。

16.2.8 多普勒效应

当波源或接收器相对于介质运动时，接收器所接收到的频率不同于波源的振动频率，这种现象称为多普勒效应，即

$$\nu_R = \frac{u+v_R}{u-v_S}\nu_S \tag{16-23}$$

式中，ν_S 是波源的频率；ν_R 是观察者接收的频率；v_R 是观察者相对于介质的速度；v_S 是波源相对于介质的速度；u 是波速，恒为正值。当波源 S 和接收器 R 做相向运动（彼此靠近）时，$v_S>0$，$v_R>0$；相背运动（彼此远离）时，$v_S<0$，$v_R<0$。

（1）波源和观察者均相对于介质静止时——静发静收，即

$$v_R = v_S = 0 \Rightarrow \nu_R = \nu_S = \nu_b$$

式中，ν_b 是波的频率。

（2）波源不动，观察者相对介质以速度运动 v_R 时——静发动收，即

$$v_S=0,\ v_R\neq 0 \Rightarrow \nu_R = \frac{u+v_R}{u}\nu_S \qquad \nu_b = \nu_S \neq \nu_R$$

（3）观察者不动，波源相对介质以速度 v_S 运动时——动发静收，即

$$v_R=0,\ v_S\neq 0 \Rightarrow \nu_R = \frac{u}{u-v_S}\nu_S \qquad \nu_R = \nu_b \neq \nu_S$$

（4）观察者和波源同时相对于介质运动——动发动收，即

$$v_S \neq 0,\ v_R \neq 0 \Rightarrow \nu_R = \frac{u + v_R}{u - v_S}\nu_S, \qquad \nu_R \neq \nu_b \neq \nu_S$$

16.2.9　电磁振荡和电磁波

1. 电磁振荡

电路中电压和电流的周期性变化称为电磁振荡。

对 LC 振荡电路，有
$$\frac{d^2q}{dt^2} = -\frac{1}{LC}q = -\omega^2 q$$

式中，$\omega^2 = 1/LC$，则

$$q = Q_0\cos(\omega t + \varphi) \tag{16-24}$$

$$i = \frac{dq}{dt} = -\omega Q_0\sin(\omega t + \varphi) = I_0\cos\left(\omega t + \varphi + \frac{\pi}{2}\right) \tag{16-25}$$

式中，Q_0 为电荷振幅；$I_0 = \omega Q_0$ 为电流振幅。

2. 电磁波

电磁波的性质如下：

（1）电矢量 $\boldsymbol{E}$、磁矢量 $\boldsymbol{H}$ 都与波的传播方向 $\boldsymbol{k}$ 垂直，因此电磁波是横波。$\boldsymbol{E}$ 和 $\boldsymbol{H}$ 分别在各自的平面内振动，具有偏振性。

（2）$\boldsymbol{E}$ 和 $\boldsymbol{H}$ 始终同相位。

（3）$\boldsymbol{E}$ 和 $\boldsymbol{H}$ 的幅值成比例，即

$$\sqrt{\varepsilon}E = \sqrt{\mu}H \tag{16-26}$$

（4）电磁波的传播速度 $\boldsymbol{u}$ 的大小为　$u = \dfrac{1}{\sqrt{\mu\varepsilon}}$

真空中电磁波的波速等于真空中的光速　$c = \dfrac{1}{\sqrt{\mu_0\varepsilon_0}}$

（5）电磁波的辐射强度（坡印廷矢量）

$$\boldsymbol{S} = \boldsymbol{E} \times \boldsymbol{H} \tag{16-27}$$

16.3　问题辨析

问题 1　根据波速和波长、频率的关系式 $u = \lambda\nu$，能认为频率高的波传播速度大吗？在同一介质中，机械波的波长、频率、周期和波速四个量中，那些量是不变量？当波从一种介质进入另一种介质时，哪些量会改变？哪些量不会改变？

辨析　机械波的传播速度取决于介质的性质和状态。在给定的介质中，机械波的传播速度是一定的，与波长和频率无关。因此不能认为频率高的波传播速度大。

在波源相对于介质静止的条件下，波的频率和周期由波源决定，与介质性质无关；波速与介质的性质有关，与波的频率和周期无关（不考虑色散时）；对确定的介质来说

波速是常量，而波长则与波源和介质均有关。当机械波在同一介质中传播时，波长、频率、周期和波速都不变。当波从一种介质进入另一种介质时，频率和周期不变，波速和波长均会改变，波速和波长、频率之间满足关系式 $u=\lambda\nu$。

问题 2 波动和振动有什么区别和联系？平面简谐波动方程和简谐振动方程有什么不同？又有什么联系？振动曲线和波形曲线有什么不同？

辨析 波动是振动状态（相位）和能量在空间的传播，振动是波动的源，没有振动便没有波动。但振动描述的仅仅是某一个点的振动规律，而波动描述了波线上所有点的集体振动规律。

简谐振动方程 $y=f(t)$ 中只有一个独立的时间变量 t，它描述的是一个质元偏离平衡位置的位移随时间的变化规律。平面简谐波动方程 $y=f(x,\ t)$ 含有坐标 x 和时间 t 两个独立变量，它描述的是介质中波线上所有质元偏离平衡位置的位移随坐标和时间的变化规律。当 x 一定时，波动方程 $y=y(x,\ t)$ 变成了 x 处质点的振动方程 $y=y(t)$；当 t 一定时，波动方程 $y=y(x,\ t)$ 就变成了 t 时刻的波形方程 $y=y(x)$。

振动曲线 $y=f(t)$ 描述的是一个质点的位移随时间的变化规律，从振动曲线上可看出该振动质点的振幅、频率、位移、振动方向等信息；波形曲线 $y=f(x,\ t)$ 描述的是介质中质元的位移随位置和时间的变化规律，从波形曲线上可提供诸如振幅、波长和某时刻质点振动位移等信息，结合波的传播方向，还能判断此时所有质点的振动方向和下一时刻的波形图。

问题 3 下面几种说法，哪些是正确的？哪些是错误的？

（1）机械振动一定能产生机械波。

（2）质点的振动速度和波的传播速度是相等的。

（3）质点振动的周期和波的周期数值上是相等的。

（4）波动方程中的坐标原点是选取在波源位置上的。

辨析 （1）振源和弹性介质是产生机械波的两个必要条件。因此，只有振源并不能产生机械波，如声波就不能在真空中传播。但电磁波既可在介质中传播也可在真空中传播，只是波速不同而已，这是机械波和电磁波的一个重要区别。

（2）质点的振动速度和波的传播速度是完全不同的两个概念。质点的振动速度描述了质点运动的快慢，它是随时间做周期性变化的；波的传播速度是指振动状态（或相位）的传播速度，波在各向同性介质中传播速度是不变的。

（3）一个完整波形通过波线上某点所需要的时间称为波的时间周期，它在数值上等于波动中每个质点的振动周期，也就是说，波动中的任一质点完成一次全振动，波就前进一个波长的距离。当波源相对介质静止不动时，波的周期在数值上等于波源的振动周期。

（4）波动方程中的坐标原点可以选在波线上任一点处，不一定是波源。由于波动方程中的 φ 是原点处质点的振动初相，因而选择不同点作为坐标原点，初相 φ 也应该不同。

问题 4 有人认为频率不同、振动方向不同、相位差不恒定的两列波在空间相遇时不能叠加，这种说法对吗？波的叠加和波的干涉有何联系和区别？

辨析　这种说法不对。波的叠加是指两列或几列波可以保持各自的特点（频率、波长、振动方向、振幅等）同时通过介质中的同一点，在各自的传播过程中好像没遇到其他波一样。所以相遇区域内的任一点振动就是各个波单独在该点引起振动的合成。因此频率不同、振动方向不同、相位差不恒定的两列波在空间相遇时是能够叠加的。

当两列或几列波的频率相同、振动方向相同、相位差恒定时，它们同时通过同一介质时，在相遇的区域内叠加，其结果使得有些地方振动始终加强，有些地方振动始终减弱，在空间形成一个稳定的振动分布，这叫波的干涉。

由此可见，波的干涉是波的叠加的一种特殊情况。两列波在介质中相遇时，必定能够叠加，当这些波满足相干条件时，才能形成干涉现象。

问题 5　驻波中各质元的相位有什么关系？为什么说驻波没有相位的传播？每个质元的能量具有什么特点？

辨析　驻波被波节分成长度为$\frac{\lambda}{2}$的许多段。同一段上的各点振动同相位，而相邻两段中的各点的振动反相。驻波本质上是分段振动的。

在行波 $y=A\cos\left(\omega t-\frac{x}{u}\right)$中，相位 $\omega t-\frac{x}{u}$，它是可传播的，t 时刻 x 处的相位，经 Δt 时间后传播到 $x+\Delta x$（$\Delta x=ut$）处。即传播必须满足关系式

$$y(t+\Delta t, x+u\Delta t)=y(x,t)$$

而驻波 $y=2A\cos\frac{2\pi}{\lambda}x\cos\omega t$ 不满足上述关系式，故驻波没有相位的传播。

在驻波中，两波节间各个质点以不同的恒定振幅做同相位的简谐振动，波节两侧各个质点做相位相反的简谐振动。就单个质元而言，振动能量是守恒的，但各质元在振动过程中的能量会不断变化。例如，波节处质元的动能始终为零，其势能则随着两侧质元振动引起的相对形变的变化而不断变化；波腹处质元的动能不断变化，其势能则始终为零。各质元间不断交换能量，但总能量始终停留在驻波所在的范围内，并不传播出去。

问题 6　波源向着观察者运动和观察者向着波源运动，都会产生接收频率增高的多普勒效应。这两种情况有何区别？如果两种情况下的运动速度相同，观察者接收到的频率会有不同吗？

辨析　虽然这两种情况都能使观察者接收到的频率变高，但这两种频率变高的物理本质是不同的。

首先要区别波源的频率 ν_S、观察者接收到的频率 ν_R、波的频率 ν 这三个概念的物理意义。波源的频率 ν_S 是波源在单位时间内振动的次数，或单位时间内发出的完整波的个数；观察者接收到频率 ν_R 是观察者在单位时间内接收到的振动次数或完整波的个数；波的频率 ν 是介质质元在单位时间内振动的次数或单位时间内通过介质中某点的完

整波的个数，$\nu = \frac{u}{\lambda}$。

若观察者相对于介质静止，观察者接收到的频率就是波的频率。当波源相对于观察者运动时，波源所发生的相邻两个同相振动状态是在不同地点发出的，波源运动前方的两个同相振动状态的空间距离比波源静止时短，即波的波长变短，波被“压缩”了，使得波的频率增高了，从而使得观察者接收到的频率增高。

若波源相对于介质静止，则波的波长不变。当观察者向着波源运动时，如同船逆波而上，在单位时间内碰撞波峰的次数增多，观察者在单位时间内接收到的完整波的个数比他静止时要多，因此接收到的频率增高。

当观察者静止，波源以速度 v_S 向着观察者运动时，观察者接收到的频率为 $\nu_R = \frac{u}{u - v_S}\nu_S$

当波源静止，观察者以速度 v_R 向着波源运动时，观察者接收到的频率为 $\nu_R' = \frac{u + v_R}{u}\nu_S$

如果 $v_S = v_R = v$，则 $\frac{\nu_R}{\nu_R'} = \frac{u^2}{u^2 - v^2} > 1$。

即波源向着观察者运动的增频效果比观察者向着波源运动的增频效果好。

16.4 例题剖析

16.4.1 基本思路

本章重点是对波动过程的理解，包括机械波的产生及描述方法、平面简谐波的波函数、波的传播是能量的传播、波的干涉现象的分析、多普勒效应、电磁振荡和电磁波的概念。

习题可分为如下 7 类：

（1）由波动方程求解波动的特征量（波速、频率、振幅、波长）。

（2）由波源（或波线上某点）的运动方程（或振动曲线）求波动物理量和波动方程。

（3）由波形曲线求波动物理量和波动方程。

（4）波的干涉问题。

（5）驻波问题。

（6）多普勒效应问题。

（7）电磁振荡和电磁波的简单计算。

解题前应分清习题属于哪一类，只要理解波动各特征量的意义、理解波动方程的物理意义、掌握一些基本的公式，计算过程一般来说也并不复杂。

16.4.2　典型例题

例 16-1　如图 16-3 所示为某平面简谐波在 $t=0$ 时刻的波形曲线，求

（1）波长、周期、频率。

（2）a，b 两点的运动方向。

（3）该波的波函数。

（4）P 点的振动方程，并画出振动曲线。

（5）$t=1.25\text{s}$ 时刻的波形方程，并画出该波形曲线。

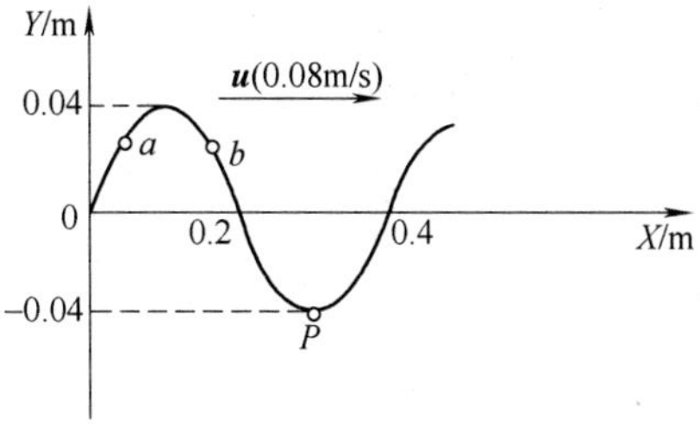

图 16-3　例 16-1 图 a

分析　本题属于由波形曲线求波动物理量和波动方程问题。从波形曲线图可获取波的特征量及波的传播方向，波源的振动初相也可由当前时刻的运动速度方向及位移求出，从而可以建立波函数。要判断波线上某些点的运动方向，可将当前时刻的波形曲线向着波传播的方向移动 $\Delta x=u\Delta t$ 距离，由于波线上质点并不随波迁移，只是在其平衡位置附近做振动，于是比较两个时刻的波形曲线，及可获得这些点的运动方向，也可由此再借助旋转矢量法获得这些点在该时刻的振动相位，从而建立这些点的振动方程。

解　（1）由 $t=0$ 时刻的波形曲线可知，$u=0.08\text{m/s}$，$\dfrac{\lambda}{2}=0.2\text{m}$，所以

$$\lambda=0.4\text{m},\ T=\frac{\lambda}{u}=\frac{0.4}{0.08}\text{s}=5.00\text{s},\ \nu=\frac{1}{T}=0.20\text{Hz}$$

（2）由于波沿 Ox 轴正方向传播，故将 $t=0$ 时刻的波形移动 $\Delta x=u\Delta t$，如图 16-4 所示，可见，在 $t=0$ 时刻 a 点沿 Oy 轴负方向运动，b 点沿 Oy 轴正方向运动。

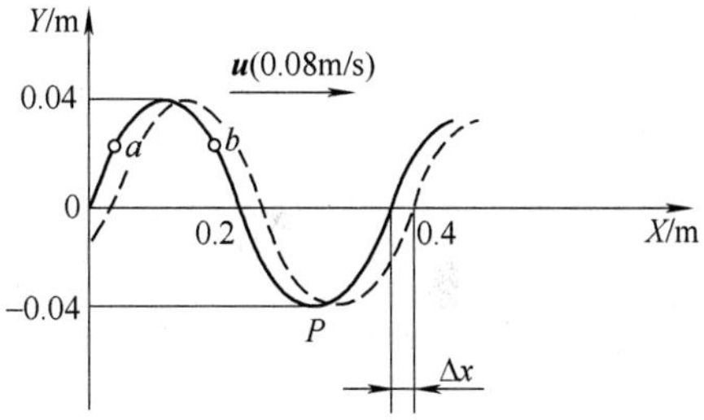

图 16-4　例 16-1 图 b

（3）设波函数为

$$\begin{aligned} y &= A\cos\left(\omega t-\frac{2\pi}{\lambda}x+\varphi\right) \\ &= 0.04\cos(0.4\pi t-5\pi x+\varphi)(\text{m}) \end{aligned}$$

由 $t=0$ 时刻的波形曲线可知，对于 $x=0$ 质点，$y=0$，$v<0$，所以有

$$\begin{cases}\cos\varphi=0\\ \sin\varphi>0\end{cases}$$

所以

$$\varphi=\frac{\pi}{2}$$

因此，波函数为

$$y=0.04\cos\left(0.4\pi t-5\pi x+\frac{\pi}{2}\right)(\text{m})$$

（4）对于 P 点，$x=\frac{3}{4}\lambda=0.30\mathrm{m}$，代入波函数，得到 P 点的振动方程为

$$y_P=0.04\cos\left(0.4\pi t-1.50\pi+\frac{\pi}{2}\right)=-0.04\cos(0.4\pi t)(\mathrm{m})$$

振动曲线如图 16-5a 所示。

（5）将 $t=1.25\mathrm{s}$ 代入波函数，得到 $t=1.25\mathrm{s}$ 时刻的波形方程为

$$y_{t=1.25\mathrm{s}}=0.04\cos(-5\pi x+\pi)=-0.04\cos(5\pi x)(\mathrm{m})$$

波形曲线如图 16-5b 所示。

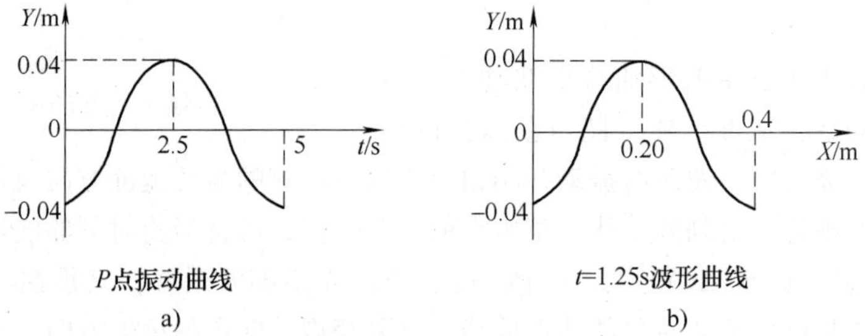

图 16-5　例 16-1 图 c

例 16-2　已知一波动方程为 $y=0.05\sin(10\pi t-2x)(\mathrm{m})$。（1）求波长、频率、波速和周期；（2）说明 $x=0$ 时方程的意义，并作图表示。

分析　本题属于由波动方程求解波动的特征量（波速、频率、振幅、波长）的问题。可采用比较法，即将已知的波动方程改写成波动方程的余弦函数形式，与波动方程的一般形式 $y=A\cos\left[\omega\left(t-\frac{x}{u}\right)+\varphi\right]$ 做比较，即可得角频率 ω、波速 u 和初相 φ，从而可以求得波长和频率等。而当 x 确定时，波动方程即为该坐标处质点的振动方程 $y=y(t)$。

解　（1）将题给的波动方程改写为 $y=0.05\cos\left[10\pi\left(t-\frac{x}{5\pi}\right)-\frac{\pi}{2}\right]\mathrm{m}$，与波动方程的一般形式 $y=A\cos\left[\omega\left(t-\frac{x}{u}\right)+\varphi\right]$ 做比较后可得 $u=15.7\mathrm{m\cdot s^{-1}}$，角频率 $\omega=10\pi\mathrm{s}^{-1}$，故有 $\nu=\frac{\omega}{2\pi}=5.0\mathrm{Hz}$，$T=\frac{1}{\nu}=0.2\mathrm{s}$，$\lambda=uT=3.14\mathrm{m}$。

（2）由分析知 $x=0$ 时，方程 $y=0.05\cos\left(10\pi t-\frac{\pi}{2}\right)\mathrm{m}$ 表示位于坐标原点的质点的振动方程，如图 16-6 所示。

例 16-3　一平面简谐波沿 Ox 轴正向传播，其振幅和圆频率分别为 A 和 ω，波速为 u，设 $t=0$ 时的波形曲线如图 16-7 所示。

（1）写出此波的波动方程。

（2）求距 O 点分别为 $\lambda/8$ 和 $3\lambda/8$ 两处质点的振动方程。

(3) 求距 O 点分别为 $\lambda/8$ 和 $3\lambda/8$ 两处质点在 $t=0$ 时刻的振动速度。

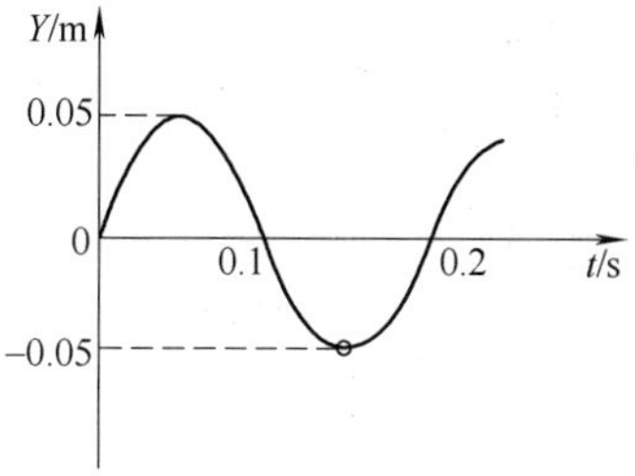

图 16-6　例 16-2 图

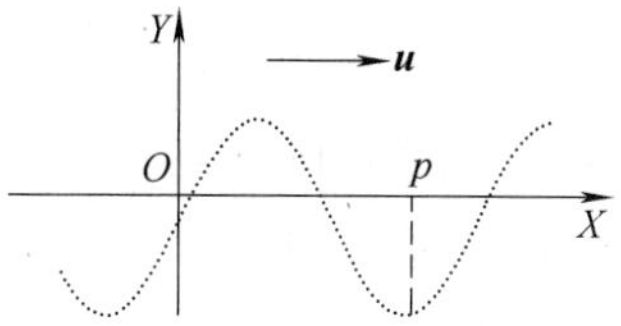

图 16-7　例 16-3 图

分析　本题属于由波形曲线求波动物理量和波动方程的问题。从波形曲线图可获取波的特征量及波的传播方向，波源（坐标原点 $x=0$ 处的质点可看成波源）的振动初相也可由当前时刻的运动速度方向及位移求出，从而可以建立波函数。由波函数可得波线上某些质点的振动方程，这些质点的振动速度可由其振动方程对时间求导数得到。

解　(1) 以 O 点为坐标原点，由图可知，初始条件为

$$y_o = A\cos\varphi = 0,\ v_o = -A\omega\sin\varphi < 0$$

所以

$$\varphi = \pi/2$$

波动方程为 $y = A\cos[\omega t - (\omega x/u) + \pi/2]$

(2) $x=\lambda/8$ 处质点的振动方程为

$$\begin{aligned} y &= A\cos[\omega t - (2\pi\lambda/8\lambda) + \pi/2] \\ &= A\cos(\omega t + \pi/4) \end{aligned}$$

$x=3\lambda/8$ 处质点的振动方程为

$$y = A\cos\left(\omega t - 2\pi\frac{\frac{3}{8}\lambda}{\lambda} + \frac{\pi}{2}\right) = A\cos(\omega t - \pi/4)$$

(3) x 处质点振动速度表达式

$$v = \frac{\partial y}{\partial t} = -\omega A\sin\left(\omega t - \frac{2\pi x}{\lambda} + \frac{\pi}{2}\right)$$

所以 $t=0$ 时刻，$x=\lambda/8$ 处质点的振动速度为

$$v\Big|_{x=\frac{\lambda}{8},t=0} = -\omega A\sin\left(-\frac{2\pi\frac{\lambda}{8}}{\lambda} + \frac{\pi}{2}\right) = -\frac{\sqrt{2}}{2}A\omega$$

$t=0$ 时刻，$x=3\lambda/8$ 处质点的振动速度为

$$v\Big|_{x=\frac{3\lambda}{8},t=0}=-\omega A\sin\left(-\frac{2\pi\frac{3\lambda}{8}}{\lambda}+\frac{\pi}{2}\right)=\frac{\sqrt{2}}{2}A\omega$$

例 16-4 如图 6-18 所示，S_1 和 S_2 为同介质中的相干波源，其振动方程分别为 $y_1=0.1\cos2\pi t(\mathrm{m})$，$y_2=0.1\cos(2\pi t+\pi)(\mathrm{m})$。它们传到 P 点相遇，已知波速 $u=20\mathrm{m}\cdot\mathrm{s}^{-1}$，$PS_1=40\mathrm{m}$，$PS_2=50\mathrm{m}$，试求两波在 P 点的分振动表达式及合振幅。

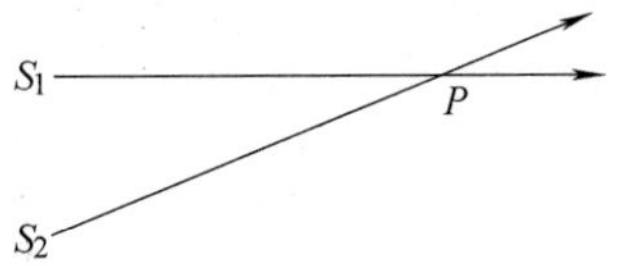

图 16-8 例 16-4 图

分析 本题属于由波源（或波线上某点）的运动方程求波动方程以及波的干涉综合的问题。首先应由波线上某点的振动方程写出波动方程，然后分析两列波在空间某点相遇时的叠加问题。相遇点同时受两列相干波的作用，其振动为两个同频率、同振动方向的简谐振动的合成，合成振动的振幅与两简谐振动的相位差有关。

解 设两波均为平面简谐波，则传至 P 点，引起 P 点处质点振动的表达式分别为

$$y_{1P}=0.1\cos2\pi\left(t-\frac{S_1P}{u}\right)=0.1\cos2\pi\left(t-\frac{40}{20}\right)=0.1\cos2\pi t(\mathrm{m})$$

$$y_{2P}=0.1\cos\left[2\pi\left(t-\frac{S_2P}{u}\right)+\pi\right]=0.1\cos\left[2\pi\left(t-\frac{50}{20}\right)+\pi\right]=0.1\cos2\pi t(\mathrm{m})$$

所以 P 点处质点的合振动

$$y=y_1+y_2=0.2\cos2\pi t(\mathrm{m})$$

其合振幅

$$A=0.2\mathrm{m}$$

例 16-5 如图 16-9 所示，一角频率为 ω，振幅为 A 的平面简谐波沿 x 轴正方向传播，设在 $t=0$ 时该波在原点 O 处引起的振动使质元由平衡位置向 y 轴的负方向运动。M 是垂直于 x 轴的波密介质反射面。已知 $OO'=7\lambda/4$，$PO'=\lambda/4$（λ 为该波波长）；设反射波不衰减，求

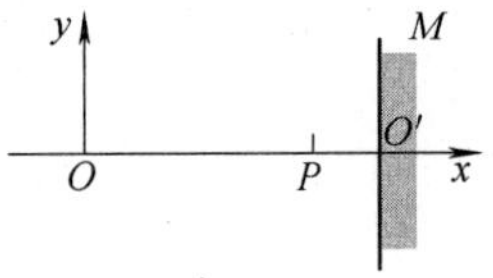

图 16-9 例 16-5 图

（1）入射波与反射波的表达式。

（2）P 点的振动方程。

分析 本题属于驻波问题。求解反射波的表达式时要注意半波损失问题。波在固定端反射时，反射波将出现半波损失，即反射波在分界处的相位较之入射波突变了 π；在自由端反射时，则不会出现半波损失。入射波和反射波干涉叠加的结果可以产生驻波，由驻波方程即可确定波腹、波节的位置。

解 设 O 处振动方程为 $y_0=A\cos(\omega t+\varphi)$

当 $t=0$ 时，$y_0=0$，$v_0<0$，故 $\varphi=\frac{1}{2}\pi$

所以
$$y_0 = A\cos\left(\omega t + \frac{1}{2}\pi\right)$$

故入射波表达式为
$$y = A\cos\left(\omega t + \frac{\pi}{2} - \frac{2\pi}{\lambda}x\right)$$

在 O' 处入射波引起的振动方程为

$$y_1 = A\cos\left(\omega t + \frac{\pi}{2} - \frac{2\pi}{\lambda}\cdot\frac{7}{4}\lambda\right) = A\cos(\omega t - \pi)$$

由于 M 是波密介质反射面，所以 O' 处反射波振动有一个相位的突变 π。

所以
$$y'_1 = A\cos(\omega t - \pi + \pi) = A\cos\omega t$$

反射波表达式为
$$y' = A\cos\left[\omega t - \frac{2\pi}{\lambda}(\overline{OO'} - x)\right] = A\cos\left[\omega t - \frac{2\pi}{\lambda}\left(\frac{7}{4}\lambda - x\right)\right]$$
$$= A\cos\left[\omega t + \frac{2\pi}{\lambda}x + \frac{\pi}{2}\right]$$

合成波表达式为
$$y = y + y' = A\cos\left[\omega t - \frac{2\pi}{\lambda}x + \frac{\pi}{2}\right] + A\cos\left[\omega t + \frac{2\pi}{\lambda}x + \frac{\pi}{2}\right]$$
$$= 2A\cos\frac{2\pi}{\lambda}x\cos\left(\omega t + \frac{\pi}{2}\right)$$

将 P 点坐标 $x = \frac{7}{4}\lambda - \frac{1}{4}\lambda = \frac{3}{2}\lambda$ 代入上述方程得 P 点的振动方程

$$y = -2A\cos\left(\omega t + \frac{\pi}{2}\right)$$

例 16-6　一警车以 $25\text{m}\cdot\text{s}^{-1}$ 的速度在静止的空气中行驶，假设车上的警笛的频率为 800Hz，求（1）静止站在路边的人听到警车驶近和离去时的警笛声波频率；（2）如果警车追赶一辆速度为 $15\text{m}\cdot\text{s}^{-1}$ 的客车，则客车上人听到的警笛声波的频率是多少？（设空气中的声速 $u = 330\text{m}\cdot\text{s}^{-1}$）

分析　本题属于多普勒效应计算的问题。声源与观察者之间的相对运动而产生多普勒效应，由多普勒公式可解得结果。在处理这类问题时，要清楚观察者相对介质是静止还是运动，还要清楚声源的运动状态。

解　（1）由多普勒频率公式，当声源（警车）以速度 $v_S = 25\text{m}\cdot\text{s}^{-1}$ 运动时，静止于路边的观察者所接收到的频率

$$\nu' = \nu\frac{u}{u \mp v_S}$$

警车驶近观察者时，式中 v_S 前取“－”号，故有

$$\nu'_1 = \nu\frac{u}{u - v_S} = 865.6\text{Hz}$$

警车驶离观察者时，式中 v_S 前取“＋”号，故有

$$\nu'_2 = \nu\frac{u}{u + v_S} = 743.7\text{Hz}$$

（2）声源（警车）与客车上的观察者做同向运动时，观察者接收到的频率为

$$\nu'_3 = \nu \frac{u - v_o}{u - v_S} = 826.2\text{Hz}$$

例 16-7 若收音机调谐电路所用的线圈自感为 260μH，要想收听到 535 ~ 1605kHz 频段的广播，问与线圈相连接的电容的最大值和最小值各为多少？

分析 该调谐电路实为 LC 振荡电路，其频率为 $\nu = \dfrac{1}{2\pi\sqrt{LC}}$。当自感 L 一定时，调谐频率越高，所需电容越小。

解 由分析可知，当 L 一定时，对应于最低收听频率 $\nu_{\min} = 535\text{kHz}$ 所需电容的值为

$$C_{\max} = \frac{1}{4\pi^2 \nu_{\min}^2 L} = 3409\text{pF}$$

对应于最高收听频率 $\nu_{\max} = 1605\text{kHz}$，所需电容的值为

$$C_{\min} = \frac{1}{4\pi^2 \nu_{\max}^2 L} = 37.8\text{pF}$$

例 16-8 一广播电台的辐射功率是 10kW。假设辐射场均匀分布在以电台为中心的半球面上。求（1）距离电台为 $r = 10\text{km}$ 处的坡印廷矢量的平均值；（2）若在上述距离处的电磁波可看作平面波，求该处的电场强度和磁场强度的振幅。

分析 坡印廷矢量是电磁波的能流密度矢量，它是随时间做周期性变化的。求其平均值，也就是指在一个周期内的平均值。在忽略电磁波传播过程中的能量损耗时，按题意，波源的辐射功率就应等于单位时间通过半球面（面积 $A = 2\pi r^2$）的电磁波能量，即 $\overline{P} = \overline{S} \cdot A$，而平均能流密度 $\overline{S} = \overline{E}\,\overline{H}$。另外，由电磁波的性质可知，$\boldsymbol{E}$ 与 $\boldsymbol{H}$ 垂直，相位相同，且 $\sqrt{\varepsilon_0}E = \sqrt{\mu_0}H$。因此，平面电磁波的坡印廷矢量大小的平均值可表示为 $\overline{S} = \dfrac{1}{2}E_{\mathrm{m}}H_{\mathrm{m}} = \dfrac{1}{2}\sqrt{\dfrac{\mu_0}{\varepsilon_0}}H_{\mathrm{m}}^2$，由此可求出电场强度振幅 E_{m} 和磁场强度振幅 H_{m}。

解 （1）因为辐射场分布在半球面上，则坡印廷矢量的平均值为

$$\overline{S} = \frac{P}{2\pi r^2} = 1.59 \times 10^{-5}\text{W} \cdot \text{m}^{-2}$$

（2）$\overline{S} = \overline{E}\,\overline{H} = \dfrac{1}{2}E_{\mathrm{m}}H_{\mathrm{m}} = \dfrac{1}{2}\sqrt{\dfrac{\mu_0}{\varepsilon_0}}H_{\mathrm{m}}^2$，磁场强度和电场强度的振幅分别为

$$H_{\mathrm{m}} = \left(2\overline{S}\sqrt{\frac{\varepsilon_0}{\mu_0}}\right)^{\frac{1}{2}} = 2.91 \times 10^{-4}\text{A} \cdot \text{m}^{-1}$$

$$E_{\mathrm{m}} = \frac{2\overline{S}}{H_{\mathrm{m}}} = 0.109\text{V} \cdot \text{m}^{-1}$$

16.5　能力训练

一、选择题

1. 一平面简谐波的表达式为 $y=0.1\cos(3\pi t-\pi x+\pi)$ (SI)，$t=0$ 时的波形曲线如图 16-10 所示，则（　　）。

A. O 点的振幅为 -0.1m　　B. 波长为 3m

C. a、b 两点间相位差为 $\frac{\pi}{2}$　　D. 波速为 9m/s

2. 图 16-11 为沿 x 轴负方向传播的平面简谐波在 $t=0$ 时刻的波形。若波的表达式以余弦函数表示，则 O 点处质点振动的初相为（　　）。

A. 0　　B. $\frac{\pi}{2}$　　C. π　　D. $\frac{3}{2}\pi$

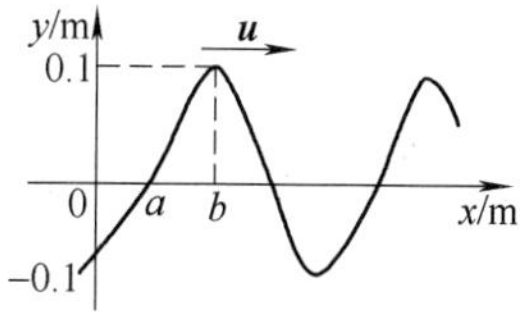

图 16-10　选择题 1 图

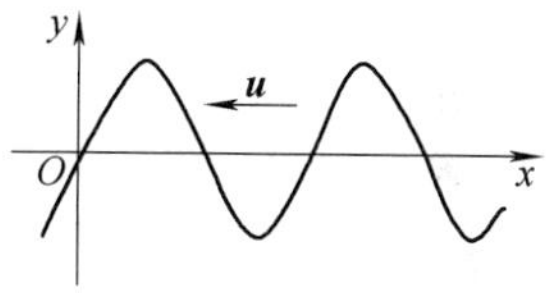

图 16-11　选择题 2 图

3. 如图 16-12 所示，有一平面简谐波沿 x 轴负方向传播，坐标原点 O 的振动规律为 $y=A\cos(\omega t+\varphi_0)$，则 B 点的振动方程为（　　）。

A. $y=A\cos[\omega t-(x/u)+\varphi_0]$

B. $y=A\cos\omega[t+(x/u)]$

C. $y=A\cos\{\omega[t-(x/u)]+\varphi_0\}$

D. $y=A\cos\{\omega[t+(x/u)]+\varphi_0\}$

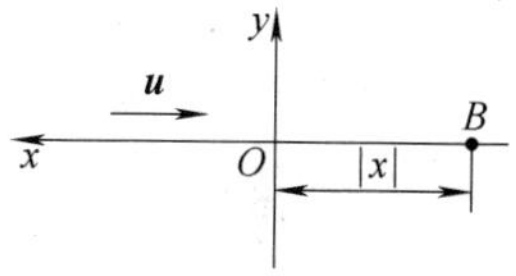

图 16-12　选择题 3 图

4. 如图 16-13 所示为一平面简谐波在 $t=0$ 时刻的波形图，该波的波速 $u=200\text{m/s}$，则 P 处质点的振动曲线为（　　）。

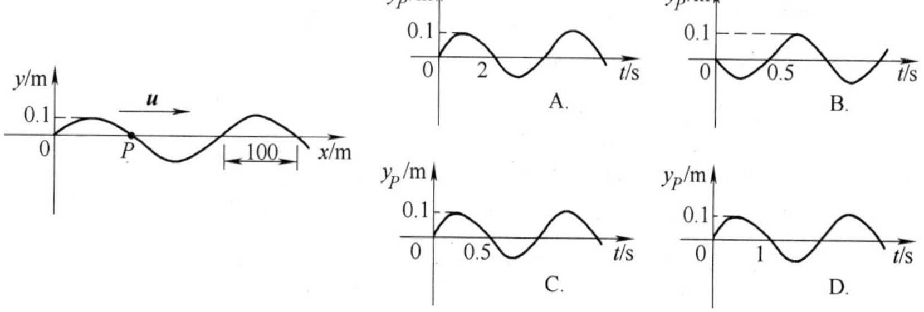

图 16-13　选择题 4 图

5. 一平面简谐波沿 x 轴负方向传播。已知 $x=x_0$ 处质点振动方程为 $y=A\cos(\omega t+\varphi_0)$。若波速为 u，则此波的表达式为（　　）。

A. $y=A\cos\{\omega[t-(x_0-x)/u]+\varphi_0\}$　　B. $y=A\cos\{\omega[t-(x-x_0)/u]+\varphi_0\}$

C. $y=A\cos\{\omega t-[(x_0-x)/u]+\varphi_0\}$　　D. $y=A\cos\{\omega t+[(x_0-x)/u]+\varphi_0\}$

6. 当一平面简谐机械波在弹性介质中传播时，下述各结论正确的是（　　）。

A. 介质质元的振动动能增大时，其弹性势能减小，总机械能守恒

B. 介质质元的振动动能和弹性势能都做周期性变化，但二者的相位不相同

C. 介质质元的振动动能和弹性势能的相位在任一时刻都相同，但二者的数值不相等

D. 介质质元在其平衡位置处弹性势能最大

7. 如图16-14所示两相干波源 S_1 和 S_2 相距 $\lambda/4$，λ 为波长，S_1 的相位比 S_2 的相位超前 $\frac{1}{2}\pi$，在 S_1，S_2 的连线上，S_1 外侧各点（例如 P 点）两波引起的两谐振动的相位差是（　　）。

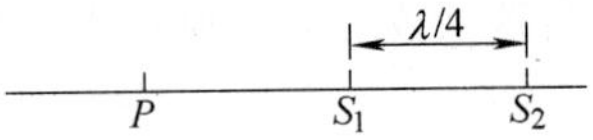

图16-14　选择题7图

A. 0　　B. $\frac{\pi}{2}$　　C. π　　D. $\frac{3}{2}\pi$

8. 沿着相反方向传播的两列相干波，其表达式为 $y_1=A\cos2\pi(\nu t-x/\lambda)$ 和 $y_2=A\cos2\pi(\nu t+x/\lambda)$，在叠加后形成的驻波中，各处简谐振动的振幅是（　　）。

A. A　　B. $2A$

C. $2A\cos(2\pi x/\lambda)$　　D. $|2A\cos(2\pi x/\lambda)|$

9. 某时刻驻波波形曲线如图16-15所示，则 a，b 两点振动的相位差是（　　）。

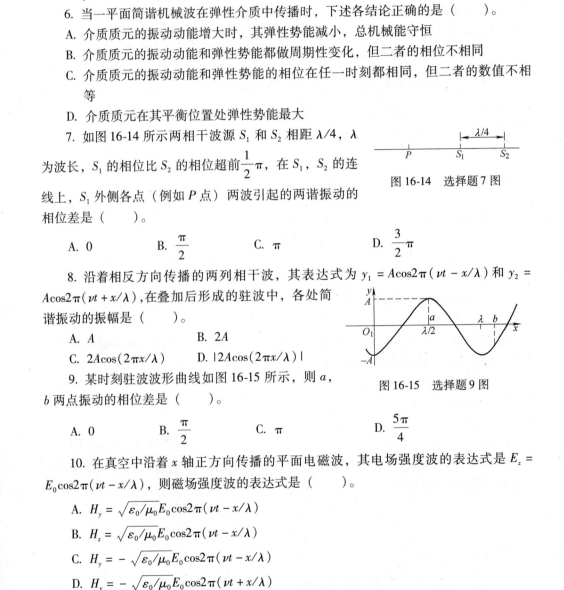

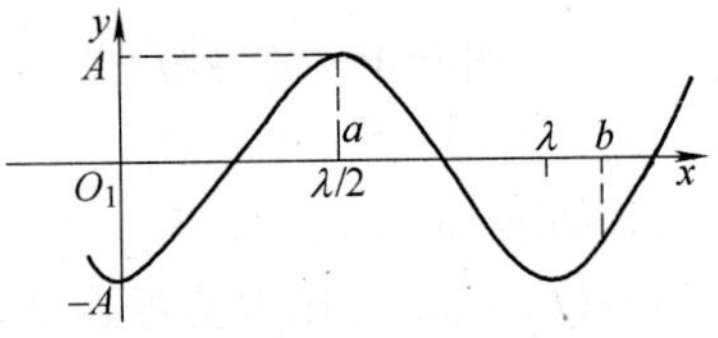

图16-15　选择题9图

A. 0　　B. $\frac{\pi}{2}$　　C. π　　D. $\frac{5\pi}{4}$

10. 在真空中沿着 x 轴正方向传播的平面电磁波，其电场强度波的表达式是 $E_z=E_0\cos2\pi(\nu t-x/\lambda)$，则磁场强度波的表达式是（　　）。

A. $H_y=\sqrt{\varepsilon_0/\mu_0}E_0\cos2\pi(\nu t-x/\lambda)$

B. $H_z=\sqrt{\varepsilon_0/\mu_0}E_0\cos2\pi(\nu t-x/\lambda)$

C. $H_y=-\sqrt{\varepsilon_0/\mu_0}E_0\cos2\pi(\nu t-x/\lambda)$

D. $H_y=-\sqrt{\varepsilon_0/\mu_0}E_0\cos2\pi(\nu t+x/\lambda)$

二、填空题

1. 一平面简谐波的表达式为 $y=A\cos\omega(t-x/u)=A\cos(\omega t-\omega x/u)$，其中 x/u 表示________；$\omega x/u$ 表示________；y 表示________。

2. 一列平面简谐波沿 x 轴正向无衰减地传播，波的振幅为 2×10^{-3} m，周期为

0.01s，波速为 400m/s。当 $t=0$ 时 x 轴原点处的质元正通过平衡位置向 y 轴正方向运动，则该简谐波的表达式为______________。

3. 一平面简谐波沿 Ox 轴正向传播，波动表达式为 $y=A\cos[\omega(t-x/u)+\pi/4]$，则 $x_1=L_1$ 处质点的振动方程是______________；$x_2=-L_2$ 处质点的振动和 $x_1=L_1$ 处质点的振动的相位差为 $\varphi_2-\varphi_1=$______________。

4. 已知某平面简谐波的波源的振动方程为 $y=0.06\sin\dfrac{1}{2}\pi t$（SI），波速为 2m/s，则在波传播前方离波源 5m 处质点的振动方程为______________。

5. 一简谐波沿 Ox 轴负方向传播，x 轴上 P_1 点处的振动方程为 $y_{P_1}=0.04\cos\left(\pi t-\dfrac{1}{2}\pi\right)$(SI)。$x$ 轴上 P_2 点的坐标减去 P_1 点的坐标等于 $3\lambda/4$（λ 为波长），则 P_2 点的振动方程为______________。

6. 一平面简谐机械波在介质中传播时，若一介质质元在 t 时刻的总机械能是 10J，则在（$t+T$）（T 为波的周期）时刻该介质质元的振动动能是__________。

7. 两个相干点波源 S_1 和 S_2，它们的振动方程分别是 $y_1=A\cos\left(\omega t+\dfrac{1}{2}\pi\right)$和 $y_2=A\cos\left(\omega t-\dfrac{1}{2}\pi\right)$。波从 S_1 传到 P 点经过的路程等于两个波长，波从 S_2 传到 P 点的路程等于 7/2 个波长。设两波波速相同，在传播过程中振幅不衰减，则两波传到 P 点的振动的合振幅为______________。

8. 有 A 和 B 两个汽笛，其频率均为 404Hz。A 是静止的，B 以 3.3m/s 的速度远离 A。在两个汽笛之间有一位静止的观察者，他听到的声音的拍频是______________。（已知空气中的声速为 330m/s。）

9. 在固定端 $x=0$ 处反射波的表达式是 $y_2=A\cos2\pi(\nu t-x/\lambda)$。设反射波无能量损失，那么入射波的表达式是 $y_1=$______________；形成的驻波的表达式是 $y=$______________。

10. 一驻波表达式为 $y=A\cos2\pi x\cos100\pi t$(SI)，位于 $x_1=1/8$m 处的质元 P_1 与位于 $x_2=3/8$m 处的质元 P_2 的振动相位差为______________。

三、计算题

1. 一平面简谐纵波沿着线圈弹簧传播。设波沿着 x 轴正向传播，弹簧中某圈的最大位移为 3.0cm，振动频率为 25Hz，弹簧中相邻两疏部中心的距离为 24cm。当 $t=0$ 时，在 $x=0$ 处质元的位移为零并向 x 轴正向运动。试写出该波的表达式。

2. 一平面简谐波沿 x 轴正向传播，其振幅为 A，频率为 ν，波速为 u。设 $t=t'$ 时刻的波形曲线如图 16-16 所示。求

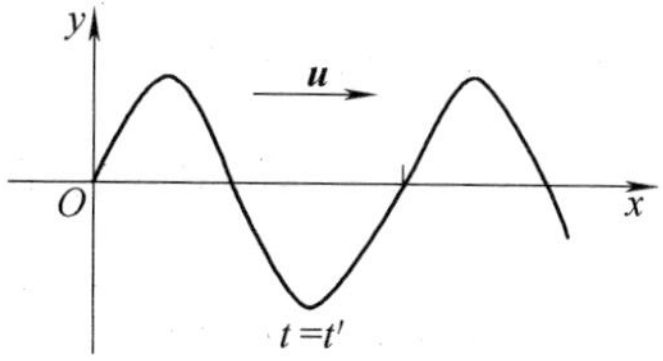

图 16-16　计算题 2 图

（1）$x=0$ 处质点振动方程。

（2）该波的表达式。

3. 在均匀介质中，有两列余弦波沿 Ox 轴传播，波动表达式分别为 $y_1 = A\cos[2\pi(\nu t - x/\lambda)]$ 与 $y_2 = 2A\cos[2\pi(\nu t + x/\lambda)]$，试求 Ox 轴上合振幅最大与合振幅最小的那些点的位置。

4. 两波在一很长的弦线上传播，其表达式分别为

$$y_1 = 4.00 \times 10^{-2}\cos\frac{1}{3}\pi(4x - 24t)\ (\mathrm{SI})$$

$$y_2 = 4.00 \times 10^{-2}\cos\frac{1}{3}\pi(4x + 24t)\ (\mathrm{SI})$$

求 （1）两波的频率、波长、波速。

（2）两波叠加后的节点位置。

（3）叠加后振幅最大的那些点的位置。

参 考 答 案

一、选择题

1. C　2. D　3. D　4. C　5. A　6. D　7. C　8. D　9. C　10. C

二、填空题

1. 波从坐标原点传至 x 处所需时间，x 处质点比原点处质点滞后的振动相位，t 时刻 x 处质点的振动位移；2. $y = 2\times10^{-3}\cos\left(200\pi t - \frac{1}{2}\pi x - \frac{1}{2}\pi\right)(\mathrm{m})$；3. $y_1 = A\cos[\omega(t - L_1/u) + \pi/4]$，$\frac{\omega(L_1 + L_2)}{u}$；4. $y = 0.06\sin\left(\frac{1}{2}\pi t - \frac{5}{4}\pi\right)(\mathrm{SI})$；5. $y_{P_2} = 0.04\cos(\pi t + \pi)(\mathrm{SI})$；6. 5J；7. $2A$；8. 4Hz；9. $A\cos[2\pi(\nu t + x/\lambda) + \pi]$，$2A\cos\left(2\pi x/\lambda + \frac{1}{2}\pi\right)\cos\left(2\pi\nu t + \frac{1}{2}\pi\right)$；10. π。

三、计算题

1. **解**　由题可得 $\lambda = 24\mathrm{cm}$，$u = \lambda\nu = 24\times25\mathrm{cm/s} = 600\mathrm{cm/s}$，$A = 3.0\ \mathrm{cm}$，$\omega = 2\pi\nu = 50\pi/\mathrm{s}$
$y_0 = A\cos\varphi = 0$，$\dot{y}_0 = -A\omega\sin\varphi > 0$，$\varphi = -\frac{1}{2}\pi$，$y = 3.0\times10^{-2}\cos\left[50\pi(t - x/6) - \frac{1}{2}\pi\right](\mathrm{m})$。

2. **解**　（1）设 $x=0$ 处质点的振动方程为　$y = A\cos(2\pi\nu t + \varphi)$。由图可知，$t = t'$时，$y = A\cos(2\pi\nu t' + \varphi) = 0$，$\mathrm{d}y/\mathrm{d}t = -2\pi\nu A\sin(2\pi\nu t' + \varphi) < 0$，所以 $2\pi\nu t' + \varphi = \pi/2$，$\varphi = \frac{1}{2}\pi - 2\pi\nu t'$。$x=0$ 处的振动方程为 $y = A\cos\left[2\pi\nu(t - t') + \frac{1}{2}\pi\right]$。

（2）该波的表达式为　　$y = A\cos\left[2\pi\nu(t - t' - x/u) + \frac{1}{2}\pi\right]$。

3. **解**　（1）设振幅最大的合振幅为 $A_{\max}$，有 $A_{\max}^2 = (2A)^2 + A^2 + 2A\cdot2A\cos\Delta\varphi$ 式中，

$\Delta\varphi = 4\pi x/\lambda$。又因为 $\cos\Delta\varphi = \cos 4\pi x/\lambda = 1$ 时，合振幅最大，故 $4\pi x/\lambda = \pm 2k\pi$，合振幅最大的点 $x = \pm \frac{1}{2}k\lambda\ (k = 0, 1, 2, \cdots)$。

（2）设合振幅最小处的合振幅为 $A_{\min}$，有 $A_{\min}^2 = (2A)^2 + A^2 + 2A \cdot 2A\cos\Delta\varphi$。因为 $\cos\Delta\varphi = -1$ 时合振幅最小，且 $\Delta\varphi = 4\pi x/\lambda$，故 $4\pi x/\lambda = \pm(2k+1)\pi$。合振幅最小的点 $x = \pm(2k+1)\lambda/4\ (k = 0, 1, 2, \cdots)$。

4. **解**　（1）与波动的标准表达式 $y = A\cos 2\pi(\nu t - x/\lambda)$ 对比可得

$$\nu = 4\text{Hz},\ \lambda = 1.50\text{m},\ 波速\ u = \lambda\nu = 6.00\text{m/s}。$$

（2）节点位置　$4\pi x/3 = \pm\left(n\pi + \frac{1}{2}\pi\right)$　$x = \pm 3\left(n + \frac{1}{2}\right),\ n = 0, 1, 2, 3, \cdots$

（3）波腹位置　$4\pi x/3 = \pm n\pi$　$x = \pm 3n/4,\ n = 0, 1, 2, 3, \cdots$

振动和波动综合测试题

一、选择题

1. 一质点在 x 轴上做简谐振动，振幅为4cm，周期为2s，其平衡位置取作坐标原点。若 $t=0$ 时刻质点第一次通过 $x=-2\text{cm}$ 处，且向 x 轴正方向运动，则质点第二次通过 $x=-2\text{cm}$ 处的时刻为（　　）。

A. 1s　　B. 4/3s　　C. 2/3s　　D. 0.2s

2. 图综合5-1为 $t=0$ 时刻，以余弦函数表示的沿 x 轴正方向传播的平面简谐波的波形，则 O 点处指点振动的初相位是（　　）。

A. $\pi/2$　　B. 0　　C. $3\pi/2$　　D. π

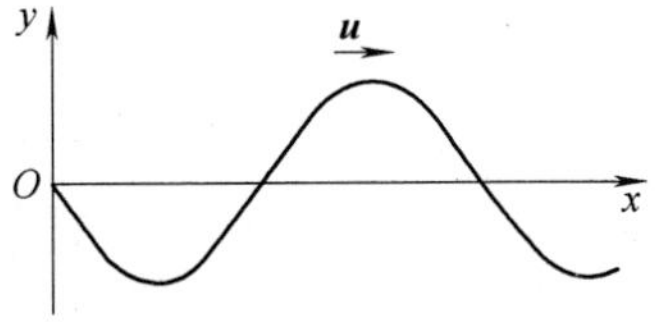

图　综合5-1　选择题2图

3. 为测定其音叉 c 的频率，可选定两个频率已知的音叉 A 和 B；先使频率为900Hz的音叉 A 和音叉 C 同时振动，每秒钟听到4次强音；再使频率为895Hz音叉 B 和 C 同时振动，每秒钟听到一次强音，则音叉 C 的频率应为（　　）。

A. 900Hz　　B. 899Hz　　C. 896Hz　　D. 895Hz

4. 当波源以速度 v 向静止的观察者运动时，测得频率为 ν_1；当观察者以速度 v 向静止的波源运动时，测得频率为 ν_2，其结论正确的是（　　）。

A. $\nu_1<\nu_2$　　B. $\nu_1=\nu_2$　　C. $\nu_1>\nu_2$　　D. 要视波速大小决定 ν_1，ν_2 大小

5. 当质点以频率 ν 作简谐振动时，它的动能的变化频率为（　　）。

A. ν　　B. 2ν　　C. 4ν　　D. $\dfrac{1}{2}\nu$

6. 设某人一条腿的质量为 m，长为 l，当他以一定频率行走时最舒适，试用一种最简单的模型估算出该人行走最舒适的频率应为（　　）。

A. $\dfrac{1}{2\pi}\sqrt{\dfrac{g}{l}}$　B. $\dfrac{1}{2\pi}\sqrt{\dfrac{2g}{3l}}$　C. $\dfrac{1}{2\pi}\sqrt{\dfrac{3g}{l}}$　D. $\dfrac{1}{2\pi}\sqrt{\dfrac{3g}{2l}}$

7. 在下面几种说法中，正确的说法是（　　）

A. 波源不动时，波源的振动周期与波动周期在数值上是不同的。

B. 波源振动的速度与波速相同。

C. 在波传播方向上的任一质点振动位相总是比波源的位相滞后。

D. 在波传播方向上的任一质点振动位相总是比波源的位相超前。

8. 一质点沿 y 轴方向做简谐振动，振幅为 A，周期为 T，平衡位置在坐标原点。在 $t=0$ 时刻，质点位于 y 方向最大位移处，以此振动质点为波源，传播的横波波长为 λ，则沿 x 轴正方向传播的横波方程为（　　）。

A. $y=A\sin\left(2\pi\frac{t}{T}-\frac{\pi}{2}-\frac{2\pi x}{\lambda}\right)$　　B. $y=A\sin\left(2\pi\frac{t}{T}-\frac{\pi}{2}+\frac{2\pi x}{\lambda}\right)$

C. $y=A\sin\left(2\pi\frac{t}{T}+\frac{\pi}{2}-\frac{2\pi x}{\lambda}\right)$　　D. $y=A\sin\left(2\pi\frac{t}{T}-\frac{2\pi x}{\lambda}\right)$

9. 一平面简谐波在弹性介质中传播，在介质质元从最大位移处回到平衡位置的过程中（　　）

A. 它的势能转换成动能。

B. 它的动能转换成势能。

C. 它从相邻的一段介质质元获得能量，其能量逐渐增加。

D. 它把自己的能量传给相临的一段介质质元，其能量逐渐减少。

10. 如图综合 5-2 所示为一平面简谐波在 $t=2\text{s}$ 时刻的波形图，则 P 点的振动方程为（　　）。

A. $y_P=0.01\cos\left[\pi(t-2)+\frac{\pi}{3}\right]$ (SI)

B. $y_P=0.01\cos\left[\pi(t+2)+\frac{\pi}{3}\right]$ (SI)

C. $y_P=0.01\cos\left[2\pi(t-2)+\frac{\pi}{3}\right]$ (SI)

D. $y_P=0.01\cos\left[2\pi(t-2)-\frac{\pi}{3}\right]$ (SI)

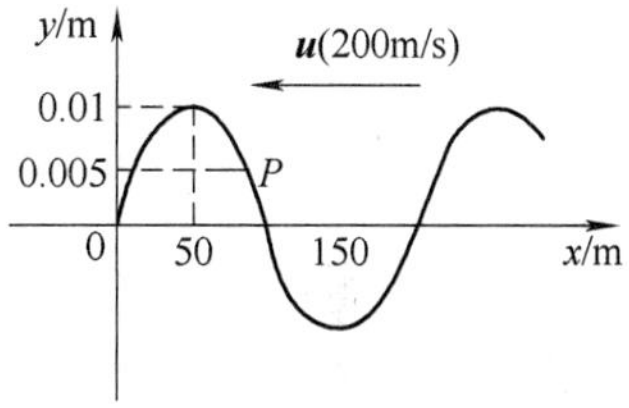

图　综合 5-2　选择题 10 图

二、填空题

1. 如图综合 5-3 所示为简谐振动的位移 $x(t)$ 图，则图 a 的振动表达式为__________；则图 b 的振动表达式为__________。

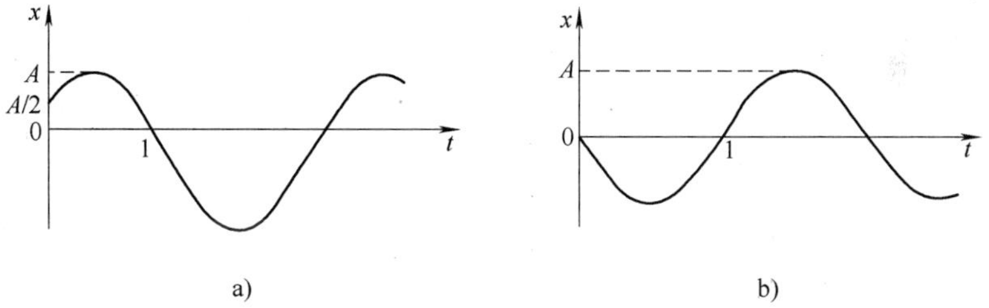

图　综合 5-3　填空题 1 图

2. 一质量为 100g 的物体做简谐振动，振幅为 1.0cm，加速度的最大值为 4.0cm/s^2，以平衡位置势能为零则总振动能量为__________J；过平衡点的动能为__________J；在距平衡点__________处势能与动能相等。

3. 无阻尼自由简谐振动的周期和频率由__________所决定，对于给定的简谐振动系统，其振幅、初相位由__________决定。

4. 质量为 m 的物体和一个弹簧组成的弹簧振子，其固有振动周期为 T，当它做振幅为 A 的自由谐振动时，此系统的振动能量 $E=$______________。

5. 一个 $10\mu H$ 的线圈与两个 5.0pF 和 20.0pF 的电容器分别构成 LC 电路，则固有振荡频率分别为______________和______________。

6. 一沿 Ox 轴正方向传播的平面简谐波，波速为 $u=5.0cm/s$，振幅为 $A=2.0cm$，周期为 $T=2.0s$。$x=10cm$ 处有一点 a，在 $t=3s$ 时 $y_a=0$，且振动速度大于零，则 $t=5s$ 时 $x=0cm$ 处的位移 $y_0=$______________；此时该点的速度 $v=$______________cm/s。

7. 设入射波的表达式为 $y_1=A\cos2\pi(\nu t+x/\lambda)$，在 $x=0$ 处发生反射，反射点为固定端，则形成驻波表达式为______________________。

8. 请按频率递增的顺序，写出比可见光频率高的电磁波谱的名称______________；______________；______________。

9. 如图综合 5-4 所示，两相干波源 S_1 和 S_2 相距 $\frac{3\lambda}{4}$，λ 为波长，设两波在 S_1S_2 连线上传播时，它们的振幅都是 A，并且不随距离变化。已知在该直线上在 S_1 左侧各点的合成波强度为其中一个波强度的 4 倍，则两波源应满足的位相条件是______________。

10. 图综合 5-5 为沿 x 轴正方向传播的平面简谐波在 $t=0$ 时刻的波形图。由图可知原点 O 和 1，2，3，4 各点的振动初相位分别为__________；__________；__________；__________；__________。

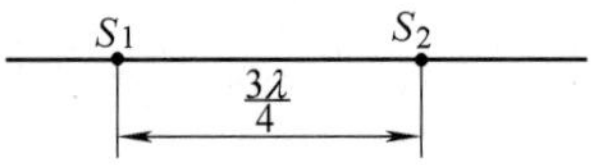

图 综合 5-4 填空题 9 图

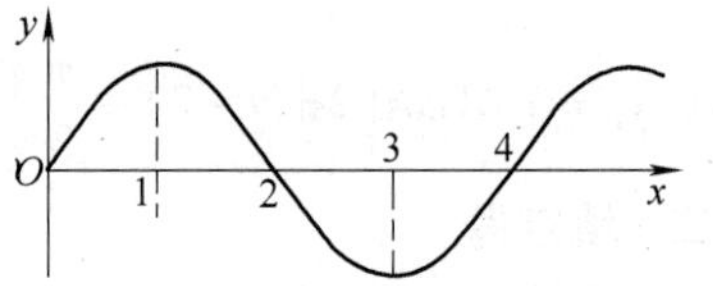

图 综合 5-5 填空题 10 图

三、计算题

1. 一物体做简谐振动，其速度最大值 $v_m=3\times10^{-2}m/s$，其振幅 $A=2\times10^{-2}m$。若 $t=0$ 时，物体位于平衡位置且向 x 轴的负方向运动。求

（1）振动周期 T。

（2）加速度的最大值 a_m。

（3）振动方程的数值式。

2. 如图综合 5-6 所示，一平面波在介质中以波速 $u=20m/s$ 沿 x 轴负方向传播，已知 A 点的振动方程为 $y=3\times10^{-2}\cos4\pi t(SI)$。

（1）以 A 点为坐标原点写出波的表达式。

（2）以距 A 点 5m 处的 B 点为坐标原点，写出波的表达式。

3. 如图综合 5-7 所示，3 个频率相同、振动方向相同（垂直纸面）的简谐波，在传播过程中在 O 点相遇；若 3 个简谐波各自单独在 S_1、S_2 和 S_3 的振动方程分别为 $y_1=$

$A\cos\left(\omega t+\frac{1}{2}\pi\right)$，$y_2=A\cos\omega t$ 和 $y_3=2A\cos\left(\omega t-\frac{1}{2}\pi\right)$；且 $\overline{S_2O}=4\lambda$，$\overline{S_1O}=\overline{S_3O}=5\lambda$（$\lambda$ 为波长），求 O 点的合振动方程（设传播过程中各波振幅不变）。

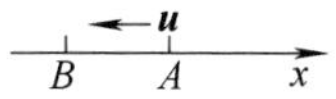

图　综合 5-6　计算题 2 图

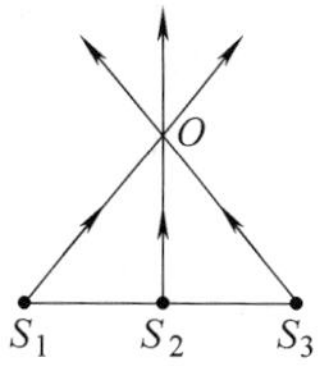

图　综合 5-7　计算题 3 图

4. 设入射波的表达式为 $y_1=A\cos 2\pi\left(\frac{x}{\lambda}+\frac{t}{T}\right)$，在 $x=0$ 处发生反射，反射点为一固定端，设反射时无能量损失，求

（1）反射波的表达式。

（2）合成的驻波的表达式。

（3）波腹和波节的位置。

振动和波动综合测试题参考答案

一、选择题

1. B　2. C　3. C　4. D　5. B　6. D　7. C　8. C　9. C　10. C

二、填空题

1. $x=A\cos\left(\frac{5\pi}{6}t-\frac{\pi}{3}\right)$（SI），$x=A\cos\left(\pi t+\frac{\pi}{2}\right)$（SI）；2. 2.0×10^{-5}，2.0×10^{-3}，0.707cm；3. 振动系统本身性质，初始条件；4. $2\pi^2 m\frac{A^2}{T^2}$；5. 2.25×10^7Hz，1.13×10^7Hz；6. 0，6.28；7. $y=2A\cos\left(\frac{2\pi}{\lambda}x-\frac{\pi}{2}\right)\cos\left(2\pi\nu t+\frac{\pi}{2}\right)$ 或 $y=2A\cos\left(\frac{2\pi}{\lambda}x+\frac{\pi}{2}\right)\cos\left(2\pi\nu t-\frac{\pi}{2}\right)$；8. 紫外光，X 射线，γ 射线；9. S_2 的位相比 S_1 的位相超前 $\frac{3\pi}{2}$；10. $\frac{\pi}{2}$，0，$-\frac{\pi}{2}$，π，$\frac{\pi}{2}$。

三、计算题

1. **解**　（1）因为 $v_m=\omega A$，故 $\omega=v_m/A=1.5\text{s}^{-1}$，$T=2\pi/\omega=4.19\text{s}$。

（2）$a_m=\omega^2 A=v_m\omega=4.5\times10^{-2}\text{m/s}^2$

（3）$\varphi=\frac{1}{2}\pi$　　$x=0.02\cos\left(1.5t+\frac{1}{2}\pi\right)$（SI）

2. **解**　（1）坐标为 x 点的振动相位为

$$\omega t+\varphi=4\pi[t+(x/u)]=4\pi[t+(x/u)]=4\pi[t+(x/20)]$$

波的表达式为 $y=3\times10^{-2}\cos4\pi[t+(x/20)]$ (SI)。

(2) 以 B 点为坐标原点，则坐标为 x 点的振动相位为 $\omega t+\varphi'=4\pi\left[t+\dfrac{x-5}{20}\right]$ (SI)。

波的表达式为 $y=3\times10^{-2}\cos\left[4\pi\left(t+\dfrac{x}{20}\right)-\pi\right]$ (SI)。

3. **解** 每一波传播的距离都是波长的整数倍，所以三个波在 O 点的振动方程可写成 $y_1=A_1\cos\left(\omega t+\dfrac{1}{2}\pi\right)$；$y_2=A_2\cos\omega t$；$y_3=A_3\cos\left(\omega t-\dfrac{1}{2}\pi\right)$，其中 $A_1=A_2=A$，$A_3=2A$。在 O 点，3 个振动叠加。利用振幅矢量图及多边形加法（见图综合 5-8）可得合振动方程为 $y=\sqrt{2}A\cos\left(\omega t-\dfrac{1}{4}\pi\right)$。

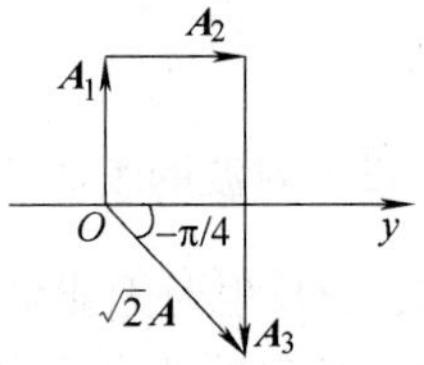

图 综合 5-8 计算题 3 解

4. **解** (1) 反射点是固定端，所以反射有相位突变 π，且反射波振幅为 A，因此反射波的表达式为 $y_2=A\cos[2\pi(x/\lambda-t/T)+\pi]$。

(2) 驻波的表达式是 $y=y_1+y_2=2A\cos\left(2\pi x/\lambda+\dfrac{1}{2}\pi\right)\cos\left(2\pi t/T-\dfrac{1}{2}\pi\right)$。

(3) 波腹位置：$2\pi x/\lambda+\dfrac{1}{2}\pi=n\pi$，$x=\dfrac{1}{2}\left(n-\dfrac{1}{2}\right)\lambda$，$n=1, 2, 3, 4,\cdots$

波节位置：$2\pi x/\lambda+\dfrac{1}{2}\pi=n\pi+\dfrac{1}{2}\pi$，$x=\dfrac{1}{2}n\lambda$，$n=0,1, 2, 3, 4,\cdots$

第5篇 波动光学

第 17 章　光 的 干 涉

17.1　知识网络

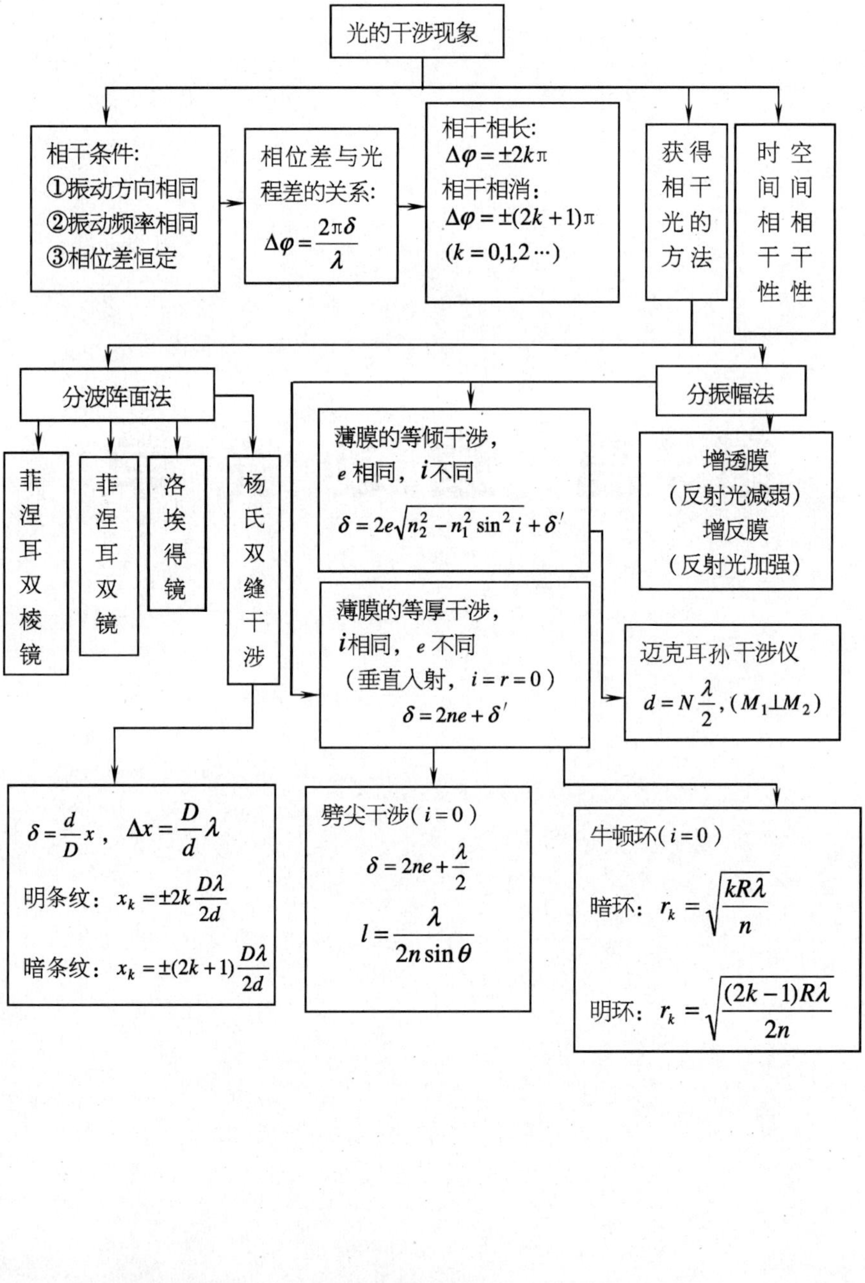

17.2　学习指导

17.2.1　几个基本概念

1. 相干光与非相干光

两束光波的相干条件：频率相同、振动方向相同、相位差恒定。满足相干条件的光波称为相干光，否则称为非相干光。

（1）两束相干光在相遇点的分振幅不能相差太悬殊，否则干涉图样不清晰。

（2）两束相干光在相遇点的光程差不能太大，必须小于波列长度，才能保证同一波列的子波列重新相遇，否则相遇的只是属于不同波列的子波列，无干涉效应。

2. 光程差和相位差

频率为 ν 的单色光，在真空中波长为 λ，传播速度为 c；当进入折射率为 n 的介质中时，其传播速度为 $u=\dfrac{c}{n}$，该单色光在介质中的波长为 $\lambda'=\dfrac{\lambda}{n}$。光波在介质中传播几何距离 r 时，相位变化为

$$\Delta\varphi=2\pi\frac{r}{\lambda'}=2\pi\frac{nr}{\lambda}\tag{17-1}$$

可见就相位变化而言，单色光在折射率为 n 的介质中传播距离 r，相当于在真空中传播距离 nr。由（17-1）可知$\dfrac{r}{\lambda'}=\dfrac{nr}{\lambda}$，即介质中路程 r 中包含的波数与真空中路程 nr 中包含的波数相等。

（1）光程 L 和光程差 δ　折射率 n 与几何路程 r 的乘积 nr 称为光程，即 $L=nr$。两光波传播到相遇点的光程之差称为光程差。

（2）光程差的计算方法　两光波分别在折射率为 n_1 和 n_2 的介质中通过几何路程 r_1 和 r_2 后相遇，则光程差为 $\delta=n_2r_2-n_1r_1$。

①若两光波在同一种介质中传播，则 $n_1=n_2=n$，光程差为 $\delta=n(r_2-r_1)$。

②若两光在不同介质中通过相等的几何路程，$r_1=r_2=r$，光程差为 $\delta=(n_2-n_1)r$。

③若两光波在空气中传播的的路程都为 r，在其中一条光路中插入折射率为 n、厚度为 e 的透明介质后，光程差为 $\delta=[ne+(r-e)]-r=(n-1)e$。

（3）光程差与相位差的关系为

$$\Delta\varphi=2\pi\frac{\delta}{\lambda}\tag{17-2}$$

式中，λ 是真空中的波长；δ 是光程差。

由此可见，引入光程概念后，可以把光在不同介质中传播的距离折合成真空中的等效距离，从而避免同一频率的光波在不同介质中光速、波长的不同给相位差计算带来的麻烦。引入光程的概念后，不论光在什么介质中传播，都可以统一采用光在真空中的波

长简便地计算相位差。值得注意的是，当换算成真空中的波长时，影响相位差的是光程差而非几何路程之差。

(4) 光通过透镜时不产生附加光程差，只改变光的传播方向。

3. 半波损失

光从光疏介质掠入射（入射角接近90°）或垂直入射（入射角接近0°）到光密介质时，界面处的反射光相位跃变π，相当于光多走或少走了半个波长，这种现象称为半波损失。

(1) 满足上述条件的反射光有半波损失，而折射光无半波损失。

(2) 光以相同入射角在两种介质界面上反射时，由光疏介质到光密介质反射时的相位跃变与由光密介质到光疏介质反射时的相位跃变互补。因此在讨论两束反射光的附加光程差时，只需分析反射光是由光疏介质到光密介质还是光密介质到光疏介质即可，不必考虑入射角。

4. 时间相干性

原子发光的波列长度是有限的，如果相干光的光程差大于波列长度所对应的光程，那么同一波列将分为两部分，经不同路径传播后，两波列就不可能再相遇，因此也就不能产生干涉现象；两束相干光能产生相干叠加的最大光程差称为相干长度。光源一次发光的时间越长，波列的长度（即相干长度）就越长，则光源的时间相干性就越好。

5. 空间相干性

由于原子发光的特点，普通扩展光源的不同部分是不相干的，从某一光源提取两相干子波源的范围越大，则称该光源的空间相干性越好。理想的点光源具有最好的空间相干性。

17.2.2 获得相干光的方法

由普通光源发光的特点可知，不同原子同一时刻发出的光不是相干光，同一原子不同时刻发出的光也不是相干光。普通光源发光具有间歇性和无规性，不同波列的光波是不相干的。因此，只有将同一波列经过某种装置分成两束，沿不同光路传播，再使它们相遇而发生干涉。

获得相干光的基本思想可概括为同出一点、一分为二、各行其路、合二为一。

1. 分波阵面法

分波面法是获得相干光的一种方法。在同一光源发出光的同一波面上分离出两部分或更多部分初相位相同的子波，使各子波在空间经不同路径在空间相遇，这样的两个光波满足相干条件，例如杨氏双缝、洛埃镜、菲涅耳双镜等。

2. 分振幅法

分振幅法是获得相干光的另一种方法。它是从一个光源发出的同一个光波列中，分解为两列光波，这样的两个光波是相干光，但它们的振幅均小于原来光波的振幅，只是分出一部分能量，所以称为分振幅法。例如，薄膜（增透膜、增反膜）、劈尖、牛顿环装置、迈克耳孙干涉仪等。

17.2.3 光的干涉原理

设两光波列在相遇点的光振动方程分别为

$$E_1 = E_{10}\cos(\omega t + \varphi_{10})$$
$$E_2 = E_{20}\cos(\omega t + \varphi_{20})$$

则其合振动的振幅为 $E_0 = \sqrt{E_{10}^2 + E_{20}^2 + 2E_{10}E_{20}\cos(\varphi_{20} - \varphi_{10})}$

合振动的强度为 $I = I_1 + I_2 + 2\sqrt{I_1 I_2}\cos(\Delta\varphi)$ (17-3)

其中 $\Delta\varphi = \varphi_{20} - \varphi_{10}$ 为两光振动在相遇点的相位差，与两光波列的初始相位差及传播路径有关。

对于两列非相干光波，相遇点相位差 $\Delta\varphi$ 不恒定，随时间变化，两者产生非相干叠加，合振动强度 $I = I_1 + I_2$。

对于两列相干光波，相遇点相位差 $\Delta\varphi$ 恒定，不随时间变化，两者将产生稳定叠加。当 $I_1 = I_2$ 时，若空间某一点满足 $\Delta\varphi = \pm 2k\pi$，$k = 0, 1, 2, \cdots$ 则 $I = I_1 + I_2 + 2\sqrt{I_1 I_2} = 4I_1 > I_1 + I_2 = 2I_1$，干涉相长，出现明条纹；若空间某一点满足 $\Delta\varphi = \pm(2k+1)\pi, k = 0, 1, 2, \cdots$ 则 $I = I_1 + I_2 - 2\sqrt{I_1 I_2} = 0 < I_1 + I_2 = 2I_1$，干涉相消，出现暗条纹。

可见，光的干涉就是相干光在空间相遇点叠加，光强重新分布，从而出现明暗相间的干涉条纹的现象。

17.2.4 杨氏双缝干涉

1. 明条纹和暗条纹的形成条件

如图 17-1 所示，设相干光源 S_1 与 S_2 之间的距离为 d，中点 M 到屏幕 E 的距离为 D，且 $d << D$。屏幕上任一点 P 到屏幕对称中心的距离为 x，点 P 距 S_1、S_2 的距离分别为 r_1、r_2，PM 与 MO 之间的夹角为 θ，则从 S_1 和 S_2 发出的光到达 P 点的光程差为

$$\delta = r_2 - r_1 = d\sin\theta \approx \frac{d}{D}x$$

$$\delta = \frac{d}{D}x = \begin{cases} \pm k\lambda & k = 0, 1, 2, \cdots \quad \text{明条纹条件} \\ \pm(2k-1)\lambda/2 & k = 1, 2, \cdots \quad \text{暗条纹条件} \end{cases}$$

$$x = \begin{cases} \pm k\dfrac{D}{d}\lambda & k = 0, 1, 2, \cdots \quad \text{明条纹中心位置} \\ \pm(2k-1)\dfrac{D}{d}\cdot\dfrac{\lambda}{2} & k = 1, 2, \cdots \quad \text{暗条纹中心位置} \end{cases} \tag{17-4}$$

条纹间距（相邻两明条纹或暗条纹中心间距）为

$$\Delta x = x_{k+1} - x_k = \frac{D\lambda}{d} \tag{17-5}$$

2. 干涉条纹的分布特点

（1）由条纹间距 $\Delta x = x_{k+1} - x_k = \dfrac{D\lambda}{d}$ 可知，干涉条纹等距对称分布。

（2）由条纹间距 $\Delta x=\frac{D\lambda}{d}$ 可知，当 λ、D 一定时，如果缝宽 d 太大，以致 Δx 小于可分辨的临界值，将无法观察到清晰的干涉条纹。

（3）对于一定的实验条件，d、D 一定，当以白光或复色光入射时，由于波长不同，除中央明条纹重叠外，其余各级明暗条纹彼此分开，当入射光中 λ_{max} 的 k 级明条纹与 λ_{min} 的 $k+1$ 级明条纹重叠时，将无法观察到清晰的干涉条纹。

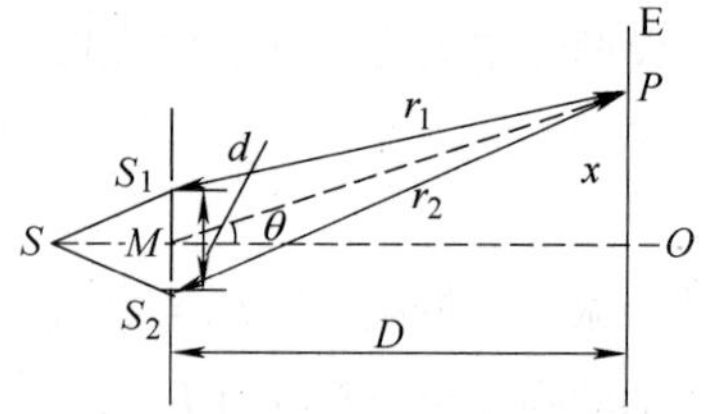

图 17-1　杨氏双缝条纹计算

（4）杨氏双缝干涉条纹的空间分布取决于相干光的光程差 δ，当光源变动（如单色光波长变化、单色光变为复色光或白光、光源上下移动等）、实验装置的结构变化（如两缝 S_1、S_2 间距变化、接收屏到双缝之间距离变化等）以及光路中介质的变化（如将整个实验装置置于油、水等介质中，或在某一束光的光路中放上厚度为 e 的云母片、石英片等）时，都会引起两束相干光在相遇点的光程差发生变化，从而引起干涉条纹的变动。

3. 杨氏双缝干涉的应用

（1）已知 d，D，通过测量条纹间距 $\Delta x=D\lambda/d$，可间接测量入射光波波长。

（2）已知入射光波波长 λ 及 D，通过测量条纹间距 $\Delta x=D\lambda/d$，可间接测量双缝间距 d。

（3）在光路中放置介质，通过观测干涉条纹的变动，可以间接地测量介质的折射率或厚度。

17.2.5　薄膜的等倾干涉

1. 等倾干涉的概念

如图 17-2 所示，折射率为 n_2、厚度为 e 的薄膜，其上、下方介质的折射率分别为 n_1 和 n_3，光线以入射角 i 入射到薄膜上，反射光 a，b 经透镜在屏幕上汇聚，其光程差为

$$\delta=2n_2e\cos\gamma+\delta'=2e\sqrt{n_2^2-n_1^2\sin^2 i}+\delta' \tag{17-6}$$

其中 δ' 是附加光程差。

由式（17-6）可知，当薄膜和薄膜周围的介质以及入射光的波长（n_1，n_2，λ，e）一定时，反射光的光程差 δ 仅是入射角 i 的函数，即 $\delta=\delta(i)$，凡是入射角相同的所有光线，其反射光具有相同的光程差，形成同一级干涉条纹，把这种干涉级次只取决于入射角的干涉称为等倾干涉。

2. 反射光明、暗条纹形成的条件

假定 $\delta'=\lambda/2$ 时，反射光明条纹和暗条纹形成的条件为

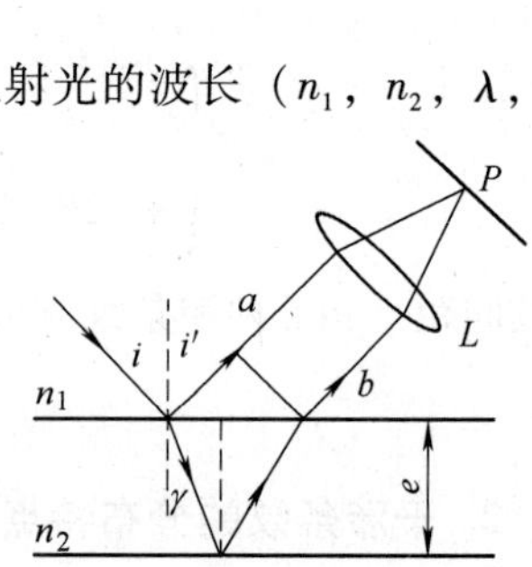

图 17-2　薄膜干涉

$$\delta=2e\sqrt{n_2^2-n_1^2\sin^2 i}+\frac{\lambda}{2}=\begin{cases}k\lambda & (k=1,2,\cdots)\quad(\text{明条纹})\\(2k+1)\dfrac{\lambda}{2} & (k=0,1,2,\cdots)\quad(\text{暗条纹})\end{cases}\tag{17-7}$$

（1）δ'等于$\frac{\lambda}{2}$或0，取决于薄膜及上下表面介质的折射率情况。

当$n_3>n_2$且$n_2<n_1$或$n_1<n_2$且$n_2>n_3$时，仅有一个表面上的反射光有半波损失，存在附加光程差$\frac{\lambda}{2}$。

当$n_1>n_2>n_3$或$n_1<n_2<n_3$时，两个表面上的反射光都产生或都不产生半波损失，无附加光程差。

若存在附加光程差，δ表达式中用“$\lambda/2$”或“$-\lambda/2$”均可以，仅影响k的取值。k的开始值要保证薄膜的厚度$e\geqslant0$有意义。

（2）平行光垂直入射时（$i=0$），反射光干涉加强和减弱的条件为

$$\delta=2n_2e+\frac{\lambda}{2}=\begin{cases}k\lambda & (k=1,2,\cdots)\quad\text{干涉加强——增反膜}\\(2k+1)\dfrac{\lambda}{2} & (k=0,1,2,\cdots)\quad\text{干涉减弱——增透膜}\end{cases}\tag{17-8}$$

（3）透射光和反射光干涉条纹互补，即反射光加强条件是透射光减弱的条件，反射光减弱条件是透射光加强的条件，这符合能量守恒定律。

3. 等倾干涉图样的特点

（1）等倾干涉条纹是内疏外密的同心圆环，中心干涉级次最高，由内向外干涉级次减小。（由$\delta=2n_2e\cos\gamma+\delta'=k\lambda$知，中心$\gamma=0$，对应的$k$最大；由内向外，$\gamma$变大，对应的$k$减小。）

（2）其他条件不变时，用白光入射，彩色条纹内红外紫（由$\delta=2n_2e\cos\gamma+\delta'=k\lambda$知，当$k$一定时$\lambda\uparrow\Rightarrow\gamma\downarrow$）。

（3）膜厚e增大，条纹从中心冒出；膜厚e减小，条纹向中心收缩（由$\delta=2n_2e\cos\gamma+\delta'=k\lambda$可知，对于给定的级次$k$，$k\lambda$为定值，$e\uparrow\Rightarrow\cos\gamma\downarrow\Rightarrow\gamma\uparrow$；$e\downarrow\Rightarrow\cos\gamma\uparrow\Rightarrow\gamma\downarrow$）。

17.2.6　薄膜的等厚干涉

由$\delta=2e\sqrt{n_2^2-n_1^2\sin^2 i}+\delta'$可知，当入射角$i$一定时，$\delta=\delta(e)$，光程差仅仅取决于膜厚，凡厚度相同处，反射光的光程差相同，对应同一干涉级次，这种干涉称为等厚干涉。由此可见，等厚干涉条纹的形状与膜的等厚线形状一致。

1. 劈尖干涉

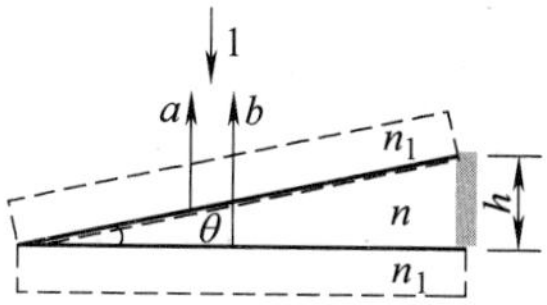

图17-3　劈尖的干涉

（1）明条纹和暗条纹的条件　如图17-3所示，两块玻璃片，一端相互叠合，另一端夹厚度为h的薄纸片，这样在两块玻璃片之间就形成了一尖劈形空气薄层，称为空气劈尖。平行单色光垂直入射（$i=0$）劈尖，在劈尖上、下

表面处形成两束反射光 a、b，光束 a、b 在劈尖上表面叠加，其光程差为

$$\delta = 2ne + \delta'$$

空气的折射率 $n=1$，小于玻璃的折射率，空气劈尖下表面（空气→玻璃）处的反射光存在半波损失，因此 δ' 取值 $\frac{\lambda}{2}$，劈尖上表面处，两束反射光干涉形成明、暗条纹的条件为

$$\delta = 2ne + \frac{\lambda}{2} = \begin{cases} k\lambda & (k=1,2,\cdots) \quad 明条纹 \\ (2k+1)\frac{\lambda}{2} & (k=0,1,2,\cdots) \quad 暗条纹 \end{cases} \tag{17-9}$$

（2）劈尖干涉条纹的特点如下：

①劈尖的等厚线与棱边平行，因此劈尖干涉条纹是一系列与棱边平行的直线条纹。

②劈尖棱边处，$e=0$，$\delta=\frac{\lambda}{2}$，为零级暗条纹。

③相邻两条明条纹或暗条纹中心对应的劈尖膜的厚度差为

$$\Delta e = e_{k+1} - e_k = \frac{\lambda}{2} \tag{17-10}$$

④相邻两明条纹或暗条纹中心间的距离为

$$l = \frac{\lambda}{2\sin\theta} \approx \frac{\lambda}{2\theta} \tag{17-11}$$

式中，θ 为劈尖两棱边的夹角。条纹是等距的，且 θ 越小，则条纹间距 l 越大，条纹越稀疏；θ 越大，则条纹间距 l 越小，条纹越密集。

（3）劈尖干涉的应用有以下几个方面：

①已知入射光波波长 λ 及劈尖角 θ，通过测量条纹间距 l，根据 $l=\frac{\lambda}{2n\sin\theta}$，可间接测量劈尖介质的折射率。

②已知入射光波波长 λ 及劈尖介质折射率 n，通过测量条纹间距 l，根据 $l=\frac{\lambda}{2n\sin\theta}$，可间接测量微小角度 θ 以及细小物体的直径。

③可用于检查光学器件表面的光洁度。

2. 牛顿环

如图 17-4 所示，在一块光学级平整的玻璃片上，放一曲率半径 R 很大的球面凸透镜，在玻璃片与凸透镜之间形成一上底面为球面，下底面为平面的空气薄层。当某一单色光垂直照射时，设入射光是 1，则反射光 1′和 1″是相干光，由于存在半波损失，两者的光程差为

$$\delta = 2ne + \frac{\lambda}{2}$$

对于空气劈尖，$n=1$

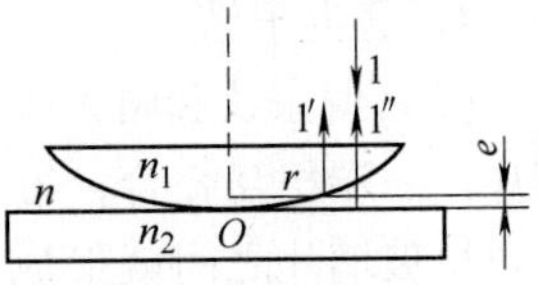

图 17-4 牛顿环

在透镜表面可以观察到一系列以接触点 O 为圆心的同

心干涉圆环，称为牛顿环。

（1）牛顿环的明、暗环形成的条件为

$$\delta = 2ne + \frac{\lambda}{2} = \begin{cases} k\lambda & (k=1,2,\cdots) \quad \text{明条纹} \\ (2k+1)\dfrac{\lambda}{2} & (k=0,1,2,\cdots) \quad \text{暗条纹} \end{cases} \tag{17-12}$$

利用三角关系可得明、暗环的半径分别为

$$r_k = \sqrt{\frac{(2k-1)R\lambda}{2n}} \quad (k=1,2,3,\cdots) \quad \text{明环半径} \tag{17-13}$$

$$r_k = \sqrt{\frac{kR\lambda}{n}} \quad (k=0,1,2,\cdots) \quad \text{暗环半径} \tag{17-14}$$

（2）牛顿环的分布特点如下：

①牛顿环膜的等厚线是一系列同心圆，因此牛顿环干涉条纹的形状也是一系列同心环。

②中心接触点 O 处，$e=0$，$\delta=\frac{\lambda}{2}$，满足暗环条件，为一暗斑点。

③条纹从内向外逐渐变密、级次变高，中心干涉级次最低。（与等倾干涉条纹级次变化相反。）

（3）牛顿环的应用有以下几个方面：

①已知入射光波长 λ 和劈尖介质的折射率 n（空气介质 $n=1$），通过测量牛顿环半径（一般直接测量暗环直径），可间接测量透镜曲率半径 R。

②已知入射光波长 λ 和透镜曲率半径 R，可间接测量劈尖介质的折射率 n。

③已知透镜曲率半径 R 和劈尖介质的折射率 n，可间接测量入射光波长 λ。

17.2.7 迈克耳孙干涉

迈克耳孙干涉仪是应用薄膜干涉原理产生双光束干涉的精密仪器。

（1）当固定镜与移动镜严格垂直时，以扩展光源入射，形成等倾干涉条纹；当固定镜与移动镜不严格垂直时，以平行光入射，形成劈尖型等厚干涉条纹。

（2）动镜每向前或向后移动 $\lambda/2$，干涉条纹就平移一条。如果在视场中有 N 条干涉条纹移过，可计算出动镜移动的距离为

$$\Delta d = N\frac{\lambda}{2} \tag{17-15}$$

据此，可以测量波长或微小位移。

（3）若在某一光路加入折射率为 n、厚度为 e 的透明介质片，则光程差的变化为 $\Delta\delta=2(n-1)e$。若引起条纹移动数目为 m，则有

$$2(n-1)e = m\lambda \tag{17-16}$$

由此可测得介质的折射率。

（4）条纹变动情况。膜厚变大时，干涉条纹从中心长出，干涉条纹变密；膜厚变

小时，干涉条纹向中心缩进，干涉条纹变稀。

17.2.8 处理光的干涉问题的基本方法

分析光的干涉问题就是要探讨干涉条纹的静态分布（形状、位置、间距等）和条纹的动态变化（位置的移动、间距的变化等）及其实际应用。而干涉条纹的形状及其变化都与相干光束的光程差息息相关。因此处理光的干涉问题，就是要牢牢抓住“光程差”这个关键。

1. 条纹形状

根据具体问题，求出干涉场中的光程差，并写出相应的明条纹、暗条纹条件

$$\delta = k\lambda \qquad \text{明条纹}$$

$$\delta = (2k+1)\lambda/2 \qquad \text{暗条纹}$$

光程差是空间位置的函数，干涉条纹就是光程差 δ 为常数的点的空间轨迹。在观察面上，上述方程实际上就是干涉条纹的数学方程。知道了条纹方程，条纹形状自然就清楚了。例如，杨氏双缝干涉的光程差公式为 $\delta = \dfrac{d}{D}x$，很显然，$\delta = \dfrac{d}{D}x = k\lambda \quad k = 0,\ \pm 1,\ \pm 2,\ \cdots$是平行于 y 轴的一簇平行直线，即可知道杨氏双缝干涉图样是一组平行直条纹。

2. 条纹位置

光程差公式为 $\delta = k\lambda$，是条纹方程，它自然就给出了条纹位置。例如，杨氏双缝干涉条纹的明条纹位置可由 $\delta = \dfrac{d}{D}x = k\lambda$ 确定，可求出 $x = k\dfrac{D}{d}\lambda$。

3. 条纹间距

条纹间距也可根据光程差公式来确定。例如，杨氏双缝干涉条纹的间距为

$$\Delta x = x_{k+1} - x_k = \frac{D}{d}\lambda$$

4. 条纹变动

研究干涉条纹的动态变化具有重要意义。因为光的干涉的许多实际应用都与干涉条纹的动态变化有关。干涉装置的变化、光源的移动、光路中介质的变化等因素都会引起条纹的动态变化。条纹的变化包括条纹位置的移动、形状的变化、间距的变化等。

处理干涉条纹移动的问题，基本出发点还是光程差。

（1）考察条纹的移动方向，关键是抓住“零光程差”进行分析。弄清变化后的零光程差的位置，也就弄清了零级明条纹移动的方向。把握住这一特定条纹的去向，也就把握了干涉条纹整体移动的方向。

（2）计算条纹移动的数目，关键是抓住光程差改变量的计算。由光程差公式 $\delta = k\lambda$ 可知，只要光程差 δ 改变一个波长，条纹级次就改变一级，就有一个条纹移过考察点。显然，移过考察点的条纹数目 N 与光程差的改变量 $\Delta\delta$ 之间有如下关系：

$$\Delta\delta = \delta - \delta' = N\lambda$$

式中，δ、δ'分别为变动前后两相干光束到考察点的光程差；λ 为真空中的波长。

概括地说，干涉条纹的空间分布取决于相干光的光程差，光程差改变一个波长 λ，干涉条纹移动一级，对于薄膜干涉（劈尖、牛顿环、迈克耳孙干涉）等膜厚改变了 $\lambda/2n$。

综上所述，确定光程差及其变化，是处理干涉条纹的分布及变化规律等问题的基本方法。

17.3　问题辨析

问题1　相干光叠加服从波的叠加原理，非相干光叠加不服从波的叠加原理，这种说法是否对？为什么？

辨析　这种说法是错误的，相干光叠加与非相干光叠加都服从波的叠加原理。频率相同、振动方向相同的两列光波相遇时，根据振动的合成原理，任一瞬时两者都发生相干叠加，叠加的结果不仅跟两列波的强度（振幅）有关，还跟两列波的相位差有关。由于光振动频率高达 $10^{13} \sim 10^{14}$Hz，实际观察到的总是在较长时间内的平均强度。如果两光源的初始相位差始终保持不变，与时间无关，两光源发出的光波列在相遇点的相位差也就始终不变，干涉结果与时间无关，具有稳定的空间分布，就说两光波列是相干的。如果两光源发出的光波列的初始相位差随时间随机变化，在观察时间内（一般远大于光波列的持续时间），两光波列在相遇点的相位差多次经历从 0 到 2π 的一切可能值，干涉项的总体效果为零，光强为两分振动光强之和，在空间分布上表现不出干涉现象，就说两者是不相干的。在这两种过程中都遵循波的叠加原理。

问题2　在杨氏实验中，若光源 S 沿平行于双缝 S_1S_2 连线的方向做微小的位移，干涉图样将发生怎样的变化？

辨析　如图 17-5 所示，在杨氏实验中，若光源 S 沿平行于双缝 S_1S_2 连线的方向做微小的位移，从 S_1、S_2 提取出来的两子波波源初始相位差不为零，$\Delta\varphi_0 = \dfrac{2\pi}{\lambda}(R_1 - R_2)$ 随 S 移动而发生变化，从 S_1、S_2 发出的两子波在屏幕上相遇点的相位差为

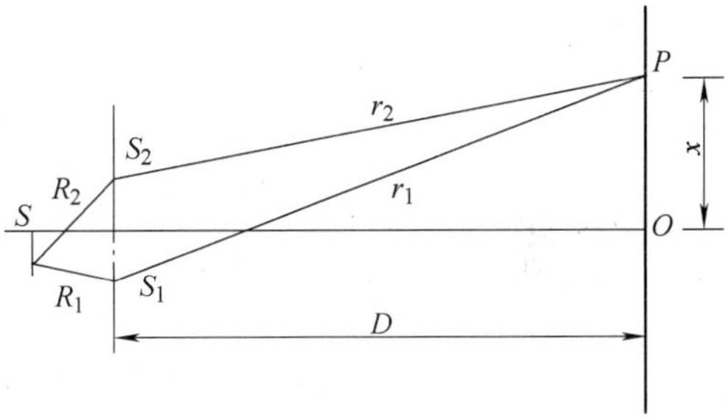

图 17-5　问题 2 图

$$\Delta\varphi = \frac{2\pi}{\lambda}(R_1 - R_2) + \frac{2\pi}{\lambda}(r_1 - r_2) \approx \frac{2\pi}{\lambda}(R_1 - R_2) + \frac{2\pi}{\lambda}d\frac{x}{D}$$

根据明、暗条纹的形成条件，条纹宽度以及各级干涉条纹相对于中央明条纹的分布不变，干涉图样整体随中央明条纹沿平行于 S_1S_2 连线的方向发生移动，S 离开轴线向下移动，中央明条纹离开轴线向上移动，反之亦然。

问题3　刚吹起的肥皂泡（很小时）看不到有什么彩色，而当肥皂泡吹大到一定程度时，会看到有彩色，而且这些彩色会随着肥皂泡的增大而变化，试解释该现象。当肥

皂泡大到快要破裂时，将会呈现什么颜色？为什么？

辨析 吹起的肥皂泡可以看作处于空气中的薄膜，在日光照射下，在其上下表面产生的两束反射光在肥皂膜表面处叠加，对于某一波长，当厚度满足某一条件时，两反射光干涉加强。由于日光中包含不同波长的可见光，所以从肥皂泡表面看到的是被反射的不同波长的可见光成分的非相干叠加所形成的彩色。这种彩色将随着肥皂膜厚度的变化（肥皂泡增大）以及观察角度（膜法线与反射光线夹角）的变化而变化。而在刚开始时，由于肥皂膜比较厚，超出了日光的相干长度（只有 2 ~ 3μm），因此看不到彩色。当肥皂泡大到快要破裂时，膜的厚度趋于零，对任何波长，两反射光的光程差均为 $\lambda/2$，都满足干涉相消的条件，因此从反射方向看，肥皂膜呈黑色。

问题 4 在计算由增反膜或增透膜产生的光程差时，什么情况下需引入附加光程差 $\lambda/2$，什么情况下无需引入附加光程差 $\lambda/2$？

辨析 在比较薄膜界面上两束反射光的光程差时，是否加上附加光程差 $\lambda/2$，需要具体问题具体分析。如图 17-6 所示，设薄膜介质的折射率为 n_2，薄膜上方介质的折射率为 n_1，薄膜下方介质的折射率为 n_3。若 $n_1 > n_2 > n_3$，上界面的反射光和下界面的反射光均没有半波损失，因此两束反射光无需引入 $\lambda/2$ 的附加光程差；若 $n_1 < n_2 < n_3$，上界面的反射光和下界面的反射光均有半波损失，两束反射光也不必引入 $\lambda/2$ 的附加光程差；若 $n_1 < n_2 > n_3$，上界面的反射光有半波损失，下界面的反射光没有半波损失，两束反射光存在 $\lambda/2$ 的附加光程差；若 $n_1 > n_2 < n_3$，上界面的反射光没有半波损失，下界面的反射光有半波损失，两束反射光也存在 $\lambda/2$ 的附加光程差。在比较薄膜界面上两束透射光的光程差的时候，是否需要引入附加光程差 $\lambda/2$，也应如此分析。

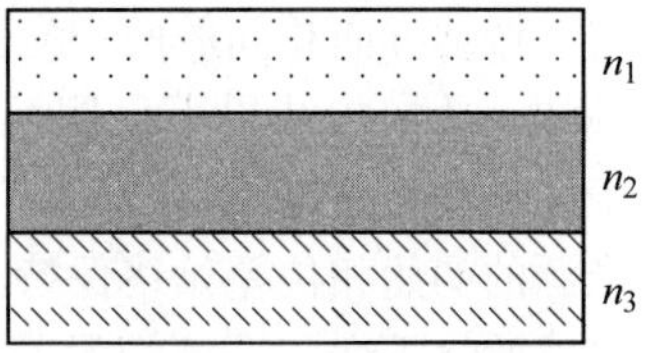

图 17-6 问题 4 图

问题 5 图 17-7 所示是检验精密加工工件表面平整度的干涉装置。下面是待测工件，上面是标准的平玻璃板，在纳黄光的垂直照射下看到如图上方所示的干涉图样，你能对工件表面的平整度做出怎样的结论？

辨析 薄膜等厚干涉条纹的形状与膜的等厚线形状一致。如图 17-7 所示，同一条纹的的 a、b、c 三点下方的膜厚相等，b 点离棱边远，若工件表面无缺陷，b 点的空气膜厚应比 a、c 处的厚，现今这三点膜厚相等，说明工件表面 b 点的缺陷是凸起的。同理，如果条纹反方向（向着棱边方向）弯曲，表明工件表面的缺陷是下凹的；若待测工件平整，将出现平直的等间距条纹。因此，利用这种方法可以检查工件表面的平整度。

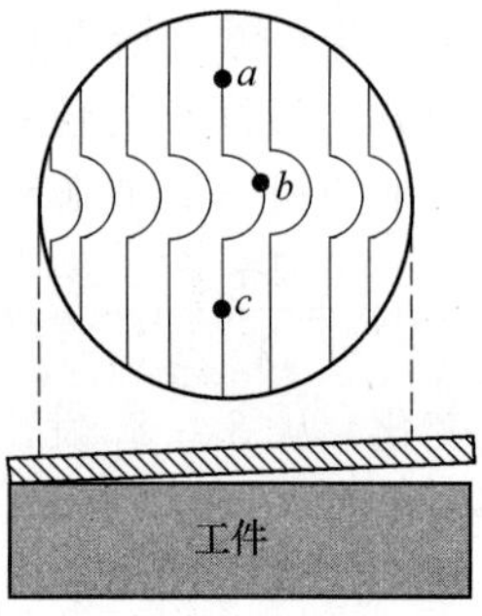

图 17-7 问题 5 图

问题 6 牛顿环和迈克耳孙干涉仪实验中的圆形干涉条纹都是从中心向外由疏到密的明暗相间的同心圆，试说明这两种干涉条纹的不同之处，若增加空气膜的厚度，这两种条纹将如何变化？

辨析 牛顿环和迈克耳孙干涉仪实验中的圆形干涉条纹虽然都是从中心向外由疏到密的明暗相间的同心圆，但它们属于不同的干涉类型。牛顿环为等厚干涉，实验装置中使用单色平行光垂直照射，观察反射光或者透射光，干涉条纹的级次为内低外高；增加空气膜的厚度时，所有的干涉条纹均向内收缩。迈克耳孙干涉为等倾干涉，实验装置中使用单色扩展光源照射，观察反射光，干涉条纹的级次为内高外低；增加空气膜厚度时，所有的干涉条纹均向外扩展。

问题7 在迈克耳孙干涉仪中反射镜 M_1 和 M_2 的像 M_2' 组成一等效的空气薄层，当转动摇把使 M_1 平移时，如何判断等效的空气层在增厚还是减薄？

辨析 在迈克耳孙干涉仪视场中心对应的光程差为 $2d\cos i = 2d$，其中 d 为等效空气层厚度。当等效的空气层增厚时，视场中心对应的干涉级次增大，可以看到不断有干涉条纹由中心生出，干涉条纹变密；当等效的空气层减薄时，视场中心对应的干涉级次减小，可以看到各干涉条纹不断缩进中心，条纹变得越来越稀疏。因此，若观察到视场中干涉条纹不断地向中心缩进，干涉条纹变得稀疏，可以判断等效空气层在变薄；若观察到视场中干涉条纹不断地由中心冒出，干涉条纹变密，可以判断等效空气层在变厚。

17.4 例题剖析

17.4.1 基本思路

研究光的干涉现象，关键是计算两束相干光的光程差及相干相长（明条纹）、相干相消（暗条纹）的条件，题目主要涉及双缝干涉、劈尖干涉与牛顿环、增透膜与增反膜等。解题前应首先搞清题目所涉及的内容，确定已知条件，适当地运用一些近似计算的方法。在分析薄膜干涉时，首先要确定产生干涉的相干光，然后确定相干光在何处产生相干叠加，据此计算两束相干光的光程差，在比较反射光的光程差时，必须考虑是否存在 $\lambda/2$ 的附加光程差。

17.4.2 典型例题

例17-1 在杨氏双缝实验中，设两缝之间的距离为 $d=0.2\text{mm}$，屏幕与缝之间的距离为 $D=100\text{cm}$。

（1）当波长 $\lambda=5890\times10^{-10}\text{m}$ 的单色光垂直入射时，求10条干涉条纹之间的距离。

（2）若以白光入射，将出现彩色条纹，求第2级光谱的宽度。

分析 在杨氏双缝干涉实验中，如果入射光为单色光，则干涉条纹为等距分布的明暗相间的直条纹，n 条条纹之间的距离为 $(n-1)\Delta x=(n-1)\dfrac{D}{d}\lambda$。如果入射光为白光，中心零级明条纹极大处为白色，其他各级条纹均因波长不同而彼此分开，具有一定的宽度，第 k 级干涉条纹（光谱）的宽度为 $\Delta x=k\dfrac{D}{d}(\lambda_{\max}-\lambda_{\min})$。

解 (1) 在杨氏双缝干涉的图样中，其干涉条纹呈等间距排列，相邻两明条纹或暗条纹中心之间的距离为

$$\Delta x=\frac{D\lambda}{d}=\frac{100\times10^{-2}\times5890\times10^{-10}}{0.2\times10^{-3}}\text{m}=0.295\text{cm}$$

而 10 条条纹之间有 9 个间距，所以 10 条干涉条纹之间的距离 $\Delta x'$为

$$\Delta x'=9\Delta x=2.66\text{cm}$$

(2) 第 2 级彩色条纹光谱宽度是指第 2 级紫光明条纹中心位置到第 2 级红光明条纹中心位置之间的距离。杨氏双缝干涉明条纹的位置为

$$x=\frac{kD\lambda}{d}\qquad k=0,1,2,\cdots$$

而紫光的波长 $\lambda_1=4000\times10^{-10}\text{m}$，红光的波长 $\lambda_2=7600\times10^{-10}\text{m}$，则第 2 级紫光明条纹中心的位置为 $x_1=2\dfrac{D\lambda_1}{d}$，第 2 级红光明条纹中心的位置为 $x_2=2\dfrac{D\lambda_2}{d}$。

由此可得第 2 级彩色条纹的光谱宽度 Δx 为

$$\Delta x=x_2-x_1=2\frac{D}{d}(\lambda_2-\lambda_1)=2\times\frac{100\times10^{-2}}{0.2\times10^{-3}}(7600-4000)\times10^{-10}\text{m}$$

$$=0.36\text{cm}$$

例 17-2 在杨氏双缝干涉实验中，已知屏幕上的 P 点处为第 3 级明条纹中心所占据，如图 17-8 所示。如果将整个装置浸入某种液体中，P 点处则为第 4 级明条纹中心，求此液体的折射率。

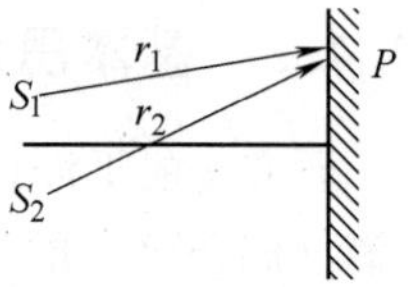

图 17-8 例 17-2 图

分析 这是由于光路中介质变化而引起杨氏双缝干涉条纹变动的问题。已知屏幕上定点 P 处干涉条纹的变动情况，可以得到两束相干光在该处的光程差 δ 的变化，而光程差 δ 的变化与光路中引入的介质（厚度、折射率）有关，因此求解问题的关键是计算两束相干光在相遇点的光程差及其变动情况。

解：解法一： 根据双缝干涉明条纹的条件

$$\delta=x\frac{d}{D}=\pm k\lambda\quad k=0,1,2,\cdots$$

依题意，空气中 P 点处为第 3 级明条纹中心，相应的光程差为

$$\delta=r_2-r_1=3\lambda\tag{17-17}$$

假设透明液体的折射率为 n，液体中 P 点处为第 4 级明条纹中心，相应的光程差为

$$\delta=nr_2-nr_1=4\lambda\tag{17-18}$$

联立式 (17-17)、式 (17-18) 解得 $n=\dfrac{4}{3}=1.33$

解法二： P 点处干涉条纹由第 3 级明条纹变为第 4 级明条纹，说明浸入液体后，P 点处的光程差增加了一个波长，即

$$\Delta\delta=(nr_2-nr_1)-(r_2-r_1)=\lambda$$

而

$$r_2-r_1=3\lambda$$

解得
$$n=\frac{4}{3}=1.33$$

例 17-3 两平板玻璃之间形成一个 $\theta=10^{-4}\text{rad}$ 的空气劈尖，用波长 $\lambda=600\text{nm}$ 的单色光垂直入射。

（1）试求第 15 条明条纹距劈尖棱边的距离。

（2）劈尖中充以某种液体后，观察到第 15 条明条纹在玻璃上移动了 0.95cm，试求该液体的折射率。

分析 当 θ 很小时，有 $\sin\theta\approx\tan\theta\approx\theta$ 成立。根据劈尖干涉明条纹的条件 $\delta=2ne+\frac{\lambda}{2}=k\lambda$，相应的劈尖的厚度为 $e_k=\frac{\left(k-\frac{1}{2}\right)\lambda}{2n}$，则第 k 级干涉明条纹距棱边的距离为 $L_k=\frac{e_k}{\theta}$。当劈尖介质改变时，由于 n 变化，劈尖厚度为 e 处两束反射光的光程差随之改变，干涉结果发生变化，原来的 k 级干涉条纹将发生移动，设移至厚度为 e'处，应有 $2n_1e=2n_2e'$，根据 Δe 与 ΔL 的关系即可计算出第二种介质的折射率。

解 （1）设第 15 条明条纹对应的空气厚度为 e_{15}
$$\delta=2e_{15}+\frac{\lambda}{2}=15\lambda$$

由此可算出
$$e_{15}=\frac{2\times15-1}{4}\times600\times10^{-9}\text{m}=4.35\times10^{-6}\text{m}$$

第 15 条明条纹距劈尖棱边的距离为
$$L_{15}=\frac{e_{15}}{\sin\theta}\approx\frac{e_{15}}{\theta}=\frac{4.35\times10^{-6}}{10^{-4}}\text{m}=4.35\text{cm}$$

（2）若劈尖中充以某种液体，则液体层上、下表面反射光的光程差由 $2e+\frac{\lambda}{2}$变为 $2ne+\frac{\lambda}{2}$，即光程差加大。若此时跟踪第 15 条明条纹，那么它在玻璃片上将向棱边方向移动，设此时第 15 条明条纹距棱边的距离为 L'_{15}，所对应的液体的厚度为 e'_{15}，由题意知
$$2e_{15}=2ne'_{15},\ e'_{15}=\frac{e_{15}}{n}$$
$$\Delta L=L_{15}-L'_{15}=\frac{e_{15}-e'_{15}}{\theta}=\frac{e_{15}(1-1/n)}{\theta}$$

可解得
$$n=\frac{e_{15}}{e_{15}-\theta\Delta L}=\frac{4.35\times10^{-6}}{4.35\times10^{-6}-10^{-4}\times0.95\times10^{-2}}=1.28$$

例 17-4 在牛顿环实验中，平凸透镜的曲率半径为 5.0m，而平凸透镜的直径为 2.0cm，试求它能产生干涉条纹的数目。若将实验装置放入水中（$n=1.33$），又能看到

多少个干涉环？假设入射光波长为589nm。

分析 观察牛顿环的实验中，入射光垂直入射，干涉条纹为以接触点 O 为中心的同心圆环，分布在平凸透镜的上表面，越向外，干涉条纹的级次越高。超出平凸透镜的范围时，不存在两束相干光的相干叠加，也就不再能观察到干涉条纹。在牛顿环实验中通常观察牛顿环的暗环，因此，可以通过求解当暗环半径最大（不超过平凸透镜的半径）时，相应的干涉级次来获得能产生干涉条纹的数目。当牛顿环实验装置中的平凸透镜与平板玻璃之间的介质为折射率为 n 的任意介质时，两束反射光的光程差为 $\delta = 2ne + \frac{\lambda}{2}$，相应的干涉暗环半径为 $r_k = \sqrt{\frac{kR\lambda}{n}}$。

解 平凸透镜的曲率半径为 R，与平板玻璃之间的介质折射率为 n，当用波长为 λ 的光垂直照射时，第 k 级干涉暗环的半径为 $r = \sqrt{\frac{kR\lambda}{n}}$。

当 $r_{\max} = \frac{d}{2} = 1.0\text{cm}$，介质为空气（$n = 1$）时，

$$k_{\max} = \text{int}\left(\frac{r_{\max}^2}{R\lambda}\right) = \text{int}\left[\frac{(1.0\times10^{-2})^2}{5.0\times589\times10^{-9}}\right] = \text{int}(33.95) = 33$$

即能产生33条干涉条纹。

若浸在水中，透镜与平板玻璃之间的介质为水（$n = 1.33$），则

$$k_{\max} = \text{int}\left(\frac{nr_{\max}^2}{R\lambda}\right) = \text{int}(1.33\times33.95) = \text{int}(45.15) = 45$$

能看到45个干涉环。可见浸入水中以后，干涉环变密，向中心移动。

17.5 能力训练

一、选择题

1. 在相同的时间内，一束波长为 λ 的单色光在空气中和在玻璃中（　　）。

A. 传播的路程相等，走过的光程相等

B. 传播的路程相等，走过的光程不相等

C. 传播的路程不相等，走过的光程相等

D. 传播的路程不相等，走过的光程不相等

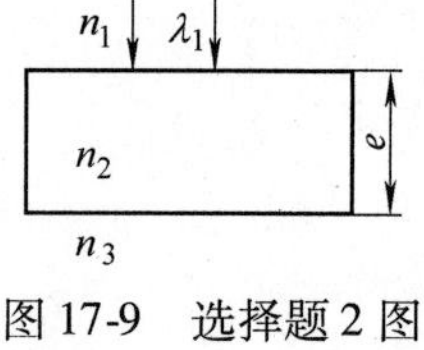

图17-9　选择题2图

2. 如图17-9所示，平行单色光垂直照射到薄膜上，经上下两表面反射的两束光发生干涉，若薄膜的厚度为 e，并且 $n_1 < n_2$ 且 $n_2 > n_3$，λ_1 为入射光在折射率为 n_1 的介质中的波长，则两束反射光在相遇点的相位差为（　　）。

A. $\frac{2\pi n_2 e}{n_1\lambda_1}$　　B. $\frac{4\pi n_2 e}{n_1\lambda_1} + \pi$　　C. $\frac{4\pi n_1 e}{n_2\lambda_1} + \pi$　　D. $\frac{4\pi n_2 e}{n_1\lambda_1}$

3. 真空中波长为 λ 的单色光，在折射率为 n 的均匀透明介质中，从 A 点沿某一路

径传播到 B 点，A、B 两点光振动相位差为 3π，则此路径 AB 的光程差为（　　）。

A. 1.5λ　　B. $1.5\lambda/n$　　C. $1.5n\lambda$　　D. 3λ

4. 用白光光源进行双缝实验，若用一个纯红色的滤光片遮盖一条缝，用一个纯蓝色的滤光片遮盖另一条缝，则（　　）。

A. 干涉条纹的宽度将发生改变

B. 产生红光和蓝光的两套彩色干涉条纹

C. 干涉条纹的亮度将发生改变

D. 不产生干涉条纹

5. 在双缝干涉实验中，两条缝的宽度原来是相等的。若其中一缝的宽度略变窄（缝中心位置不变），则（　　）。

A. 干涉条纹的间距变宽

B. 干涉条纹的间距变窄

C. 干涉条纹的间距不变，但原极小处的强度不再为零

D. 不再发生干涉现象

6. 在双缝干涉实验中，为使屏上的干涉条纹间距变大，可以采取的办法是（　　）。

A. 使屏靠近双缝　　B. 使两缝的间距变小

C. 把两个缝的宽度稍微调窄　　D. 改用波长较小的单色光源

7. 在双缝干涉实验中，入射光的波长为 λ，用玻璃纸遮住双缝中的一个缝，若玻璃纸中光程比相同厚度的空气的光程大 2.5λ，则屏上原来的明条纹处（　　）。

A. 仍为明条纹　　B. 变为暗条纹

C. 既非明条纹也非暗条纹　　D. 无法确定是明条纹，还是暗条纹

8. 如图 17-10 在双缝干涉实验中，若单色光源 S 到两缝 S_1、S_2 距离相等，则观察屏上中央明条纹位于图中 O 处。现将光源 S 向下移动到示意图中的 S' 位置，则(　　)。

A. 中央明条纹向下移动，且条纹间距不变

B. 中央明条纹向上移动，且条纹间距不变

C. 中央明条纹向下移动，且条纹间距增大

D. 中央明条纹向上移动，且条纹间距增大

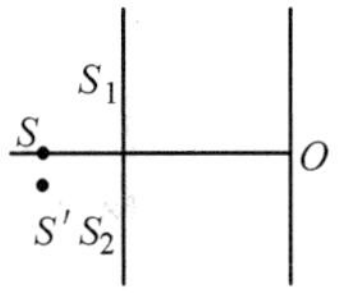

图 17-10　选择题 8 图

9. 一束波长为 λ 的单色光由空气垂直入射到折射率为 n 的透明薄膜上，透明薄膜放在空气中，要使反射光得到干涉加强，则薄膜最小的厚度为（　　）。

A. $\lambda/4$　　B. $\lambda/4n$　　C. $\lambda/2$　　D. $\lambda/2n$

10. 用劈尖干涉法可检测工件表面缺陷，当波长为 λ 的单色平行光垂直入射时，若观察到的干涉条纹如图 17-11 所示，每一条纹弯曲部分的顶点恰好与其左边条纹的直线部分的连线相切，则工件表面与条纹弯曲处对应的部分（　　）。

A. 凸起，且高度为 $\lambda/4$　　B. 凸起，且高度为 $\lambda/2$

C. 凹陷，且深度为 $\lambda/2$　　D. 凹陷，且深度为 $\lambda/4$

11. 如17-12图所示，平板玻璃和凸透镜构成牛顿环装置，全部浸入 $n=1.60$ 的液体中，凸透镜可沿 OO' 移动，用波长 $\lambda=500\text{nm}$（$1\text{nm}=10^{-9}\text{m}$）的单色光垂直入射。从上向下观察，看到中心是一个暗斑，此时凸透镜顶点距平板玻璃的距离最小是(　　)。

A. 156.3nm　B. 148.8nm　C. 78.1nm　D. 74.4nm　E. 0

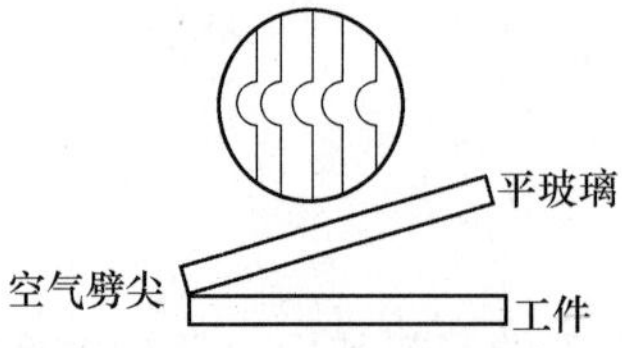

图 17-11　选择题 10 图

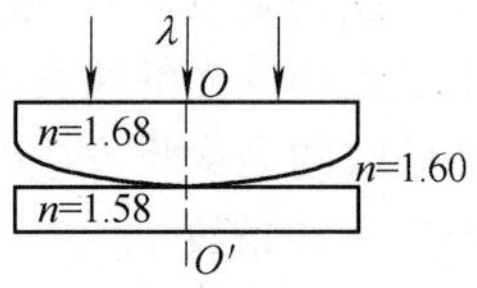

图 17-12　选择题 11 图

12. 两块平玻璃构成空气劈形膜，左边为棱边，用单色平行光垂直入射。若上面的平玻璃慢慢地向上平移，则干涉条纹（　　）。

A. 向棱边方向平移，条纹间隔变小

B. 向棱边方向平移，条纹间隔变大

C. 向棱边方向平移，条纹间隔不变

D. 向远离棱边的方向平移，条纹间隔不变

E. 向远离棱边的方向平移，条纹间隔变小

二、填空题

1. 如图17-13所示，假设有两个同相的相干点光源 S_1 和 S_2，发出波长为 λ 的光。A 是它们连线的中垂线上的一点。若在 S_1 与 A 之间插入厚度为 e、折射率为 n 的薄玻璃片，则两光源发出的光在 A 点的相位差 $\Delta\varphi=$__________。若已知 $\lambda=500\text{nm}$，$n=1.5$，A 点恰为第4级明条纹中心，则 $e=$__________ nm。（已知 $1\text{nm}=10^{-9}\text{m}$。）

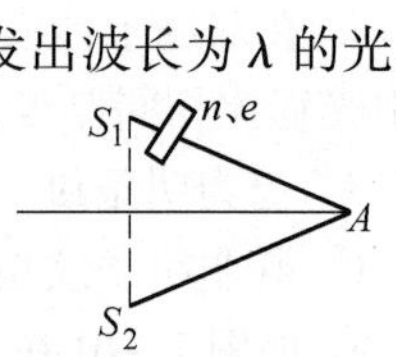

图 17-13　填空题1图

2. 用波长为 λ 的单色光垂直照射置于空气中的厚度为 e、折射率为1.5的透明薄膜，两束反射光的光程差 $\delta=$________。

3. 一双缝干涉装置，在空气中观察时干涉条纹间距为1.0mm。若整个装置放在水中，干涉条纹的间距将为________ mm。（设水的折射率为4/3。）

4. 在双缝干涉实验中，双缝间距为 d，双缝到屏的距离为 $D(D>>d)$，测得中央零级明条纹与第5级明条纹之间的距离为 x，则入射光的波长为________。

5. 用波长为 λ 的单色光垂直照射如图17-14所示的牛顿环装置，观察从空气膜上下表面反射的光形成的牛顿环。若使平凸透镜慢慢地垂直向上移动，从透镜顶点与平面玻璃接触到两者距离为 d 的移动过程中，移过视场中某固定观察点的条纹数目等于________。

6. 在空气中有一劈形透明膜，其劈尖角 $\theta=1.0\times10^{-4}\text{rad}$，在波长 $\lambda=700\text{nm}$ 的单色光垂直照射下，测得两相邻干涉明条纹间距 $l=2.5\text{mm}$，由此可知此透明材料的折射率 $n=$________。

7. 如图17-15所示，用波长为λ的单色光垂直照射到空气劈形膜上，从反射光中观察干涉条纹，距顶点为L处是暗条纹。使劈尖角θ连续变大，直到该点处再次出现暗条纹为止。劈尖角的改变量$\Delta\theta=$________。

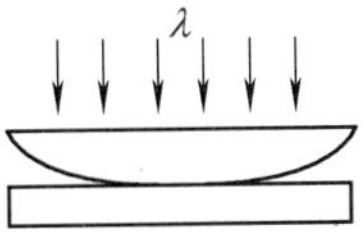

图17-14 填空题5图

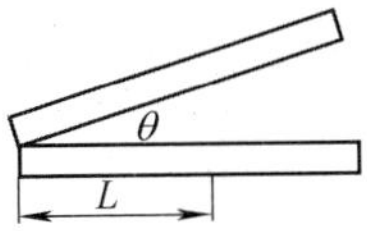

图17-15 填空题7图

8. 已知在迈克耳孙干涉仪中使用波长为λ的单色光。在干涉仪的可动反射镜移动距离d的过程中，干涉条纹将移动________条。

三、计算题

1. 在双缝干涉实验中，用波长$\lambda=546.1\text{nm}$的单色光垂直照射，双缝与屏的距离$D=300\text{mm}$。测得中央明条纹两侧的两个第5级明条纹的间距为12.2mm，求双缝间的距离。

2. 如图17-16所示为瑞利干涉仪。单色缝光源S波长为$\lambda=589.3\text{nm}$，放在透镜L_1的前焦面上，在透镜L_2焦平面C上观察干涉现象。T_1、T_2是两个长度都是$l=0.20\text{m}$的完全相同的玻璃管，当两玻璃管均为真空时，观察到一组干涉条纹。在向T_2中充入一定量的某种气体的过程中，观察到干涉条纹移动了98条。试求出该气体的折射率n。

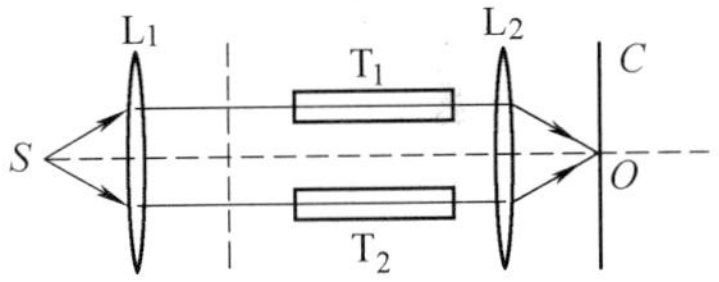

图17-16 计算题2图

3. 用波长$\lambda=500\text{nm}$的单色光做牛顿环实验，测得第k个暗环半径$r_k=4\text{mm}$，第$k+10$个暗环半径$r_{k+10}=6\text{mm}$，求平凸透镜的凸面的曲率半径R。

4. 折射率为1.60的两块标准平面玻璃板之间形成一个劈形膜（劈尖角θ很小），用波长$\lambda=600\text{nm}$的单色光垂直入射，产生等厚干涉条纹。假如在劈形膜内充满$n=1.40$的液体时的相邻明条纹间距比劈形膜内是空气时的间距缩小$\Delta l=0.5\text{mm}$，那么劈尖角θ应是多少？

参考答案

一、选择题

1. C　2. B　3. A　4. D　5. C　6. B　7. B　8. B　9. B　10. C　11. C　12. C

二、填空题

1. $2\pi(n-1)e/\lambda, 4\times10^3$；2. $3e+\lambda/2$或$3e-\lambda/2$；3. 0.75；4. $xd/5D$；5. $2d/\lambda$；

6. 1.40；7. $\lambda/2L$；8. $2d/\lambda$。

三、计算题

1. 解 $\Delta x=\dfrac{D\lambda}{d}=\dfrac{12.2\times10^{-3}}{2\times5}\text{m}=1.22\times10^{-3}\text{m}$，$d=\dfrac{D\lambda}{\Delta x}=0.134\text{mm}$。

2. 解 $\delta=(n-1)l=98\lambda,n=\dfrac{98\lambda}{l}+1=1.00029$。

3. 解 $r_k=\sqrt{kR\lambda},r_{k+10}=\sqrt{(k+10)R\lambda},R=(r_{k+10}^2-r_k^2)/10\lambda=4\text{m}$。

4. 解 $l_1=\dfrac{\lambda}{2\sin\theta}\approx\dfrac{\lambda}{2\theta}$，$l_2=\dfrac{\lambda}{2n\sin\theta}\approx\dfrac{\lambda}{2n\theta}$，$\Delta l_2=l_1-l_2=\dfrac{\lambda}{2\theta}\left(1-\dfrac{1}{n}\right)$，$\theta=\dfrac{\lambda}{2}\left(1-\dfrac{1}{n}\right)\Big/\Delta l=2.25\times10^{-4}\text{rad}$。

第 18 章　光 的 衍 射

18.1　知识网络

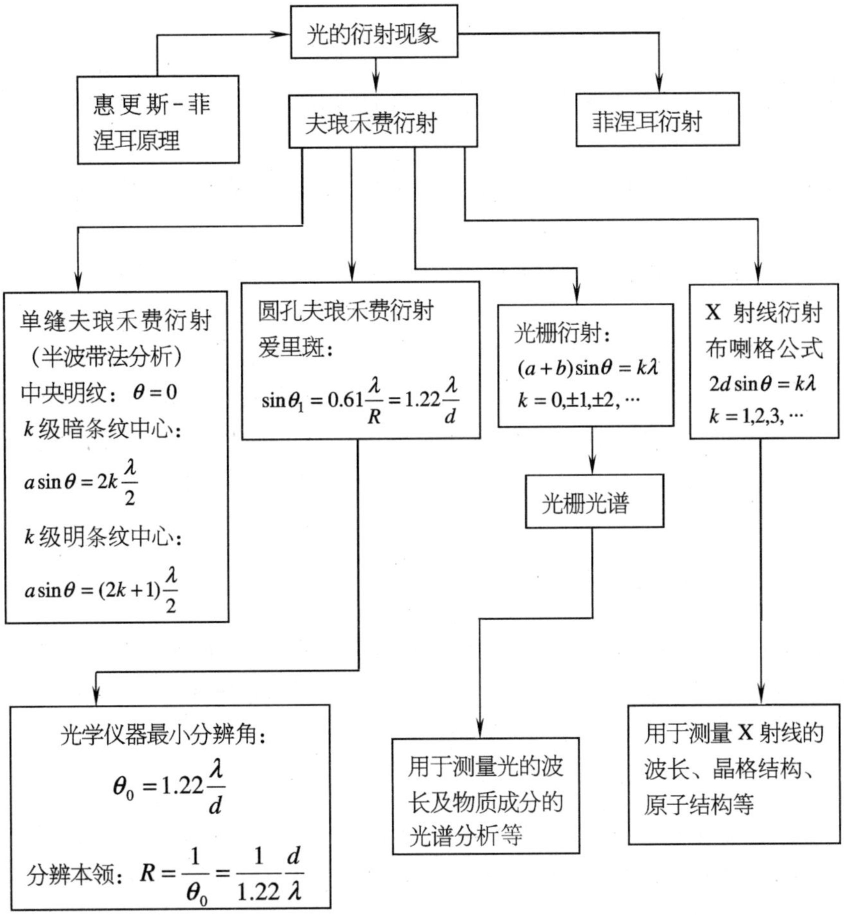

18.2 学习指导

18.2.1 光的衍射现象

光遇到障碍物时，绕过障碍物传播的现象称为光的衍射。

（1）光的衍射现象产生的原因是光在传播过程中遇到障碍物时，光波的波面发生畸变，传播方向偏离直线传播规律。

（2）衍射的显著程度取决于波长和障碍物尺寸大小的相对关系。如果障碍物的尺寸远大于波长，衍射现象就非常不明显；如果障碍物的尺寸与波长可比拟，就可以观察到衍射现象。衍射现象是一切波动所具有的共性。

（3）光在传播过程中，哪个方向受限，哪个方向就发生衍射，受限愈剧烈，衍射现象就愈显著。衍射图样向光受限方向铺展。

（4）菲涅耳衍射和夫琅禾费衍射。按照光源和观察点到障碍物距离的不同，可将衍射现象分为两类，即菲涅耳衍射和夫琅禾费衍射。障碍物距光源和观察点都是有限远，或其中一个是有限远，产生的衍射是菲涅耳衍射；若它们之间的距离都是无限远，则为夫琅禾费衍射。夫琅禾费衍射也称平行光衍射。实际上平行光的衍射经常是利用两个会聚透镜来实现的。把光源 S 放在前透镜 L_1 的第一焦平面上，于是入射到衍射物上的是平行光，接收屏放在后透镜 L_2 的第二焦平面上，衍射后有相同倾角的平行光将会聚在屏上的同一处。

18.2.2 惠更斯-菲涅耳原理

任何时刻波面上的每一点都可以作为子波的波源，从同一波面上各点发出的子波在空间相遇时，可以相互叠加产生干涉。空间任一点 P 的光振动满足

$$E(P) = \int \frac{Ck(\theta)}{r}\cos\left(\omega t - \frac{2\pi r}{\lambda}\right)\mathrm{d}S \tag{18-1}$$

式中，C 是比例系数；θ 是面元 $\mathrm{d}\boldsymbol{S}$ 的方向与与面元到 P 点位置矢径 $\boldsymbol{r}$ 之间的夹角；$k(\theta)$是随 θ 增大而减小的倾斜因子。$\theta=0$ 时，$k(\theta)=1$，为最大值；$\theta\geqslant\pi/2$ 时，$k(\theta)=0$，表示子波不能向后传播。

（1）惠更斯原理只能说明波的传播方向，无法解释波在绕过障碍物后强度的分布问题。菲涅耳用“子波相干叠加”的思想补充了惠更斯原理，解释了各类衍射现象并得到与实际相符的结果。

（2）衍射现象中的明、暗条纹是子波干涉的结果，干涉与衍射既有联系又有区别。

①相同点：干涉和衍射本质上都是波的相干叠加。

②不同点：干涉的各光束服从几何光学传播规律，衍射的各光束不服从几何光学传播规律，各束光都存在着衍射；干涉现象是不同光束之间的相干叠加的结果，衍射现象

是同一光束本身相干叠加的结果。

干涉是有限多（分立）光束的相干叠加，数学工具是有限项求和；衍射是波面上无限多（连续）子波的相干叠加，数学工具是积分（无限项求和）。

18. 2. 3　单缝夫琅禾费衍射

1. 半波带分析法

如图 18-1 所示，单缝 AB 上各点发出的子波在衍射角为 θ 方向的最大光程差 $BC = a\sin\theta$。将 BC 分成间隔为半波长$\dfrac{\lambda}{2}$的 N 个相等部分，作 $N-1$ 个平行于 AC 的平面，这些平面把单缝上的波面 AB 切割成 N 个带状面元。这样的带状面元具有以下特点：

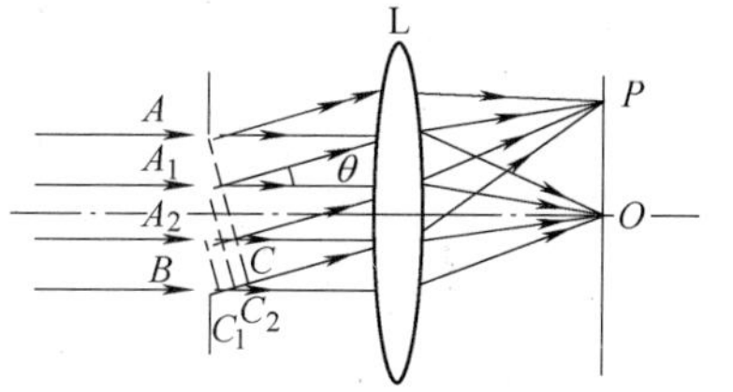

图 18-1　单缝衍射

①每个带状面元的面积相等，故各带状面元上子波波源的数目相等。

②任意两相邻的带状面元上两对应点所发出的衍射角为 θ 的子波在考察点 P 的光程差均为$\dfrac{\lambda}{2}$。

由于任意相邻的带状面元上的两对应点所发出的子波在考察点 P 的光程差均为$\dfrac{\lambda}{2}$，故称这样的带状面元为半波带。由此可知，相邻两个半波带发出的光在考察点相干叠加后的合振幅为零。

对于衍射角 θ，如果单缝恰能被分成偶数个半波带，即 $a\sin\theta = 2k\dfrac{\lambda}{2}$，$k = \pm 1, \pm 2, \cdots$则此方向上所有的子波束相互抵消，考察点即为暗条纹（光强极小）；若波面能划分成奇数个半波带，则除成对抵消的半波带外，还剩一个半波带，它的贡献使得考察点成为明条纹。可见采用半波带法可将无数多个子波的相干叠加巧妙地转化成若干个半波带所发光波的相干叠加，从而避免了复杂的积分运算，可以简便地解释单缝衍射条纹的分布。

对于半波带分析法，应注意以下几点：

（1）半波带并非指波带的宽度为半个波长，而是指两相邻波带上的两对应点发出的光波到考查点的光程差为半个波长。

（2）对于给定的单缝，半波带的宽窄和个数是随衍射角 θ 的变化而变化的。θ 越大，所能分成的半波带的个数就越多，每一个半波带的宽度就越窄，这也就解释了条纹亮度随着条纹级次增大而递减的现象。

（3）由于考察点 P 与衍射角 θ 之间形成了一一对应关系，因此，要研究 P 点的明暗情况，就是要研究 $BC = a\sin\theta$ 与半波长$\dfrac{\lambda}{2}$之间的关系。

2. 衍射明、暗条纹的形成条件

$$a\sin\theta=\begin{cases}0 & \text{中央明条纹}\\ \pm(2k+1)\dfrac{\lambda}{2} & \text{明条纹中心}\\ \pm 2k\dfrac{\lambda}{2} & \text{暗条纹中心}\end{cases}\quad (k=1,2,3,\cdots) \tag{18-2}$$

若 $a\sin\theta\neq k\dfrac{\lambda}{2}$，即单缝处的波阵面不能正好分成整数个半波带，那么在这些方向上光束汇聚后介于最亮与最暗之间。

衍射角较小的情况下（$\theta\approx\sin\theta\approx\tan\theta$），假设透镜焦距为 f，条纹中心位置为 x，则 $\sin\theta\approx\tan\theta=x/f$。用线量表示明、暗条纹条件为

$$x_k=\begin{cases}0 & \text{中央明条纹}\\ \pm(2k+1)\dfrac{\lambda f}{2a} & \text{明条纹中心}\\ \pm 2k\dfrac{\lambda f}{2a} & \text{暗条纹中心}\end{cases}\quad (k=1,2,3,\cdots) \tag{18-3}$$

3. 衍射条纹的分布特点

（1）中央明条纹两侧对称分布着明暗相间的、平行于狭缝的直条纹。

①中央明条纹的宽度如下：

$$\text{角宽度为}\quad \Delta\theta_0=\theta_{+1}-\theta_{-1}=\frac{2\lambda}{a}$$

$$\text{线宽度为}\quad \Delta x_0=x_{+1}-x_{-1}=\frac{2\lambda}{a}f$$

②其他各级条纹的宽度如下：

$$\text{角宽度为}\quad \Delta\theta=\theta_{k+1}-\theta_k=\frac{\lambda}{a}$$

$$\text{线宽度为}\quad \Delta x=x_{k+1}-x_k=\frac{\lambda}{a}f$$

中央明条纹的宽度为其他明条纹宽度的两倍。

（2）明条纹亮度不均匀，中央明条纹最亮，其他各级明条纹的亮度随着级数的增大而减弱。这是因为衍射级次越高，衍射角 θ 越大，分成的波带数越多，未被抵消的半波带的面积就越小，相应的衍射明条纹的光强越弱。

4. 关于单缝夫琅禾费衍射的讨论

（1）单缝宽度变化对条纹的影响　当入射光波长 λ 一定时，单缝的宽度 a 变小，衍射条纹间距变大，中央明条纹变宽，衍射作用明显；当缝宽 $a\sim\lambda$ 时，$\theta\sim 90°$，屏幕上只能看到中央明条纹；缝宽 a 变大，衍射条纹间距变小，当与波长相差很大时（$a\gg\lambda$），衍射条纹相当密集，以至难以分辨，这时就观察不到衍射现象，几何光学中光线沿直线传播定律成立。

（2）波长变化对条纹的影响　当缝宽 a 一定时，波长越长，衍射条纹间距越大，

越容易观察到衍射现象；反之，波长越短，衍射条纹越密集，衍射现象越不明显。当用白光照射单缝时，将形成中央明条纹为白色，其他各级衍射明条纹为从里向外，由紫到红的彩色条纹。

（3）单缝上下平移对条纹的影响　根据几何光学成像规律，沿主轴入射的平行光应会聚于焦点，所以只要透镜位置不动，缝上下平移，对衍射条纹无影响。

（4）透镜上下平移对条纹的影响　假如透镜向上（下）平移，主光轴的位置就向上（下）平移，整个衍射条纹也跟着向上（下）平移。

18.2.4　圆孔夫琅禾费衍射

1. 爱里斑

圆孔夫琅禾费衍射图样，由第一暗环所包围的中央光斑（爱里斑）及一些同心亮环组成。爱里斑的角半径为 $\theta_1 = 1.22\dfrac{\lambda}{D}$，该式也称为圆孔衍射的反比关系，式中，$D$ 为圆孔直径。爱里斑的中心亮点是几何光学像点。

2. 光学仪器分辨率

由于衍射现象，光源上一个点所发出的光波经过光学仪器的孔径后，并不能聚焦成为一个点，而是形成一个衍射图样，其主要部分就是爱里斑。物体上两点 S_1，S_2 发出的光波通过光学仪器成像时，若 S_1 像的中央最亮处恰与 S_2 像的第一暗环相重合，且该两点恰能分辨（见图 18-2），此时 S_1、S_2 对仪器透镜光心的张角称为最小分辨角，用 θ_0 表示；最小分辨角的倒数称为分辨本领或分辨率，用 R 表示，即

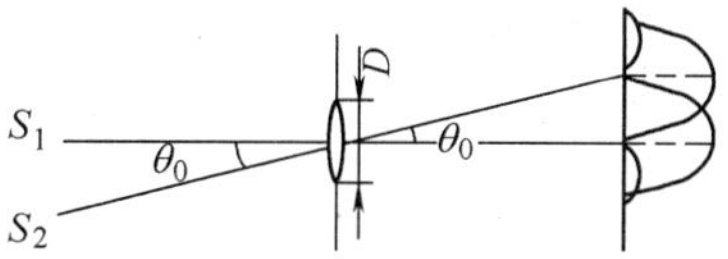

图 18-2　最小分辨角

$$\theta_0 = \theta_1 = 1.22\frac{\lambda}{D} \tag{18-4}$$

$$R = \frac{1}{\theta_0} = \frac{D}{1.22\lambda} \tag{18-5}$$

（1）光学仪器的分辨率与透镜的通光孔径 D 成正比，与入射光的波长 λ 成反比。可见，通过增加透镜的通光孔径和减小入射光的波长，可以提高仪器的分辨率。近代物理表明，运动的电子具有波动性，其波长很短，电子显微镜正是利用上述理论来提高分辨率的。

（2）在一般照明下，人眼瞳孔直径 D 约为 3mm，取视感最敏感的黄绿光波长 $\lambda = 550\text{nm}$ 进行估算，人眼的最小分辨角为 $\theta_0 = 1.22\dfrac{\lambda}{D} = 2.2\times10^{-4}\text{rad}$。在明视距离 $l = 25\text{cm}$ 处，人眼可分辨的两个物点的最小距离为 $d = l\theta_0 = 0.055\text{mm}$。

18.2.5　光栅衍射

由等间隔的若干个狭缝构成的平面光栅，光栅中透光部分的宽度 a 与不透光部分的

宽度 b 之和，也就是相邻缝的中心间距称为光栅常数，用 d 表示，如图 18-3 所示，$d=a+b$。

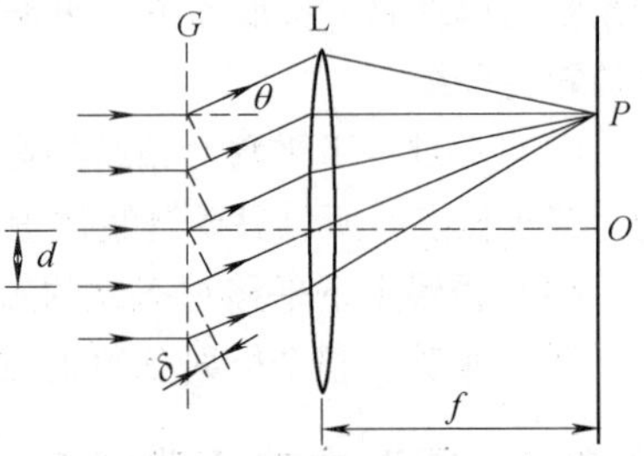

图 18-3 光栅衍射

1. 光栅衍射的成因

(1) 单缝衍射效应 当平行光入射到光栅上时，每一条狭缝都发生单缝衍射。由于单缝的位置变化对衍射图样的位置没有影响，所以光栅中各条缝的衍射图样是重叠在一起的。若光栅共有 N 条缝，则衍射条纹的明亮度增加 N^2 倍，所以光栅中狭缝条数越多，明条纹就越亮。又因光栅中的狭缝是很窄的，所以单缝衍射条纹的明条纹扩展得很宽。

(2) 多缝干涉效应 光栅各缝中衍射角 θ 相同的各次波射线，将会聚在透镜焦平面上的同一 P 点处，相邻缝对应的射线间，有相同的光程差 $\delta=(a+b)\sin\theta$，这些次波将在 P 点发生多光束干涉。

由以上分析，对光栅衍射可以得出两点粗略的结论：

①一个单缝衍射时的暗条纹处仍然是暗条纹，所以暗条纹的定位使得多缝衍射的布局与一个单缝衍射光强分布外形曲线相似（不是一样）。

②一个单缝衍射时的亮条纹处不一定是亮条纹，因为 N 个缝产生的衍射光彼此相干，它们在屏上叠加是明还是暗要由干涉强弱条件决定。

所以说，光栅衍射是单缝衍射和多缝干涉的综合效应，即光栅衍射是受单缝衍射调制的多光束干涉。

2. 光栅方程

衍射角 θ 满足相邻两缝发出的光束的光程差等于波长的整数倍时，彼此相干相长，出现明条纹。当入射光垂直照射光栅时，光栅衍射明条纹的条件为

$$(a+b)\sin\theta=k\lambda \quad (k=0,\pm1,\pm2,\cdots) \tag{18-6}$$

式 (18-6) 称为光栅方程。满足光栅方程的明条纹称为主明条纹或主极大。

(1) 光栅方程是形成主明条纹的必要条件，并不兼顾充分条件。屏幕上明条纹所对应的衍射角 θ 一定满足光栅方程，但满足光栅方程的 θ 角并不一定能形成明条纹。这是因为满足光栅方程的 θ 角也可能同时满足单缝衍射暗条纹条件 $a\sin\theta=k'\lambda\,(k'=\pm1,\pm2,\cdots)$。在这种情况下，单缝衍射在角位置 θ 处形成暗条纹，各缝在该处叠加的结果必然是暗条纹。

(2) 缺级现象。从光栅方程看来应该是明条纹的位置处却出现暗条纹的现象称为缺级。当衍射角 θ 同时满足光栅方程和单缝衍射的暗条纹条件时，角位置 θ 处出现缺级，即

$$(a+b)\sin\theta=k\lambda,\ (k=0,\pm1,\pm2,\cdots)$$

$$a\sin\theta=k'\lambda \quad (k'=\pm1,\pm2,\cdots)$$

由此解得

$$k = \frac{a+b}{a}k' \quad (k' = \pm 1, \pm 2, \cdots) \tag{18-7}$$

可见，只要$\frac{a+b}{a}$为整数比，光栅就会缺级，所缺级次由式（18-7）确定。一个光栅会不会缺级与入射光波长无关，只由光栅结构决定。

3. 光栅暗条纹的成因及形成条件

有两种效应可以形成暗条纹，一是满足单缝衍射暗条纹条件时会形成暗条纹；二是缝间干涉相消可以形成暗条纹。

可以证明缝间干涉相消形成暗条纹的条件是

$$(a+b)\sin\theta = \pm\left(k + \frac{n}{N}\right)\lambda \tag{18-8}$$

式中，k为条纹级次($k = 0, \pm 1, \pm 2, \cdots$)；$N$为光栅狭缝总数；$n$为正整数($n = 1, 2, \cdots, N-1$)。

由式（18-8）可知，在两个相邻主明条纹之间，n的每一个取值，对应一条暗条纹，所以两相邻的主明条纹之间有$N-1$条暗条纹；而两暗条纹之间应为明条纹，所以两主明条纹之间还有$N-2$条次明条纹。一般光栅缝数N很大，次明条纹的光强很弱，因此主明条纹之间实际上是一片暗区。

4. 光栅衍射问题讨论

（1）k级主明条纹的角位置$\theta_k = \sin^{-1}\left(\frac{k\lambda}{a+b}\right)$，入射波长$\lambda$一定时，光栅常数$a+b$越小，相邻两主明条纹分得越开。

（2）根据光栅方程，可以估计最多能够观察到的明条纹级次k_m和明条纹数目。光栅衍射主明条纹最高级次$k_{max} \leqslant \frac{a+b}{\lambda}$，可见主明条纹数目将受到光栅方程的限制。入射波长$\lambda$一定时，光栅常数越小，可观察到的主明条纹数目越少。需要注意的是，理论计算出来的k_{max}出现在$\theta = \pi/2$的方向上，观察者无法观察到。另外，k_m只能取整数，所以当理论算得的k_{max}为整数时，观察到的最高级次为$k_m = k_{max} - 1$，而当算得的k_{max}有小数时，无论小数部分是大还是小都要舍去，剩下的整数部分就是能够观察到的最高级次k_m。

最高级次与能够观察到的最多明条纹条数之间的关系：当入射光垂直入射时，能观察到的最多明条纹数为$2k_m + 1$，有缺级时需要扣除所缺少的条纹数。

以上讨论的最高级次是理论计算所得，由于单缝衍射的影响，实际上看不到那么多条纹。通常只有在单缝的中央明条纹区域的各级主明条纹光强最强，该区域的明条纹数目为$\left[2\left(\frac{a+b}{a}\right) - 1\right]$条。

（3）光栅光谱及光谱重叠问题。

①光栅光谱。光栅常数$a+b$一定时，入射波长λ较大，角位置也较大，因此当以白光入射时，中央明条纹仍为白色，在同一级明条纹中，紫光靠近中央，红光远离中

央。不同波长的同一级谱线的集合，称为光栅光谱。

②谱线重叠的级次。所谓谱线重叠现象是指不同波长、不同级次的明条纹，在屏幕上占据同一位置，即波长 λ_1,λ_2 同时满足 $(a+b)\sin\theta=k_1\lambda_1=k_2\lambda_2$。因 k_1 和 k_2 均为整数，光谱线可能重叠若干次，并由 λ_1 和 λ_2 算出每一次重叠的级次。据此可以确定，当白光照射光栅时，不重叠的光谱级次 $k=\dfrac{\lambda_{紫}}{\lambda_{红}-\lambda_{紫}}=\dfrac{4.0\times10^{-7}\mathrm{m}}{(7.6-4.0)\times10^{-7}\mathrm{m}}\approx1.1$，取 $k=1$。所以用白光入射只能有 1 级不重叠的光谱。

③光谱重叠的波长范围。一旦光谱在第 k 级和第 $k+1$ 级发生了重叠，一定是第 k 级某种波长 λ 的光与第 $k+1$ 级紫光的谱线重合了。利用 $(a+b)\sin\theta=k\lambda=(k+1)\lambda_{紫}$ 及 k 只能取整数的原则，即可确定可见光第 k 级波长重叠范围应为 $\lambda\sim760\mathrm{nm}$。

(4) 斜入射时的光栅方程。光栅方程 $(a+b)\sin\theta=k\lambda$ 只适用平行光垂直照射光栅平面的情况。当入射光斜入射时，即入射角 $\varphi\neq0$（见图 18-4），相邻两缝发出的光束的光程差为 $(a+b)(\sin\theta+\sin\varphi)$，式中 φ 恒为正值，衍射角 θ 取值有正负之别。θ 与 φ 在法线的同一侧时取正号；当 θ 与 φ 在法线的异侧时取负号。

相应的光栅方程为

$$(a+b)(\sin\theta+\sin\varphi)=k\lambda\qquad(k=0,\pm1,\pm2,\cdots)\tag{18-9}$$

当 $k=0$ 时，θ_0 对应的位置（零光程差）为中央主明条纹，$\theta_0<0$，表明中央明条纹出现在法线的另一侧。

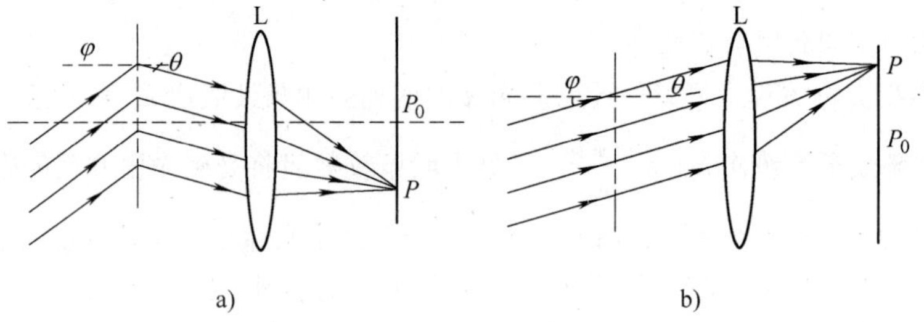

图 18-4 斜入射时光程的计算

(5) 光栅的分辨率为

$$R=\frac{\lambda}{\Delta\lambda}=kN\tag{18-10}$$

光栅的分辨率取决于光栅的缝数 N 和光谱级数 k。

18.2.6 X 射线衍射

1. X 射线

X 射线是波长约 0.1nm 数量级的电磁波。

2. 布喇格公式

晶体可看成是对 X 射线适用的三维光栅。

布喇格公式为

$$2d\sin\theta = k\lambda \quad (k=1,2,3,\cdots) \tag{18-11}$$

式中，d 为晶面间距。掠射角 θ 满足布喇格公式时，晶面间散射射线相互加强形成亮点。

18.3 问题辨析

问题1 为什么在日常生活中声波的衍射比光波的衍射更加显著？

辨析 以单缝衍射为例，单缝衍射中央明条纹（中央极大值）的半角宽度 $\Delta\theta$ 与波长 λ 成正比，与缝宽 a 成反比，即 $\Delta\theta=\lambda/a$，在 $a>>\lambda$ 的极限情况下，$\Delta\theta\to0$，可认为波动（声波、光波等）沿直线传播，衍射现象可忽略不计；反之，λ 越大或 a 越小，衍射现象就越显著。日常生活中物体的尺寸一般比光波的波长（400～760nm）大得多，因此光的衍射现象不显著；而声波的波长（几厘米至十几米）比光波的波长大得多，与日常生活中物体的尺寸接近，因此声波的衍射现象比较显著，比如声波可以很容易地由室内传播到室外等。

问题2 在杨氏双缝实验中，将其中的一条缝稍稍变窄，屏幕上的干涉条纹会有什么变化？若将其中一条缝遮住，又会发生什么现象？

辨析 如果把双缝中的一条缝稍稍变窄一些，则通过两缝的光强是不同的，在屏幕上叠加时所产生的干涉图样，因两光振动的振幅不同，干涉相消（暗条纹）处的光强不等于零，因此干涉条纹的可见度将下降。

若把其中一条缝遮住，则成为单缝衍射装置，屏幕上将出现单缝衍射的光强分布，即中央明条纹特别亮且宽，两侧为宽度只有中央明条纹一半、强度比中央明条纹显著减弱且逐步减弱的明条纹。

问题3 单缝衍射暗条纹条件与双缝干涉明条纹条件在形式上完全一样，两者是否矛盾？试加以说明。

辨析 单缝衍射暗条纹条件与双缝干涉明条纹条件在形式上完全一样，但公式的物理含义不同，因此两者并不矛盾。

在讨论杨氏双缝干涉时，双缝被看成是具有恒定相位差的光源，来自两缝光源的两束相干光近似地用几何光学中直线传播的模型描述，这是单纯的两光束叠加问题，叠加结果取决于两光束在相遇点的光程差 $d\sin\theta$（其中 d 为双缝间距）。当 $d\sin\theta$ 为 $\lambda/2$ 的偶数倍时，两光束干涉加强，满足明条纹条件；当 $d\sin\theta$ 为 $\lambda/2$ 的奇数倍时，两光束干涉相消，满足暗条纹条件。

按照惠更斯-菲涅耳原理，单缝衍射是无穷多子波的相干叠加，观察场点处无穷多子波的相位差连续分布，当相邻两子波的光程差为 $\lambda/2$ 时，干涉结果将彼此抵消，按照半波带分析法，叠加结果取决于单缝发出的子波的最大光程差 $a\sin\theta$（其中 a 为单缝宽度）能被分成的半波带数，当 $a\sin\theta$ 为 $\lambda/2$ 的偶数倍时，子波束两两相消，满足暗条纹的形成条件；当 $a\sin\theta$ 为 $\lambda/2$ 的奇数倍时，前偶数个子波束两两相消，保留最后一个子波束，满足明条纹的形成条件。

问题 4 如何理解光栅衍射条纹是单缝衍射和多缝干涉的综合效应？

辨析 当光入射到光栅上时，光栅上每条狭缝都将在观察屏上产生单缝衍射图样，由于每个狭缝相同，相同的衍射角对应的光程差相同，所以衍射图样相同，所有狭缝的衍射图像完全重叠，其光强为它们的非相干叠加。同时通过光栅每个狭缝的衍射光又要发生相干叠加，形成光栅衍射条纹。所以，光栅衍射是单缝衍射和多缝干涉的综合效应。

问题 5 为什么光栅刻痕不但要很多，而且各刻痕之间的距离也要相等？

辨析 理论计算可以证明，光栅衍射主明条纹的角宽度与缝数 N 成反比，其强度是单缝衍射的 N^2 倍，因此 N 越大，光栅衍射图样背景越暗，主明条纹越细、越亮，光栅分辨率越高，越利于观察与测量。

光栅两刻痕之间透光，相当于一单缝，两刻痕之间的距离相当于单缝的宽度，光栅衍射是 N 套单缝衍射的相干叠加，单缝衍射条纹的分布情况取决于缝宽，若各刻痕之间距离不完全相同，各单缝的衍射图样就不能完全重合，相邻光束在叠加时相位差不同，将使主明条纹展宽，亮度减小，影响光栅的分辨率，降低测量精度，甚至难于观察到光栅衍射光谱。事实上，刻划一块精密光栅的要求是很高的，不但要保持每条刻痕都很直，而且要求刻痕的间隔十分均匀，深度和剖面形状很一致，它们的精度都以光波长的几分之一或几十分之一来衡量。

问题 6 使用蓝色激光较使用红色激光在光盘上进行数据读写有何优越性？

辨析 根据光学仪器最小分辨角公式 $\theta=1.22\dfrac{\lambda}{D}$，波长越小，分辨角越小，分辨本领就越大，因此用蓝光进行光盘数据写入，数据密度可以比红光高，信息存储量将增大，在数据读出时，蓝光的分辨能力也要比红光强。

18.4 例题剖析

18.4.1 基本思路

计算光的衍射问题，衍射角是一个很重要的概念。本章的基本题型主要涉及单缝衍射问题、光栅方程的应用、光栅的缺级问题、光栅光谱的重叠问题、光学仪器分辨率问题等。利用半波带法分析夫琅禾费单缝衍射、明确单缝衍射明暗条纹的形成条件、明确公式及其中各个符号的物理意义是基础和关键。光栅衍射是单缝衍射与缝间干涉的总效果，出现明条纹的条件是相邻两缝发出的光束的光程差是入射光波长的整数倍，光栅方程的具体形式应根据具体问题具体分析，一般当入射光垂直入射时，光栅方程为 $d\sin\theta=k\lambda$，中央主明条纹对应于 $k=0$；另外，衍射光谱中谱线的数目与两个因素有关，即光栅方程的限制及缺级现象。

18.4.2 典型例题

例18-1 用橙黄光（$\lambda=600\sim650\text{nm}$）平行垂直地照射到缝宽为 $a=0.6\text{mm}$ 的单缝上，缝后放置一焦距 $f=40\text{cm}$ 的透镜。屏幕上离中央明条纹中心处 1.4mm 的 P 点为第3级明条纹。求

（1）入射光的波长。

（2）从 P 点看，单缝处波阵面被分成多少个半波带。

（3）中央明条纹的宽度。

（4）第1级明条纹所对应的衍射角。

（5）如果另有一波长为 428.6nm 的光一同入射，能否与该波长的明条纹重叠？如果重叠，它们各是第几级？

分析 利用半波带法分析单缝衍射，对于衍射角 θ，如果单缝恰能被分成奇数个半波带，即 $a\sin\theta=(2k+1)\dfrac{\lambda}{2}$，则此方向上所有的子波线在屏幕上相互叠加，将出现光强极大，即明条纹。当缝宽 a 一定时，入射光波长越大，相同级次衍射明条纹的衍射角也越大，不同波长不同级次的衍射明条纹的角位置相同时，即 $(2k_1+1)\lambda_1=(2k_2+1)\lambda_2$，$\lambda_1$ 的 k_1 级明条纹与 λ_2 的 k_2 级明条纹将发生重叠。

解 （1）由明条纹条件 $a\sin\theta=(2k+1)\dfrac{\lambda}{2}$ 以及和衍射装置上的几何关系 $\tan\theta=\dfrac{x}{f}$，考虑到 θ 角很小，可得入射光的波长为

$$\lambda=\frac{2ax}{(2k+1)f}$$

将 $k=3$，$a=0.6\times10^{-3}\text{m}$，$x=1.4\times10^{-3}\text{m}$，$f=40\times10^{-2}\text{m}$ 代入可得

$$\lambda=600\text{nm}$$

（2）从 P 点看，单缝处波阵面被分成的半波带数目为

$$2k+1=2\times3+1=7$$

（3）中央明条纹宽度为

$$\Delta x_0=f\frac{2\lambda}{a}=40\times10^{-2}\times\frac{2\times600\times10^{-9}}{0.6\times10^{-3}}\text{m}=0.8\text{mm}$$

（4）第1级明条纹对应得衍射角 θ_1 满足

$$a\sin\theta_1=(2\times1+1)\frac{\lambda}{2}$$

解得
$$\theta_1\approx\frac{3\lambda}{2a}=\frac{3\times600\times10^{-9}}{2\times0.6\times10^{-3}}\text{rad}=1.5\times10^{-3}\text{rad}$$

（5）$\lambda_1=600\text{nm}$ 的 k_1 级明条纹和 $\lambda_2=428.6\text{nm}$ 的 k_2 级明条纹若能重叠，则其衍射角应该相等，即

$$a\sin\theta=(2k_1+1)\frac{\lambda_1}{2}$$

$$a\sin\theta=(2k_2+1)\frac{\lambda_2}{2}$$

或

$$(2k_1+1)\frac{\lambda_1}{2}=(2k_2+1)\frac{\lambda_2}{2}$$

由此得

$$\frac{2k_1+1}{2k_2+1}=\frac{\lambda_2}{\lambda_1}=\frac{4286}{6000}\approx\frac{5}{7}$$

故

$$2k_1+1=5\text{，即 }k_1=2$$

$$2k_2+1=7\text{，即 }k_2=3$$

可知，波长为 600nm 光的第 2 级明条纹可与波长为 428.6nm 光的第 3 级明条纹重叠。

例 18-2 如图 18-5 所示一束直径为 2mm 的激光束（波长为 630nm）自地面发向月球。设地球和月亮相隔 3.8×10^8m，求

（1）到达月球上的激光的光斑多大？如果将该激光扩成 2m 和 5m 的光束再发向月球，光斑将多大？

（2）当 D 增大时，d 是增大还是减小？如果 D 不断增大，d 能否小于 D？

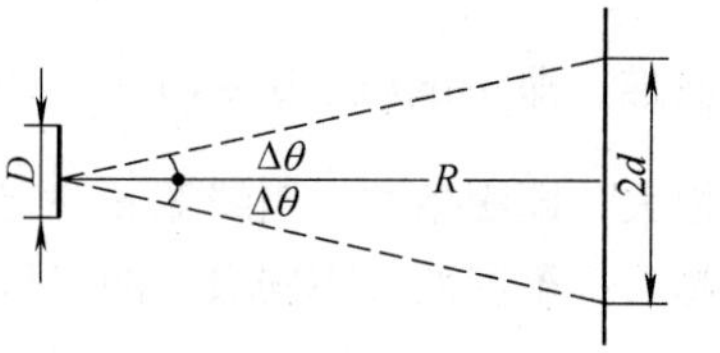

图 18-5 例 18-2 图

分析 激光束通过直径为 D 的窗口射出，将发生衍射，因地、月的距离 R 较大，可近似看作夫琅禾费圆孔衍射，月球表面（可近似看作平面）上的衍射光斑的半径对地面上光束中心的夹角 $\Delta\theta$ 即为圆孔衍射的中央主极大的半角宽度，即爱里斑的角半径，也就是圆孔几何光学仪器的最小分辨角。

解 （1）圆孔几何光学仪器的最小分辨角为 $\theta_0=1.22\dfrac{\lambda}{D}$，当 θ_0 较小时，光斑半径为

$$d\approx R\Delta\theta=R\theta_0=1.22\frac{R\lambda}{D}$$

将不同数据代入，即可求得

$$D_1=2\text{mm}\qquad d_1=1.46\times10^5\text{m}$$

$$D_2=2\text{m}\qquad d_2=1.46\times10^2\text{m}$$

$$D_3=5\text{m}\qquad d_3=58.4\text{m}$$

（2）从以上数据可见，当 D 增大时，d 不断减小。不过当 $\dfrac{\lambda}{D}$ 趋于零时，$\Delta\theta$ 趋于零，即光束沿着原方向前进，不散开，这时候可以不考虑衍射效应，几何光学中的直线传播定律成立。因此在极限情况下，d 只能等于 D，不可能小于 D。

例 18-3 波长为 600nm 的单色光垂直入射光栅后，其第 2 级主明条纹出现在 $\theta_2=\sin^{-1}0.20$ 的方向上，第 4 级缺级，求

（1）光栅常数是多少？

（2）光栅上狭缝的最小宽度是多少？

（3）该光栅实际能呈现哪些级次的主明条纹？

分析　光栅实际能呈现的条纹级次与两个因素有关，即光栅方程的限制及缺级现象。

解　（1）由光栅方程 $d\sin\theta_k = k\lambda$，有

$$d\sin\theta_2 = 2\times 6.0\times 10^{-7}\text{m}$$

得光栅常数为

$$d = 6.0\times 10^{-6}\text{m}$$

（2）存在缺级现象，说明光栅常数 d 与缝宽 a 恰构成整数比，即

$$\frac{d}{a} = \frac{k}{k'}$$

由第 4 级缺级，即 $k=4$，故 $a = \frac{d}{4}k'$。要求满足条件的最小缝宽，取 $k'=1$，由此解得狭缝最小宽度 $a_{\min} = 1.5\times 10^{-6}\text{m}$。

（3）由光栅方程得

$$k = \frac{d\sin\theta}{\lambda}$$

由于 $|\sin\theta|\leqslant 1$，光栅可能出现的衍射条纹的最高级次不大于$\frac{d}{\lambda}$，即

$$|k|\leqslant\frac{d}{\lambda} = \frac{6.0\times 10^{-6}}{6.0\times 10^{-7}} = 10$$

又因为$\frac{d}{a}=4$，所有 $k=4k'(k=\pm 1, \pm 2, \cdots)$级次的衍射条纹发生缺级，所以该光栅所能呈现的全部主明条纹级次为 $k=0$，± 1，± 2，± 3，± 5，± 6，± 7，± 9。其中，第 4、第 8 级缺级，而第 10 级条纹因对应于 $\theta = 90°$，实际上也观察不到。

例 18-4　波长为 500nm 的单色光，垂直入射到光栅上。

（1）如果要求第 1 级谱线的衍射角为 30°，问光栅每毫米应刻几条线？

（2）如果单色光不纯，波长在 0.5% 范围内变化，则 1 级光谱相应的衍射角变化范围 $\Delta\theta$ 如何？

（3）如果光栅上下移动而光源保持不动，那么衍射图样有何变化？

分析　根据光栅方程 $d\sin\theta_k = k\lambda$，当入射光波长 λ 一定时，第 k 级主明条纹的角位置取决于光栅常数 d；若以复色光入射，不同波长的光同一级次的谱线对应于不同的衍射角，彼此分开的程度 $\Delta\theta$ 与 $\Delta\lambda$ 有关。根据光栅方程有 $d\sin(\theta+\Delta\theta) - d\sin\theta = k\Delta\lambda$，当 $\Delta\lambda$ 不是很大时，$\Delta\theta$ 也较小，近似有 $d\cos\theta(\Delta\theta) = k\Delta\lambda$ 成立。

解　（1）根据光栅方程

$$d\sin\theta_1 = \lambda$$

$$d = \frac{\lambda}{\sin\theta_1} = \frac{500\times 10^{-9}}{\sin 30°}\text{m} = 10^{-6}\text{m}$$

（2）对光栅方程两边取微分，且一级光谱，$k=1$，于是有

$$d\cos\theta_1\Delta\theta=\Delta\lambda$$

解得
$$\Delta\theta=\frac{\Delta\lambda}{d\cos\theta_1}=\frac{0.5\%\times500\times10^{-9}}{10^{-6}\times\cos30^\circ}\text{rad}=2.89\times10^{-3}\text{rad}$$

即波长在0.5%范围内变化时，相应的衍射角变化范围$\Delta\theta$约2.89×10^{-3}rad。

（3）光源不动，光栅上下移动，根据透镜成像规律，此时沿入射光方向的零级衍射光仍应会聚于焦点上，中央明条纹的角位置不变；任意θ方向上的平行衍射光经透镜仍会聚于焦平面的相同位置上，因此其他各级衍射条纹的角位置也都保持不变，即屏幕上的衍射图样保持不变。

18.5 能力训练

一、选择题

1. 根据惠更斯-菲涅耳原理，若已知光在某时刻的波阵面为S，则S的前方某点P的光强决定于波阵面S上所有面积元发出的子波各自传到P点的（　　）。

A. 振动振幅之和　　B. 光强之和

C. 振动振幅之和的平方　　D. 振动的相干叠加

2. 在如图18-6所示的单缝夫琅禾费衍射实验中，若将单缝沿透镜光轴方向向透镜平移，则屏幕上的衍射条纹(　　)。

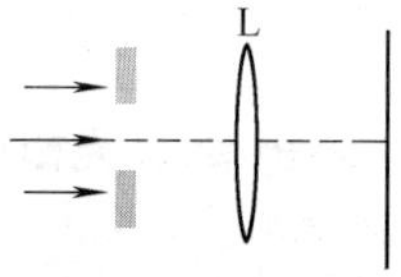

图18-6　选择题2图

A. 间距变大　　B. 间距变小

C. 不发生变化　　D. 间距不变，但明暗条纹的位置交替变化

3. 在夫琅禾费单缝衍射实验中，对于给定的入射单色光，当缝宽度变小时，除中央亮条纹的中心位置不变外，各级衍射条纹（　　）。

A. 对应的衍射角变小　　B. 对应的衍射角变大

C. 对应的衍射角也不变　　D. 光强也不变

4. 在如图18-7所示的单缝夫琅禾费衍射实验装置中，S为单缝，L为透镜，C为放在L的焦面处的屏幕，当把单缝S垂直于透镜光轴稍微向上平移时，屏幕上的衍射图（　　）。

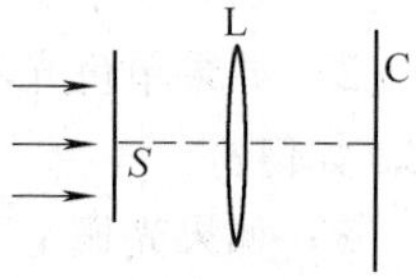

图18-7　选择题4图

A. 向上平移　　B. 向下平移

C. 不动　　D. 消失

5. 一束平行单色光垂直入射在光栅上，当光栅常数$(a+b)$为下列哪种情况时（a代表每条缝的宽度），$k=3$，6，9 等级次的主极大均不出现？（　　）

A. $a+b=2a$　　B. $a+b=3a$

C. $a+b=4a$　　D. $a+b=6a$

6. 对某一定波长的垂直入射光，衍射光栅的屏幕上只能出现零级和一级主极大，欲使屏幕上出现更高级次的主极大，应该（　　）。

A. 换一个光栅常数较小的光栅

B. 换一个光栅常数较大的光栅

C. 将光栅向靠近屏幕的方向移动

D. 将光栅向远离屏幕的方向移动

7. 若用衍射光栅准确测定一单色可见光的波长，在下列各种光栅常数的光栅中选用哪一种最好？(　　)

A. 5.0×10^{-1}mm　　B. 1.0×10^{-1}mm

C. 1.0×10^{-2}mm　　D. 1.0×10^{-3}mm

8. 波长为 λ 的单色光垂直入射于光栅常数为 d、缝宽为 a、总缝数为 N 的光栅上。取 $k=0$，±1，±2，…则决定出现主极大的衍射角 θ 的公式可写成（　　）。

A. $Na\sin\theta=k\lambda$　　B. $a\sin\theta=k\lambda$

C. $Nd\sin\theta=k\lambda$　　D. $d\sin\theta=k\lambda$

二、填空题

1. 如果单缝夫琅禾费衍射的第1级暗条纹发生在衍射角为30°的方向上，所用单色光波长 $\lambda=500$nm，则单缝宽度为______ m。

2. 用半波带法讨论单缝衍射暗条纹中心的条件时，与中央明条纹旁第二个暗条纹中心相对应的半波带的数目是______。

3. 一束单色光垂直入射在光栅上，衍射光谱中共出现5条明条纹。若已知此光栅缝宽度与不透明部分宽度相等，那么在中央明条纹一侧的两条明条纹分别是第______级和第______级谱线。

4. 若光栅的光栅常数 d、缝宽 a 和入射光波长 λ 都保持不变，而使其缝数 N 增加，则光栅光谱的同级光谱线将变得__________。

5. 用波长为 λ 的单色平行红光垂直照射在光栅常数 $d=2\mu$m 的光栅上，用焦距 $f=0.500$m 的透镜将光聚在屏上，测得第1级谱线与透镜主焦点的距离 $l=0.1667$m，则可知该入射的红光波长 $\lambda=$______ nm。

6. 用钠光（$\lambda=589.3$nm）垂直照射到某光栅上，测得第3级光谱的衍射角为60°。若换用另一光源测得其第2级光谱的衍射角为30°，则后一光源发光的波长为 $\lambda=$______ nm。

三、计算题

1. 用波长 $\lambda=632.8$nm 的平行光垂直照射单缝，缝宽 $a=0.15$mm，缝后用凸透镜把衍射光会聚在焦平面上，测得第2级与第3级暗条纹之间的距离为1.7mm，求此透镜的焦距。

2. 在单缝的夫琅禾费衍射中，缝宽 $a=0.100$mm，平行光垂直入射在单缝上，波长 $\lambda=500$nm，会聚透镜的焦距 $f=1.00$m。求中央亮条纹旁的第一个亮条纹的宽度 Δx。

3. 用一束具有两种波长的平行光垂直入射在光栅上，$\lambda_1=600$nm，$\lambda_2=400$nm，发现距中央明条纹5cm处 λ_1 光的第 k 级主极大和 λ_2 光的第$(k+1)$级主极大相重合，放置在光栅与屏之间的透镜的焦距 $f=50$cm。求

（1）上述 k 为多少？

（2）光栅常数 $d=$？

4. 某种单色光垂直入射到每厘米有 8000 条刻线的光栅上，如果第 1 级谱线的衍射角为 30°，那么入射光的波长是多少？能不能观察到第 2 级谱线？

参考答案

一、选择题

1. D　2. C　3. B　4. C　5. B　6. B　7. D　8. D

二、填空题

1. 1×10^{-6}；2. 4；3. 一，三；4. 更窄更亮；5. 632.6；6. 510.3。

三、计算题

1. 解　$\Delta x=x_3-x_2=\dfrac{f\lambda}{a}$，$f=\dfrac{a\Delta x}{\lambda}=0.4\text{m}$。

2. 解　$a\sin\theta_1=\lambda$，$x_1=f\tan\theta_1\approx\dfrac{f\lambda}{a}$，同理 $a\sin\theta_2=2\lambda$，$x_2=f\tan\theta_2\approx\dfrac{2f\lambda}{a}$，$\Delta x=x_2-x_1=\dfrac{f\lambda}{a}=5.00\text{mm}$。

3. 解　（1）$k\lambda_1=(k+1)\lambda_2$，$k=\dfrac{\lambda_2}{\lambda_1-\lambda_2}=2$。

（2）$d\sin\theta=k\lambda_1$，因为 x 很小，$x=f\tan\theta\approx f\sin\theta=\dfrac{fk\lambda_1}{d}$，$d=k\dfrac{f\lambda_1}{x}=1.2\times10^{-5}\text{m}$。

4. 解　$d\sin\theta_1=\lambda=\dfrac{1\times10^{-2}}{8000}\sin30°=6.25\times10^{-7}\text{m}=625\text{nm}$。若 $k=2$，则 $\sin\theta_2=\dfrac{2\lambda}{d}=1$，$\theta_2=90°$，实际观察不到第 2 级谱线。

第 19 章　光 的 偏 振

19.1　知识网络

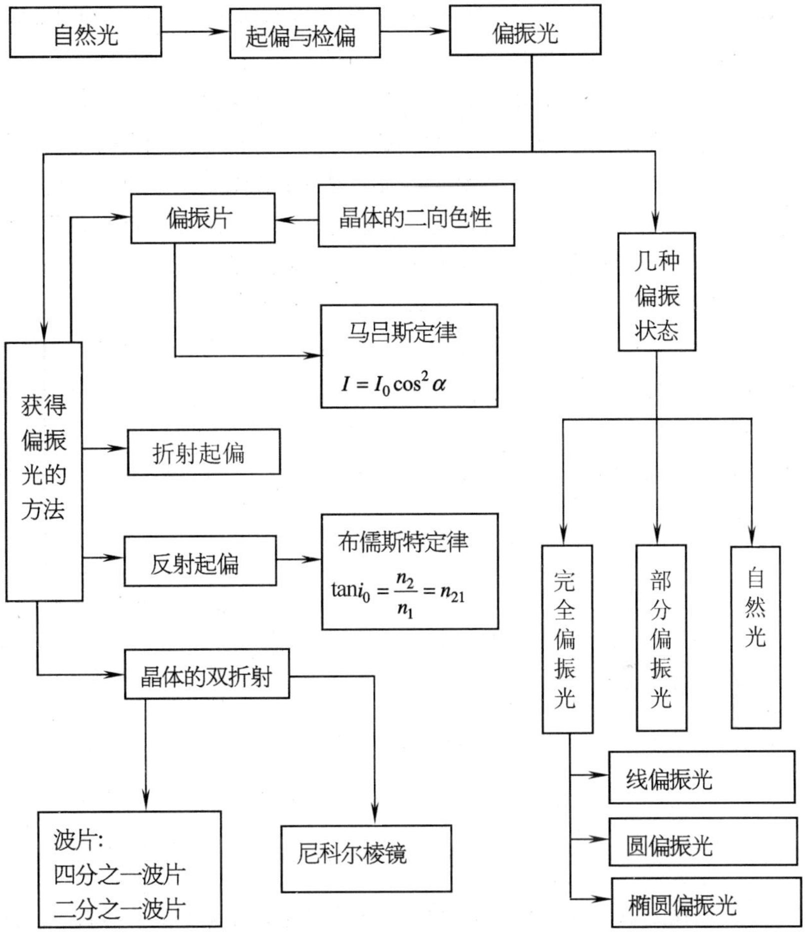

19. 2　学习指导

19. 2. 1　光的偏振性

1. 光的偏振性

光波是电磁波，其电矢量称为光矢量。在垂直于传播方向的平面内，光矢量可能具有的振动状态称为光的偏振态。光矢量的振动方向与传播方向所组成的平面称为振动面，与振动面相垂直的平面称为偏振面。

光振动矢量的空间取向和振幅大小有多种可能。它可能出现在该平面内的各个方向上，相对于传播方向呈轴对称分布，也可能各个方向上分布不均匀，相对于传播方向呈非轴对称分布。可能在某些方向上振动特别强，另一些方向上的振动特别弱，甚至振动矢量只限定在某一特定方向上。光波振动矢量偏于某些方向的现象称为光的偏振。光的偏振也就是振动矢量相对于传播方向呈非轴对称分布的现象。

与一切振动相同，光的振动也可以分解成两个方向相互垂直的振动，而由两个方向相互垂直的光振动可以合成任意取向的振动。一般把这两个方向选为与入射面平行的方向和与入射面垂直的方向，分别用符号“·”和“↕”表示。

2. 光的五种偏振态

（1）线偏振光：如图 19-1 所示，光矢量始终沿某一方向振动，具有单一的振动面，因此又称平面偏振光、完全偏振光。

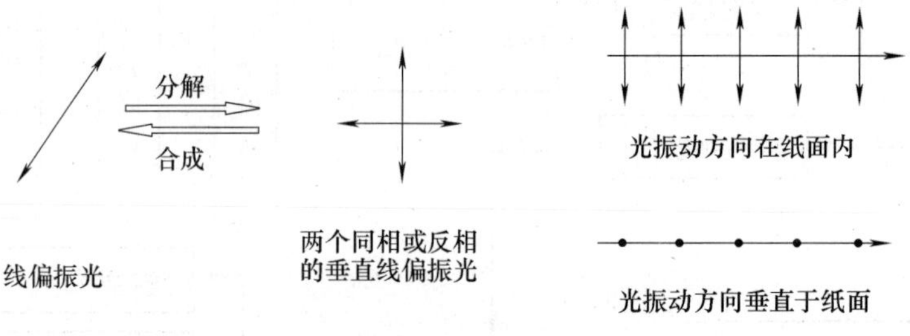

图 19-1　线偏振光

任何一个线偏振光都可以分解为两个同相或反相的垂直偏振光，反过来，这两个垂直的线偏振光也可以合成为一个线偏振光。

通常所说的线偏振光，不是指某个波列，而是指一束光是线偏振光，即光束中所有的波列都有相同的振动方向。

（2）部分偏振光：如图 19-2 所示，光矢量虽然在垂直于光传播方向上都振动，但振幅的大小不同，是介于自然光与完全偏振光之间的偏振状态。

部分偏振光可以分解为两个垂直、不等幅、无固定相位关系的线偏振光，这两个线偏振光不能再合成为一束偏振光。

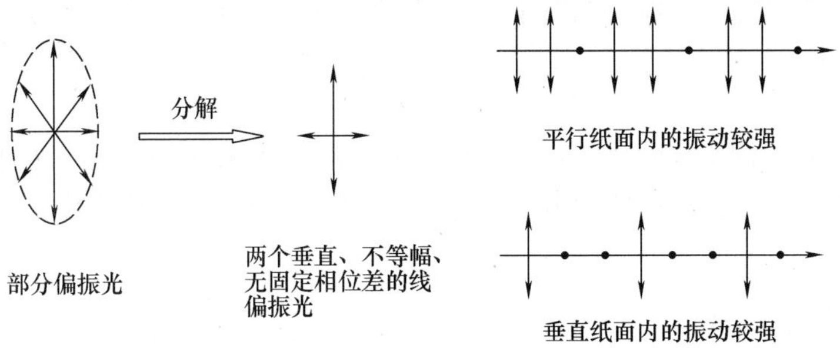

图 19-2 部分偏振光

(3) 自然光：如图 19-3 所示，光矢量的振动在垂直于光传播方向的平面内对称分布，振幅完全相等，各个方向的振动彼此间无固定相位差，为非偏振光。自然光是无数线偏振光的无规则集合。

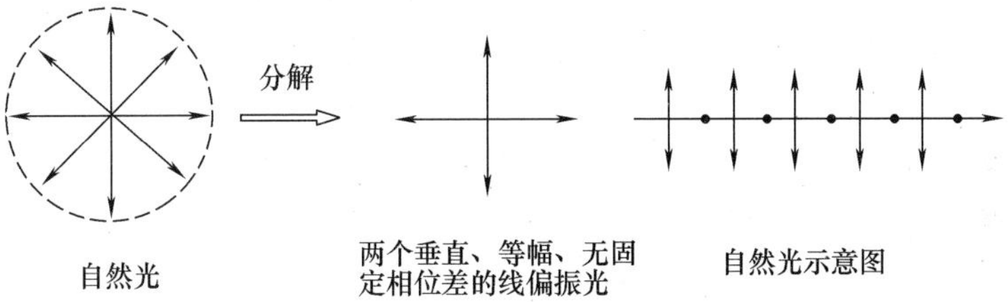

图 19-3 自然光

自然光可以分解为两个相互垂直、等幅、无固定相位差的线偏振光，每个线偏振光的强度为自然光强度的一半。由于这两个相互垂直的线偏振光之间无固定的相位关系，因此它们不能合成为一束偏振光。

(4) 圆偏振光：光矢量在垂直于光传播方向的平面内沿逆时针或顺时针转动，其端点的轨迹为圆的偏振光。圆偏振光可以看成是振幅相同、相位差为 $\pm\pi/2$ 的两垂直光振动的合成。

(5) 椭圆偏振光：光矢量在垂直于光传播方向的平面内沿逆时针或顺时针转动，其端点的轨迹为椭圆的偏振光。椭圆偏振光也可以看成是两垂直振动的合成，两者振幅不等，具有一相位差 $\Delta\varphi$，$\Delta\varphi \neq k\pi$。

线偏振光、圆偏振光、椭圆偏振光都属于完全偏振光。

任何偏振光都可以分解为两个相互垂直的线偏振光，反过来，两个相互垂直的有固定相位关系的线偏振光可以合成为一个偏振光。这种分解与合成的物理意义非常重要，在偏振光的表示、起偏与检偏、偏振光的干涉等问题中都会用到。

19.2.2 起偏与检偏

1. 起偏

一般光源发出的光都是自然光，通过某种装置使自然光成为偏振光的过程称为起偏，相应的装置称为起偏器（偏振片）。偏振片上允许通过光振动的方向称为偏振化方向，即透光轴。

2. 检偏

起偏器也可以用来检验某一束光是否为偏振光，线偏振光通过偏振片时，旋转偏振片，透射光光强将发生周期性变化，并且有消光现象，这一过程称为检偏，相应的装置称为检偏器。

19.2.3 马吕斯定律

当一束线偏振光通过偏振片时，透射光的光强为

$$I = I_0\cos^2\alpha \tag{19-1}$$

式中，I_0 为入射线偏振光的光强，α 为入射偏振光振动方向与偏振片偏振化方向的夹角，也就是入射偏振光振动方向与透射偏振光振动方向之间的夹角。这个定律称为马吕斯定律。

（1）无论入射光是什么性质的光，通过偏振片后都变成振动方向平行于偏振化方向的线偏振光。

（2）若入射光为自然光，无论偏振片的偏振化方向如何，出射光都是线偏振光，而且其光强是入射光强的一半，$I=\dfrac{I_0}{2}$。

（3）该定律是利用偏振片检测自然光、线偏振光和部分偏振光的理论依据。若起偏器与检偏器的偏振化方向之间的夹角 α，由 0°→90°→180°→270°→360°变化时，从检偏器透射的光强按最亮→全暗→最亮→全暗→最亮变化，则入射光是线偏振光；若仅有亮、暗变化，但没有全暗，则入射光是部分偏振光；若透射光光强无变化，则入射光是自然光。

19.2.4 布儒斯特定律

1. 反射与折射时的偏振

自然光在折射率分别为 n_1 和 n_2 的两种介质的界面上反射时，反射光和折射光都是部分偏振光（见图 19-4），反射光中垂直于入射面的光振动占优势，透射光中平行于入射面的光振动占优势。

2. 布儒斯特定律

当自然光的入射角满足

$$\tan i_0 = \frac{n_2}{n_1} \tag{19-2}$$

时，反射光中只有垂直于入射面的光振动，为完全偏振光。该实验定律称为布儒斯特定律，相应的入射角 i_0 称为布儒斯特角或起偏角。

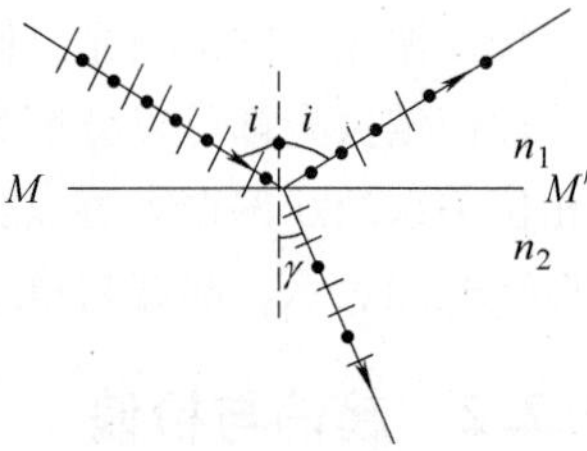

图 19-4 自然光反射和折射后产生的部分偏振光

（1）当入射角是布儒斯特角时，反射光是完全偏振

光，其偏振化方向垂直于入射面；折射光则为部分偏振光。

（2）当入射角是布儒斯特角时，反射光线与折射光线相互垂直，即

$$i_0 + \gamma = \frac{\pi}{2} \tag{19-3}$$

19.2.5 双折射现象

当一束自然光入射到各向异性的晶体表面时，折射光分为两束，这种现象称双折射现象。

（1）两束折射光中的一束遵守折射定律，另一束不遵守折射定律，前者称为寻常光（o光），后者称为非常光（e光）。

（2）o光和e光是相对晶体而言的，离开了晶体就无法分辨，它们都是线偏振光，但它们的振动面不同，二者的振动方向也不同。正因为如此，才表现出双折射现象。

（3）在晶体中有一特殊方向，光线沿这一方向传播时，不产生双折射现象，即在该方向上o光和e光的传播速度相等，这个特殊的方向称为晶体的光轴。注意这里所说的是方向并不是说一条直线，如果一条直线沿光轴方向，那么所有平行于该直线的直线都是光轴。有的晶体只有一个这种特殊方向，称为单轴晶体；有的晶体则有两个这样的特殊方向，称为双轴晶体。

（4）光线的主平面和晶体的主截面。晶体内任一光线和光轴所决定的平面，称为这条光线的主平面。o光的振动方向垂直于它的主平面；e光的振动方向平行于它的主平面。一般来说，这两束光的主平面并不重合，所以o光和e光的振动也不一定垂直。通过光轴并与任一晶面垂直的面称为晶体的主截面。当入射光线位于主截面时，o光和e光的振动面相互垂直。在近似条件下，通常认为o光和e光的振动面相互垂直。

（5）o光和e光在晶体内的传播速度。o光沿各方向的传播速度相同，e光沿各方向的传播速度不同。沿光轴方向，因为没有双折射现象，故两光束的速度相同，在垂直于光轴方向的速度有最大差值，在其他方向速度差介于两者之间。

（6）o光和e光的波面。o光沿各方向的传播速度相同，其波面是一个球面；e光因沿各方向的传播速度不同，其波面是一个旋转椭球面。两个波面的切点在光轴方向上，如图19-5所示。

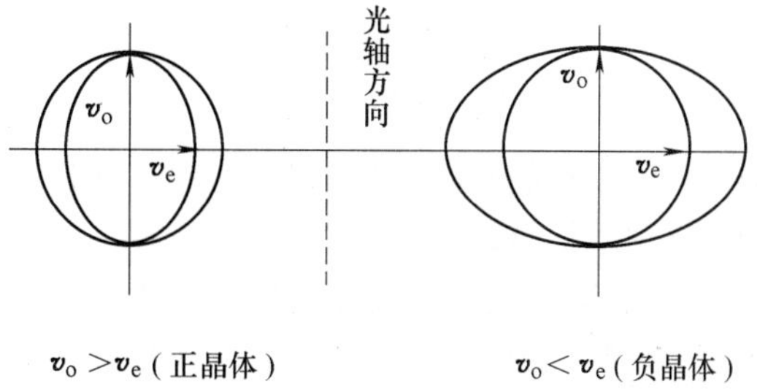

图19-5 o光和e光的波面

19.2.6 波片

表面与光轴平行的晶体薄片称为波片。当一束光垂直入射于波片时，经双折射产生的o光和e光具有相同的相位，但由于传播速度不同，折射率 n_o 和 n_e 不同，通过波片

后产生一定的光程差，即

$$\delta=(n_o-n_e)d \tag{19-4}$$

式中，d 为波片的厚度。对应的相位差为

$$\Delta\varphi=\frac{2\pi}{\lambda}(n_o-n_e)d \tag{19-5}$$

四分之一波片：使 o 光和 e 光的光程差 $\delta=\frac{1}{4}\lambda$ 的晶片，称为四分之一波片。

二分之一波片：使 o 光和 e 光的光程差 $\delta=\frac{1}{2}\lambda$ 的晶片，称为二分之一波片。

（1）当线偏振光垂直入射到与光轴平行的晶面时，经双折射产生的 o 光和 e 光的振动方向相互垂直，由于相位差不同，出了晶体后的合成情况有如下几种可能：

①若 $\Delta\varphi=k\pi$，$k=0,\pm1,\pm2,\cdots$则合成后仍为线偏振光。

②若 $\Delta\varphi=(2k+1)\pi/2$，$k=0,\pm1,\pm2,\cdots$则合成后椭圆偏振光，特别当 $A_o=A_e$ 时，为圆偏振光。

③若 $\Delta\varphi$ 为其他值时，均为椭圆偏振光。

（2）若入射光为自然光，经双折射后产生 o 光和 e 光，通过四分之一波片将变成圆偏振光，通过二分之一波片将变成线偏振光。

（3）利用偏振片与四分之一波片的组合，可以区分等强度的圆偏振光和自然光。

19.2.7 偏振光的干涉

在两透光方向相互垂直的正交偏振片 P_1、P_2 之间放一波片，能实现偏振光的干涉。经过 P_1 后的线偏振光在晶体内分解成 o 光和 e 光，经波片后产生相位差 $\Delta\varphi=\frac{2\pi}{\lambda}(n_o-n_e)d$，最后被 P_2 投影到同一方向上，因而能发生干涉（见图 19-6），出射光强度为

$$I=A_{2e}^2+A_{2o}^2+2A_{2e}A_{2o}\cos(\Delta\varphi)_{总} \tag{19-6}$$

式中，$(\Delta\varphi)_{总}=\Delta\varphi+\Delta\varphi'=\frac{2\pi}{\lambda}(n_o-n_e)d+\Delta\varphi'$；

$\Delta\varphi'$是 o 光、e 光在 P_2 上投影的相位差。因 P_1、P_2 分居在光轴 CC'两侧，$\Delta\varphi'=\pi$。

（1）若单色光照射到厚度均匀的波片上，满足明条纹条件时视场为亮场，满足暗条纹条件时，视场为暗场；若单色光照射到厚度不均匀的波片上，视场将出现明暗相间的等厚干涉条纹。

（2）用白光照射且膜厚均匀时，视场由于某种颜色干涉相消呈现互补色；若厚度不均匀，视场将会出现彩色条纹，这种现象称为色偏振。

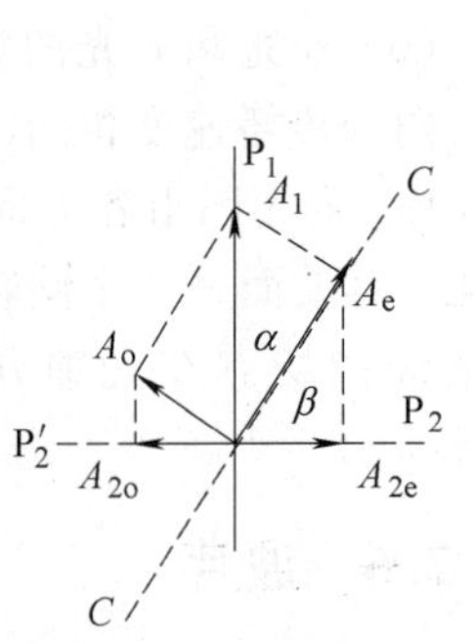

图 19-6 偏振光干涉

19.3 问题辨析

问题1 自然光中的光振动矢量呈各向同性分布，合成矢量的平均值为零，为什么光强却不为零？

辨析 由于原子发光的随机性和瞬时性，在观察时间内，平均看来，普通光源发出的自然光的波面上包含各个方向的光振动矢量，彼此相位独立，振幅相等，呈各向同性分布。根据矢量合成原理，任一对方向相反的光振动矢量彼此抵消，合成结果为零。但是，由于相位关系不确定，各光振动矢量是非相干叠加，在观察时间内，相干项平均结果为零，平均光强是各光振动矢量振幅二次方的代数和，因此不会为零。

问题2 一束光可能是：（1）自然光，（2）线偏振光，（3）部分偏振光。如何用实验来确定这束光是哪一种光？

辨析 在入射光路上放一偏振片，以入射光线为轴线旋转该偏振片，观察出射光强的变化。（1）如果光强没有变化，则入射光为自然光；（2）如果光强出现两明两暗，且有消光现象，则入射光为线偏振光；（3）如果光强出现两明两暗，但没有消光现象，则入射光为部分偏振光。

问题3 一束光从空气入射到一块平板玻璃上，在适当的条件下，（1）可以只有透射光，没有反射光；（2）也可以只有反射光，没有透射光。试说明为什么。

辨析 （1）光入射到两种介质的分界面上，折射光和反射光的偏振态将发生变化，反射光是垂直于入射面的光振动占优势的部分偏振光，折射光是平行于入射面的光振动占优势的部分偏振光，当入射角满足布儒斯特角时，反射光中只有垂直于入射面的光振动，也就是说只有垂直于入射面的光振动能够被反射。因此，若入射光是只包含平行于入射面的光振动的线偏振光，且以布儒斯特角入射，那么将只有透射光，没有反射光。

（2）根据折射定律：$n_1\sin i = n_2\sin r$，当 $n_1 > n_2$ 时，存在一临界入射角 i_c，当 $i > i_c$ 时，将发生全反射现象，此时只有反射光，没有透射光。这里临界角 $i_c = \arcsin$（n_2/n_2）。

问题4 在拍摄玻璃橱窗中的物体时，在镜头前加一偏振片就可以去掉反射光的干扰，试解释其中的道理。

辨析 反射光一般情况下是垂直入射面的光振动占优势的部分偏振光，在镜头前加一偏振片，旋转偏振片，当偏振片的偏振化方向平行于入射面时，则垂直入射面的光振动就不能通过偏振片，这样就能去掉大部分的反射光。

问题5 用什么方法可以区分二分之一波片和四分之一波片？为什么？

辨析 将波片平行放置于两块偏振片之间，以自然光入射，旋转第二块偏振片，如果出射光强发生变化且有消光现象，则波片为1/2波片；如果光强没有变化，或者有变化但旋转一周没有出现消光现象，则为1/4波片。其原因是：自然光通过第一块偏振片后成为线偏振光，线偏振光通过1/2波片还是线偏振光，而线偏振光通过1/4波片后一般成为圆或椭圆偏振光。

19.4 例题剖析

19.4.1 基本思路

本章基本概念比较多、杂，理解并熟悉基本概念相当重要。基本题型主要涉及布儒斯特定律的应用、马吕斯定律的应用、双折射现象等。应该注意自然光通过偏振片后，强度减为一半，成为线偏振光，线偏振光通过偏振片后强度的变化遵循马吕斯定律 $I=I_0\cos^2\alpha$；自然光在界面上反射时，反射光和折射光都是部分偏振光。当入射角满足 $\tan i_0=\frac{n_2}{n_1}$时，反射光为光振动垂直入射面的完全偏振光，这时折射角 $\gamma=\frac{\pi}{2}-i_0$；此外，自然光进入双折射晶体后，会分解为 o 光和 e 光，两者都是线偏振光。

19.4.2 例题剖析

例 19-1 自然光入射到两个相互重叠的偏振片上。如果透射光强为透射光最大强度的 1/3，或入射光强的 1/3，则这两个偏振片的偏振化方向间的夹角分别是多少？

分析 假设入射自然光强为 I_0，自然光通过任一偏振片后，成为线偏振光，光强减为入射光强的一半；线偏振光通过偏振片后，仍为线偏振光，但根据马吕斯定律，其光强变为入射线偏振光光强的 $\cos^2\alpha$，其中 α 为入射线偏振光的振动方向与偏振片的偏振化方向之间的夹角。可见当两偏振片同向时，透射光强最大，为$\frac{I_0}{2}$。若透射光强为透射光最大强度的 1/3，即$\frac{I_0}{6}$，则$\frac{I_0}{2}\cos^2\alpha=\frac{I_0}{6}$；若透射光强为入射光强的 1/3，即$\frac{I_0}{3}$，则$\frac{I_0}{2}\cos^2\alpha=\frac{I_0}{3}$。

解 （1）假设入射自然光强为 I_0，则透过第一个偏振片后光强为$\frac{I_0}{2}$，令两个偏振片的偏振化方向之间的夹角为 α，依题意，有$\frac{I_0}{2}\cos^2\alpha=\frac{I_0}{6}$

解得
$$\alpha=\arccos\sqrt{\frac{1}{3}}=54°44''$$

（2）由于透射光强 I'为

$$I'=\frac{I_0}{2}\cos^2\alpha=\frac{I_0}{3}$$

解得
$$\alpha=\arccos\sqrt{\frac{2}{3}}=35°16''$$

例 19-2 一束自然光，以某一角度入射到平面玻璃板上，反射光恰为线偏振光，且折射光的折射角为 32°，试求

（1）自然光的入射角。

（2）玻璃的折射率。

（3）玻璃后表面的反射光、透射光的偏振状态。

分析　反射光恰为线偏振光意味着入射角是布儒斯特角，反射光与入射光垂直。

解　（1）由布儒斯特定律知，反射光为线偏振光时，反射光与折射光垂直，$i_0+\gamma=90°$，所以自然光的入射角为 $i_0=90°-\gamma=58°$。

（2）根据布儒斯特定律 $\tan i_0=\dfrac{n_2}{n_1}$，其中 $n_1=1$，因此玻璃折射率为

$$n_2=n_1\tan i_0=\tan 58°=1.6$$

（3）自然光以起偏角入射界面，垂直入射面的光振动并不完全被反射掉，折射光中仍然含有光振动，所以折射光是部分偏振光。

在玻璃的下表面，折射光又以角度 γ 由介质 2 射向介质 1，如图 19-7 所示。

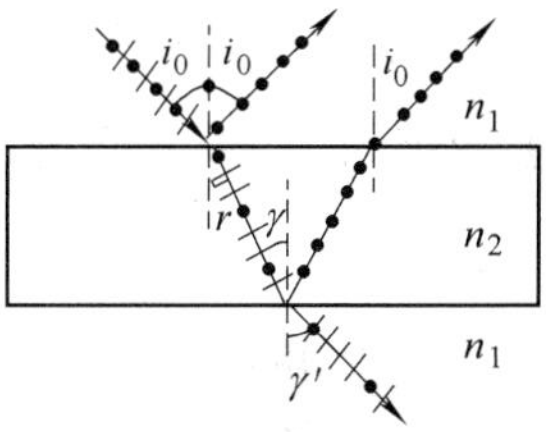

图 19-7　例 19-2 图

$$n_1\sin i_0=n_2\sin\gamma=n_1\sin\gamma'$$

从中可得
$$\gamma'=i_0=90°-\gamma$$

$$n_2\sin\gamma=n_1\sin(90°-\gamma)$$

$$\tan\gamma=\frac{\sin\gamma}{\cos\gamma}=\frac{n_1}{n_2}$$

可见折射光入射到玻璃片的下表面时，入射角 γ 正是起偏角。因此，下表面的反射光也是线偏振光，振动方向垂直于入射面，玻璃片的透射光还是部分偏振光，不过偏振度比在玻璃中更大了。如果再如此连续穿过几片玻璃片，则透射光的偏振度越来越大，就可以看作是线偏振光了，其振动方向在入射面内。

例 19-3　两透光方向相互垂直的正交偏振片 P_1、P_2 之间放一波片，三者互相平行放置，如图 19-8 所示，P_1、P_2 的透光方向和晶体的光轴方向夹角为 45°。一束光强为 I_0 的自然光垂直于 P_1 表面入射。设每个元件的吸收和反射都不考虑。

（1）当波片为四分之一波片时，试求 I_1、I_2、I_3 的值，并说明它们的偏振态。

（2）当波片为二分之一波片时，透过 P_2 的光强为多少？

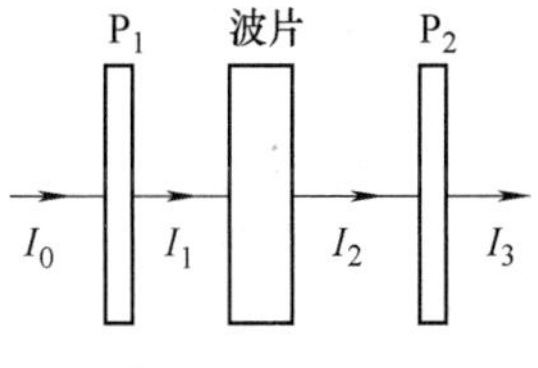

图 19-8　例 19-3 图

分析　自然光经过偏振片后成为线偏振光，线偏振光经过 1/4 波片后成为圆偏振光，圆偏振光经过偏振片又成为线偏振光；线偏振光经过 1/2 波片后仍为线偏振光，但是其偏振化方向将跨光轴转过 2α 角度，其中 α 为入射线偏振光振动方向与光轴的夹角。

解　（1）P_1、P_2 及光轴的相对取向如图 19-9 所示。因 P_1 将自然光的光强减少一半，所以 $I_1=\dfrac{1}{2}I_0$，它是线偏振光。

设 I_1 的振幅为 A_1，它射到四分之一波片上时，被晶体分解成两个相互垂直的光振

动 $\boldsymbol{E}_{1e}$ 和 $\boldsymbol{E}_{1o}$，从图中的几何关系可知，两光振动的振幅为 $A_{1e}=A_{1o}=\frac{\sqrt{2}}{2}A_1$。这两个光振动在入射点相位相同，经过 $\lambda/4$ 波片后，相位差为 $\Delta\varphi_1=\frac{2\pi}{\lambda}\cdot\frac{\lambda}{4}=\frac{\pi}{2}$。因此射出波晶片时 $\boldsymbol{E}_{1e}$ 和 $\boldsymbol{E}_{1o}$ 的合成结果为圆偏振光。由于不考虑波晶片的反射和吸收，它的强度不变，$I_2=I_1=\frac{1}{2}I_0$。

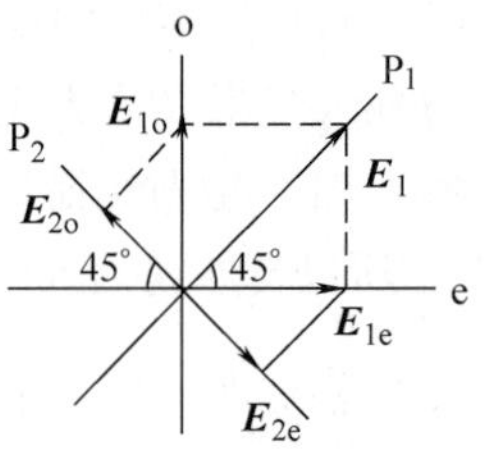

图 19-9　例 19-3 分析图

设 $\boldsymbol{E}_{1e}$ 和 $\boldsymbol{E}_{1o}$ 在 P_2 透振方向上的投影分量分别为 $\boldsymbol{E}_{2e}$ 和 $\boldsymbol{E}_{2o}$，相应的振幅分别为 A_{2e} 和 A_{2o}，由于两投影矢量方向相反，所以投影相位差为 $\Delta\varphi'=\pi$，于是得出光振动 $\boldsymbol{E}_{2e}$ 和 $\boldsymbol{E}_{2o}$ 总的位相差为

$$\Delta\varphi_1''=\Delta\varphi_1+\Delta\varphi_1'=\frac{3}{2}\pi$$

根据偏振光干涉的光强公式，可得

$$I_3=A_{2e}^2+A_{2o}^2+2A_{2e}A_{2o}\cos\frac{3}{2}\pi=\frac{1}{4}I_0$$

I_3 是线偏振光。

（2）当波片为二分之一波片时，仍根据偏振光干涉的光强公式计算，这时振动矢量投影图仍然是图 19-9，但波晶片引起的相位差为 $\Delta\varphi_2=\pi$，投影相位差仍为 $\Delta\varphi'=\pi$，所以总位相差为

$$\Delta\varphi_2''=\Delta\varphi_2+\Delta\varphi_2'=2\pi$$

因此，透过 P_2 后的光强为

$$I_3=A_{2e}^2+A_{2o}^2+2A_{2e}A_{2o}\cos 2\pi=\frac{1}{2}I_0$$

这种情况下，出射光仍是线偏振光，但光振动方向相对于 I_1 转过了 90°。

19.5　能力训练

一、选择题

1. 在双缝干涉实验中，用单色自然光，在屏上形成干涉条纹。若在两缝后放一个偏振片，则（　　）。

A. 干涉条纹的间距不变，但明条纹的亮度加强

B. 干涉条纹的间距不变，但明条纹的亮度减弱

C. 干涉条纹的间距变窄，且明条纹的亮度减弱

D. 无干涉条纹

2. 一束光强为 I_0 的自然光垂直穿过两个偏振片，且此两偏振片的偏振化方向成 45°角，则穿过两个偏振片后的光强 I 为（　　）。

A. $\sqrt{2}I_0/4$　　B. $I_0/4$　　C. $I_0/2$　　D. $\sqrt{2}I_0/2$

3. 一束光强为 I_0 的自然光，相继通过三个偏振片 P_1、P_2、P_3 后，出射光的光强为 $I=I_0/8$。已知 P_1 和 P_3 的偏振化方向相互垂直，若以入射光线为轴，旋转 P_2，要使出射光的光强为零，P_2 最少要转过的角度是（　　）。

A. 30°　　B. 45°　　C. 60°　　D. 90°

4. 使一光强为 I_0 的平面偏振光先后通过两个偏振片 P_1 和 P_2。P_1 和 P_2 的偏振化方向与原入射光光矢量振动方向的夹角分别是 α 和 90°，则通过这两个偏振片后的光强 I 是（　　）。

A. $\frac{1}{2}I_0\cos^2\alpha$　　B. 0　　C. $\frac{1}{4}I_0\sin^2 2\alpha$

D. $\frac{1}{4}I_0\sin^2\alpha$　　E. $I_0\cos^4\alpha$

5. 一束自然光自空气射向一块平板玻璃（见图 19-10），设入射角等于布儒斯特角 i_0，则在界面 2 的反射光（　　）。

A. 是自然光

B. 是线偏振光且光矢量的振动方向垂直于入射面

C. 是线偏振光且光矢量的振动方向平行于入射面

D. 是部分偏振光

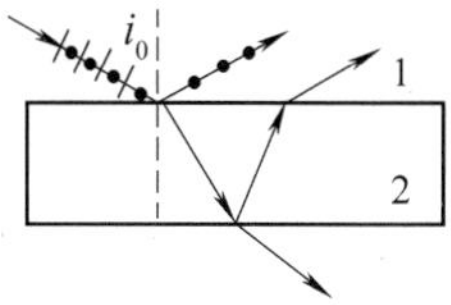

图 19-10　选择题 5 图

二、填空题

1. 马吕斯定律的数学表达式为 $I=I_0\cos^2\alpha$。式中，I 为通过检偏器的透射光的强度；I_0 为入射______的强度；α 为入射光______方向和检偏器______方向之间的夹角。

2. 一束自然光垂直穿过两个偏振片，两个偏振片的偏振化方向成 45°角。已知通过此两偏振片后的光强为 I，则入射至第二个偏振片的线偏振光强度为______。

3. 一束自然光通过两个偏振片，若两偏振片的偏振化方向间夹角由 α_1 转到 α_2，则转动前后透射光强度之比为______。

4. 如图 19-11 所示为一束自然光入射到两种介质交界平面上产生反射光和折射光。按图中所示的各光的偏振状态，反射光是__________光；折射光是__________光；这时的入射角 i_0 称为__________角。

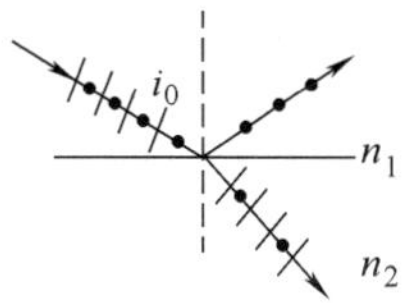

图 19-11　填空题 4 图

5. 一束自然光从空气投射到玻璃表面上（空气折射率为 1），当折射角为 30°时，反射光是完全偏振光，则此玻璃板的折射率等于__________。

6. 光的干涉和衍射现象反映了光的________性质。光的偏振现象说明光波是________波。

三、计算题

1. 将两个偏振片叠放在一起，此两偏振片的偏振化方向之间的夹角为 60°，一束光强为 I_0 的线偏振光垂直入射到偏振片上，该光束的光矢量振动方向与二偏振片的偏振化方向皆成 30°角。

（1）求透过每个偏振片后的光束强度。

（2）若将原入射光束换为强度相同的自然光，求透过每个偏振片后的光束强度。

2. 两个偏振片 P_1、P_2 叠在一起，一束单色线偏振光垂直入射到 P_1 上，其光矢量振动方向与 P_1 的偏振化方向之间的夹角固定为 30°。当连续穿过 P_1、P_2 后的出射光强为最大出射光强的 1/4 时，P_1、P_2 的偏振化方向夹角 α 是多大？

3. 一束自然光由空气入射到某种不透明介质的表面上。今测得此不透明介质的起偏角为 56°，求这种介质的折射率。若把此种介质片放入水中（折射率为 1.33），使自然光束自水中入射到该介质片表面上，求此时的起偏角。

4. 如图 19-12 所示的 3 种透明介质Ⅰ、Ⅱ、Ⅲ，其折射率分别为 $n_1=1.00$，$n_2=1.43$ 和 n_3，Ⅰ、Ⅱ和Ⅱ、Ⅲ的界面相互平行。一束自然光由介质Ⅰ中入射，若在两个交界面上的反射光都是线偏振光，则（1）入射角 i 是多大？（2）折射率 n_3 是多大？

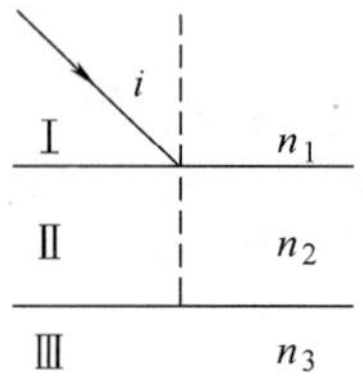

图 19-12　计算题 4 图

参考答案

一、选择题

1. B　2. B　3. B　4. C　5. B

二、填空题

1. 线偏振光（或完全偏振光，或平面偏振光），光（矢量）振动，偏振化（或透光轴）；2. $2I$；3. $\cos^2\alpha_1/\cos^2\alpha_2$；4. 线偏振（或完全偏振，平面偏振），部分偏振，布儒斯特；5. $\sqrt{3}$；6. 波动，横。

三、计算题

1. **解**　（1）$I_1=I_0\cos^2 30°=3I_0/4$，$I_2=I_1\cos^2 60°=3I_0/16$。

（2）$I_1=I_0/2$，$I_2=I_1\cos^2 60°=I_0/8$。

2. **解**　$\alpha=0$ 时，$I_{max}=I_0\cos^2 30°=3I_0/4$。当 $I=I_0\cos^2 30°\cos^2\alpha=I_{max}/4$ 时，得 $\alpha=60°$。

3. **解**　$n=\tan 56°=1.483$，放入水中，则 $\tan i_0=\dfrac{n}{n_水}=1.483/1.33=1.115$，$i_0=48.11°$

4. **解**　（1）$\tan i=\dfrac{n_2}{n_1}=1.43$，$i=55.03°$　（2）在Ⅱ、Ⅲ界面上的入射角为 $i'=90°-i=34.97°$，$\tan i'=\dfrac{n_3}{n_2}$，$n_3=1.00$。

波动光学综合测试题

一、选择题

1. 单色平行光垂直照射在薄膜上，经上下两表面反射的两束光发生干涉，如图综合6-1所示。若薄膜的厚度为e，且$n_1 < n_2$，入射光在n_1中的波长为λ_1，则两束反射光的光程差为（　　）。

A. $2n_2e$　　B. $2n_2e - \dfrac{\lambda_1}{2n_1}$　　C. $2n_2e - \dfrac{n_1\lambda_1}{2}$　　D. $2n_2e - \dfrac{n_2\lambda_1}{2}$

2. 把双缝干涉实验装置放在折射率为n的水中，两缝间距离为d，双缝到屏的距离为$D(D >> d)$，所用单色光在真空中的波长为λ，则屏上干涉条纹中相邻的明纹间的距离是（　　）。

A. $\dfrac{\lambda D}{nd}$　　B. $\dfrac{n\lambda D}{d}$　　C. $\dfrac{\lambda d}{nD}$　　D. $\dfrac{\lambda D}{2nd}$

3. 在双缝干涉实验中，屏幕E上的P点处是明条纹，若将缝S_2盖住，并在S_1、S_2连线的垂直平分面处放一反射镜M，如图综合6-2所示，则此时（　　）。

A. P点处仍是明条纹

B. P点处为暗条纹

C. 不能确定P点处是明条纹还是暗条纹

D. 无干涉条纹

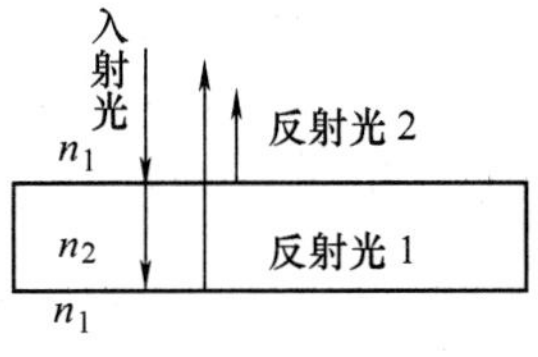

图　综合6-1　选择题1图

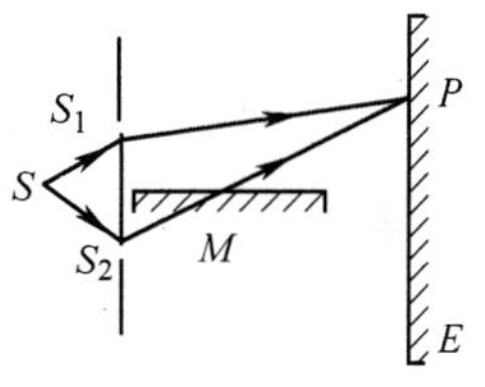

图　综合6-2　选择题3图

4. 把一平凸透镜放在平玻璃上，构成牛顿环装置。当平凸透镜慢慢向上平移时，由反射光形成的牛顿环（　　）。

A. 向中心收缩，条纹间隔变小

B. 向中心收缩，环心呈明暗交替变化

C. 向外扩张，环心呈明暗交替变化

D. 向外扩张，条纹间隔变大

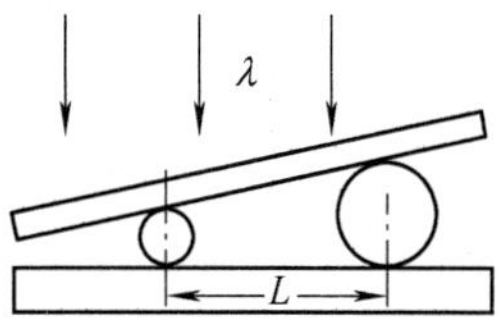

图　综合6-3　选择题5图

5. 如图综合6-3所示，两个直径有微小差别的彼此平行的滚柱之间的距离为L，夹在两块平板光学玻璃之间，形成空气劈尖。当单色光平行光垂直入射时，产生等厚干涉条纹。

如果滚柱之间的距离 L 变小，则在 L 范围内干涉条纹的(　　)。

A. 数目减小，间距变大　　B. 数目不变，间距变小

C. 数目增加，间距变小　　D. 数目减小，间距不变

6. 在迈克耳孙干涉仪的一支光路中，放入一片折射率为 n 的透明介质薄膜后，测出两束光的光程差的改变量为一个波长 λ，则薄膜的厚度是（　　）。

A. $\dfrac{\lambda}{2}$　　B. $\dfrac{\lambda}{2n}$　　C. $\dfrac{\lambda}{n}$　　D. $\dfrac{\lambda}{2(n-1)}$

7. 在单缝夫琅禾费衍射实验中，波长为 λ 的单色光垂直入射到单缝上。对应于衍射角为30°的方向上，若单缝处波面可分为3个半波带，则缝宽 a 等于（　　）。

A. λ　　B. 1.5λ　　C. 2λ　　D. 3λ

8. 某一波长的入射光垂直到一衍射光栅上，在屏幕上只能出现零级和一级主极大，欲使屏幕上出现更高级次的主极大，应该（　　）。

A. 换一个光栅常数较小的光栅　　B. 换一个光栅常数较大的光栅

C. 将光栅向靠近屏幕的方向移动　　D. 将光栅向远离屏幕的方向移动

9. 发生双折射时，折射光线分解为寻常光线和非常光线，(　　)。

A. 两者均遵循折射定律

B. 两者均不遵循折射定律

C. 前者遵循折射定律，后者不遵循折射定律

D. 前者不遵循折射定律，后者遵循折射定律

10. 某种透明介质对于空气的临界角（指全反射）等于45°，光从空气射向此介质的布儒斯特角是（　　）。

A. 35.3°　　B. 40.9°　　C. 45°　　D. 54.7°　　E. 57.3°

二、填空题

1. 某种波长为 λ 的单色光在折射率为 n 的介质中，由 A 点传播到 B 点，如果相位改变为 π，则光程改变了________，光从 A 到 B 的几何路程为________。

2. 用波长为 λ 的单色光垂直照射折射率为 n_2 的劈尖薄膜，如图综合6-4所示。图中各部分折射率的关系是 $n_1<n_2<n_3$，观察反射光的干涉条纹，从劈尖顶开始向右数第5条暗纹中心所对应的厚度 e =________。

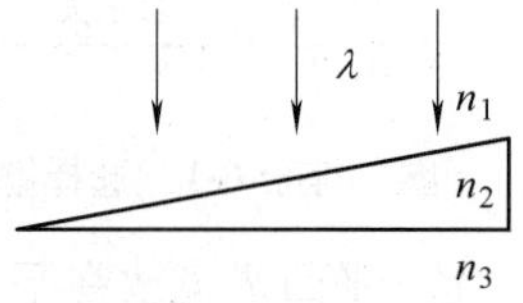

图　综合6-4　填空题2图

3. 惠更斯引入________的概念提出了惠更斯原理，菲涅耳再用________的思想补充了惠更斯原理，发展成了惠更斯-菲涅耳原理。

4. 在如图综合6-5所示的单缝夫琅禾费衍射装置示意图中，用波长为 λ 的平行单色光垂直入射在单缝上，若 P 点是衍射图样中央明纹旁第二个暗纹的中心，则由单缝边缘的 A、B 两点分别到达 P 点的衍射

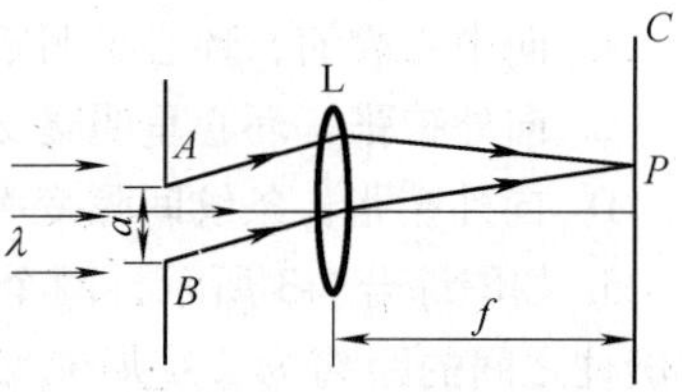

图　综合6-5　填空题4图

光线的光程差是________。

5. 平行单色光垂直入射于单缝上，观察夫琅禾费衍射。若屏上 P 点处为第 2 级暗纹，则单缝处波面相应地可划分为______个半波带。若将单缝宽度缩小一半，P 点将是______级______纹。

6. 用平行单色光垂直入射在平面透射光栅上时，波长为 $\lambda_1=440\text{nm}$ 的第三级光谱线，将与波长为 $\lambda_2=$________nm 的第 2 级光谱线重叠。

7. 一束光垂直入射在偏振片 P 上，以入射光线为轴转动 P，观察通过 P 的光强的变化过程。若入射光是________光，则将看到光强不变；若入射光是________光，则将看到明暗交替变化，有时出现全暗；若入射光是________光，则将看到明暗交替变化，但不出现全暗。

8. 如图综合 6-6 所示，如果从一池静水（$n=1.33$）的表面反射出来的太阳光是完全偏振的，那么太阳的仰角大致是________，在这反射光中的光矢量 $\boldsymbol{E}$ 的方向是________。

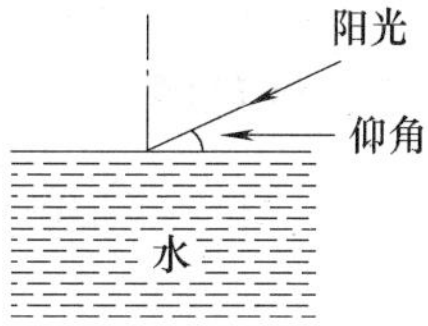

图　综合 6-6　填空题 8 图

9. 在光学各向异性晶体内部有一确定的方向，沿这一方向寻常光和非常光的________相等，这一方向称为晶体的光轴。只具有一个光轴方向的晶体称为________晶体。

10. 要使一束线偏振光通过偏振片之后振动方向转过 90°，至少需要让这束光通过________块理想偏振片，在此情况下，透射光强最大是原来光强的________倍。

三、计算题

1. 在折射率为 $n=1.50$ 的玻璃上，镀上 $n'=1.35$ 的透明介质薄膜，入射光波垂直于介质表面照射。观察反射光的干涉，发现对 $\lambda_1=600\text{nm}$ 的光波干涉相消，对 $\lambda_2=700\text{nm}$ 的光波干涉相长，且在 600 ~ 700nm 之间没有别的波长是最大程度相消或相长的情形。求所镀介质膜的厚度。

2. 如图综合 6-7 所示，牛顿环装置的平凸透镜与平板玻璃之间有一小缝隙 e_0。现用波长为 λ 的单色光垂直照射，已知平凸透镜的曲率半径为 R，求反射光形成的牛顿环的各暗环半径。

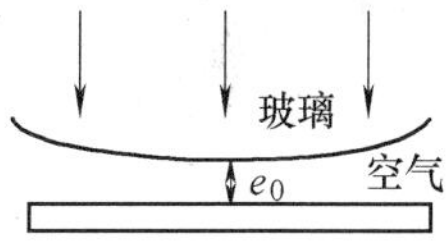

图　综合 6-7　计算题 2 图

3. 波长 $\lambda=600\text{nm}$ 的单色光垂直入射到一光栅上，测得第 2 级主极大的衍射角为 30°，且第 3 级缺级。

（1）光栅常数 $(a+b)$ 是多少？

（2）透光缝可能的最小宽度是多少？

（3）在选定了上述 $(a+b)$ 和 a 之后，求在屏幕上可能呈现的全部主极大的级次。

4. 两个偏振片 P_1、P_2 叠在一起，由强度相同的自然光和线偏振光混合而成的光束垂直入射在偏振片上，进行了两次测量，第一次和第二次 P_1 和 P_2 偏振化方向的夹角分别为 30°和未知的角度 θ，且入射光中线偏振光的光矢量振动方向与 P_1 的偏振化方向的夹角分别为 45°和 30°。不考虑偏振片对可透射分量的吸收和反射。已知第一次透射光强为第二次的 3/4，求

（1）θ 角的数值。

（2）每次穿过 P_1 的透射光强与入射光强之比。

（3）每次连续穿过 P_1、P_2 的透射光强与入射光强之比。

波动光学综合测试题参考答案

一、选择题

1. C　2. A　3. B　4. B　5. B　6. D　7. D　8. B　9. C　10. D

二、填空题

1. $\lambda/2$，$\lambda/2n$；2. $9\lambda/4n_2$；3. 子波，子波干涉；4. 2λ；5. 4，第一，暗；6. 660；7. 自然光或（和）圆偏振光，线偏振光，部分偏振光或（和）椭圆偏振光；8. 37°，垂直于入射面；9. 传播速度，单轴；10. 两，1/4。

三、计算题

1. **解**　设介质膜的厚度为 e，根据题意有 $\delta = 2ne = k\lambda_2 = (2k+1)\dfrac{\lambda_1}{2}$

解得 $e = \dfrac{\lambda_1\lambda_2}{4n(\lambda_2 - \lambda_1)} = 7.78\times10^{-7}\text{m}$。

2. **解**　空气薄层上、下表面两束相干光的光程差为 $\delta = 2e + 2e_0 + \lambda/2$，干涉相消的条件为 $\delta = (2k+1)\lambda/2$，根据几何关系有 $e = \dfrac{r^2}{2R}$，解得 $r_k = \sqrt{R(k\lambda - 2e_0)}$，其中 k 为正整数，且 $k > \dfrac{2e}{\lambda}$。

3. **解**　（1）$a + b = 2.4\times10^{-6}\text{m}$；（2）第 3 级缺级，因此 $a_{\min} = \dfrac{a+b}{3} = 0.8\times10^{-6}\text{m}$；（3）$k = 0,\ \pm1,\ \pm2$。

4. **解**　设入射光中自然光的光强为 I_0，总入射光强为 $2I_0$。

（1）$I_2 = \left(\dfrac{1}{2}I_0 + I_0\cos^2 45°\right)\cos^2 30°$，$I_2' = \left(\dfrac{1}{2}I_0 + I_0\cos^2 30°\right)\cos^2\theta$，$I_2 = \dfrac{3}{4}I_2'$解得 $\theta = 26.6°$。

（2）$\dfrac{I_{11}}{2I_0} = \dfrac{I_0/2 + I_0\cos^2 45°}{2I_0} = \dfrac{1}{2}$，$\dfrac{I_{12}}{2I_0} = \dfrac{I_0/2 + I_0\cos^2 30°}{2I_0} = \dfrac{5}{8}$。

（3）$\dfrac{I_2}{2I_0} = \dfrac{(I_0/2 + I_0\cos^2 45°)\cos^2 30°}{2I_0} = \dfrac{3}{8}$，$\dfrac{I_2'}{2I_0} = \dfrac{4}{3}\cdot\dfrac{I_2}{2I_0} = \dfrac{1}{2}$。

第 6 篇　近代物理学

第 20 章　狭义相对论

20.1　知识网络

狭 义 相 对 论

狭义相对论的两个基本原理

（1）相对性原理

（2）光速不变原理

洛伦兹坐标变换和速度变换式

1.洛伦兹坐标变换

$$x' = \frac{x - ut}{\sqrt{1 - u^2/c^2}}$$

$$t' = \frac{t - \frac{u}{c^2}x}{\sqrt{1 - u^2/c^2}}$$

2.速度变换

$$v'_x = \frac{v_x - u}{1 - uv_x/c^2}$$

$$v_x = \frac{v'_x + u}{1 + uv'_x/c^2}$$

狭义相对论的时空观

1. 同时的相对性

2. 时间间隔的相对性

$$\tau = \frac{\tau_0}{\sqrt{1 - \frac{u^2}{c^2}}}$$

3. 空间间隔的相对性

$$l = l_0\sqrt{1 - \frac{u^2}{c^2}}$$

狭义相对论动力学的重要结论

1. 质量 $m = \frac{m_0}{\sqrt{1 - v^2/c^2}}$

2. 动量 $p = mv = \frac{m_0 v}{\sqrt{1 - v^2/c^2}}$

3. 能量　$E = mc^2$

静能　$E_0 = m_0c^2$

动能　$E_k = mc^2 - m_0c^2$

4. 能量与动量的关系

$$E^2 = (m_0c^2)^2 + (pc)^2$$

5. 动力学基本方程

$$\boldsymbol{F} = \frac{\mathrm{d}\boldsymbol{p}}{\mathrm{d}t} = \frac{\mathrm{d}(m\boldsymbol{v})}{\mathrm{d}t}$$

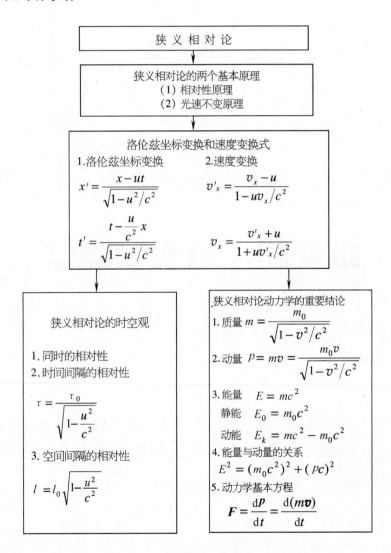

20.2　学习指导

20.2.1　事件的时空坐标与时空坐标变换

任一物理事件都有发生的时间和空间，任一物理事件都可用一组时空坐标来表示。在每个参考系中各有固连于参考系的尺度和一系列同步钟，某一事件的时空坐标就用该参考系的尺和当地的钟测量。

同一事件在不同坐标系中有不同的时空坐标，两组时空坐标之间的变换关系称为坐标变换。不同理论有着不同的坐标变换。

20.2.2　伽利略变换与经典时空观

1. 伽利略变换

伽利略变换是建立在经典时空观基础上的不同参考系之间的时空变换关系。设有两个惯性系 S 和 S′，它们的对应轴彼此平行，S′以速度 u 沿 Ox 轴正向运动，当 $t=t'=0$ 时，O 与 O'重合。某一事件在 S 系的时空坐标为(x,y,z,t)，在 S′系的时空坐标为(x',y',z',t')。它们之间的变换关系为

$$\begin{cases} x'=x-ut \\ y'=y \\ z'=z \\ t'=t \end{cases} \quad \text{或} \quad \begin{cases} x=x'+ut' \\ y=y' \\ z=z' \\ t=t' \end{cases} \tag{20-1}$$

在伽利略变换下，同一物体对于不同惯性系的速度可以不同，但加速度必定相同。经典力学认为，物体的质量与参考系无关，并且在两个惯性系中观察同一相互作用力也会得到相同的量值。因此，若对于 S 系，有 $\boldsymbol{F}=m\boldsymbol{a}$；对于 S′系，必有 $\boldsymbol{F}'=m\boldsymbol{a}'$。即经过伽利略变换，牛顿第二定律的形式不变。力学规律在一切惯性系中都是相同的，即所有惯性系都是等价的，这称为力学相对性原理或伽利略相对性原理。

2. 经典时空观

(1) 同时是绝对的。在一个惯性系中认为是同时发生的两事件，在其他任何惯性系中也认为是同时发生的，同时性与观察者的运动状态无关。

(2) 时间间隔是绝对的。在任何两个惯性系中观测到的两事件的时间间隔是相同的，与观察者的运动状态无关。

(3) 空间间隔是绝对的。在任何两个惯性系中观测到的两事件发生的地点之间的距离是相同的，与观察者的运动状态无关。

经典时空观的最显著特点：一是时空是分离的，时间是绝对的，空间是绝对的；二是时间和空间与物质运动无关。

伽利略变换集中地、全面地反映了经典时空观观念。

20.2.3 狭义相对论的基本原理

电磁相互作用（麦克斯韦方程组）、相对性原理和伽利略变换之间存在矛盾。由麦克斯韦方程组和相对性原理可以推出真空中光速在所有惯性系中都相同；由伽利略变换可以推出真空中光速在不同惯性系中具有不同的值。为了解决此类矛盾，爱因斯坦提出了两条基本假设，即相对性原理和光速不变原理。

1. 相对性原理

物理定律在一切惯性系中都是相同的，即物理定律的形式与惯性系的选择无关。

2. 光速不变原理

在任何惯性系中，真空中的光速都是相等的，即真空中的光速与光源及观察者的运动无关。

（1）爱因斯坦坚信相对性原理是一个普遍正确的规律。相对性原理显然是力学相对性原理的推广，爱因斯坦的这个推广具有深刻的意义。试想，倘若相对性原理仅局限于机械运动，那么光学、电磁学的物理定律在不同惯性系中就可以有不同的形式。虽然不能用力学的方法，但可用光学、电磁学的方法来判断本系统的绝对运动，这就意味着绝对参考系的存在，显然与事实不符。由于地球在自转，同时又在绕太阳公转，因此地球上每一地点每一时刻相对于太阳的速度都是不同的，如果物理定律与参考系的相对速度有关，那么地球上不同地点不同时刻的物理规律就会不同。如果今天在某个地方得出的实验规律明天不能适用，也不能应用其他地方，那么就不能通过科学实验得出事物的发展变化规律，科学研究就会失去意义。因此，相对性原理实际上是所有科学工作者的一种信念。值得注意的是，相对性原理是指物理定律的形式不随惯性系而变，并不是说不同惯性系中测量到的物理量的值都相同。恰恰相反，许多物理量的测量值在不同惯性系中是不同的，这些物理量的值具有相对性，而物理规律的形式却具有不变性。

（2）光速不变性原理表明，光速与光源和观测者的运动状态无关，从而否定了以绝对时空观为前提的伽利略变换。这就意味着时间和长度等物理量的测量不可能与参考系无关。光速不变原理是相对论时空观的基础。

20.2.4 洛伦兹变换

1. 洛伦兹坐标变换公式

根据狭义相对论的基本原理建立的坐标变换称为洛伦兹变换，如图 20-1 所示。设有两个惯性系 S 和 S′，它们的对应轴彼此平行，S′以速度 u 沿 Ox 轴正向运动，当 $t=t'=0$ 时，O 与 O'重合。某一事件在 S 系的时空坐标为(x,y,z,t)，在 S′系的时空坐标为(x',y',z',t')。它们之间的变换关系为

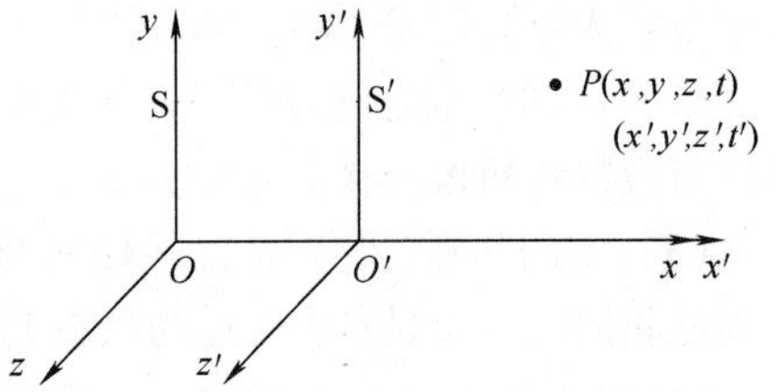

图 20-1 洛伦兹变换原理图

$$\begin{cases} x' = \dfrac{x - ut}{\sqrt{1 - u^2/c^2}} \\ y' = y \\ z' = z \\ t' = \dfrac{t - ux/c^2}{\sqrt{1 - u^2/c^2}} \end{cases} \quad (\text{S} \to \text{S}') \quad 或 \quad \begin{cases} x = \dfrac{x' + ut'}{\sqrt{1 - u^2/c^2}} \\ y = y' \\ z = z' \\ t = \dfrac{t' + ux'/c^2}{\sqrt{1 - u^2/c^2}} \end{cases} \quad (\text{S}' \to \text{S}) \tag{20-2}$$

（1）洛伦兹变换说明时间、空间和物质运动是紧密相关的，否定了伽利略变换与绝对时空观。

（2）洛伦兹变换既适用于高速，也适用于低速，在 $0 \leqslant u < c$ 范围内均适用。当 $u \ll c$时，洛伦兹变换过渡到伽利略变换；当 $u \geqslant c$ 时变换失去意义，说明在狭义相对论中，物体的运动以真空中的光速为极限。

（3）洛伦兹变换描述的是同一事件在不同惯性系中时空坐标变换关系，它是由狭义相对论基本原理得出的必然结果，是处理狭义相对论问题的核心。

2. 洛伦兹速度变换公式

在 S 系中测得一质点的运动速度为　$\boldsymbol{v} = v_x\boldsymbol{i} + v_y\boldsymbol{j} + v_z\boldsymbol{k}$

在 S′系中测得该质点的运动速度为　$\boldsymbol{v}' = v'_x\boldsymbol{i} + v'_y\boldsymbol{j} + v'_z\boldsymbol{k}$

若 S′系沿 Ox 轴正方向相对 S 系以速度 u 做匀速直线运动，则 x 方向的速度变换关系为

$$\begin{cases} v'_x = \dfrac{v_x - u}{1 - \dfrac{uv_x}{c^2}} \\ v_x = \dfrac{v'_x + u}{1 + \dfrac{uv'_x}{c^2}} \end{cases} \tag{20-3}$$

（1）速度变换式是指同一物体在两惯性系中的速度$\boldsymbol{v}$ 和$\boldsymbol{v}'$之间的变换关系，特别要明确 u、v'_x、v_x 的含义，并要与计算两个物体在同一参考系中的相对速度区别开来。

（2）当 $u \ll c$ 时，洛伦兹速度变换式过渡到伽利略速度变换式。

（3）物体的运动速度以真空中的光速 c 为极限。

①设 $v'_x = c$，则 $v_x = \dfrac{v'_x + u}{1 + \dfrac{uv'_x}{c^2}} = c$；而经典结论为 $v_x = c + u$。S 系中观测的物体运动速度仍为 c，与两惯性系的相对运动速率无关。

②设 $v'_x = c$，$u = c$，则 $v_x = \dfrac{c + c}{1 + c \cdot c/c^2} = c$；而经典结论为 $v_x = c + c = 2c$。即使 S′系以 $u = c$ 相对于 S 系运动，物体又以 $v'_x = c$ 相对于 S′系运动，在 S 系中观测物体的速度 v_x 仍不会大于光速。

20.2.5 狭义相对论的时空观

1. 同时的相对性

（1）同时相对性的定性分析。爱因斯坦认为，凡是与时间有关的一切判断，总是和“同时”这个概念相联系的。他设计了这样一个理想实验，如图 20-2 所示，车厢以速度 u 沿 Ox 轴正方向做匀速直线运动，车厢正中有一个光源，同时向车厢 A、B 两端发出两光信号。以车厢为参考系，发光位置到 A、B 的距离相同，两光信号的传播速度都是 c，因而同时到达 A 和 B。以地面为参考系，由于车厢向前运动，发光位置到前端 A 的距离大于发光位置到后端 B 的距离，但两光信号的传播速度仍然为 c，因此光先到达 B，后到达 A。在车厢中观察是同时发生的两事件（光信号同时到达 A、B），从地面上观察就不同时了。在某一惯性系中同时发生的两事件，在另一相对它运动的惯性系中，并不一定同时发生。这一结论称为同时的相对性。

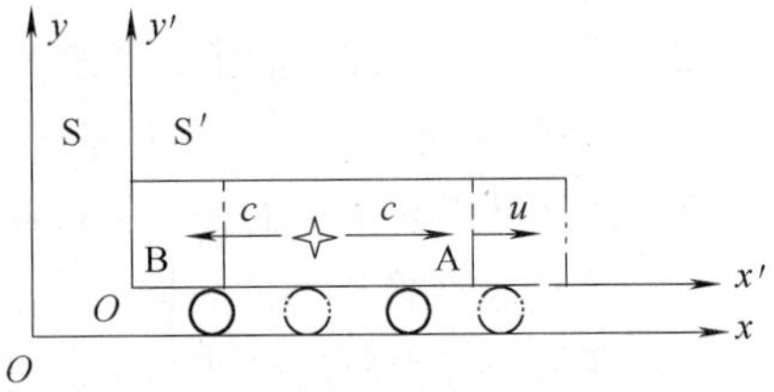

图 20-2 同时的相对性

（2）同时相对性的数学处理。由洛伦兹变换可知，在惯性系 S 中的两事件(x_1,t_1)、(x_2,t_2)，在另一惯性系 S′中两相应事件(x_1',t_1')、(x_2',t_2')的时间间隔为

$$\Delta t' = t_2' - t_1' = \frac{(t_2 - t_1) - \dfrac{u}{c^2}(x_2 - x_1)}{\sqrt{1 - u^2/c^2}} \tag{20-4}$$

①当 $\Delta t = t_2 - t_1 = 0$，$x_2 - x_1 = 0$ 时，$\Delta t' = 0$，即 S 系中同时、同地发生的两事件在 S′中也同时、同地发生。

②当 $t_2 - t_1 = 0$，$x_2 - x_1 \neq 0$ 时，$\Delta t' \neq 0$，即 S 系中同时、异地的两事件在 S′系不同时、不同地发生。

在某一惯性系中同时发生的两事件，在另一相对它运动的惯性系中，并不一定同时发生。在狭义相对论中，不同惯性系中没有共同的同时性。

③当 $t_2 - t_1 \neq 0$，$x_2 - x_1 \neq 0$ 时，$\Delta t'$可能大于零、等于零或小于零。

这就是说，在 S 系中既不同时又不同地发生的两个事件，在 S′系中可能是同时发生，也可能不同时发生，事件的先后次序还可能颠倒。

由式（20-4）可得

$$\Delta t' = t_2' - t_1' = \frac{(t_2 - t_1)\left(1 - \dfrac{u}{c^2} \cdot \dfrac{x_2 - x_1}{t_2 - t_1}\right)}{\sqrt{1 - u^2/c^2}}$$

若事件 1 和事件 2 之间有因果关系，则 x_1 处的事件 1 必以某种信息的方式，以速度 $v = \dfrac{x_2 - x_1}{t_2 - t_1}$传递到 x_2 点。由于 $u < c$，$v < c$，故 $1 - \dfrac{uv}{c^2} > 0$。因此，若 $t_2 > t_1$，必有 $t_2' > t_1'$，即有因果关系的两事件发生的时间次序是绝对的，在任何惯性系中观察，不可能也不应该发生颠倒。例如，从北京向上海发送电报，不论是地面上的观察者还是宇宙飞船上的观察者观测，结果都是北京发报在先，上海收报在后，时序绝不会颠倒。

若事件 1 和事件 2 是无因果关系的两个互不相关的事件，由于它们之间没有任何联系，则 $v=\dfrac{x_2-x_1}{t_2-t_1}$就没有什么限制。当 $1-\dfrac{uv}{c^2}<0$ 时，时序可以发生颠倒。例如，在北京和上海先后出生两个婴儿，在从北京向上海飞行的宇宙飞船上观察，可能会得到上海的婴儿先出生、北京的婴儿后出生的结论。现通过数据来说明，设在地面上和飞船上观测，北京的婴儿出生的时空坐标分别为(t_1,x_1)和(t_1',x_1')，上海婴儿出生的时空坐标分别为(t_2,x_2)和(t_2',x_2')，假设地面上观测北京婴儿比上海的婴儿早出生 $\Delta t=t_2-t_1=0.002\text{s}$，飞船的速度 $u=0.9c$，北京到上海的距离 $\Delta x=x_2-x_1=1000\text{km}$，则有

$$\Delta t'=t_2'-t_1'=\frac{0.002-\dfrac{0.9c}{c^2}\times 1000\times 10^3}{\sqrt{1-0.9^2}}=-0.0023\text{s}$$

负号表示上海的婴儿比北京的婴儿早出生。可见，互无因果关系的两事件发生的次序是相对的，在不同的参考系中测量，可能发生颠倒的现象。

2. 时间间隔的相对性（时间膨胀、钟慢效应）

既然在不同惯性系中“同时”是一个相对的概念，那么两个事件的时间间隔或一个过程的持续时间也会与参考系有关。

由洛伦兹变换可知

$$\Delta t=t_2-t_1=\frac{(t_2'-t_1')+\dfrac{u}{c^2}(x_2'-x_1')}{\sqrt{1-u^2/c^2}}$$

当 $x_2'=x_1'$时，有

$$\Delta t=\frac{\Delta t'}{\sqrt{1-u^2/c^2}}\quad 或\quad \tau=\frac{\tau_0}{\sqrt{1-u^2/c^2}}\tag{20-5}$$

（1）$\Delta t'(\tau_0)$称为固有时间（原时），它是相对静止的观察者所测得的时间，由事发地点的同一只钟进行测量；$\Delta t(\tau)$称为运动时间，它是相对事件发生地运动的观察者测得的时间，只能由事件始末两处两只校准的钟测量。式（20-5）说明相对事件发生地运动的观察者测得的时间 Δt（运动时），比相对静止的观察者所测得的时间 $\Delta t'$（固有时）要长，故称时间膨胀。或者说，对同一事件，相对静止的观察者所测得的时间 $\Delta t'$ 比相对运动的观察者所测得的时间 Δt 要短，即动钟变慢，故又称钟慢效应。

（2）“钟慢效应”是相对运动造成的，与钟的具体结构和过程的具体性质无关。

（3）“钟慢效应”是相对的，对称的。做相对运动的两个惯性系都认为对方的时钟变慢了。因此，$\Delta t=\Delta t'/\sqrt{1-u^2/c^2}$，也可写成 $\Delta t'=\Delta t/\sqrt{1-u^2/c^2}$，关键是要明确何为“固有时间”。

3. 空间间隔的相对性（尺缩效应）

在某一参考系中测量物体的长度，就是要测量它的两端点在同一时刻的位置之间的

距离。这一点在测量静止物体的长度并不明显地重要，因为它的两端的位置不变，不管是否同时记录两端的位置，结果总是一样的。但是对于运动物体，只有同时测量两端坐标，才能用这样测量的坐标差值代表长度，即运动物体长度的测量就与同时性的概念密切相关了。

设杆子相对 S′系是静止的，并平行于 Ox'轴放置。

S′系：杆长 $l_0 = \Delta x' = x_2' - x_1'$ （x_2'、x_1'可不同时测量）

S 系：杆长 $l = \Delta x = x_2 - x_1$ （x_2、x_1 必须同时测量）

由于 $\Delta t = t_2 - t_1 = 0$，根据洛伦兹变换可知

$$\Delta x = \Delta x' \sqrt{1 - u^2/c^2} \quad \text{或} \quad l = l_0 \sqrt{1 - u^2/c^2} \tag{20-6}$$

（1）l_0 为在与物体相对静止的参考系中测得的长度，称为固有长度；l 为与物体有相对运动的参考系中测得的长度，称为运动长度。$l < l_0$ 说明运动物体在其运动方向上长度缩短（尺缩效应）。这是一种运动学效应，物体并没有发生形变或结构性的变化。

（2）运动的物体长度收缩只发生在运动方向，在垂直运动方向上长度不变。

（3）“尺缩效应”是相对的，是对称的。每一惯性系测得对它运动的物体沿运动方向的长度都要缩短。因此，式 $\Delta x = \Delta x' \sqrt{1 - u^2/c^2}$也可写为 $\Delta x' = \Delta x \sqrt{1 - u^2/c^2}$，关键是要明确何为“固有长度”。

经典力学中时间的同时性是用瞬时信号定义的，认为信号传递不需要时间，因而不论在哪个惯性系，也不论发生地点相距多么遥远的两个事件都有共同的同时性，同时具有绝对性。相对论的同时性是用光信号定义的，光信号的传播速度是有限的，真空中的光速对所有惯性系相同，但光通过两指定位置的路程对不同惯性系却不同，因此同时是相对的。时间间隔的相对性和空间间隔的相对性源于同时的相对性，同时的相对性源于光速的不变性，同时的相对性是准确理解狭义相对论时空观的突破口。

20.2.6 狭义相对论动力学的基本结论

1. 相对论质量

相对论质量 m 是速度的函数，称为质速关系，即

$$m = \frac{m_0}{\sqrt{1 - v^2/c^2}} \tag{20-7}$$

（1）物体的质量 m 随着它的速度 v 的增大而增大，即物体的惯性随着物体速度的增大而增大。

（2）当 $v \ll c$ 时，$m \to m_0$，相对论质量退化为经典质量。

（3）当 $v = c$ 时，只有 $m_0 = 0$ 才有意义。光子的静止质量为零，或只有静止质量为零的粒子才能以光速运动。

2. 相对论动量

$$\boldsymbol{p} = m\boldsymbol{v} = \frac{m_0}{\sqrt{1 - v^2/c^2}}\boldsymbol{v} \tag{20-8}$$

（1）动量 $\boldsymbol{p}$ 与速度 v 之间不再是线性关系。

（2）当 $v \ll c$ 时，$p = m_0 v$，相对论动量与经典动量一致。

3. 动力学方程

$$\boldsymbol{F} = \frac{\mathrm{d}\boldsymbol{p}}{\mathrm{d}t} = \frac{\mathrm{d}(m\boldsymbol{v})}{\mathrm{d}t} = m\frac{\mathrm{d}\boldsymbol{v}}{\mathrm{d}t} + \boldsymbol{v}\frac{\mathrm{d}m}{\mathrm{d}t}$$

（1）力既可改变物体的速度，又可改变物体的质量。

（2）力 $\boldsymbol{F}$ 与加速度 $\frac{\mathrm{d}\boldsymbol{v}}{\mathrm{d}t}$ 的方向一般不会相同。

（3）只有在 $v \ll c$ 时$\left(此时\frac{\mathrm{d}m}{\mathrm{d}t}=0\right)$，$\boldsymbol{F} = m\boldsymbol{a}$ 才成立。

（4）当 $v \to c$ 时，$m \to \infty$，在有限的力的作用下，加速度 $a = \frac{\mathrm{d}v}{\mathrm{d}t} \to 0$，因此速度不能无限增加，物体速度以真空中的光速为极限。

4. 相对论能量

（1）相对论动能为

$$E_{\mathrm{k}} = E - E_0 = mc^2 - m_0c^2 \tag{20-9}$$

式中，$E = mc^2$ 为物体的总能量；$E_0 = m_0c^2$ 为物体的静止能量。

①相对论动能与经典力学中的动能不同：前者的动能是因运动而增加的运动能量，后者是指因运动而具有的能量；前者的动能与因运动而增加的质量成正比，$E_{\mathrm{k}} = mc^2 - m_0c^2 = \Delta mc^2$；后者的动能与静止质量成正比，$E_{\mathrm{k}} = \frac{1}{2}m_0v^2$。

②当 $v \ll c$ 时

$$\begin{aligned} E_{\mathrm{k}} &= mc^2 - m_0c^2 = m_0c^2\left(\frac{1}{\sqrt{1-v^2/c^2}} - 1\right) \\ &= m_0c^2\left(1 + \frac{1}{2}\cdot\frac{v^2}{c^2} + \frac{3}{8}\cdot\frac{v^4}{c^4} + \cdots - 1\right) \approx \frac{1}{2}m_0v^2 \end{aligned}$$

（2）质能公式为

$$E = mc^2 \text{ 或 } \Delta E = \Delta mc^2 \tag{20-10}$$

①质量和能量是统一的。相对论把质量守恒和能量守恒统一为质量-能量守恒定律，简称为能量守恒定律。

②一定的质量对应一定的能量，质量的改变对应能量的改变，反之亦然。质量是物体能量的量度，能量是物体质量及其变化的量度。

③质量亏损问题。一个体系中，当一组粒子组成复合体后，其静止质量 m_0 不等于组成它的各粒子质量之和，两者之差 $\Delta m = \sum\limits_i m_{i0} - m_0$ 称为质量亏损。由 $\Delta E = \Delta mc^2$ 知，当 $\Delta m > 0$ 时，$\Delta E > 0$，有能量释放；当 $\Delta m < 0$ 时，$\Delta E < 0$，需要吸收能量。一般各核子结合成原子核时都有正的质量亏损，即有能量释放。

5. 相对论能量与动量的关系

对 $m=\dfrac{m_0}{\sqrt{1-v^2/c^2}}$平方、两边同乘 c^2 化简后可得$(mc^2)^2=(cmv)^2+(m_0c^2)^2$，因 $E=mc^2$，$p=mv$，$E_0=m_0c^2$，所以有

$$E^2=(cp)^2+E_0^2 \tag{20-11}$$

（1）当 $v \ll c$ 时有

$$\begin{aligned}p^2c^2&=(E-E_0)(E+E_0)=E_k(E+E_0)\\&=E_k m_0c^2\left(\frac{1}{\sqrt{1+v^2/c^2}}+1\right)\approx 2m_0c^2E_k\end{aligned}$$

故有 $E_k=\dfrac{p^2}{2m_0}$，得到经典力学的动能公式。

（2）对光子有 $v=c$；$m_0=0$；$m=E/c^2$；$p=mc$；$E=pc$；$E_0=0$；$E_k=E$。

20.3 问题辨析

问题1 能否选光子为参考系？

辨析 不能。光子是一种静止质量为零的特殊粒子，一旦静止它就不存在了。光速不变原理表明光子不会静止，也就是说不存在光子静止的参考系，当然无法选光子为参考系。

问题2 根据相对论的理论，实物粒子在介质中的运动速度是否有可能大于光在该介质中的传播速度?

辨析 相对论只给出真空中的光速 c 是一切物质运动速度的极限速率。由于光在任何介质中传播速度都小于 c，所以实物粒子在介质中的运动速度有可能大于光在介质中的传播速度。

问题3 如果光速较小或无限大，“同时”的相对效应会怎样?

辨析 狭义相对论是用光速不变原理作为比较时间先后的客观依据。如图 20-2 所示，设想作为 S′系的列车相对地面（S 系）以速度 v 做匀速直线运动。车厢两端放着校正好的同步钟，地面上也放着一系列校正好的同步钟。设车厢原长为 $2l$，车厢的中点发出一光脉冲信号。在车厢中测量，光信号到达 A、B 的时间均为 l/c，即光信号同时到达 A、B 两端。在地面上测量，由于光传播速度有限大，传播一定距离需要时间，而在这段时间内列车又向前运动了一段距离，所以光信号先到达 B，后到达 A，两事件不同时。由于宏观物体的运动速度一般都远远小于光速，因此通常的实际测量都觉察不出这种差别。如果光速较小，这种效应就会明显加强；如果光速无限大，则光信号传播不需要时间，车厢未曾移动，信号就到达 A、B 两端，也就不存在同时的相对性了。可见光速很大、有限且不变，是产生同时相对性的根本原因。

问题4 在相对论中，在垂直于两惯性系相对速度方向的长度与参考系无关（即 $y'=y$），为什么在这个方向上的速度分量却又和参考系有关了（即 $u_y'\neq u_y$）?

辨析　因为在相对论中，时间坐标和空间坐标是密切联系的。在不同惯性中，空间和时间的量度标准也不相同。对于沿 x 方向相对运动的两个惯性系 S 和 S′（x 轴和 x' 轴重合），$dy' = dy$，但 $dt' \neq dt$。因此，在 S′系中 $u'_y = \dfrac{dy'}{dt'}$ 和在 S 系中 $u_y = \dfrac{dy}{dt}$ 不相同。

问题5　设S′系相对于S 系沿 Ox 轴正向以速度 v 做匀速直线运动，在S′系中沿 $O'x'$ 轴放置的静止棒长为 l_0。

甲用洛伦兹变换式做如下变换：

$$x'_1 = \frac{x_1 - vt_1}{\sqrt{1 - v^2/c^2}},\quad x'_2 = \frac{x_2 - vt_2}{\sqrt{1 - v^2/c^2}}$$

两式相减，并令：$t_1 = t_2$，$l = x_2 - x_1$，$l_0 = x'_2 - x'_1$，得出 $l = \sqrt{1 - v^2/c^2}\, l_0 < l_0$；
乙用洛伦兹变换式做如下变换：

$$x_1 = \frac{x'_1 + vt'_1}{\sqrt{1 - v^2/c^2}},\quad x_2 = \frac{x'_2 + vt'_2}{\sqrt{1 - v^2/c^2}}$$

两式相减，并令 $t'_1 = t'_2$，$l = x_2 - x_1$，$l_0 = x'_2 - x'_1$，得到 $l = \dfrac{l_0}{\sqrt{1 - v^2/c^2}} > l_0$，

问：甲对还是乙对？为什么会出现两种相反的结论？

辨析　甲对。乙的结论错误在于对“同时的相对性”的概念未能正确的理解。因为棒静止在S′中，在该系中测量棒长 $l_0 = x'_2 - x'_1$，对 x'_1 和 x'_2 的测量可以同时也可以不同时，所以 $t'_1 = t'_2$ 并非必要条件。然而，棒相对于 S 系是运动的，必须同时测量 x_1 和 x_2，才能用 $l = x_2 - x_1$ 表示棒长。例如，我们不能用下午测得鱼头坐标与上午测得的鱼尾坐标的差值来表示一条游动着的鱼的长度。因此，要测量运动物体的长度，首、尾坐标必须同时测量，$t_1 = t_2$ 是必要条件。由于同时是相对的，在 S 系中测量棒两端坐标是在两个不同地点发生的两个同时事件，在 S′系中这两个事件一定是不同时的，即有 $t'_1 \neq t'_2$。因此，乙在变换中令 $t'_1 = t'_2$ 是错误的。可见，正是“同时的相对性”使得长度的测量与参考系密切相关。

乙的正确推导应是

$$l = x_2 - x_1 = \frac{x'_2 + vt'_2}{\sqrt{1 - v^2/c^2}} - \frac{x'_1 + vt'_1}{\sqrt{1 - v^2/c^2}} = \frac{l_0 + v\,(t'_2 - t'_1)}{\sqrt{1 - v^2/c^2}}$$

根据洛伦兹变换，则有

$$t'_2 - t'_1 = \frac{(t_2 - t_1) - \dfrac{v}{c^2}(x_2 - x_1)}{\sqrt{1 - v^2/c^2}} = \frac{-\dfrac{v}{c^2}l}{\sqrt{1 - v^2/c^2}} \quad （因为\ t_1 = t_2）$$

将 $t'_2 - t'_1$ 代入上式得

$$l = \frac{l_0}{\sqrt{1 - v^2/c^2}} - \frac{\dfrac{v^2}{c^2}l}{1 - v^2/c^2}$$

解得 $l=\sqrt{1-v^2/c^2}l_0$，与甲所得的结果相同。

问题6 应该如何理解物体的静止能量？狭义相对论中能不能认为物体的动能等于 $\frac{1}{2}mv^2$？物体动能的含义是什么？

辨析 物体的静止能量实际上就是它的总内能，其中包含分子运动的动能、分子间相互作用的势能、使原子与原子结合在一起的化学能、原子内使原子核和电子结合在一起的电磁能以及原子核内质子和中子的结合能等。

狭义相对论中物体的动能为

$$E_k=mc^2-m_0c^2=\left(1-\frac{1}{\sqrt{1-v^2/c^2}}\right)m_0c^2$$

当 $v \ll c$ 时

$$\sqrt{1-\frac{v^2}{c^2}}\approx 1+\frac{1}{2}\cdot\frac{v^2}{c^2}$$

所以

$$E_k=\left[\left(1+\frac{1}{2}\cdot\frac{v^2}{c^2}\right)-1\right]m_0c^2=\frac{1}{2}m_0v^2$$

可见，狭义相对论中一般不能将动能写作 $\frac{1}{2}mv^2$，只有在 $v \ll c$ 时才有此形式。

由 $E_k=mc^2-m_0c^2=\Delta mc^2$ 可知，狭义相对论中物体的动能是因运动而增加的能量。

20.4 例题剖析

20.4.1 基本思路

狭义相对论问题可分为相对论运动学问题和动力学问题两大类。

1. 解决运动学问题的思路

（1）根据已知条件和所求问题分析事件发生的过程、特点。

（2）建立观测系统 S 系和 S′系，确定事件的时空坐标。

（3）确定变换关系，明确是 S→S′还是 S′→S。

解题时，要注意审查所变换的时空坐标是否代表同一事件；要明确“原时”和“时间坐标间隔”、“原长”和“空间坐标间隔”的区别，特别要注意公式 $\tau=\frac{\tau_0}{\sqrt{1-u^2/c^2}}$ 和 $l=\sqrt{1-u^2/c^2}l_0$ 的适用条件。

2. 解决动力学问题的思路

（1）判断研究对象物理过程的特点以及已知量和未知量是“动量”还是“静量”。

（2）明确所求问题的物理关系，是质速关系、质能关系、还是动量能量关系？特别注意相对论的动能公式为 $E_k = mc^2 - m_0c^2$。

解决相对论问题时，要防止习惯性造成的自觉或不自觉地沿用牛顿力学的方法；还要克服未理解题意、没有搞清相对性关系就乱套公式的盲目做法。

20.4.2　典型例题

例 20-1　观察者甲和乙分别静止于两个惯性系 S 和 S′中，甲测得在同一地点发生的两个事件的时间间隔为 4s，而乙测得两个事件的时间间隔为 5s。求

（1）S′系相对 S 系的运动速度。

（2）乙测得这两个事件发生地点的距离。

分析　设甲为 S 系，乙为 S′系，S′系相对 S 系沿 $x(x')$ 轴方向的运动速度为 u。甲测得在同一地点发生的两个事件的时间间隔为 $\Delta t = 4\text{s}$，是固有时间；乙在 S′系中测得同样两个事件的时间间隔 $\Delta t' = 5\text{s}$，是相对论时间膨胀效应的结果，由 $\Delta t' = \dfrac{\Delta t}{\sqrt{1-u^2/c^2}}$，可求出 S′系相对 S 系的运动速度 u。根据洛伦兹变换，可求出乙测得这两个事件发生地点的距离 $\Delta x'$。

解　（1）因两事件在 S 系中同一地点发生，即 $x_1 = x_2$，故有

$$\Delta t' = \frac{\Delta t}{\sqrt{1-u^2/c^2}}$$

解得

$$u = \sqrt{1-\left(\frac{\Delta t}{\Delta t'}\right)^2}\,c = \frac{3}{5}c = 1.8\times10^8\,\text{m}\cdot\text{s}^{-1}$$

（2）$$\Delta x' = x_2' - x_1' = \frac{x_2 - x_1 - u(t_2 - t_1)}{\sqrt{1-u^2/c^2}} = \frac{-u(t_2-t_1)}{\sqrt{1-u^2/c^2}} = -\frac{3}{4}c(t_2-t_1) = -9\times10^8\,\text{m}$$

例 20-2　宇宙飞船相对地球以 $0.8c$ 的速度匀速直线飞行，一光脉冲从船尾传到船头，若飞船上的观察者测得飞船的长度为 90m。试求

（1）飞船上的钟测得光脉冲从船尾出发到船头这两事件的时间间隔，这个时间间隔是否是固有时间？

（2）地球上的观察者测得这两事件的时间间隔和空间间隔。

分析　求解狭义相对论运动学问题，首先要根据事件发生的过程和特点确定 S 系、S′系，再确定同一事件在不同惯性系中的时空坐标，利用洛伦兹变换式将事件的时空坐标在不同惯性系之间进行变换。本题设地球为 S 系，飞船为 S′系；光脉冲从“船尾发出”为一事件，“船头接收”为另一事件，这两事件在 S 系和 S′系的坐标分别为(x_1, t_1)、(x_1', t_1')和(x_2, t_2)、(x_2', t_2')；S′系中观察者测得飞船长度为静长 $l_0 = x_2' - x_1'$，测得光脉冲从船尾到船头的时间为 $t_2' - t_1' = l_0/c$。根据洛伦兹变换，可求出 S 系的观察者测得光脉冲从船尾到船头的时间 $\Delta t = t_2 - t_1$ 及这两个事件的空间间隔 $\Delta x = x_2 - x_1$。

解　设地球为 S 系，飞船为 S′系；已知 $u = 0.8c$，$x_1' = 0$，$x_2' = 90\text{m}$。

（1）飞船上观察者测得飞船的长度为 $l_0 = x_2' - x_1'$，光脉冲的传播速度为 c，则飞船上测得这两事件的时间间隔为

$$\Delta t' = t_2' - t_1' = \frac{x_2' - x_1'}{c} = \frac{90\text{m}}{3 \times 10^8 \text{m} \cdot \text{s}^{-1}} = 3 \times 10^{-7}\text{s}$$

因为固有时间是指在惯性系中同一地点发生的两个事件的时间间隔，上述两个事件分别发生在船尾和船头两个不同的地点，故这个时间间隔不是固有时间。

（2）根据洛伦兹变换，S 系中测得光脉冲从船尾到船头的时间间隔为

$$\Delta t = \frac{t_2' - t_1' + \frac{u}{c^2}(x_2' - x_1')}{\sqrt{1 - \frac{u^2}{c^2}}} = \frac{3 \times 10^{-7} + \frac{0.8c}{c^2} \times 90}{\sqrt{1 - 0.8^2}}\text{s} = 9 \times 10^{-7}\text{s}$$

【**错解** 由钟慢公式得

$$\Delta t = \frac{\Delta t'}{\sqrt{1 - \frac{u^2}{c^2}}} = \frac{l_0}{c\sqrt{1 - \frac{u^2}{c^2}}} = \frac{90}{3 \times 10^8 \sqrt{1 - 0.8^2}}\text{s} = 5 \times 10^{-7}\text{s}$$

错误原因是把 $\Delta t' = \frac{l_0}{c}$ 当成了固有时间。】

两事件在 S 系中的空间间隔为

$$\Delta x = x_2 - x_1 = \frac{x_1' - x_1' + u(t_2' - t_1')}{\sqrt{1 - \frac{u^2}{c^2}}} = \frac{90 + 0.8c \times 90/c}{\sqrt{1 - 0.8^2}}\text{m} = 270\text{m}$$

例 20-3 （1）如果粒子的动能等于静能的一半，求该粒子的速度。

（2）如果总能量是静能的 k 倍，求粒子的速度。

分析 这是相对论动力学的能量问题。相对论的动能 $E_k = E - E_0 = mc^2 - m_0c^2$，相对论质量 $m = \frac{m_0}{\sqrt{1 - v^2/c^2}}$。根据总能量、动能、静能之间的关系及动质量与静质量之间的关系，便可求出速度。

解 （1）由题意知 $E_k = mc^2 - m_0c^2 = \frac{1}{2}m_0c^2$，所以有 $m = \frac{3}{2}m_0 = \frac{m_0}{\sqrt{1 - u^2/c^2}}$。

解得
$$v = \frac{\sqrt{5}}{3}c = 2.24 \times 10^8 \text{m} \cdot \text{s}^{-1}。$$

（2）粒子总能量 $E = mc^2 = km_0c^2$，所以 $m = km_0 = \frac{m_0}{\sqrt{1 - u^2/c^2}}$。

解得
$$v = \frac{\sqrt{k^2 - 1}}{k}c = \frac{c}{k}\sqrt{k^2 - 1}。$$

例 20-4 已知二质点 A、B 静止质量均为 m_0。若质点 A 静止，质点 B 以 $6m_0c^2$ 的动能向 A 运动，碰撞后合成一粒子，且无能量释放，求合成粒子的静止质量。

分析 这是狭义相对论动力学的综合问题。根据相对论能量公式 $E = E_0 + E_k$，可以计算出 A、B 两质点的能量分别为 $E_A = m_0c^2$、$E_B = m_0c^2 + 6m_0c^2 = 7m_0c^2$。根据能量守恒

定律可知，合成粒子的总能量为 $E=E_A+E_B=8m_0c^2$，根据质能关系可知合成粒子的总质量为 $m=8m_0$，假设合成粒子的速度为 v，则合成粒子的静止质量为 $m'_0=m\sqrt{1-\left(\frac{v}{c}\right)^2}=8m_0\sqrt{1-\left(\frac{v}{c}\right)^2}$。现在的关键问题是求复合粒子的速度 v。根据动量守恒定律可知，合成粒子的动量 $p=mv=p_B$，再根据相对论能量与动量关系可计算出 p_B，从而计算出合成粒子的速度 v，进而算出合成粒子的静止质量。

解　二粒子的能量分别为

$$E_A=m_0c^2、E_B=E_{OB}+E_{KB}=m_0c^2+6m_0c^2=7m_0c^2$$

设合成粒子的质量为 m、能量为 E、速度为 v。由能量守恒定律知，合成后粒子的总能量为

$$E=E_A+E_B=8m_0c^2$$

根据相对论质量与能量关系 $E=mc^2$　得到 $m=8m_0$。

则粒子的静止质量

$$m'_0=m\sqrt{1-\left(\frac{v}{c}\right)^2}=8m_0\sqrt{1-\left(\frac{v}{c}\right)^2} \tag{20-12}$$

设碰前 A、B 两粒子的动量分别为 p_A、p_B，合成粒子的动量为 p，则 $p_A=0$，$p=mv$

根据动量守恒定律有 $mv=p_B$，解得 $v=\frac{p_B}{m}$

根据相对论能量与动量关系有　$E_B{}^2=p_B{}^2c^2+m_0{}^2c^4$

即有

$$49m_0{}^2c^4=p_B{}^2c^2+m_0{}^2c^4$$

解得

$$p_B{}^2=48m_0{}^2c^2$$

故有

$$v^2=\frac{p_B{}^2}{m^2}=\frac{48m_0{}^2c^2}{64m_0{}^2}=\frac{3}{4}c^2 \tag{20-13}$$

将式（20-12）代入式（20-13）得　$m'_0=8m_0\sqrt{1-\frac{v^2}{c^2}}=4m_0$

20.5　能力训练

一、选择题

1. 有下列几种说法：

（1）所有惯性系对物理基本规律都是等价的。

（2）在真空中，光的速度与光的频率、光源的运动状态无关。

（3）在任何惯性系中，光在真空中沿任何方向的传播速率都相同。

上述说法哪些是正确的？（　　）

A. 只有（1）、（2）是正确的。　　B. 只有（1）、（3）是正确的。

C. 只有（2）、（3）是正确的。　　D. 三种说法都是正确的。

2. 关于同时性的以下结论中，正确的是（　　）。

A. 在一惯性系同时发生的两个事件，在另一惯性系一定不同时发生

B. 在一惯性系不同地点同时发生的两个事件，在另一惯性系一定同时发生

C. 在一惯性系同一地点同时发生的两个事件，在另一惯性系一定同时发生

D. 在一惯性系不同地点不同时发生的两个事件，在另一惯性系一定不同时发生

3. 一火箭的固有长度为 l，相对于地面做匀速直线运动的速度为 v_1，火箭上有一个人从火箭的后端向火箭前端上的一个靶子发射一颗相对于火箭的速度为 v_2 的子弹。在火箭上测得子弹从射出到击中靶的时间间隔是（　　）。（c 表示真空中光速）

A. $\dfrac{l}{v_1+v_2}$　　B. $\dfrac{l}{v_2}$　　C. $\dfrac{l}{v_2-v_1}$　　D. $\dfrac{l}{v_1\sqrt{1-(v_1/c)^2}}$

4. 一宇航员要到离地球为 5 光年的星球去旅行。如果宇航员希望把这路程缩短为 3 光年，则他所乘的火箭相对于地球的速度应是（　　）（c 表示真空中光速）。

A. $v=c/2$　　B. $v=3c/5$　　C. $v=4c/5$　　D. $v=9c/10$

5. 有一直尺固定在 S′系中，它与 Ox'轴的夹角 $\theta'=45°$，如果 S′系以匀速度沿 Ox 方向相对于 S 系运动，S 系中观察者测得该尺与 Ox 轴的夹角（　　）。

A. 大于 45°

B. 小于 45°

C. 等于 45°

D. 当 S′系沿 Ox 正方向运动时大于 45°，而当 S′系沿 Ox 负方向运动时小于 45°

6. 两个惯性系 S 和 S′，沿 $x(x')$ 轴方向做匀速相对运动。设在 S′系中某点先后发生两个事件，用静止于该系的钟测出两事件的时间间隔为 τ_0，而用固定在 S 系的钟测出这两个事件的时间间隔为 τ。又在 S′系 x'轴上放置一静止于该系、长度为 l_0 的细杆，从 S 系测得此杆的长度为 l，则（　　）。

A. $\tau<\tau_0$，$l<l_0$　　B. $\tau<\tau_0$，$l>l_0$　　C. $\tau>\tau_0$，$l>l_0$　　D. $\tau>\tau_0$，$l<l_0$

7. 质子在加速器中被加速，当其动能为静止能量的 4 倍时，其质量为静止质量的（　　）。

A. 4 倍　　B. 5 倍　　C. 6 倍　　D. 8 倍

8. 已知电子的静能为 0.51MeV，若电子的动能为 0.25MeV，则它所增加的质量 Δm 与静止质量 m_0 的比值近似为（　　）。

A. 0.1　　B. 0.2　　C. 0.5　　D. 0.9

二、填空题

1. 狭义相对论的两条基本原理中，相对性原理说的是________________；光速不变原理说的是____________________。

2. 狭义相对论确认，时间和空间的测量值都是____________，它们与观察者的____________密切相关。

3. 有一速度为 u 的宇宙飞船沿 x 轴正方向飞行，飞船头尾各有一个脉冲光源在工作，处于船尾的观察者测得船头光源发出的光脉冲的传播速度大小为____________；处于船头的观察者测得船尾光源发出的光脉冲的传播速度大小为____________。

4. μ 子是一种基本粒子，在相对于 μ 子静止的坐标系中测得其寿命为 $\tau_0=2\times10^{-6}$s。

如果 μ 子相对于地球的速度为 $v=0.988c$（c 为真空中光速），则在地球坐标系中测出的 μ 子的寿命 $\tau=$________。

5. 一列高速火车以速度 u 驶过车站时，固定在站台上的两只机械手在车厢上同时划出两个痕迹，静止在站台上的观察者同时测出两痕迹之间的距离为 1m，则车厢上的观察者应测出这两个痕迹之间的距离为________。

6. 狭义相对论中，一质点的质量 m 与速度 v 的关系式为________；其动能的表达式为________。

7. 在速度 $v=$________情况下粒子的动量等于非相对论动量的两倍；在速度 $v=$________情况下粒子的动能等于它的静止能量。

8. 观察者甲以 $0.8c$ 的速度（c 为真空中光速）相对于静止的观察者乙运动，若甲携带一质量为 1kg 的物体，则甲测得此物体的总能量为________；乙测得此物体的总能量为________。

三、计算题

1. 在惯性系 S 中，有两事件发生于同一地点，且第二事件比第一事件晚发生 $\Delta t=2\text{s}$；而在另一惯性系 S′中，观测第二事件比第一事件晚发生 $\Delta t'=3\text{s}$。那么在 S′系中发生两事件的地点之间的距离是多少？

2. 假定在实验室中测得静止在实验室中的 μ^+ 子（不稳定的粒子）的寿命为 $2.2\times10^{-6}\text{s}$，而当它相对于实验室运动时实验室中测得它的寿命为 $1.63\times10^{-5}\text{s}$。试问：这两个测量结果符合相对论的什么结论？$\mu^+$ 子相对于实验室的速度是真空中光速 c 的多少倍？

3. 匀质细棒静止时的质量为 m_0，长度为 l_0，当它沿棒长方向做高速的匀速直线运动时，测得它的长为 l，求

（1）该棒的运动速度。

（2）该棒所具有的动能。

4. 设惯性系 S′相对于惯性系 S 以速度 u 沿 x 轴正方向运动，如果从 S′系的坐标原点 O' 沿 x'（x' 轴与 x 轴相互平行）正方向发射一光脉冲，则

（1）在 S′系中测得光脉冲的传播速度为 c。

（2）在 S 系中测得光脉冲的传播速度为 $c+u$。

以上两个说法是否正确？如有错误，请说明为什么错误并予以改正。

参考答案

一、选择题

1. D　2. C　3. B　4. C　5. A　6. D　7. B　8. C

二、填空题

1. 物理学定律在一切惯性系中都有相同的形式；一切惯性系中，真空中的光速都是相等的；2. 相对的，运动；3. c，c；4. $1.29\times10^{-5}\text{s}$；5. $1/\sqrt{1-(u/c)^2}\text{m}$；6. $m_0/$

$\sqrt{1-(v/c)^2}$，$E_k = mc^2 - m_0c^2$；7. $\sqrt{3}c/2$，$\sqrt{3}c/2$；8. 8.98×10^{16}J，1.5×10^{17}J。

三、计算题

1. **解** Δt 为固有时间，$\Delta t'$为运动时间，有 $\Delta t' = \dfrac{\Delta t}{\sqrt{1-(v/c)^2}}$（$v$ 为 S′系相对于 S 系的运动速度），$v = c\sqrt{1-(\Delta t/\Delta t')^2}$，得

$$\Delta x' = \frac{v\Delta t}{\sqrt{1-(v/c)^2}} = v\Delta t' = c\sqrt{\Delta t'^2 - \Delta t^2} = 6.71\times10^8\text{m}$$

2. **解** 符合相对论的时间膨胀（或运动时钟变慢）的结论；固有寿命 τ_0 为固有时，运动寿命 τ 为运动时，有 $\tau = \dfrac{\tau_0}{\sqrt{1-(v/c)^2}}$，$v = c\sqrt{1-(\tau_0/\tau)^2} = 0.99c$

3. **解** （1）$l = l_0\sqrt{1-(v/c)^2}, v = c\sqrt{1-(l/l_0)^2}$。

（2）$E_k = mc^2 - m_0c^2 = m_0c^2\left(\dfrac{1}{\sqrt{1-(v/c)^2}} - 1\right) = m_0c^2\left(\dfrac{l_0 - l}{l}\right)$。

4. **解** （1）是正确的。

（2）是错误的，因为不符合光速不变原理。应改为在 S 系中测得光脉冲的传播速度为 c。

第 21 章　光的量子性

21.1　知识网络

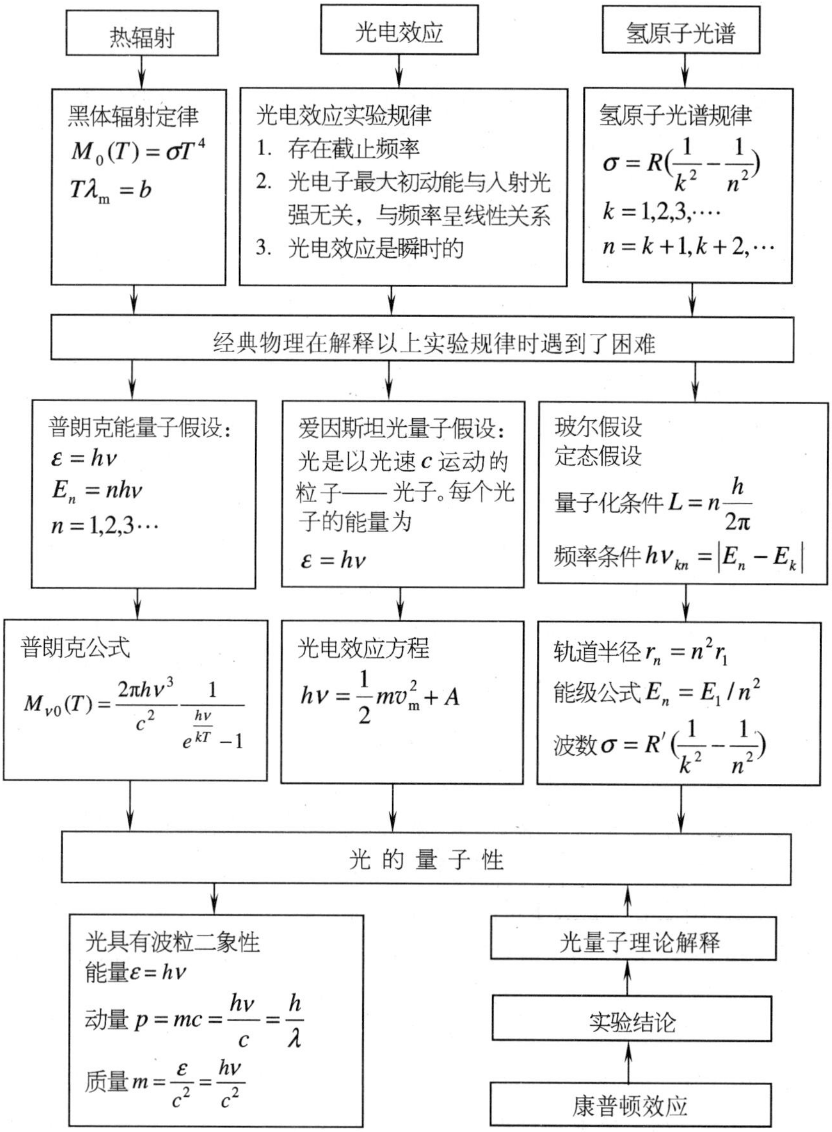

21.2 学习指导

21.2.1 黑体辐射与普朗克量子假说

1. 黑体辐射定律

（1）热辐射　在任何温度下，一切物体都要向外辐射各种波长的电磁波。物体向周围辐射电磁波能量的多少，以及能量按波长的分布都与物体的温度有关，这种与温度有关的电磁辐射称为热辐射。

（2）黑体　如果一个物体可以在任何温度下对任何波长的电磁波都能完全吸收，而不反射和透射，则该物体称为绝对黑体，简称黑体。

①实际上，绝对的黑体是不存在的。在空腔上开一小孔，则入射波在腔内进行无数次反射，几乎完全被吸收，就可视为黑体。

②在同一温度下，黑体发射或吸收电磁辐射的能力比任何物体都要强。

③黑体不反射外界辐射来的能量，但它本身仍要向外界辐射能量，它的颜色是由它自身发射的辐射波长决定的。因此，黑体并不一定是黑色的，黑色物体也并不一定是黑体。

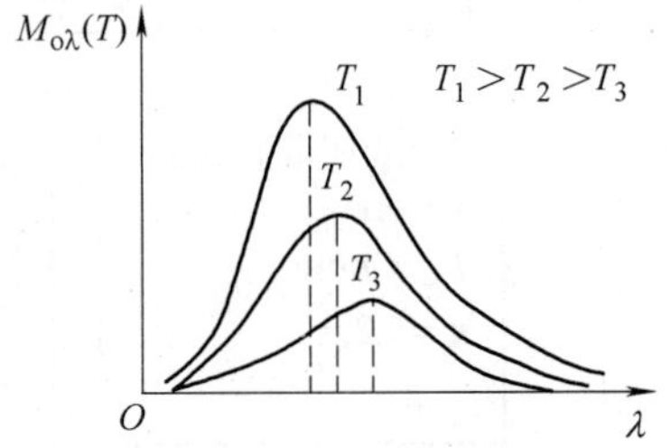

图 21-1　绝对黑体的辐出度按波长分布曲线

（3）黑体辐射定律　黑体辐射实验曲线如图 21-1 所示。图中纵坐标 $M_{0\lambda}(T)$ 是单色辐出度，表示在单位时间内，从黑体单位面积上所辐射出来的波长在 λ 附近单位波长内的电磁波能量。曲线下的面积在数值上等于辐出度，它是单位时间内从单位面积上所辐射的各种波长能量的总和，用 $M(T)$ 表示

$$M(T) = \int_0^{\infty} M_{0\lambda}(T)\,d\lambda \tag{21-1}$$

根据实验曲线可得出黑体辐射的两条实验定律

①斯忒藩-玻耳兹曼定律。黑体的辐出度与黑体的热力学温度的 4 次方成正比，即

$$M_0(T) = \sigma T^4 \tag{21-2}$$

式中，$\sigma=5.67\times10^{-8}\mathrm{W\cdot m^{-2}\cdot K^{-4}}$，称为斯忒藩常量。

②维恩位移定律。曲线的峰值对应的波长 λ_m，随着温度 T 的升高，向短波方向移动，λ_m 与 T 的关系是

$$\lambda_m T = b \tag{21-3}$$

式中，$b=2.897\times10^{-3}\mathrm{m\cdot K}$。这说明物体的温度越高，热辐射中最强辐射的波长将越短。例如，加热铁块时，随着温度的升高，其颜色总由暗红到红再变蓝，温度非常高时，其颜色为白色。太阳表面温度很高，接近 6000℃，其辐射的电磁波中主要是可见光和紫外光；而飞机、舰船的发动机温度不高，所以辐射的电磁波是不可见的红外光。

2. 经典物理遇到的困难

斯忒藩-玻耳兹曼定律和维恩位移定律是根据实验总结出的规律，但两个定律都没有涉及 $M_{0\lambda}(T)$ 的具体函数形式。19 世纪末，许多物理学家试图从经典电磁理论和热学理论出发，推导出符合实验结果的 $M_{0\lambda}(T)$ 的函数表达式，并对黑体辐射按波长分布的实验结果做出理论解释，但最后都失败了。

1896 年，维恩根据辐射按波长分布类似于麦克斯韦分子速度分布的思想，导出了一个 $M_{0\lambda}(T)$ 的维恩公式，即 $M_{0\lambda}(T)=c_2\lambda^{-5}e^{\frac{c_3}{\lambda T}}$。维恩公式在短波段与实验曲线相符，在长波段则有明显偏离。

1900 年，瑞利（Rayleigh）和金斯（Jeans）根据经典物理中能量按自由度均分的原理，利用经典电磁理论和统计物理的理论得到瑞利-金斯公式为 $M_{0\lambda}(T)=c_1\lambda^{-4}T$。与维恩公式相反，该式在波长很长的情况下与实验曲线符合，但在短波紫外光区与实验不符。物理学史上把这个理论公式与实验结果在短波段严重偏离的结果称为“紫外灾难”。这说明经典理论存在着某种缺陷。

3. 普朗克量子假说和普朗克公式

1900 年，德国物理学家普朗克为了解决经典理论的困难，抛弃了经典理论中能量连续变化的观念，提出了能量子假说。他认为，辐射黑体上的带电粒子的振动可视为一维谐振子，对于频率为 ν 的振子，其发射或吸收的能量只能是能量子 $\varepsilon=h\nu$ 的整数倍，即 $E=nh\nu$。式中，ε 叫能量子，简称量子；n 为量子数，它只能取正整数；$h=6.63\times10^{-34}\mathrm{J\cdot s}$ 为普朗克常数。这种能量不连续的现象称为能量量子化。

普朗克从他的能量子假说出发，应用玻耳兹曼统计规律和有关的黑体辐射公式，得到热辐射的黑体辐射公式为

$$M_{0\lambda}(T)=\frac{2\pi hc^2}{\lambda^5}\cdot\frac{1}{e^{hc/k\lambda T}-1}\tag{21-4}$$

式（21-4）称为普朗克黑体辐射公式。

根据普朗克公式不仅可以从理论上说明黑体辐射的能量按波长分布的规律，还可以导出斯忒藩-玻耳兹曼定律、维恩位移定律和极限情形下的瑞利-金斯公式及维恩公式。

普朗克抛弃了经典物理中能量可连续变化、物体辐射或吸收的能量可为任意值的旧观念，提出了能量子、物体辐射或吸收的能量只能是一份份地按不连续方式进行的新观念，这不仅成功地解决了热辐射中的难题，而且还开创了物理学研究的新局面，标志着人类对自然规律的认识已经从宏观领域进入微观领域，它为量子力学的诞生奠定了基础。

21.2.2 光电效应与爱因斯坦光子理论

1. 光电效应实验规律

（1）饱和光电流与入射光强成正比。

（2）存在截止频率（红限）ν_0。

（3）光电子的最大初动能与入射光强无关，与其频率呈线性关系。

（4）光电效应是瞬时的，弛豫时间小于 10^{-9}s。

2. 经典理论遇到的困难

从经典电磁波理论来看，受光照射的物质中有电子逸出是在预料之中的，但根据这一理论做出的一些预言却和上述实验规律不符。

（1）按照经典电磁理论，不论入射光的频率如何，物质中的电子在电磁波作用下总是能够获得足够能量而逸出，因而不应存在红限频率。

（2）逸出电子的初动能应随入射光强的增大而增大，与入射光的频率无关。

（3）如果入射光的光强很小，则物质中的电子必须经过较长时间的积累，才有足够能量而逸出，因而光电子的逸出不应具有瞬时性。

因此，经典的电磁波理论无法解释光电效应。

3. 爱因斯坦光子理论

（1）爱因斯坦光子假说。为了解释光电效应的实验规律，爱因斯坦拓展了普朗克“能量子”的概念。他认为，不仅物质发射和吸收电磁辐射时，其能量是量子化的，而且电磁辐射在传播过程中，其能量也是量子化的。爱因斯坦认为，光就是以光速运动的粒子流，这种粒子称为光量子，简称光子，每个光子的能量为 $\varepsilon = h\nu$，光子的能量只能完整地被吸收或发射。

（2）光电效应方程。按照光子概念，当光子入射到金属表面时，一个光子的能量一次地被金属中的一个电子全部吸收，这些能量一部分消耗于自金属表面逸出时所做的功 A，另一部分转变成电子离开金属表面后的初动能。根据能量守恒定律，爱因斯坦光电效应方程为

$$h\nu = \frac{1}{2}mv_{\mathrm{m}}^{2} + A \tag{21-5}$$

（3）光子理论对光电效应的解释有如下几个方面：

①根据爱因斯坦光电效应方程，光子的最大初动能 $\frac{1}{2}mv_{\mathrm{m}}^{2} = h\nu - A$，与入射光的频率成线性关系，而与入射光强无关。

②要使电子从金属中逸出，其初动能必须满足 $\frac{1}{2}mv_{\mathrm{m}}^{2} \geqslant 0$，即 $h\nu - A \geqslant 0$，光电效应存在截止频率。

③光照射到金属上时，一个光子的能量将一次性地被一个电子吸收，不需要长时间积累能量，所以光电效应具有瞬时性。

注意，理解光电效应时应严格区分入射光的频率和强度两个因素对光电流的不同影响。入射光的频率影响光电子的能量；入射光的光强影响逸出光电子的数量。改变频率可以解决光电流的有无问题，但解决不了大小的问题；改变光强可以解决光电流的大小问题，但解决不了有无问题。

4. 光的波粒二象性

光的干涉、衍射和偏振等现象，说明了光具有波动性；热辐射、光电效应等现象说

明光具有粒子性。因此，光的本质既具有波动性又具有粒子性。表征光的波动性的物理量为波长和频率；表征光的粒子性的物理量为能量、动量，二者的相互关系为

$$\varepsilon = h\nu$$

$$p = \frac{h\nu}{c} = \frac{h}{\lambda} \tag{21-6}$$

21.2.3　康普顿效应

1. 康普顿效应

1923 年，康普顿研究 X 射线经物质散射时发现，在散射光谱中除有与入射线波长 λ_0 相同的射线外，同时还有波长 $\lambda > \lambda_0$ 的射线。这种改变波长的散射称为康普顿效应。结果表明：

（1）散射线有两个峰值，分别对应波长 λ_0 和 λ。

（2）波长偏移量 $\Delta\lambda = \lambda - \lambda_0$ 随散射角 θ（散射线与入射线之间的夹角）的增加而增加，与散射物质以及入射光的波长 λ_0 无关，仅取决于散射方向。

（3）对原子量小的物质，λ 峰强，λ_0 峰弱；对原子量大的物质，λ_0 峰强，λ 峰弱。

2. 经典物理遇到的困难

经典物理认为电磁波通过物体时引起物体内带电粒子的受迫振动，从入射波吸收能量，每个振动着的带电粒子如同振荡电偶极子，向四周辐射成为散射光。带电粒子受迫振动的频率等于入射光的频率，所发射光的频率（波长）应与入射光的频率（波长）相同，即“散射前后波长不变”。

3. 用光子理论说明康普顿效应

（1）定性解释　光子与电子等粒子发生弹性碰撞，遵守动量守恒和能量守恒定律。

①光子与散射物中的自由电子或束缚微弱的电子发生碰撞后，散射光子将沿某一方向进行，这一方向就是康普顿散射的方向。碰撞时，入射光把一部分能量传给电子，散射光的能量低于入射光的能量，由 $\varepsilon = h\nu$ 可知，散射光的频率 ν 比入射光的频率 ν_0 低，即有 $\lambda > \lambda_0$。

②光子与原子中束缚得很紧的电子碰撞，相当于同整个原子做弹性碰撞。因原子的质量要比光子的质量大得多，按照碰撞理论，散射光的能量不会显著地减小，因而散射光的频率也不会显著地改变，即有 $\lambda \approx \lambda_0$。

③原子量小的原子，电子大多处于弱束缚状态，λ 散射线相对强；原子量大的原子，多数内层电子处于紧束缚状态，λ_0 散射线相对强。

（2）定量计算　由动量守恒定律和能量守恒定律，可得波长改变的公式为

$$\Delta\lambda = \lambda - \lambda_0 = \frac{2h}{m_0 c}\sin^2\frac{\theta}{2} \tag{21-7}$$

式中，$\frac{h}{m_0 c} = \lambda_c = 2.43 \times 10^{-12}\,\text{m}$，为康普顿波长。因为 m_0、c、h 均为常量，故波长改变量 $\Delta\lambda = \lambda - \lambda_0$ 仅与散射角有关。散射角 θ 增加，波长改变量 $\Delta\lambda$ 也随之增加，当 $\theta = \pi$

时，波长改变量最大。

实验中还发现，用波长较长的可见光和无线电波观察不到康普顿效应。下面可以举例说明其原因。如果入射光的波长是 $\lambda_0=600\text{nm}$，则由 $\Delta\lambda=\lambda_c\sin^2\dfrac{\theta}{2}$ 计算可知，当 $\theta=\pi$ 时，$\Delta\lambda=2.4\times10^{-3}\text{nm}$，波长相对增长量 $\dfrac{\Delta\lambda}{\lambda_0}=0.0004\%$，这么小的偏移量是不容易观察出来的，所以可见光的康普顿效应不显著。而对于波长为 0.1nm 的 X 射线，在同样的散射角 $\theta=\pi$ 时，$\dfrac{\Delta\lambda}{\lambda_0}=2.4\%$，这个偏移量是可以测量出来的。

康普顿效应显示了光的粒子性，证实了光子具有一定质量、能量和动量，而且还证明了动量守恒、能量守恒定律在微观粒子相互作用过程中也成立。

光电效应、康普顿效应都是光子与电子的碰撞，显示了光的粒子性。参与光电效应的电子是金属中的自由电子，它不是完全自由的，而是束缚在金属表面以内，而且入射光子的能量较低，一个电子吸收一个光子，电子与光子做完全非弹性碰撞，碰撞过程中能量守恒，电子与光子系统的动量不守恒。而参与康普顿效应的入射光子的能量较大，散射物中的电子在光子能量较大时可看作是完全自由的电子，电子与光子做完全弹性碰撞，碰撞过程中满足能量守恒、动量守恒定律。

21.2.4 原子线状光谱与玻尔氢原子理论

1. 氢原子光谱的规律性

（1）线状离散谱，有确定的波长值。

（2）波数（波长的倒数）公式为

$$\sigma=\frac{1}{\lambda}=R\left(\frac{1}{k^2}-\frac{1}{n^2}\right) \tag{21-8}$$

式中，$R=1.096776\times10^7\text{m}^{-1}$ 为里德伯常量；$k=1,2,3,\cdots$；$n=(k+1),(k+2),(k+3),\cdots$

（3）谱线系：

k 为谱系标志数，k 改变给出不同的谱线系；n 为谱线标志数，保持 k 为定值，改变 n 得同一线系的各条谱线。

例如，$k=1$，$n=2,3,4,\cdots$ 谱线波长在紫外区，为赖曼系；$k=2$，$n=3,4,5,\cdots$ 谱线波长在可见光区，为巴耳末系；$k=3$，$n=4,5,6,\cdots$ 谱线波长在红外区，为帕邢系；……

2. 经典物理遇到的困难

上述氢原子光谱的规律性与经典电磁理论发生了尖锐的矛盾。原子核式结构模型指出电子是绕核旋转的，存在着加速度。按照经典电磁理论，应该得到以下结果：

（1）电子绕核加速旋转时辐射能量→轨道半径越来越小→电子最终落在核上→原子是不稳定的。

（2）加速运动的电子辐射电磁波的频率＝电子绕核转动的频率。

轨道半径连续变小→转动频率连续变大→辐射的电磁波频率连续增大→原子发射连续光谱。

实际上原子是稳定的，并且发射线状光谱，而不是连续光谱。

3. 玻尔的氢原子理论

为了维持卢瑟福的原子模型，又避免这个理论与经典电磁理论之间的矛盾，1931 年玻尔提出了 3 条假设。

（1）定态假设：电子可以在原子中一些特定轨道上运动，而不辐射能量，这时原子处于稳定状态，并具有一定能量 E_1，E_2，E_3，…且 $E_1 < E_2 < E_3 < \cdots$

（2）量子化条件：电子绕核运动时，只有角动量（动量矩）等于$\frac{h}{2\pi}$整数倍的那些轨道才是稳定的，即

$$L = n \cdot \frac{h}{2\pi} \tag{21-9}$$

式中，$n = 1, 2, 3, \cdots$，n 称为量子数。

（3）频率条件：当原子从一个能态 E_n 跃迁到另一个能态 E_k 时，要发射或吸收一个频率为 ν_{kn} 的光子，即

$$h\nu_{kn} = |E_n - E_k| \quad 或\ \nu_{kn} = \frac{|E_n - E_k|}{h} \tag{21-10}$$

当 $E_n > E_k$ 时发射光子；当 $E_n < E_k$ 吸收光子。

假设（1）是针对氢原子核型结构与经典电磁理论的矛盾做出的，由于氢原子结构的稳定性，只有假定电子在圆轨道上运动时不辐射能量，才能保证原子的稳定性；假设（2）则指出只有角动量满足 $L = \frac{nh}{2\pi}$ 这样一个量子化条件的轨道才是许可的；假设（3）是普朗克假设的延伸，指出辐射光的条件。

4. 玻尔理论对氢原子光谱的解释

玻尔在以上 3 条假设的基础上，将库仑定律和牛顿运动定律应用于氢原子核式结构，得出以下结果。

（1）电子轨道半径为

$$r_n = n^2\left(\frac{\varepsilon_0 h^2}{\pi m e^2}\right) = n^2 r_1 \qquad (n = 1, 2, 3, \cdots) \tag{21-11}$$

式中，$r_1 = \frac{\varepsilon_0 h^2}{\pi m e^2} = 0.529 \times 10^{-10}\text{m}$，是氢原子的最小轨道半径，称为玻尔半径。

（2）能级公式为

$$E_n = -\frac{me^4}{8\varepsilon_0 h^2} \cdot \frac{1}{n^2} = \frac{E_1}{n^2} \qquad (n = 1, 2, 3, \cdots) \tag{21-12}$$

式中，$E_1 = -\frac{me^4}{8{\varepsilon_0}^2 h^2} = -13.6\text{eV}$ 是氢原子的最低能级，称基态能级，E_2、E_3、…分别为第一、第二、…激发态对应的能级。

使一个原子从基态电离所需要的能量称为电离能。基态氢原子的电离能为

$$\Delta E = E_{\infty} - E_1 = 13.6\text{eV}$$

对类氢离子，$r_n = \frac{1}{z}n^2 r_1$，$E_n = z^2 \cdot \frac{E_1}{n^2}$，其中 z 为核电荷数。

（3）氢原子光谱的波数公式为

$$\sigma = \frac{1}{\lambda} = \frac{me^4}{8\varepsilon_0^2 h^3 c}\left(\frac{1}{k^2} - \frac{1}{n^2}\right) = R'\left(\frac{1}{k^2} - \frac{1}{n^2}\right) \tag{21-13}$$

式中，$R' = \frac{me^4}{8{\varepsilon_0}^2 h^3 c} = 1.0973731 \times 10^7 \text{m}^{-1}$——里德伯常量的理论值。

应当指出，在一次跃迁中，一个氢原子只能发射一个光子，对应一条谱线，而通常在实验中观察的是大量处于不同激发态的原子同时所发的光，所以能观察到全部谱线。

5. 玻尔理论的局限性

玻尔氢原子理论虽然成功地给出了氢原子光谱的波长公式，并说明了原子的稳定性，但这个理论还存在着极大的局限性。例如，它不能计算谱线的强度，不能说明线光谱的超精细结构等。玻尔理论的缺陷在于理论本身未能正确地反映微观粒子的性质。玻尔理论一方面采用经典力学质点、坐标、轨道的概念来描述电子的运动，并用牛顿力学来计算其轨道，另一方面又人为地加上一些与经典理论不相容的量子化条件来限制稳定状态的轨道，但对这些条件又做不出适当的解释，因此玻尔理论是经典理论和量子化条件的混合物。但是它关于“定态能级”和“能量跃迁决定谱线频率”的假设，在现代量子理论中仍然是两个重要的基本概念，在它的启发下还导致了量子力学的诞生。

21.3 问题辨析

问题1 黑体总是呈黑色吗？黑色的物体都是黑体吗？为什么从远处看山洞口总是黑的？

辨析 黑体是指能够全部吸收入射于其上的所有外界辐射能量而不反射的物体，这是一个理想模型。作为理想模型的黑体，它的单色吸收比为1，单色反射比为0，它不反射由外界辐射来的能量，但它本身仍要辐射能量，因此黑体的颜色是由它自身辐射的频率决定的。如果黑体的温度不够高，辐射的峰值波长远大于可见光波长，就呈现黑色；如果黑体的温度升高到一定程度，辐射的峰值波长处于可见光范围内，就会呈现各种颜色。所以黑体并不总是黑色的，如炼钢炉炉门上的小孔可近似为黑体，在高温下该小孔看上去就十分明亮。

至于黑色的物体，由于它的单色吸收比并不恒等于1，或者说它的单色反射比并不恒等于0，所以一般不能称为黑体。

当光射入山洞口后，要被洞的内壁多次反射，每反射一次都要损失部分能量，以

致只有很少能量能从山洞口逃逸出来，这样我们从远处就看不到来自外部的反射光；同时，来自山洞内部的辐射（近似看作黑体辐射）峰值波长要进入可见光范围内，山洞内部的温度要达到6000K，温度这样高的山洞是不会有的，故从远处看山洞总是黑的。

问题2　某种金属在一绿光照射下刚能产生光电效应，用紫光或红光照射时，能否产生光电效应？若不能产生光电效应，那么用透镜把光聚焦到金属上，并经历足够长的时间照射，能否产生光电效应？

辨析　这种金属产生光电效应的红限频率为 $\nu_{绿}=\dfrac{A}{h}$，式中 A 为该金属的逸出功。红光的频率 $\nu_{红}<\dfrac{A}{h}$，所以不能产生光电效应；紫光频率 $\nu_{紫}>\dfrac{A}{h}$，所以能够产生光电效应。

要产生光电效应，必须使入射光子的能量大于逸出功，即要有 $h\nu>A$。由于 $\nu_{红}<\dfrac{A}{h}$，所以不论聚焦光强有多大，也不论光照时间有多长，金属都不能产生光电效应。

问题3　为什么在康普顿效应中，散射光波长的偏移量 $\Delta\lambda$ 与散射物质无关？

辨析　康普顿效应是光子与散射物质中的电子发生弹性碰撞的结果。光子与原子核外层束缚较弱的电子碰撞导致散射光波长变长，而光子与内层束缚很紧的电子发生碰撞后光波长并没有明显改变。这些情况都不涉及具体的散射物质，而只与物质中的电子有关，故散射光波长的偏移量与散射物质无关。

问题4　光电效应和康普顿效应都是光子和电子之间的相互作用，这两个过程有什么不同？

辨析　光电效应是指金属内的电子吸收了光子的全部能量而逸出金属表面的现象，此时金属中的电子并不是完全自由的，而是束缚在金属表面以内。而入射光是可见光或紫外光，光子的能量只有几个电子伏特，与原子中的电子所受的束缚能量相差不大。在光电效应过程中，光子与电子做非弹性碰撞，通常一个电子吸收一个光子，光子和电子系统能量守恒，但动量不守恒，一部分动量将被金属材料获得。

而在康普顿效应中，入射光的波长很短，其光子的能量很大，数量级在10^4eV以上，大大地超过了电子的束缚能，此时散射物质中的电子可以看作是完全自由的。散射物质中的电子与光子相互作用可近似地看成是完全弹性碰撞过程，因此，相互作用过程中同时遵守能量守恒定律和动量守恒定律。

问题5　试比较说明氢原子的玻尔模型与行星绕太阳轨道运动模型之间的相似与区别。

辨析　二者的相似之处是行星与电子都围绕着一个大的质量中心旋转。不同之处在于：

（1）行星模型中的相互作用是万有引力，而玻尔氢原子模型中的相互作用力是库仑力。

（2）行星轨道是椭圆的，而玻尔氢原子模型中电子轨道是圆。

（3）行星可在太阳外任何半径处绕太阳旋转，而电子只能在特定的一些半径处运动才是稳定的。

（4）行星可以在各种连续轨道之间发生连续的能量变化，而氢原子中的电子只能在特定轨道之间发生能量变化，并且能量变化是不连续的。

问题6 为什么氢原子能量为负值，它的含义是什么？

辨析 因为电子绕核运动时，所受到核的引力是库仑力，$F \propto \frac{1}{r^2}$，选取无穷远处为零势能点，则势能总是负值，并且其绝对值与$\frac{1}{r}$成正比；又因为电子以原子核的吸引力为向心力，所以其动能的大小也与$\frac{1}{r}$成正比，并且是势能绝对值的一半，故氢原子的总能量为负值。

氢原子的总能量为负值，这表明了原子中的电子受到原子核的束缚，如要摆脱原子核的束缚，电子必须获得足够大的能量，使总能量大于零。

21.4 例题剖析

21.4.1 基本思路

本章重点是对光的量子性概念的理解及有关实验定律和结论的简单应用。题目主要涉及以下几个方面：

（1）黑体辐射实验定律的应用。

（2）光电效应实验定律和光电效应方程的应用。

（3）康普顿效应。

（4）玻尔氢原子理论，包括玻尔假设、氢原子能级公式、轨道半径、波数公式的应用。

通常，只要掌握公式，计算过程一般来说并不复杂。

21.4.2 典型例题

例 21-1 波长为 λ 的单色光照射某金属 M 表面发生光电效应，发射的光电子（电量绝对值为 e，质量为 m），经狭缝 S 后垂直进入磁感应强度为 $\boldsymbol{B}$ 的均匀磁场（见图21-2），今已测出电子在该磁场中做圆周运动的最大半径 R。求

（1）金属材料的逸出功。

（2）遏止电势差。

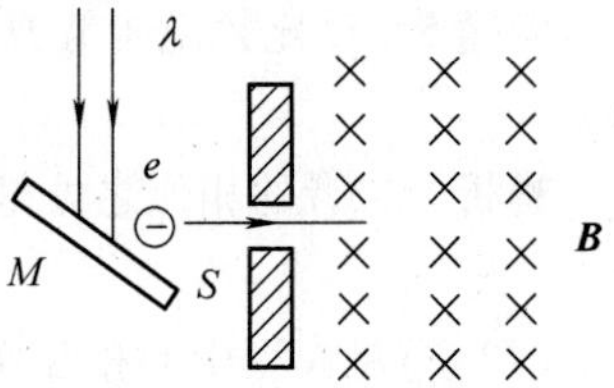

图 21-2 例 21-1 图

分析 光电子垂直进入磁感应强度为 $\boldsymbol{B}$ 的均匀磁场

中，由于受洛伦兹力作用而做圆周运动，根据电子做圆周运动的最大半径 R，可求出电子的运动速度的大小 v，从而算出光电子的最大初动能，根据光电效应方程即可求出金属材料的逸出功及遏止电势差。

解 （1）电子在洛伦兹力作用下做匀速圆周运动，设其速率为 v，则有

$$eBv = m\frac{v^2}{R} \qquad \text{解得} \quad v = \frac{ReB}{m}。$$

根据光电效应方程 $h\nu = \frac{1}{2}mv^2 + A$ 可得

$$A = \frac{hc}{\lambda} - \frac{1}{2}m\left(\frac{ReB}{m}\right)^2 = \frac{hc}{\lambda} - \frac{R^2eB^2}{2m}$$

（2）因为 $e|U_a| = \frac{1}{2}mv^2$，故有 $|U_a| = \frac{mv^2}{2e} = \frac{R^2e^2B^2}{2m}$。

例 21-2 氢原子光谱的巴尔末线系中，有一光谱线的波长为434nm，求

（1）与这一谱线相应的光子能量为多少电子伏特（$1\text{eV} = 1.6 \times 10^{-19}\text{J}$）？

（2）该谱线是氢原子由能级 E_n 跃迁到能级 E_k 产生的，n 和 k 各为多少？

（3）大量氢原子从 $n=5$ 能级向下能级跃迁，最多可以发射几个线系，共几条谱线？请在氢原子能级图中表示出来，并标明波长最短的是哪一条谱线？

分析 光子能量 $\varepsilon = h\nu = h\frac{c}{\lambda}$；氢原子谱系的标志数 k 就是跃迁的下能级对应的主量子数，巴尔末线系其 $k=2$，氢原子各能级对应的能量为 $E_n = \frac{E_1}{n^2}$，其中 $E_1 = -13.6\text{eV}$，所以 $E_2 = -3.4\text{eV}$。根据 $h\nu = E_n - E_2$ 可求出 E_n，进而求出 n；大量氢原子从 n 能级向下跃迁发射的谱线条数为 $C_n^2 = \frac{n!}{(n-2)!\ 2!}$，波长最短的光是原子由最高能级向最低能级跃迁时发出的。

解 （1）光子能量 $h\nu = h\frac{c}{\lambda} = \frac{6.626 \times 10^{-34} \times 3 \times 10^8}{434 \times 10^{-9}}\text{J} = 2.86\text{eV}$

（2）由于此谱线是巴尔末线系其 $k=2$，所以对应能级能量为 $E_2 = -\frac{13.6}{2^2}\text{eV} = -3.4\text{eV}$。

根据 $h\nu = E_n - E_2$，得 $E_n = h\nu + E_2 = 2.86\text{eV} - 3.4\text{eV} = -0.54\text{eV}$。

由 $E_n = \frac{E_1}{n^2}$，得 $n = \sqrt{\frac{E_1}{E_n}} = \sqrt{\frac{-13.6}{-0.54}} = 5$。

（3）从 $n=5$ 能级向下能级跃迁，最多可以发射4个线系，共有10条谱线，其中波长最短的谱线是原子由能级 E_5 向 E_1 跃迁发

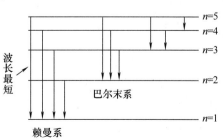

图21-3 例21-2图

出的，如图 21-3 所示。

例 21-3 在康普顿效应中，入射光子的波长为 3.0×10^{-3}nm，反冲电子的速度为光速的 60%，求散射光子的波长及散射角。

分析 首先由康普顿效应中的能量守恒关系式 $h\nu_0+m_0c^2=h\nu+mc^2$，可求出散射光子的波长 λ，式中，m_0 为电子静质量，m 为反冲电子的运动质量。再根据康普顿公式 $\Delta\lambda=\lambda-\lambda_0=\lambda_c(1-\cos\theta)$，求出散射角 θ，式中 $\lambda_c=2.43\times10^{-12}$m，为康普顿波长。

解 根据分析有

$$h\frac{c}{\lambda_0}+m_0c^2=h\frac{c}{\lambda}+mc^2 \tag{1}$$

$$m=m_0(1-v^2/c^2)^{-1/2} \tag{2}$$

$$\lambda-\lambda_0=\lambda_c(1-\cos\theta) \tag{3}$$

由式（1）和式（2）可求得散射光的波长

$$\lambda=\frac{4h\lambda_0}{4h-\lambda_0m_0c}=4.35\times10^{-3}\text{m}$$

将 λ 值代入式（3），得散射角

$$\theta=\arccos\left(1-\frac{\lambda-\lambda_0}{\lambda_c}\right)=\arccos0.444=63°36'$$

21.5 能力训练

一、选择题

1. 用频率为 ν_1 的单色光照射某一种金属时，测得光电子的最大动能为 E_{k1}；用频率为 ν_2 的单色光照射另一种金属时，测得光电子的最大动能为 E_{k2}。如果 $E_{k1}>E_{k2}$，那么（　　）。

A. ν_1 一定大于 ν_2　　B. ν_1一定小于 ν_2

C. ν_1一定等于 ν_2　　D. ν_1可能大于也可能小于 ν_2

2. 已知一单色光照射在钠表面上，测得光电子的最大动能是 1.2eV，而钠的红限波长是 540nm，那么入射光的波长是（　　）。

A. 535nm　　B. 500nm

C. 435nm　　D. 355nm

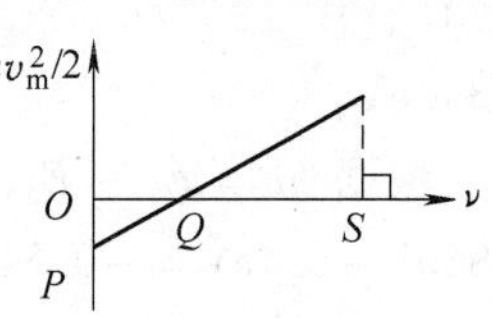

图 21-4　选择题 3 图

3. 光电效应中发射的光电子最大初动能随入射光频率 ν 的变化关系如图 21-4 所示。由图中的（　　）可以直接求出普朗克常量。

A. OQ　　B. OP　　C. OP/OQ　　D. QS/OS

4. 光子能量为 0.5MeV 的 X 射线，入射到某种物质上而发生康普顿散射。若反冲

电子的能量为 0.1MeV，则散射光波长的改变量 $\Delta\lambda$ 与入射光波长 λ_0 之比值为（　　）。

A. 0.20　　B. 0.25　　C. 0.30　　D. 0.35

5. 一些材料的逸出功如下：铍 3.9eV、钯 5.0eV、铯 1.9eV、钨 4.5eV。要制造能在可见光（频率范围为 $3.9\times10^{14}\sim7.5\times10^{14}$Hz）下工作的光电管，在这些材料中应选（　　）。

A. 钨　　B. 钯　　C. 铯　　D. 铍

6. 用 X 射线照射物质时，可以观察到康普顿效应，即在偏离入射光的各个方向上观察到散射光，这种散射光中（　　）。

A. 只包含与入射光波长相同的成分

B. 既有与入射光波长相同的成分，也有波长变长的成分。波长的变化只与散射方向有关，与散射物质无关

C. 既有与入射光相同的成分，也有波长变长的成分和波长变短的成分。波长的变化既与散射方向有关，也与散射物质有关

D. 只包含着波长变长的成分，其波长的变化只与散射物质有关与散射方向无关

7. 要使处于基态的氢原子受激发后能发射赖曼系（由激发态跃迁到基态发射的各谱线组成的谱线系）的最长波长的谱线，至少应向基态氢原子提供的能量是（　　）。

A. 1.5eV　　B. 3.4eV　　C. 10.2eV　　D. 13.6eV

8. 由氢原子理论知，当大量氢原子处于 $n=3$ 的激发态时，原子跃迁将发出（　　）。

A. 一种波长的光　　B. 两种波长的光　　C. 3 种波长的光　　D. 连续光谱

9. 按照玻尔理论，电子绕核做圆周运动时，电子的动量矩 L 的可能值为（　　）。

A. 任意值　　B. nh，$n=1, 2, 3, \cdots$

C. $2\pi nh$，$n=1, 2, 3, \cdots$　　D. $nh/2\pi$，$n=1, 2, 3, \cdots$

10. 若用里德伯常量 R 表示氢原子光谱的最短波长，则可写成（　　）。

A. $\lambda_{min}=1/R$　　B. $\lambda_{min}=2/R$　　C. $\lambda_{min}=3/R$　　D. $\lambda_{min}=4/R$

二、填空题

1. 光子波长为 λ，则其能量 = ________；动量的大小 = ________；质量 = ________。

2. 当波长为 300nm 的光照射在某金属表面时，光电子的动能范围为 $0\sim4.0\times10^{-19}$J，此时遏止电压为 $|U_a|$ = ________ V；红限频率 ν_0 = ________ Hz。

（普朗克常量 $h=6.63\times10^{-34}$J·s，基本电荷 $e=1.60\times10^{-19}$C。）

3. 若一无线电接收机接收到频率为 10^8Hz 的电磁波的功率为 1μW，则每秒接收到的光子数为____________。（普朗克常量 $h=6.63\times10^{-34}$J·s。）

4. 分别以频率为 ν_1 和 ν_2 的单色光照射某一光电管。若 $\nu_1>\nu_2$（均大于红限频率 ν_0），则当两种频率的入射光的光强相同时，所产生的光电子的最大初动能 E_1 ____ E_2；所产生的饱和光电流 I_{s_1} ____ I_{s_2}。（用“>”、“=”或“<”填入）

5. 在康普顿散射中，若入射光子与散射光子的波长分别为 λ 和 λ'，则反冲电子获得的动能 E_k = ____________。

6. 氢原子基态的电离能是________ eV，电离能为 +0.544eV 的激发态氢原子，其电子处在 n =____的轨道上运动。

7. 氢原子从能量为 -0.85eV 的状态跃迁到能量为 -3.4eV 的状态时，所发射的光子能量是____ eV，这是电子从 $n=$____的能级到 $n=2$ 的能级的跃迁。

8. 处于基态的氢原子吸收了 13.06eV 的能量后，可激发到 $n=$________的能级，当它跃迁回到基态时，可能辐射的光谱线有________条。

9. 玻尔的氢原子理论的 3 个基本假设是：（1）______________________________；（2）______________________________；（3）______________________________。

三、计算题

1. 以波长 $\lambda=410\text{nm}$ 的单色光照射某一金属，产生的光电子的最大动能 $E_k=1.0\text{eV}$，求能使该金属产生光电效应的单色光的最大波长是多少？（普朗克常量 $h=6.63\times10^{-34}\text{J}\cdot\text{s}$。）

2. 处于第一激发态的氢原子被外来单色光激发后，发射的光谱中仅观察到 3 条巴耳末系光谱线。试求这 3 条光谱线中波长最长的那条谱线的波长以及外来光的频率。（里德伯常量 $R=1.097\times10^7/\text{m}$。）

3. 试估计处于基态的氢原子被能量为 12.09eV 的光子激发时，其电子的轨道半径增加多少倍？

4. 氢原子光谱的巴耳末线系中，有一光谱线的波长为 434nm，试求

（1）与这一谱线相应的光子能量为多少电子伏特？

（2）该谱线是氢原子由能级 E_n 跃迁到能级 E_k 产生的，n 和 k 各为多少？

（3）最高能级为 E_5 的大量氢原子，最多可以发射几个线系，共几条谱线？请在氢原子能级图中表示出来，并说明波长最短的是哪一条谱线。

参考答案

一、选择题

1. D　2. D　3. C　4. B　5. C　6. B　7. C　8. C　9. D　10. A

二、填空题

1. hc/λ，h/λ，$h/\lambda c$；2. 2.5，4.0×10^{14}；3. 1.5×10^{19}；4. >，=；5. $hc\dfrac{\lambda'-\lambda}{\lambda\lambda'}$；6. 13.6，5；7. 2.55，4；8. 5，10；9. 量子化定态假设，量子化跃迁的频率法则，$\nu_{kn}=\dfrac{|E_k-E_n|}{h}$，角动量量子化假设 $L=\dfrac{nh}{2\pi}$，$n=1, 2, 3, \cdots$。

三、计算题

1. **解** $\dfrac{hc}{\lambda}=E_k+\dfrac{hc}{\lambda_0}$，$\lambda_0=\dfrac{hc\lambda}{hc-E_k\lambda}=612\text{nm}$。

2. **解** 巴耳末线系 $\dfrac{1}{\lambda}=R\left(\dfrac{1}{2^2}-\dfrac{1}{n^2}\right)$，$\lambda=\dfrac{1}{R}\dfrac{2^2n^2}{n^2-2^2}$，$\lambda_{max}=\dfrac{1}{R}\dfrac{2^2\cdot3^2}{3^2-2^2}=656\text{nm}$，氢

原子最高被激发到 $n=5$ 的激发态，外来光子频率为 $\nu=Rc\left(\frac{1}{2^2}-\frac{1}{5^2}\right)=6.91\times10^{14}\text{Hz}$。

3. **解**　$E_n\leqslant\frac{E_1}{n^2}\leqslant E_1+h\nu=-1.51\text{eV}$，得 $n=3$，$r_n=n^2r_1=9r_1$，电子的轨道半径增加 9 倍。

4. **解**　（1）$h\nu=hc/\lambda=2.86\text{eV}$。

（2）巴耳末线系 $k=2$，$h\nu=Rhc\left(\frac{1}{2^2}-\frac{1}{n^2}\right)=13.6\left(\frac{1}{2^2}-\frac{1}{n^2}\right)\text{eV}$，得 $n=5$。

（3）最多可以发射 4 个线系，共 10 条谱线，最短波长为 $n=5$ 跃迁到 $n=1$ 的谱线。图略。

第 22 章　微观粒子的波动性和状态描述

22.1　知识网络

微观粒子的波动性和状态描述

德布罗意波　波长 $\lambda = h/p = h/(mv)$

电子衍射实验—证实德布罗意波的存在

实物粒子具有波粒二象性

不确定关系
$\Delta x \cdot \Delta p_x \geqslant h$，$\Delta E \cdot \Delta t \geqslant h$

波函数 $\Psi(r,t)$
微观粒子的运动状态用波函数 $\Psi(r,t)$ 描述

标准化条件
单值、连续、有限
归一化条件：
$\int_V \Psi^* \Psi \mathrm{d}V = 1$

波函数的统计意义：
$|\Psi|^2$ 表示某时刻粒子
出现在某位置附近的
概率密度

态叠加原理：
$\Psi = C_1 \Psi_1 + C_2 \Psi_2$

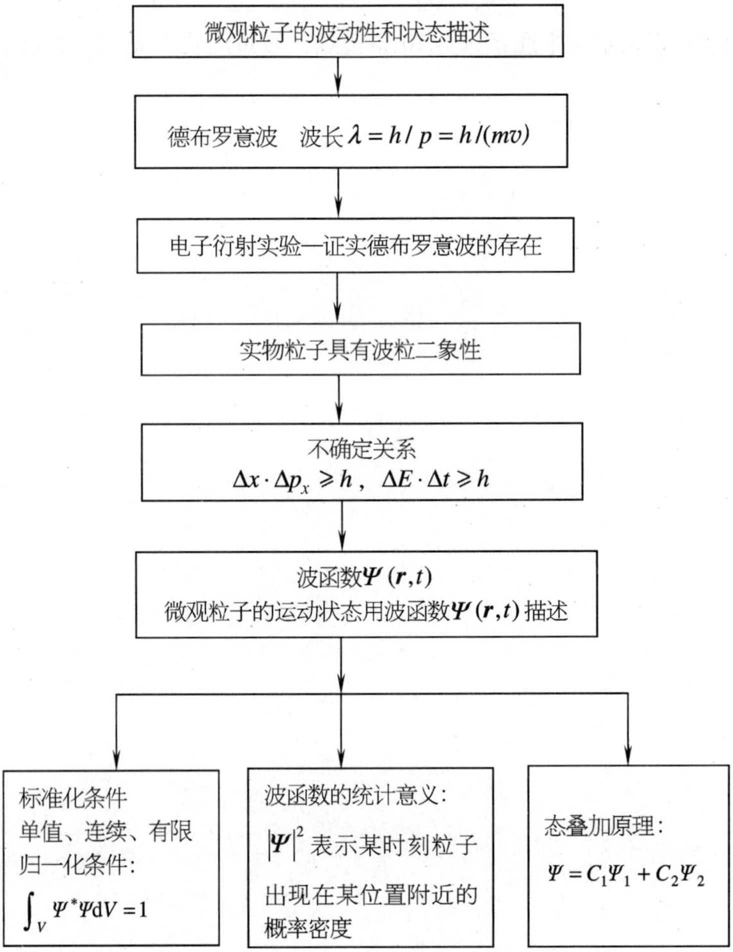

22.2　学习指导

22.2.1　实物粒子的波粒二象性

1924 年，光的波粒二象性已被人们所接受，但这种二象性有没有普遍的意义呢？德布罗意从自然界的对称性出发，大胆地提出假设，即实物粒子也具有波动性，并认为质量为 m 的自由粒子以速度 运动时，从粒子性看，具有能量 E 和动量 $\boldsymbol{p}$；从波动性看，又具有波长 λ 和频率 ν，这些物理量之间也和光子一样遵从类似的规律：

$$E = mc^2 = h\nu \tag{22-1}$$

$$p = mv = h/\lambda \tag{22-2}$$

这种与实物粒子相联系的波称为物质波或德布罗意波，其波长称为德布罗意波长。

对于一个具有静止质量 m_0 的粒子，若以速率 v 运动，则相应的德布罗意波长为

$$\lambda = \frac{h}{p} = \frac{h}{mv} = \frac{h}{m_0 v}\sqrt{1 - \frac{v^2}{c^2}} \tag{22-3}$$

当 $v \ll c$ 时，可忽略相对论效应，其波长为

$$\lambda = \frac{h}{m_0 v} \tag{22-4}$$

用粒子动能 E_k 表示

$$\lambda = \frac{h}{\sqrt{2m_0 E_k}} \tag{22-5}$$

当电子由静止经电压为 U 的电场加速后有　$E_k = eU$

$$\lambda = \frac{h}{\sqrt{2em_0}} \cdot \frac{1}{\sqrt{U}} = \frac{1.225}{\sqrt{U}}\text{nm} \tag{22-6}$$

当 $U = 100\text{V}$ 时，$\lambda = 0.125\text{nm}$；当 $U = 10000\text{V}$ 时，$\lambda = 0.0125\text{nm}$。

可见，通常情况下，电子的德布罗意波长是很短的，与 X 射线的波长和晶体常数相近。如果电子具有波动性，则可以用晶体这种特殊的“光栅”来观察电子波的衍射效应。1927 年，戴维逊和革末用电子在镍单晶上的衍射实验证实了物质波的存在。不仅如此，人们后来还相继发现了原子、分子、质子、中子等其他微观粒子也都具有波动性。

（1）所有的实物粒子，无论是宏观的还是微观的，都具有波粒二象性。电子衍射实验之所以能成功，首先应归功于镍单晶的晶格常数（相当于衍射光栅的光栅常数）足够小（与电子的德布罗意波长有相同的数量级）。任何干涉、衍射装置，只要其缝宽比波长大得多，波动性就不会表现出来。而宏观物体质量较大，λ 很小，波长与物体尺寸相比可忽略不计。例如，质量 $m = 1\text{g}$，速度 $v = 1\text{m} \cdot \text{s}^{-1}$ 的小球，相应的 $\lambda = 6.6 \times 10^{-31}\text{nm}$，波长如此之小，以至于任何装置都不能显示出这一波动性。一般说来，波长越长，波动性越明显；波长越短，粒子性越明显。

(2) 实物粒子的波粒二象性不是经典粒子与经典波的简单统一，正确的认识是要抓住粒子性与波动性的本质特征。经典粒子的本质特征是粒子的“原子性”摒弃了“不发生相干叠加”的要求；经典波的本质特征是波的“相干叠加性”摒弃了“连续性”的要求。波粒二象性描写的是同一客体的两个方面，但可能在不同的情形下将突出其中的一个方面。粒子性与波动性“非此即彼”的观念是经典的观念，在微观领域中是不成立的。因此，微观粒子就其本性来说，既不是经典概念的粒子，也不是经典概念的波。波粒二象性永远共存于物质之中。

(3) 由粒子（静止质量 $m_0 \neq 0$）的能量 E 求德布罗意波长时应注意，不能将 $\nu = E/h$ 代入公式 $\lambda = c/\nu$ 来求解，因为 $\lambda = v/\nu \neq c/\nu$。正确的解法应由 $E = p^2/2m_0$（相对论情况时由 $E = \sqrt{p^2c^2 + m_0^2c^4}$）求出与 E 对应的 p，再由 $\lambda = h/p$ 求出波长。

22.2.2 不确定关系

由于微观粒子具有波动性，因而不能同时准确确定其位置和动量。对一维运动的粒子，位置的不确定范围 Δx 和动量的不确定范围 Δp_x 之间有以下关系

$$\Delta x \cdot \Delta P_x \geqslant h \tag{22-7}$$

式 (22-7) 称为坐标和动量的不确定关系式。

(1) 不确定关系表明，粒子的位置和动量不可能同时确定。粒子在某一方向的坐标测得越准确，则该方向上的动量测量就越不准确；反之亦然。若粒子位置完全确定（$\Delta x = 0$），则动量完全不确定（$\Delta p_x = \infty$）；若动量完全确定（$\Delta p_x = 0$），则位置完全不确定（$\Delta x = \infty$）。

(2) 普朗克常量 h 是量子效应是否明显的判据。可以说，凡是普朗克常量 h 起作用的地方，即在 $\Delta x \cdot \Delta P_x \geqslant h$ 中，h 不可忽略时，都有明显的量子效应，需用量子力学来处理；反之，在普朗克常量 h 不起作用的场合，即在 $\Delta x \cdot \Delta P_x \geqslant h$ 中，h 可忽略时，就可看成宏观现象，并能用经典力学来处理。所以普朗克常量 h 实际上是一个判据，它告诉人们何时不能用经典力学而必须用量子力学来处理问题。

(3) 不确定关系反映了经典物理概念的局限性。人们认为物质兼有粒子性与波动性，但它不是纯粹的经典粒子，也不是纯粹的经典波，这些概念被量子力学借用，必须经过修正，而不确定关系反映了这一修正。它给出了这两个概念能够被借用的程度，即用粒子图像描述物质运动要受到不确定关系的制约。

(4) 不确定关系与测量仪器的精度无关。无论怎样改善仪器和测量方法，测量准确度都不能超过不确定关系给出的限度。

(5) 微观粒子没有确定的轨道。对于宏观物体（质点）的运动问题，由初位置和初速度及受力情况，可以完全确定此后各时刻的位置和速度，从而也确定了质点运动的轨道。对于微观粒子则不同，由于其位置和动量不能同时确定，于是在微观粒子运动过程中，没有确定的轨道。可以说在量子力学中，“轨道”的概念已失去意义。

(6) 时间和能量的不确定关系为

$$\Delta t \cdot \Delta E \geqslant h \tag{22-8}$$

22.2.3　物质波的波函数

1. 波函数

波的传播状态可用一个函数式表示出来，这个函数就是波函数。量子力学中的波函数是一个假设，将经典波函数的一般复数形式用德布罗意波粒二象性改造成带有粒子性的波函数。

一个能量为 E，动量为 p 的自由粒子，相当于一个波长为 $\lambda = h/p$、频率为 $\nu = E/h$ 并沿 x 轴方向传播的平面单色波。仿照电磁波的表达式，可将一个频率为 ν、波长为 λ 的物质波波函数定义为

$$\Psi(x,t) = \psi_0 \mathrm{e}^{-\frac{i}{\hbar}(Et - Px)} \tag{22-9}$$

式中，ψ_0 是波函数 $\Psi(x,t)$ 的振幅；$\hbar = h/2\pi$。

自由粒子做三维运动时的波函数为

$$\Psi(\boldsymbol{r},t) = \psi_0 \mathrm{e}^{\frac{-i}{\hbar}(Et - \boldsymbol{p}\cdot\boldsymbol{r})} \tag{22-10}$$

（1）波函数 $\Psi(x,y,z,t)$ 本身不代表物理量，只代表微观粒子的态，微观粒子的运动状态用波函数描写，是量子力学的基本假定。波函数又称态函数。

（2）由德布罗意公式可知，自由粒子的物质波是单色平面波。若粒子受到外界的作用，粒子的动量和能量不再是常数，这时物质波就不再是平面波的形式。

（3）波函数满足态叠加原理。如果波函数 Ψ_1，Ψ_2，…，Ψ_n 是描述微观体系几个可能的状态，则它们的线性叠加

$$\Psi = \sum_i C_i \Psi_i \tag{22-11}$$

也是这个体系的一个可能状态。态叠加是微观粒子波动性的必然结果。

2. 波函数的统计意义

用光波和物质波对比的方法很容易理解波函数的物理意义。

从波动观点看，光衍射图样亮处光强大，暗处光强小。光强与光振动的振幅的平方成正比，所以图样亮处光振动的振幅大，暗处光振动的振幅小。

从粒子观点看，光强大的地方单位时间到达该处的光子数多，光强小的地方单位时间到达该处的光子数少。

从统计的观点看，光子到达亮处的概率大于光子到达暗处的概率。

电子衍射图样和光的衍射图样类似，对微观粒子来说，也应有类似的结论。

（1）波函数的统计意义　波函数模的平方表示粒子某一时刻在某一位置附近单位体积内出现的概率，称为概率密度，即

$$\omega = |\Psi(\boldsymbol{r},t)|^2 = \Psi \cdot \Psi^* \tag{22-12}$$

这就是玻恩提出的波函数的统计解释。

t 时刻粒子在空间 $\boldsymbol{r}$ 附近体积元 $\mathrm{d}V$ 中出现的概率为 $\mathrm{d}P = |\Psi|^2 \mathrm{d}V$。

（2）波函数的标准条件　波函数必须满足的条件：单值、连续、有限。

(3) 波函数的归一化条件

$$\int_V |\Psi|^2 \mathrm{d}V = 1 \tag{22-13}$$

物质波是一种概率波，它既不代表运动的粒子，也不代表粒子的运动，它反映的是微观粒子运动的统计规律性。由于微观粒子具有波动行为，无法准确判断出粒子在各个时刻的位置，因此，对微观粒子讨论运动的轨道是没有意义的。但是，如果已知粒子的波函数，就能从其振幅的平方中求出在任一时刻粒子在空间各点出现的概率密度。

22.3 问题辨析

问题 1 在我们日常生活中，为什么觉察不到粒子的波动性和电磁辐射的粒子性？

辨析 事实上，任何运动的粒子都具有波动性，其波长可以用德布罗意关系 $\lambda = \dfrac{h}{p}$ 来计算，只是波长的长短不同而已。日常生活中常见的宏观粒子一般质量较大，当它被视为波时，由于其波长极短，因而不显示波动性。例如，质量 $m = 1 \times 10^{-3}\mathrm{kg}$ 的小球，以 $v = 10\mathrm{m \cdot s^{-1}}$ 的速度运动时，则其德布罗意波长 $\lambda = \dfrac{h}{mv} = \dfrac{6.63 \times 10^{-34}\mathrm{J \cdot s}}{1 \times 10^{-3}\mathrm{kg} \times 10\mathrm{m \cdot s^{-1}}} = 6.63 \times 10^{-32}\mathrm{m}$。波长如此之短，我们当然无法觉察到粒子的波动性。

同样，一般电磁辐射（如无线电波）的波长都较长，对应的动量很小，例如波长 $\lambda = 1\mathrm{m}$，则 $p = \dfrac{h}{\lambda} = \dfrac{6.63 \times 10^{-34}\mathrm{J \cdot s}}{1\mathrm{m}} = 6.63 \times 10^{-34}\mathrm{kg \cdot m \cdot s^{-1}}$。动量如此之小，我们也无法觉察到其粒子性。

问题 2 如果普朗克常数 $h \to 0$，对波粒二象性会有什么影响？

辨析 如果 $h \to 0$，那么对于粒子，其德布罗意波长 $\lambda = \dfrac{h}{p} \to 0$，不显示波动性。另一方面，对于光子，其能量 $E = h\nu \to 0$，质量 $m = \dfrac{E}{c^2} \to 0$，动量 $p = \dfrac{h\nu}{c} \to 0$，不显示粒子性。

问题 3 为什么说不确定关系与实验技术或仪器精度无关？

辨析 不确定关系的存在不是测量问题，不是由于测量仪器不完善或实验技术不高明所引起的，而是原理性的问题，它的存在完全是由微观粒子的本质所决定的，无论怎样改善仪器和测量方法，测量准确度都不能超过不确定关系给出的限度。

问题 4 微观粒子具有明显的波粒二象性，不能同时准确地确定它的位置和动量，那么是不是对一切微观粒子都不能讲它的轨道运动呢？

辨析 这需要根据不确定关系做具体分析。例如有一束电子射线，其中电子的速度为 $v = 10^5\mathrm{m \cdot s^{-1}}$，若速度测量误差可精确到千分之一，即 $\Delta v = 10^2\mathrm{m \cdot s^{-1}}$，则由不确定关系可知位置的不确定量为

$$\Delta x=\frac{h}{m\Delta v}=\frac{6.63\times10^{-34}\text{J}\cdot\text{s}}{9.1\times10^{-31}\text{kg}\times10^{2}\text{m}\cdot\text{s}^{-1}}=7.3\times10^{-6}\text{m}。$$

可见，虽然电子是微观粒子，但在这种条件下，它的位置和动量可以认为能够同时确定。此时不确定关系实际上已经不起作用，可以用经典力学研究电子的运动，讲电子做轨道运动是完全可以的。但是，如果不确定关系对粒子的运动起着明显的作用，就不能用经典力学的规律，而必须用量子力学来处理。

问题 5　有人从不确定关系得出“微观粒子的运动状态是无法确定的”的结论，你认为对吗？为什么？

辨析　微观粒子的本质是具有波粒二象性，它的运动状态虽然不能用某时刻的坐标和动量来确定，但可以用波函数来描述，用粒子在空间出现的概率来确定它的运动状态。

22.4　例题剖析

22.4.1　基本思路

本章重点是对德布罗意波、不确定关系及德布罗意波波函数等概念和规律的理解。题目主要涉及以下几方面：

（1）德布罗意波波长的计算。

（2）用不确定关系进行估算。

（3）波函数的统计意义、归一化常数及概率分布的计算。

22.4.2　典型例题

例 22-1　若电子和光子的波长均为 0.2nm，则它们的动量和动能各为多少？

分析　光子的静止质量 $m_0=0$，静能 $E_0=0$，其动能、动量均可由德布罗意关系式 $E=h\nu$，$p=h/\lambda$ 求得；而电子的动能为 $E_k=E-E_0=\sqrt{p^2c^2+m_0^2c^2}-m_0^2c^2<pc$。本题中因电子的 $pc=(hc)/\lambda=6.21\text{keV}\ll E_0=0.512\text{MeV}$，所以 $E_k\ll E_0$，因而可以不考虑相对论效应，电子的动能可用 $E_k=p^2/(2m_0)$ 计算。

解　由于光子与电子的波长相同，它们的动量均为

$$p=\frac{h}{\lambda}=\frac{6.63\times10^{-34}}{2.0\times10^{-10}}\text{kg}\cdot\text{m}\cdot\text{s}^{-1}=3.31\times10^{-24}\text{kg}\cdot\text{m}\cdot\text{s}^{-1}$$

光子的动能为　$E_k=pc=3.31\times10^{-24}\times3\times10^{8}\text{J}=9.93\times10^{-16}\text{J}=6.21\text{keV}$

电子的动能为　$E_k=\dfrac{p^2}{2m_0}=\dfrac{(3.31\times10^{-24})^2}{2\times9.11\times10^{-31}}\text{J}=6.01\times10^{-18}\text{J}=37.6\text{eV}$

由上述计算可知，对于波长相同的光子与电子来说，电子的动能小于光子的动能。很显然，在分辨率相同的情况下（分辨率 $\propto1/\lambda$），电子束对样品损害较小，这也是电

子显微镜优于光学显微镜的一个方面。

例 22-2 试证明自由粒子的不确定关系式可写成

$$\Delta x \Delta \lambda \geqslant \lambda^2$$

式中，λ 为自由粒子的德布罗意波长。

分析 找出 Δp 与 $\Delta \lambda$ 的关系是本题求证的关键。为此，将动量 $p = \dfrac{h}{\lambda}$ 的关系取增量，有 $\Delta p = -\dfrac{h}{\lambda^2}\Delta \lambda$，若只考虑其变化量的大小，负号可略去，将其代入不确定关系式即可得证。

证 自由粒子的不确定关系式为 $\Delta x \Delta p_x \geqslant h$

取 Δx 沿运动方向，则 $\Delta p_x = \Delta p$，即

$$\Delta p = \Delta\left(\frac{h}{\lambda}\right) = \frac{h\Delta \lambda}{\lambda^2}$$

由于 $\Delta \lambda$ 的存在，说明动量不确定的自由粒子，其波列不是无限长，而是在一定范围内。Δx 即为波列长度，因此

$$\Delta x \Delta p_x = \Delta x \cdot \frac{h\Delta \lambda}{\lambda^2} \geqslant h$$

故有

$$\Delta x \Delta \lambda \geqslant \lambda^2$$

例 22-3 设一维运动的粒子处在如下状态

$$\psi(x) = Axe^{-\lambda x} \qquad (x \geqslant 0)$$
$$\psi(x) = 0 \qquad (x < 0)$$

其中 $\lambda > 0$，求（1）归一化常数 A 和归一化波函数；（2）该粒子位置坐标的概率分布；（3）何处粒子出现的概率最大？何处粒子出现的概率最小？

分析 描述微观粒子运动状态的波函数 $\psi(x)$ 并不像经典波那样代表实在的物理量，而是刻画粒子在空间的概率分布。用 $|\psi(x)|^2$ 表示粒子在空间某一点附近单位体积元内出现的概率，又称粒子位置坐标的概率分布函数，由于粒子在空间所有点出现的概率之和恒为1，即 $\int_{-\infty}^{\infty} |\psi(x)|^2 dV = 1$，称为归一化条件。由此可确定波函数中的待定系数 A 和归一化后的波函数，然后针对概率分布函数 $|\psi(x)|^2$，采用高等数学中常用的求极值的方法，可求出粒子在空间出现概率最大或最小的位置。

解 （1）由归一化条件 $\int_{-\infty}^{\infty} |\psi(x)|^2 dx = 1$，有

$$\int_{-\infty}^{0} 0^2 dx + \int_{0}^{\infty} A^2x^2e^{-2\lambda x}dx = \int_{0}^{\infty} A^2x^2e^{-2\lambda x}dx = \frac{A^2}{4\lambda^3} = 1$$

解得

$$A = 2\lambda\sqrt{\lambda}$$

归一化后的波函数为

$$\psi(x) = 2\lambda\sqrt{\lambda}xe^{-\lambda x} \qquad (x \geqslant 0)$$
$$\psi(x) = 0 \qquad (x < 0)$$

（2）粒子的概率分布函数为

$$|\psi(x)|^2 = 4\lambda^3 x^2 e^{-2\lambda x} \qquad (x \geqslant 0)$$

$$|\psi(x)|^2 = 0 \qquad (x < 0)$$

（3）对 $x \geqslant 0$ 范围内，由极值条件 $\frac{d}{dx}|\psi(x)|^2 = 0$，可得

$$4\lambda^3[2xe^{-2x} + x^2(-2\lambda)e^{-2\lambda x}] = 0$$

解得　$x=0$、$x=\frac{1}{\lambda}$和 $x\to\infty$ 时，$|\psi(x)|^2$ 有极值。由二阶导数$\frac{d^2}{dx^2}|\psi(x)|^2$ 可知，$x=0$、$x\to\infty$ 处，$|\psi(x)|^2$ 最小；$x=\frac{1}{\lambda}$处，$|\psi(x)|^2$ 最大。

22.5　能力训练

一、选择题

1. 静止质量不为零的微观粒子做高速运动，这时粒子物质波的波长 λ 与速度 v 有如下关系（　　）。

A. $\lambda \propto v$　　B. $\lambda \propto 1/v$　　C. $\lambda \propto \sqrt{\frac{1}{v^2}-\frac{1}{c^2}}$　　D. $\lambda \propto \sqrt{c^2 - v^2}$

2. 若 α 粒子（电荷为 $2e$）在磁感应强度为 $\boldsymbol{B}$ 的均匀磁场中沿半径为 R 的圆形轨道运动，则 α 粒子的德布罗意波长是（　　）。

A. $h/2eRB$　　B. h/eRB　　C. $1/2eRBh$　　D. $1/eRBh$

3. 电子显微镜中的电子从静止开始通过电势差为 U 的静电场加速后，其德布罗意波长是 0.04nm，则 U 约为（　　）。

A. 150V　　B. 330V　　C. 630V　　D. 940V

4. 如果两种不同质量的粒子，其德布罗意波长相同，则这两种粒子的（　　）。

A. 动量相同　　B. 能量相同　　C. 速度相同　　D. 动能相同

5. 设粒子运动的波函数图线如图 22-1 所示，那么其中确定粒子动量的精确度最高的波函数是（　　）。

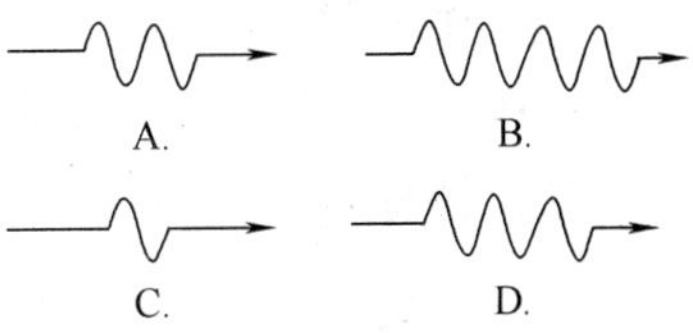

图 22-1　选择题 5 图

二、填空题

1. 在戴维孙-革末电子衍射实验装置中，自热阴极 K 发射出的电子束经 $U = 500\text{V}$ 的电势差加速后投射到晶体上。这电子束的德布罗意波长 $\lambda =$ ________ nm。

2. 在 $B = 1.25 \times 10^{-2}\text{T}$ 的匀强磁场中，沿半径为 $R = 16.6\text{mm}$ 的圆轨道运动的 α 粒子的德布罗意波长是________。

3. 为使电子的德布罗意波长为 0.1nm，需要的加速电压为________。

4. 当电子的德布罗意波长与可见光波长（$\lambda = 550\text{nm}$）相同时，它的动能是____ eV。

5. 波长 $\lambda=500\text{nm}$ 的光沿 x 轴正向传播，若光的波长的不确定量 $\Delta\lambda=10^{-4}\text{nm}$，则利用不确定关系式 $\Delta x\Delta p_x\geqslant h$ 可得光子的 x 坐标的不确定量至少为__________。

6. 一维运动的粒子，其动量的不确定量等于它的动量，则此粒子的位置不确定量 Δx 与它的德布罗意波长 λ 的关系为________。（不确定关系式 $\Delta x\Delta p_x\geqslant h$。）

三、计算题

1. 质量为 m_e 的电子被电势差 $U=100\text{kV}$ 的电场加速，如果考虑相对论效应，试计算其德布罗意波的波长。若不用相对论计算，则相对误差是多少？（电子静止质量 $m_e=9.11\times10^{-31}\text{kg}$，普朗克常量 $h=6.63\times10^{-34}\text{J}\cdot\text{s}$，基本电荷 $e=1.6\times10^{-19}\text{C}$。）

2. 能量为 15eV 的光子，被处于基态的氢原子吸收，使氢原子电离发射一个光电子，求此光电子的德布罗意波长。

3. 若光子的波长和电子的德布罗意波长均为 λ，试求光子的质量与电子的质量之比。$\left(\text{提示：电子质量 } m_e=\dfrac{m_{e0}}{\sqrt{1-(v/c)^2}},\ m_{e0}\text{为电子静止质量。}\right)$

四、问答题

1. 用经典力学的物理量（例如，坐标、动量等）描述微观粒子的运动时，存在什么问题？原因何在？

2. 两种粒子的波函数如图 22-2 所示，若用位置和动量描述它们的运动状态，两者中哪一粒子位置的不确定量较大？哪一粒子的动量的不确定量较大？为什么？

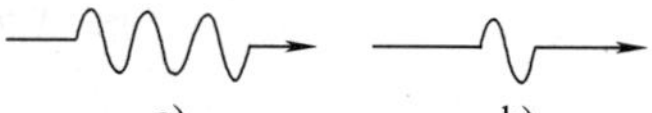

图 22-2 问答题 2 图

参 考 答 案

一、选择题

1. C　2. A　3. D　4. A　5. B

二、填空题

1. 0.0549；2. 0.01nm；3. 150V；4. 5.0×10^{-6}；5. 2.5m；6. $\Delta x\geqslant\lambda$。

三、计算题

1. 考虑相对论效应 $\lambda=\dfrac{h}{p}=\dfrac{hc}{\sqrt{E_k(E_k+2E_0)}}=\dfrac{hc}{\sqrt{eU(eU+2m_ec^2)}}=3.71\times10^{-12}\text{m}$

不考虑相对论效应，$\lambda'=\dfrac{h}{p}=\dfrac{h}{\sqrt{2m_eE_k}}=\dfrac{h}{\sqrt{2m_eeU}}=3.88\times10^{-12}\text{m}$

相对误差为 $\dfrac{|\lambda'-\lambda|}{\lambda}\times100\%=4.6\%$

2. $E_k=h\nu+E_1=1.4\text{eV}$，$\lambda=\dfrac{h}{p}=\dfrac{h}{\sqrt{2m_eE_k}}=1.04\text{nm}$。

3. 由 $\left.\begin{matrix} p_{\mathrm{r}} = m_{\mathrm{r}}c = h/\lambda \\ p_{\mathrm{e}} = m_{\mathrm{e}}v = h/\lambda \end{matrix}\right\}$ 得 $\frac{m_{\mathrm{r}}}{m_{\mathrm{e}}} = \frac{v}{c}$，由 $m_{\mathrm{e}} = \frac{m_{\mathrm{e0}}}{\sqrt{1-(v/c)^2}}$，得

$$v = \frac{c}{\sqrt{1+(m_{\mathrm{e0}}\lambda_c/h)^2}}，所以\frac{m_{\mathrm{r}}}{m_{\mathrm{e}}} = \frac{1}{\sqrt{1+(m_{\mathrm{e0}}\lambda_c/h)^2}}。$$

四、问答题

1. **答**：用经典力学的物理量例如坐标、动量等只能在一定程度内近似地描述微观粒子的运动，坐标 x 和动量 p_x 存在不确定量 Δx 和 Δp_x，它们之间必须满足不确定关系式 $\Delta x \Delta p_x \geqslant h$，这是由于微观粒子具有波粒二象性的缘故。

2. **答**：由图可知，a 粒子位置的不确定量较大。又根据不确定关系式 $\Delta x \Delta p_x \geqslant h$ 可知，由于 b 粒子位置的不确定量较小，故 b 粒子动量的不确定量较大。

第 23 章　薛定谔方程

23.1　知识网络

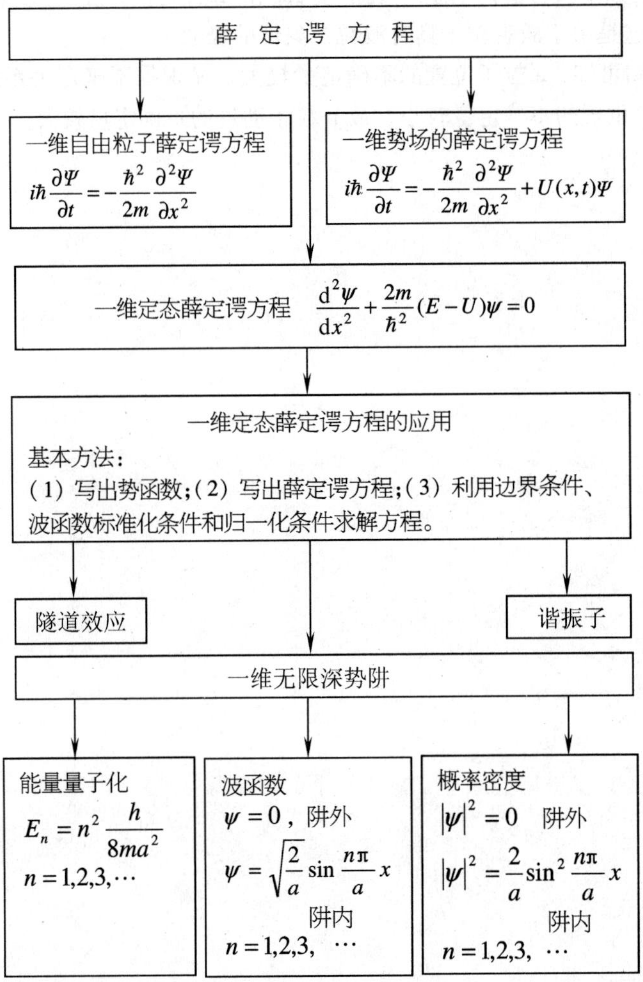

23.2　学习指导

23.2.1　薛定谔方程

量子力学中微观粒子的状态用波函数来描述，决定粒子状态变化的方程是薛定谔方程。

1. 含时薛定谔方程

$$i\hbar\frac{\partial\Psi(\boldsymbol{r},t)}{\partial t}=\left[-\frac{\hbar^2}{2m}\nabla^2+U(\boldsymbol{r},t)\right]\Psi(\boldsymbol{r},t) \tag{23-1}$$

式中，m 是粒子质量；$U(\boldsymbol{r},t)$ 是粒子在外力场中的势能函数。

（1）薛定谔方程不是推导出来的，而是利用假设建立起来的。薛定谔方程是量子力学的基本方程（假设）。

（2）薛定谔方程在量子力学中的地位与牛顿运动定律在经典力学中的地位相当。如果已知初始状态，通过求解方程，原则上可以求出任意时刻的状态。量子力学是用波函数描写粒子的状态，一般情况下，虽然对波函数的预言是确定的，但是，对可观测的物理量如坐标、动量等的预言，却是统计性的。

2. 定态薛定谔方程

如果系统不受外力，且势场不随时间变化，即 $U=U(\boldsymbol{r})$，粒子的能量和动量就不会随时间变化，这种粒子在与时间无关的稳定势场中的运动状态称为定态。此时 $\Psi(\boldsymbol{r},t)=\psi(\boldsymbol{r})f(t)$，$\psi(\boldsymbol{r})$ 与时间无关，称为定态波函数。处于定态的粒子，概率密度 $\omega=|\Psi|^2=|\psi|^2$ 不随时间变化。

（1）定态薛定谔方程为

$$\nabla^2\psi+\frac{2m}{\hbar^2}(E-U)\psi=0 \tag{23-2}$$

（2）一维定态薛定谔方程为

$$\frac{\mathrm{d}^2\psi}{\mathrm{d}x^2}+\frac{2m(E-U)}{\hbar^2}\psi=0 \tag{23-3}$$

①对质量为 m、在势能为 $U(x)$ 的力场中运动的粒子，有一个波函数与这个粒子的稳定状态相联系，这个函数满足薛定谔方程。

②薛定谔方程的每一个解都描述粒子的一种稳定状态，相应的常数 E 就是粒子在这个稳定状态下的能量。

③根据波函数应满足单值、连续、有限及归一化的条件与具体势能函数 $U(x)$ 的限制，只有当 E 具有特定值时才有解，这些 E 值称为本征值，相应的波函数称为本征函数。

23.2.2　定态薛定谔方程的应用

用定态薛定谔方程解决问题的基本方法是：首先根据具体情况分析粒子所处的势

场，写出势能函数 U 的表达式，进而写出薛定谔方程；再根据波函数必须满足单值、连续、有限及归一化的条件，即可求出相应的能量本征值及波函数。

1. 一维无限深势阱

（1）势能函数为

$$U(x)=\begin{cases}0 & 0<x<a\\ \infty & x\leqslant 0, x\geqslant a\end{cases}\tag{23-4}$$

（2）薛定谔方程的解

当 $x\leqslant 0$，$x\geqslant a$ 时，$U\to\infty$，$\psi=0$；当 $0<x<a$ 时，$U=0$，$\frac{d^2\psi}{dx^2}+\frac{2mE}{\hbar^2}\psi=0$。

能量本征值为
$$E_n=\frac{h^2}{8ma^2}n^2\quad (n=1,\ 2,\ 3,\ \cdots)\tag{23-5}$$

定态波函数为
$$\psi_n(x)=\sqrt{\frac{2}{a}}\sin\frac{n\pi}{a}x\quad (n=1,\ 2,\ 3,\ \cdots)\tag{23-6}$$

概率密度为
$$\omega=|\psi(x)|^2=\frac{2}{a}\sin^2\frac{n\pi x}{a}\quad (n=1,\ 2,\ 3,\ \cdots)\tag{23-7}$$

①在一维无限深势阱中运动的粒子存在用不同量子数 n 表示的不同定态，定态粒子能量是量子化的，$n=1$ 对应的最低能量（基态）不等于零，称为零点能。这一点与经典粒子不同，对于一个经典粒子，在没有外界力场作用的空间内，粒子的最低能量为零。

②粒子在势阱内各个位置出现的概率是不相等的。例如，当 $n=1$ 时，$x=a/2$ 处电子出现的概率最大；当 $n=2$ 时，$x=a/4$、$x=3a/4$ 处电子出现的概率最大。概率密度出现峰值的个数和相应的量子数 n 相等。

③当 $n\to\infty$ 时，概率密度的极大和极小值的位置将靠近，密集得在宏观上无法区分，而且 $\frac{\Delta E_n}{E_n}\to 0$，能量趋于连续，于是量子力学就过渡到经典力学。因此量子力学现象与经典结果间并没有严格的界限，在极限情况下，量子力学也会得出经典的结果。

④这里的量子化是求解薛定谔方程的自然结果，无需人为假设。

2. 势垒与隧道效应

粒子在力场中沿 x 轴方向运动，其势能为

$$U(x)=\begin{cases}U_0 & 0<x<a\\ 0 & x<0, x>a\end{cases}\tag{23-8}$$

这个理想的、高度为 U_0、宽度为 a 的势能曲线称为势垒。当运动的粒子遇到高度 U_0 大于粒子总能量 E 的势垒时，既有被势垒反射的可能，也有穿透势垒的可能，这种贯穿势垒的效应称为隧道效应。

势垒的透射系数为

$$D=D_0 e^{-\frac{2a}{\hbar}\sqrt{2m(U_0-E)}}\tag{23-9}$$

式中，D_0 为常数，接近于 1。透射系数与势垒宽度 a、粒子质量 m 及(U_0-E)的值有关。

（1）具有一定能量 E（$E<U_0$）的粒子，由势垒左方（$x<0$）向右方运动，按照经典力学的观点，只有能量大于 U_0 的粒子才能越过势垒运动到 $x>0$ 的区域，能量 $E<U_0$ 的粒子运动到势垒左方边缘（$x=0$）时被反射回去，不能穿透势垒。在量子力学中，有势垒穿透的可能。

（2）a,m 和(U_0-E)愈小，则穿透系数愈大。如果 a 或 m 为宏观大小时，则粒子实际上将不能穿透势垒。所以隧道效应只是微观世界的一种量子效应，是微观粒子波动性的表现。

23.3　问题辨析

问题 1　为什么一维无限深势阱中的自由粒子最低能量不为零？

辨析　一维无限深势阱中的自由粒子具有的最低能量，称为零点能量。零点能量的存在可由不确定关系来定性说明。粒子在势阱中位置不确定量 $\Delta x=a$，由 $\Delta x\Delta p_x\geqslant h$ 可知，动量不确定量为 $\Delta p_x\geqslant\dfrac{h}{a}$，粒子的动量 p_x 应不小于 Δp_x，因此最低能量 $E=\dfrac{p_x^2}{2m}$就不为零。从另一角度看，如果粒子最低能量为零，则粒子动量为零，即有 $\Delta p_x=0$，由 $\Delta x\Delta p_x\geqslant h$ 可知，$\Delta x\to\infty$，但实际上 Δx 被限制在宽度为 a 的势阱内，所以粒子在势阱中的最低能量不能为零。实际上，这是微观粒子波粒二象性的必然反映。

问题 2　什么是隧道效应？经典物理能否解释这一现象？它的大小与哪些物理量有关？

辨析　微观粒子能够穿透比它总能量还高的势垒的现象，形象地被称为隧道效应。这是量子力学中所特有的现象，经典理论是无法解释的。

隧道效应中粒子穿透势垒的概率与势垒的厚度有关，厚度越大，穿透的概率越小；与粒子的能量有关，能量越大，穿透的概率越大。

23.4　例题剖析

23.4.1　基本思路

用定态薛定谔方程解决问题的基本思路：（1）根据具体情况分析粒子所处的势场，写出势能函数 U 的表达式；（2）写出薛定谔方程；（3）根据波函数必须满足单值、连续、有限及归一化的条件，求出相应的能量本征值及波函数。本章重点是利用定态薛定谔方程求解一维无限深势阱问题，并能根据所得的结论分析处理相关问题。

23.4.2 典型例题

例 23-1 在长度为 l 的一维势阱中，粒子的波函数为 $\psi(x)=\sqrt{\frac{2}{l}}\sin\frac{n\pi}{l}x$。求从势阱 $l=0$ 起到 $l/3$ 区间内粒子出现的概率。当 $n=2$ 时，此概率又是多大？

分析 由波函数可得概率密度函数 $\omega(x)=|\psi(x)|^2$，由 $\omega(x)$ 积分可求出粒子在给定区间出现的概率。

解 从势阱 $l=0$ 起到 $l/3$ 区间内粒子出现的概率为

$$W=\int_0^{l/3}\omega(x)\mathrm{d}x=\int_0^{l/3}|\psi(x)|^2\mathrm{d}x=\int_0^{l/3}\frac{2}{l}\sin^2\frac{n\pi}{l}x\mathrm{d}x$$

$$=\int_0^{l/3}\left(1-\cos\frac{2n\pi}{l}x\right)\mathrm{d}x=\frac{1}{3}-\frac{1}{2n\pi}\sin\frac{2n\pi}{3}$$

当 $n=2$ 时，$W=\frac{1}{3}-\frac{1}{4\pi}\sin\frac{4\pi}{3}=40.2\%$。

例 23-2 设有一电子在宽为 0.2nm 的一维无限深势阱中。

（1）计算电子在最低能级的能量。

（2）当电子处于第一激发态（$n=2$）时，在势阱中何处出现的概率最小？其值为多少？

分析 一维无限深势阱中粒子的可能能量为 $E_n=n^2\frac{h^2}{8ma^2}$，式中 a 为势阱宽度。当量子数 $n=1$ 时，粒子处于基态，能量最低。粒子在无限深势阱中的波函数为 $\psi(x)=\sqrt{\frac{2}{a}}\sin\frac{n\pi}{a}x$，由此可得概率密度函数 $\omega(x)=|\psi(x)|^2$。令 $\frac{\mathrm{d}\omega}{\mathrm{d}x}=0$，可求出极值点，$\frac{\mathrm{d}^2\psi}{\mathrm{d}x^2}>0$ 处有极小值，该处粒子出现的概率最小。

解 （1）$n=1$ 时，电子粒子处于基态，能量最低

$$E_1=\frac{h^2}{8ma^2}=1.51\times10^{-18}\mathrm{J}=9.43\mathrm{eV}$$

（2）粒子在无限深势阱中的波函数为

$$\psi(x)=\sqrt{\frac{2}{a}}\sin\frac{n\pi}{a}x\quad(n=1,\ 2,\ \cdots)$$

当它处于第一激发态（$n=2$）时，波函数为

$$\psi(x)=\sqrt{\frac{2}{a}}\sin\frac{2\pi}{a}x\quad(0\leqslant x\leqslant a)$$

相应的概率密度函数为

$$\omega(x)=|\psi(x)|^2=\frac{2}{a}\sin^2\frac{2\pi}{a}\quad(0\leqslant x\leqslant a)$$

令 $\frac{\mathrm{d}\omega}{\mathrm{d}x}=0$，得

$$\frac{8\pi}{a^2}\sin\frac{2\pi x}{a}\cos\frac{2\pi x}{a}=0$$

在 $0\leqslant x\leqslant a$ 的范围内讨论可得，当 $x=0$、$a/4$、$a/2$、$3a/4$ 和 a 时，函数 $|\psi(x)|^2$ 取极值。由 $\frac{d^2\psi}{dx^2}>0$ 可知，粒子在 $x=0$、$x=a/2$ 和 $x=a$（即 $x=0$，0.10nm，0.20nm）概率最小，其值均为零。

23.5　能力训练

一、选择题

已知粒子在一维无限深势阱中运动，其波函数为 $\psi(x)=\sqrt{\frac{2}{a}}\sin\frac{\pi x}{a}(0\leqslant x\leqslant a)$，那么粒子在 $x=a/2$ 处出现的概率密度为（　　）。

A. $1/a$　　B. $2/a$　　C. $1/\sqrt{a}$　　D. $\sqrt{2/a}$

二、填空题

一维有限方势阱 $U(x)=\begin{cases}U_0, & 当|x|\geqslant a 时\\ 0, & 当|x|<a 时\end{cases}$，粒子的能量为 E，质量为 m，则当 $|x|<a$ 时粒子的定态薛定谔方程为________；$|x|\geqslant a$ 时，定态薛定谔方程为________。

三、计算题

粒子在一维无限深势阱中运动，其波函数为 $\psi_n(x)=\sqrt{\frac{2}{a}}\sin\frac{n\pi x}{a}(0\leqslant x\leqslant a)$，若粒子处于 $n=1$ 的状态，求发现粒子的概率为最大的位置。

参 考 答 案

一、选择题

B

二、填空题

$\frac{d^2\psi}{dx^2}+\frac{2m}{\hbar^2}E\psi=0$；$\frac{d^2\psi}{dx^2}+\frac{2m}{\hbar^2}(E-U_0)\psi=0$

三、计算题

解　$\omega_1(x)=|\psi_1(x)|^2=\frac{2}{a}\sin^2\frac{\pi x}{a}=\frac{1}{a}\left(1-\cos\frac{2\pi x}{a}\right)$。在 $0\leqslant x\leqslant a$ 范围内，$\omega_1(x)$ 取最大值的位置为 $x=a/2$。

第 24 章　原子中的电子

24.1　知识网络

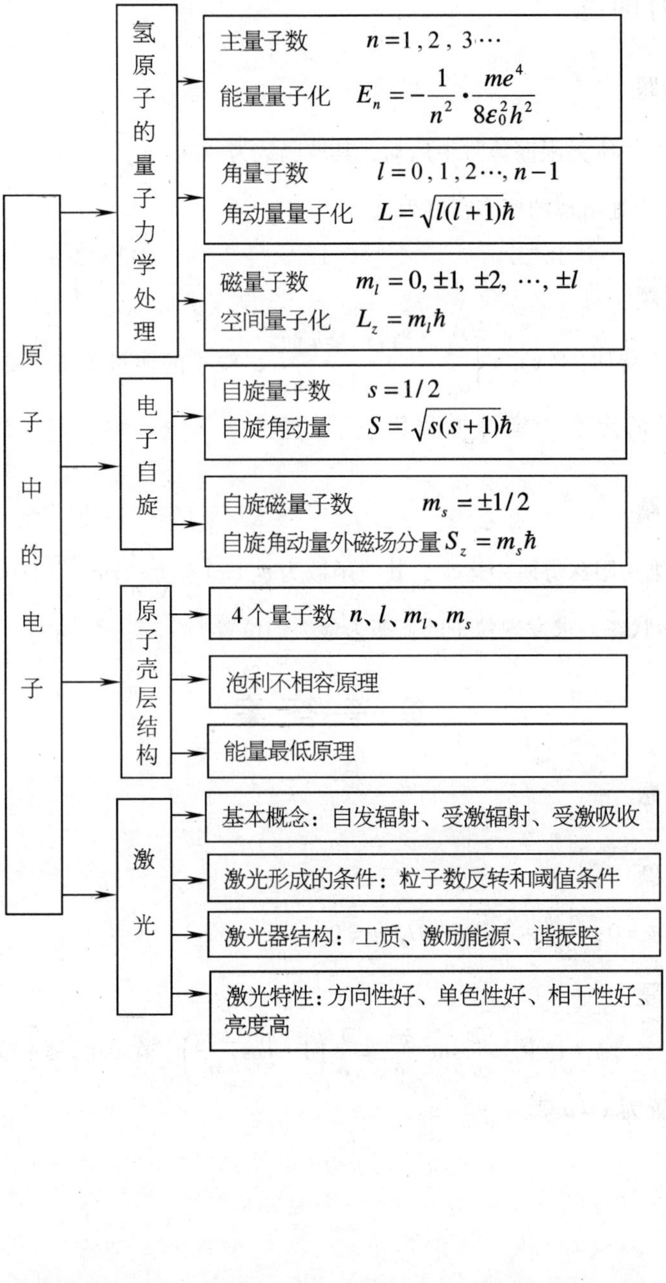

24.2　学习指导

24.2.1　氢原子的量子力学处理

利用薛定谔方程求解氢原子中电子的波函数。

势能函数为
$$V(r) = -\frac{e^2}{4\pi\varepsilon_0 r} \tag{24-1}$$

定态薛定谔方程为
$$\nabla^2\psi(r) + \frac{2m}{\hbar^2}\left(E + \frac{e^2}{4\pi\varepsilon_0 r}\right)\psi(r) = 0 \tag{24-2}$$

改用球坐标求解波函数，根据波函数应满足的条件，可以得到氢原子的量子化特征。

1. 能量量子化

$$E_n = -\frac{1}{n^2}\cdot\frac{me^4}{8\varepsilon_0^2 h^2} = \frac{E_1}{n^2} \qquad (n = 1, 2, 3, \cdots) \tag{24-3}$$

①n 为主量子数，决定能量的主要部分，$E_1 = -13.6\mathrm{eV}$ 称为基态能级，$n=2, 3, \cdots$对应的能级称为激发态能级。

②能量是量子化的。量子力学计算结果表明，原子中核外电子虽然没有确定的轨道，但有一系列稳定状态，在这些状态中，原子能量是主量子数 n 的函数，主量子数 n 相同的电子属于同一主壳层。能级公式与玻尔理论所得的结果相同，但是，玻尔理论的能量量子化是人为引进的，而量子力学中的量子化条件却是解薛定谔方程所得出的必然结果。

2. 角动量量子化

能量 E 相同的电子，其角动量 L 还可能有不同的数值。角动量的量子化条件为

$$L = \sqrt{l(l+1)}\,\hbar \qquad l = 0, 1, 2, \cdots, n-1 \tag{24-4}$$

①l 称为角量子数，也称副量子数。n 相同而 l 不同的电子属于不同分壳层。一般用 s，p，d，f 等字母表示 $l=0, 1, 2, 3, \cdots, n-1$ 分壳层。

②虽然在微观世界中并没有轨道的概念，但氢原子中电子的概率分布与玻尔轨道有某种对应关系，“角动量”是从经典力学中移入量子力学的用来描述电子概率分布状态的物理量。

3. 空间量子化

能量相同、概率分布状态相同的电子，其空间分布仍有若干不同的方式。电子空间概率分布的量子化条件，用角动量 $\boldsymbol{L}$ 在外磁场方向上的分量值 L_z 表示。即

$$L_z = m_l\hbar \qquad m_l = 0, \pm1, \pm2, \cdots, \pm l \tag{24-5}$$

式中，m_l 称为磁量子数。对于一个角量子数 l，磁量子数 m_l 共有 $2l+1$ 个值。可见，对于一个确定的 L 值（电子的某种概率分布状态），电子在空间的概率分布共有 $2l+1$ 种方式。

上述用量子力学方法处理所得到得这些量子化结论都被实验所证实，说明量子力学比玻尔理论更能反映原子中电子运动的本质。

24.2.2 电子自旋

施特恩-盖拉赫实验还表明，电子除绕核运动外，还可以有两种不同的自旋状态。自旋角动量在外磁场方向上的分量值为

$$S_z = m_s \hbar \qquad (24\text{-}6)$$

式中，$m_s = \pm 1/2$，称为自旋磁量子数，用于描述电子自旋在空间的取向。

24.2.3 描述原子中电子运动状态的四个量子数

原子中电子的运动状态可由 n，l，m_l，m_s 四个量子数来确定。用量子数表征电子的状态相当于把不同状态的电子编号。不同编号的电子，其状态可用相应的波函数描述。

（1）主量子数 n，$n=1, 2, 3, \cdots$决定原子中电子能量的主要参数，反映能量量子化特性。

（2）角量子数 l，$l=0, 1, 2, \cdots, n-1$，对给定的 n，l 可取 n 个分立值，决定电子轨道角动量，反映角动量量子化特性，对电子能量也有影响。

（3）磁量子数 m_l，$m_l=0, \pm 1, \pm 2, \cdots, \pm l$，对给定的 l，m_l 可取 $2l+1$ 个值，确定角动量的空间取向，反映角动量空间量子化特性。

（4）自旋磁量子数 m_s，$m_s = \pm 1/2$，确定电子自旋角动量的空间取向，反映自旋角动量的空间量子化特性。

24.2.4 原子的壳层结构

1. 泡利不相容原理

在一个原子系统内，不可能有两个或两个以上的电子具有相同的状态，即不可能具有完全相同的四个量子数。

2. 能量最低原理

原子系统处于正常状态时，每个电子趋向占有最低的能级。

3. 原子的壳层结构

电子在原子中的分布遵从泡利不相容原理和能量最低原理。当 n 给定时，l 的可能值为$0, 1, 2, \cdots, n-1$ 共 n 个；当 l 给定时，m_l 的可能值为$0, \pm 1, \pm 2, \cdots, \pm l$ 共 $2l+1$ 个；当 n，l，m_l 都给定时，m_s 取 $+\frac{1}{2}$、$-\frac{1}{2}$两个值。所以，根据泡利不相容原理可以算出，每一壳层最多能容纳的电子数为 $Z_n = \sum_{l=0}^{n-1} 2(2l+1) = 2n^2$，每一分壳层最多能容纳的电子数为$2(2l+1)$。

正常情况下，电子按能级从低到高逐一填充，对原子的外层电子，能级高低可用 n

+0.7l 确定，值越大，能级越高。

24.2.5　激光

1. 光的吸收和辐射

按照原子的量子理论，光和原子之间的相互作用可能引起受激吸收、自发辐射和受激辐射三种跃迁过程。

（1）受激吸收：处于低能态 E_1 的原子，被能量为 $h\nu = E_2 - E_1$ 的光照射，吸收能量跃迁到高能态 E_2。

（2）自发辐射：处于高能态 E_2 的原子在没有外界的作用下自发地跃迁到低能态 E_1，辐射能量为 $h\nu = E_2 - E_1$ 的光子。自发辐射的过程是随机过程，各原子发出光的频率、相位等互不相关，所以自发辐射的光不是相干光。普通光源发光属于自发辐射。

（3）受激辐射：处于高能态 E_2 的原子，在能量为 $h\nu = E_2 - E_1$ 的外来光子诱发下跃迁到低能态 E_1，同时辐射出光子。受激辐射出的光子与外来光子的频率、相位、偏振态及传播方向均相同，具有相干性。

2. 产生激光的基本条件

（1）实现粒子数反转分布　一个光子入射原子系统后可以由于受激辐射变为两个完全相同的光子，两个光子又可变为四个……，连续诱发的受激辐射可以实现光放大。激光是通过受激辐射来实现光的放大。光和原子之间的相互作用总是同时存在受激吸收、自发辐射和受激辐射三种跃迁过程。吸收过程使光子数减少，辐射过程使光子数增加。在通常的热平衡状态下，工质中原子在各能级上的分布服从玻耳兹曼分布律，即处于高能态的原子数 N_2 远远小于处于低能态的原子数 N_1，这种分布称为正常分布。在正常分布下，光通过物质时，受激吸收过程较之受激辐射占优势，不可能实现光放大。要产生光放大，必须使受激辐射胜过受激吸收而占优势，即必须使处于高能态的原子数 N_2 大于处于低能态的原子数 N_1，这种分布与正常分布相反，称为粒子数反转分布。

粒子数反转分布是引起光放大、产生激光首先必须具备的条件。实现粒子数反转分布的条件是含有亚稳态能级结构的工质和激励能源。

（2）具有光学谐振腔　光学谐振腔的作用如下：

①增强亮度：受激辐射发出的光在谐振腔内来回反射，通过工质不断地获得增益，形成激光振荡，使亮度增强。

②控制方向：沿谐振腔轴线方向传播的光可以在腔内经两个反射面不断往返运动并激发受激辐射，偏离轴线方向的光则在传播过程中逸出腔外，使得输出的激光方向性好。

③选择频率：光波在腔内要维持稳定的振荡，波长必须满足一定的条件，不满足条件的光将很快被衰减掉，所以输出的激光单色性好。

（3）满足阈值条件　只有当光在谐振腔内来回一次所得到的增益大于损耗时，才能形成激光。阈值条件为

$$r_1 r_2 e^{2GL} > 1 \tag{24-7}$$

式中，L 为增益介质的长度；G 为增益系数；r_1、r_2 分别为谐振腔两端反射镜的反射率。

24.3 问题辨析

问题 1 比较玻尔氢原子图像和薛定谔方程得出的氢原子图像，有哪些相似之处？有哪些不同之处？

辨析 量子力学在利用薛定谔方程求解氢原子波函数时，得到能量量子化和电子绕核运动角动量量子化，与玻尔氢原子理论的结论是一致的，但二者也存在着明显的不同。在量子化方面，在玻尔理论中是人为假设，而在量子力学理论中是解薛定谔方程自然而然得出的，量子力学认为量子化不是“条件”，而是微观世界的普遍现象和规律。在角动量方面，玻尔理论认为角动量 $L=n\hbar$，最小值是 $\hbar$；量子力学理论的结论是角动量 $L=\sqrt{l(l+1)}\hbar$，最小值是 0，实验证明量子力学的结论是正确的；在物理图像方面，玻尔理论认为电子具有确定的轨道，而量子力学只能得出电子在某处出现的概率，为了形象化地表示电子在空间的分布规律，用电子云来代替轨道形象地加以描述。

问题 2 为什么说实现粒子数反转是获得激光的一个重要前提条件？

辨析 在一般情况下，原子系统同时存在着受激辐射、吸收和自发辐射三个过程。在正常情况下，处于低能级的电子数比处于高能级的电子数多，所以从整体上看光吸收过程比受激辐射过程占优势，因而难以产生连续受激辐射。由此可见，要使光通过物质后获得光放大，就必须使处在高能级上的电子数大于低能级上的电子数，使得电子数反转，这是实现受激辐射的必要条件。

24.4 例题剖析

24.4.1 基本思路

本章题目主要是考查对基本概念的理解，题目涉及以下几个方面：

（1）原子中电子运动状态的描述。

（2）原子中电子的分布规律。

（3）氢原子中电子的能量、轨道角动量、轨道角动量在外磁场方向分量的计算。

（4）激光产生的条件及特点。

24.4.2 典型例题

例 24-1 （1）求出能够占据一个 d 分壳层的最大电子数 Z_1，写出这些电子的 m_l、m_s 允许取哪些值？

（2）求量子态$\left(n=2,\ m_s=\dfrac{1}{2}\right)$上填充的最大电子数。

（3）当角量子数 $l=2$ 时，电子的角动量有几个空间取向？在外磁场方向的分量 L_z 各为多少？

分析　微观粒子状态的描述可用能量、角动量、角动量的空间取向、自旋角动量的空间取向所对应的量子数来表示，即用一组量子数(n, l, m_l, m_s)表示一种确定的状态，上述 4 个量子数中只要有一个不同，则表示的状态就不同。当主量子数 n 给定时，角量子数 l 的可能值为 0，1，2，…，$n-1$，共 n 个；当角量子数 l 给定时，磁量子数 m_l 的可能值为 0，±1，±2，…，$\pm l$，共 $2l+1$ 个；当 n、l、m_l 都给定时，自旋磁量子数 m_s 取 $+\frac{1}{2}$、$-\frac{1}{2}$两个值。所以，根据泡利不相容原理可以算出，每一壳层最多能容纳的电子数为 $Z_n = \sum_{l=0}^{n-1} 2(2l+1) = 2n^2$，每一分壳层最多能容纳的电子数为 $2(2l+1)$。

解　（1）d 分壳层就是角量子数 $l=2$ 的分壳层。该分壳层可容纳的电子数为

$$Z_1 = 2(2l+1) = 2(2\times 2+1) = 10$$

m_l 允许取值为 0，±1，±2；m_s 允许取值为 $\pm\frac{1}{2}$。

（2）$m_s=\frac{1}{2}$只允许取一个值，则电子数只占该壳层的一半

$$Z = \frac{1}{2}Z_n = \frac{1}{2}\times 2n^2 = \frac{1}{2}\times 2\times 2^2 = 4$$

（3）角动量的空间取向量子化由磁量子数 m_l 限定。$l=2$ 时，m_l 允许取值 $2l+1$ 个，即可以有 5 个空间取向。m_l 允许取值为 0，±1，±2，代入 $L_z = m_l\hbar$ 得到 $m_l=0$，$L_z=0$；$m_l=\pm 1$，$L_z=\pm\hbar$；$m_l=\pm 2$，$L_z=\pm 2\hbar$。

例 24-2　对于一个只有两个能级的系统是否可实现粒子数反转？三能级系统又将如何？

答　对两能级系统来说，在外界激励下，不能实现粒子数反转，至多只能使上、下能级粒子数相等。简要说明如下：当激励开始时，$N_1>N_2$，故吸收过程比受激辐射过程强，总的趋势是 N_1 减少，N_2 增加。随着 N_2 的增加，受激辐射在增强，使得 N_2 增加的速度变慢，最后达到 N_1 和 N_2 相接近的程度。这时，即使再增加激励，也不能改变这种粒子数的分布情况。这种情形称为饱和激励。

对于三能级系统，则可在 E_2 和 E_1 能级间实现粒子数反转。例如，红宝石就是一个三能级系统。在红宝石中，由于 E_3 能级是不稳定的，寿命很短（约为 10^{-8}s），而跃迁到 E_2 能级的概率又比跃迁到 E_1 能级的概率大得多，所以激励到 E_3 能级上的粒子很快无辐射地落入亚稳态 E_2。同时，由于粒子处于亚稳态 E_2 上的寿命较长（约为 10^{-3}s），受到外界激励 E_2 能级本身粒子数 N_2 也会不断增加。由于这两个原因，能够实现 E_2 对 E_1 粒子数的反转。

24.5 能力训练

一、选择题

1. 直接证实了电子自旋存在的最早的实验之一是（　　）。

A. 康普顿实验　　B. 卢瑟福实验

C. 戴维孙-革末实验　　D. 斯特恩-盖拉赫实验

2. 下列各组量子数中，哪一组可以描述原子中电子的状态？（　　）。

A. $n=2$，$l=2$，$m_l=0$，$m_s=\frac{1}{2}$　　B. $n=3$，$l=1$，$m_l=-1$，$m_s=-\frac{1}{2}$

C. $n=1$，$l=2$，$m_l=1$，$m_s=\frac{1}{2}$　　D. $n=1$，$l=0$，$m_l=1$，$m_s=-\frac{1}{2}$

3. 氢原子中处于 $2p$ 状态的电子，描述其量子态的四个量子数(n,l,m_l,m_s)可能取的值为（　　）。

A. $\left(2,\ 2,\ 1,\ -\frac{1}{2}\right)$　　B. $\left(2,\ 0,\ 0,\ \frac{1}{2}\right)$

C. $\left(2,\ 1,\ 1,\ -\frac{1}{2}\right)$　　D. $\left(2,\ 0,\ 1,\ \frac{1}{2}\right)$

4. 在原子的 L 壳层中，电子可能具有的四个量子数（n，l，m_l，m_s）是

（1）$\left(2,\ 0,\ 1,\ \frac{1}{2}\right)$　　（2）$\left(2,\ 1,\ 0,\ -\frac{1}{2}\right)$

（3）$\left(2,\ 1,\ 1,\ \frac{1}{2}\right)$　　（4）$\left(2,\ 1,\ -1,\ -\frac{1}{2}\right)$

以上四种取值中，哪些是正确的？（　　）

A. 只有（1）、（2）是正确的。　　B. 只有（2）、（3）是正确的。

C. 只有（2）、（3）、（4）是正确的。　　D. 全部是正确的。

5. 在激光器中利用光学谐振腔（　　）。

A. 可提高激光束的方向性，而不能提高激光束的单色性

B. 可提高激光束的单色性，而不能提高激光束的方向性

C. 可同时提高激光束的方向性和单色性

D. 既不能提高激光束的方向性也不能提高其单色性。

6. 按照原子的量子理论，原子可以通过自发辐射和受激辐射的方式发光，它们所产生的光的特点是（　　）。

A. 两个原子自发辐射的同频率的光是相干的，原子受激辐射的光与入射光是不相干的

B. 两个原子自发辐射的同频率的光是不相干的，原子受激辐射的光与入射光是相干的

C. 两个原子自发辐射的同频率的光是不相干的，原子受激辐射的光与入射光是不

相干的

D. 两个原子自发辐射的同频率的光是相干的，原子受激辐射的光与入射光是相干的

7. 激光全息照相技术主要是利用激光的哪一种优良特性？(　　)。

A. 亮度高　　B. 方向性好

C. 相干性好　　D. 抗电磁干扰能力强

二、填空题

1. 电子的自旋磁量子数 m_s 只能取________和________两个值。

2. 根据量子力学理论，氢原子中电子的角动量在外磁场方向上的投影为 $L_z = m_l\hbar$。当角量子数 $l=2$ 时，L_z 的可能取值为____________________。

3. 根据量子力学理论，氢原子中电子的角动量为 $L=\sqrt{l(l+1)}\hbar$，当主量子数 $n=3$ 时，电子角动量的可能取值为____________________。

4. 多电子原子中，电子的排列遵循____________原理和____________原理。

5. 在主量子数 $n=2$、自旋磁量子数 $m_s=1/2$ 的量子态中，能够填充的最大电子数是____________。

6. 根据量子力学理论，原子内电子的量子态由 (n, l, m_l, m_s) 四个量子数表征。那么，处于基态的氦原子内两个电子的量子态可由____________和____________两组量子数表征。

7. 在下列给出的各种条件中，哪些是产生激光的条件？______________。

(1) 自发辐射　　(2) 受激辐射　　(3) 粒子数反转

(4) 三能极系统　　(5) 谐振腔

8. 按照原子的量子理论，原子可以通过____________________两种辐射方式发光，而激光是由____________________方式产生的。

9. 激光器的基本结构包括三部分，即________________、________________和________________。

三、问答题

1. 根据量子力学理论，氢原子中电子的运动状态可用 (n, l, m_l, m_s) 四个量子数来描述。试说明它们各自确定什么物理量？

2. 根据泡利不相容原理，在主量子数 $n=2$ 的电子壳层上最多可能有多少个电子？试写出每个电子所具有的四个量子数 (n, l, m_l, m_s) 的值。

参 考 答 案

一、选择题

1. D　2. B　3. C　4. C　5. C　6. B　7. C

二、填空题

1. $\frac{1}{2}$，$-\frac{1}{2}$；2. 0，$\hbar$，$-\hbar$，$2\hbar$，$-2\hbar$；3. 0，$\sqrt{2}\hbar$，$\sqrt{6}\hbar$；4. 泡利不相容，能量最低；5. 4；6. $\left(1,\ 0,\ 0,\ \frac{1}{2}\right)\left(1,\ 0,\ 0,\ -\frac{1}{2}\right)$；7. (2)，(3)，(4)，(5)；8. 自发辐射和受激辐射，受激辐射；9. 工质、激励能源、光学谐振腔。

三、问答题

1. **答**：主量子数 n 大体上确定原子中电子的能量；角量子数 l 确定电子轨道的角动量；磁量子数 m_l 确定轨道角动量在外磁场方向上的分量；自旋磁量子数 m_s 确定自旋角动量在外磁场方向上的分量。

2. **答**：在 $n=2$ 的电子壳层上最多可能有八个电子，它们所具有的四个量子数(n, l, m_l, m_s)分别为 $\left(2,0,0,-\frac{1}{2}\right)$、$\left(2,0,0,\frac{1}{2}\right)$、$\left(2,1,0,-\frac{1}{2}\right)$、$\left(2,1,0,\frac{1}{2}\right)$、$\left(2,1,1,-\frac{1}{2}\right)$、$\left(2,1,1,\frac{1}{2}\right)$、$\left(2,1,-1,-\frac{1}{2}\right)$、$\left(2,1,-1,\frac{1}{2}\right)$。

第 25 章　固体的量子理论

25.1　知识网络

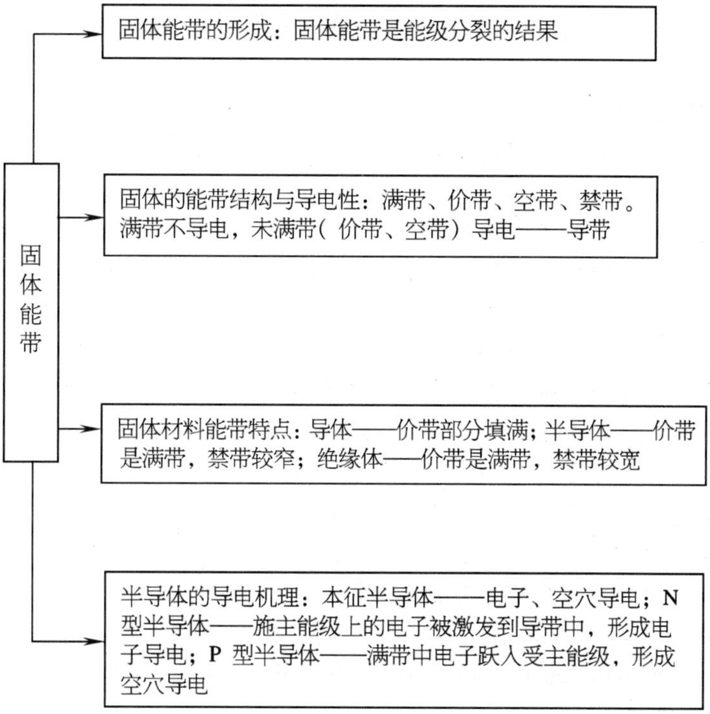

固体能带
固体能带的形成：固体能带是能级分裂的结果
固体的能带结构与导电性：满带、价带、空带、禁带。满带不导电，未满带（价带、空带）导电——导带
固体材料能带特点：导体——价带部分填满；半导体——价带是满带，禁带较窄；绝缘体——价带是满带，禁带较宽
半导体的导电机理：本征半导体——电子、空穴导电；N 型半导体——施主能级上的电子被激发到导带中，形成电子导电；P 型半导体——满带中电子跃入受主能级，形成空穴导电

25.2 学习指导

25.2.1 固体的能带

1. 能带的形成

在N个原子结合成晶体（固体）的过程中，由于各原子间的相互影响，使原先每个原子中有相同能量的电子能级都分裂成一系列与原来能级接近的N个新能级，扩展成能带。

2. 固体的能带结构

晶体中的电子在能带中各个能级的填充方式服从泡利不相容原理和能量最低原理，如图25-1所示。

（1）满带：各个能级全部被电子填满的能带称为满带。一般晶体中原子内层能级对应的能带是满带。

（2）空带：完全没有电子填入的能带称为空带。与原子的激发能级相对应的能带在未被激发的正常情况下是空带。

（3）价带：由价电子能级分裂形成的能带称为价带。它既可能被电子填满成为满带，也可能未被填满成为未满带。

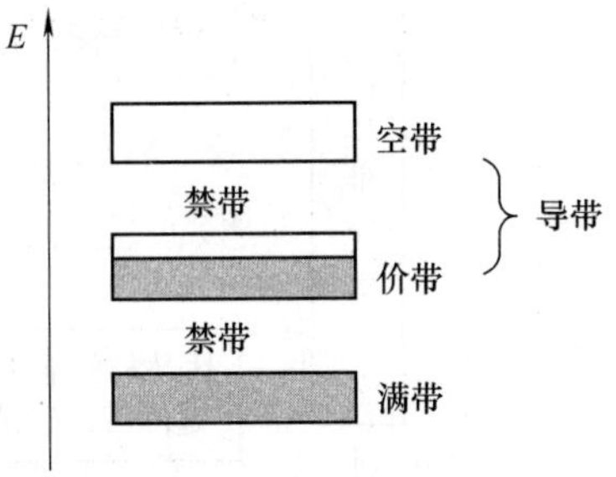

图25-1 一般晶体的能带结构

（4）导带：未满的价带和空带都具有导电性，故统称为导带。

（5）禁带：在满带与价带间、价带与空带间没有电子能级的区域称为禁带。

相邻能带之间可能以禁带相隔，也可能彼此相接或重叠。

25.2.2 导体、半导体、绝缘体的能带结构

（1）导体：价带只填入部分电子，或者有能带的交叠，因而导电性强，如图25-2a、b所示。

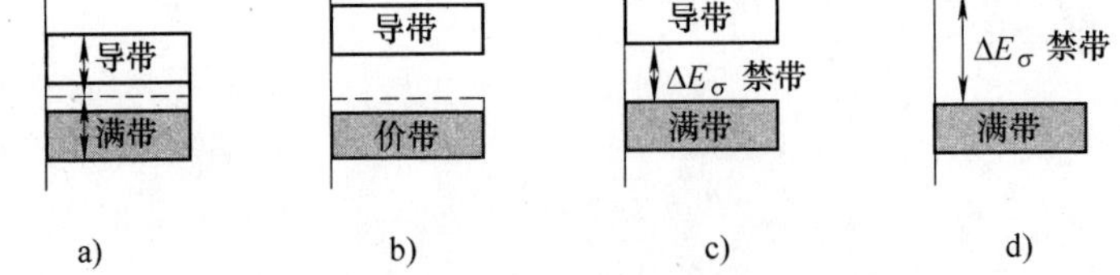

图25-2 半导体、绝缘体和金属的能带图

a）金属（能带交叠） b）金属（能带不交叠） c）半导体 d）绝缘体

（2）半导体：价带是满带，价带与空带之间禁带宽度较窄（ΔE_g 约 0.1 ~ 1.5eV）。价带中的电子被激发到空带，就可参与导电；同时，价带中留下的空穴也具有导电性，如图 25-2c 所示。

（3）绝缘体：价带是满带，价带与空带之间禁带宽度较宽（ΔE_g 约 3 ~ 6eV），满带中的电子难以激发跃迁到空带中去，因而通常不具有导电性，如图 25-2d 所示。

25.2.3　半导体的导电机理

1. 本征半导体

纯净的不含杂质和缺陷的理想半导体称为本征半导体，其导电机理如下：

（1）电子导电：价带中的电子在一定的能量激发下，跃迁到其上的空带，使得空带和价带均成为未满带。到达空带中的电子在电场的作用下做定向运动，参与导电。

（2）空穴导电：电子从满带跃迁到空带后，在满带顶部出现了相应数目的空位。在电场的作用下，当电子发生定向移动跃入相邻的空位时，在其原先的位置留下了新的空位，随着电子的运动，空位也在发生移动，如同一个正电荷在运动。这种空位称为空穴，相应的导电机制为空穴导电。

本征半导体中存在着电子导电和空穴导电两种机制，如图 25-3a 所示。

2. 杂质半导体

在纯净的半导体中掺入一定量的其他元素就形成了杂质半导体，其导电性能会显著改变。

（1）N 型半导体：N 型半导体是掺有施主杂质的半导体，例如在四价元素（硅、锗等）晶体中掺入五价元素的原子形成共价键后，多余一个电子，其施主能级处于禁带内靠近导带底部，施主能级上的电子易激发到空带上参与导电。因此，N 型半导体主要靠电子导电，也称为电子型半导体，如图 25-3b 所示。

（2）P 型半导体：P 型半导体是掺有受主杂质的半导体，例如在四价元素（硅、锗等）晶体中掺入三价元素的原子形成共价键后尚缺一个电子而出现空穴，其受主能级处于禁带内靠近满带顶部，满带中的电子易跃迁到受主能级，使满带中空穴浓度增加，提高导电性。P 型半导体主要靠空穴导电，也称空穴型半导体，如图 25-3c 所示。

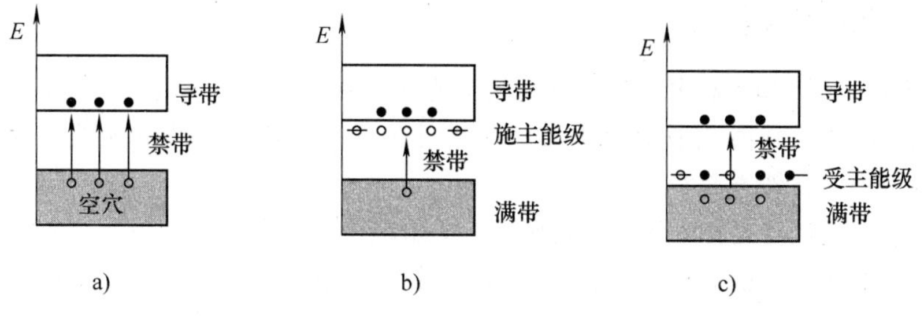

图 25-3　本征半导体、N 型半导体和 P 型半导体能带图

a）本征半导体　b）N 型半导体　c）P 型半导体

25.3 问题辨析

问题1 从能带的观点来看，绝缘体、导体和半导体有什么区别?

辨析 一般说来，绝缘体满带与空带的间隔即禁带宽度较大（约3~10eV），满带中虽然有自由电子，但满带是不导电的。在常温下，满带电子激发到上邻空带的概率很小，对导电作用的贡献极微。因此绝缘体几乎不具导电性。

导体具有未满带（如Li）或满带和空带交叠也形成一个未满带（如Mg）或者有未满带同时也有空带交叠（如K）。在外电场的作用下，电子很容易在该能带中从低能级跃迁到高能级，从而形成电流，具有导电性。

半导体的禁带宽度较窄（约0.1~2eV），在常温下，满带电子激发到上邻空带的概率较大，在电场作用下，空带中的电子和满带中的空穴可以形成电流。但导电性比导体差，比绝缘体好。

问题2 当半导体形成pn结时，p型中的空穴（或n型中的电子）为什么不能不受限制地迁移到n型（或p型）中去呢?

辨析 当p型半导体与n型半导体相接触时，有电子从n型扩散到p型中，同时也有空穴从p型扩散到n型中去，这样在p型和n型相接触的区域就出现了偶电层，在此区域中电场由n型指向p型，它将阻止空穴和电子继续扩散，直至达到动态平衡为止。此时，无论电子或空穴都需克服一定高度的势垒才能通过偶电层进入p型或n型半导体中去，这样就形成了所谓“限制”。

25.4 例题剖析

25.4.1 基本思路

本章的重点是对固体量子理论概念和规律的理解。题目主要涉及固体能带结构与导电性、半导体的导电机制等。

25.4.2 典型例题

例25-1 已知CdS和PbS的禁带宽度分别为2.43eV和0.3eV，试计算它们的本征光电导的吸收限，并由此说明为什么CdS可用在可见光到X射线的短波方面，而PbS却可有效地用在红外方面?

解 所谓光电导是指半导体在光照下，电阻减小的现象。在光照下，半导体中的电子吸收光子的能量，引起电子从满带向导带跃迁，从而增加载流子的浓度，降低了电阻。只有当照射到半导体上的光子的能量 $h\nu$ 大于禁带宽度 ΔE_g 时，才可能发生本征吸收现象，相应光波的波长必须满足 $h\nu \geqslant \Delta E_g$，即 $\lambda \leqslant \dfrac{ch}{\Delta E_g}$。

对 CdS，$\lambda \leqslant \frac{ch}{\Delta E_g} = \frac{3\times10^8\times6.63\times10^{-34}}{2.43\times1.6\times10^{-19}}\text{m} \approx 5.12\times10^{-7}\text{m} = 512\text{nm}$

所以，可见光中波长小于 512nm 的光直至 X 射线才能对 CdS 产生本征光电导吸收。

对 PbS，$\lambda \leqslant \frac{ch}{\Delta E_g} = \frac{3\times10^8\times6.63\times10^{-34}}{0.3\times1.6\times10^{-19}}\text{m} \approx 4.14\times10^{-6}\text{m} = 4140\text{nm}$

由此可见，对 PbS 来说红外线已满足 $\lambda \leqslant \frac{ch}{\Delta E_g}$ 的条件。

例 25-2　怎样从晶体的能带结构图来区分绝缘体、半导体和导体？

答　绝缘体的价带已被电子填满，成为满带；在满带和空带之间的禁带的宽度很宽（ΔE_g 约 3 ~ 6eV），以致在一般情况下，满带中很少有电子能被激发到空带中去，因此在外电场的作用下，参与导电的电子极少，显示出很高的电阻率。

半导体的价带也已被填满，但禁带宽度较窄（ΔE_g 约 0.1 ~ 1.5eV），满带中的电子在不是很强的外界影响下即可进入空带，参与导电，同时满带中留下的空穴也可参与导电。

导体的能带结构有三种类型：第一，晶体的价带未填满而成为导带；第二，价带虽已填满，但禁带宽度为零，即满带与空带紧密相接，甚至有部分重叠；第三，价带未满且又与空带部分重叠。

25.5　能力训练

一、选择题

1. P 型半导体中杂质原子所形成的局部能级（也称受主能级），在能带结构中应存在于（　　）。

A. 满带中　　　　B. 导带中

C. 禁带中，但接近满带顶　　　　D. 禁带中，但接近导带底

2. N 型半导体中杂质原子所形成的局部能级（也称施主能级），在能带结构中应存在于（　　）。

A. 满带中　　　　B. 导带中

C. 禁带中，但接近满带顶　　　　D. 禁带中，但接近导带底

3. 激发本征半导体中传导电子的几种方法如下：（1）热激发；（2）光激发；（3）用三价元素掺杂；（4）用五价元素掺杂。对于纯锗和纯硅这类本征半导体，在上述方法中能激发其传导电子的只有（　　）。

A.（1）和（2）　　　　B.（3）和（4）

C.（1）、（2）和（3）　　　　D.（1）、（2）和（4）

4. 硫化镉（CdS）晶体的禁带宽度为 2.42eV，要使这种晶体产生本征光电导，入射到晶体上的光的波长不能大于（　　）。

A. 650nm　　B. 628nm　　C. 550nm　　D. 514nm

二、填空题

1. 纯净锗吸收辐射的最大波长为 $\lambda = 1.9\mu m$，锗的禁带宽度为__________。

2. 若在四价元素半导体中掺入五价元素原子，则可构成________型半导体，参与导电的多数载流子是________。

3. 本征半导体硅的禁带宽度是 1.14eV，它能吸收的辐射的最大波长是________。

参考答案

一、选择题

1. C　2. D　3. D　4. D

二、填空题

1. 0.64eV；2. N，电子；3. 1.09μm

第 26 章　核物理与粒子物理简介*

26.1　基本概念

26.1.1　原子核的一般性质

原子核由质子和中子组成，$A=Z+N$。通常用符号${}_Z^A X$或${}^A X$表示各种元素原子的原子核。

原子核的半径：$R=R_0 A^{\frac{1}{3}}$。

原子核自旋角动量：$I=\sqrt{i(i+1)}\hbar$，自旋量子数 i 为 1/2 的奇数倍、正整数或零；自旋角动量的分量 $I_z=m_i\hbar$；自旋磁量子数 $m_i=\pm i, (\pm i-1), \cdots, \pm 1/2$ 或 0。

核磁子：$\mu_N=\dfrac{e\hbar}{2m_p}$，$\mu_p=2.7896\mu_N$，$\mu_n=-1.9103\mu_N$，$\mu_z=g_s m_i \mu_N$。

核磁共振：在外磁场中原子核吸收特定电磁波的现象。

26.1.2　核力和原子核的结合能

核力：它是短程的强相互作用力，与核子的电荷无关，与核子自旋的相对取向有关。核力通过核子之间交换 π 介子而形成。

质量亏损：$\Delta m=Zm_p+(A-Z)m_n-m_N$。

核的结合能：将一个核分解为单个的核子时必须克服核力所做的功

$$E_b=[Zm_H+(A-Z)m_n-m_a]c^2$$

26.1.3　不稳定核的衰变

放射性衰变定律：$N=N_0 e^{-\lambda t}$，半衰期 $T_{1/2}=\dfrac{\ln 2}{\lambda}=\dfrac{0.693}{\lambda}$，$\tau=\dfrac{1}{\lambda}=1.44T_{1/2}$平均寿命 $\tau=\dfrac{1}{\lambda}=1.44T_{1/2}$。

样本的活度：$A=A_0 e^{-\lambda t}$，活度的单位 $1\mathrm{Ci}=3.7\times10^{10}\mathrm{Bq}$。

α 衰变：${}_Z^A X \rightarrow {}_{Z-2}^{A-4}Y+{}_2^4 He$。

β 衰变：β^-衰变、β^+衰变和电子俘获都是核内质子和中子之间相互变换的过程。

γ 衰变：核从不稳定的激发态向低激发态或基态跃迁，放出光子的过程。

26.1.4　核反应、核的裂变和聚变

核反应的表示式：入射粒子 + 目标核→残留核 + 放出粒子。

核反应的 Q 值：$Q=K_f-K_i=E_{0i}-E_{0f}$。

吸能核反应的阈值：$K_{i\,\mathrm{th}}=-Q\dfrac{M+m}{M}$。

核裂变：由热中子引发的 $^{235}_{92}\mathrm{U}$ 核裂变过程中，一个 $^{235}_{92}\mathrm{U}$ 原子核裂变时放出的能量约 200MeV。

核聚变：两个核子或相对较轻的核聚合成较重的核，D-D 反应和 D-T 反应。

26.1.5 粒子物理简介

粒子的分类：光子、轻子、强子（介子和重子）。

粒子的自旋：自旋量子数为半整数的粒子为费米子，为整数的粒子为玻色子。

夸克模型：强子中的每个介子和反介子由一个夸克和一个反夸克组成，而重子由 3 个夸克组成。已经确认的夸克有 u，d，s，c，b，t 共 6 种夸克。

26.2 例题剖析

例 26-1 如果电子被禁闭在直径为 10^{-14}m 的核中，试估计它的最小动能。

解 原子核相当于一个无限深势阱，禁闭在核中的电子的德布罗意波可看做两端固定的驻波，因此势阱宽度即核的直径应是电子德布罗意半波长的整数倍

$$d=n\frac{\lambda}{2},\ \lambda=\frac{2d}{n}\quad (n=1,\ 2,\ 3,\ \cdots)$$

因此电子动量大小的数量级为

$$p=\frac{h}{\lambda}=\frac{nh}{2d}=\frac{hc}{2dc}n=\frac{12.4\times10^3\,\mathrm{eV\cdot\mathring{A}}}{2\times10^{-4}\,\mathrm{\mathring{A}}c}n=6.2\times10^7\,\frac{\mathrm{eV}}{c}n=62\,\frac{\mathrm{MeV}}{c}n$$

当 $n=1$ 时电子的动量最小，相应的动能也最小。根据相对论的动量和能量关系，电子的最小动能

$$\begin{aligned}E_k&=\sqrt{(pc)^2+E_0^2}-E_0\\&=\sqrt{\left(62\,\frac{\mathrm{MeV}}{c}\times c\right)^2+(0.511\,\mathrm{MeV})^2}-0.511\,\mathrm{MeV}=61\,\mathrm{MeV}\end{aligned}$$

例 26-2 $^1_1\mathrm{H}$ 和 $^1_0\mathrm{n}$ 的质量分别为 1.007825u 和 1.008665u，算出 $^{12}_6\mathrm{C}$ 的结合能和每个核子的平均结合能。（$1\mathrm{u}=931.5\mathrm{MeV/c^2}$。）

解 一个 $^{12}_6\mathrm{C}$ 原子包含 6 个质子、6 个中子和 6 个电子，未结合的质子和电子的质量等于 6 个 $^1\mathrm{H}$ 原子的质量（忽略质子和电子之间的很小的结合能），因此 $^{12}_6\mathrm{C}$ 原子可看成是由 6 个 $^1\mathrm{H}$ 原子和 6 个中子组成。根据原子质量单位的定义，$^{12}\mathrm{C}$ 核质量 $m_\mathrm{a}=12\mathrm{u}$，因此 $^{12}_6\mathrm{C}$ 的结合能由

$$E_\mathrm{b}=[Zm_\mathrm{H}+(A-Z)m_\mathrm{n}-m_\mathrm{a}]c^2$$

计算得到

$$E_\mathrm{b}=[6\times1.007825\mathrm{u}+6\times1.008665\mathrm{u}-12\mathrm{u})]\times931.5\mathrm{MeV/u}=92.16\mathrm{MeV}$$

每个核子的平均结合能

$$\varepsilon=\frac{E_b}{A}=\frac{92.16}{12}\mathrm{MeV}=7.68\mathrm{MeV}$$

例 26-3　宇宙射线轰击大气层中的 CO_2，生成碳的放射性同位素 ^{14}C，其半衰期为 5730 年。这种同位素均匀地混合到大气中，并被生长中的植物所吸收。植物死后体内的 ^{14}C 不再增加，^{14}C 因衰变而逐渐减少。若一块古植物残骸中 ^{14}C 的含量只有生长中的同种植物中 ^{14}C 含量的 12%，试求该植物残骸距今已有多少年？

解　植物自从死亡后到现在，^{14}C 衰变到原来含量的 12%，而 N_0/N 与放射性物质在衰变前后的含量之比相等，所以

$$\frac{N}{N_0}=\mathrm{e}^{-\lambda t}=0.12$$

$$t=\frac{\ln(N/N_0)}{-\lambda}=\frac{\ln 0.12}{-\frac{0.693}{5730\mathrm{a}}}=1.753\times10^4\mathrm{a}$$

即该植物残骸距今已有 17530 多年了。

例 26-4　取核力的作用范围为 2fm，估计在氘等离子体中产生聚变反应所需要的温度。

解　氘等离子体是带正电的氘核和带负电的电子组成的中性混合物。取核力的作用范围为 2fm，在这个距离上两个氘核的静电势能

$$W=\frac{\mathrm{e}^2}{4\pi\varepsilon_0 d}=\frac{(1.6\times10^{-19})^2}{4\times3.14\times8.85\times10^{-12}\times2\times10^{-15}}\mathrm{J}=1.152\times10^{-13}\mathrm{J}$$

这就是两核克服库仑势垒、发生聚变反应时所需要的最小动能。温度为 T 的粒子系统的热运动平均动能为 $3kT/2$，因此有

$$\frac{3}{2}kT=W$$

$$T=\frac{2W}{3k_B}=\frac{2\times1.152\times10^{-13}}{3\times1.38\times10^{-23}}\mathrm{K}=5.56\times10^9\mathrm{K}$$

考虑到因隧道效应发生势垒贯穿，产生核聚变反应的温度应不低于 10^8K。

近代物理学综合测试题

一、选择题

1. 一宇宙飞船相对地球以 $0.8c$（c 表示真空中光速）的速度飞行。一光脉冲从船尾传到船头，飞船上的观察者测得飞船的长为90m，地球上的观察者测得光脉冲从船尾发出和到达船头两个事件的空间间隔为（　　）。

A. 90m　　B. 54m　　C. 270m　　D. 150m

2. 把一个静止质量为 m_0 的粒子，由静止加速到 $v=0.6c$（c 表示真空中光速）需做的功等于（　　）。

A. $0.18m_0c^2$　　B. $0.25m_0c^2$　　C. $0.36m_0c^2$　　D. $1.25m_0c^2$

3. 设用频率 ν_1 和 ν_2 的两种单色光，先后照射到同一种金属均能产生光电效应。已知金属的红限频率为 ν_0，测得这两次照射的遏止电压 $|U_{a2}|=2|U_{a1}|$，则这两种单色光的频率的关系为（　　）。

A. $\nu_2=\nu_1-\nu_0$　　B. $\nu_2=\nu_1+\nu_0$　　C. $\nu_2=2\nu_1-\nu_0$　　D. $\nu_2=\nu_1-2\nu_0$

4. 根据玻尔理论，氢原子中的电子在 $n=4$ 的轨道上运动的动能与基态轨道上运动的动能之比为（　　）。

A. 1/4　　B. 1/8　　C. 1/16　　D. 1/32

5. 设氢原子的动能等于氢原子处于温度为 T 的热平衡状态时的平均动能，氢原子的质量为 m，那么此氢原子的德布罗意波长为（　　）。

A. $\lambda=\dfrac{h}{\sqrt{3mkT}}$　　B. $\lambda=\dfrac{h}{\sqrt{5mkT}}$　　C. $\dfrac{\sqrt{3mkT}}{h}$　　D. $\dfrac{\sqrt{5mkT}}{h}$

6. 一个光子和一个电子具有相同的波长，则（　　）

A. 光子具有较大的动量。　　B. 电子具有较大的动量。

C. 光子和电子的动量相等。　　D. 它们的动量关系不能确定。

7. 将波函数在空间各点的振幅同时增大 D 倍，则粒子在空间的分布概率将（　　）。

A. 增大 D^2 倍　　B. 增大 $2D$ 倍　　C. 增大 D 倍　　D. 不变

8. 下列4组量子数：

（1）$n=3$，$l=2$，$m_l=0$，$m_s=1/2$。

（2）$n=3$，$l=3$，$m_l=1$，$m_s=1/2$。

（3）$n=3$，$l=1$，$m_l=-1$，$m_s=-1/2$。

（4）$n=3$，$l=0$，$m_l=0$，$m_s=-1/2$。

其中，可以描述原子中电子状态的（　　）。

A. 只有（1）和（2）　　B. 只有（2）和（4）

C. 只有（1）、（3）和（4）　　D. 只有（2）、（3）和（4）

9. 按照原子的量子理论，原子可以通过自发辐射和受激辐射的方式发光，它们所产生的光的特点是（　　）

A. 前者是相干光，后者是非相干光。　　B. 前者是非相干光，后者是相干光。

C. 都是相干光。　　D. 都是非相干光。

10. N 型半导体中杂质电子所形成的局部能级（也称施主能级）在能带结构中应处于（　　）

A. 满带中。　　B. 导带中。

C. 禁带中，但接近满带顶。　　D. 禁带中，但接近导带底。

二、填空题

1. 观察者甲以 $4c/5$ 的速度（c 表示真空中光速）相对静止的观察者乙运动，若甲携带一长度为 l、截面为 S、质量为 m 的棒，这根棒水平安放在运动方向上，则

（1）甲测得此棒的密度为____________________。

（2）乙测得此棒的密度为____________________。

2. 一电子以 $0.99c$ 的速率运动（电子的静止质量为 9.11×10^{-31}kg)，则电子的总能量是________ J，电子的经典力学动能和相对论动能之比是________。

3. 在加热黑体的过程中，其单色辐出度最大值所对应的波长，由 $\lambda_{m1}=690$nm 变化到 $\lambda_{m2}=500$nm。那么，此黑体前后的温度之比 $T_1/T_2=$________；而后来单位时间内的总辐射能量增加到原来的________倍。

4. 当波长为 300nm 的光照射在金属表面时，光电子的能量范围是 $0\sim4.0\times10^{-19}$J。在做上述光电效应实验时遏止电压为 $|U_a|=$________ V；此金属的红限频率 $\nu_0=$________ Hz。

5. 康普顿散射中，当散射光子与入射光子方向夹角 $\theta=$____________时，光子的频率减少最多；当 $\theta=$____________时，光子的频率保持不变。

6. 设大量氢原子处于 $n=4$ 的激发态，它们跃迁时发射一簇光谱线。这簇光谱线最多有________条；其中最短波长是______ nm。

7. 德布罗意波假设是________________________________；德布罗意波的统计解释是________________________________；一电子经加速电压 U 加速后，其德布罗意波长 $\lambda=$______________。

8. 低速运动的质子和 α 粒子，若它们的德布罗意波长相同，则它们的动量之比 $p_p/p_\alpha=$______________；动能之比 $E_{kp}/E_{k\alpha}=$__________。

9. 在电子单缝衍射实验中，若缝宽 $a=0.1$nm，电子束垂直射在缝上，则衍射的电子横向动量的最小不确定量 $\Delta p_x=$________ N · s。

10. 在限度为 1.0×10^{-5}m 的细胞中有许多质量为 $m=1.0\times10^{-17}$kg 的生物粒子，若将生物粒子作为微观粒子处理，则该粒子的最低能量为________ J。

11. 玻尔理论中，电子轨道角动量的最小值为____________；而量子力学中，电子轨道角动量的最小值为____________。实验证明____________理论的结果是正确的。

12. 弗兰克-赫兹实验证实了原子存在____________；戴维孙-革末实验证实了电子

存在着__________；证明光是粒子，而且证明在微观粒子相互作用过程中，遵守能量守恒定律和动量守恒定律的实验现象是__________；证明电子存在自旋的实验是__________。

三、计算题

1. 观察者甲和乙分别静止于两个惯性参考系S和S′中，甲测得在同一地点发生的两个事件的时间间隔为4s，而乙测得的这两个事件的时间间隔为5s，求

（1）S′相对于S的运动速度。

（2）乙测得这两个事件发生地点的距离。

2. 如图综合7-1所示，某金属M的红限波长 $\lambda_0 = 260\text{nm}$，今用单色紫外线照射该金属，发现有光电子放出，其中速度最大的光电子可以匀速直线地穿过互相垂直的均匀电场（电场强度 $E = 5\times10^3\text{V/m}$）和均匀磁场（磁感应强度为 $B = 0.005\text{T}$）区域。求

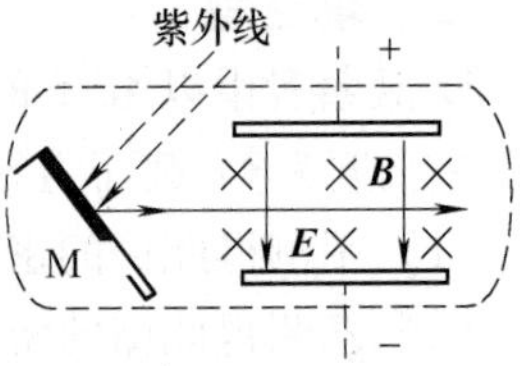

图 综合7-1 计算题2图

（1）光电子的最大速率 v。

（2）单色紫外线的波长 λ。

（电子质量 $m_e = 9.11\times10^{-31}\text{kg}$，普朗克常量 $h = 6.63\times10^{-34}\text{J}\cdot\text{s}$。）

3. 已知氢光谱的某一谱线系的极限波长为364.7nm，其中有一谱线波长为656.5nm，试由玻尔氢原子理论，求与该波长相应的始态与终态能级的能量。（$R = 1.097\times10^7\text{m}^{-1}$。）

4. 一粒子被限制在相距为 l 的两个不可穿透的壁之间，如图综合7-2所示。描写粒子状态的波函数为 $\psi = cx(l-x)$，其中，c 为待定常量。求在 $0\sim l/3$ 之间发现该粒子的概率。

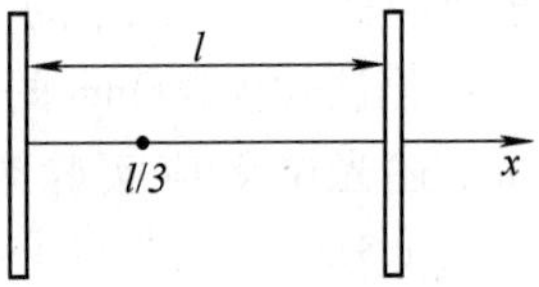

图 综合7-2 计算题4图

近代物理学综合测试题参考答案

一、选择题

1. C　2. B　3. C　4. C　5. A　6. C　7. D　8. C　9. B　10. D

二、填空题

1. $m/(lS)$，$25m/(9lS)$；2. 5.8×10^{-13}，8.04×10^{-2}；3. 0.725，3.63；4. 2.5，4.0×10^{14}；5. π，0；6. 6，97.5；7. 实物粒子具有波动性，其波长 $\lambda = h/p$，频率 $\nu = E/h$；在空间某处德布罗意波振幅模的平方与粒子在该处出现的概率成正比，$\dfrac{1.225}{\sqrt{U}}\text{nm}$；8. 1/1，4/1；9. 1.06×10^{-24} 或 6.63×10^{-24}；10. 5.9×10^{-41}；11. $\lambda = h/(2\pi)$，0，量子力学；12. 能级，波动性，康普顿效应，施特恩—格拉赫实验。

三、计算题

1. **解**　（1）设S′系相对于S系的运动速度为 u，沿 $x(x')$ 轴方向，因两个事件在S系中同一地点发生，故 $x_2 = x_1$。根据洛伦兹变换有 $t_2' - t_1' = \dfrac{t_2 - t_1}{\sqrt{1-u^2/c^2}}$，解得 $u = [1 -$

$(t_2-t_1)^2/(t_2'-t_1')^2]^{1/2}c=\frac{5}{3}c=1.8\times10^8\text{m/s}$。

（2）$x_2'-x_1'=\frac{u(t_2-t_1)}{\sqrt{1-u^2/c^2}}=\frac{3}{4}c(t_2-t_1)=9\times10^8\text{m}$。

2. **解** （1）当电子匀速直线地穿过相互垂直的电场和磁场区域时，电子所受静电力与洛伦兹力相等，即 $eE=evB$，故 $v=E/B=10^6\text{m/s}$。

（2）根据光电效应方程有 $hc/\lambda=hc/\lambda_0+\frac{1}{2}m_ev^2$

解得 $\lambda=\dfrac{\lambda_0}{1+\frac{1}{2}\left(\frac{m_ev^2\lambda_0}{hc}\right)}=1.63\times10^{-7}\text{m}=163\text{nm}$。

3. **解** 极限波数 $\sigma=1/\lambda_\infty=R/k^2$，$k=\sqrt{R\lambda_\infty}=2$。

$\frac{1}{\lambda}=R\left(\frac{1}{k^2}-\frac{1}{n^2}\right)$，解得 $n=\sqrt{\frac{R\lambda\lambda_\infty}{\lambda-\lambda_\infty}}=3$。终态：$n=2$，$E_2=-3.4\text{eV}$；初态：$n=3$，$E_3=-1.51\text{eV}$。

4. **解** 由波函数的归一化条件得 $\int_0^l|\psi|^2\text{d}x=1$，即$\int_0^l c^2x^2(l-x)\text{d}x=1$。

由此解得 $c=\sqrt{30/ll^2}$。在 0 ~ $l/3$ 区间内发现该粒子的概率为

$$p=\int_0^{l/3}|\psi|^2\text{d}x=\int_0^{l/3}30x^2(l-x^2)/l^5\text{d}x=\frac{17}{81}$$

参 考 文 献

[1] 吴王杰. 大学物理学 [M]. 2版. 北京：高等教育出版社，2014.

[2] 康颖. 大学物理 [M]. 3版. 北京：科学出版社，2015.

[3] 马文蔚. 物理学 [M]. 6版. 北京：高等教育出版社，2014.

[4] 程守洙、江之永. 普通物理学 [M]. 7版. 北京：高等教育出版社，2016.

[5] 张三慧. 大学物理学 [M]. 3版. 北京：清华大学出版社，2008.

[6] 宋士贤，等. 工科物理教程 [M]. 北京：国防工业出版社，2005.

[7] 武文远. 普通物理学复习指南及典型题精解 [M]. 北京：学苑出版社，2003.

[8] 马文蔚. 物理学（第4版）习题分析与解答 [M]. 北京：高等教育出版社，2000.

[9] 张三慧. 大学物理学习题解答 [M]. 2版. 北京：清华大学出版社，2000.

[10] 林敬与，等. 大学物理学习指导与提高 [M]. 北京：北京航空航天大学出版社，2001.

[11] 余虹，等. 大学物理知识点精析与解题能力训练 [M]. 大连：大连理工大学出版社，2006.

[12] 王小力，等. 大学物理典型题解题思路与技巧 [M]. 西安：西安交通大学出版社，2000.

[13] 胡盘新. 大学物理题典 [M]. 上海：上海交通大学出版社，2001.

[14] 胡盘新，等. 普通物理学（第6版）思考题分析与拓展 [M]. 北京：高等教育出版社，2008.

[15] 朱明. 物理学思考题解答 [M]. 2版. 北京：清华大学出版社，2009.

[16] 王彬，等. 大学物理典型题分析解集 [M]. 西安：西北工业大学出版社，2000.

[17] 王济民. 工科物理学习指导 [M]. 西安：西北工业大学出版社，2000.

[18] 霍炳海，等. 大学物理解题方法荟萃与评析，天津：天津大学出版社，2006.

[19] 何丽桥，等. 大学物理读书笔记与问题研究 [M]. 北京：科学出版社，2007.

[20] 王青，等. 普通物理学知识结构与学习指南 [M]. 北京：国防工业出版社，2007.

[21] 朱鋐雄. 大学物理学习导引 [M]. 北京：清华大学出版社，2010.